Systematische Phylogenie.

Entwurf eines

Natürlichen Systems der Organismen

auf Grund ihrer Stammesgeschichte

von

Ernst Haeckel

(J e n a).

Erster Theil:

Systematische Phylogenie

der

Protisten und Pflanzen.

Berlin

Verlag von Georg Reimer.

1894.

Systematische Phylogenie

der

Protisten und Pflanzen.

Erster Theil

des Entwurfs einer systematischen

Stammesgeschichte.

Von

Ernst Haeckel

(Jena).

Berlin

Verlag von Georg Reimer.

1894.

Vorwort.

Der erste Entwurf zu der vorliegenden Systematischen Phylogenie wurde vor dreissig Jahren niedergeschrieben und lieferte die Grundlage zu der »Systematischen Einleitung in die allgemeine Entwickelungsgeschichte«, welche bald darauf (1866) im zweiten Bande meiner Generellen Morphologie erschien (»Genealogische Uebersicht des natürlichen Systems der Organismen«). Da dieser erste Versuch, die neu begründete Descendenz-Theorie auf das gesammte Gebiet der organischen Formenlehre und Systematik anzuwenden, unter den Fachgenossen sehr wenig Anklang fand, versuchte ich, die wichtigsten Theile derselben in mehr populärer Form einem grösseren Leserkreise in meiner »Natürlichen Schöpfungsgeschichte« vorzulegen (1868). Der Erfolg dieses populären Buches, welches in acht Auflagen und zwölf verschiedenen Uebersetzungen erschien, bewies das lebhafte Interesse weiterer Kreise an unserer neuen Entwickelungslehre. Ein Vergleich der beträchtlichen Veränderungen, welche das phylogenetische System in jeder der acht Auflagen erfuhr, kann zugleich als Zeugniss für das schnelle Wachsthum unserer Erkenntnisse angesehen werden.

Indessen musste sich die dort gegebene Uebersicht des natürlichen Systems auf die kurze Darstellung der wichtigsten Verhältnisse beschränken; nur für die Hauptgruppen der organischen Formen (die Classen und Ordnungen) konnte der vermuthliche historische Zusammenhang angedeutet werden. Dagegen musste ich auf die nähere Begründung der zahlreichen, dabei aufgestellten phylogenetischen Hypothesen verzichten. Diese B e g r ü n d u n g versucht nun das vorliegende Werk zu geben; ich habe darin die bedeutendsten Resultate der stammesgeschichtlichen Forschungen zusammengefasst, welche inzwischen an der

Hand ihrer drei wichtigsten empirischen Urkunden, der Palaeontologie, Ontogenie und Morphologie, in grosser Ausdehnung angestellt worden sind.

Selbstverständlich ist und bleibt unsere Stammesgeschichte ein Hypothesen-Gebäude, gerade so wie ihre Schwester, die historische Geologie. Denn sie sucht eine zusammenhängende Einsicht in den Gang und die Ursachen von längst verflossenen Ereignissen zu gewinnen, deren unmittelbare Erforschung uns unmöglich ist. Weder Beobachtung noch Experiment vermögen uns directe Aufschlüsse über die zahllosen Umbildungs-Processe zu gewähren, durch welche die heutigen Thier- und Pflanzen-Formen aus langen Ahnen-Reihen hervorgegangen sind. Nur ein kleiner Theil der Erzeugnisse, welche jene phylogenetischen Transformationen hervorgebracht haben, liegt uns in greifbarer Form vor Augen; der weitaus grössere Theil bleibt uns für immer verschlossen. Denn die empirischen Urkunden unserer Stammesgeschichte werden immer in hohem Maasse lückenhaft bleiben, wie sehr sich auch im Einzelnen ihr Erkenntniss-Gebiet durch fortgesetzte Entdeckungen erweitern mag.

Aber die denkende Benutzung und kritische Vergleichung jener drei Stammes-Urkunden ist dennoch im Stande, uns schon jetzt einen klaren Einblick in den allgemeinen Gang jenes historischen Entwickelungs-Processes und in die Wirksamkeit seiner wichtigsten Factoren, der Vererbung und Anpassung, zu gewähren. Auf ihrer Wechselwirkung im Kampf um's Dasein beruht der phyletische Zusammenhang der mannichfaltigen organischen Formen. Den einfachsten und klarsten Ausdruck desselben liefert uns die Aufstellung ihres hypothetischen Stammbaums. Als ich 1866 in der Generellen Morphologie den ersten Entwurf der organischen Stammbäume unternahm, und als ich dieselben in den verschiedenen Auflagen der Natürlichen Schöpfungsgeschichte beständig zu verbessern mich bemühte, stiessen diese schwierigen ersten Versuche ein Decennium hindurch fast allgemein auf lebhaften Widerspruch. Erst allmählig brach sich das Verständniss ihrer Bedeutung als heuristischer Hypothesen langsam Bahn. Im Laufe der letzten beiden Decennien sind fast in allen Gebieten des zoologischen und botanischen Systems so werthvolle Versuche zu einer genaueren Erforschung des phylogenetischen Zusammenhangs der verwandten Formen-Gruppen gemacht worden, dass ich unter kritischer Benutzung derselben die neuen, in dieser Systematischen Phylogenie aufgestellten Stammbäume für wesentlich verbessert halten darf. Natürlich bleiben aber auch diese Schemata, ebenso wie die neuen, Hand in Hand damit vervollkommneten systematischen Tabellen, immer nur Versuche, tiefer in die Geheimnisse der Stammesgeschichte einzudringen; sie sollen nur den Weg andeuten, auf welchem — nach dem jetzigen beschränkten Zustande unserer empirischen Kenntnisse — die weitere phylogenetische Forschung wahrscheinlich am besten vorzudringen hat. Ich brauche daher hier wohl kaum die Versicherung zu wiederholen, dass ich meinen Entwürfen von Stammbäumen und System-Tabellen keinen dogmatischen Werth beimesse; jeder einzelne Zweig des Stammbaums bedeutet nur eine bestimmte Frage nach dem vermuthlichen genealogischen Zusammenhang der verknüpften Formengruppen. Wo dieser Zusammenhang heute noch unsicher oder ganz zweifelhaft erscheint, habe ich häufig zwei concurirrenden Hypothesen gleichzeitig einen neutralen Ausdruck gegeben; dadurch erklären sich die Widersprüche, welche der aufmerksame Leser öfter bei Vergleichung verschiedener Tabellen und Stammbäume einer und derselben Formengruppe antreffen wird.

Wie weit es möglich ist, für einen einzelnen Organismus die ganze Reihe seiner Vorfahren im historischen Zusammenhang zu erkennen, habe ich vor zwanzig Jahren in meiner Anthropogenie zu zeigen mich bemüht. Die thierische Ahnenkette des Menschen, welche ich dort aufstellte, versuchte ich durch die Bildungsgeschichte der einzelnen Organe an der Hand des biogenetischen Grundgesetzes zu erläutern. Dadurch glaubte ich am besten die vielbestrittene Berechtigung zur Aufstellung meiner Stammbäume begründen zu können. Der Leser, welcher die unvollkommene Darstellung der ersten Auflage der Anthropogenie (1874) mit der ausgeführten Umarbeitung der letzten Auflage (1891) vergleicht, wird sich leicht überzeugen, wie sehr sich gerade in diesem wichtigen Special-Gebiete der Phylogenie unsere Erkenntnisse geklärt und gefestigt haben.

Dass der vorliegende Entwurf einer systematischen Phylogenie kein Lehrbuch sein kann und will, braucht wohl kaum hervorgehoben zu werden. Ich habe daher auch auf alle Litteratur-Hinweise und

Abbildungen verzichtet; um so mehr, als jetzt an guten und reich illustrirten Lehrbüchern der Zoologie und Botanik kein Mangel ist. Zur Zeit sind die einzelnen Theile unserer Stammesgeschichte doch noch zu ungleichmässig bearbeitet, und die Hypothesen der einzelnen Geschichtsforscher noch zu widerspruchsvoll, um eine ausgeführte und einigermaassen abgerundete Darstellung derselben in Form eines Lehrbuchs geben zu können. Vielmehr trägt mein »Entwurf« noch durchweg den Character eines subjectiven Geschichts-Bildes, welches in knappem Rahmen einen Ueberblick über das Gesammtgebiet der organischen Stammesgeschichte nach meiner persönlichen Auffassung geben soll. Dass die einzelnen Theile desselben sehr ungleich ausgeführt sind, bald kaum angedeutet, bald im Einzelnen weiter ausgearbeitet, erklärt sich aus zwei Gründen: objectiv durch den sehr ungleichen Grad des Interesses und der Reife, welchen die bereits gewonnenen Resultate der phylogenetischen Forschung in den verschiedenen Abtheilungen des Thier- und Pflanzen-Reichs darbieten; subjectiv durch das sehr ungleiche Maass der Kenntnisse, welche ich selbst in den verschiedenen Abtheilungen dieses endlos ausgedehnten Gebiets besitze. Trotz dieser empfindlichen, mir wohl bewussten Mängel hoffe ich dennoch, dass dieser neue Entwurf zur Förderung und Ausbreitung jener wahren »Natur-Geschichte« beitragen wird, die nach meiner Ueberzeugung zur Lösung der höchsten wissenschaftlichen Aufgaben berufen ist.

Jena, den 18. October 1894.

Ernst Haeckel.

Inhaltsverzeichniss.

Zweites Kapitel.

Generelle Phylogenie der Protisten.

Seite

Drittes Kapitel.

Systematische Phylogenie der Protophyten.

Viertes Kapitel.

Systematische Phylogenie der Protozoen.

Fünftes Kapitel.

Generelle Phylogenie der Metaphyten.

Sechstes Kapitel.

Systematische Phylogenie der Thallophyten.

Siebentes Kapitel.

Systematische Phylogenie der Diaphyten.

Achtes Kapitel.

Systematische Phylogenie der Anthophyten.

Erstes Kapitel.

Generelle Principien der Phylogenie.

§ 1. Begriff und Aufgabe der Phylogenie.

Phylogenesis oder Stammesentwickelung nennen wir den organischen Natur-Process, durch welchen im Laufe von Jahrmillionen, vom Beginn des organischen Erdenlebens bis zur Gegenwart, unzählige Formen von Organismen sich entwickelt haben. Die Wissenschaft, welche die empirische Kenntniss dieser historischen Thatsachen und die philosophische Erkenntniss ihrer Ursachen zur Aufgabe hat, nennen wir Stammesgeschichte oder Phylogenie. Der Natur der Sache nach gehört dieselbe zu den historischen Naturwissenschaften, denn sie untersucht Vorgänge, deren unmittelbare Beobachtung uns zum weitaus grössten Theile unmöglich ist. Die morphologischen Veränderungen der Lebewesen, welche wir unmittelbar empirisch wahrnehmen und direct (durch Beobachtung und Versuch) feststellen können, bilden nur einen winzigen Bruchtheil von den zahllosen Umbildungen der organischen Formen, welche sich auf unserem Planeten im Laufe unübersehbarer Zeiträume vollzogen haben. Es lassen sich daher über den weitaus grössten Theil jener historischen Ereignisse nur indirect wissenschaftliche Vorstellungen gewinnen; auf Grund von unvollständigen historischen Urkunden können wir uns wissenschaftliche Hypothesen über dieselben bilden, und durch philosophische Verstandes-Operationen (Induction und Deduction) philosophische Theorien über ihren Verlauf und ihre Ursachen aufstellen. Dieser »morphologisch-historische« Character der phylogenetischen Forschung schliesst nicht aus, dass jeder einzelne Theil ihrer verwickelten Aufgabe möglichst exact zu behandeln ist, wie sich dies ja für jede wahre Naturwissenschaft von selbst versteht.

§ 2. Urkunden der Phylogenie.

Die Thatsachen, auf welche wir das umfangreiche Hypothesen-Gebäude der Stammesgeschichte gründen, und welche wir als empirische Urkunden derselben allen theoretischen Speculationen zu Grunde legen, gehören zum grössten Theile drei verschiedenen Gebieten der biologischen Forschung an, der *Palaeontologie, Ontogenie* und *Morphologie.* Jede von diesen drei grossen historischen Urkunden ist in hohem Maasse unvollständig und lückenhaft; aber trotzdem kann im einzelnen Falle jede für sich allein zu phylogenetischen Erkenntnissen von höchstem Werthe führen. In ihrer vollen Bedeutung werden dieselben allerdings erst dann erkannt, wenn sie im Zusammenhang gewürdigt und benutzt werden. Sehr häufig werden empfindliche Lücken der einen Urkunde in glücklichster Weise durch positive Daten der anderen ergänzt. In jenen Fällen, wo alle drei Urkunden auf breiter empirischer Basis ruhen und ihre Ergebnisse in harmonischer Weise zu derselben theoretischen Auffassung der phylogenetischen Processe führen, darf der Hypothesen-Bau der Stammesgeschichte am meisten als gesichert gelten. Oft wird es dann möglich, auch im Einzelnen den historischen Zusammenhang der stammverwandten Formen-Gruppen Schritt für Schritt zu verfolgen, und demselben im schematischen Bilde eines Stammbaums einen concreten Ausdruck zu geben. Indessen darf nie vergessen werden, dass auch im günstigsten Falle die so gewonnene phylogenetische Erkenntniss immer nur einen annähernden Werth besitzt, und dass eine neue Entdeckung sie mehr oder weniger berichtigen und vervollständigen kann. Das gilt ja von der Phylogenie ebenso wie von der Geologie, der Culturgeschichte, der Völkergeschichte, der Sprachengeschichte und allen anderen historischen Wissenschaften. In vielen einzelnen Fragen der Phylogenie können übrigens ausser jenen drei Haupturkunden auch noch andere biologische Forschungszweige mit Vortheil benutzt werden, so z. B. die Chorologie (die Lehre von der geographischen und topographischen Verbreitung), die Bionomie oder Oekologie (die Wissenschaft von den Lebensbedingungen) u. s. w.

§ 3. Palaeontologische Urkunden.

Die erste und in mancher Beziehung wichtigste von den drei grossen empirischen Urkunden der Phylogenie ist die Palaeontologie, die Wissenschaft von den versteinerten Ueberresten jener organischen Formen, welche in früheren Perioden der Erdgeschichte auf unserem Planeten gelebt haben. Diese »Versteinerungen«

oder *„Petrefacten“* sind die wahren Denkmünzen der Stammesgeschichte, die handgreiflichen Documente, welche uns unmittelbar über die Thatsachen der historischen Existenz der ausgestorbenen Organismen unterrichten; sie geben uns directe Auskunft über die Reihenfolge, in welcher die organischen Formengruppen nach einander auftraten, über die Umbildungen, welche sie in den auf einander folgenden Perioden erlitten, über die fortschreitende Entwickelung, welche sich in der Differenzirung und Vervollkommnung der organischen Arten, ihrer Zunahme an Zahl, Mannichfaltigkeit und Vollkommenheit ausspricht.

Wenn die palaeontologische Urkunde vollständig wäre, wenn alle ausgestorbenen Organismen und alle ihre Entwickelungszustände in versteinertem Zustande uns erhalten wären, so würde die Aufgabe der Phylogenie verhältnissmässig leicht und ihre Methode einfach sein. Wir würden dann bloss alle zusammengehörigen fossilen Ueberreste jeder Formengruppe zu sammeln und in ihrem natürlichen Zusammenhange zu ordnen haben, um in lückenloser Reihenfolge ihre Abstammungs-Verhältnisse festzustellen, und den Stammbaum darauf zu gründen. Leider ist das aber nur sehr selten und theilweise der Fall; in den allermeisten Fällen erweist sich die palaeontologische Urkunde überaus unvollständig und lückenhaft (§ 5). Nicht selten wird ihr desshalb jeder positive Werth abgesprochen oder doch für äusserst gering erklärt. Indessen ist diese einseitige Unterschätzung derselben ebenso wenig berechtigt, als die anderseits namentlich von empirischen Palaeontologen oft geübte Ueberschätzung ihrer positiven Daten (§ 4). Es kommt daher bei Benutzung der palaeontologischen Thatsachen für die Phylogenie vor Allem darauf an, kritisch zu verfahren, und ihre Bedeutung im Zusammenhange mit den ontogenetischen und morphologischen Urkunden zu würdigen.

§ 4. Positive Daten der Palaeontologie.

Als positive Resultate von höchstem phylogenetischen Werthe ergeben sich aus der kritischen und denkenden Vergleichung der palaeontologischen Thatsachen folgende allgemeine Schlüsse: 1) Die organische Erdgeschichte, oder die Biogenesis, welche vom Beginn des organischen Lebens auf unserem Planeten bis zur Gegenwart verflossen ist, kann vernünftiger Weise nur als ein ununterbrochener Entwickelungs-Process gedacht werden. 2) Diese continuirliche Entwickelung der organischen Welt offenbart sich in einem langsamen Wechsel der Lebensformen, welcher auf einer allmähligen (zeitweise oft beschleunigten) Umbildung oder Transformation der organischen Arten beruht (Transformismus). 3) Diese Arten oder Species, als Formengruppen von relativer Constanz, haben daher eine beschränkte Existenz-Dauer; ihre Abarten, Varietäten oder Mutationen werden selbst wieder zu neuen Arten. 4) In gleicher Weise sind auch die Arten, welche in jeder Periode der Erdgeschichte lebten, aus älteren Arten der vorhergehenden Perioden durch Umbildung entstanden, und dasselbe gilt von den umfassenderen Artengruppen, welche wir als Gattungen, Familien, Ordnungen u. s. w. künstlich unterscheiden. 5) Somit kann in vielen Fällen, wenn die fossilen Reste verwandter Artengruppen in den übereinander liegenden Sediment-Schichten wohl erhalten sind, einfach durch kritische Verknüpfung ihrer Verwandschaftslinien die gemeinsame Abstammung der Formengruppen erkannt und ihr Stammbaum construirt werden (z. B. bei palaeozoischen Echinodermen, mesozoischen Mollusken, tertiären Säugethieren). 6) Auch für die historische Succession der Hauptgruppen (im Pflanzenreiche ebenso wie im Thierreiche) liefert die Palaeontologie höchst wichtige positive Daten; daher können wir das palaeozoische Zeitalter als das der Farne und Fische bezeichnen, das mesozoische Zeitalter als das der Gymnospermen und Reptilien, das caenozoische als das der Angiospermen und Säugethiere u. s. w. 7) Die Zahl der Thier- und Pflanzen-Arten, deren fossile Reste in den übereinander liegenden Sediment-Schichten erhalten sind, nimmt in den entsprechenden, aufeinander folgenden Zeit-Abschnitten der Erdgeschichte beständig zu, ebenso ihre Mannigfaltigkeit und die Vollkommenheit ihrer Organisation; die palaeontologischen Thatsachen bestätigen somit empirisch die beiden grossen Gesetze der progressiven Differenzirung und Vervollkommnung der organischen Welt, die sich theoretisch aus der Descendenz- und Selections-Theorie ergeben.

§ 5. Negative Lücken der Palaeontologie.

So werthvoll für die Phylogenie die allgemeinen grossen Gesichtspunkte sind, welche sich aus einer kritischen und unbefangenen Würdigung der positiven Daten der Palaeontologie ergeben, so empfindlich und nachtheilig sind anderseits die grossen negativen Lücken derselben. Diese auffällige und höchst bedauerliche »Unvollständigkeit der palaeontologischen Urkunde« ist theils in der Natur der Organismen selbst begründet, in ihrer Körperbeschaffenheit und Lebensweise, theils in den Bedingungen, unter welchen sich versteinerte Reste oder Abdrücke derselben erhalten können.

Biologische Ursachen jener Unvollständigkeit ergeben sich aus folgenden Erwägungen: 1) In der Regel können sich nur Skelette, feste und unverwesliche Körpertheile in fossilem Zustande erhalten;

Abdrücke von Weichtheilen sind seltene Ausnahmen. 2) Daher fehlt uns fast alle Kunde von den skeletlosen, weichen Pflanzen und Thieren, die früher gelebt haben, ebenso von ihren zarten Embryonen und Jugendzuständen. Aber auch von jenen Organismen, die Skelette besassen, kennen wir meistens nur diese Hartgebilde selbst, dagegen nicht die Form und Structur ihrer Weichtheile. 3) Die Lebensweise der Pflanzen und Thiere bedingt unmittelbar die Möglichkeit, dass ihre fossilen Reste in kenntlicher Form conservirt bleiben; die grosse Mehrzahl aller Versteinerungen gehört meerbewohnenden Organismen an; viel geringer ist die Zahl von fossilen Resten der Bewohner des süssen Wassers, und noch mehr des Festlandes.

Geologische Ursachen, welche die palaeontologischen Urkunden in hohem Maasse unvollständig erscheinen lassen, sind folgende: 1) Die Bedingungen, unter welchen der Einschluss einer organischen Form in eine Schlammschicht und ihre gute Erhaltung in dem daraus entstehenden Sediment-Gestein möglich ist, sind an und für sich schon so verwickelt, dass die vollkommene Conservation eines guten Petrefactes relativ selten ist. 2) An vielen Localitäten ist diese Conservation unmöglich, weil entweder der grobkörnige Schlamm (z. B. im Sandstein) dazu untauglich ist, oder die Bewegung des Wassers (z. B. die Brandung an einer sich erhebenden Küste) die kaum gebildeten Sedimente sofort wieder zerstört. 3) In vielen und wichtigen Sedimenten (z. B. allen archozoischen Ablagerungen unter dem Cambrium) sind nachträglich durch Metamorphismus des Gesteins und durch andere Ursachen alle darin enthaltenen Versteinerungen zerstört worden. Aus diesen und anderen Gründen ergiebt sich klar, dass die grosse Mehrzahl der Organismen, die auf unserer Erde gelebt haben, uns gar keine fossilen Spuren hinterlassen konnte; die Zahl der versteinerten Arten, die wir kennen, beträgt sicher viel weniger als ein Procent von der Zahl aller Species, die wirklich einst gelebt haben.

§ 6. Ontogenetische Urkunden.

Wenn die palaeontologische Urkunde von einer »exacten Kritik« als der einzige directe Beweis für die thatsächliche Existenz der Phylogenesis zugelassen wird, so müssen alle übrigen Urkunden derselben als indirecte Argumente für dieselbe, oder als »Wahrscheinlichkeits-Beweise« betrachtet werden. Einseitige skeptische Betrachtung dieser einzelnen indirecten Urkunden wird geneigt sein, jeder für sich nur eine sehr geringe Beweiskraft zuzuerkennen. Umfassende Vergleichung dagegen und combinirte Verwendung derselben zu gegenseitiger Ergänzung wird diesen Wahrscheinlichkeits-Beweisen den höchsten Werth beimessen; sie wird daraus so weitreichende und sichere Schlüsse über Existenz und Verlauf der phyletischen Entwickelung ziehen, dass die Bedeutung der palaeontologischen Argumente dagegen zurücktritt.

Unter diesen indirecten Urkunden der Phylogenie sind nach unserer Ansicht von höchstem und allgemeinem Werthe zunächst die Ontogenie und die Morphologie; und zwar Beide als synthetische Wissenschaften so aufgefasst, dass sie als vergleichende Keimesgeschichte und vergleichende Anatomie combinirt die Entstehung der ähnlichen Formen und das »geheime Gesetz« ihrer Verwandtschaft erklären sollen. Natürlich müssen die analytische Ontogenie und Anatomie jeder einzelnen Form bereits möglichst »exact« erforscht und beschrieben sein, bevor durch deren Vergleichung und philosophische Verwerthung die Phylogenie morphologisch begründet werden kann. Diese allgemeinen Erwägungen gelten für beide Theile der Ontogenie, sowohl die Embryologie (die eigentliche »Keimesgeschichte«) als die Metamorphologie (die »Verwandlungsgeschichte«).

Die Ontogenie besitzt für die Phylogenie desshalb die höchste Bedeutung (— und ebenso umgekehrt! —), weil zwischen diesen beiden Hauptzweigen der Biogenie oder der organischen Entwickelungsgeschichte ein unmittelbarer enger Causal-Nexus existirt, begründet durch die physiologischen Functionen der Vererbung und Anpassung. Seinen kürzesten Ausdruck findet derselbe in unserem biogenetischen Grundgesetze: »Die Ontogenie ist eine Recapitulation der Phylogenie« (oder: »Die Keimesgeschichte ist ein Auszug der Stammesgeschichte«). Nun besteht aber die *Ontogenesis* (oder die individuelle Entwickelung jedes Organismus) selbst wieder aus zwei verschiedenen Erscheinungsreihen: aus der *Palingenesis* und *Cenogenesis*; die erstere beruht vorzugsweise auf Vererbung, die letztere auf Anpassung. Mit Rücksicht auf die verwickelten Wechsel-Beziehungen dieser beiden Zweige der Biogenie müssen wir unserem biogenetischen Grundgesetze (oder der »Recapitulations-Theorie«) folgende schärfere Fassung geben: Die Keimesentwickelung (die individuelle oder ontetische Bildungsreihe, *Ontogenesis*) ist eine gedrängte und abgekürzte Wiederholung der Stammesentwickelung (der phyletischen oder palaeontologischen Bildungsreihe, *Phylogenesis*); diese Wiederholung ist um so vollständiger, je mehr durch beständige Vererbung die ursprüngliche Auszugs-Entwickelung (*Palingenesis*) beibehalten wird; hingegen ist die Wiederholung um so unvollständiger, je mehr durch wechselnde Anpassung die spätere Störungs-Entwickelung (*Cenogenesis*) eingeführt wird.

§ 7. Palingenetische Processe.

Die allgemeine Geltung, welche unser biogenetisches Gesetz als das wahre Grundgesetz der organischen Entwickelung beansprucht, beruht zunächst darauf, dass bei der individuellen Entwickelung jedes Organismus (ohne Ausnahme!) palingenetische Processe auftreten, welche nur durch Vererbung von seinen Stammeltern und Vorfahren erklärt werden können. Das gilt ganz ebenso im Pflanzenreiche wie im Thierreiche, obwohl die Botaniker bisher nur wenig den hohen Werth jenes »Grundgesetzes« begriffen, und nur in geringem Maasse die ontogenetischen Thatsachen zur phylogenetischen Erkenntniss benutzt haben; viel weniger, als dies von den Zoologen schon lange geschehen ist. Die fundamentale Thatsache, dass jedes *Metaphyton*, jede höhere vielzellige Pflanze (— ebenso wie jedes *Metazoon*, jedes vielzellige Thier —) im Beginne der individuellen Existenz nur durch eine einfache Zelle dargestellt wird, ist eine palingenetische Thatsache ersten Ranges; sie ist nur durch die Annahme erklärbar, dass dieser einzellige Keimzustand die erbliche Wiederholung einer entsprechenden einzelligen Ahnenform ist. Wir schliessen daraus, — auf Grund der bekannten Vererbungs-Gesetze, — dass die ältesten Ahnen jener hochentwickelten Metaphyten einfache einzellige *Protophyten* waren; ebenso wie die ältesten Vorfahren aller Metazoen ursprünglich als einfache *Protozoen* lebten.

Aber auch in der Reihe von Formen, welche zwischen dem einzelligen Keimzustand und dem entwickelten geschlechtsreifen Zustande des vielzelligen Organismus liegt, treten allgemein bedeutungsvolle Bildungen vorübergehend auf, welche nur durch Beziehung zu einer entsprechenden Ahnenform, als erbliche Wiederholung derselben verständlich sind. So schliessen wir aus dem Prothallium der Gefäss-Kryptogamen, dass diese reich differenzirten Cormophyten von einfachen (Lebermos-ähnlichen) Thallophyten abstammen. Aus der Keimbildung der Angiospermen ziehen wir den Schluss, dass sie aus Gymnospermen, und diese von Pteridophyten abzuleiten sind. Da bei sämmtlichen Metazoen der Keim ursprünglich aus zwei primären Keimblättern besteht, müssen wir annehmen, dass dieser *Gastrula*-Zustand die erbliche Wiederholung einer entsprechenden zweiblättrigen Ahnenform, der *Gastraea* ist. Die stabförmige ungegliederte Chorda, welche nur bei den niedersten Wirbelthieren permanent das Axenskelet bildet, bei allen übrigen vorübergehend als Vorläufer der gegliederten Wirbelsäule auftritt, ist ein palingenetischer Beweis dafür, dass die letzteren von den ersteren abstammen. Und so lassen sich in der Keimesgeschichte aller Organismen bald mehr, bald minder deutliche Spuren ihrer Stammesgeschichte mittelst dieser palingenetischen Reminiscenzen deutlich nachweisen.

§ 8. Cenogenetische Processe.

Die überaus wichtigen Schlüsse, welche wir mittelst des biogenetischen Grundgesetzes aus der vergleichenden Ontogenie auf einen entsprechenden Verlauf der Phylogenie ziehen, beruhen auf der Annahme der progressiven Vererbung: Die Umbildungen, welche der Organismus theils durch Anpassung an die äusseren Existenz-Bedingungen, theils durch Gebrauch oder Nichtgebrauch seiner Organe erwirbt, können durch Vererbung auf die Nachkommen übertragen werden. So werden immer neue Glieder an die lange Kette der Formzustände angesetzt, welche der Organismus von der einfachen Keimzelle bis zum Reifezustande durchläuft. Man würde nun aus der genauen Kenntniss dieser ontogenetischen Bildungsreihe und ihrer stufenweisen Umänderung unmittelbar auf die phylogenetische Umbildung einer entsprechenden Ahnenreihe schliessen können, wenn nur die Gesetze der Palingenesis den individuellen Bildungsgang ausschliesslich beherrschten. Dies ist aber nur sehr selten (— streng genommen: niemals! —) der Fall. Denn immer treten, durch Anpassung an die Bedingungen der individuellen Entwickelung selbst, Störungen (oder Fälschungen) der ursprünglichen Palingenese auf, welche das erbliche Bild derselben trüben, und welche wir als Cenogenesis zusammenfassen. Wenn für die *Palingenesis* vorzugsweise die Gesetze der constituirten, homotopen und homochronen Vererbung wichtig sind, so besitzen dagegen für die *Cenogenesis* hauptsächlich Bedeutung die Gesetze der abgekürzten, modificirten, heterotopen und heterochronen Vererbung. Die secundären Abänderungen des ursprünglichen Bildungsganges, welche die »embryonale Anpassung« dadurch bewirkt, sind von sehr verschiedener Art: Verschiebung der örtlichen und zeitlichen Verhältnisse in der Ausbildung der Organe (Heterotopien und Heterochronien); Zusammenziehung, Abkürzung und Ausfall einzelner Bildungsstufen (abgekürzte Recapitulation) u. s. w. Der ontogenetische Process erscheint in Folge dessen gewöhnlich bedeutend einfacher, kürzer und schneller als sein phylogenetisches Vorbild; er kann aber von letzterem sich auch dadurch noch weiter entfernen, dass im Laufe der Zeit neue Processe (Metamorphosen, Larvenreihen, Bildung von Embryonal-Hüllen, provisorischen Organen etc.) eingeschoben werden; diese cenogenetischen Neubildungen haben bald gar keinen phylogenetischen Werth, bald nur sehr beschränkte Bedeutung; ihre Verwerthung verlangt scharfe Kritik.

§ 9. Morphologische Urkunden.

Während die vergleichende Ontogenie erst in neuerer Zeit (besonders in den letzten beiden Decennien) in ihrer hohen Bedeutung für die Phylogenie erkannt und erfolgreich verwerthet wurde, ist dies dagegen bei der vergleichenden Anatomie schon ein halbes Jahrhundert früher der Fall gewesen. Keine andere Wissenschaft hat der erst später zur Geltung gelangten Descendenz-Theorie so sehr vorgearbeitet wie die vergleichende Anatomie oder Morphologie (im engeren Sinne). Indem sie die ähnlichen Bildungs-Verhältnisse in den einzelnen »verwandten« Formengruppen — ebenso im Pflanzenreiche wie im Thierreiche — verglich, gelangte sie schon frühzeitig zu der Erkenntniss, dass die unendliche Mannichfaltigkeit der Gestalten in beiden organischen Reichen sich auf eine verhältnissmässig geringe Zahl von typischen Urformen oder von »Bildungsplänen« zurückführen lässt. Die zusammengesetzten höheren Formen lassen sich von einfachen niederen ableiten, die vollkommene und verwickelte Organisation der ersteren von der unvollkommenen und primitiven der letzteren; schliesslich glaubte man alle Pflanzen-Arten auf eine »Urpflanze«, alle Thier-Arten auf ein »Urthier« zurückführen zu können. Zwar gleicht keine Art der anderen, aber doch sind alle ähnlich, »und so deutet der Chor auf ein geheimes Gesetz«. Erst die Descendenz-Theorie vermochte dieses geheime Gesetz zu erkennen; sie wies nach, dass die schon längst erkannte, wahre »Formenverwandtschaft« nichts anderes sei, als reale »Stammverwandtschaft«; der gemeinsame Bildungs-Typus erklärt sich durch Vererbung, der verschiedene Ausbildungsgrad der ähnlichen Organe durch Anpassung. Durch diese Erkenntniss gestaltet sich die vergleichende Anatomie oder Morphologie zu einer phylogenetischen Urkunde von höchster Bedeutung. Denn sie ist im Stande, bloss durch kritische Vergleichung der entwickelten Formen-Reihen eine grosse Anzahl von wichtigen Fragen der Stammesgeschichte zu lösen, für deren Beantwortung weder die vergleichende Ontogenie, noch die Palaeontologie ausreichend ist; so ergänzt sie die Mängel dieser beiden letzteren Urkunden in glücklichster Weise. Freilich erfordert aber die vergleichende Anatomie umfassendere allgemeine Kenntnisse und schärferes kritisches Urtheil, als die letzteren, und dies ist hauptsächlich die Ursache, dass ihr Werth neuerdings oft unterschätzt worden ist. Zur vollen Würdigung ihrer phylogenetischen Bedeutung erinnern wir an die Morphologie der Phanerogamen-Blüthe, an die vergleichende Skeletlehre der Wirbelthiere.

§ 10. Homologien und Analogien.

Die Verwandtschafts-Beziehungen, welche die ähnlichen organischen Formen mit einander verknüpfen, wurden schon von der älteren, grossentheils noch in teleologischer Beurtheilung befangenen »vergleichenden Anatomie« in zwei verschiedene Gruppen getheilt, in Homologien und Analogien. Unter Homologie verstand man die *morphologische*, unter Analogie die *physiologische* Aehnlichkeit der verglichenen Organe; für erstere bildete die Form, für letztere die Function den Ausgangspunkt der Vergleichung. Die teleologische Morphologie glaubte in der ersteren den Ausdruck eines typischen »Bauplans«, in der letzteren die zweckmässige Einrichtung für die besondere Lebensthätigkeit zu erkennen.

Die wahre Erklärung der Erscheinungen, die naturgemässe Erkenntniss ihrer bewirkenden Ursachen wurde auch hier erst von der reformirten Descendenz-Theorie gewonnen; sie zeigte, dass die Homologie die Folge der Vererbung von gemeinsamen Stammformen ist, die Analogie hingegen die Wirkung der Anpassung an gleiche Lebensbedingungen. So sind die Schwimmblasen der Fische homolog den Lungen der Amphibien; dagegen besteht zwischen den Schwimmblasen der Fische und der Siphonophoren nur Analogie, und ebenso zwischen den Lungen der Amphibien und der Lungenschnecken. Die Kiemen der Fische und der Amphibien sind gleichzeitig homologe und analoge Organe; und dasselbe gilt von den Lungen der Amphibien und der Säugethiere. Die wirklich homologen Organe (im engeren Sinne) sind zugleich homophyletisch, auf gleichen Ursprung zurückzuführen; sie allein sind daher unmittelbar von phylogenetischem Werthe. Dagegen lassen sich aus den Analogien der Organe keine oder nur sehr beschränkte Schlüsse auf die Abstammung der betreffenden verglichenen Formen thun.

Es wird daher die erste Aufgabe der vergleichenden Morphologie sein, bei Vergleichung der ähnlichen Formen die homologen von den analogen zu sondern. Diese wichtige und oft sehr schwierige Aufgabe wird der vergleichende Anatom um so besser lösen, je ausgedehnter seine empirische Kenntniss der morphologischen Thatsachen, je schärfer zugleich sein kritisches Unterscheidungsvermögen ist, und je klarer er seine phylogenetische Aufgabe im Auge behält. Die vergleichende Anatomie stellt in dieser Beziehung viel höhere Anforderungen an die phylogenetische Forschung, als die Ontogenie und die Palaeontologie. Bei diesen letzteren Urkunden genügt schon zur Erlangung brauchbarer Resultate die einseitige Vertiefung in den beschränkten Gebietstheil einer speciellen Aufgabe. Bei der vergleichenden Morphologie hingegen ist ebenso umfassende Kenntniss des ganzen Gebietes, als klares philosophisches Urtheil unerlässlich. Da nun die ungeheure Erweiterung unseres Forschungsgebietes in den letzten Decennien eine entsprechende Zersplitterung der Aufgaben und eine weitgehende Arbeitstheilung hervorgerufen hat, fand die vergleichende Anatomie neuerdings vielfach nicht diejenige Pflege und Fortbildung, wie die Ontogenie und Palaeontologie; und doch ist zur wahren Förderung der Phylogenie die gleichzeitige Benutzung und gegenseitige Ergänzung aller drei Archive unerlässlich.

§ 11. Fortbildung und Rückbildung.

Der phylogenetische Naturprocess ist im Grossen und Ganzen ein Process der fortschreitenden Entwickelung. In der Geschichte der organischen Welt nimmt von Periode zu Periode die Zahl, Mannichfaltigkeit und Vollkommenheit der organischen Formen zu; dieser historische Fortschritt wird in der Palaeontologie um so auffallender, je mehr wir uns der Gegenwart nähern. Die grosse Thatsache dieser progressiven Entwickelung findet ihre Erklärung durch die Selections-Theorie; denn die natürliche Zuchtwahl durch den Kampf um's Dasein, welche jederzeit und unaufhörlich mittelst der Anpassung und Vererbung wirksam ist, hat zur nothwendigen Folge eine beständige Vermehrung, Differenzirung und Vervollkommnung der Organismen. Mit Nothwendigkeit ergeben sich aus der Natural-Selection die bedeutungsvollen Erscheinungen der physiologischen Arbeitstheilung (***Ergonomie***) und der damit verknüpften Formspaltung (***Polymorphismus***); oft ist damit verbunden auch der Arbeitswechsel (oder Functionswechsel, ***Metergie***). Alle diese Erscheinungen erklären sich aus dem Princip der Differenzirung oder der »Divergenz des Characters«; sie betreffen ebenso die einzelnen Zellen und die daraus zusammengesetzten Gewebe (***Cellular-Selection***), als die einzelnen Organe und den ganzen Organismus (***Personal-Selection***); sie gelten ebenso für den Gruppenbegriff der Art (Divergenz der Species), als für die umfassenderen Kategorien des Systems (Divergenz der Genera, Ordnungen, Classen u. s. w.). Es ist eine der wichtigsten und lohnendsten Aufgaben unserer Phylogenie, diesen grossen Process der Differenzirung und Vervollkommnung durch alle Gruppen des Thierreichs und Pflanzenreichs zu verfolgen. Wenn sie sich dabei vor Allem auf die vergleichende Anatomie stützt, so erfahren die phylogenetischen Resultate derselben die erfreulichste Bestätigung durch die Palaeontologie; und anderseits finden sie die werthvollste Ergänzung durch die vergleichende Ontogenie, als die Recapitulation der Phylogenie.

Wenn nun auch im Grossen und Ganzen uns die Geschichte der Pflanzen- und Thierwelt, ebenso wie der Menschenwelt, das erfreuliche Bild einer ununterbrochenen Fortbildung (*Teleosis*) zeigt, so sind doch im Einzelnen damit auch vielfach Erscheinungen der Rückbildung (*Degeneration*) verknüpft. Anpassungen der verschiedensten Art, vor Allem Parasitismus, demnächst Anpassung an festsitzende, an unterirdische Lebensweise u. s. w. bewirken vielfach ein bedeutendes, oft ein erstaunliches Herabsinken von der Höhe der schon erreichten vollkommenen Organisation. Die interessantesten einzelnen Producte dieser rückschreitenden Phylogenese sind die rudimentären Organe; ihre theoretische Bedeutung ist in doppelter Beziehung sehr gross: erstens widerlegen sie in schlagendster Weise die althergebrachte Zweckmässigkeitslehre (Teleologie), sie sind geradezu »dysteleologische« Thatsachen; zweitens liefern sie vorzügliche Beweise für die progressive Vererbung.

§ 12. Methoden der Phylogenie.

Wie bei jeder Naturwissenschaft (— und bei jeder echten Wissenschaft überhaupt —) müssen zur Lösung ihrer Aufgabe zwei verschiedene Methoden in Anwendung kommen, die empirische und die philosophische. Mit Hülfe der empirischen Methode haben wir zunächst in möglichst ausgedehntem Umfang die Kenntniss der phylogenetischen Thatsachen zu gewinnen; mit Hülfe der philosophischen Methode können wir dann auf Grund der gesammelten Erfahrungen zur Erkenntniss der phylogenetischen Ursachen fortschreiten. Indessen darf keine der beiden Methoden nur für sich allein angewendet werden; vielmehr müssen beide stets sich gegenseitig im Auge behalten. Zur Gewinnung wirklich werthvoller Ergebnisse ist es nothwendig, dass »Beobachtung und Reflexion« stets Hand in Hand gehen. Erst dadurch wird uns auch der hohe wissenschaftliche Werth unserer Stammesgeschichte klar bewusst. Wie unser Geist einerseits in der Beobachtung der wundervollen phylogenetischen Thatsachen eine unerschöpfliche Quelle des höchsten Genusses und der vielseitigsten Anregung findet, so schöpft er anderseits aus der Erkenntniss ihrer bewirkenden Ursachen die höchste Befriedigung für seine Vernunft.

§ 13. Empirische Phylogenie.

Die empirische Phylogenie hat zunächst die Aufgabe, eine möglichst extensive Kenntniss der Thatsachen zu gewinnen, welche uns die drei grossen Urkunden der Stammesgeschichte, die Archive der

Palaeontologie, Ontogenie und Morphologie, in unerschöpflicher Fülle darbieten. Je grösser die Zahl der guten Beobachtungen auf diesen drei Forschungsgebieten, je eindringender ihre Analyse, je schärfer und unzweideutiger alle Einzelheiten der Thatsachen festgestellt sind, desto werthvoller sind die gewonnenen Erfahrungen. Durch die grossen Fortschritte, welche die Sammlung der Materialien und die technischen Methoden ihrer Untersuchung in den letzten Decennien gemacht haben, ist unser empirischer Horizont ausserordentlich erweitert worden. Freilich ist uns dadurch anderseits um so klarer zum Bewusstsein gekommen, dass unser empirisches Wissen auf diesem unendlichen Erfahrungsgebiete immer Stückwerk bleiben und die empfindlichsten Lücken behalten wird. Mögen wir auch in Zukunft noch so viel Petrefacten sammeln, mögen wir die Keimesgeschichte von noch so vielen Embryonen, den entwickelten Körperbau von noch so vielen Thier- und Pflanzen-Arten kennen lernen, immer werden diese »phylogenetischen Thatsachen der Gegenwart« nur einen winzigen Bruchtheil gegenüber den spurlos verschwundenen Gestaltungen bilden, welche die historische Entwickelung der organischen Formenwelt in den verflossenen Jahrmillionen der organischen Erdgeschichte dereinst ins Dasein gerufen hatte. Wenn daher ängstliche und beschränkte Naturforscher die Forderung stellen, man dürfe erst dann zur Aufstellung phylogenetischer Hypothesen und Theorien schreiten, wenn alle bezüglichen Thatsachen genügend bekannt wären, so ist damit der definitive Verzicht auf phylogenetische Forschung überhaupt ausgesprochen. Glücklicher Weise reden aber unsere phylogenetischen Urkunden für jeden denkenden und einsichtigen Naturforscher eine beredtere Sprache, als von jener Seite angenommen wird. Es bedarf nur des tieferen Nachdenkens und der kritischen Vergleichung der empirischen Materialien, um durch deren Combination zu erfreulichen phylogenetischen Erkenntnissen zu gelangen.

§ 14. Philosophische Phylogenie.

Die philosophische Phylogenie oder die »speculative Stammesgeschichte« hat demgemäss die weitere Aufgabe, auf Grund jener empirisch gewonnenen Kenntnisse ihr gewaltiges Hypothesen-Gebäude zu errichten, die einzelnen Thatsachen in causalen Zusammenhang zu bringen, und durch Erkenntniss ihrer bewirkenden Ursachen zum Aufbau einer umfassenden Theorie der Stammes-Entwickelung fortzuschreiten. Die allgemeinen Principien, die sie hierbei zur Anwendung bringt, sind dieselben wie in allen anderen echten Wissenschaften. Sie hat zunächst durch ausgedehnte kritische Vergleichung und Combination verwandter Erfahrungen inductive Erkenntnisse zu gewinnen; da diese aber, in Folge der Unvollständigkeit der empirischen Materialien, immer höchst beschränkt bleiben, muss sie weiterhin auch die deductive Methode in ausgedehntester Weise zur Anwendung bringen. Indem die phylogenetische Speculation dabei stets das grosse Ganze ihrer Aufgabe im Auge behält, indem sie durch naturgemässe Synthese die analytisch ergründeten Einzelheiten wieder zu einem natürlichen Ganzen verknüpft, gelingt es ihr, einen befriedigenden Einblick in die grossen Naturgesetze vom »Werden und Vergehen« der organischen Formen zu gewinnen. Selbstverständlich darf man an sie nicht den thörichten Anspruch einer »exacten« Naturwissenschaft stellen; denn der Natur der Sache nach ist und bleibt sie eine »historische« Naturwissenschaft. Wer aber überhaupt Verständniss für historische Forschung besitzt, wer überhaupt Erkenntniss der Geschichte als Wissenschaft gelten lässt, der wird sich bei tieferem Eindringen bald von dem hohen wissenschaftlichen Werthe der philosophischen Phylogenie überzeugen. Es genügt dafür, auf die wichtigste von allen phylogenetisch gewonnenen Erkenntnissen hinzuweisen, auf die Beantwortung der »Frage aller Fragen«, der Frage von der »Stellung des Menschen in der Natur« und seiner Herkunft. Durch Induction haben wir die sichere Ueberzeugung von der Einheit des Wirbelthier-Stammes gewonnen; durch Deduction schliessen wir daraus mit derselben Sicherheit, dass auch der Mensch als echtes Wirbelthier demselben Stamme entsprungen ist.

§ 15. Monistische Principien der Phylogenie.

Die allgemeinen leitenden Grundsätze für die Beurtheilung der Erscheinungen und die Erkenntniss ihrer Ursachen sind in der Phylogenie dieselben, wie in allen anderen Naturwissenschaften. Ein besonderer Hinweis auf den monistischen Character derselben könnte daher wohl überflüssig erscheinen. Er ist jedoch desshalb hier nöthig, weil bei einem Theile der hier zu untersuchenden Erscheinungen noch grossentheils dogmatische und dualistische Vorurtheile, oder selbst ganz mystische Gesichtspunkte festgehalten werden. Das gilt z. B. von dem Problem der Urzeugung, der Entstehung zweckmässiger Organisation, dem Ursprung des Seelenlebens, der Schöpfung des Menschen u. s. w. Diese und ähnliche schwierige Fragen der Phylogenie gelten noch heute vielen Naturforschern für unlösbar, oder sie nehmen dafür supranaturalistische und dualistische Dogmen an, welche mit einer wahren monistischen Erkenntniss ganz unverträglich sind. Insbesondere zählt auch heute noch jene teleologische Weltanschauung zahlreiche Anhänger, welche den Gang der Phylogenesis durch eine praemeditirte »Zielstrebigkeit« erklären will, oder durch einen »zweckmässigen Schöpfungsplan« eine »phyletische Lebenskraft« u. dergl. mehr. Alle diese dualistischen und vitalistischen Anschauungen führen consequenter Weise entweder zu völlig unklaren mystischen Dogmen, oder zu der anthropomorphen Vorstellung eines persönlichen Schöpfers; eines Demiurgen, der nach Art eines geistreichen Architecten »Baupläne« für seine organischen Schöpfungen entwirft und diese dann im Style verschiedener »Arten« ausführt. An sich schon sind alle diese teleologischen Dogmen völlig unverträglich mit den anerkannten mechanischen Principien einer gesunden Naturwissenschaft; sie sind aber auch völlig überflüssig geworden und überwunden durch die Selections-Theorie; denn diese hat endgültig das grosse Räthsel gelöst, wie durch zwecklos wirkende mechanische Naturprocesse die zweckmässigen Einrichtungen der Organisation entstehen können. Hier hat die teleologische Mechanik die unaufhörliche Selbstregulirung in der historischen Entwickelung jedes einzelnen Organismus wie der ganzen organischen Natur nachgewiesen; dieses rein monistische Princip ist die philosophische Richtschnur unserer Phylogenie.

§ 16. Ursachen der Phylogenesis.

Der gewaltige Fortschritt unserer Naturauffassung, welchen wir durch die Begründung der monistisch-mechanischen, die Widerlegung der mystisch-teleologischen Principien erzielt haben, offenbart seine Bedeutung vor Allem in der Erkenntniss der phylogenetischen Ursachen. Als solche erkennen wir heute nur noch die wahren »mechanischen oder werkthätigen Ursachen« an (*causae efficientes*); wir verwerfen alle sogenannten »zielstrebigen oder zweckthätigen Ursachen« (*causae finales*). Vor Entdeckung des Selections-Princips glaubte man der letzteren nicht entbehren zu können; heute erscheinen sie uns nicht nur nutzlos und entbehrlich, sondern auch irreführend. Ebenso wie die unbefangene Betrachtung der Völker-Geschichte uns gezwungen hat, die leitende Idee der »sittlichen Weltordnung« in derselben aufzugeben, ebenso nöthigt uns das vorurtheilsfreie Studium der Stammesgeschichte, in der gesammten organischen Welt die herrschende Idee eines »weisen Schöpfungsplanes« zu verlassen. Die Selections-Theorie hat den »Kampf um's Dasein« als den grossen, unbewusst wirkenden Regulator der Stammesentwickelung nachgewiesen, und zwar in doppeltem Sinne: erstens als Concurrenz-Kampf (Mitbewerbung um die nothwendigen Lebensbedürfnisse), und zweitens als Existenz-Kampf (Vertheidigung gegen Feinde und Schutz gegen Gefahren aller Art). Die Natural-Selection selbst entfaltet ihre schöpferische Thätigkeit im Kampf um's Dasein mittelst zweier physiologischer Functionen der Organismen, der Vererbung (als Theilerscheinung der Fortpflanzung) und der Anpassung (als Aenderung im Stoffwechsel und in der Ernährung). Diese beiden »formbildenden Functionen« (jede mit zahlreichen Modificationen ihrer Thätigkeit arbeitend) befinden sich allenthalben in ununterbrochener Wechselwirkung, die Vererbung als *conservativer*, die Anpassung als *progressiver* Factor. Als wichtigstes Product jener Wechselwirkung betrachten wir die progressive Vererbung oder die »Vererbung erworbener Eigenschaften«. Gebrauch und Nichtgebrauch der Organe, Wechsel-Beziehung zu der organischen Aussenwelt, directer Einfluss der anorganischen Medien, Kreuzung bei geschlechtlicher Fortpflanzung und andere mechanische Ursachen sind dabei im Selections-Process unaufhörlich wirksam.

§ 17. Continuität der Phylogenesis.

Ebenso wie die historische Entwickelung unseres anorganischen Erdkörpers, so ist auch diejenige seiner organischen Formenwelt ein ununterbrochener einheitlicher Process. Der Gang dieses Processes ist ein rein mechanischer, frei von allen bewussten, teleologischen Einflüssen, und die mechanischen Ursachen dieses continuirlichen Processes sind zu allen Zeiten dieselben gewesen wie heute; nur die Bedingungen und Verhältnisse, unter denen diese Ursachen zusammenwirken, sind einem beständigen langsamen Wechsel unterworfen, und dieser Wechsel selbst ist eine Folge der mechanischen Kosmogenesis, des grossen unbewussten Entwickelungs-Processes im ganzen Weltall. Diese grossen monistischen Principien der Continuität und des Actualismus, der mechanischen Causalität und der Natur-Einheit, gelten ebenso für die gesammte Phylogenie, wie für die Geologie.

Scheinbar in Widerspruch zu diesen »ewigen, ehernen, grossen Gesetzen« zeigt sowohl der geologische Process in der Schichtenfolge der Sedimente unserer Erdrinde, als auch der gleichzeitige phylogenetische Process in der Artenfolge ihrer organischen Bewohner, zahlreiche Lücken, Sprünge und Unterbrechungen. Indessen beruht ebenso hier wie dort diese scheinbare Discontinuität der historischen Umbildungen entweder auf der Unvollständigkeit unserer empirischen Kenntnisse, oder auf secundären Veränderungen, welche die primären Verhältnisse zerstört oder verdeckt haben.

§ 18. Zeitrechnung der Stammesgeschichte.

Die Umbildung der organischen Formen, welche von Beginn des organischen Lebens bis auf den heutigen Tag ununterbrochen fortdauert, ist zwar ein historischer Process von endlicher, aber von sehr langer Dauer. Wenn auch die natürliche Zuchtwahl überall und unaufhörlich seit Anbeginn des Lebens thätig war, wenn auch die gewaltigen Mächte der Vererbung und Anpassung ihre umbildende Wechselwirkung ununterbrochen im beständigen Kampf ums Dasein mit grösstem Erfolge ausübten, so mussten doch jedenfalls viele Millionen von Jahren (vielleicht von Jahrhunderten oder selbst Jahrtausenden!) verfliessen, ehe die organische Bevölkerung unseres Erdballs sich zu ihrer heutigen Höhe, Mannichfaltigkeit und Vollkommenheit erheben konnte. Dass in der That der endliche Zeitraum der organischen Erdgeschichte nach so ungeheuren (— unserer Vorstellung fast endlos erscheinenden —) Maassen nothwendig gemessen werden muss, ergiebt sich aus den festgestellten Thatsachen nicht allein der Biologie, sondern auch der Geologie. Den handgreiflichen Beweis dafür liefert die ungeheure Mächtigkeit der neptunischen Gebirgsmassen, welche während jenes Zeitraumes als Schlamm auf dem Meeresboden abgesetzt und später langsam zu festem Gestein verdichtet wurden. Die gesammte Dicke dieser neptunischen Sedimente wurde schon vor längerer Zeit ungefähr auf 24—30 Tausend Meter geschätzt, nach neueren Berechnungen sogar auf 40—60 Kilometer und mehr. Wenn man nun bedenkt, dass gewöhnlich im Laufe eines Jahrhunderts nur wenige Millimeter (oder unter günstigen Umständen einige Centimeter) Sediment auf dem Grunde des Oceans gebildet werden kann, und dass diese Bildung sehr oft unterbrochen werden kann, so lässt sich daraus eine allgemeine Vorstellung von der unermesslichen Länge der phylogenetischen Zeiträume gewinnen.

Vergeblich hat man viele Versuche gemacht, auf Grund von ungenügenden derartigen Annahmen die Zahl der Jahrhunderte oder Jahrtausende jener Zeiträume annähernd zu berechnen. Nach einer Berechnung aus neuester Zeit soll allein eine einzige Stufe der Tertiär-Sedimente (etwa ein Viertel dieser jüngsten Formation) wenigstens eine Million Jahre zu ihrer Bildung erfordert haben. Indessen je mehr wir uns in solche Versuche kritisch vertiefen, desto länger werden die einzelnen Zeitperioden, desto klarer die Unmöglichkeit, sie in Zahlen zu fassen und irgendwie anschaulich vorzustellen. Wenn wir nun auch definitiv auf eine solche absolute Zeitbestimmung der Stammesgeschichte verzichtet haben, so ist es doch trotzdem möglich, die relative Länge ihrer grösseren Perioden zu vergleichen.

§ 19. System der geologischen Formationen.

Geosystem	Formationen	Subformationen	Formations-Stufen
IV. Caenolithisches Geosystem. (Sedimente des caenozoischen Zeitalters.) *Mächtigkeit* 1000—1200 *Meter.*	**11. Quartär-Formation**	Alluviale	Cultur-Stufe
		Diluviale	Postglaciale Stufe Glaciale Stufe
	10. Tertiär-Formation.	Neogene	Pliocaen-Stufe Miocaen-Stufe
		Eogene	Oligocaen-Stufe Eocaen-Stufe
III. Mesolithisches Geosystem. (Sedimente des mesozoischen Zeitalters.) *Mächtigkeit* 3000—5000 *Meter.*	**9. Kreide-Formation**	Epicretassisch (Obere Kreide).	Turosenon-Stufe
		Mesocretassisch (Mittlere Kreide)	Cenoman-Stufe
		Hypocretassisch (Untere Kreide)	Neocom-Stufe
	8. Jura-Formation	Epijurassisch (Oberer, weisser Jura)	Portland Oxford } Malm-Stufe
		Mesojurassisch (Mittlerer, brauner Jura)	Bath Oolith } Dogger-Stufe
		Hypojurassisch (Unterer, schwarzer Jura)	Lias-Stufe Rhaeticon-Stufe
	7. Trias-Formation	Epitriassisch	Keuper
		Mesotriassisch	Muschelkalk
		Hypotriassisch	Buntsand
II. Palaeolithisches Geosystem. (Sedimente des palaeozoischen Zeitalters.) *Mächtigkeit* 15 000—20 000 *Meter.*	**6. Permische Formation**	Epipermisch	Zechstein
		Hypopermisch	Neurothsand
	5. Carbonische Formation	Epicarbonisch	Kohlensand
		Hypocarbonisch	Kohlenkalk
	4. Devonische Formation	Epidevonisch	Cypridin-Stufe
		Mesodevonisch	Eifel-Stufe
		Hypodevonisch	Coblenz-Stufe
	3. Silurische Formation	Episilurisch	Ludlow-Stufe
		Hyposilurisch	Landeilo-Stufe
I. Archolithisches Geosystem. (Sedimente des archozoischen Zeitalters.) *Mächtigkeit* 20 000—30 000 *Meter.*	**2. Cambrische Formation**	Epicambrisch	Tremadoc-Stufe
		Mesocambrisch	Potsdam-Stufe
		Hypocambrisch	Longmynd-Stufe
	1. Laurentische Formation.	Epilaurentisch	Labrador-Stufe
		Hypolaurentisch	Ottawa-Stufe

§ 20. System der phylogenetischen Perioden.

Zeitalter	Pflanzen	Evertebraten	Vertebraten
IV. Caenozoisches Zeitalter. Biogenetische Neuzeit. Aera der Angiospermen und Mammalien. {11. Quartäre Periode, 10. Tertiäre Periode}	Flora terrestris überwiegend aus Angiospermen gebildet (Monocotylen und Dicotylen). Gymnospermen und Pteridophyten treten zurück.	Fauna marina überwiegend durch jüngere und höhere Formen aller Stämme gebildet. Fauna terrestris hauptsächlich durch Insecten-Massen characterisirt, auch Spinnen und Landschnecken.	Vertebraten überwiegend durch Mammalien aller Ordnungen vertreten, auch viele Vögel. Reptilien treten zurück. Im Meere Cetaceen und Knochenfische. (Ganoiden fast verschwunden.)
III. Mesozoisches Zeitalter. Biogenetisches Mittelalter. Aera der Gymnospermen und Reptilien. {9. Kreide-Periode, 8. Jura-Periode, 7. Trias-Periode}	Flora terrestris grösstentheils aus Gymnospermen und Pteridophyten gebildet; erstere an Masse überwiegend, letztere an Artenzahl. In der Kreide treten die ersten Angiospermen auf (Monocotylen und Dicotylen).	Fauna marina characterisirt durch Massen von Ammoniten und Belemniten; höhere Crustaceen, Metechiniden, Hexacorallen. Fauna terrestris mit fast allen Ordnungen der Gliederthiere (Arachniden, Insecten) schon im Jura.	Vertebraten überwiegend durch Reptilien vertreten: Dinosaurier, Pterosaurier und viele andere. Im Meere Halisaurier, im Jura die ersten Knochenfische. Im Jura älteste Vögel, in der Trias älteste Säugethiere und Labyrinthodonten.
II. Palaeozoisches Zeitalter. Biogenetisches Alterthum. Aera der Farne und Fische. {6. Permische Periode, 5. Carbonische Periode, 4. Devonische Periode, 3. Silurische Periode}	Flora marina mit vielen Algen. Flora terrestris sehr reich, fast nur aus Pteridophyten gebildet; einzelne Gymnospermen. Acme im Carbon.	Fauna marina reich entwickelt in Coelenterien, Helminthen (Brachiopoden), Echinodermen und Mollusken. Von Articulaten anfangs nur Anneliden und Trilobiten. Fauna terrestris beginnt im Devon mit Tracheaten.	Vertebraten beginnen mit ältesten Fischen im Silur; bald reiche Entwickelung von Selachiern und Ganoiden. Terrestrische Wirbelthiere erst später: Amphibien im Carbon, Reptilien im Perm.
I. Archozoisches Zeitalter. Biogenetische Urzeit. Aera der Algen und Wirbellosen. {2. Cambrische Periode, 1. Laurentische Periode}	Flora marina nur aus Protophyten u. Algen gebildet. Flora terrestris noch nicht vorhanden, oder nur in Anfängen.	Protozoen anfangs allein; später niedere Metazoen (Coelenterien, Brachiopoden, Echinodermen), Trilobiten. Fauna terrestris fehlt.	Vertebraten fehlen (vielleicht schon durch skeletlose Acranier vertreten in dem Oberen Cambrium).

Um dieselbe annähernd zu schätzen, vergleichen wir die ungefähre Mächtigkeit ihrer Sedimente und schliessen daraus auf entsprechende Unterschiede in der Länge der Zeiträume, in denen sie entstanden.

Die Geologie hat auf Grund dieser Schätzungen, und auf Grund des verschiedenen palaeontologischen Characters der über einander liegenden Sedimente, schon lange ein System der Geologischen Formationen aufgestellt (§ 19), und diesem entsprechen die verschiedenen Zeitalter und Perioden unserer Stammesgeschichte (§ 20). Wir unterscheiden danach zunächst vier verschiedene Zeitalter: 1) die archizoische Aera (oder die biogenetische Urzeit); 2) die palaeozoische Aera (oder das biogenetische Alterthum); 3) die mesozoische Aera (oder das biogenetische Mittelalter); und 4) die caenozoische Aera (oder die biogenetische Neuzeit). Während dieser vier Haupt-Perioden wurden vier entsprechende Geosysteme abgelagert, die vier grossen »Formations-Gruppen« des geologischen Schichten-Complexes: das archolithische, palaeolithische, mesolithische und caenolithische System. Die Mächtigkeit dieser vier Systeme wird nach neueren Schätzungen ungefähr innerhalb folgender Grenzen (im Durchschnitt) schwanken:

IV. Caenolith. System:	1000— 1200	Meter,
III. Mesolith. System:	3000— 5000	Meter,
II. Palaeolith. System:	15000—20000	Meter,
I. Archolith. System:	20000—33000	Meter.
Runde Summe ungefähr:	40000—60000	Meter.

§ 21. Archozoisches Zeitalter.

(*Aera der archolithischen Sedimente.*)

Herrschaft der Algen und Wirbellosen.

Der erste von den vier grossen Hauptabschnitten der organischen Erdgeschichte umfasst den ungeheuren Zeitraum vom Beginn des organischen Lebens bis zum Abschluss der cambrischen Ablagerungen; wir bezeichnen denselben als das archozoische Zeitalter oder die biogenetische Urzeit. Häufig wird dieser Zeitraum auch heute noch als *„azoische Periode“* den folgenden gegenübergestellt; hauptsächlich weil die mächtigen Sedimente desselben überaus arm an Versteinerungen sind; nur die oberen Abtheilungen, die cambrischen Schichten, enthalten eine geringe Anzahl gut erhaltener Petrefacten. Wenn aber hieraus gefolgert wird, dass während der Bildung der unteren, versteinerungslosen Schichten, der gewaltigen laurentischen Formationen, noch kein organisches Leben existirte, so ist dieser Schluss völlig irrthümlich. Der Mangel von Petrefacten erklärt sich sehr einfach durch den metamorphischen (oder besser: metalithischen) Zustand, in welchem sich der grösste Theil der archolithischen Gesteine befindet. Die zahlreichen versteinerten Reste von Protophyten und Protozoen, Algen und Wirbellosen, welche diese krystallinischen Schiefer- und Gneissbildungen ursprünglich einschlossen, sind durch die spätere Metalithose (oder *„lithoplastische Metamorphose“*) derselben völlig zerstört worden. Aber schon aus dem phylogenetischen Character der ältesten bekannten Petrefacten (— aus dem untersten Cambrium —) ergiebt sich, dass diesen relativ hochorganisirten Brachiopoden, Mollusken, Trilobiten u. s. w. lange Reihen von niederen Ahnen vorausgegangen sein müssen: Ahnen-Reihen, die zu ihrer phyletischen Ausbildung viele Millionen von Jahren bedurften. Die unfassbare Länge dieser Primordial-Zeit lässt sich ermessen aus der erstaunlichen Dicke der archolithischen (— oder »archaeischen« —) Sedimente; Einige schätzen sie auf 10000, Andere auf 20 und sogar 30 Tausend Meter und darüber.

Wir unterscheiden in der archozoischen Aera zwei grosse Perioden: die ältere, *laurentische*, und die jüngere, *cambrische*; jede für sich allein wird viele Millionen von Jahren umfasst haben. Die Laurentische Formation kann wegen ihres Mangels an Petrefacten nicht weiter palaeontologisch eingetheilt werden; nach geologischen Verhältnissen kann man in derselben zwei Hauptstufen unterscheiden, die untere Ottawa-Stufe (Hypolaurentisch) und die obere Labrador-Stufe (Epilaurentisch). Dagegen lassen sich in der Cambrischen Formation auch auf Grund von palaeontologischen Documenten zwei oder selbst drei Stufen trennen: Die unterste von diesen, die Longmynd-Stufe oder das Hypocambrium, enthält die ältesten uns bis jetzt bekannten fossilen Reste: einzelne Algen (*Eophyton*), Radiolarien (*Sphaeroideen*), Echinodermen (*Crinoiden*-Fragmente), Brachiopoden (*Obolus, Lingula*), Mollusken (eine Patella-ähnliche *Scenella*) und Trilobiten (*Olenellus*). Zahlreicher werden die fossilen Reste dieser Gruppen (dazu noch Corallen u. A.) in der Potsdam-Stufe (Mesocambrium) und in der oberen Tremadoc-Stufe (Epicambrium).

So ausserordentlich unvollständig nun auch die palaeontologische Urkunde sich für das archozoische Zeitalter erweist, so können wir uns doch über dessen Lebens-Verhältnisse und seine hohe phylogenetische Bedeutung ganz bestimmte Vorstellungen auf Grund der beiden anderen grossen Urkunden bilden, der vergleichenden Anatomie und Ontogenie. Wir dürfen uns auf Grund derselben folgende Hypothesen bilden: 1) Das organische Leben begann im Anfang der Laurentischen Periode mit der Archigonie von Moneren (§ 32, 33). 2) Aus diesen entstanden durch Differenzirung von Karyoplasma und Cytoplasma die ersten Zellen (§ 34). 3) Diese ältesten Protisten sonderten sich frühzeitig in Protophyten (mit vegetalem Stoffwechsel) und in Protozoen (mit animaler Ernährungsweise; § 39). 4) Durch Ausbildung von mannichfaltig geformten Schutz-Vorrichtungen (Zellmembranen, Kalkschalen, Kieselschalen etc.) entwickelten diese einzelligen Protisten schon frühzeitig zahlreiche Arten und Gattungen. 5) Aus einem Theile der einzelligen ***Protophyten*** entwickelten sich späterhin die ältesten, echten ***Metaphyten*** (zunächst vielzellige Algen). 6) Aus einem Theile der einzelligen ***Protozoen*** entwickelten sich ebenfalls später die ältesten, echten ***Metazoen*** (Gastraeaden). 7) Aus diesen gingen schon während der laurentischen Periode die Stammformen der wirbellosen Thierstämme hervor, deren älteste Vertreter wir versteinert im Cambrium finden (Cnidarien, Mollusken, Echinodermen, Brachiopoden, Crustaceen). Wirbelthiere und Cormophyten fehlten im Cambrium vermuthlich noch ganz. Wir können daher die archozoische Aera als das Zeitalter der Algen und Evertebraten bezeichnen.

§ 22. Palaeozoisches Zeitalter.

(*Aera der palaeolithischen Sedimente.*)

Herrschaft der Farne und Fische.

Der zweite Hauptabschnitt der organischen Erdgeschichte umfasst das palaeozoische Zeitalter oder das biogenetische Alterthum; sein Anfang wird bezeichnet durch die Bildung der untersten silurischen, sein Ende durch die der obersten permischen Schichten. Obgleich wahrscheinlich die Länge dieser palaeolithischen Aera bedeutend geringer war, als diejenige des vorhergehenden archolithischen Zeitraums, umfasste sie doch jedenfalls mehrere Millionen Jahre, und war viel bedeutender als diejenige der beiden folgenden Aeren (mesozoische und caenozoische Zeit) zusammengenommen. Die Mächkeit der palaeolithischen Sedimente wird auf 15000—20000 Meter geschätzt.

Der Reichthum an wohl erhaltenen Versteinerungen ist in den palaeolithischen Sedimenten viel grösser, als in den archolithischen, und gestattet uns, vier verschiedene Formationen zu unterscheiden, die silurische, devonische, carbonische und permische; jede von ihnen bezeichnet eine besondere, biogenetisch wohl characterisirte Periode der palaeozoischen Aera. Die älteste von diesen ist die Silurische Periode, ausgezeichnet durch einen grossen Reichthum an wirbellosen Seethieren aus den Stämmen der Cnidarien (Graptolithen, Tetracorallen), Echinodermen (Cystideen, Crinoiden), Helminthen (Bryozoen,

Brachiopoden), Mollusken und Trilobiten. Auch erscheinen in den jüngeren silurischen Sedimenten die ältesten fossilen Reste von Wirbelthieren (Urfischen und Ganoiden). Viel zahlreicher und mannichfaltiger treten diese letzteren in der folgenden Devonischen Periode auf, deren Evertebraten im Ganzen noch den silurischen Character beibehalten. Doch nehmen viele ältere Typen jetzt schon ab, während ansehnliche Ammoniten und Riesenkrebse (Eurypteriden) neu erscheinen. Auch treten im Devon die ersten landbewohnenden Gliederthiere (einzelne Scorpione und Insecten), sowie die ersten Landpflanzen auf (Pteridophyten); die silurischen Organismen waren fast ausschliesslich Meeresbewohner.

Die zweite Hälfte der palaeozoischen Bildungen, die *carbonischen* und *permischen* Formationen, zeigen einen ganz anderen Character, als die *silurischen* und *devonischen* Bildungen der ersten Hälfte. In der Carbonischen Periode oder der »Steinkohlenzeit« begegnen wir einer überraschenden Fülle von Landpflanzen, grösstentheils Pteridophyten (Filicinen, Calamiten und Lepidophyten); die mächtigen Steinkohlenflötze dieser Zeit legen Zeugniss ab von der massenhaften Entwickelung dieser eigenthümlichen und zum Theil colossalen Farnpflanzen, die durch eine kohlensäurereiche Atmosphäre und ein feucht-heisses Tropenklima auf den neugebildeten Continenten ausserordentlich begünstigt wurde. Auch erscheinen auf den letzteren zum ersten Male landbewohnende und luftathmende Thiere in grösserer Zahl, und zwar aus den beiden Stämmen der Gliederthiere (Myriapoden, Arachniden, Insecten), — und der Wirbelthiere (Amphibien aus der gepanzerten Gruppe der Stegocephalen — zugleich die ältesten fünfzehigen Vertebraten!). In der folgenden Permischen Periode (oder der »Dyas-Zeit«) gesellen sich zu diesen letzteren die ältesten Reptilien (Proterosaurus, Palaehatteria u. A.); es sind dies die Stammformen der Amnioten-Gruppe, jener höchstentwickelten Vertebraten-Abtheilung, welche die Reptilien, Drachen, Vögel und Säugethiere umfasst. Im Uebrigen unterscheidet sich die permische Fauna und Flora noch wenig von der carbonischen; nur ist sie im Ganzen viel ärmer. Schon in dem jüngeren Abschnitt der Steinkohlenzeit, ebenso wie in der damit eng verknüpften permischen Zeit, verschwinden zahlreiche Typen, welche für die ältere Palaeolith-Aera characteristisch waren. An deren Stelle treten andere neue Typen, neue Formen der Tetracorallen, Crinoiden, Brachiopoden, Crustaceen, und unter den Fischen die kleinschuppigen Ganoiden.

Im Grossen und Ganzen betrachtet, bietet uns die phyletische Entwickelung der palaeozoischen Thier- und Pflanzenwelt ein grossartiges Characterbild, dessen einzelne Züge ganz den theoretischen

Anforderungen des Transformismus entsprechen, Das gilt sowohl von der älteren Hälfte (dem ***silurisch-devonischen Bios***), welche aus dem Cambrium hervorging, als von der jüngeren Hälfte (dem ***carbonisch-permischen Bios***), in welcher zum ersten Male die terrestrische Fauna und Flora sich reich entwickelt. Mit Hinsicht auf die herrschenden Hauptgruppen bezeichnen wir die palaeozoische Aera als das Zeitalter der Pteridophyten und Fische.

§ 23. Mesozoisches Zeitalter.

(*Aera der mesolithischen Sedimente.*)

Herrschaft der Gymnospermen und Reptilien.

Der dritte von den vier grossen Hauptabschnitten der organischen Erdgeschichte umfasst das mesozoische Zeitalter oder das biogenetische Mittelalter; seinen Anfang bezeichnet die Bildung der untersten triassischen Sedimente (des Buntsandsteins), sein Ende die Ablagerung der obersten Kreide-Schichten (der Weisskreide). Die Mächtigkeit der mesolithischen Sedimente ist weit geringer, als diejenige der darunter liegenden palaeolithischen; sie wird auf 2000 bis 5000 Meter geschätzt; immerhin sind zu ihrer Bildung mehrere Millionen Jahre erforderlich gewesen. Sie sind äusserst reich an vielgestaltigen und characteristischen Versteinerungen, und diese geben uns ein hoch interessantes Bild von der eigenthümlichen Flora und Fauna, welche während der mesozoischen Aera unsere Erde bevölkerte. Im Grossen und Ganzen von phylogenetischem Standpunkte betrachtet, ist die mesozoische Lebewelt ein vollkommenes Mittelglied zwischen der älteren palaeozoischen und der jüngeren caenozoischen Formenwelt.

Das biogenetische Mittelalter wird in drei grosse Perioden eingetheilt, deren jede wieder durch ihre eigenthümliche Flora und Fauna characterisirt ist: die Trias, Jura und Kreide. In der Trias-Formation folgen drei Stufen auf einander, unten Buntsandstein, mitten Muschelkalk, oben Keuper. Ebenso wird die Jura-Formation in drei Stufen eingetheilt, unten der schwarze Jura (Lias), mitten der braune Jura (Dogger), oben der weisse Jura (Malmstufe). Entsprechend lassen sich auch in der Kreide-Formation abermals drei Stufen unterscheiden, unten die Neocom-Stufe (Unterkreide), mitten die Cenoman-Stufe (Mittelkreide), oben die Turosenon-Stufe (Oberkreide). Ebenso scharf wie die letzte gegen die darüber liegenden ältesten Tertiär-Bildungen, ist unten den Buntsandstein gegen die darunter gelegenen jüngsten permischen Sedimente abgegrenzt. Diese scheinbaren phylogenetischen Klüfte sind zum Theil durch bedeutende geologische Veränderungen, zum Theil nur durch locale Verhältnisse der Sediment-Bildung und ihres Materials veranlasst, besonders durch die Petrefacten-Armuth der angrenzenden Schichten. In der That ist unten die epipermische Fauna und Flora mit der ältesten hypotriassischen ebenso durch unmittelbare Uebergangsformen verknüpft, wie oben die epicretassische Lebewelt mit der ältesten eocaenen.

Die grossen phylogenetischen Gesetze der fortschreitenden Entwickelung, der stetigen Zunahme an Zahl, Mannichfaltigkeit und Vollkommenheit der Arten, werden durch die Flora und Fauna der mesozoischen Aera in glänzender Weise bestätigt. Dabei existiren zwischen den unzähligen einzelnen Arten und Arten-Gruppen so zahlreiche Uebergangsformen, dass wir grossentheils die Transformation derselben Schritt für Schritt historisch verfolgen können. Insbesondere gilt das von den Bildungen der Jura-Formation, die äusserst reich an interessanten Versteinerungen sind, und in denen der Character des biogenetischen Mittelalters seine höchste Blüthe und eigenthümlichste Ausbildung erreicht. Die ältere Trias-Formation ist bedeutend ärmer; und in der jüngeren Kreide-Formation sterben bereits viele typische Formen aus.

Die mesolithische Flora ist vor Allem characterisirt durch die mächtige Entwickelung der Gymnospermen-Classe (*Cycadeen* und *Coniferen*); diese Nadelhölzer bilden überwiegend die mesozoischen Wälder, während die palaeozoischen durch Massen von grossen Pteridophyten gebildet waren. Ebenso characteristisch ist im Thierreich die erstaunliche Entwickelung der Reptilien-Classe, von der im Perm nur die ersten Spuren erschienen. Ausser den noch jetzt zahlreich lebenden Eidechsen, Crocodilen und Schildkröten erschienen in der Mesolith-Aera sehr zahlreiche, ganz eigenthümliche und zum Theil colossale Formen dieser ältesten Amnioten-Classe, die Seedrachen (Halisaurier), Landdrachen (Dinosaurier), Flugdrachen (Pterosaurier) u. s. w. Daneben treten aber auch schon die ältesten Vertreter der beiden höchsten Vertebraten-Classen auf, Vögel und Säugethiere. Auch von den Gliederthieren sind im Jura bereits fast alle Ordnungen vertreten, namentlich von den Malacostraken und Insecten. Im Stamme der Weichthiere ist bemerkenswerth die mächtige Entwickelung der Ammoniten und Belemniten; im Stamme der Sternthiere treten die Metechiniden an die Stelle der Palechiniden, unter den Anthozoen die Hexacorallen an die Stelle der Tetracorallen. Mit diesen letzteren sind auch viele andere marine Evertebraten des palaeozoischen Zeitalters verschwunden, oder (wie die Brachiopoden) sehr reducirt. Mithin zeigt auch die marine Fauna und Flora im Mesozoicum einen ganz anderen Character, als im Palaeozoicum. Am meisten characteristisch bleibt jedoch die Herrschaft der Gymnospermen und Reptilien.

§ 24. Caenozoisches Zeitalter.

(*Aera der caenolithischen Sedimente.*)

Herrschaft der Angiospermen und Mammalien.

Der vierte und letzte Hauptabschnitt der organischen Erdgeschichte umfasst das caenozoische Zeitalter oder die biogenetische Neuzeit; diese beginnt mit der Bildung der ältesten tertiären (eocaenen) Schichten und dauert bis zur Gegenwart. Obgleich dieser caenolithische Zeitraum jedenfalls mehr als eine Million Jahre umfasst, ist derselbe doch jedenfalls viel kürzer gewesen, als jeder der drei grossen älteren Zeiträume. Das ergiebt sich schon aus der viel geringeren Mächtigkeit der caenolithischen Sedimente, die in der Regel auf wenig mehr als 1000 Meter geschätzt wird (gegen 5000 Meter der mesozoischen und 15000 der palaeozoischen Ablagerungen).

Als zwei Hauptabschnitte der Caenolith-Aera unterscheidet man die ältere Tertiär-Zeit und die jüngere Quartär-Zeit. Die Sedimente der Tertiär-Formation werden wieder eingetheilt in ältere Eogen-Bildungen (*eocaene* und *oligocaene* Stufe), und in jüngere Neogen-Bildungen (*miocaene* und *pliocaene* Stufe). In der Quartär-Formation folgt dann zunächst die wichtige Diluvial-Bildung (mit der älteren *glacialen* und der jüngeren *postglacialen* Stufe); an letztere schliessen sich ohne scharfe Grenze die alluvialen Ablagerungen der Gegenwart an. In die Quartär-Zeit fällt die Entwickelung des Menschengeschlechts, dessen Ursprung (aus anthropoiden Affen) schon in der jüngeren Tertiär-Zeit (Pliocaen-Periode) stattfand. Der Mensch hat in weit höherem Grade als alle anderen Organismen umbildend auf die gesammte organische und anorganische Natur der Erde eingewirkt. Durch seine Cultur hat er zahlreiche Arten von Thieren und Pflanzen vernichtet, aber auch viele neue Formen (durch künstliche Zuchtwahl) in's Dasein gerufen. Man kann daher auch die Quartär-Zeit — trotz ihrer verhältnissmässigen Kürze — als einen fünften Hauptabschnitt der organischen Erdgeschichte unterscheiden, als Anthropozoisches Zeitalter. Die wenigen Jahrtausende der Culturgeschichte und der Völkergeschichte (— früher in seltsamer Ueberhebung als »Weltgeschichte« bezeichnet —) bilden nur den letzten kurzen Abschnitt dieser Anthropolith-Aera.

Der Character der Caenozoischen Fauna und Flora ist im Ganzen sehr verschieden von dem der vorhergehenden Mesozoischen Aera; er nähert sich um so mehr demjenigen der Gegenwart, je höher wir von den älteren zu den jüngeren Tertiär-Schichten emporsteigen. Die Zahl,

Mannichfaltigkeit und Vollkommenheit der Arten erreicht in diesem jüngsten Zeitalter einen weit höheren Grad, als je zuvor. Dies gilt vor Allem von der terrestrischen Pflanzen- und Thier-Welt; in der Flora gewinnen die Herrschaft die Angiospermen (***Monocotylen*** und ***Dicotylen***), in der Fauna die ***Insecten*** und ***Mammalien***. Zwar finden wir Vertreter dieser modernen Hauptgruppen auch schon in der Kreide, und zum Theil im Jura (Insecten auch in palaeozoischen Bildungen). Allein die volle Entwickelung derselben findet erst in der Tertiär-Zeit statt und nimmt zu bis zur Gegenwart; sehr schön lässt sich dieselbe Schritt für Schritt durch alle Stufen hindurch phylogenetisch verfolgen. Aber auch in der marinen Fauna und Flora verdrängen in allen Stämmen die modernen, vollkommen entwickelten Gruppen die älteren niederen Vorfahren. Ausserdem sind bereits im Beginne der Caenolith-Aera die meisten characteristischen Hauptformen des Mesolithischen Zeitalters entweder ausgestorben, oder doch sehr reducirt. Besonders in einzelnen Gruppen (z. B. Hufthieren und Raubthieren), in denen die palaeontologische Urkunde ausnahmsweise sehr vollständig ist, begründen wir auf dieselbe mit seltener Sicherheit ihre Phylogenie.

§ 25. Kategorien des phylogenetischen Systems.

Die Systematik der organischen Formen sucht zunächst eine klare Uebersicht über die unendliche Zahl und Mannichfaltigkeit ihrer Arten dadurch zu gewinnen, dass sie dieselben in verschiedene Kategorien oder Gruppenstufen ordnet, diese möglichst scharf definirt und mit einem passenden Namen belegt. Die künstliche Systematik ging dabei früher von der irrthümlichen Ansicht aus, dass die einzelnen Gruppen des Systems constante natürliche Einheiten seien, und dass insbesondere die Basis desselben, der Begriff der Art oder Species, eine natürlich begrenzte, in sich abgeschlossene und innerhalb enger Grenzen unveränderliche Grösse darstelle; die Species sei zwar gewissen Abweichungen unterworfen, aber in ihrem Hauptcharacter constant. Dieses verhängnissvolle »Dogma von der Species-Constanz« wurde erst durch die Aufstellung der Descendenz-Theorie (1809) erschüttert, allgemein aber erst aufgegeben, seitdem diese letztere durch die Selections-Theorie eine causale Begründung erhalten hatte (1859). Seitdem ist allgemein die Ueberzeugung durchgedrungen, dass der Species-Begriff eine künstliche Abstraction ist, ebenso wie die allgemeineren, darüber stehenden Gruppenbegriffe des Genus, der Familie, Ordnung und Classe. Alle diese Kategorien sind im natürlichen System bloss Zweiggruppen des Stammbaums; alle ähnlichen oder verwandten Formen einer wirklich natürlichen

Systems-Abtheilung hängen an der Basis, wo sie vom gemeinsamen Stamm entspringen, zusammen. Wenn man früher nur diejenigen Species als »gute Arten« bezeichnete, welche geschlossene und von den verwandten Arten scharf getrennte Formengruppen bildeten, so können wir heute daraus nur den Schluss ziehen, dass dieselben uns unvollständig bekannt sind. Wenn wir die unbekannten oder ausgestorbenen Zwischenformen zwischen ihnen und den stammverwandten Species kennen würden, müssten wir sie wegen der Unmöglichkeit scharfer Trennung als »schlechte Arten« bezeichnen. Alle *„bonae species"* waren ursprünglich *„malae species"*, und dasselbe gilt von allen anderen Kategorien des Systems.

Nichtsdestoweniger ist die natürliche Systematik der Gegenwart bei ihrer phylogenetischen Classification ebenso genöthigt, die einzelnen Formengruppen scharf zu unterscheiden, zu definiren und in Gruppenstufen zu ordnen, wie es früher die künstliche Systematik in ihrem logischen System that. Dies ist um so unerlässlicher, als unsere phylogenetischen Urkunden immer unvollständig bleiben, und also auch unsere Stammbäume immer nur einen annähernden Erkenntnisswerth besitzen. Thatsächlich wird es in der systematischen Praxis unsere Aufgabe sein, einen möglichst naturgemässen Compromiss zwischen den theoretisch festzuhaltenden phylogenetischen Zielen des natürlichen Systems und den praktisch erreichbaren logischen Anforderungen des künstlichen Systems zu finden. Einerseits müssen wir stets danach streben, die Stammverwandtschaft der einzelnen Zweiggruppen des Stammbaums möglichst klar zu erkennen; anderseits müssen wir ebenso bemüht sein, die Unterschiede derselben möglichst scharf in ihrer logischen Definition und ihrer künstlichen Anordnung zum Ausdruck zu bringen.

§ 26. Relativismus der Kategorien.

Aus der phylogenetischen Auffassung des natürlichen Systems ergiebt sich unmittelbar, dass den verschiedenen Gruppenstufen oder Kategorien desselben keine absolute, sondern nur eine relative Bedeutung beizumessen ist. Ebenso wenig wie die Species selbst, ist auch das Genus, die Familie, die Ordnung, die Classe u. s. w. ein absoluter Begriff, von einem constanten Inhalt und Umfang. Vielmehr können wir in denselben nur kleinere und grössere Zweiggruppen des Stammbaums erblicken, die bei unserer unvollständigen Kenntniss des letzteren immer nur den relativen Werth von künstlichen Abstractionen behalten. Es muss daher dem practischen Tacte des logischen Systematikers in jedem einzelnen Falle überlassen bleiben, die einzelnen

Formengruppen in eine möglichst naturgemässe Stufenreihe zu ordnen und dabei den practischen Bedürfnissen der Klarheit und Uebersichtlichkeit des Systems möglichst zu genügen. Dabei können ihm weder in der Zahl der aufzustellenden Kategorien, noch in der Begriffsbestimmung derselben Schranken gesetzt werden.

Dagegen ist stets darauf zu achten, dass in der Stufenleiter der systematischen Kategorien das Verhältniss ihrer Subordination dasselbe bleibt. Je reicher sich der Stammbaum einer natürlichen Hauptgruppe (z. B. der Angiospermen, der Wirbelthiere) verzweigt, desto practischer wird es sein, die zahlreichen Astgruppen desselben in eine grosse Zahl von niederen nnd höheren Gruppenstufen zu ordnen; nur ist dabei stets darauf zu achten, dass der relative Rang der einzelnen Kategorien constant fixirt bleibt. So steht z. B. stets die *Ordnung* als höhere und umfassendere Kategorie über der *Familie*, diese über der *Tribus*, die Tribus über dem *Genus* u. s. w. Wenn wir in diesem Sinne die gebräuchlichen Gruppenstufen ordnen und dabei der angenommenen Praxis der besten systematischen Autoritäten folgen, so ergiebt sich folgende Stufenleiter der subordinirten Kategorien:

§ 27. Stufenreihe der Kategorien.

Kategorie des Systems	Deutsche Bezeichnung der Gruppe	Beispiel aus dem Thierreiche	Beispiel aus dem Pflanzenreiche
1. **Phylum**	Stamm (Typus)	Vertebrata	Metaphyta
2. Subphylum	Unterstamm	Craniota	Anthophyta
3. **Cladoma**	Hauptclasse	Amniota	Angiospermae
4. Subcladus	Classenast		
5. **Classis**	Classe	Mammalia	Dicotylae
6. Subclassis	Unterclasse	Monodelphia	Dichlamydea
7. **Legio**	Legion	Deciduata	
8. Sublegio	Unterlegion	Discoplacentalia	
9. **Ordo**	Ordnung	Rodentia	Aggregatae
10. Subordo	Unterordnung		
11. **Sectio**	Haufe	Myomorpha	
12. Subsectio	Unterhaufe		
13. **Familia**	Familie	Murina	Compositae
14. Subfamilia	Unterfamilie		Liguliflorae
15. **Tribus**	Sippschaft	Arvicolida	Cichoraceae
16. Subtribus	Untersippschaft	Hypudaei	Crepideae
17. **Genus**	Gattung	Arvicola	Hieracium
18. Subgenus	Untergattung		
19. **Cohors**	Rotte	Paludicola	Piloselloidea
20. Subcohors	Unterrotte		Monocephala
21. **Species**	Art	Arvicola amphibius	Hieracium pilosella
22. Subspecies	Unterart		Hieracium pilosissimum
23. **Varietas**	Rasse	Arvicola (amphibius) terrestris	
24. Subvarietas	Spielart	Arvicola (amphibius, terrestris) argentoratensis	Hieracium (pilosella, pilosissimum) peleterianum.

§ 28. Construction der Stammbäume.

Die unendliche Mannichfaltigkeit der organischen Formen und die typische Verschiedenheit der Organisation, welche in den Hauptgruppen der organischen Welt uns entgegentritt, lässt schon an sich die Construction ihrer Stammbäume als eine höchst schwierige und verwickelte Aufgabe erscheinen. Ihre vollkommene Lösung ist aber desshalb ganz hoffnungslos, weil die empirischen Urkunden der Stammesgeschichte in hohem Maasse lückenhaft sind und immer unvollständig bleiben werden (§ 2—11). Trotzdem besitzt schon jeder ernste Versuch, die phylogenetische Classification einer organischen Formengruppe unter dem Bilde eines Stammbaums darzustellen, einen hohen wissenschaftlichen Werth. Denn ein solches systematisches Genealogem ist eine heuristische Hypothese, welche die Aufgaben und Ziele der phylogenetischen Classification viel klarer und bestimmter mit einem Blicke übersehen lässt, als es in einer weitläufigen Erörterung der verwickelten Verwandtschafts-Verhältnisse ohne diese Form der Darstellung möglich sein würde.

Die ersten Versuche, welche wir selbst (1866) zur Begründung einer phylogenetischen Classification unternahmen, beschränkten sich auf den Entwurf einer geringen Zahl von Stammbäumen in planimetrischer Projection. Es ist jedoch klar, dass das natürliche System jeder Formen-Gruppe, insofern es wirklich den Ausdruck der wahren Stammverwandtschaft anstrebt, einen Baum darstellt, dessen Zweige sich nach verschiedenen Richtungen des Raumes ausbreiten und vielseitig divergent entwickeln. Eine befriedigende Darstellung derselben kann daher nur durch Construction eines stereometrischen Stammbaums gegeben werden; der Phylogenist muss »das mannichfache Gewirr der phylogenetischen Entwickelungsbahnen graphisch von verschiedenen Seiten darstellen« und die verticalen Ansichten durch horizontale Projectionen (— oder »Querschnitte des Stammbaums« —) ergänzen. Solche ideale Querschnitte der Stammbäume und Ansichten derselben von verschiedenen Seiten sind für das klare Verständniss des natürlichen Systems ebenso werthvoll, wie die Querschnitte eines höheren Organismus und seine Abbildung von verschiedenen Seiten für das anatomische Verständniss seines Körperbaues.

Die zahlreichen Stammbäume kleinerer und grösserer Formengruppen, welche im Laufe der beiden letzten Decennien zum Ausbau des natürlichen Systems der Thier- und Pflanzen-Formen entworfen wurden, haben sich fast ausschliesslich in der von uns zuerst versuchten planimetrischen Form der Darstellung gehalten; alle Zweige des Stammbaums sind in eine Vertical-Ebene projicirt. Nur ein einziger grösserer

Versuch liegt bis jetzt vor, einen vielverzweigten Stammbaum in stereometrischer Form zur Anschauung zu bringen und mehrseitige verticale Ansichten durch horizontale Projectionen zu ergänzen; es sind dies die ausgezeichnet gründlichen und umsichtig durchgeführten »Untersuchungen zur Morphologie und Systematik der Vögel« (1888). Nach dem Vorbilde dieser mustergültigen Darstellung sollte jeder specielle Systematiker in seinem Forschungsgebiete die stereometrische Construction des Stammbaums durchführen. Unser Wunsch, dieselbe auch in dem vorliegenden »Entwurfe eines natürlichen Systems« zur Anwendung zu bringen, blieb leider unausführbar wegen der Ausdehnung unserer Aufgabe und der Unvollkommenheit des gegenwärtigen Zustandes unserer phylogenetischen Kenntnisse.

§ 29. Monophyletische und polyphyletische Hypothesen.

Die zahlreichen Versuche, welche in der zoologischen und botanischen Systematik seit zwei Decennien zur Construction von Stammbäumen ausgeführt sind, haben übereinstimmend zu der jetzt herrschenden Anschauung geführt, dass die Zahl der unabhängigen Stammbäume sehr beschränkt ist, d. h. dass nur wenige Hauptgruppen von stammverwandten Thier- und Pflanzen-Formen sich selbständig historisch entwickelt haben. Viele Zoologen nehmen gegenwärtig schon eine gemeinsame Abstammung auch für die wenigen Stämme des Thierreichs an, und ebenso leiten viele Botaniker alle Phylen des Pflanzenreichs von einer einzigen gemeinsamen Stammform ab. Da aber die beiden grossen Reiche unten an ihrer Wurzel unmittelbar zusammenhängen und mehrfach durch verbindende Zwischenformen eng verknüpft sind, kann man auch noch weiter gehen und für alle Organismen eine einzige gemeinsame Ausgangsform annehmen. Dieser älteste Urorganismus, der gemeinsame Stammvater der ganzen organischen Welt, könnte nach unserer heutigen Anschauung nur ein einfachstes Moner sein, ein structurloses, durch Archigonie entstandenes Plasma-Korn, ein »Organismus ohne Organe« (§ 33). Wie ein solcher einheitlicher Stammbanm gedacht werden kann, ist in § 71 schematisch dargestellt.

Während gegenwärtig viele Biologen, überzeugt von der principiellen Einheit der organischen Welt, einen solchen einheitlichen oder monophyletischen Ursprung für alle Organismen annehmen, und alle lebenden und ausgestorbenen Arten nur für Aestchen eines einzigen riesigen Stammbaums halten, sind dagegen andere Naturforscher zu entgegengesetzten Ansichten gelangt und stellen polyphyletische Hypothesen auf; sie nehmen an, dass mehrere (oder viele) Stämme sich ursprünglich selbständig entwickelt haben, und dass neben wenigen hochentwickelten Stämmen viele niedere Phylen noch heute unabhängig von einander existiren.

Welche von diesen beiden Auffassungen die richtigere ist, muss in jedem einzelnen Falle durch kritische Prüfung der empirischen Urkunden ermittelt werden. Im Allgemeinen können wir nur sagen, dass die monophyletische Hypothese um so mehr berechtigt und gesichert erscheint, je höher die Ausbildungsstufe der betreffenden Organismen-Gruppe sich erhebt und je characteristischer ihre Organe zu einem verwickelten typischen Bauwerk zusammengefügt sind. So wird gegenwärtig von allen Zoologen die ganze Gruppe der Wirbelthiere, von allen Botanikern die ganze Abtheilung der Blüthenpflanzen als ein natürlicher Stamm aufgefasst, weil es undenkbar oder doch höchst unwahrscheinlich ist, dass eine so formenreiche und hoch entwickelte, trotzdem aber ganz einheitlich organisirte Gruppe aus mehreren verschiedenen Stammgruppen hervorgegangen sei. Ueberdies wird durch die palaeontologische Succession ihrer Ahnen-Gruppen die monophyletische Entwickelung direct bewiesen.

Anders verhält es sich im Gebiete der niederen Organismen und vor Allen der einzelligen Protisten. Hier gewinnen die polyphyletischen Hypothesen immer mehr Bedeutung. Denn es ist nicht nur möglich, sondern sehr wahrscheinlich, dass ursprünglich viele Stämme von einfachen einzelligen Lebensformen sich unabhängig von einander in ähnlicher Weise entwickelt haben.

§ 30. Ergebnisse der phylogenetischen Classification.

Der Werth der Ergebnisse, welche die systematische Phylogenie bisher gewonnen hat, wird heute noch sehr verschieden beurtheilt. Es sind kaum drei Decennien verflossen, seitdem die Frage nach dem Ursprung der organischen Formen und der Stammverwandtschaft ihrer Gruppen ernstlich in Angriff genommen und kritische Versuche zu ihrer hypothetischen Beantwortung an der Hand der phylogenetischen Urkunden unternommen sind. Man wird daher billiger Weise nicht verlangen dürfen, dass heute schon die Grundzüge der so gewonnenen phylogenetischen Classification überall festgelegt und eine klare Einsicht in alle Theile unseres weitläufigen und verwickelten Forschungsgebietes gewonnen ist.

Trotzdem ergiebt eine kritische und unbefangene Prüfung der heute schon herrschend gewordenen Anschauungen, dass die systematische Phylogenie nicht allein für die Classification der organischen Formen und den Ausbau ihres natürlichen Systems, sondern auch für bedeutungsvolle, damit verknüpfte allgemeine Fragen höchst wichtige

Ergebnisse erzielt hat. Um nur Eines von diesen — und zwar das wichtigste von allen — hervorzuheben, so sind wir heute von der Einheit des Wirbelthier-Stammes fest überzeugt. Die übereinstimmenden Resultate der vergleichenden Anatomie, Ontogenie und Palaeontologie haben uns mit vollkommener Sicherheit zu dem inductiven Schlusse geführt, dass alle *Vertebraten*, von den ältesten Fischen bis zu den jüngsten Säugethieren herauf, Aestchen eines einzigen reich verzweigten Stammes sind. Die *Anthropogenie* gründet auf diese monophyletische Induction den deductiven Schluss, dass auch der Mensch selbst, seiner ganzen Organisation nach ein echtes Säugethier, aus demselben *Phylon* hervorgegangen sei. Dass diese logisch unanfechtbare Deduction die grosse »Frage aller Fragen« endgültig gelöst hat, liegt auf der Hand; kein Gebiet der menschlichen Wissenschaft wird sich den weitreichenden Folgeschlüssen entziehen können, welche wir diesem bedeutungsvollsten Ergebnisse der systematischen Phylogenie verdanken.

Aber auch in anderer Hinsicht ist der hohe Werth der phylogenetischen Classification schon jetzt allgemein anerkannt. Wir haben mit ihrer Hülfe die wahre innere Stammverwandtschaft der organischen Gestalten von ihrer scheinbaren äusseren Formverwandtschaft unterscheiden gelernt. Die *Homologie* (als morphologische Vergleichung) hat eine phylogenetische Basis gewonnen, gegenüber der *Analogie* (als physiologischer Vergleichung). Die wesentliche Uebereinstimmung im inneren Körperbau der stammverwandten Formen ist durch Vererbung erklärt, die Verschiedenheit ihrer äusseren Gestaltung durch Anpassung. Indem wir einerseits den physiologischen Zusammenhang der Vererbung mit der Fortpflanzung, anderseits denjenigen der Anpassung mit der Ernährung und dem Stoffwechsel erkannt haben, ist es möglich geworden, jene beiden gestaltenden »Bildungskräfte« als physiologische Functionen des Organismus selbst zu begreifen. Damit aber haben wir den monistischen Schlüssel der natürlichen *causae efficientes* für die Erklärung aller jener historischen Thatsachen gewonnen, welche die frühere dualistische Biologie nur durch die teleologische Annahme von übernatürlichen *causae finales* erklären konnte.

Die Ergebnisse der systematischen Phylogenie sind also für uns nicht bloss desshalb so werthvoll, weil sie uns in der phylogenetischen Classification eine annähernde Vorstellung von dem wahren historischen Zusammenhang der organischen Gestaltungen geben, sondern vor Allem desshalb, weil sie uns den Einblick in ihre natürlichen Ursachen eröffnen und damit das Causalitäts-Bedürfniss unserer Vernunft befriedigen. In dem Causalwerth der heuristischen Hypothesen beruht die hohe Bedeutung der phylogenetischen Classification.

Zweites Kapitel.

Generelle Phylogenie der Protisten.

§ 31. Beginn der Phylogenie.

Die Entwickelung der organischen Formenwelt auf unserem Erdball bestand nicht von Ewigkeit her, sondern hatte einen endlichen Anfang. Denn das organische Leben auf unserem Planeten konnte erst beginnen, nachdem die Temperatur auf der erstarrten Rindenschicht des gluthflüssigen Erdballs so weit abgekühlt war, dass die Wasserdämpfe der Atmosphäre sich zu tropfbar-flüssigem Wasser verdichten konnten. Dieses letztere ist für die Entstehung und Erhaltung des organischen Lebens ebenso unerlässlich wie die Bildung jener eigenthümlichen stickstoffhaltigen und eiweissartigen Kohlenstoff-Verbindungen, die wir unter dem Begriff der Plasma-Körper zusammenfassen. Auch der einfachste lebendige Organismus kann nicht bestehen ohne ein Körnchen von quellungsfähigem Plasma, welches tropfbares Wasser in dem eigenthümlichen »festflüssigen« Aggregat-Zustande gebunden enthält. Es müssen also unbedingt erst im Verlaufe der Erdgeschichte einmal die physikalischen Bedingungen eingetreten sein (vor Allem eine gemässigte Temperatur zwischen Gefrier-Punkt und Siedehitze), ehe das organische Leben seinen Anfang nehmen konnte. Da die organischen Naturkörper aus denselben Stoffen bestehen wie die anorganischen, und da sie bei ihrem Tode wieder in dieselben Stoffe zerfallen, so müssen wir nach dem Gesetze von der Erhaltung der Substanz annehmen, dass die ersteren aus den letzteren einmal auf natürlichem Wege entstanden sind, und zwar durch Archigonie (§ 32).

Astronomie und Kosmogenie, Geologie und Physiologie zwingen uns mit mathematischer Sicherheit zu der vorstehenden Annahme, und begründen damit zugleich die Eintheilung der Geschichte unseres Planeten in zwei Hauptabschnitte, eine anorganische und eine organische Erdgeschichte. Diese letztere fällt zeitlich zusammen mit unserer Stammesgeschichte; denn wir müssen annehmen, dass schon mit dem Anfange des organischen Lebens selbst, und mit der Entstehung der ersten lebendigen Plasma-Körper, jene ununterbrochene Kette von Umbildungen oder Transformationen der plasmatischen Individuen begann, deren Erforschung die Aufgabe unserer Phylogenie ist. Wahrscheinlich ist die Periode, in welcher die ältesten einfachsten Organismen zuerst das wunderbare Spiel der organischen Lebensbewegung und Umbildung begannen, nicht verschieden (oder nur wenig entfernt) von derjenigen, in welcher die ältesten Meereswellen ihr geoplastisches Spiel anfingen und durch Bildung von Schlamm den ersten Grund zu den ältesten neptunischen Sedimenten der Erdrinde legten. Da wir diese letzteren als *laurentische* bezeichnen, so können wir den Beginn des *archozoischen* Zeitalters (— des ersten Hauptabschnittes der organischen Erdgeschichte —) in den Anfang jenes Zeitraums versetzen, in welchem die untersten und ältesten laurentischen Schlammschichten abgelagert wurden, die hypolaurentischen Sedimente.

§ 32. Archigonie oder Urzeugung.

Unter den verschiedenen hypothetischen Vorstellungen über den Beginn des organischen Erdenlebens, die sich noch vor nicht langer Zeit lebhaft bekämpften, hat sich neuerdings nur eine einzige Hypothese als haltbar, und mit den Grundsätzen der neueren Physik und Physiologie vereinbar erwiesen: die Hypothese der Archigonie (— oder der »Urzeugung« in einem bestimmten, ganz beschränkten Sinne! —). Diese Hypothese, die wir für die einzig naturgemässe halten, setzt sich aus folgenden Annahmen zusammen: 1) Die Organismen, mit deren spontaner Entstehung das organische Leben begann, waren Moneren oder *Probionten*: »Organismen ohne Organe«, sehr kleine homogene Plasma-Körperchen ohne anatomische Structur. 2) Die Lebensthätigkeit dieser ersten Moneren, welche aus gleichartigen Plasma-Molekülen zusammengesetzt waren, beschränkte sich auf Assimilation und Wachsthum; überschritt das letztere eine gewisse Grenze der Cohäsion, so zerfiel das winzige Körnchen in zwei Stückchen (Beginn der Fortpflanzung und somit der Vererbung). 3) Das homogene Plasma dieses Moneren-Körpers war als Albuminat durch einen synthetischen chemischen Process aus anorganischen Verbindungen entstanden: aus Wasser, Kohlensäure und Ammoniak (vielleicht unter Mitwirkung von gewissen Säuren: Salpetersäure, Cyansäure u. A.).

Die Annahme der Archigonie in diesem streng definirten Begriffe ist die einzige Hypothese, welche die Entstehung des organischen Lebens auf unserem Planeten wissenschaftlich erklärt; sie darf nicht mit jenen mannichfaltigen, zum Theil ganz unwissenschaftlichen

Hypothesen verwechselt werden, welche seit alter Zeit unter dem vagen Begriff der »Urzeugung« (*Generatio aequivoca* oder *spontanea*) zusammengeworfen wurden. Für unsere heutige, den Fortschritten der Physik und Chemie entsprechende Hypothese der Archigonie ist weiter Nichts erforderlich als die Annahme, dass der physikalisch-chemische Process der Plasmodomie oder *„Carbon-Assimilation"*, die Synthese von Plasma aus einfachen anorganischen Verbindungen (Wasser und kohlensaurem Ammoniak), unter dem ersten Auftreten der dafür günstigen Bedingungen in der Erdgeschichte zum ersten Male stattgefunden habe. Derselbe Process, den das vegetale Plasma einer jeden grünen assimilirenden Pflanzenzelle unter dem Einflusse des Sonnenlichtes beständig ausübt; muss also einmal spontan begonnen haben, als im Beginne des laurentischen Zeitalters die dafür erforderlichen physikalischen und chemischen Bedingungen eintraten. Wahrscheinlich fand diese erste spontane Eiweissbildung nicht frei im Wasser des laurentischen Urmeeres statt, sondern an der Küste desselben, wo die fein-poröse Erde (Schlamm, Sand, Lehm) ein intensives Zusammenwirken der Molecularkräfte von festen, flüssigen und gasförmigen Substanzen begünstigte.

Die physikalischen Lebensbedingungen an der Oberfläche der Erde waren im Beginne des organischen Lebens jedenfalls sehr verschieden von denjenigen der Gegenwart; die heisse Atmosphäre war mit Wasserdämpfen und Kohlensäure gesättigt; Sonnenlicht und Electricität wirkten unter anderen Verhältnissen als heute; die ungeheuren Massen von Kohlenstoff, welche später von der Pflanzenwelt in organisirter Form festgelegt wurden, existirten damals nur in anorganischen Verbindungen. Wir können als sehr wahrscheinlich annehmen, dass diese archozoischen, für Archigonie günstigen Bedingungen längere Zeit hindurch fortdauerten und dass demnach Moneren an vielen Orten der Erdoberfläche und zu vielen Zeiten wiederholt durch Archigonie entstanden. Ob aber diese Urzeugungs-Processe auch später noch fortbestanden, nachdem schon im palaeozoischen Zeitalter sich eine reiche Fauna und Flora entwickelt hatte, ist sehr zweifelhaft; und ebenso die Frage, ob dieselben (— wie Manche annehmen —) sich auch heute noch wiederholen. Aber selbst wenn heute noch die *Archigonie von Moneren* täglich stattfinden sollte, würde dieser Vorgang — in Anbetracht der sehr geringen Grösse und der homogenen Beschaffenheit der archigonen Plasmakörner — wohl ebenso der Beobachtung wie dem Experimente unzugänglich sein.

Theoretisch könnten in dem hypothetischen Processe der Archigonie etwa folgende fünf Stufen unterschieden werden: 1) Durch *Synthese* und *Reduction* entstehen aus einfachen und festen anorganischen Verbindungen (Wasser, Kohlensäure, Ammoniak, Salpetersäure) stickstoffhaltige Kohlenstoff-Verbindungen. 2) Die Molekeln dieser *Nitro-Carbonate* erhalten diejenige Zusammensetzung, welche für die Albumin-Körper (im weiteren Sinne) characteristisch ist. 3) Die *Albumin-Molekeln*, von Wasserhüllen umgeben, treten zur Bildung von krystallinischen Molekelgruppen zusammen: *Pleonen* oder Micellen. 4) Die krystallinischen Eiweiss-Micellen (als mikroskopisch noch unsichtbare Molekelgruppen!) treten zu Aggregaten zusammen, ordnen sich in denselben gesetzmässig und bilden so homogene (mikroskopisch sichtbare!) Plasmakörner: Plassonellen oder *Plassogranellen*. 5) Indem die wachsenden *Plassonellen* sich durch Theilung vermehren und die Theilproducte vereinigt bleiben, entstehen grössere individuelle Plasmakörper von homogener Beschaffenheit: Moneren.

§ 33. Moneren und Micellen.

Als Moneren bezeichnen wir ausschliesslich diejenigen (mikroskopisch sichtbaren) niedersten Organismen, deren homogener Plasmaleib noch keinerlei Zusammensetzung aus verschiedenen Bestandtheilen darbietet, keinerlei anatomische Structur besitzt. Diese letzte entsteht immer erst in Folge der Lebensthätigkeit selbst, konnte also bei den ältesten Lebewesen noch nicht vorhanden sein. Organisation ist stets die Wirkung der Plasma-Function, nicht ihre erste Ursache. Durch *Archigonie* konnten zunächst nur *Moneren* entstehen, structurlose »Organismen ohne Organe«.

Indem wir die Moneren als structurlos bezeichnen, wollen wir ausdrücklich hinzufügen, dass dieser Begriff nur anatomisch (oder histologisch), nicht physikalisch zu verstehen ist; d. h. wir können weder mit unseren anatomischen noch mit unseren mikroskopischen Hülfsmitteln irgendwelche differenten Formbestandtheile in dem homogenen Plasma des Moneren-Körpers unterscheiden. Dagegen müssen wir theoretisch voraussetzen, dass eine sehr verwickelte Molecular-Structur in jeder Micelle desselben existirt; ist doch schon das einfachste Eiweiss-Molekel, chemisch betrachtet, ein höchst zusammengesetztes Gebilde. Allein diese feinen Structur-Verhältnisse liegen, ebenso wie die Molekeln selbst, weit jenseits der Grenzen unserer mikroskopischen Beobachtung. Wenn wir bedenken, welche physiologischen Eigenthümlichkeiten schon in den kleinsten und einfachsten sichtbaren Protisten (Bacterien, Monaden u. s. w.) ausgeprägt sind, so müssen wir daraus auf eine entsprechende Complication ihres chemischen

Molecular-Baues zurückschliessen. Aber unserer optischen Erkenntniss ist dieselbe vollkommen unzugänglich.

Damit ist zugleich ausgesprochen, dass wir dem Plasma an sich keine ursprüngliche, optisch wahrnehmbare Fundamental-Structur zuerkennen, wie sie neuere Theorien bald in einer *Granular-Structur*, bald in einer *Spumidar-Structur* finden wollen. Wenn die moderne Granular-Hypothese annimmt, dass die kleinen homogenen, im Cytoplasma vieler Zellen wahrnehmbaren Körnchen die wahren Elementar-Theilchen aller Zellen seien, so halten wir diese Annahme für ebenso irrthümlich, als diejenige der entgegengesetzten Spumidar-Hypothese, wonach die wabenartige, im vacuolisirten Cytoplasma vieler Zellen sichtbare Schaumstructur eine fundamentale, ursprünglich allem Plasma zukommende Elementar-Structur sein soll. Wir halten sowohl jenen granularen, als diesen spumidaren Bau für secundäre Producte der Plasma-Differenzirung.

Ausdrücklich ist auch vor der Verwechselung der hypothetischen molecularen Micellar-Structur des Plasma mit den realen Gerüst-Structuren zu warnen, welche wir mittelst starker Vergrösserungen in dem reticulären Plasma vieler Zellen oder in dem freien Plasma-Netze der Rhizopoden wahrnehmen können. Unter den verschiedenen Hypothesen, welche über den feineren Bau des Plasma aufgestellt worden sind, halten wir die Micellar-Hypothese (oder als deren Modification die Plastidul-Hypothese) für diejenige, welche der Wahrheit am nächsten kömmt. Danach legen sich im homogenen Plasma die constituirenden Micellen in Ketten reihenweis an einander (ähnlich den Chromaceen, Bacterien und anderen Protisten, die durch *Catenation* Fäden bilden), und diese Plasmafäden oder Micellen-Ketten bilden ein Netzwerk oder Gerüstwerk, dessen Maschen oder Interstitien von Wasser erfüllt sind. Diese Micellar-Hypothese erklärt am einfachsten eine der wichtigsten physikalischen (oder physiologischen) Eigenschaften des Plasma, seinen »festflüssigen Aggregat-Zustand« und seine Imbibitions-Fähigkeit. Man kann die unendliche Mannichfaltigkeit in der »Configuration dieses Idioplasma-Netzes« als die elementare Ursache der unendlichen Verschiedenheit aller organischen Formen betrachten. Aber auch dieses micellöse Plasma-Gerüst liegt weit jenseits der Grenzen unserer optischen Erkenntniss, ebenso bei den einfachsten Moneren wie bei allen anderen Organismen.

§ 34. Plasson und Plasma.

Alle activen Lebensthätigkeiten der Organismen sind an eine und dieselbe Gruppe von chemischen Verbindungen geknüpft, welche wir im weitesten Sinne Plasma-Körper nennen. Die Entstehung der unzähligen verschiedenen Gestalten, welche die vegetalen und animalen Lebensformen annehmen, ist stets die Wirkung von der *Plasticität* oder formativen Action des *Plasma*, jenes eiweissartigen Nitro-Carbonates, welches in beständiger Umwandlung begriffen und unzähliger Modificationen fähig ist. Dieses fundamentale Verhältniss ist nur ein besonderer Fall von dem obersten physikalischen Grundgesetz, der »Erhaltung der Substanz«. Wir formuliren dasselbe in dem Satze: Das Plasma ist die active materielle Basis aller organischen Lebens-Erscheinungen; oder umgekehrt: Das organische Leben ist immer eine Function des Plasma. Mit Bezug auf unsere Stammesgeschichte lässt sich dieser Grundsatz ausdrücken mit den Worten: Die Phylogenie ist die Geschichte der Plasmogenese.

Bei der grossen Mehrzahl aller organischen Körper, die wir heute unmittelbar untersuchen können, tritt uns das Plasma bereits in vielen verschiedenen Modificationen entgegen und erscheint als das hochentwickelte Product unzähliger phylogenetischer Molecular-Umbildungen, die sich bei den Vorfahren der heutigen Organismen im Laufe vieler Millionen Jahre vollzogen haben. Das ergiebt sich schon daraus, dass fast alle Elementar-Gebilde (mit wenigen Ausnahmen) uns als Zellen erscheinen, d. h. als *Plastiden* oder *Elementar-Organismen*, deren Plasma-Leib bereits aus zwei wesentlich verschiedenen plasmatischen Substanzen besteht, aus dem Karyoplasma (des Zellkernes, *Nucleus*) und aus dem Cytoplasma (des Zellenleibes, *Celleus*). Die verwickelten Wechselbeziehungen, welche zwischen diesen beiden Hauptbestandtheilen des Zellen-Organismus bestehen, und welche namentlich in den Erscheinungen der *Karyokinese* und *Mitose* bei der Zelltheilung so auffallend hervortreten, sowie die fast allgemeine Verbreitung dieser constanten Verhältnisse im ganzen Pflanzenreiche und Thierreiche (— nur die niedersten Lebensformen ausgenommen —), zeigen deutlich, dass die Differenzirung des Plasma in Nucleus und Celleus (oder in Karyoplasma und Cytoplasma) uralt ist; sie hat wahrscheinlich schon in der laurentischen Periode, im ersten Abschnitt des organischen Lebens, durch functionelle Anpassung begonnen und ist dann durch progressive Vererbung auf alle Nachkommen übertragen worden.

Um so wichtiger ist der Hinweis auf die Thatsache, dass auch heute noch kernlose Plastiden als selbständige Organismen niedersten Ranges existiren, und zwar ebensowohl im Pflanzenreich (*Chromaceen*, *Phytomoneren*), als im Thierreich (*Bacterien*, *Zoomoneren*). Wir dürfen dieselben als überlebende Reste jener ältesten *laurentischen* Moneren-Gruppe betrachten, welche durch *Archigonie* entstanden war, und mit welcher überhaupt das organische Leben auf der Erde begann (§ 32). Da der Mangel des Kerns in diesen einfachsten Elementar-Organismen als ein ursprünglicher und erblicher zu betrachten ist, so erscheint es zweckmässig, diese *kernlosen Plastiden* als Cytoden zu bezeichnen, und den echten Zellen als *kernhaltigen Plastiden* gegenüberzustellen. Das Plasma der Cytoden ist dann passend als Plasson zu unterscheiden (als die »bildende« Lebenssubstanz in der ursprünglichsten Form); ihr Verhältniss zu den Zellen ist in dem phylogenetischen Satze zu formuliren: Als zum ersten Male das homogene Plasson der Moneren sich in das innere (festere) Karyoplasma und das äussere (weichere) Cytoplasma differenzirte, entstand aus der einfachen Cytode die erste echte (kernhaltige) Zelle.

§ 35. Begriff des Protistenreiches.

Als *Protisten* oder »Zellinge« fassen wir alle jene Organismen zusammen, welche keine Gewebe bilden. Ihnen stehen gegenüber die *Histonen* oder »Webinge«, die gewebebildenden Organismen, bei denen stets eine grössere Anzahl von Zellen in der Weise vereinigt ist, dass sie zu dem gemeinsamen Lebenszweck des Ganzen zusammenwirken und durch Arbeitstheilung verschiedene Form angenommen haben. Bei der grossen Mehrzahl der Protisten behält der entwickelte Organismus zeitlebens den Formwerth einer einfachen Zelle, sie sind permanente Monobionten; indessen giebt es auch in vielen Classen des Protistenreiches Anläufe zu socialer Organisation: viele Zellen einer und derselben Art bleiben vereinigt und bilden ein *Coenobium*, eine Zellhorde (Zellcolonie oder Zellgemeinde). Wenn bei diesen Coenobionten Arbeitstheilung der associirten Zellen beginnt, so ist damit zugleich der Uebergang zu den *Histonen* gegeben, welche sämmtlich von *Protisten* ursprünglich abstammen.

Während das Doppelreich der *Histonen* allgemein in die beiden grossen Hauptgruppen des Pflanzenreichs und Thierreichs eingetheilt wird, stösst die entsprechende Zweitheilung des *Protisten*-Reiches auf bedeutende Schwierigkeiten. Zwar wird in der systematischen Praxis noch heute fast allgemein die eine Hälfte des Protistenreiches (mit vegetalem Stoffwechsel) zum Pflanzenreich gestellt, die andere Hälfte (mit animaler Ernährungsform) zum Thierreich; in den biologischen Lehrbüchern werden die ersteren allgemein von den Botanikern behandelt, die letzteren von den Zoologen. Allein wenn auch praktisch diese Zweitheilung dem alten Herkommen und der üblichen Arbeitstheilung zwischen Botanik und Zoologie entspricht, und vermuthlich noch lange in der Praxis sich erhalten wird, so ist sie doch phylogenetisch im Grunde nicht durchführbar.

§ 36. Pflanzenreich und Thierreich.

Die übliche und althergebrachte Eintheilung der organischen Welt in die beiden grossen Reiche der Pflanzen und Thiere hatte keine Bedenken, so lange sich die biologische Forschung ausschliesslich oder vorzugsweise auf die Histonen beschränkte, auf die höheren, vielzelligen und gewebebildenden Organismen. Hier erschien einerseits dem Botaniker das Pflanzenreich, von den Algen bis zu den Angiospermen hinauf, als eine vollkommen natürliche Einheit; anderseits fand auch der Zoologe keine Schwierigkeit, das Thierreich einheitlich zu definiren und zu begrenzen, obschon die Mannichfaltigkeit der Hauptgruppen in demselben, und die Differenzen zwischen den niederen »Infusorien« und den höheren Thiergruppen viel grösser waren.

Anders gestaltete sich aber dieses Verhältniss, seitdem im Anfange und besonders gegen die Mitte unseres Jahrhunderts die Erkenntniss der niederen Thierformen eine grössere Ausdehnung und Vertiefung gewann. Besonders seitdem im Jahre 1838 die Zellentheorie begründet und bald darauf eine grosse Anzahl von niederen Organismen als permanent einzellige Lebensformen erkannt wurde, erschien die hergebrachte scharfe Trennung zwischen Pflanzenreich und Thierreich stark verwischt und nur theilweise noch künstlich haltbar. Zwar wurde von den Botanikern eine grosse Anzahl niederer Pflanzen als »einzellige Algen« unbedenklich in der grossen Classe der Algen belassen. Aber den schärfer blickenden Zoologen schien es schon 1848 unmöglich, die einzelligen Protozoen (Infusorien und Rhizopoden) in hergebrachter Weise bei den Würmern oder Zoophyten als niedersten Thieren stehen zu lassen; die Protozoen wurden als selbstständiger Typus oder Kreis von den übrigen Thiertypen getrennt. Zugleich ergaben sich aber für die schärfere Begrenzung des Protozoen-Typus dadurch sehr grosse Schwierigkeiten, dass zahlreiche einzellige Organismen bekannt wurden, welche einen vollkommenen Uebergang vom Thierreich zum Pflanzenreich vermitteln und die Charactere der beiden grossen Reiche in sich vereinigen, oder selbst abwechselnd in verschiedenen Lebens-Perioden zeigen. Vergebens wurde in zahlreichen Abhandlungen der Versuch gemacht, irgend eine scharfe und bestimmte Grenze zwischen beiden Reichen festzustellen.

Eine neue Wendung erhielten alle diese Versuche, seitdem 1859 die Descendenz-Theorie als wichtigstes Erklärungs-Princip in die Biologie eingeführt und damit die Bedeutung des »natürlichen Systems«

als Stammbaum der organischen Formen erkannt war. Als wir selbst 1866 den ersten Versuch unternahmen, die grosse nunmehr klar gestellte Aufgabe zu lösen nnd die grossen Hauptgruppen des Thier- und Pflanzenreichs als natürliche Stämme phylogenetisch zu ordnen, gelangten wir zu der Ueberzeugung, dass zwar in beiden grossen Reichen die meisten Formengruppen phylogenetische Einheiten bildeten, und dass alle Classen auf nur wenige, oder selbst nur eine einzige Stammgruppe zurückzuführen seien, dass aber daneben noch eine grosse Anzahl von niedersten Lebensformen übrig bleiben, welche ohne willkührlichen Zwang weder dem Thierreiche noch dem Pflanzenreiche eingereiht werden könnten. Für diese neutralen, niedersten, grösstentheils einzelligen Organismen gründeten wir unser Reich der Protisten.

Schärfere Begrenzung konnten wir unserem *Protisten-Reiche* geben, nachdem wir 1872 in der Gastraea-Theorie das Mittel gefunden hatten, die einzelligen *Protozoen* von den vielzelligen *Metazoen* durch klare Definitionen scharf zu trennen. Die Protozoen oder »Urthiere« sind entweder einfache Zellen oder lockere Zellgemeinden (Coenobien), also »Individuen erster oder zweiter Ordnung«; sie besitzen keinen Darm, und bilden keine Keimblätter und Gewebe. Die Metazoen oder »Gewebthiere« sind vielzellige Thiere, welche im entwickelten Zustande als Personen oder Cormen erscheinen (als »Individuen dritter oder vierter Ordnung«); sie besitzen eine ernährende Darmhöhle, und bilden Keimblätter und Gewebe. Da alle Metazoen individuell sich aus einer und derselben Keimform, der *Gastrula* entwickeln, können wir sie auch phylogenetisch von einer entsprechenden Stammform ableiten, der *Gastraea*. Die hypothetische Gastraea selbst muss ursprünglich aus einem Zweige der *Protozoen* hervorgegangen sein; dagegen gehört die grosse Mehrzahl dieser »einzelligen Thiere« (namentlich *Rhizopoden* und *Infusorien*) selbständigen Stämmen an und besitzt keinen directen Zusammenhang mit den *Metazoen*.

Viel schwieriger, als diese natürliche Scheidung des Thierreichs in *Protozoen* und *Metazoen*, gestaltete sich die entsprechende Zweitheilung des Pflanzenreichs in *Protophyten* und *Metaphyten* (1874). Zwar besteht auch hier im Princip der gleiche wesentliche Unterschied: die Protophyten oder »Urpflanzen« sind grösstentheils permanent einfache Zellen; auch wenn diese in Zellgemeinden oder Coenobien vereinigt bleiben, bilden sie keine Gewebe, keinen wahren „*Thallus*“. Die Metaphyten oder »Gewebpflanzen« hingegen bilden ein vielzelliges Parenchym oder Gewebe, und dieses nimmt bei den niederen Metaphyten (den meisten *Thallophyten*) die indifferente Form des Thallus an, bei den höheren Metaphyten (den *Cormophyten*) die differenzirte Form des Culmus oder Cormus. Indessen sind die

Uebergangsformen zwischen den geweblosen *Protophyten* und den gewebebildenden *Metaphyten* zahlreicher und continuirlicher, als diejenigen zwischen den Protozoen und Metazoen. Wir werden daher zwar dort, ebenso wie hier, in unserem »natürlichen System« irgend eine »künstliche Grenze« begrifflich feststellen müssen; aber diese unentbehrliche logische Grenze wird im Pflanzenreich künstlicher und willkührlicher erscheinen als im Thierreich. Zur Bestimmung derselben, und zur richtigen Würdigung des Gegensatzes zwischen *Protophyten* und *Protozoen*, wird es vor Allem nöthig sein, das Verhältniss zwischen *Plasmodomen* und *Plasmophagen* klar zu stellen.

§ 37. Plasmodomen und Plasmophagen.

Alle Versuche, einen bestimmten morphologischen, anatomischen oder ontogenetischen Character zur Unterscheidung vom Pflanzenreich und Thierreich aufzufinden, sind gescheitert und haben sich als völlig aussichtslos erwiesen; denn zahlreiche Protisten zeigen einen so indifferenten morphologischen Character, oder so neutrale Beziehungen zu beiden grossen Reichen, dass sie keinem von beiden ohne willkührlichen Zwang eingefügt werden können. Anders verhält es sich, wenn wir den bedeutungsvollen physiologischen Gegensatz zwischen beiden Reichen in's Auge fassen, auf welchem die beständige Erhaltung des Gleichgewichts in der ganzen organischen Natur beruht. Die Pflanzen sind Plasmodomen oder »Plasmabauern« (*Plasmotecten*); sie besitzen synthetischen Stoffwechsel und das Vermögen, unter dem Einflusse des Sonnenlichts aus einfachen und festen anorganischen Verbindungen *Plasson* oder *Plasma* zu bilden; selbst die niedersten echten Pflanzenzellen verstehen die Kunst, durch diese Synthese jene verwickelten Eiweisskörper oder Nitro-Carbonate, welche als das unentbehrliche materielle Substrat jeder activen Lebensthätigkeit (ohne Ausnahme) erkannt sind, zu bilden. Die Thiere hingegen sind Plasmophagen oder »Plasmalöser« (*Plasmolyten*); da sie nicht jenes plasmodome Vermögen besitzen, müssen sie ihr Plasma direct (als Pflanzenfresser) oder indirect (als Fleischfresser) aus dem Pflanzenreich aufnehmen; indem sie ihre Lebensthätigkeiten ausüben und ihre Gewebe oxydiren, zersetzen sie das Plasma und lösen es wieder auf in jene einfachen anorganischen Verbindungen, aus denen es ursprünglich die Pflanze componirt hat (Wasser, Kohlensäure, Ammoniak, Salpetersäure u. s. w.).

Dieser *analytische* Stoffwechsel des Thierreichs steht in fundamentalem Gegensatze zu jenem *synthetischen* Stoffwechsel des Pflanzenreichs; er ist desshalb von grösster Wichtigkeit, weil damit zugleich der entgegengesetzte Kraftwechsel in beiden grossen Reichen der organischen Natur verknüpft ist. Die Pflanzen sind »Reductions-Organismen« und verwandeln die lebendige Kraft des Sonnenlichtes durch Reduction in die chemische Spannkraft organischer Verbindungen (unter Aufnahme von Kohlensäure und Ammoniak, Ausscheidung von Sauerstoff); die Thiere hingegen sind umgekehrt Oxydations-Organismen; sie verwandeln die Spannkräfte der organischen Verbindungen in die lebendige Kraft der Wärme und der Bewegung (Muskel- und Nerven-Arbeit), unter Aufnahme von Sauerstoff, Ausscheidung von Kohlensäure und Ammoniak. Mithin ist der Unterschied der beiden grossen Reiche der organischen Natur im Wesentlichen ein physiologisch-chemischer, und bereits in der chemischen Constitution ihres Plasma begründet; das reducirende und Carbon assimilirende (oder *plasmodome*) Phytoplasma ist ebenso characteristisch für die Thiere, wie das oxydirende und nicht assimilirende (oder *plasmophage*) Zooplasma für die Pflanzen.

Für die Phylogenie folgen aus diesen chemisch-physiologischen Verhältnissen zunächst zwei Sätze von höchster Bedeutung, nämlich: 1) Der Pflanzen-Organismus (mit synthetischem, vegetalem Stoffwechsel) ist älter als der Thier-Organismus (mit analytischem, animalem Stoffwechsel); denn nur reducirendes *Phytoplasma* konnte ursprünglich (im Beginne des organischen Lebens) direct durch Archigonie aus anorganischen Verbindungen entstehen. 2) Der jüngere Thier-Organismus ist secundär aus dem älteren Pflanzen-Organismus hervorgegangen; denn das oxydirende *Zooplasma* des ersteren konnte erst secundär aus dem bereits vorhandenen *Phytoplasma* des letzteren entstehen, und zwar vermöge jener bedeutungsvollen Veränderung im organischen Stoffwechsel, welche wir mit einem Worte als *Metasitismus* oder Ernährungswechsel bezeichnen.

§ 38. Metasitismus. Ernährungswechsel.

Unter Metasitismus oder *Metatrophie*, d. h. Ernährungswechsel, verstehen wir jenen wichtigen physiologisch-chemischen Process, der kurz als die »historische Verwandlung des synthetischen Phytoplasma in analytisches Zooplasma« definirt werden kann. Dieser bedeutungsvolle Vorgang, eine wahre »Umkehrung des ursprünglichen Stoffwechsels«, ist polyphyletisch und hat sich zu verschiedenen Zeiten in vielen verschiedenen Pflanzen-Gruppen unabhängig vollzogen; denn nicht nur sehr viele niedere, sondern auch zahlreiche höhere Pflanzen-Gruppen zeigen einzelne Formen, welche durch functionelle Anpassung den Metasitismus erworben und durch progressive Vererbung auf ihre Nachkommen übertragen haben; diese letzteren haben dadurch allmählig ganz verschiedene physiologische und morphologische Eigenschaften erworben. So sind unter unseren einheimischen Angiospermen die plasmophagen *Cuscuteen* aus plasmodomen *Convolvulaceen* entstanden, die *Orobancheen* aus *Scrophularineen*, die *Monotropeen* aus *Pyrolaceen* u. s. w. Alle diese parasitischen Dicotylen haben durch Anpassung an die schmarotzende Lebensweise ihr Chlorophyll und damit die Fähigkeit der Assimilation eingebüsst; die grünen Laubblätter, die ursprünglichen Ernährungs-Organe, sind überflüssig geworden und verloren gegangen, weil die Schmarotzer-Pflanze sich daran gewöhnt hat, ihre Plasma-Nahrung schon fertig zubereitet von ihren Wohnpflanzen direct zu beziehen. Trotz der auffallenden correlativen Veränderungen, welche dadurch der Habitus der ganzen Pflanze und die Conformation vieler Organe erlitten hat, sind doch andere Organe (vor Allem die der Fortpflanzung), in ihrer typischen Gestaltung durch conservative Vererbung so getreu erhalten worden, dass wir noch heute die Abstammung der einzelnen plasmophagen Parasiten von ihren älteren plasmodomen Vorfahren sicher nachweisen können. In vielen Fällen (z. B. bei parasitischen *Orchideen*, *Neottia* u. A.) ist dies um so leichter, als auch noch heute Zwischenformen zwischen beiden Extremen existiren, welche uns den historischen Gang des Metasitismus stufenweise erläutern.

Von grösster Bedeutung ist nun derselbe Ernährungswechsel für das Protistenreich; denn hier hat derselbe offenbar schon seit primordialer Urzeit sich vielfach wiederholt. Schon in der ältesten und niedersten Gruppe der Moneren, deren einfacher Plasmaleib noch keinen Zellkern besass, finden wir neben den Carbon-assimilirenden Phytomoneren (*Probionten*) und *Chromaceen* die nicht assimilirenden *Bacterien* und Zoomoneren. Den einzelligen plasmodomen *Algarien* und *Algetten* stehen die plasmophagen *Fungillen* und *Rhizopoden* gegenüber; zum Theil entsprechen die einzelnen Gruppen der synthetischen *Protophyteu* so genau den einzelnen Abtheilungen der analytischen *Protozoen*, dass die polyphyletische Entstehung der letzteren aus den ersteren klar auf der Hand liegt. So lassen sich z. B. die *Chytridinen* und andere *Fungillarien* einfach durch Metasitismus von *Characieen* und ähnlichen *Phytomonaden* ableiten, viele farblose animale *Flagellaten* von fast identischen grünen *Mastigoten*, die *Zygomycarien* von *Conjugaten*, die *Siphomycarien* von *Siphoneen* u. s. w. Ueberhaupt müssen ja alle wahren Protozoen (als *Plasmaphagen*) ursprünglich von Protophyten (als *Plasmodomen*) abstammen.

Es würde nun die phylogenetische Aufgabe eines wahrhaft natürlichen Systems der Protisten sein, diesen polyphyletischen Vorgang des

Metasitismus im Einzelnen klar zu legen, und die Abstammung der einzelnen *Protozoen*-Gruppen von ihren *Protophyten*-Ahnen so nachzuweisen, wie es bei den oben genannten parasitischen Angiospermen möglich ist. Allein die vollkommene Lösung dieser höchst verwickelten Aufgabe erscheint ganz hoffnungslos, da gerade hier die Unvollständigkeit der phylogenetischen Urkunden überaus gross ist.

§ 39. Protophyten und Protozoen.

Die logische Definition der beiden grossen Protisten-Gruppen und die durchgreifende Trennung der *Protophyten* von den *Protozoen* bleibt zur Zeit noch ein praktisches Bedürfniss der üblichen Systematik, und sie wird es so lange bleiben, als die hergebrachte Arbeitstheilung zwischen Botanik und Zoologie eine gesonderte Betrachtung des Pflanzenreichs und Thierreichs unvermeidlich macht. Auch ist gegen diese künstliche Zweitheilung des Protistenreiches Nichts einzuwenden, so lange man sich erinnert, dass sie keine phylogenetische Bedeutung hat. Bei dem gegenwärtigen unvollkommenen Zustande unserer *Protistologie* ist dieselbe sogar unentbehrlich; denn wir müssen vor Allem die einzelnen grösseren und kleineren Protisten-Gruppen scharf sondern und klar definiren, ehe wir daran denken können, ihre höchst verwickelten und schwierigen phylogenetischen Beziehungen enträthseln zu wollen.

Die ausserordentliche Schwierigkeit, welche die Phylogenie der Protisten, im Gegensatze zur Stammesgeschichte der höheren Pflanzen und Thiere darbietet, liegt in folgenden vier Umständen: 1) Von den drei grossen Urkunden der Phylogenie ist zum grössten Theile nur die morphologische anwendbar; die ontogenetische besitzt hier nur sehr beschränkte und die palaeontologische für den grössten Theil der Protisten gar keinen Werth § (45—48). 2) Die morphologischen Charactere sind bei einem grossen Theile der Protisten von so einfacher und indifferenter Art, und wiederholen sich oft in so ähnlicher Form bei verschiedenen Protisten-Gruppen, dass ihr phylogenetischer Werth für die Systematik sehr zweifelhaft wird. Bei der niedrigen und einfachen Organisation der meisten Protisten fehlen ihnen die characteristischen Merkmale in dem typischen Körperbau, welche für die grossen Hauptgruppen der Histonen (ebenso der *Metaphyten* wie der *Metazoen*) so bezeichnend sind und deren monophyletische Systematik gestatten. 3) Die polyphyletische Entstehung vieler Protisten-Gruppen, die wir im System als einheitliche Classen oder Ordnungen aufführen, gewinnt durch unsere fortschreitende Kenntniss ihrer Verwandtschaft immer höhere Bedeutung und erschwert zugleich deren natürliche Classification in immer höherem Maasse. 4) Da der Metasitismus (§ 38) offenbar seit den ältesten Zeiten der organischen Erdgeschichte sich oftmals wiederholt hat, und wahrscheinlich ununterbrochen in verschiedenen Gruppen der *Protophyten* (— ebenso wie der *Metaphyten* —) durch Anpassung an saprositische und parasitische Lebensweise der Uebergang zu den *Protozoen* (d. h. die Verwandlung von Phytoplasma in Zooplasma) vorbereitet wird, erscheint eine wirklich natürliche Classification in manchen Gruppen ganz ausgeschlossen, so besonders bei den Mastigophoren (*Mastigoten* und *Flagellaten*), bei den *Paulotomeen*, den *Fungillen*, *Lobosen* u. s. w.

Der praktische Werth, welchen die unvermeidliche künstliche Zweitheilung des Protisten-Reiches besitzt, wird aber nur dann vollkommen erreicht, wenn die Scheidung zwischen *Protophyten* und *Protozoen* consequent durchgeführt und damit sowohl für die Botanik als für die Zoologie ein klarer und gegenseitig anerkannter Ausgangspunkt festgesetzt wird. Nun haben sich bekanntlich alle Versuche, zwischen den beiden Unterreichen der Protisten irgend einen allgemein gültigen und constanten Unterschied im Gebiete der Morphologie, Anatomie oder Ontogenie zu finden, als vergeblich und aussichtslos erwiesen; mithin bleibt nur jener fundamentale physiologische Unterschied im Stoffwechsel und der Ernährungsweise übrig, welcher im Grossen und Ganzen Thierreich und Pflanzenreich gegenüber stellt. Wir begreifen demnach unter Protophyten alle plasmodomen Protisten (mit Carbon-Assimilation uud mit synthetischen Stoffwechsel), hingegen unter Protozoen alle plasmophagen Protisten (ohne Carbon-Assimilation, mit analytischem Stoffwechsel). Wenn wir diese künstliche Scheidung aber nicht consequent logisch durchführen, so ergeben sich für unsere phylogenetische Systematik der Protisten drei verschiedene Hauptgruppen des Protisten-Reiches, nämlich I. asemische Protisten-Stämme, II. typische Protophyten-Stämme, III. typische Protozoen-Stämme.

§ 40. Asemische Protisten-Stämme.

Als asemische oder atypische Protisten betrachten wir diejenigen niedersten Gruppen des Protisten-Reiches, in denen der einfache Organismus der Plastide noch keine ausgesprochene Beziehung zu den typischen *Protozoen* und *Protophyten* zeigt: entweder ist die Bildung der Plastide noch ganz indifferent (auf der niedersten Stufe); oder es sind morphologische und physiologische Merkmale so gemischt, dass weder der vegetale noch der animale Character derselben klar und unzweideutig vortritt. Daher erscheint bei diesen asemischen Protisten die Scheidung in jene beiden Hauptgruppen (auf Grund der verschiedenen Ernährungsweise) mehr oder weniger künstlich. Es gehören hierher die niedersten Protisten-Classen, die kernlosen *Archebionten*, deren Organisation sich durch primitive Einfachheit und Mangel typischer Bildung auszeichnet; ferner die eigenthümliche polyphyletische Gruppe der *Fungillen*, sowie der grösste Theil der *Mastigophoren*.

1) Archebionten oder Acaryoten: kernlose Protisten. Die Plastide besitzt noch keinen Zellkern, und ist daher eigentlich noch keine echte Zelle, sondern eine Cytode (§ 34). Das Plasson ist noch nicht in *Karyoplasma* und *Cytoplasma* gesondert. Zu diesen ältesten, einfachsten und niedersten Organismen gehören die Archephyten mit vegetalem Stoffwechsel (archigone *Probionten, Phytomoneren* und *Chromaceen*); sowie die Archezoen mit animalem Stoffwechsel (*Bacterien* und *Zoomoneren*). Die Fortpflanzung dieser kernlosen Protisten erfolgt einfach durch Theilung, wesshalb sie auch oft unter dem Begriffe der *Schizophyten* zusammengefasst werden. Die jüngeren *Archezoen* sind durch Metasitismus aus den älteren *Archephyten* hervorgegangen, und zwar polyphyletisch.

2) Fungillen oder Sporozoen. In dieser Classe vereinigen wir eine grosse Zahl von Protisten, welche bisher allgemein zu den Pilzen (*Mycetes*) gestellt wurden (— gewöhnlich unter dem Begriffe: *Phycomycetes* —), mit Ausnahme der *Gregarinen*, die man zu den Protozoen rechnet. Mit den echten Pilzen, deren vielzelliger Organismus sich aus den characteristischen Hyphen aufbaut, haben die Fungillen eigentlich nur die saprositische oder parasitische Lebensweise gemein. Die niederen Fungillarien sind einfache, einkernige Zellen (*Chytridinen* und *Gregarinen*); die höheren Fungilletten besitzen viele Zellkerne, und ein verästeltes Rhizidium, welches einem Mycelium ähnlich ist (*Zygomycarien* und *Siphomycarien*). Wir nehmen an, dass die Fungillen polyphyletisch durch Metasitismus aus einzelligen Algen entstanden sind; ihre geschlossene Zellmembran ist vegetal, ihr Stoffwechsel animal.

3) Mastigophoren oder Flagelliferen (Geisselschwärmer). Diese formenreiche und sehr wichtige Gruppe umfasst eine grosse Anzahl von niederen Protisten, die alle übereinstimmen in dem Besitze von einer oder zwei (selten mehr) schwingenden Geisseln; gewöhnlich kommen sie in zwei verschiedenen Zuständen vor, einem schwimmenden frei beweglichen, und einem Ruhe-Zustande (*Kinese* und *Paulose*, § 68). Während beider Zustände kann die Vermehrung durch Theilung erfolgen. Unter allen Protisten zeigt die asemische Gruppe der Masti-

gophoren die vielseitigsten und verwickeltsten Verwandtschafts-Beziehungen, nicht allein zu verschiedenen Hauptgruppen der typischen Protophyten und Protozoen, sondern auch der Metaphyten und Metazoen. Wenn wir die ganze Gruppe, auf Grund des verschiedenen Stoffwechsels, in zwei grosse Classen künstlich theilen wollen, so können wir die plasmodomen Formen unter dem Namen Mastigoten zu den *Protophyten* stellen, hingegen die plasmophagen Formen unter der Bezeichnung Flagellaten zu den *Protozoen*. Wir müssen aber gleich hinzufügen, dass viele Formen in beiden Classen zum Verwechseln ähnlich sind, und eben nur durch die verschiedene Ernährungsart sich unterscheiden lassen, sowie durch den damit verknüpften Besitz oder Mangel von assimilirenden *Chromatellen* (oder „*Chromatophoren*"). Viele farblose *Flagellaten* sind einfach durch Metasitismus aus farbigen (Chromatellen-haltigen) *Mastigoten* entstanden, offenbar polyphyletisch!

Vollkommen verwischt scheint jede »Grenze zwischen Pflanze und Thier« namentlich bei den niedersten Mastigophoren, den grünen *Phytomonaden* und den farblosen *Zoomonaden*. Aber nicht nur diese Monobionten, sondern auch manche Coenobionten beider Classen zeigen nächste Verwandtschaft, so die kugeligen Flimmer-Colonien der vegetalen *Volvocinen* und der animalen *Catallacten*. In anderen Gruppen der Geisselschwärmer erscheint der asemische Character-Mangel weniger auffallend, so dass man neuerdings die *Dictyocheen* und *Peridineen* allgemein zu den Protophyten rechnet, die *Codosigalen* und *Noctilucalen* hingegen zu den Protozoen.

Bedeutungsvoller noch wird diese neutrale Stellung der Mastigophoren dadurch, dass sie auch mehrfache Beziehungen zu den beiden Histonen-Reichen besitzen. Die Schwärmsporen echter Metaphyten, und zwar verschiedener Algen (*Chlorophyceen*, *Phaeophyceen*) sind von gewissen Mastigoten (*Phytomonaden*) nicht zu unterscheiden. Ebenso gleichen anderseits die Geisselzellen von echten Metazoen (*Spongien*, *Cnidarien*) vollkommen gewissen Flagellaten (*Zoomonaden*).

§ 41. Typische Protophyten-Stämme.

Als typische Protophyten betrachten wir diejenigen Gruppen des Protisten-Reiches, bei denen der vegetale Character des einzelligen Organismus in der Vereinigung folgender morphologischer und physiologischer Merkmale hervortritt: 1) Die Zelle ist von einer festen Membran (oder Schale) umschlossen, welche entweder gar keine sichtbaren Oeffnungen besitzt, oder nur sehr kleine, auf einen bestimmten engen Raum beschränkte Spalten; gewöhnlich besteht die Membran aus Cellulose. 2) Der Celleus (oder Plasmaleib der Zelle) ist entweder ganz unbeweglich und entbehrt der freien Ortsbewegung zeitlebens, oder es findet eine solche nur zeitweilig und in beschränktem Maasse statt (meistens durch Geisseln, wie bei den Schwärmsporen). 3) Der Celleus ist stets gefärbt (meistens grün oder gelb) und enthält plasmodome Chromatellen; gewöhnlich enthalten die letzteren Chlorophyll, ausserdem oft noch andere Farbstoffe (Diatomin, Haemochrom etc.). Meistens kann der Celleus ausser Chlorophyll auch Amylum oder ein verwandtes Kohlenhydrat bilden. 4) Der Stoffwechsel ist demnach ganz vegetal; die Zelle ist plasmodom und assimilirt Kohlenstoff; sie nimmt keine organischen, geformten und festen Nahrungsstoffe auf und besitzt demgemäss auch keine Mundöffnung.

Typische Protophyten-Stämme in diesem Sinne sind die sogenannten »einzelligen Algen«, nämlich 1) die meisten Algarien (ausgenommen einen Theil der *Paulotomeen*) und 2) die meisten Algetten (ausgenommen einen Theil der *Mastigoten*). Als grosse und formenreiche Stämme sind für die phylogenetische Forschung unter den Algarien namentlich die *Conjugaten* und *Diatomeen* von Interesse. Unter den Algetten sind die kleineren Gruppen der *Melethallien* wegen der thallusähnlichen Bildung ihrer Coenobien von morphologischer Bedeutung, die *Siphoneen* wegen der hohen Ausbildung des grossen einzelligen Organismus, der manchen Metaphyten ähnlich wird (sowohl Thallophyten als Cormophyten).

§ 42. Typische Protozoen-Stämme.

Als typische Protozoen betrachten wir diejenigen Gruppen des Protisten-Reiches, bei denen der animale Character des einzelligen Organismus in der Vereinigung folgender morphologischer und physiologischer Merkmale hervortritt: 1) Die Zelle ist entweder ganz nackt oder von einer Schale (oder Membran) umschlossen, welche constante Oeffnungen besitzt; die Schale besteht gewöhnlich aus Mineral-Stoffen (Kieselerde, Kalkerde). 2) Der Celleus (oder Plasmaleib der Zelle) ist frei beweglich und bildet äussere locomotorische Fortsätze oder Extremitäten, entweder in Form von Pseudopodien (Rhizopoden) oder von Flimmerhaaren (Infusorien); bei den höheren Protozoen ist die freie Ortsbewegung sehr lebhaft und trägt einen ausgesprochen willkührlichen Character. 3) Der Celleus ist entweder ganz farblos, oder er ist diffus gefärbt; seltener enthält er Chromatellen, welche aber nicht plasmodom sind (wie die der Protophyten); Chlorophyll und Amylum kann der Celleus nicht bilden. 4) Der Stoffwechsel ist demnach ganz animal; die Zelle ist plasmophag und kann keinen

Kohlenstoff assimiliren; sie nimmt ihre organische (meistens geformte und feste) Nahrung entweder von der ganzen nackten Oberfläche auf (Rhizopoden) oder durch eine bestimmte Mundöffnung (ciliate Infusorien), oder durch Saugröhren (Acineten); selten wird nur flüssige Nahrung durch Endosmose aufgenommen.

Typische Protozoen-Stämme in diesem Sinne sind: 1) Die meisten Rhizopoden (ausgenommen einen Theil der *Lobosen*), und 2) die meisten Infusorien (ausgenommen einen Theil der *Flagellaten*). Als grosse und formenreiche Stämme treten unter den ersteren hervor die kalkschaligen *Thalamophoren* und die kieselschaligen *Radiolarien*; ihre höchst mannichfaltig und zierlich entwickelten Schalen liefern in ihrer stufenweisen Ausbildung und Differenzirung ein reiches Material für die phylogenetische Forschung. Wenig ergiebig sind dagegen in dieser Beziehung die eigentlichen Infusorien, besonders die Ciliaten; ihr einzelliger Körper ist meistens nackt und bietet nur geringes morphologisches Interesse, trotz der hohen Differenzirung seiner einzelnen Theile. Um so höher ist anderseits ihre physiologische und besonders ihre psychologische Bedeutung (§ 62).

(§ 43 und 44 s. Tabellen auf S. 52 und 53.)

§ 45. Urkunden der Protisten-Phylogenie.

Die empirischen Urkunden, auf welche wir in erster Linie unsere phylogenetischen Untersuchungen stützen, vor Allen die drei grossen Erscheinungs-Gebiete der Palaeontologie, Ontogenie und Morphologie, besitzen für die systematische Stammesgeschichte der Protisten einen anderen Werth als für diejenige der Histonen. Bei diesen letzteren, ebenso bei den *Metaphyten* wie bei den *Metazoen*, ist schon durch den vielzelligen Bau des Körpers selbst, durch die Anlage der Gewebe und Organe, durch ihre typische Zusammensetzung und Anordnung, der Gang und die Richtung ihrer phyletischen Entwickelung von vorn herein angedeutet; je weiter die Differenzirung der Gewebe und Organe bei den höheren Histonen fortschreitet, je vollkommener die Ausbildung ihrer Körpertheile einerseits, die Correlation derselben anderseits wird, desto leichter und sicherer können wir daraus Schlüsse auf die Stammverwandtschaft und historische Entwickelung ihrer Formen-Gruppen ziehen. Wenn in einer grossen und formenreichen Histonen-Gruppe (z. B. bei den Anthophyten, den Vertebraten) derselbe characteristische Typus des Körperbaues und seiner Entwickelung sich durch Vererbung constant erhält (— trotz allen Umbildungen durch Anpassung im Einzelnen —), so können wir daraus mit Sicherheit auf die monophyletische Entwickelung der ganzen Gruppe schliessen.

§ 43. Synopsis der drei Hauptgruppen der Protisten.

Hauptgruppen der Protisten	**Hauptclassen der Protisten**	**Protophyta** (*Plasmodoma*)	**Protozoa** (*Plasmophaga*)
I. **Protista asemica** **Atypische Protisten** Neutrale Plastiden, einfachster Art; theils kernlose Cytoden, theils kernhaltige Zellen, auf der Grenze von Pflanzenreich und Thierreich	**A. Archebiontes** *Acaryota* Kernlose Protisten	**a. Archephyta** Phytomonera Chromacea	**b. Archezoa** Zoomonera Bacteria
	B. Mastigophora (*Flagellifera*) Einzellige Protisten mit permanenter Geisselbewegung	**a. Mastigota** Phytomonades Volvocina Dictyochea Peridinea	**b. Flagellata** Zoomonades Catallacta Codosigales Noctilucales
	C. Fungilli (*Sporozoa*) Plasmophage Protisten mit geschlossener Zellmembran	(Fungillaria) (Fungilletta)	Chytridina Gregarina Zygomycaria Siphomycaria
II. **Protista vegetalia** **Typische Protophyten** Kernhaltige Zellen oder Coenobien, mit plasmodomen Chromatellen „Einzellige Algen"	**D. Algariae** Kernhaltige einzellige Algen ohne Geisselbewegung (ohne Zoosporen).	**Paulotomea** Fortpflanzung durch einfache Zelltheilung **Conjugatae** Conjugation und Zygosporen **Diatomeae** Schachteltheilung und Auxosporen	
	E. Algettae Kernhaltige einzellige Algen mit Geisselbewegung (mit Zoosporen)	**Melethallia** Coenobien mit Zoosporen **Siphonea** Thalloide Monobien	
III. **Protista animalia** **Typische Protozoen** Kernhaltige Zellen oder Coenobien, ohne plasmodome Chromatellen „Einzellige Thiere"	**F. Rhizopoda** Protozoen mit Sarcanten-Bewegung (Lobopodien oder Pseudopodien)		**Lobosa** Lobuläre Sarcanten **Mycetozoa** Reticuläre Plasmodien **Heliozoa** Radiäre Sarcanten **Thalamophora** Reticuläre Sarcanten **Radiolaria** Calymma und Centralkapsel
	G. Infusoria Protozoen mit Flimmerbewegung, mit Vibranten (Cilien etc.)		**Ciliata** Zahlreiche kurze Wimpern **Acineta** Saugröhren

§ 44. Stammbaum des Protistenreiches.

Protophyta. Urpflanzen. (*Plasmodome Protisten.*) — **Protozoa. Urthiere.** (*Plasmophage Protisten.*)

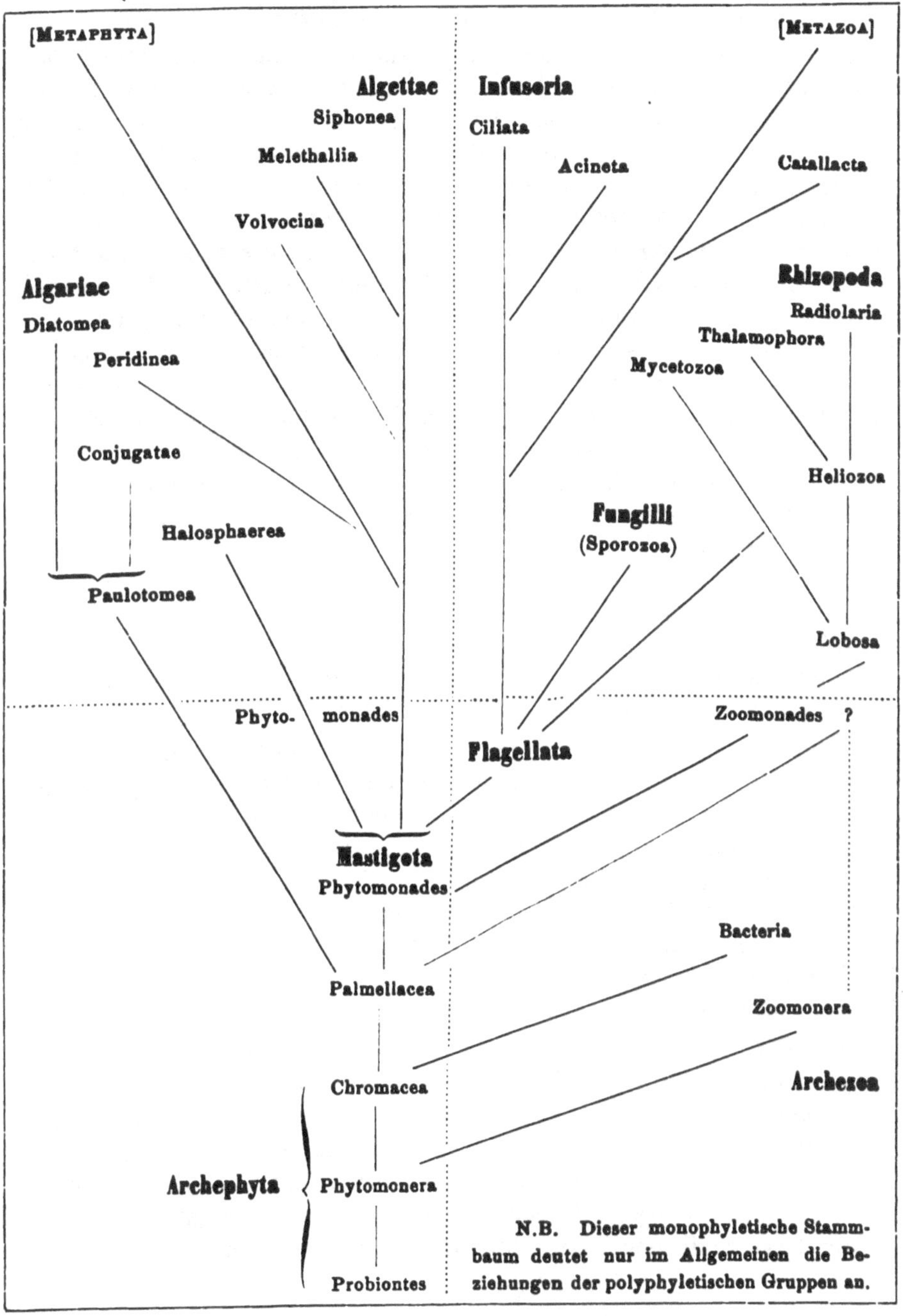

Ihr Stammbaum wird dann um so sicherer und vollständiger sich construiren lassen, je deutlicher die übereinstimmenden Ergebnisse der drei grossen »Schöpfungs-Urkunden« die Verwandtschafts-Beziehungen der einzelnen Zweige des Stammes erkennen lassen.

Bei der grossen Mehrzahl der Protisten ist das leider nicht der Fall. Ihr einzelliger Organismus bildet weder Gewebe noch Organe. Die einzelnen Theile desselben sind zwar bei den höheren Protisten auch differenzirt und bestimmten Functionen angepasst; wir können sie daher in physiologischem Sinne als »Zellorgane« bezeichnen (*Organella, Organoida* oder *Biorgana*, § 60). Allein diese Organellen (z. B. der Zellkern, die Chromatellen, die contractile Blase, die Geisseln u. s. w.) zeigen weder die mannichfaltige Differenzirung noch die typische Ausbildung, welche die analogen vielzelligen Organe der Histonen aufweisen. Die Bildung der meisten Organellen ist so einfach, ihre Gestalt und Zusammensetzung so asemisch, so wenig typisch und characteristisch, dass sich daraus keine sicheren Schlüsse auf eine nahe Stammverwandtschaft der ähnlichen Zellformen ziehen lassen; bei dem Versuche, dieselben monophyletisch zu deuten, ergiebt sich vielmehr oft, dass dieselben mit grösserer Wahrscheinlichkeit polyphyletisch aufzufassen sind. Die Differenzirung des primitiven Plasson in Karyoplasma und Cytoplasma, die Sonderung des letzteren in Endoplasma und Exoplasma, die Ausscheidung einer Zellmembran, die Bildung von contractilen Blasen, Chromatellen, Geisseln u. s. w. sind phylogenetische Processe, welche unzweifelhaft oftmals unter verschiedenen Bedingungen sich wiederholt haben.

Noch weniger sichere phylogenetische Resultate, als die vergleichende Anatomie der Organellen, ergiebt die Ontogenie (§ 47) und die Palaeontologie (§ 46). Wir sind daher bei unseren Versuchen, in die dunkle Stammesgeschichte der Protisten einzudringen, vielfach darauf angewiesen, die Aushülfe anderer Urkunden in Anspruch zu nehmen, auf welche wir sonst lieber verzichten, so namentlich der Physiologie. Besonders ist hier oft der Modus der Ernährung (Stoffwechsel und Nahrungsaufnahme) von hoher Wichtigkeit, ebenso die Art der Fortpflanzung, der Character der Bewegungen u. s. w.

Wenn es trotzdem möglich ist, in einigen der grösseren Protisten-Gruppen die Stammverwandtschaft zahlreicher ähnlicher Formen mehr oder weniger klar zu erkennen, so verdanken wir dies vor Allem der Ausbildung eines festen, mannichfaltig und characteristisch geformten Skelettes, meistens in Form einer typischen Zell-Membran oder Schale. Diese morphologische Urkunde besitzt die grösste Bedeutung für die Phylogenie der Diatomeen, Rhizopoden u. s. w.

§ 46. Palaeontologie der Protisten.

Die grosse Mehrzahl aller Protisten besitzt keine festen und harten Körpertheile, welche der Versteinerung fähig sind, und konnte daher keine fossilen Urkunden hinterlassen. Aber auch in den wenigen Gruppen, von welchen Petrefacten erhalten sind, ist die sehr geringe Grösse des einzelligen Körpers ein starkes Hinderniss ihrer palaeontologischen Erforschung. Erst in neuerer Zeit sind grössere Mengen auch von mikroskopischen Protisten in fast allen gut conservirten Sedimenten (bis zum Cambrium hinab) entdeckt worden. Indessen ist deren Werth als phylogenetische Urkunde im Ganzen nicht sehr bedeutend; nur in einzelnen formenreichen Gruppen (*Diatomeen, Rhizopoden*) hat sich begründete Aussicht eröffnet, das phylogenetische System der lebenden Formen durch wachsende Erkenntniss ihrer Beziehungen zu den ausgestorbenen fossilen Vorfahren vollkommener zu gestalten. Zur Zeit sind freilich die phylogenetischen Ergebnisse der Palaeontologie auch in diesen Gruppen bei weitem nicht so bedeutend wie diejenigen der Morphologie.

Von sämmtlichen Protophyten hat nur die formenreiche *Diatomeen*-Classe eine grössere Anzahl von fossilen Arten überliefert; dass dieselben nur bis zur Trias-Formation hinab reichen, ist vielleicht durch die Annahme zu erklären, dass die zierliche Zellmembran ihrer älteren Vorfahren noch nicht hinreichend verkieselt war. Die wenigen fossilen Reste von *Calcocyteen*, *Dictyocheen* und *Siphoneen* (*Cymopolien* etc.) lehren uns bloss, dass diese kleinen Formengruppen auch schon in mesozoischer Zeit existirten.

Unter den Protozoen haben die formenreichen *Rhizopoden*-Classen, die kalkschaligen *Thalamophoren* und die kieselschaligen *Radiolarien* (besonders die *Spumellarien* und *Nassellarien*) eine grosse Zahl fossiler Formen aufzuweisen; ihre Zahl, Mannichfaltigkeit und Vollkommenheit nimmt gegen die älteren Formationen hinab beständig ab; einzelne uralte Formen finden sich schon im Silur und Cambrium. Für die systematische Phylogenie dieser Classen dürfte deren weitere Kenntniss sehr wichtig werden.

§ 47. Ontogenie der Protisten.

Als phylogenetische Urkunde besitzt die Ontogenie der Protisten bei weitem nicht den hohen Werth und das causale Interesse, wie diejenige der Histonen. Bei diesen letzteren, ebensowohl den *Metaphyten*, wie den *Metazoen*, ziehen wir aus den Erscheinungen der individuellen Entwickelung unmittelbar die wichtigsten Schlüsse auf die ähnliche Stammesgeschichte ihrer Vorfahren. Indem wir das biogenetische Grundgesetz nicht allein auf die Organe anwenden, sondern auch auf die Zellen, welche deren Gewebe zusammensetzen, erkennen wir die Spuren des langen Weges, welchen dieselben bei ihrer historischen Entwickelung zurückgelegt haben. Dabei unterscheiden wir sorgfältig die *palingenetischen* Bildungen, welche nach Vererbungs-Gesetzen unmittelbar den Rückschluss von den ontogenetischen Thatsachen auf die phylogenetischen Ursachen gestatten, und die *cenogenetischen* Umbildungen, bei denen dies wegen der Anpassung an secundäre Verhältnisse nicht möglich ist (§ 6—8).

Die grosse Mehrzahl der Protisten bietet uns in ihrer Entwickelung nur wenige oder gar keine Erscheinungen, welche unmittelbar einen derartigen Rückschluss auf ihre Stammesgeschichte erlauben. Da bei den meisten Protisten der ganze Organismus zeitlebens einzellig bleibt, beschränkt sich ihre Keimesgeschichte auf das Wachsthum dieser einzelnen Zelle und die Differenzirung ihrer einzelnen Theile. Diese lässt aber nur selten eine Reihe von bestimmten Bildungsstufen unterscheiden, denen wir mit Sicherheit eine phylogenetische Bedeutung beimessen könnten. Bei den niedersten Gruppen, welche sich bloss durch einfache Zelltheilung fortpflanzen (*Archephyten, Paulotomeen, Archezoen, Flagellaten*) beschränkt sich der ganze individuelle Entwickelungsprocess auf die Regeneration der beiden Tochterzellen, die durch Zweitheilung der Mutterzelle entstanden sind; jede Hälfte wird durch Wachsthum wieder zu einer ganzen Zelle. Aber auch bei vielen höheren Protisten, welche sich durch Sporogonie fortpflanzen, lässt sich aus der Art der Sporenbildung und ihrer Umbildung Nichts oder nur Wenig über ihre Phylogenie hypothetisch ermitteln. Selbst der Schluss, dass alle höheren Protisten, die sich durch Schwärmsporen fortpflanzen, desshalb ursprünglich von Mastigoten abstammen, dürfte sehr anfechtbar sein.

Wenn nun auch demgemäss das biogenetische Grundgesetz im Protisten-Reiche viel weniger erklärende Bedeutung besitzt und viel geringeren praktischen Werth hat, als bei den *Metaphyten* und *Metazoen*, so besitzt es dennoch auch bei sämmtlichen *Protophyten* und *Protozoen* im Princip allgemeine Gültigkeit; tiefer eingehende Betrachtung ergiebt bald, dass es auch hier überall wirksam ist, selbst im einfachsten Falle der Zelltheilung. Denn die Regeneration der beiden Tochterzellen, welche durch Zweitheilung einer einfachen Mutterzelle entstanden sind und durch Wachsthum sich zu einer solchen regeneriren, ist selbst wieder ein *palingenetischer* Process und beruht ursprünglich auf Vererbung.

Ausserdem giebt es nun aber eine Anzahl von höheren Protisten, bei denen verschiedene, im Laufe der individuellen Entwickelung des einzelligen Organismus auf einander folgende Bildungsstufen ebenso einen sicheren Schluss auf entsprechende phyletische Bildungsstufen ihrer Vorfahren gestatten, wie es bei den meisten Histonen der Fall ist. Das gilt vor Allen von denjenigen Protophyten und Protozoen, bei denen feste Zellhüllen oder Skelette in characteristischer Form und Zusammensetzung sich entwickelt haben. So können wir z. B. aus der Ontogenie der höheren *Siphoneen*, deren einzelliges Thalloid eine sehr verwickelte Bildung und Zusammensetzung zeigt, auf ihre Abstammung von niederen einfachen Formen derselben Classe schliessen (*Botrydiaceen*). Verschiedene Reihen von *Polythalamien* können wir von einfachen *Monothalamien* ableiten. Besonders aber lassen sich bei der Mehrzahl der *Radiolarien* aus der besonderen Art und Weise, wie ihr complicirtes Kieselskelet angelegt wird, wächst und sich entwickelt, sichere Schlüsse auf eine entsprechende Phylogenese ihrer Vorfahren ziehen. Sowohl bei den *Spumellarien* und *Acantharien*, als bei den *Nassellarien* (und auch bei einem Theile der *Phaeodarien*) giebt uns die vergleichende Ontogenie ihres Skelettes ganz bestimmte und werthvolle Aufschlüsse über die Phylogenie der ganzen Gruppe.

§ 48. Morphologie der Protisten.

Gegenüber dem geringen Werthe, welchen die beiden phylogenetischen Urkunden der Palaeontologie und Ontogenie, im Ganzen genommen, für die hypothetische Erkenntniss der Phylogenie bei den meisten Protisten besitzen, ist die dritte grosse Urkunde der letzteren, die Morphologie, von höchster Bedeutung. Allerdings erscheint auch der innere Körperbau bei der Mehrzahl der einzelligen Protophyten und Protozoen sehr einfach; und die Differenzirungen, welche die Structur des *Nucleus* und *Celleus* erfährt, scheinen grösstentheils nur geringe Bedeutung für die Erkenntniss ihrer Stammesgeschichte zu besitzen. Indessen zeigt sich die vergleichende Anatomie der einzelligen Organismen bei tieferem Eindringen weit fruchtbarer, als es znnächst den Anschein hat; selbst morphologische Einzelheiten, welche an sich sehr geringen Werth haben, können durch ihre Constanz, durch die strenge Vererbung innerhalb einer Gruppe, hohe Bedeutung für deren Systematik und Phylogenie gewinnen.

Die wichtigsten phylogenetischen Aufschlüsse ergiebt aber die vergleichende Morphologie bei jenen Protisten-Gruppen, bei welchen eine feste Körperhülle oder ein Skelet von characteristischer Form und Structur ausgebildet ist; besonders gilt dies von jenen Gruppen, in welchen die Zellmembranen oder Skelettheile eine lange Stufenleiter von niederen zu höheren Formen aufsteigend erkennen lassen. Dies ist der Fall unter den Protophyten bei den *Conjugaten*, *Diatomeen* und *Siphoneen*, unter den Protozoen bei den Hauptgruppen der *Rhizopoden* (*Thalamophoren* und *Radiolarien*). Alle anderen Protisten-Gruppen übertrifft in dieser Beziehung die formenreiche Classe der Radiolarien (mit mehr als 4000 Arten); in allen vier Legionen derselben ist das zierliche (meist silicate) Skelet so gesetzmässig nach mannichfaltigen Richtungen hin ausgebildet, dass wir die *Homologien* seiner einzelnen Theile, als Wirkungen der Vererbung, ebenso klar erkennen können, wie die *Analogien* in verschiedenen Gruppen, welche auf der Anpassung an gleiche Entwickelungs-Bedingungen beruhen.

§ 49. Monobien und Coenobien.

Die Individualität der Protisten tritt vorherrschend in Form der einzelnen selbstständigen Zelle auf: *Monobion* oder Einzelzelle; jedoch finden sich in vielen Gruppen des Protistenreiches auch lockere oder engere Vereine von mehreren gleichartigen Zellen; wir bezeichnen eine solche Gemeinschaft allgemein als *Coenobium* oder Zellhorde (»Zellgemeinde, Zellverein, Zellcolonie«). Gewöhnlich sind die einzelnen associirten Zellen, welche im Coenobium zusammensitzen, alle von gleicher Beschaffenheit; nur ausnahmsweise beginnt in denselben der erste Grad der Arbeitstheilung, und zwar der sexuellen (z. B. Volvocinen). Aber niemals schreitet diese Ergonomie der constituirenden Zellen so weit fort, dass daraus ein wirkliches Gewebe entstünde, wie bei den *Histonen* (Metaphyten und Metazoen).

Monobionten oder *„permanent einzellige"* Protisten sind folgende Gruppen: 1) Die Probionten und die niedersten Chromaceen; 2) die meisten Paulotomeen, die Cosmarien und die Mehrzahl der Diatomeen; 3) die meisten Mastigoten und Siphoneen; 4) viele Archezoen und Fungillen; 5) die grosse Mehrzahl der Rhizopoden und Infusorien.

Coenobionten, d. h. Formen, welche im entwickelten Zustande *Coenobien* bilden, sind vorherrschend in den Gruppen der Chromaceen und Melethallien; in den übrigen Gruppen kommen sie gewöhnlich nur bei einzelnen kleineren Abtheilungen vor. Indessen kann man auch z. B. die zusammengesetzten Riesenformen der Siphoneen (Caulerpen, Dasycladeen) und der Polythalamien als Coenobien auffassen. Als vier Hauptformen der Coenobien unterscheiden wir: 1) *gregale*, 2) *sphaerale*, 3) *arborale* und 4) *catenale*.

I. Gregale Coenobien sind Zellhorden von kugeliger, rundlicher oder unbestimmt massiger Form, meist von gallertiger Beschaffenheit, in deren Masse die durch Theilung sich vermehrenden Zellen allenthalben, meist ohne bestimmte Ordnung zerstreut liegen: die gallertigen Zellgemeinden der Palmellaceen, vieler Diatomeen und Mastigoten, die Zoogloea-Massen der Bacterien und Flagellaten, die Coenobien vieler Polycyttarien.

II. Sphaerale Coenobien sind Zellhorden von kugeliger, ellipsoider oder cylindrischer Gestalt, in deren Gallertmasse die socialen Zellen an der Oberfläche eingebettet sind. Wenn hier die Zellen dicht neben einander liegen, so entsteht ein förmliches Epitel, eine Zellenschicht als Hülle einer Gallertkugel; diese Form ist desshalb sehr interessant, weil sie morphologisch der *Blastula* oder Blastosphaera gleicht, dem bedeutungsvollen Keimzustande der Metazoen. Solche Sphaeral-Coenobien bilden einige Palmellaceen, viele Volvocinen und die Halosphaereen; ferner die Catallacten und Ophrydien, sowie viele (oder zeitweilig alle) Polycyttarien, d. h. die socialen Radiolarien aus der Legion der Spumellarien.

III. Arborale Coenobien sind Zellhorden von baumförmiger oder strauchförmiger Gestalt, dadurch entstanden, dass gemeinsame Gallertmassen sich dendritisch verästeln, oder dass dichotome Gallertstiele an den Astenden die associirten Zellen tragen. Solche »dendroide« Zellenstöckchen, welche an ihrer Basis befestigt und den verzweigten Stöcken von Polypen und Bryozoen sehr ähnlich sind, bilden unter den Protophyten einige Diatomeen (Gomphonema, Echinella etc.), viele Phytomonaden, die Sciadiceen; unter den Protozoen einzelne Rhizopoden, manche Flagellaten, die Synacineten und viele Vorticellinen. Als besondere (durch Sprossung entstandene) Formen von Arboral-Coenobien können die dendroiden Riesenformen der Siphoneen aufgefasst werden.

IV. Catenale Coenobien sind fadenförmige »Zellketten« oder Zellhorden, welche durch Catenation entstehen; indem die Zellen sich wiederholt, aber immer in gleicher Richtung theilen, und die Theilproducte an einander gereiht bleiben, entstehen solche »Gliederfäden«. Unter den Protophyten haben sie die meisten Chromaceen, die Desmidiaceen und Zygnemaceen, viele Diatomeen, einige Peridineen u. A. Unter den Protozoen werden ganz gleiche Catenen gebildet von vielen Bacterien, einigen Rhizopoden und Infusorien. Die Polythalamien kann man als besondere Kettenformen von Monothalamien ansehen. Die Bildung solcher Catenal-Coenobien ist namentlich desshalb von hoher phylogenetischer Bedeutung, weil sie unmittelbar zu dem catenalen Thallus der niedersten Metaphyten (der »Fadenalgen«) hinüber führt. So sind aus den Algetten (Mastigoten) die niedersten echten Algen entstanden (Confervales).

§ 50. Grundformen der Protisten.

Die äussere Gestalt des Organismus und die innere Anordnung der Theile, durch welche dieselbe bestimmt wird, ist bei den *Protisten* in viel höherem Maasse von der Lebensweise und von der Anpassung an die äusseren Existenz-Bedingungen abhängig, als es bei den *Histonen* der Fall ist. Bei diesen letzteren, und namentlich bei den höheren Gruppen der Metaphyten und Metazoen, bedingt schon die erbliche Zusammensetzung des Organismus aus differenzirten, bestimmt geordneten Organen und Geweben, immer gewisse Grenzen, die nicht leicht überschritten werden. Bei den Protisten beschränkt sich diese Zusammensetzung meistens auf den Zellkern, das Cytosom und dessen Hülle. Nur wenn die letztere gut entwickelt und als Product zahlreicher phylogenetischer Umbildungen mannichfaltig entwickelt ist, oder wenn ein typisches Endoskelet ausgebildet ist (bei den Acantharien), entstehen auch bei einem Theile der Protisten sehr bestimmt ausgeprägte Gestalten, deren gesetzmässig entwickelte Bildung auf feste geometrische Grundformen zurückführbar ist.

Das allgemeine Interesse, welches sich an die verwickelte (— bisher ganz vernachlässigte —) Promorphologie der Protisten knüpft, beruht auf der phylogenetischen Erkenntniss ihrer plastischen Ursachen. In sehr vielen Fällen (namentlich in der formenreichsten Gruppe, der Radiolarien) können wir nicht allein die *Causae efficientes* der typischen Grundform-Entstehung sehr wohl im Allgemeinen erkennen, sondern auch im Besonderen den Gang ihrer historischen Umbildung und Differenzirung deutlich verfolgen. Namentlich sind die porulosen Radiolarien (die *Spumellarien* und *Acantharien*) in dieser Hinsicht von ganz hervorragender phylogenetischer Bedeutung. In vielen Gruppen derselben bleibt eine bestimmte Grundform durch Vererbung erhalten, während sie im Einzelnen durch Anpassung auf das Mannichfaltigste modificirt wird.

Die vier Hauptgruppen der Grundformen, welche wir im promorphologischen System unterscheiden, sowie alle die untergeordneten Modificationen derselben, finden sich in der Zellform (— und zwar meistens in der Skeletform —) von gewissen Protisten realisirt. Die grösste Mannichfaltigkeit bieten in dieser Beziehung unter den Protophyten die Algarien, besonders die *Conjugaten* und *Diatomeen*; unter den Protozoen die Rhizopoden, namentlich die *Thalamophoren* und *Radiolarien*. Die wichtigsten Beziehungen der vier Grundformen-Gruppen zu den einzelnen Protisten-Classen wollen wir hier kurz andeuten.

§ 51. Centrostigmen. (Sphaerotypische Grundformen.)

Die geometrische Mitte des Körpers ist bei den *Centrostigmen* ein Punkt (*Stigma*). Diese einfachste reguläre Grundform findet sich unter den Protisten sehr verbreitet vor, sowohl 1) als Kugel, wie 2) als endosphärisches Polyeder. Reguläre Kugeln sind unter den Protophyten die Plastiden vieler *Chromaceen, Palmellaceen, Halosphaera* u. A.; unter den Protozoen viele *Rhizopoden* (einzelne *Thalamophoren*, zahlreiche *Radiolarien*). Ausserdem nehmen viele anders gestaltete Protisten die Kugelform an, wenn sie sich encystiren und in den Ruhezustand übergehen. Bemerkenswerth ist, dass die geometrisch reine Kugelform namentlich bei einzelligen Plankton-Protisten ausgebildet ist, welche in stabilem Gleichgewicht frei im Wasser schweben, z. B. *Eremosphaera* (Conjugaten), *Pyrocystis* (Murracyteen), *Halosphaera* (Melethallien), *Actinosphaerium* (Heliozoen), *Actissa* und viele andere Radiolarien. Auch Coenobien des Plankton, welche frei im Wasser schweben, können vollkommene Kugeln bilden (*Volvox, Halosphaera, Sphaerozoum* und andere sociale *Radiolarien*).

Endosphärische Polyeder, d. h. polyedrische Formen, deren Ecken sämmtlich in eine ideale Kugelfläche fallen, finden sich ebenfalls vorzugsweise in solchen Zellen realisirt, welche im stabilen Gleichgewichts-Zustande schwimmend oder im Plankton treibend sich erhalten; dies ist bei zahlreichen Radiolarien aus verschiedenen Gruppen der Fall (*Sphaeroideen*, *Sphaerophracten, Phaeosphaerien* u. A.). Gewöhnlich erscheint hier die kugelige Kieselschale als ein zierliches Gitter mit regulären Maschen; sowohl die Knotenpunkte dieses Netzes, als die Distal-Enden der Radial-Stacheln, die von letzteren ausgehen, fallen in eine Kugelfläche. Unter den Protophyten (*Paulotomeen*) bilden einige Calcocyteen (besonders *Rhabdosphaera*) ausgezeichnete Formen von endosphärischen Polyedern.

§ 52. Centraxonien. (Grammotypische Grundformen.)

Die geometrische Mitte des Körpers ist bei den Centraxonien eine gerade Linie (*Gramma*) oder Hauptaxe (*Protaxon*). Diese grosse und formenreiche Gruppe von Grundformen findet sich unter den Protisten in mannichfaltigster Ausbildung vor. Wir unterscheiden in derselben zwei grosse Untergruppen, die Einaxigen (*Monaxonia*) und die Kreuzaxigen (*Stauraxonia*); bei den letzteren können wir eine bestimmte Anzahl von transversalen Nebenaxen oder Kreuzaxen unterscheiden, bei den ersteren dagegen nicht. Jeder Querschnitt des Körpers, senkrecht auf die Hauptaxe, ist bei den *Monaxonien* ein Kreis, bei den *Stauraxonien* eine Ellipse oder ein Polygon.

I. Einaxige Grundformen (*Monaxonia*), oder Centraxonien ohne Kreuzaxen (Querschnitt kreisrund). Sie zerfallen in zwei Hauptgruppen, je nachdem die beiden Pole der Axe gleich sind (*Isopola*) oder ungleich (*Allopola*). Die beiden Hälften des Körpers, welche durch die Aequatorial-Ebene (— die Transversal-Ebene senkrecht auf dem Mittelpunkt der Axe —) getrennt werden, sind bei den ersteren gleich, bei den letzteren ungleich. Die Zellen zahlreicher Protisten, die frei im Wasser schweben (als Plankton), zeigen die gleichpolig-einaxige Grundform (*Monaxonia isopola*); sie bilden ein geometrisches Ellipsoid, Sphäroid, eine Linse, einen Cylinder, eine kreisrunde biconvexe oder ebene Scheibe u. s. w., so namentlich viele Chromaceen, Paulotomeen, Diatomeen, Bacterien und Radiolarien. Dagegen finden wir vorherrschend die ungleichpolig-einaxige Grundform (*Monaxonia allopola*) bei solchen Protisten, deren Zellenkörper an einem (basalen) Pole der Axe angewachsen, am entgegengesetzten (acralen) frei ist (viele festsitzende Diatomeen, Siphoneen, Fungillen, Rhizopoden, Infusorien). Ebenso ist dieselbe häufig bei solchen Zellen, welche an einem Pole der Axe ein Bewegungs-Organ entwickelt haben (sehr viele Mastigoten, Flagellaten, Rhizopoden u. s. w.); eiförmige, kegelförmige, halbkugelige Gestalten u. s. w. kommen hier sehr verbreitet vor.

II. Kreuzaxige Grundformen (*Stauraxonia*) oder Centraxonien mit Kreuzaxen (Querschnitt eine Ellipse, oder ein reguläres oder amphithectes Polygon). Auch diese pyramidalen Grundformen zerfallen in zwei Gruppen, je nachdem die beiden Pole der Hauptaxe gleich oder ungleich sind. Die geometrische Grundform der *isopolen Stauraxonien* ist die Doppel-Pyramide, diejenige der *allopolen* die einfache Pyramide. Während die pyramidale Grundform bei den Histonen sehr verbreitet und mannichfaltig erscheint, spielt sie dagegen bei den Protisten nur eine untergeordnete Rolle; sie ist hier beschränkt auf wenige Gruppen des Plankton, in denen eine harte Zellmembran (mit Schwebe-Apparaten) oder ein Skelet mit regulär vertheilten Apophysen entwickelt ist; so bei manchen *Cosmarien*, *Diatomeen* und *Mastigoten*; besonders aber bei vielen Radiolarien. Reguläre und amphithecte Doppel-Pyramiden sind besonders auffallend und geometrisch scharf ausgeprägt zu finden bei den *Acantharien*, dagegen einfache Pyramiden bei den *Nassellarien*. Die phylogenetische Differenzirung der pyramidalen Formen lässt sich hier zum Theil klar verfolgen und auf die Verhältnisse des Gleichgewichts, sowie auf die Ausbildung von bestimmt geformten Fortsätzen des Skelets zurückführen, die als Schutzwaffen, Schwebe-Organe u. s. w. nützlich sind.

§ 53. Centroplanen. (Zygotypische Grundformen.)

Die geometrische Mitte des Körpers ist bei den *Centroplanen* (oder Zeugiten) eine Ebene, die »Mittelebene« (*Planum medianum, P. sagittale*). Diese Ideal-Ebene (oft durch die mediane Lage centraler Theile bezeichnet) scheidet den ganzen Körper in zwei symmetrisch gleiche Hälften, rechte und linke; die eine Hälfte ist das Spiegelbild der anderen. Die beiden spiegelgleichen Hälften enthalten dieselben Körpertheile in relativ gleicher, aber absolut entgegengesetzter Lage. Die symmetrische Lagerung aller Theile wird bei diesen *Zeugiten* oder Bilateral-Formen durch drei verschiedene, auf einander senkrechte Axen bestimmt, die Richtaxen oder *Dimensiv-Axen*; zwei derselben sind ungleichpolig, die dritte gleichpolig. Die beiden ungleichen Pole der Hauptaxe (oder Längenaxe) sind der acrale (oder *orale*, Scheitelpol, Mundpol), und der basale (oder *aborale*, Grundpol, Endpol). Die beiden ungleichen Pole der Sagittal-Axe (oder Höhenaxe) sind der dorsale (Rückenpol) und ventrale (Bauchpol). Die beiden gleichen Pole der Frontal-Axe (oder Breitenaxe) sind der rechte und linke (dextrale und sinistrale). Als zwei Hauptgruppen der Centroplanen unterscheiden wir die Amphipleuren (*bilateral-radialen*) und die Zygopleuren (*bilateral-symmetrischen* Grundformen). Bei den ersteren besteht der Körper aus mehreren (mindestens drei) Paar Antimeren; bei den letzteren nur aus einem Paar Antimeren.

Die *centroplanen* oder *bilateralen* Grundformen sind die gewöhnlichen Grundformen der Histonen, die *amphipleuren* bei festsitzenden, die *zygopleuren* bei freibeweglichen Formen. Dagegen treten sie unter den Protisten verhältnissmässig selten und nur in einzelnen Gruppen auf. In den grossen Gruppen der Archephyten und Algarien, der Archezoen und Fungillen fehlen sie ganz, oder erscheinen nur höchst selten; ebenso auch bei den meisten Mastigoten und Flagellaten. Typisch amphipleure Grundformen sind fast nur bei einem Theile der Radiolarien ausgeprägt (bei vielen bilateral-radialen Nassellarien u. A.). Zygopleure Grundformen finden sich bei einigen Mastigoten und Siphoneen, bei vielen Infusorien, und besonders bei zahlreichen Rhizopoden.

§ 54. Acentronien. (Anaxone Grundformen.)

Eine geometrische Mitte fehlt bei dieser vierten und letzten Hauptgruppe der Grundformen gänzlich. Die *acentrischen* oder *atypischen* Formen sind absolut irregulär; weder ein Punkt, noch eine Axe, noch eine Ebene, zu welcher die verschiedenen Körpertheile eine bestimmte topographische Beziehung besitzen, lässt sich unterscheiden. Solche *Anaxonia* oder *Acentronia* finden sich häufig in den irregulären Gewebezellen der Histonen, dagegen selten in den autonomen Zellen der Protisten. Ganz unregelmässig gebildet (im Wachsthum völlig von der Umgebung abhängig) sind unter den Protophyten einzelne Mastigoten und Siphoneen, unter den Protozoen einzelne Rhizopoden und Infusorien. Insbesondere fehlt eine beständige Grundform bei allen jenen nackten Protisten, deren weicher und schalenloser Körper vermöge seiner Contractilität einem beständigen Formenwechsel unterworfen ist, wie bei vielen »metabolischen« Rhizopoden und Infusorien, vor Allen bei *Amoeba*.

(§ 55 s. Tabelle auf S. 65.)

§ 56. Plastiden (Cytoden und Zellen.)

Als Zellen werden in neuerer Zeit gewöhnlich alle »Elementar-Organismen« bezeichnet, alle lebendigen »Individuen erster Ordnung«. Zugleich wird der Begriff der Zelle (*Cellula, Cytos*) jetzt allgemein dahin definirt, dass diese selbständige »Lebenseinheit« sowohl morphologische als physiologische Autonomie besitzt, und constant aus zwei verschiedenen wesentlichen Formbestandtheilen zusammengesetzt ist, aus dem inneren Zellkern (*Nucleus*) und dem äusseren Zellenleib (*Celleus*). Beide active Theile sind im einfachsten Falle (bei manchen niederen Protisten) in sich homogen, und bestehen aus zwei nahe verwandten, aber wesentlich verschiedenen Modificationen des Plasma. Der Zellkern (*Nucleus* oder *Karyon*) besteht ursprünglich aus homogener Kernsubstanz (*Karyoplasma*); gewöhnlich aber — und bei den Gewebezellen der Histonen allgemein — ist die Kernsubstanz bereits differenzirt; eine festere »Kerngrundmasse« (*Karyobasis*) umschliesst bläschenförmig einen halbflüssigen »Kernsaft« und erscheint zusammengesetzt aus einer färbbaren Kernmasse (Chromatin oder *Nuclein*) und einer nicht färbbaren Kernmasse (Achromin oder *Pyrenin*).

Auch der Zellenleib (*Celleus* oder *Cytosoma*), welcher den Zellkern einschliesst, besteht ursprünglich aus homogener Zellsubstanz

§ 55. Synopsis der geometrischen Grundformen.

Vier Hauptgruppen der Grundformen	Sieben Classen von Grundformen	**Protophyta** (Plasmodomen)	**Protozoa** (Plasmophagen)
I. Centrostigma Geometrische Mitte ein Punkt (Stigma). Keine Hauptaxe.	1. **Homaxonia** Kugeln	Viele Archephyten und Paulotomeen, Volvox, Halosphaera	Viele Archezoen und Rhizopoden, Actinosphaerium, Sphaerozoum
	2. **Polyaxonia** Endosphärische Polyeder	Calcocyteen (Rhabdosphaera, Cyathosphaera)	Viele Radiolarien (Sphaeroideen, Aulosphaeriden u. A.)
II. Centraxonia Geometrische Mitte eine gerade Linie (die Hauptaxe) 3. **Monaxonia** (ohne Kreuzaxen, mit kreisrundem Querschnitt) 4. **Stauraxonia** (mit Kreuzaxen, mit elliptischem oder polygonalem Querschnitt)	3. **Monaxonia** 3 A. M. *Isopola* Cylindral-F. (Ellipsoid, Linse, Cylinder)	Die meisten Archephyten und Paulotomeen	Die meisten Archezoen Viele Fungillen Viele Radiolarien
	3 B. M. *Allopola* Conoidal-F. (Kegel, Eiform etc.)	Die meisten Mastigoten Viele sessile Diatomeen und Siphoneen (Botrydinm etc.)	Die meisten Flagellaten und Fungillen Viele Rhizopoden und Infusorien
	4. **Stauraxonia** 4 A. St. *Isopola* Dipyramidal-F. (Doppel-Pyramiden)	Viele Cosmarien, einige Diatomeen und Pediastreen	Viele Radiolarien (Acantharien, Discoideen, Larcoideen)
	4 B. St. *Allopola* Pyramidal-F. (Reguläre oder amphithecte Pyramiden)	Dictyocheen, einige Siphoneen (Acetabularia)	Viele Radiolarien (Nassellarien, Medusetten, Phaeoconchien etc.)
III. Centroplana (*Bilateralia, Zeugita*) Geometrische Mitte eine Ebene (Planum medianum)	5. **Amphipleura** Bilateral-radiale Grundf.	Einige Algetten (einzelne Mastigoten und Siphoneen)	Viele Radiolarien (Nassellarien und einige Phaeodarien)
	6. **Zygopleura** Bilateral-symmetrische Grundformen	Einige Algetten (einzelne Mastigoten und Siphoneen)	Zahlreiche Rhizopoden und Infusorien
IV. Acentronia Geometrische Mitte fehlt ganz	7. **Anaxonia** Irreguläre Grundform (ohne Axen)	Einzelne Mastigoten und Siphoneen	Einzelne Rhizopoden und Infusorien

(*Cytoplasma*), einen eiweissartigen Plasmakörper, welcher von der nahe verwandten Kernsubstanz sowohl durch gewisse chemische Reactionen als auch namentlich durch seine physiologischen Eigenschaften sich wesentlich unterscheidet. Nur bei einigen niederen Protisten erscheint auch der *Celleus* (— ebenso wie der Nucleus —) völlig structurlos und homogen; bei der grossen Mehrzahl der Protisten — und bei den Gewebzellen der Histonen allgemein — ist auch das Cytoplasma des Celleus bereits differenzirt und aus mehreren verschiedenen Bestandtheilen zusammengesetzt: das active *Protoplasma* (die formende und lebendige Zellsubstanz) steht gegenüber dem passiven *Metaplasma* (der »geformten Zellsubstanz«) und den »Plasma-Producten». Diese letzteren können in der mannichfaltigsten Weise differenzirt sein und zerfallen bei der Mehrzahl der Zellen in innere und äussere Plasma-Producte. Zu den inneren Plasma-Producten gehört das Paraplasma, die Cytolymphe (Zellsaft), die Microsomen oder Granula (Plasmakörnchen) und andere Cytofacten. Das wichtigste äussere Plasma-Product ist die Zellhülle (Cythecium).

Alle diese differenten Form-Bestandtheile der heute lebenden Zellen müssen wir als Producte der Lebensthätigkeit ihrer langen Vorfahren-Reihe ansehen, mithin als die secundären Erzeugnisse von phylogenetischen Processen, die seit Millionen von Jahren ununterbrochen wirksam waren. Auch die meistens behauptete »morphologische Elementar-Structur des Plasma« selbst (ebenso im *Karyoplasma* wie im *Cytoplasma*) müssen wir in diesem Sinne als eine secundäre Bildung betrachten; sie hat sich historisch entwickelt aus einem einfachen primären Plasma von homogener Beschaffenheit, welches noch keinerlei (sichtbare) *morphologische* Structur besass (— wenn auch die wirkliche, für uns nicht erkennbare *Molecular*-Structur desselben schon höchst complicirt war —).

Wenn wir aber in unserer phylogenetischen Betrachtung der ältesten und einfachsten Lebens-Verhältnisse der Zellen noch weiter zurückgehen, bis auf die hypolaurentischen Anfänge des organischen Lebens, so zwingt uns logische Deduction zu der weiteren Annahme, dass auch die beiden homogenen Bestandtheile der einfachsten ältesten Zellen, der structurlose *Nucleus* und der structurlose *Celleus*, durch Differenzirung aus einem primitiven Urorganismus entstanden sein müssen, der in sich vollkommen homogen war, wie es bei unseren Moneren noch heute der Fall ist; jede Micelle, jedes Plastidul des homogenen Plasmaleibes ist hier dem anderen gleich (§ 32—34). Nur solche »Organismen ohne Organe« können ursprünglich durch Urzeugung oder Archigonie entstanden sein. Wir haben diese älteste lebende Substanz, das einfachste Substrat der archigonen Lebens-Anfänge (*Probionten*), als Plasson bezeichnet, als »Urbildungsmasse«. Bei allen *Moneren* und bei allen anderen Protisten, denen der Kern ursprünglich fehlt, ist die active Leibesmasse anfänglich aus solchem homogenen Plasson gebildet (Chromaceen, Bacterien).

Um Klarheit in der Beurtheilung dieser wichtigen Verhältnisse zu gewinnen, ist es unerlässlich, die Begriffe der primären (kernlosen) und der secundären (kernhaltigen) Elementar-Organismen scharf zu definiren und zu unterscheiden; wir bezeichnen nur die letzteren als echte Zellen (*Cellulae*), hingegen die ersteren als Cytoden. Beide zusammen fassen wir unter dem Begriffe der Plastiden oder Bildnerinnen; dies ist die passendste gemeinsame Bezeichnung für alle Elementar-Organismen oder »Individuen erster Ordnung«.

Die erste Entstehung echter (kernhaltiger) Zellen aus primitiven (kernlosen) Cytoden lässt sich am einfachsten durch die Annahme erklären, dass das homogene *Plasson* der letzteren (und zwar der selbstständigen Moneren) in Folge von Arbeitstheilung allmählig in eine festere innere Masse (*Karyoplasma*) und eine weichere äussere Masse (*Cytoplasma*) sich sonderte. Als die einfache Ursache dieser ältesten Formspaltung können wir eine primitive Ergonomie in der Art und Weise ansehen, dass das innere Karyoplasma (als heredives *Idioplasma* oder Erbplasma) die Functionen der Vererbung und der Fortpflanzung übernahm, während das äussere Cytoplasma (als adaptives *Trophoplasma*) die Functionen der Anpassung und der Ernährung besorgte. Erst im Laufe langer Zeiträume gestalteten sich die Beziehungen dieser beiden Spaltungs-Producte des Plasson allmählich fester und constanter, und führten schliesslich zu jener verwickelten Wechselwirkung zwischen Beiden, die wir heute in der Mitose und Karyokinese bei der indirecten Kerntheilung beobachten.

(§ 57 s. Tabelle auf p. 68.)

§ 58. Nucleus (Karyon). Zellkern.

Die grosse Mehrzahl der Protisten, ebensowohl der *Protophyten* als der *Protozoen*, entspricht morphologisch und physiologisch dem Begriffe einer typischen Zelle und schliesst demgemäss einen echten Zellkern ein (*Nucleus* oder *Karyon*). Die Kerngrundmasse (*Karyobasis*) — d. h. die lebendige, active Substanz des Zellkerns — ist bei den Protisten gewöhnlich, ebenso wie bei den Gewebzellen der Histonen (*Metaphyten* und *Metazoen*), aus zwei verschiedenen chemischen Substanzen zusammengesetzt, aus dem färbbaren Chromatin (= *Nuclein*) und dem nicht ebenso färbbaren Pyrenin oder *Achromin*

§ 57. Synopsis der Zellbestandtheile.

Primäre Zellbestandtheile (erster Ordnung	Secundäre Zellbestandtheile (zweiter Ordnung)	Tertiäre Zellbestandtheile (dritter Ordnung)	Quartäre Zellbestandtheile (vierter Ordnung)
I. Zellenkern (*Nucleus* oder *Karyon*) Inneres, festeres Differenzirungs-Product des Moneren-Plasson. Ursprünglich aus homogener Kernsubstanz gebildet (*Karyoplasma*)	**1. Karyobasis** **Kerngrundmasse. Active lebendige Kernsubstanz**	**1a. Chromatin** = *Nuclein* Färbbare Kernmasse **1b. Pyrenin** = *Achromin* (Paranuclein) Nicht färbbare Kernmasse	a. *Nucleolus* Kernkörperchen b. *Karyomitoma* Kerngerüste c. *Centrosoma* Centralkörperchen
	2. Karyofacta Passive Kernbestandtheile (secundäre Producte)	**2a. Karyotheca** Kernmembran **2b. Karyolymphe** Kernsaft	Alle Bestandtheile des differenzirten Zellkerns, welche keine active Bedeutung besitzen.
II. Zellenleib (*Celleus* oder *Cytosoma*) Protoplastus. Aeusseres, weicheres Differenzirungs-Product des Moneren-Plasson. Ursprünglich aus homogener Zellsubstanz gebildet (*Cytoplasma*)	**3. Protoplasma** **Active lebendige Zellsubstanz** „Bildendes Cytoplasma"	**3a. Endoplasma** Endosark *Polioplasma*	Inneres, weicheres, körniges Protoplasma. Marksubstanz d. P.
		3b. Ectoplasma Ectosark *Halyoplasma*	Aeusseres, festeres, hyalines Protoplasma. Rindensubstanz d. P.
	4. Metaplasma und Plasma-Producte (*Plasmofacta*) **Passive Zellsubstanz** „Geformtes Cytoplasma" (Secundäre Producte der bildenden Zellsubstanz)	4a. Innere Plasma-Producte: **Zell-Einschlüsse** (*Cytofacta*)	a. Zellsaft *Cytolymphe* b. Zellkörnchen *Microsomata* c. Farbkörner *Chromatella* d. Fettkörner *Liposomata*
		4b. Aeussere Plasma-Producte: **Zellhüllen** (*Cythecia*)	a. Gallerthüllen *Calymmata* b. Zellhäute *Membranae* c. Zellschalen *Cytostraka* Sandschalen Kalkschalen Kieselschalen

(= Paranuclein). Sowohl die verschiedenen Stufen der morphologischen Differenzirung als auch die physiologischen Veränderungen (namentlich bei der Zelltheilung) zeigen an diesem typischen Zellkern bei den meisten Protisten dieselben Verhältnisse, wie bei den gewöhnlichen Gewebzellen der Histonen.

Von diesem gewöhnlichen Verhalten der einzelligen Protisten (— welches oft irrthümlich als allgemein gültig hingestellt wird —) giebt es eine Anzahl von Ausnahmen, die zum Theil von hoher phylogenetischer Bedeutung sind. Die wichtigsten dieser karyologischen Thatsachen sind folgende: 1) Die niedersten Gruppen der Protisten sind kernlos; 2) bei vielen niederen Formen ist der Zellkern homogen und structurlos; 3) in einigen höheren Gruppen der Protisten enthält die einzelne Zelle zahlreiche Kerne; 4) bei einigen der höchst entwickelten Protisten erreicht der Kern eine eigenthümliche morphologische und physiologische Ausbildung, wie sie bei den Gewebzellen der Histonen nicht vorkommt.

I. Kernlose Plastiden. Zellkerne fehlen vollständig den niedersten und ältesten Gruppen des Protisten-Reiches, sowohl den Archephyten (*Probionten* und *Chromaceen*), als den Archezoen (*Bacterien* und *Zoomoneren*). Wir dürfen daher ihren kernlosen Plasmakörper, streng genommen, nicht als echte (kernhaltige) Zelle bezeichnen, sondern müssen ihn als Cytode (oder »kernlose Plastide«) unterscheiden (§ 34). Zwar wird neuerdings oft behauptet, dass in dem Plasson dieser Cytoden (z. B. bei vielen *Chromaceen* und *Bacterien*) der Nucleus durch feinste »Nuclein-Körnchen« vertreten sei, welche bei stärkster Vergrösserung eben sichtbar sind und sich den Chromatin-Körnern ähnlich färben lassen. Diese Behauptung erscheint aber hinfällig, so lange nicht an diesen winzigen (im Plasson regellos zerstreuten) Körnchen die characteristischen morphologischen und physiologischen Eigenschaften des echten Zellkerns nachgewiesen werden. Dass die ältesten, durch Archigonie entstandenen Protisten kernlos gewesen sein müssen, ergiebt sich aus einer unbefangenen Kritik der Urzeugungs-Verhältnisse mit voller Klarheit (§ 32, 33).

II. Homogene Zellkerne. Der Kern der niedersten und ältesten einzelligen Protisten ist homogen und structurlos; er besteht bloss aus gleichartigem Chromatin (oder *Nuclein*); Achromin oder Pyrenin ist noch nicht vorhanden (oder ist im Cytoplasma vertheilt). Irgend welche Structur (wabige oder schaumige oder filare Differenzirung) ist noch nicht vorhanden. Solche völlig structurlose Zellkerne finden sich bei vielen niederen Protisten, besonders in der Jugend. Der Kern der Sporen (sowohl Paulosporen, als Zoosporen) ist oft ganz homogen, während er in der daraus sich entwickelnden Zelle später

Structur-Differenzen erhält. Besonders zeichnen sich die Kerne der *Microsporen* durch Structurmangel aus (ebenso wie die Kerne der homologen *Spermazoiden* bei vielen Histonen). Homogen sind auch wahrscheinlich die Kerne der meisten Zellen, welche sich durch directe oder amitotische Theilung, sowie durch simultane Vielzelltheilung vermehren (§ 66). Dagegen sind die Zellkerne der höheren Protisten, ebenso wie diejenigen der meisten Gewebzellen bei den Histonen, allogen, mehr oder weniger durch secundäre Differenzirung verändert; oft zeigen sie eine Kernmembran (*Karyotheca*) und enthalten Kernsaft (*Karyolymphe*), sowie andere Karyofacte (§ 57). Dass die Zellkerne der ältesten einzelligen Protisten homogen gewesen sein müssen, ergiebt sich aus der Erwägung, dass diese Structur-Verhältnisse der allogenen Kerne nur als Wirkung von phylogenetischen Differenzirungs-Processen verständlich sind.

III. Vielkernige Zellen. Der einkernige oder *monokaryote* Zustand bleibt bei den meisten einzelligen Protisten bestehen bis zur Periode der Fortpflanzung. Erfolgt diese durch einfache Theilung, so spaltet sich zuerst der Nucleus in zwei Tochterkerne, worauf die Halbirung des Celleus nachfolgt. Diese Zweitheilung geschieht in sehr einfacher Weise (ohne Mitose) bei der primären *directen* Zelltheilung, in verwickelterer Art (mit Mitose) bei der secundären *indirecten* Zelltheilung; die letztere ist phylogenetisch jünger, ursprünglich aus der ersteren entstanden. Auch bei der Vielzelltheilung und Sporenbildung (§ 66) werden die zahlreichen Kerne gewöhnlich erst am Ende des individuellen Zellenlebens gebildet. Indessen giebt es hiervon einzelne Ausnahmen. Bei den *Siphoneen* und *Fungilletten*, deren Zellen-Organismus eine ungewöhnliche Grösse und morphologische Gliederung erreicht, theilt sich der jugendliche Nucleus schon frühzeitig in zahlreiche kleine Zellkerne, welche sich im Protoplasma vertheilen. Auch viele Rhizopoden gehen schon frühzeitig in den vielkernigen oder *polykaryoten* Zustand über (die »Riesenzellen« der Pelomyxeen und Mycetozoen, Actinosphaerium, die meisten Polythalamien, viele Radiolarien). Unter den Spumellarien sind die serotinen Monobionten einkernig, die praecocinen Coenobionten vielkernig; da erstere und letztere sonst kaum verschieden sind, wird die Differenz im Verhalten der Kerne offenbar nur durch die Association der Coenobionten bedingt. Unter den Infusorien sind nur wenige vielkernig (z. B. die parasitische *Opalina*).

IV. Specialisirte Zellkerne. Bei einem Theile der höchst entwickelten Protisten ist die gewöhnliche einfache Beschaffenheit des Nucleus nur in der Jugend vorhanden. Später nimmt derselbe, durch Anpassung an besondere Functionen, eigenthümliche Structur-Verhältnisse und physiologische Eigenschaften an, wie sie sonst (besonders bei den Zellkernen der Histonen) nicht vorkommen. Das ist namentlich der Fall bei den höchst entwickelten Protozoen (Radiolarien und Ciliaten). Bei den meisten ciliaten Infusorien sondert sich der Nucleus in einen grossen Hauptkern (*Macronucleus*) und einen kleinen Nebenkern (*Micronucleus*); der letztere vermittelt die Copulation und zerfällt in einen männlichen Wanderkern und einen weiblichen Ruhekern. Der wandernde männliche Kern entspricht dem Spermakern der Metazoen; der ruhende weibliche Kern dagegen dem Eikern.

§ 59. Celleus (Cytosoma). Zellenleib.

Unter dem Begriffe des Celleus (oder *Cytosoma*) verstehen wir den eigentlichen Zellenleib, d. h. den ganzen Körper der lebendigen Zelle, nach Abzug des von ihm umschlossenen *Nucleus*. Eine vergleichende Uebersicht desselben bei sämmtlichen Protisten ergiebt eine unendliche Mannichfaltigkeit von höchst verschiedenen Bildungen. Dennoch überzeugt uns eine tiefer eindringende Reflexion, welche wesentliche und unwesentliche Bildungs-Verhältnisse unterscheidet, von der phylogenetischen Einheit des *Cytosoms*, und seiner chemischen Substanz, des *Cytoplasma*. Wir können uns sehr wohl vorstellen, wie alle die verschiedenen Celleus-Formen ursprünglich durch Differenzirung aus einer und derselben einfachsten Urform hervorgegangen sind, und diese war ein individuelles Stück von homogenem Cytoplasma. Ebenso wie wir für die älteste primäre Form des *Nucleus* eine ursprünglich homogene und structurlose Beschaffenheit (— in morphologischem Sinne! —) annehmen müssen, so gilt das Gleiche auch von dem ältesten einfachsten *Celleus*; bestimmte Formbestandtheile sind in demselben noch nicht zu unterscheiden. Dadurch ist natürlich die Annahme einer verwickelten Molecular-Structur ebenso wenig im *Cytoplasma* des Zellenleibes, wie im *Karyoplasma* des Zellkerns ausgeschlossen.

Die Phylogenie des *Celleus* ergiebt ebenso wie diejenige des *Nucleus* — trotz unendlicher Mannichfaltigkeit im Einzelnen — dennoch gewisse Grundzüge der historischen Umbildung, die sich in den verschiedenen Hauptgruppen des Protisten-Reiches in ähnlicher Weise wiederholen. Die wichtigsten von diesen Differenzirungs-Erscheinungen sind folgende: 1) Sonderung des primär einfachen *Cytoplasma* in eine active (formende) Substanz: Protoplasma, und eine passive (geformte) Substanz: Metaplasma (*Deutoplasma, Paraplasma*). 2) Ausbildung einer bestimmten, mikroskopisch erkennbaren (also nicht molecularen) Plasma-Structur (Gerüst-, Schaum-, Faden-, Körner-Structur u. s. w., § 33). 3) Sonderung des Protoplasma in eine festere hyaline Rindenschicht oder Hautschicht (*Hyaloplasma*, *Ectosark*, *Ectoplasma*), und eine weichere körnige Markschicht oder Binnenschicht (*Polioplasma*, *Endosark*, *Endoplasma*); beide Schichten hängen anfangs noch continuirlich zusammen. 4) Ansammlung von Flüssigkeit oder Zellsaft (*Cytolymphe*) innerhalb des Protoplasma, entweder in Form einzelner Tropfen (Schaumstructur, Vacuolenbildung), oder Bildung eines blasenförmigen Hohlraums, der oft von einem Fadengerüst des Plasma durchzogen ist. 5) Ausscheidung von geformten Substanzen im Inneren des Celleus: Innere Plasma-Producte (Fettkörner, Amylum-Körner, Farbstoff-Körner oder Chromatellen, Krystalle u. s. w.). 6) Ausscheidung von geformten Substanzen nach aussen an der Oberfläche des Celleus: Zellhüllen oder *Cythecien* (§ 61). Ausser diesen allgemeinen Umbildungen des Celleus, die sehr verbreitet im Protisten-Reiche vorkommen, entwickeln sich noch in einzelnen Classen viele besondere Organellen, als Werkzeuge für bestimmte Lebensthätigkeiten, so namentlich bei den höheren Protozoen differenzirte Organellen der Bewegung und Ernährung. Alle diese verschiedenen Umbildungen des Celleus, die ursprünglich auf Differenzirungen des primären Cytoplasma beruhen, sind durch Anpassung an besondere Existenz-Bedingungen und Lebensthätigkeiten entstanden, und zwar polyphyletisch, in vielen Gruppen von Protisten unabhängig von einander; durch progressive Vererbung sind sie innerhalb der einzelnen Gruppen constant geworden.

§ 60. Phylogenie der Organellen.

Die Organellen oder *Organoide* der Protisten, als differenzirte Theile des einzelligen Organismus, welche besonderen physiologischen Functionen angepasst sind, verhalten sich morphologisch sehr verschieden von den analogen Organen der vielzelligen Histonen. Bei diesen letzteren — ebensowohl ***Metaphyten*** als ***Metazoen*** — wird schon durch die primäre Association gleicher Zellen bei der Gewebebildung, und weiterhin durch die specifische Differenzirung der Gewebe und Organe, durch ihre characteristische Zusammensetzung und Verbindung, ein gewisser morphologischer Typus bestimmt; dieser constante Typus lässt die wenigen grossen Hauptgruppen des Thier- und Pflanzenreichs als geschlossene phylogenetische Einheiten erkennen. Die monophyletische Auffassung dieser letzteren wird dadurch ermöglicht, dass die typische Bildung und Zusammensetzung der Organe sich in den einzelnen Stämmen durch Vererbung beständig erhält, trotzdem ihre Gestaltung und Ausbildung im Einzelnen durch Anpassung unendlich mannichfaltig modificirt wird.

Die *Organellen* der Protisten verhalten sich in dieser Beziehung ganz anders als die analogen *Organe* der Histonen. Da die ersteren immer nur Theile einer einfachen Zelle bleiben, ist sowohl das Maass ihres quantitativen Wachsthums als ihrer qualitativen Entwickelung von vornherein sehr beschränkt. Allerdings können in einigen höchst entwickelten Protisten-Gruppen die Organellen sich derartig differenziren, dass sie uns nicht nur physiologisch, sondern auch morphologisch als Aequivalente von Organen der Histonen erscheinen. So ist z. B. das colossale einzellige Thalloid mancher Siphoneen (*Bryopsis, Dasycladus, Caulerpa*) einem Cormus von Metaphyten, mit Wurzel, Stengeln und Blättern, so ähnlich, dass man diese merkwürdigen Protophyten noch jetzt gewöhnlich zu den echten (vielzelligen) *Algen* stellt. Anderseits erinnert der einzellige Organismus der vollkommensten Ciliaten, mit seinen differenzirten, Füsschen und Tentakeln ähnlichen Wimpern, seinen Myophaenen, contractilen Blasen, Zellenmund u. s. w., so sehr an denjenigen von echten (wurmartigen) Metazoen, dass man die ersteren früher unbedenklich mit den letzteren vereinigte. Allein die tiefer eindringende Erkenntniss der Neuzeit hat uns überzeugt, dass diese auffallenden Aehnlichkeiten nur *Analogien* sind, keine *Homologien*; sie besitzen keine tiefere morphologische und also auch keine phylogenetische Bedeutung.

Ausserdem haben wir die Erkenntniss gewonnen, dass viele Organellen polyphyletischen Ursprung haben. So einfache Einrichtungen des einzelligen Organismus, wie die Ausscheidung einer schützenden Hülle, die Bildung einer locomotorischen Geissel, die Erwerbung von lichtempfindlichen Chromatellen, von contractilen Blasen u. s. w., sind offenbar in vielen verschiedenen Protisten-Gruppen unabhängig von einander entstanden; wir dürfen aus der vergleichend-morphologischen Betrachtung derselben um so weniger sichere Schlüsse auf den phylogenetischen Zusammenhang der ähnlichen Formen ziehen, als die Ausbildung jener einfachen Organellen meistens auf einer tiefen Stufe stehen bleibt und wenig characteristische Differenzirungen erleidet.

Trotzdem besitzt die vergleichende Morphologie gewisser Organellen für die Phylogenie mehrer grossen Protisten-Gruppen einen sehr hohen Werth. Besonders gilt das von den Cythecien oder Zellhüllen: den Cellulose-Membranen der Algarien und Algetten, den Kalkgehäusen der Calcocyteen und Thalamophoren, den Kieselschalen der Diatomeen und Radiolarien u. s. w. Aber auch die typische Differenzirung anderer Organellen, wie z. B. der Chromatellen (bei den Algarien), der Plasmopodien (bei den Rhizopoden und Infusorien), berechtigt uns oft zu wichtigen Schlüssen auf ihre Phylogenie.

§ 61. Cythecium. Zellhülle.

Die Hülle, welche den weichen Plasmaleib bei den meisten Protisten schützend umgiebt, ist nicht nur physiologisch von hervorragender Bedeutung, sondern auch morphologisch, indem die mannichfaltigen Formen derselben für ihre Systematik und Phylogenie in umfassendster Weise verwerthet werden können. Nur sehr wenige Gruppen von Protisten besitzen gar keine Hülle um ihren nackten Plasmakörper, so unter den Protophyten die *Probionten* und einige niederste (permanent nackte) *Mastigoten*; unter den Protozoen viele *Bacterien*, und einige einfachste *Rhizopoden* (Amoeben und Actinophrynen). Andere niederste Protisten bringen zwar den grössten Theil ihres Lebens im nackten Zustande beweglich zu, gehen aber doch zeitweise in einen Ruhezustand über, in dem sie eine gallertige Hülle (Calymma) oder auch eine festere Membran (Cyste) ausschwitzen (viele Mastigoten und Flagellaten, Bacterien und Lobosen).

Bei einem Theile der niederen Protophyten (bei vielen *Chromaceen* und *Phytomonaden*), sowie bei vielen Protozoen (*Bacterien, Infusorien*) wird zwar keine distincte und ablösbare Membran vom Cytosom abgeschieden; aber die oberflächlichste Plasmaschicht desselben erhärtet und setzt sich mehr oder weniger deutlich als *Pellicula* (Exoplasma) von der weicheren darunter liegenden Zellsubstanz ab. Dagegen sondert bei der grossen Mehrzahl aller vegetalen und animalen Protisten das weiche Cytosom eine feste *Cuticula* ab, welche dasselbe schützend umgiebt. Diese Zellmembran besteht aus stickstoffloser Cellulose bei den meisten *Protophyten*, sowie unter den Protozoen bei den meisten *Fungillen*, bei einzelnen *Rhizopoden* und *Infusorien*. Aus Chitin oder einer verwandten stickstoffhaltigen Substanz besteht die Membran bei den *Gregarinen*, einigen *Rhizopoden* und *Infusorien*. Wenn fremde Körper (Sandkörnchen, Theilchen von fremden Protisten-Schalen u. dergl.) während der Abscheidung dieser Cuticula mit derselben verkittet werden, entstehen die Sandschalen oder Caementschalen, welche vielen *Rhizopoden* zukommen (Difflugien, Psammothalamien).

Diese Sandschalen bilden den Uebergang zu den Mineral-Schalen der höheren Protisten, die bald aus Kalkerde, bald aus Kieselerde bestehen; indem hier die Mineral-Substanz gelöst aus dem Wasser oder der Nahrung aufgenommen und dann in bestimmter (bei den einzelnen Arten erblicher) Form abgeschieden wird, entstehen jene reichen Formen-Gruppen, deren historische Entwickelung sich grossentheils phylogenetisch verfolgen lässt. Kalkschalen werden — (abgesehen von den Kalk-Incrustationen der ***Dasycladeen*** und anderer ***Siphoneen***) von den Protophyten nur selten gebildet; so von den pelagischen ***Calcocyteen***. Um so häufiger treten dieselben unter den Protozoen auf, vor Allen bei den ***Rhizopoden*** (Thalamophoren). Kieselschalen bilden unter den Protophyten vor Allen die ***Diatomeen***, ausserdem die ***Murracyteen*** und ***Dictyocheen***. Unter den Protozoen entwickeln die ***Radiolarien*** dieselben in grösster Mannichfaltigkeit und Zierlichkeit, besonders die formenreichen Legionen der ***Spumellarien*** und ***Nassellarien***.

§ 62. Phylogenie der Zellseele.

Die physiologischen Naturerscheinungen, welche wir unter dem Begriffe der »Seele« oder der »Seelenthätigkeiten« zusammenfassen, sind im Protisten-Reiche von ganz besonderem phylogenetischen Interesse, nicht allein für die vergleichende Psychologie, sondern auch für Fundamental-Probleme der generellen Biologie. Während die Seele beim Menschen und den höheren Thieren, in Folge von uralter phylogenetischer Arbeitstheilung der Zellen, als eine Function des Nervensystems erscheint, ist sie dagegen bei den Protisten, wie bei den Pflanzen, noch an das Plasma der ganzen Zelle gebunden. Besondere Gewebe und Organe der Seelenthätigkeit sind hier noch nicht differenzirt. Nur bei einzelnen Gruppen, besonders bei einem Theile der höchst entwickelten Protozoen (den Ciliaten), hat bereits die Ergonomie der Plastidule innerhalb des einzelligen Organismus sich so weit phylogenetisch ausgebildet, dass wir einzelne Theile desselben geradezu als psychische Organellen bezeichnen können, so vor Allen die differenzirten Bewegungs-Organellen der Algetten und Infusorien (Geisseln und Wimpern), die Myophan-Fibrillen höherer Ciliaten, die tentakelartigen Fortsätze und Tasthaare mancher Infusorien, die »Augenflecke« und Chromatellen der farbigen Protisten als lichtempfindliche Organellen u. s. w.

Obgleich die psychischen Grunderscheinungen im Protisten-Reiche allgemein unbewusst bleiben, lässt sich doch durch kritische Vergleichung derselben in den verschiedenen Gruppen eine lange Reihe von phylogenetischen Ausbildungs-Stufen unterscheiden. Das gilt ebenso von den Bewegungs-Erscheinungen (als unbewussten Willens-Vorgängen) wie von den (ebenfalls stets unbewussten) Empfindungs-Vorgängen, auf welche wir aus der vergleichenden Beobachtung der ersteren zurückschliessen. Wenn characteristische Bewegungs-Erscheinungen nicht zu beobachten sind (— wie bei den meisten Protophyten —), dann können wir auch nur sehr unsichere Schlüsse auf die Qualität und Quantität ihrer sensiblen Functionen ziehen. Insbesondere wird hier die geschlossene feste Zellmembran hinderlich, welche (ebenso wie bei den Metaphyten) eine Reflexbewegung des Plasma oft nicht als sichtbare Formveränderung erkennen lässt.

Indessen ergiebt eine kritische Vergleichung leicht, dass auch die *vegetalen* Protisten sich psychologisch nicht wesentlich anders verhalten als die *animalen*. Die plasmodomen *Mastigoten* zeigen ganz dieselben Erscheinungen der Empfindung und Bewegung, wie die plasmophagen *Flagellaten*, die aus ihnen durch Metasitismus entstanden sind; und dasselbe gilt von den Zoosporen der Melethallien und Siphoneen. Die *Bacterien* und *Chytridinen* (welche jetzt noch gewöhnlich als »Urpflanzen« betrachtet werden) zeigen in ihren lebhaften Bewegungen und Empfindungen mehr animalen Character, als die nahe verwandten *Gregarinen* und *Amoebinen* (die man allgemein als »Urthiere« ansieht). Ausserdem wechselt bei den meisten Protisten der bewegliche Zustand (*Kinesis*) mit einem unbeweglichen Ruhezustand ab (*Paulosis*, § 68); im letzterem erscheinen alle Protisten ebenso pflanzenähnlich, wie im ersteren thierähnlich, und das gilt ganz ebenso von den *Protozoen* wie von den *Protophyten*.

Die allgemeinen biologischen Schlüsse, zu welchen uns die Phylogenie der Zellseele bei den Protisten führt, liefern folgenden Grundlagen für die monistische Psychologie: 1) Die Seelenthätigkeit der Protisten, welche bei den niedersten Protophyten in der denkbar einfachsten Form, bei den vollkommensten Protozoen (Ciliaten) in einer hochentwickelten Form, analog der Seele höherer Thiere, sich äussert, ist in allen Fällen eine Function des Plasma. 2) Eine ununterbrochene Stufenreihe von phylogenetischen Ausbildungsgraden verknüpft jene einfachsten mit diesen höchst entwickelten Formen der Zellseele. 3) Ebenso ist das Seelenleben der niederen Histonen (sowohl Metaphyten als Metazoen) von demjenigen ihrer Protisten-Ahnen nur quantitativ verschieden. 4) Bei den niederen Protisten sind die psychischen Vorgänge in ihrem homogenen Plasma-Leibe identisch mit molecularen chemischen Processen, welche von den chemischen Vorgängen in der anorganischen Natur sich nur quantitativ unterscheiden. 5) Mithin bilden die psychischen Vorgänge im Protistenreiche die Brücke, welche die chemischen Processe der anorganischen Natur mit dem Seelenleben der höchsten Thiere und des Menschen verknüpft.

§ 63. Phylogenie der Bewegungs-Organellen.

Die Bewegungs-Erscheinungen, welche wir am Protisten-Organismus wahrnehmen, zerfallen zunächst in zwei Gruppen, in innere und äussere Veränderungen. Innere Bewegungs-Vorgänge sind aus theoretischen Gründen ganz allgemein im Plasma der Protisten, ebenso wie aller anderen Organismen anzunehmen; denn die wichtigsten Lebensthätigkeiten selbst, vor Allen die Ernährung und der Stoffwechsel, sowie die Fortpflanzung, sind mit gewissen Lage-Veränderungen der kleinsten Plasma-Theilchen, mit Verschiebungen der Plastidule, nothwendig verknüpft. Sichtbar werden diese inneren Plasma-Bewegungen bei vielen grösseren Protisten, besonders dann, wenn das Plasma vacuolisirt und durch reichliche Wasser-Aufnahme zu einer schaumigen Blase ausgedehnt ist. Der Hohlraum dieser Blase ist dann gewöhnlich von einem Plasma-Gerüst oder Netzwerk durchzogen, dessen verzweigte Fäden ihre Gestalt und Verbindung langsam verändern, und einerseits mit einer dünnen parietalen Plasmaschicht zusammenhängen, die an der Innenseite der Zellhülle ausgebreitet ist; anderseits mit einer feinen centralen (oder perikaryoten) Schicht, welche den Kern umschliesst. Feine Körnchen, die gewöhnlich zahlreich im Plasma vertheilt sind, zeigen die Richtung und die Geschwindigkeit dieser inneren Plasma-Strömungen an. Unter den Protophyten beobachten wir dieselben sehr deutlich bei den grosszelligen Murracyteen, Conjugaten und Diatomeen, sowie bei den grossen Siphoneen. Ganz in derselben Form erscheinen sie unter den Protozoen bei den grösseren Zellen der Fungillen, sowie bei vielen Rhizopoden und Infusorien.

Die Plasma-Contractionen, die sehr verbreitet bei Protisten vorkommen, beruhen auf regelmässigen inneren Bewegungen eines zähflüssigen Plasma, welche (in Folge von bestimmten Massenverschiebungen der Theilchen) zugleich eine Formveränderung der ganzen Zelle bewirken. Bei den höheren Infusorien führt die regelmässige Wiederholung solcher Contractionen (in constanter Richtung) zur Differenzirung von Myophaenen, d. h. von Muskelfibrillen, die sich ganz analog den Muskeln von Metazoen verhalten (Stielmuskel der Vorticellen, Längsmuskeln der Stentoren u. s. w.).

Aeussere Bewegungs-Vorgänge, meistens mit Ortsveränderung der Zellen verknüpft, kommen ebenso bei *vegetalen* wie bei *animalen* Protisten sehr verbreitet vor. Meistens werden dieselben durch besondere Bewegungs-Organellen vermittelt, die an der Oberfläche der Zelle hervortreten, und die wir allgemein unter dem Begriffe der Plasmafüsschen (*Plasmopodia*) zusammenfassen: entweder Sarcopodien oder Vibratorien. Die Bewegung durch Zellfüsschen, Sarcanten oder *Sarcopodien* ist vor Allen für die grosse Hauptclasse der *Rhizopoden* characteristisch; hier treten aus der Oberfläche des Cytosoms veränderliche Fortsätze von unbeständiger Form, Zahl und Grösse hervor; bald einfache, meistens kurze und dicke Lappenfüsschen oder Lobopodien (bei den *Lobosen*), bald verästelte, lange und dünne Wurzelfüsschen oder Pseudopodien (bei den meisten *Rhizopoden*). Aber auch bei vielen anderen Protisten (sowohl vegetalen als animalen) kommen amoeboide Bewegungen und Bildung von Lobopodien vorübergehend vor, besonders bei jugendlichen Entwickelungszuständen.

Die zweite Hauptgruppe von äusseren Bewegungs-Erscheinungen wird als Flimmerbewegung bezeichnet (*Motus vibratorius*) und durch die Schwingungen von constanten Flimmerhaaren (*Vibrantes*) bewirkt, die an bestimmten Stellen aus der Oberfläche des Cytosoms hervortreten. Im Gegensatze zu den langsamen und trägen Bewegungen der veränderlichen *Sarcanten* sind die schwingenden Bewegungen der *Vibranten* meistens rasche und energische. Sie zerfallen in zwei Gruppen, in Geisseln und Wimpern. Die Geisseln (*Flagella* oder *Mastigia*) sind lange und dünne Fäden, meistens länger als die Zelle selbst, welche einzeln oder paarweise (seltener zu 3—4 oder mehreren) aus einem Punkte des Zellenleibes entspringen. Unter den Protophyten sind dieselben characteristisch für die Hauptclasse der Algetten, von denen die *Mastigoten* auch im entwickelten Zustande mittelst Geisselbewegung umherschwimmen, die *Melethallien* und *Siphoneen* nur in der Jugend (als Zoosporen). Unter den Protozoen sind von ersteren kaum zu trennen die *Flagellaten*, die ebenfalls permanent Geisselhaare besitzen; bei vielen *Archezoen*, *Fungillen* und *Rhizopoden* kommen dieselben nur vorübergehend in der Jugend vor (als Zoosporen). Wegen ihrer nahen Verwandtschaft werden die vegetalen Mastigoten und die von ihnen abstammenden animalen Flagellaten neuerdings oft als *Mastigophora* zusammengefasst; allein ebensonahe sind auch die Verwandtschafts-Beziehungen derselben zu den echten *Algen* (Metaphyten) und zu den *Spongien* (Metazoen).

Beschränktere Verbreitung und speciellere Bedeutung als die Geisselbewegung (*Motus flagellaris*) besitzt die Wimperbewegung (*Motus ciliaris*); sie wird durch sehr zahlreiche und kurze schwingende Häärchen vermittelt, die Wimpern (*Cilia*). Characteristisch ist dieselbe vor Allen für diejenige Protozoen-Gruppe, bei welcher die animalen Lebensthätigkeiten den höchsten Grad psychologischer Ausbildung erreichen, für die Wimper-Infusorien (*Ciliata*); bald ist hier die ganze Oberfläche des Zellenleibes mit Tausenden von kurzen Wimperhaaren bedeckt, bald nur ein Theil desselben. Die nahe verwandten Acineten (Suctorien) besitzen ein solches Wimperkleid nur im schwimmenden Jugendzustande. Vielleicht findet sich ein Gürtel von solchen feinen Wimperhäärchen auch bei den Diatomeen und einigen anderen verwandten Protophyten (Cosmarien); wenigstens lassen sich durch diese Annahme deren Schwimm-Bewegungen am einfachsten erklären.

Indessen ist es auch möglich, dass dieselben durch andere uns noch unbekannte physikalische Ursachen bewirkt werden, ebenso wie die eigenthümlichen schwingenden oder gleitenden Bewegungen vieler Chromaceen und Algarien.

Für die Systematik und Phylogenie der Protisten werden diese verschiedenen Bewegungs-Organe zwar in sehr bestimmter Weise verwerthet. Jedoch ist zu bemerken, dass dieselben auch vielfach in einander übergehen. So kann namentlich die amoeboide Bewegung gewisser Zellinge in Geisselbewegung übergehen (bei manchen Algetten und Rhizopoden), oder es folgen auf einander sehr verschiedene Bewegungszustände (bei den Mycetozoen und Radiolarien). Auch ist nicht zu vergessen, dass Flimmer-Epitelien vielfach selbstständig bei Metazoen sich entwickeln (flagellate bei Coelenterien, ciliate bei Bilaterien).

§ 64. Phylogenie der Empfindungs-Organellen.

Die Empfindungs-Erscheinungen der Protisten sind ohne Ausnahme unbewusst, ebenso wie der Wille, welcher ihre Bewegungen hervorruft. Alle Protisten sind reizbar und reagiren auf äussere Reize in verschiedenem Grade; alle sind empfindlich gegen mechanische, elektrische, thermische und chemische Reize, die meisten auch gegen Lichtreiz; dagegen scheinen akustische Reize von keinem Protisten empfunden zu werden. Die Reaction des Plasma, aus welcher wir auf die Wirkung des Reizes zurückschliessen, ist gewöhnlich eine unbewusste Bewegung (oder Reflexbewegung im weiteren Sinne); aber ausser diesen motorischen Reizwirkungen können auch trophische Veränderungen des Plasma als Maass für die Stärke des empfundenen Reizes dienen, so z. B. die Chromatellen-Bildung als Wirkung des Sonnenlichtes.

Bei den niederen Protisten erscheinen alle Plasma-Theilchen des einzelligen Organismus in gleichem Maasse empfindlich; bei den höheren Formen ist jedoch mehr oder weniger eine Differenzirung der Empfindlichkeit oder selbst eine Localisation derselben nachweisbar. Das Ectoplasma reagirt meistens lebhafter als das Endoplasma, und dieses stärker als das Karyoplasma. Bei vielen Protozoen (— aber ebenso auch bei den ähnlichen beweglichen Geisselzellen von Protophyten —) differenzirt sich das festere Ectoplasma als eine empfindliche »Hautschicht«, physiologisch vergleichbar der Hautdecke der Metazoen, als dem ursprünglichen universalen »Sinnesorgan«. Endlich entwickeln sich bei vielen Protisten an bestimmten Stellen des Körpers »sensible Organellen«, welche als specifische Sinneswerkzeuge den Sensillen der Metazoen vergleichbar sind. Als solche können wir mit mehr oder weniger Sicherheit ansprechen die äusseren Plasma-Fortsätze

(Sarcanten und Vibranten), die Chromatellen und die chemotropischen Organellen.

Als Tastorganellen fungiren wohl bei allen Protisten, welche Plasmopodien bilden, zugleich diese äusseren Bewegungsorgane. Ebenso wie die Beweglichkeit, so lässt auch die Empfindlichkeit derselben eine lange Reihe von phylogenetischen Entwickelungsstufen erkennen; auf der tiefsten Stufe stehen die Lobopodien der Amoebinen, auf der höchsten die Wimperhaare der Ciliaten; zwischen beiden zeigen die verschiedenen Pseudopodien der Rhizopoden, die Geisseln der Algetten und Flagellaten mannichfache Abstufungen der Sensibilität und Mobilität. Bei einem Theile der höchst entwickelten Infusorien (sowohl Flagellaten als Ciliaten) kommt es sogar zur Ausbildung besonderer Tasthaare, die den Tentakeln der Metazoen analog fungiren.

Als Lichtorganellen dürfen wir die grünen *Chromatellen* der Protophyten betrachten, sowie die »Augenflecke« vieler Infusorien. Dass die ersteren in hohem Maasse lichtempfindlich sind, ergiebt sich ohne Weiteres aus ihrer bedeutungsvollen plasmodomen Function (§ 37). Aber auch die rothen *Ocelletten* oder Augenflecke vieler Protozoen sind gegen Lichtreiz empfindlich, wenngleich der physiologische Nutzen derselben oft noch zweifelhaft ist. Nur bei wenigen Infusorien gesellt sich zum Ocellus ein lichtbrechender Körper, so dass er wirklich als »Zellenauge« (*Cytophthalmus*) gedeutet werden kann.

Als Chemorganellen können wir alle jene localisirten Körpertheile der Protisten bezeichnen, welche gegen gewisse chemische Reize in besonderem Maasse empfindlich sind; so fungiren wahrscheinlich bei vielen Mastigophoren die Geisseln nicht bloss als motorische und Tast-Organellen, sondern auch als chemische Sinneswerkzeuge. Bei denjenigen Infusorien, welche ihre Nahrung durch eine constante Mundöffnung aufnehmen, ist diese selbst und ihre Umgebung (bei den Ciliaten wahrscheinlich besonders die Wimperhaare des Mundkranzes) mit einem Chemotropismus ausgestattet, der als »Geschmack« oder »Geruch« bezeichnet werden kann. Physiologische Versuche zeigen, dass auch bei den flagellaten Zoosporen von Protophyten (Algetten), ebenso wie bei den Infusorien, gewisse Körperstellen für chemische Reize (z. B. den Geschmack von Aepfelsäure) besonders empfindlich und daher als Chemorganellen zu bezeichnen sind. Am deutlichsten zeigt sich dies bei der Copulation von Zoosporen, deren gegenseitige Anziehung offenbar durch Geruch vermittelt und daher als Wirkung eines besonderen *erotischen Chemotropismus* bezeichnet werden kann.

Als Erotische Organellen sind in diesem Sinne diejenigen Körpertheile von copulirenden Protisten zu bezeichnen, welche bei der Copulation von zwei schwärmenden Zellen zur Berührung und Verschmelzung gelangen; bei den Mastigophoren gewöhnlich der Mund oder der Zellenscheitel, aus welchem die Geisseln entspringen. Wenn die Copulation der beiden Zellinge sich durch Differenzirung derselben zu einer wirklichen Amphigonie oder geschlechtlichen Zeugung gestaltet, so lassen sich ihre erotischen Organellen oft mit grösserer Bestimmtheit erkennen, so der »Empfängnissfleck« der grösseren weiblichen Zellen (Gynosporen) und der »Befruchtungskegel« der kleineren männlichen Zellen (Androsporen). Auch die »Geschlechtstheile« der sexuell differenzirten Fungillen (*Achlya*, *Saprolegnia* etc.) verhalten sich hier ähnlich den erotischen Organellen der Volvocinen und anderer Mastigophoren; sie können aber auch physiologisch den Archegonien und Antheridien der Diaphyten, den Eizellen und Zoospermien der Metazoen verglichen werden. Die wichtige Rolle, welche der Zellkern bei diesen Fortpflanzungs-Processen spielt, und die Bewegungen, welche er dabei ausführt, lassen vermuthen, dass derselbe ebenfalls als erotisches Organell sexuelle Empfindung besitzt.

§ 65. Phylogenie der Ernährungs-Organellen.

Der bedeutungsvolle Unterschied, welcher zwischen den plasmodomen *Protophyten* und den plasmophagen *Protozoen* hinsichtlich der Ernährungsweise besteht, ist bereits oben eingehend begründet worden (§ 36—39). Derselbe betrifft vor Allem den Chemismus des Stoffwechsels: Das *Phytoplasma* der vegetalen Protisten bildet durch Synthese und Reduction aus einfachen anorganischen Verbindungen neues Plasma; das *Zooplasma* der animalen Protisten besitzt diese Fähigkeit nicht, sondern nimmt das Plasma von den ersteren auf und verwandelt es durch Analyse und Oxydation wieder in Wasser, Kohlensäure und Ammoniak.

Viel weniger wichtig als dieser Gegensatz im Stoffwechsel ist die verschiedene Art der Nahrungsaufnahme, welche noch jetzt häufig als wichtigster Unterschied von Thier und Pflanze hingestellt wird. Mit Unrecht wird dabei gewöhnlich hervorgehoben, dass das Thier seine Nahrung in fester, die Pflanze in flüssiger Form aufnehme, und dass demgemäss das Thier durch den Besitz einer Mundöffnung sich auszeichne. Es giebt aber viele Thiere (sowohl Protozoen als Metazoen — besonders Parasiten), welche nur flüssige Nahrung aus der Umgebung durch Endosmose aufnehmen, und bei denen eine Mundöffnung ganz fehlt: die Bacterien, Fungillen und Opalinen unter den Protozoen, die Cestoden und Acanthocephalen unter den Metazoen. Selbst bei den höheren Metazoen kann sich nach Rückbildung des Darms ein wurzelartiger endosmotischer Ernährungs-

Apparat ausbilden, der dem Mycelidium der Fungilletten und dem Mycelium der Pilze ganz ähnlich ist, so bei den Rhizocephalen, die von hochorganisirten Crustaceen abstammen.

Auch bei den Rhizopoden kann flüssige Plasma-Nahrung unmittelbar endosmotisch durch die Oberfläche des nackten Cytosoms aufgenommen werden. Ausserdem besitzen aber diese Protozoen die Fähigkeit, feste und geformte Nahrungskörper an beliebiger Stelle der Celleus-Oberfläche aufzunehmen, indem Sarcanten oder vergängliche Fortsätze derselben über den ersteren zusammenfliessen. Auch hier existirt noch keine permanente Mundöffnung. Eine solche bildet sich erst bei den Infusorien aus, sowohl *Flagellaten* als *Ciliaten*. Die meisten Infusorien besitzen an einer bestimmten Stelle einen Zellenmund (*Cytostoma*). Viele derselben bilden sich sogar ein besonderes Hülfsorgan zur Nahrungsaufnahme aus, einen Zellenschlund (*Cytopharynx*), einen Canal im Ectoplasma, durch welchen die Bissen verschluckt werden und in das Endoplasma gelangen. Bei *Noctiluca* dienen als besondere Organellen der Nahrungsaufnahme eine Lippe und Bandgeissel, bei den *Choanoflagellaten* ein trichterförmiger Kragen. Durch eigenthümliche »Saugröhren« zeichnen sich die Acineten aus (*Suctoria*). Zum Auswurf der unverdaulichen Nahrungsbestandtheile dient bei vielen Ciliaten ein besonderer Zellenafter (*Cytopyge*).

Ein besonderes *excretorisches Organell* des Stoffwechsels besitzen viele Protozoen in der Systolette oder der sogenannten contractilen Blase. Gewöhnlich erscheint dieselbe als ein kugeliger, an einer bestimmten Stelle im Plasma gelegener Hohlraum, der regelmässig pulsirt. Bei der Contraction entleert er Flüssigkeit nach aussen, bei der Dilatation wird solche von aussen oder aus dem Plasma aufgenommen; oft wechseln Systole und Diastole in regelmässigen Intervallen, mehrmals in einer Minute. Bisweilen sind zwei oder mehrere Systoletten vorhanden, welche sich abwechselnd contrahiren; auch können von denselben besondere Canäle abgehen, welche Saft aus dem Plasma aufsaugen. Während contractile Blasen unter den Süsswasser-Protozoen sehr häufig sind (bei Lobosen, Heliozoen, Flagellaten, Ciliaten), treten sie dagegen bei marinen Protisten nur selten auf. Phylogenetisch sind die *constanten Systoletten* wohl meistens aus *inconstanten Vacuolen* abzuleiten, wie sie im Plasma fast überall unter gewissen Umständen auftreten können.

Plasmodome Organellen sind die *Chromatellen* der Protophyten, jene bedeutungsvollen »Farbstoffkörner«, welche als reducirende Plasmatheile die Fähigkeit besitzen, durch Synthese aus anorganischen Verbindungen Plasma herzustellen (§ 37). Wir haben bereits oben gesehen, dass dieses Vermögen der **Plasmodomie** oder »Kohlenstoff-Assimilation« nur den echten *Protophyten* zukömmt und allen echten *Protozoen* fehlt. Will man künstlich eine logische Grenze zwischen diesen beiden Unterreichen der Protisten feststellen, so bleibt das nur möglich mittelst dieses Unterschiedes im Stoffwechsel. Ursprünglich, bei den niedersten Protophyten, ist der plasmodome Farbstoff im ganzen Phytoplasma vertheilt, so bei den diffus gefärbten *Chromaceen*. Bei den meisten übrigen Pflanzen ist dagegen derselbe an bestimmte geformte Plasmatheile gebunden, an die Chromatellen oder *Chromatophoren*. (Diese letztere Bezeichnung sollte nur in ihrem ursprünglichen Sinne gebraucht werden, für die ganzen Farbstoffzellen der Thiere, nicht für einzelne Theile von Zellen.) Bei vielen niederen Protophyten ist neben dem Zellkern nur ein einziges Chromatell in jeder Zelle vorhanden; bei der Mehrzahl dagegen finden sich zahlreiche Chromatellen (wie bei den Metaphyten). Ausser dem gewöhnlichen plasmodomen Farbstoff, dem Chlorophyll, kommen bei vielen Protophyten noch andere (gelbe, rothe, braune, seltener violette oder blaue) Pigmente vor, welche die grüne Farbe modificiren und verdecken (Diatomin der gelben Diatomeen und Peridineen, Haemochrom vieler rothen Paulotomeen, Phycocyan der Chromaceen u. s. w.).

§ 66. Fortpflanzung der Protisten.

Die grosse Mehrzahl der Protisten pflanzt sich ausschliesslich ungeschlechtlich fort, durch *Monogonie*; nur in wenigen kleineren und höher entwickelten Gruppen kommt daneben auch geschlechtliche Fortpflanzung vor (*Amphigonie*). In einigen kleinen Gruppen wechselt die letztere mit der ersteren ab, so dass man von einem »cellularen Generationswechsel« sprechen kann (*Metagonie*). Die ungeschlechtliche Fortpflanzung wird gewöhnlich durch Theilung bewirkt, häufig auch durch Sporenbildung, seltener durch Knospung.

Die Theilung (*Divisio*) ist die gewöhnliche Zeugungs-Art der meisten Protisten, und zwar am häufigsten die einfache Zweitheilung oder Halbirung (*Hemitomie*); sobald der einzellige Organismus durch fortgesetztes Wachsthum ein gewisses (in jeder Art erbliches) Grössenmaass erreicht hat, zerfällt er in zwei gleiche Hälften; bei den einkernigen Zellen geht die Halbirung des Zellkerns derjenigen des Cytosoms voraus. Diese primitivste Vermehrungsform findet sich unter den Protophyten bei sämmtlichen *Archephyten*, *Paulotomeen* und *Diatomeen*, sowie bei zahlreichen *Mastigoten*; unter den Protozoen bei sämmtlichen *Archezoen*, vielen *Rhizopoden* und den meisten *Infusorien*. Bei vielen dieser Gruppen findet die Theilung sowohl im ruhenden, als im beweglichen Zustande statt, bei anderen nur in der Paulose (selten ausschliesslich in der Kinese). Viele Protisten encystiren sich in der Paulose, ehe sie sich theilen. Oft wiederholt sich dann die Theilung innerhalb der Cyste ein- oder zweimal, so dass Tetraden (*Tetrasporen*) oder Octaden (*Octosporen*) gebildet werden. Oeftere Wiederholung dieser Zweitheilung führt zur Vielzelltheilung oder Sporenbildung hinüber.

Die Sporenbildung (*Sporogonie*) erscheint entweder unter dem Bilde der Vielzelltheilung (*Polytomie*), d. h. successive, oft wiederholte Zweitheilung, oder unter dem Bilde der Staubtheilung (*Conitomie*), d. h. simultane Vieltheilung, gleichzeitiger Zerfall des ganzen Zellkörpers in eine staubartige Masse von sehr zahlreichen und kleinen Sporen. Der Unterschied beider Formen der Sporenbildung liegt besonders darin, dass bei der ersteren die wiederholte Zweitheilung des Celleus immer unmittelbar derjenigen des Nucleus folgt, während bei der letzteren die Vieltheilung des Cytosoms erst stattfindet, nachdem die volle Zahl der Sporenkerne bereits durch oft wiederholte Kerntheilung hergestellt ist (oder nachdem das primäre Karyon aufgelöst und viele kleine Kerne im Plasma neugebildet sind). Indessen giebt es auch Uebergänge von der *Polytomie* zur *Conitomie*. Echte Sporenbildung fehlt den niedersten Protisten-Classen, den Archephyten und Archezoen, ebenso den Paulotomeen und den meisten Mastigoten, sowie einem Theile der niederen Rhizopoden und den meisten Infusorien. Dagegen ist Sporogonie der gewöhnlichste Modus der Fortpflanzung bei den Algetten und Fungillen, sowie bei den meisten Rhizopoden. Je nachdem die Sporen Geisselbewegung besitzen oder nicht, unterscheiden wir Schwärmsporen (*Zoosporen* oder *Planosporen*) und Ruhsporen (*Paulosporen* oder *Aplanosporen*). Diese letzteren finden sich bei einem Theile der Algarien, bei den Gregarinen und bei vielen Rhizopoden.

Die Knospung (*Gemmatio*) ist unter den Protisten eine viel seltenere Form der Monogonie: sie findet sich unter den Protophyten bei einem Theile der Siphoneen (*Caulerpa* u. A.), unter den Protozoen bei vielen Infusorien (sowohl Ciliaten als insbesondere Acineten). Gewöhnlich schnürt sich hier ein Stück vom Kern der Zelle ab und wird zum Zellkern des neuen Individuums, welches an einer bestimmten Stelle als Knospe aus dem Leibe des mütterlichen *Celleus* hervorwächst. Bisweilen (z. B. bei *Podophrya*) können gleichzeitig mehrere Knospen von der Mutterzelle sich abschnüren. Das Wachsthum, welches die Vermehrung einleitet, ist bei der Knospung ein partielles, bei der Theilung ein totales.

§ 67. Monogonie und Amphigonie.

Die angeführten Formen der ungeschlechtlichen Zeugung (oder *Generatio neutralis*) werden als Monogonie zusammengefasst, weil nur eine Zelle allein dabei die Fortpflanzung activ vermittelt. Die geschlechtliche Zeugung hingegen (*Generatio sexualis*) nennen wir Amphigonie, weil dabei zwei verschiedene Zellen, eine weibliche und eine männliche, mit einander verschmelzen, um den neuen einzelligen Organismus zu bilden. Während diese letztere — bei den Histonen die gewöhnliche Form der Fortpflanzung — bei den Protisten nur in einzelnen Gruppen vorkommt, ist dagegen hier eine dritte Form der Zeugung häufig, welche zwischen Beiden vermittelt, die Zygose oder Conjugation (*Generatio conjugalis*). Hier treten ebenfalls zwei Zellen zusammen und verschmelzen mit einander; aber die beiden copulirenden Zellen sind von gleicher Beschaffenheit, noch nicht sexuell verschieden, wie bei der Amphigonie; wir bezeichnen die beiden gleichen copulirenden Zellen als Gameten, ihr Copulations-Product als Zygospore (oder *Zygote*).

Conjugation oder conjugale Zeugung findet sich unter den Protophyten bei den *Conjugaten* (Cosmarieen, Desmidiaceen, Zygnemaceen), bei einem Theile der *Diatomeen* (mit Auxosporen-Bildung) und bei vielen *Algetten* (sowohl Mastigoten, als Melethallien und Siphoneen). Unter den Protozoen kommt dieselbe vor bei zahlreichen *Fungillen* (Gregarinen, Zygomycarien, Siphomycarien), bei vielen *Rhizopoden* und bei der Mehrzahl der *Infusorien*. Bei diesen letzteren findet sich oft vorübergehende Conjugation, indem die beiden copulirenden Zellen sich wieder trennen, nachdem sie einen Theil ihres Karyoplasma ausgetauscht haben. Bei den meisten Protisten dagegen führt die Copulation zu einer dauernden Verschmelzung beider Gameten, deren Product eine Zygospore ist. Diese letztere verharrt dann meistens einige Zeit im Ruhezustande, ehe sie durch wiederholte Theilung neue Zell-Generationen liefert.

Die Conjugation von zwei Gameten ist in den meisten Gruppen ein obligatorischer und streng erblicher Process, der als eine besondere Art der »Verjüngung« von Zeit zu Zeit auftreten muss, ehe sich der einzellige Organismus durch wiederholte Theilung oder durch Sporenbildung wieder ungeschlechtlich vermehren kann (Metagenesis). Es giebt aber auch Protisten, bei denen die Conjugation nur facultativ eintritt oder auch ganz unterbleiben kann, so bei einem Theile der Diatomeen und Mastigoten, der Gregarinen und Flagellaten. Diese Thatsache ist desshalb interessant, weil sie darauf hindeutet, dass ursprünglich die Conjugation nur eine besondere Form des Wachsthums ist, welches ja jeder Art der Fortpflanzung vorausgehen muss. Wenn zwei copulirende Cosmarien oder Gregarinen verschmelzen, so wächst dadurch der einzellige Organismus mit einem Male um das Doppelte, rascher als es durch die reichlichste Nahrungsaufnahme erfolgen kann.

Die echte Amphigonie anderseits, oder die wirklich geschlechtliche Zeugung (*Generatio sexualis*) ist phylogenetisch aus der Conjugation dadurch entstanden, dass sich zwischen den ursprünglich gleichen Gameten eine Arbeitstheilung und in deren Folge eine Formspaltung ausbildete. Die eine Gamete nahm mehr Nahrung auf, wurde dadurch grösser, aber auch träger: Macrospore oder weibliche Spore (*Gynospore*); die andere Gamete blieb kleiner, erlangte aber grössere Beweglichkeit: Microspore oder männliche Spore (*Androspore*). Indem diese Ergonomie sich weiter ausbildete, führte sie zu einem vollständigen sexuellen Dimorphismus: aus der Macrospore wurde eine grosse, fette, unbewegliche Eizelle (*Ovospore, Ovulum*); die Microspore verwandelte sich in eine sehr kleine und sehr bewegliche Spermazelle (*Spermazoides, Zoospermium*). Bei einigen sexuellen Protisten (z. B. *Vaucheria*, *Volvox*) wird die männliche Microspore (die ursprünglich der weiblichen Macrospore äquivalent war) nicht direct zur befruchtenden Spermazelle, sondern zu einer »Spermamutterzelle« oder einem *Antheridium*, welches erst nachträglich durch Vielzelltheilung in sehr zahlreiche und kleine Spermazoiden zerfällt. Hier ist also schon die bei den Histonen übliche Spermabildung erreicht.

Das Product der Befruchtung (— oder der Copulation von Eizelle und Spermazelle —) ist bei den sexuellen Protisten, ebenso wie bei den Histonen, ein neuer Organismus, die Stammzelle (*Cytulla* oder *Ovospora*). Dieselbe vereinigt in sich die verschiedenen erblichen Eigenschaften der mütterlichen Eizelle und der väterlichen Spermazelle, deren Kerne bei der Copulation verschmolzen sind. Die Cytulle ist mithin wesentlich verschieden von der Zygospore, dem Conjugations-Product von zwei gleichen Gameten. Obgleich die *Amphigonie* phylogenetisch aus der *Zygose* entstanden ist, können wir doch die letztere noch nicht (— wie oft geschieht —) als sexuelle Zeugung bezeichnen; denn es fehlt bei der Conjugation der sexuelle Gegensatz der beiden gleichen copulirenden Gameten, von denen keine als männlich oder weiblich bezeichnet werden kann.

Bei der grossen Mehrzahl der Protisten fehlt daher noch die echte Amphigonie, obgleich die Conjugation bei ihnen sehr verbreitet ist. Weder die Archephyten und Algarien, noch die Archezoen und die meisten anderen Protozoen haben sich zur sexuellen Zeugung erhoben.

Diese ist auf jene wenigen Protisten-Gruppen beschränkt, bei denen der sexuelle Gegensatz von männlichen Microsporen und weiblichen Macrosporen erkennbar ist: unter den Algetten einige Mastigoten (besonders die Volvocinen) und Siphoneen (Vaucherien u. A.), unter den Fungillen die Siphomycarien, unter den Rhizopoden die Polycyttarien, unter den Infusorien die Vorticellinen u. A. Das grosse phylogenetische Interesse, welches die Fortpflanzungs-Erscheinungen der Protisten darbieten, liegt besonders darin, dass sich die allmähliche historische Ausbildung derselben von den einfachsten bis zu den vollkommensten Formen deutlich verfolgen lässt.

§ 68. Paulose und Kinese.

Die grosse Mehrzahl der Protisten erscheint während des individuellen Lebens in zwei verschiedenen Zuständen, in einem Ruhezustand (*Paulosis*) und einem Bewegungszustand (*Kinesis*). In früheren Zeiten, als man noch die freie Ortsbewegung als eine characteristische Eigenthümlichkeit des animalen Organismus betrachtete, stellte man daraufhin die meisten Protisten in das Thierreich; so wurden noch vor einem halben Jahrhundert selbst typische Protophyten (z. B. die Diatomeen) wegen ihrer Beweglichkeit zu den Protozoen gerechnet. Schon damals aber wusste man, dass selbst bei echten Metaphyten (Algen) Schwärmsporen vorkommen, welche Geissel-Infusorien ganz ähnlich sind, und welche gewissermaassen »die Pflanze im Momente der Thierwerdung« darstellen (1843). Neuere Beobachtungen haben gelehrt, dass solche frei bewegliche Zustände sowohl bei Algen, als bei Protophyten sehr verbreitet vorkommen, während sie dagegen bei Protozoen (Gregarinen, Zygomycarien) fehlen können. Das Kriterium der freien Ortsbewegung (insbesondere der Flimmerbewegung) hat somit für die Unterscheidung von Thier und Pflanze alle Bedeutung verloren.

Zahlreiche Protisten aus verschiedenen Gruppen, welche während des freien kinetischen Zustandes keine Hülle besitzen, umgeben sich mit einer solchen, nachdem sie in den paulotischen Zustand übergegangen sind und sich festgesetzt haben. Dieser Vorgang wird bei den *Protophyten* gewöhnlich als Membranbildung, bei den *Protozoen* als Encystirung bezeichnet. Bei den Ersteren bleibt die Zelle dann als ruhende Cyste gewöhnlich bis zum Zeitpunkt ihrer Fortpflanzung bestehen; bei den Letzteren hingegen kann die Cystenbildung auch durch andere Ursachen (Verdauungs-Pause, Austrocknung des Wohnortes, Schutz gegen schädliche äussere Einflüsse) bewirkt werden. Viele Protozoen können dann unter Eintritt günstiger Verhältnisse ihre Cystenhülle sprengen und wieder frei sich umherbewegen; später können sie die Einkapselung mehrmals wiederholen.

Für viele sociale Protisten, welche in Coenobien vereinigt leben, ist die Cystenbildung im Ruhezustande insofern besonders wichtig, als dieselbe, in Verbindung mit der Vermehrung durch Theilung, oft geradezu als Veranlassung der Gemeindebildung selbst zu betrachten ist. Das ist namentlich der Fall bei den Gallert-Stöcken der Palmellaceen, der Bacterien, der Polycyttarien (oder socialen Radiolarien) u. A. Indem hier zahlreiche, durch Theilung sich vermehrende Zellen Gallerte ausscheiden, und in den gemeinsamen Gallert-Cysten vereinigt bleiben, entstehen besondere Formen von Coenobien.

Die Beziehung der Paulose zur Fortpflanzung ist sonst bei den verschiedenen Protisten-Gruppen sehr verschieden; einige pflanzen sich nur in paulotischem, andere nur in kinetischem Zustande fort, einige auch in beiden Zuständen.

§ 69. Einheit der organischen Welt.

Die vergleichende Anatomie und Ontogenie der Organismen führt uns, in Einklang mit der vergleichenden Physiologie und Psychologie, zu der monistischen Ueberzeugung von der vollkommenen Einheit der organischen Welt. Ueberall finden wir als gemeinsame materielle Grundlage des organischen Lebens dieselbe eiweissartige Substanz, das Plasma; überall sehen wir, dass dieses Plasma sich in derselben Weise als Zelle individualisirt; überall überzeugen wir uns, dass die fundamentalen Erscheinungen des organischen Lebens an dieser Zelle in wesentlich derselben Weise verlaufen. Sogar die höchsten und vollkommensten Lebensthätigkeiten, diejenigen des Seelenlebens, bezeugen diese physiologische Einheit; denn von den niedersten Stufen der organischen Reizbarkeit (bei Protisten und Pflanzen) führt eine ununterbrochene Kette von Entwickelungsstufen bis zu den höchsten psychischen Functionen der höheren Thiere und des Menschen. Wie diese »Seelenthätigkeiten«, so beruhen auch alle anderen vitalen Actionen auf chemischen Processen in derselben Gruppe der Plasma-Körper und erfolgen nach denselben physikalischen Gesetzen. Wie tief auch die Kluft zwischen den niedersten und höchsten Protisten, zwischen diesen und den Histonen, zwischen den niedersten Thieren und dem Menschen erscheint, überall erblicken wir diese Kluft ausgefüllt durch eine Reihe von verknüpfenden Zwischenstufen. Wie uns die vergleichende individuelle Entwicklungsgeschichte des Menschen und jedes anderen höheren Organismus von der einfachen befruchteten

Eizelle in lückenloser Reihenfolge bis zu der vollkommensten Stufe der Organisation hinaufführt, so überzeugt uns die unbefangen vergleichende Morphologie und Physiologie auch von der principiellen Einheit aller anderen Lebenserscheinungen in der gesammten organischen Natur.

Diese morphologische und physiologische Einheit der organischen Welt regt die Frage an, ob sie auch phylogenetische Bedeutung besitzt? Dürfen wir daraus schliesen, dass auch alle verschiedenen organischen Formen sich ursprünglich aus einer und derselben gemeinsamen Urform historisch entwickelt haben? Diese Frage kann gleichzeitig mit Ja und mit Nein beantwortet werden. Wir haben oben (§ 29) die Gründe erörtert, aus denen wir mit Wahrscheinlichkeit auf einen polyphyletischen Ursprung der organischen Stämme schliessen dürfen; in den ersten Perioden der Biogenese — vielleicht auch später — sind vermuthlich oft wiederholt Moneren durch Archigonie entstanden (§ 32). Gleichzeitig kann aber dieser Vorgang insofern monophyletisch aufgefasst werden, als wahrscheinlich überall in gleicher Weise diese *Archigonie* (als Bildung von *Phytomoneren* aus plasmodomen Eiweissverbindungen) stattfand. Ebenso haben sich die ersten und ältesten Vorgänge der organischen Differenzirung, die Sondernng von Karyoplasma und Cytoplasma, die Scheidung des letzteren in Endoplasma und Exoplasma, die Absonderung einer schützenden Hülle u. s. w. oft unter gleichen Lebensbedingungen wiederholt. Mit Rücksicht hierauf lässt sich auch ein einheitlicher Stammbaum der organischen Welt in nachstehendem Schema aufstellen (§ 71).

(§ 70 und 71 s. Tabellen auf S. 90 und 91.)

§ 72. Historische Autonomie des Protistenreiches.

Die bunte und formenreiche Masse von vielen tausend Protisten-Arten, die noch heute existiren, lässt auf eine entsprechend grosse Zahl von ausgestorbenen Vorfahren und Verwandten derselben zurückschliessen. Die grösseren Stämme des Protisten-Reiches — vor Allen die Conjugaten und Diatomeen unter den Protophyten, die Thalamophoren und Radiolarien unter den Protozoen — sind jedenfalls in früheren Perioden der organischen Erdgeschichte, ebenso wie noch jetzt, durch Tausende von Arten vertreten gewesen. Die morphologischen Verwandtschafts-Beziehungen eines jeden Protisten-Stammes sind aber ähnlich wie in den verschiedenen Histonen-Stämmen phylogenetisch erklärbar und gestatten eine monophyletische Ableitung aller Formen eines jeden Protisten-Stammes.

§ 70. System der Stämme und Hauptclassen.

Vier Reiche der organischen Welt	Zwanzig Stämme oder Phylen	Sechzig Hauptclassen der Organismen
I. Protophyta **Urpflanzen** *Protista plasmodoma*	1. **Archephyta**	1. **Probiontes.** 2. **Chromaceae.**
	2. **Algariae**	1. **Paulotomeae.** 2. **Conjugatae.** 3. **Diatomeae.**
	3. **Algettae**	1. **Mastigota.** 2. **Melethallia.** 3. **Siphoneae.**
II. Metaphyta **Gewebpflanzen** *Histones plasmodomi*	4. **Thallophyta**	1. **Algae.** 2. **Mycetes.** 3. **Lichenes.**
	5. **Diaphyta**	1. **Bryophyta.** 2. **Pteridophyta.**
	6. **Anthophyta**	1. **Gymnospermae.** 2. **Angiospermae.**
III. Protozoa **Urthiere** *Protista plasmophaga*	7. **Archezoa**	1. **Bacteria.** 2. **Zoomonera.**
	8. **Fungilli**	1. **Fungillaria.** 2. **Fungilletta.**
	9. **Rhizopoda**	1. **Lobosa.** 2. **Mycetozoa.** 3. **Heliozoa.** 4. **Thalamophora.** 5. **Radiolaria.**
	10. **Infusoria**	1. **Flagellata.** 2. **Ciliata.** 3. **Acineta.**
IV. Metazoa **Gewebthiere** *Histones plasmophagi* (**IV. A. Coelenteria** oder *Acoelomia*; ohne Coelom, ohne Blut, ohne After) (**IV. B. Bilateria** oder *Coelomaria*; mit Coelom, meist mit Blut und mit After.)	**IV. A. Coelenteria**	
	11. **Gastraeades**	1. **Gastraemones.** 2. **Cyemaria.**
	12. **Spongiae**	1. **Malthospongiae.** 2. **Silicispongiae.** 3. **Calcispongiae.**
	13. **Cnidaria**	1. **Hydrozoa.** 2. **Scyphozoa.** 3. **Ctenophora.**
	14. **Platodes**	1. **Turbellaria.** 2. **Trematodes.** 3. **Cestodes.**
	IV. B. Bilateria.	
	15. **Helminthes**	1. **Rotatoria.** 2. **Strongylaria.** 3. **Rynchelminthes.** 4. **Prosopygia.**
	16. **Mollusca**	1. **Amphineura.** 2. **Cochlides.** 3. **Acephala.** 4. **Chephalopoda.**
	17. **Articulata**	1. **Annelida.** 2. **Crustacea.** 3. **Tracheata.**
	18. **Echinoderma**	1. **Holothuriae.** 2. **Echinozoa.** 3. **Pelmatozoa.** 4. **Astrozoa.**
	19. **Tunicata**	1. **Copelata.** 2. **Ascidiae.** 3. **Thalidiae.**
	20. **Vertebrata**	1. **Acrania.** 2. **Cyclostoma.** 3. **Ichthyones.** 4. **Amniota.**

§ 71. Stammbaum der organischen Welt.

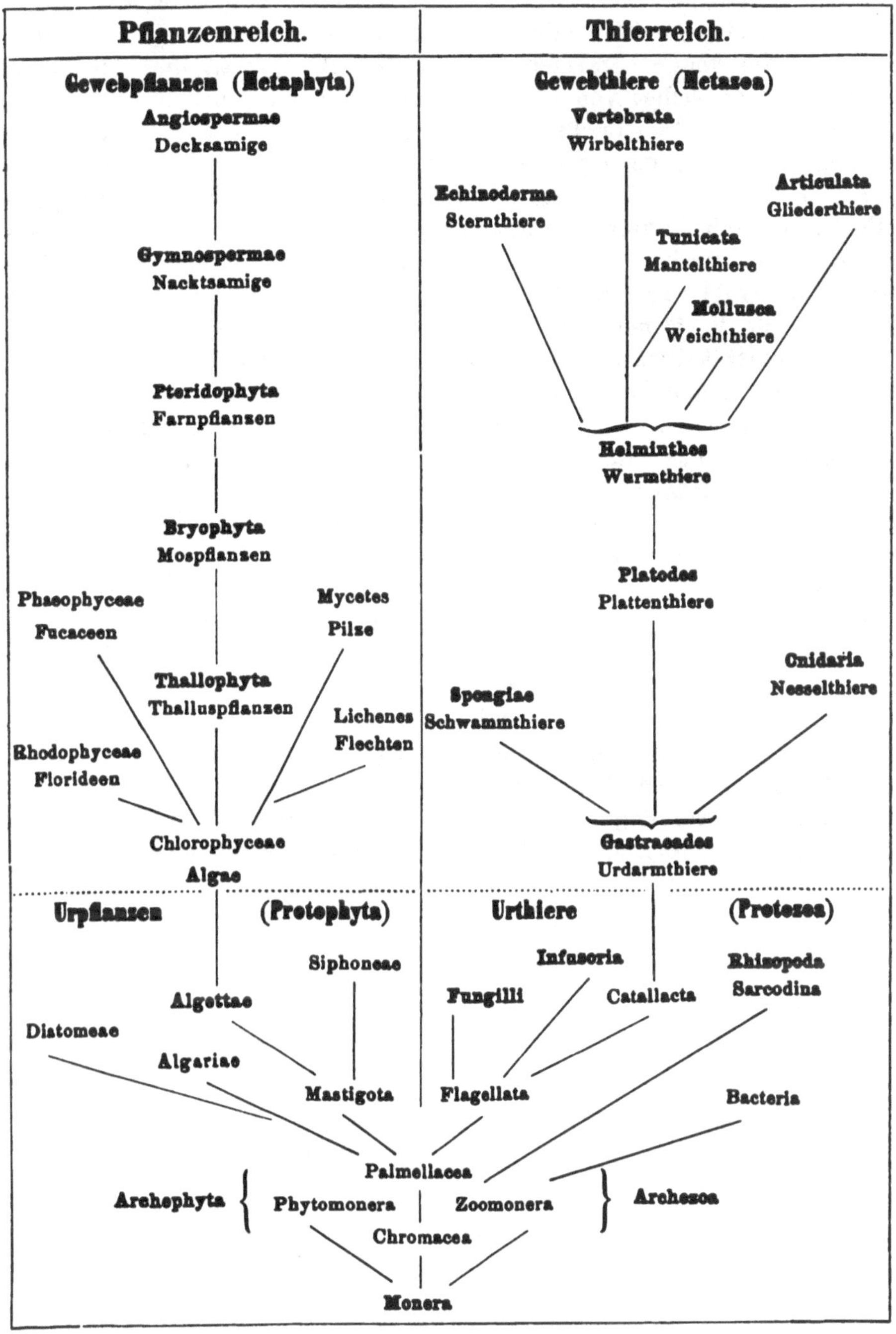

Nun zeigen aber gerade diese typischen, durch zahlreiche und ausgeprägte Characterformen vertretenen Protisten-Stämme gar keine directen Verwandtschafts-Beziehungen zu den Histonen. Diese letzteren, die wenigen grossen Stämme der *Metaphyten* und *Metazoen*, stammen zwar sicher von Protisten ab; aber die Zahl ihrer Stammformen im Protisten-Reiche ist sehr gering und ihre Beschaffenheit sehr einfach. Wir gelangen durch ihre vergleichende Betrachtung zu der Ueberzeugung, dass nur einzelne wenige von den ursprünglich zahlreichen selbständigen Protisten-Stämmen sich später zur Gewebebildung und damit zur Histonen-Organisation erhoben haben. Die grosse Mehrzahl der Protisten gehört autonomen Stämmen an, die keine directe Verwandtschaft unter sich und zu den Histonen besitzen.

Aus einer kritischen Vergleichung der bezüglichen Urkunden und aus physiologischen Reflexionen über die Verhältnisse der Urbevölkerung unseres Planeten ergiebt sich weiterhin mit grosser Wahrscheinlichkeit die Annahme, dass lange Zeit hindurch ausschliesslich einzellige Lebensformen die Erde bevölkert haben, und dass erst später vielzellige — anfangs *Coenobien*, später *Histonen* — aus denselben sich entwickelt haben. Namentlich während jener ersten langen Periode der organischen Erdgeschichte, die wir als die laurentische Zeit bezeichnet haben, (— oder doch während des ältesten Abschnittes derselben —) dürfte der grösste Theil der organischen Bevölkerung der Erde aus mannichfaltig gestalteten Gruppen von *Protophyten* und *Protozoen* bestanden haben; und diese werden sich damals ebenso gegenseitig beeinflusst und umgebildet haben, wie in späteren Zeiten die Metaphyten und Metazoen. Diese Erwägungen und die polyphyletische Entstehung der verschiedenen Stämme rechtfertigen die Annahme der historischen Autonomie des Protisten-Reiches.

Drittes Kapitel.

Systematische Phylogenie der Protophyten.

§ 73. Begriff der Protophyten.

(*Protista vegetalia, plasmodoma*).

Protisten mit vegetalem Stoffwechsel, plasmabildend durch Synthese von Wasser, Kohlensäure und Ammoniak (oder Salpetersäure), unter Reduction organischer Verbindungen.

Als Protophyten oder Urpflanzen vereinigen wir hier *alle Protisten mit vegetalem Stoffwechsel*; ihr actives Plasma ist plasmodomes oder synthetisches Phytoplasma (§ 37). Das lebendige Plasma der echten Protophyten besitzt die Fähigkeit der Plasmodomie oder *Carbon-Assimilation*; es kann aus den einfachsten anorganischen Verbindungen (Wasser, Kohlensäure und Ammoniak — oder Salpetersäure —) durch *Reduction* und *Synthese* die complicirten organischen Verbindungen der Kohlenhydrate und der Eiweisskörper aufbauen. Dabei wird Sauerstoff frei und wird die lebendige Kraft des Sonnenlichtes in die Spannkraft dieser complicirt gebauten Carbonate verwandelt. Die plasmophagen *Protozoen* besitzen diese Fähigkeit nicht. Wir haben oben bereits gezeigt, dass dieser bedeutungsvolle Unterschied im Stoffwechsel die einzige Möglichkeit bietet, die beiden Reiche der Protophyten und Protozoen begrifflich scharf von einander zu trennen (§ 36). Dort ist auch bereits betont worden, dass diese logische Abgrenzung beider Reiche keine phylogenetische Trennung derselben bedeutet, dass vielmehr verschiedenn Formen von plasmodomen Protophyten sich durch *Metasitismus* wiederholt in plasmophage Protozoen verwandelt haben (§ 38).

§ 74. Classification der Protophyten.

Die zahlreichen niederen Pflanzenformen, die wir in unserem Reiche der Protophyten vereinigen, wurden bisher fast allgemein von den Botanikern zu den Thallophyten gestellt und als Gruppe der »einzelligen Algen« den echten, vielzelligen Algen angeschlossen. Ein kleiner Theil unserer Protophyten wurde dagegen bis vor Kurzem ebenso allgemein von den Zoologen zu den *Protozoen* gerechnet, so die meisten Mastigoten (als flagellate Infusorien), die Calcocyteen u. A. Wenn wir versuchen, die bunte Menge der hier versammelten einzelligen Formen in wenige grössere Classen zusammenzustellen, und diese unter möglichster Berücksichtigung ihrer vermuthlichen Phylogenese durch bestimmte Merkmale zu definiren, so ergiebt sich das System, dessen Grundzüge in § 76 kurz zusammengestellt sind. Der gegenüberstehende Stammbaum (§ 77) soll andeuten, in welcher Weise die Stammverwandtschaft jener Hauptgruppen bei einer monophyletischen Beurtheilung aufgefasst werden könnte. Diese phylogenetischen Beziehungen verlieren ihre morphologische Bedeutung auch dann nicht, wenn man zahlreiche Protophyten-Stämme polyphyletisch neben einander entstehen lässt (§ 75).

Die Trennung der einzelligen Protophyten von den echten, stets vielzelligen und gewebebildenden Algen ist ebenso logisch wie systematisch berechtigt. Ihre Bedeutung wird nicht dadurch beeinträchtigt, dass die letzteren von den ersteren abstammen, und dass noch heute beide Gruppen durch zahlreiche morphologische Uebergangs-Formen eng verknüpft sind.

Als drei Hauptclassen der Protophyten unterscheiden wir: 1) die Archephyten (oder *Progonellen*); 2) die Algarien (oder *Paulosporaten*): 3) die Algetten (oder *Zoosporaten*). Die Gruppe der *Archephyten* umfasst jene niedersten Formen, die noch keinen Zellkern besitzen, und die ausserdem durch die primitive Einfachheit ihrer Organisation sich als uralte Anfangsformen des organischen Lebens ausweisen. In den anderen beiden Gruppen umschliesst der einzellige Organismus stets einen echten Zellkern (bisweilen auch mehrere); der wesentlichste Unterschied beider Hauptclassen besteht darin, dass die *Algarien* noch keine Geisselbewegung (also auch keine Schwärmsporen) besitzen, während diese bei den *Algetten* allgemein vorhanden ist.

§ 75. Stämme der Protophyten.

Die schwierige Aufgabe, einen Stammbaum der Protophyten als Ausdruck ihres wirklich natürlichen Systems aufzustellen, wird aus den in § 3—30 dargelegten Gründen niemals vollkommen gelöst werden. Da jedoch eine systematische Ordnung der zahlreichen, in diesem Unterreiche vereinigten Formengruppen unentbehrlich ist, wird die nächste Aufgabe des Systematikers sein, dieses künstliche System der Protophyten möglichst den unvollständig bekannten phylogenetischen Verhältnissen entsprechend zu gestalten. Hierfür dürften folgende allgemeinen Gesichtspunkte maassgebend sein: 1) Die gemeinsame Stammgruppe aller Protophyten bilden die *Progonellen* oder Archephyten, plasmodome Cytoden (oder kernlose Zellen). 2) Die ältesten, durch Archigonie entstandenen Progonellen waren die Probionten, einfache nackte Cytoden, ohne anatomische Structur und ohne Zellmembran; indem gleichartige archigone Plasmakörner (*Plassonellen*) sich zu grösseren Aggregaten vereinigten, entstanden *Phytomoneren,* und aus diesen durch Membranbildung *Chromaceen.* 3) Durch Sonderung von Karyoplasma und Cytoplasma entstanden aus Progonellen die ersten echten, kernhaltigen Zellen; als älteste lebende Repräsentanten können die einfachsten Algarien betrachtet werden, die *Paulotomeen,* und unter diesen insbesondere die *Palmellaceen.* 4) Da diese ältesten phylogenetischen Processe sich wahrscheinlich oft wiederholt haben, kann schon die gemeinsame Stammgruppe der Paulotomeen polyphyletisch beurtheilt werden. 5) Aus dieser Stammgruppe haben sich vermuthlich frühzeitig viele kleinere Stämme unabhängig von einander entwickelt, so die heutigen *Palmellaceen* und die nahe verwandten *Xanthellaceen*; ferner die haliplanktonischen *Murracyteen* und *Calcocyteen.* 6) Als grössere Stämme sind aus diesen niederen *Paulotomeen* einerseits die *Conjugaten,* anderseits die *Diatomeen* hervorgegangen. 7) Durch Bildung einer Geissel und Anpassung an schwimmende Geisselbewegung sind aus den *Palmellaceen* die *Phytomonaden* abzuleiten, die Stammgruppe der Algetten. 8) Aus den *Phytomonaden* sind die mannichfaltigen Formen der Algetten, die einzelnen Ordnungen in den Classen der *Mastigoten*, *Melethallien* und *Siphoneen* polyphyletisch entstanden; indessen können einige von diesen Gruppen, namentlich mehrere Zweige der Siphoneen-Classe sich monophyletisch zu bedeutender Höhe entwickelt haben. Die Classe der Mastigoten enthält zugleich die Stammformen der *Chlorophyceen,* jener wichtigen Gruppe von echten Algen, aus welchen die *Metaphyten* hervorgegangen sind.

§ 76. System der Protophyten.

Hauptclassen (Cladome)	Classen der Protophyten	Charactere der Ordnungen	Ordnungen oder Familien
I. Archephyta Plastiden ohne Zellkerne (Cytoden), ohne Geisselbewegung *Progonella*	1. **Probiontes** Einfache nackte Plastiden, ohne Hülle	Plastiden einzelne einfache Plasmakörner Plastiden Aggregate von Plasmakörnern	1. *Plassonella* 2. *Phytomonera*
	2. **Chromaceae** (*Phycochromaceae*) Plastiden mit Zellmembran oder Gallerthülle	Keine Plastiden-Ketten Ketten gleichartiger Plastiden Ketten ungleichartiger Plastiden	3. *Coccochromales* 4. *Desmochromales* 5. *Hormochromales*
II. Algariae Einzellige Algen mit Zellkernen, ohne Geisselbewegung *Paulosporata*	3. **Paulotomeae** Monobionten (selten Coenobien) Vermehrung nur durch einfache Zweitheilung	Membran aus Cellulose: Chlorophyll Membran aus Cellulose: Diatomin Silicat und Diatomin Membran mit Kalkplatten belegt	6. *Palmellaceae* 7. *Xanthellaceae* 8. *Murracyteae* 9. *Calcocyteae*
	4. **Conjugatae** Fortpflanzung durch Zygosporen, mit Conjugation	Monobionten: Schale zweitheilig Monobionten: Schale einfach Catenale, Coenobionten: Schale zweitheilig Catenale, Coenobionten: Schale einfach	10. *Cosmarieae* 11. *Desmidiaceae* 12. *Zygnemaceae* 13. *Mesocarpeae*
	5. **Diatomeae** Zellen schachtelförmig, mit zweiklappiger Kieselschale. Zweitheilung und Auxosporen-Bildg.	Diatomin auf viele kleine Körner vertheilt Diatomin eine oder zwei grosse Platten bildend	14. *Coccochromaticae* 15. *Placochromaticae*
III. Algettae Einzellige Algen mit Zellkernen, mit Geisselbewegung *Zoosporata*	6. **Mastigota** Zellen oder Coenobien, welche im entwickelten Zustande sich durch Geisseln bewegen	Cellulose-Hülle einfach: Monobionten Cellulose-Hülle einfach: Coenobionten Kieselschale ring- oder gitterförmig Cellulose-Schale zweiklappig	16. *Phytomonades* 17. *Volvocinae* 18. *Dictyocheae* 19. *Peridineae*
	7. **Melethallia** Coenobien, deren einzelne Zellen in Geisselsporen zerfallen	Hohlkugeln Fächerbäumchen Sternscheibchen Sackförmige Netze	20. *Halosphaereae* 21. *Sciadieae* 22. *Pediastreae* 23. *Hydrodictyeae*
	8. **Siphoneae** Colossale schlauchförmige Zellen von sehr mannichfaltiger Thalloid-Form; viele Zellkerne in der parietalen Plasmaschicht. Mit Geisselsporen	Th. bläschenförmig Th. schlauchförmig Th. filzige Knolle Th. gefiedert Th. hutpilzförmig Th. verticillat Th. Cormophyt-ähnlich differenzirt	24. *Botrydiaceae* 25. *Vaucheriaceae* 26. *Codiaceae* 27. *Bryopsideae* 28. *Acetabularieae* 29. *Dasycladeae* 30. *Caulerpaceae*

§ 77. Stammbaum der Protophyten.

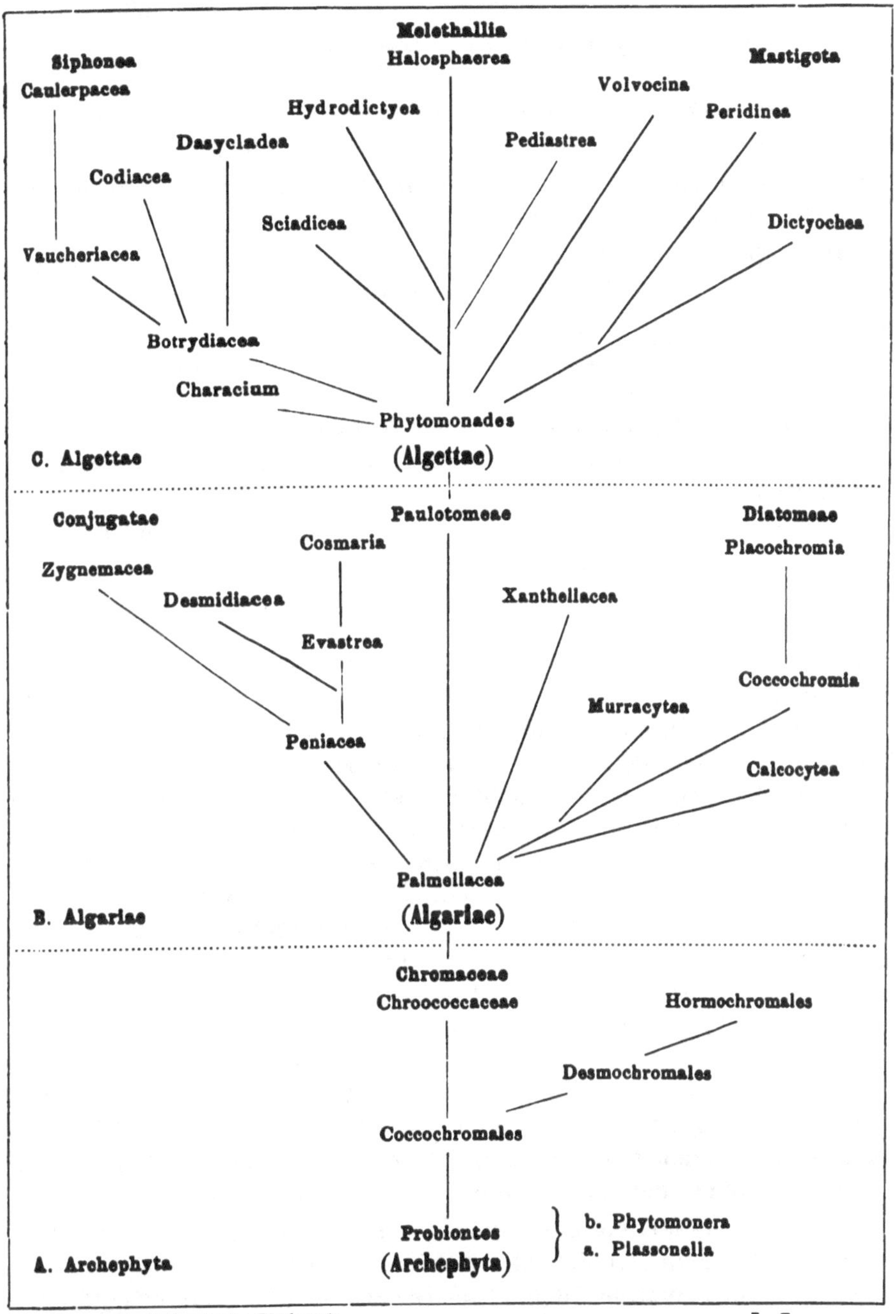

§ 78. Erste Hauptclasse der Protophyten:

Archephyta = Progonella.

Gemeinsame Stammgruppe aller Organismen.

Protophyten ohne Zellkerne und ohne Chromatellen. Plastiden von einfachster Organisation, ohne Geisselbewegung. Fortpflanzung nur durch Theilung; keine Schwärmsporen.

Die Hauptclasse der Archephyten oder *Progonellen* umfasst alle diejenigen Protisten, welche als Plasmodomen zu den *Protophyten* zu stellen sind, aber durch den Mangel eines Zellkerns sich von den übrigen Urpflanzen unterscheiden. Ihre Organisation ist von der denkbar einfachsten Art und bildet den ältesten gemeinsamen Ausgangspunkt für alle anderen Formen des organischen Lebens; sie sind die wahren *Progonellen*, die ältesten Stammformen aller anderen Organismen.

Wir unterscheiden in dieser Stammgruppe zwei Classen, die *Probionten* und die *Chromaceen*. Die Classe der Probionten oder *Phytomoneren* enthält die ältesten und denkbar einfachsten Formen des organischen Lebens, äusserst kleine homogene Plasmakörner ohne Hülle, welche die Fähigkeit der Assimilation besitzen, wachsen und sich durch Theilung fortpflanzen. Mit der Bildung solcher vegetaler Moneren (— durch Urzeugung oder *Archigonie*, in dem § 32 erörterten Sinne —) begann das organische Leben auf unserem Erdball; ob dergleichen noch heute existiren, ist zweifelhaft. Dagegen leben heute noch massenhaft zahlreiche einfachste Protophyten der zweiten Classe, der Chromaceen oder *Cyanophyten*. Sie unterscheiden sich von den primitiven Probionten dadurch, dass der kernlose Plasson-Leib der Plastide bereits eine schützende Gallerthülle, oder selbst eine dünne Membran ausgeschieden hat. Auch leben die meisten Chromaceen nicht einzeln, als *Monobionten*, sondern in gallertigen Gemeinden als *Coenobionten*, gewöhnlich kettenbildend (durch Catenation, § 49). Auch die Chromaceen vermehren sich nur durch einfache Theilung; die Ketten ihrer fadenförmigen Coenobien entstehen in einfachster Weise dadurch, dass die Zweitheilung der kleinen homogenen Cytoden sich immer in derselben Richtung wiederholt und die so aneinander gereihten »Zellen« vereinigt bleiben.

Vergleichen wir diese einfachsten und niedersten von allen uns bekannten Protisten mit den nächst höher stehenden Protophyten, den Algarien (und zunächst den *Paulotomeen*), so fallen als bedeutungsvoll vor Allen zwei negative Character-Züge in's Auge: 1) der gänzliche Mangel eines Zellkerns, und 2) der Mangel von geformten Chromatellen. Dagegen stimmen sie mit den *Paulotomeen* überein in dem Mangel jeder Geisselbewegung (also auch der Zoosporen), und in dem Mangel der Conjugation und geschlechtlichen Fortpflanzung, sowie in der einfachen Form der Vermehrung (durch Theilung). Wenn bei einigen höheren Chromaceen (— den *Hormochromalen* —) sich einzelne Zellen der Ketten vergrössern und als sogenannte »Dauersporen« aus dem Verbande lösen, so sind auch diese »*Paulosporen*« eigentlich keine echten »Sporen«, sondern ruhende Einzelzellen, welche nach längerer Pause sich abermals durch Theilung vermehren und neue Ketten bilden.

Die *Chromaceen*, welche die einzige uns näher bekannte Archephyten-Classe bilden, kommen sehr verbreitet — oft massenhaft — im süssen Wasser vor, viele auch auf feuchter Erde; im Meere bilden sie als Plankton einen grossen Theil der Urnahrung. Ihre physiologischen Verhältnisse sind ebenso einfach als ihre morphologischen. Manche Chromaceen leben in verdorbenem Wasser und in verwesenden Flüssigkeiten; von solchen Formen können durch Anpassung an Saprositismus viele *Bacterien* abgeleitet werden (mit Verlust des Phycocyan). Andere Chromaceen leben in Symbiose mit Pilzen und bilden mit ihnen die besondere Thallophyten-Classe der Flechten.

Die Phylogenie der Archephyten dürfte in folgenden hypothetischen Sätzen zu begründen sein: 1) Die Existenz der ältesten Progonellen begann mit der Urzeugung von Probionten, und zwar zunächst *Plassonellen*; 2) durch Agglomeration von letzteren bildeten sich *Phytomoneren*; 3) durch Ausscheidung einer Zellmembran oder Gallerthülle entstanden aus letzteren die einfachsten Chromaceen, und zwar *Coccochromalen*; 4) aus diesen entstanden durch Catenation die *Desmochromalen* und *Hormochromalen*.

§ 79. Erste Classe der Archephyten:

Probiontes = Phytomonera.

Hypothetische älteste Stammgruppe aller Organismen.

Archephyten ohne Zellmembran, bloss homogene Plasmakörner bildend, welche Kohlenstoff assimiliren und sich durch Theilung vermehren.

Die Classe der Probionten (*Probien* oder *Phytomoneren*) enthält die denkbar einfachsten Formen des organischen Lebens, homogene und structurlose Plasmakörner, welche Kohlenstoff assimiliren, wachsen und sich durch Theilung vermehren. Unsere Entwickelungs-Theorie muss vernünftiger Weise annehmen, dass mit der Bildung solcher *Probionten* durch Archigonie das organische Leben auf unserem Erdball seinen ersten Anfang nahm. Dass diese Hypothese ein nothwendiges Postulat der Vernunft ist, ergiebt sich aus einer unbefangenen kritischen Vergleichung der einfachsten Organismen (Moneren) und der vollkommensten Anorgane (Krystalle), aus der Continuität der mechanischen Kosmogonie und dem physikalischen Grundgesetze von der Erhaltung der Substanz (§ 32, 33).

Wir wissen nicht, ob heute noch *Probionten* existiren, oder ob sie nur in den ältesten Perioden des organischen Lebens gelebt haben. Auch wenn sie heute noch zahlreich existirten, und wenn der Process der Archigonie heute noch fortdauerte, würde die empirische Beobachtung und Untersuchung dieser einfachsten Lebensformen kaum möglich oder doch höchst schwierig sein. Denn wir müssen voraussetzen, dass dieselben eine sehr geringe Grösse, noch keine characteristische Gestalt und keine anatomische Structur besassen. Die ältesten Probionten können wir uns wohl nur als Plassonellen vorstellen, d. h. als homogene und structurlose, wahrscheinlich kugelige Plasmakörner von sehr geringer Grösse, begabt mit der physiologischen Fähigkeit der Assimilation, des Wachsthums und der Vermehrung durch Theilung. Diese elementaren Lebensthätigkeiten vollzogen sich bei ihnen in einfachster Form und trugen noch ganz den Character von einfachen chemischen und physikalischen Processen. Die Vermehrung durch Theilung, mit welcher zugleich die Vererbung begann, war einfach die nothwendige Folge des Wachsthums, welches die Grenzen der individuellen Cohäsion der gleichartigen Plasmatheilchen (der Plastidule oder Micellen) überschritt.

Die Phytomoneren, als grössere *Probionten*, entstanden einfach durch Aggregation von *Plassonellen*. Aber auch sie blieben noch auf der Stufe der homogenen Plastide stehen, an welcher weder Kern, noch Membran, noch irgend welche morphologische Structur zu unterscheiden war. Vermuthlich hat schon frühzeitig bei den Phytomoneren die Bildung von Phycocyan oder einem ähnlichen, die Assimilation unterstützenden Farbstoff begonnen; wir können uns die ältesten Phytomoneren als winzig kleine Plasma-Kügelchen vorstellen, durch diffuses Pigment gefärbt. Indessen kennen wir ja in den Nitromonaden auch farblose Plasmodomen. Später erst begann sich eine schützende Hüllmembran an der Oberfläche des lebenden homogenen Plasmakörperchens zu bilden, und damit erfolgte der Uebergang von den *Probionten* zu den *Chromaceen*.

§ 80. Zweite Classe der Archephyten:

Chromacea = Cyanophyta.

Phycochromaceae. Cyanophyceae. Schizophyceae. Schizophyta.

Niederste und älteste Gruppe der bekannten Organismen der Gegenwart.

Archephyten mit Zellmembran oder Gallert-Hülle, durch Phycocyan gefärbt; bald einzeln lebend, bald gruppenweise oder kettenförmig zu Fäden verbunden, in Gallerte eingeschlossen (Phytogloea). Fortpflanzung durch Theilung.

Die Classe der Chromaceen (— oder *Phycochromaceen* —) umfasst eine grosse Anzahl von Protophyten niedersten Ranges, welche Alle in folgenden vier Merkmalen übereinstimmen: 1) Die Plastiden besitzen keinen Zellkern und sind daher eigentlich Cytoden (keine echten Zellen); 2) das Plasma der Cytoden enthält keine geformten Chromatellen, sondern ist diffus gefärbt durch einen eigenthümlichen Farbstoff (Phycocyan); 3) das Plasma ist von einer Membran umschlossen; 4) die Fortpflanzung geschieht ausschliesslich auf ungeschlechtlichem Wege, durch Theilung (bisweilen durch Paulosporen). Schwärmsporen kommen niemals vor, ebenso wenig Copulation. Geisselbewegung fehlt überhaupt; die langsamen schwingenden oder drehenden Bewegungen, welche einige Oscillarien zeigen, scheinen auf osmotischen oder anderen physikalischen Ursachen zu beruhen. Bei den niedersten Chromaceen leben die kleinen Cytoden vereinzelt oder zu lockeren Gruppen vereinigt in Gallertklumpen (*Chroococcaceae*); bei der Mehrzahl sind die kernlosen Zellen kettenförmig an einander gereiht und bilden lange, dünne, einfache Fäden, die oft selbst wieder in bestimmter Weise zu Gruppen verbunden sind (*Oscillatoriae*). Bei den höher entwickelten Chromaceen differenziren sich in diesen Ketten einzelne grössere Zellen, als »Grenzzellen« oder »Dauerzellen« (*Nostocaceae*).

Von den Algen, mit denen man die *Chromaceen* bisher meistens vereinigt hat, unterscheiden sie sich wesentlich in folgenden Merkmalen: 1) Mangel des Zellkerns, 2) Mangel von Schwärmsporen und von geschlechtlicher Fortpflanzung, 3) Mangel eines echten, vielzelligen Thallus. Die gegliederten Fäden oder Zellketten, welche die meisten Chromaceen bilden, entstehen durch Catenation (§ 49); sie haben nur den Werth von *catenalen Coenobien* (gleich denjenigen vieler anderer Protisten), können aber noch nicht als echter *Thallus* bezeichnet werden. Insbesondere fehlt auch noch die Arbeitstheilung der an einander gereihten Zellen und die Gewebebildung, welche den wahren Thallus der echten Algen characterisirt. Ebenso fehlen auch die echten Chromatellen oder chlorophyllhaltigen Farbstoffkörner (die sogenannten Chromatophoren); der characteristische Farbstoff der Chromaceen, das Phycocyan, ist diffus im Plasma vertheilt. Indessen könnte man auch die ganze Cytode als ein Chromatell auffassen. Wenn das Phycocyan mit kaltem Wasser aus den zerriebenen Pflanzen extrahirt wird, giebt es eine Lösung, die bei durchfallendem Licht blau, bei auffallendem roth erscheint. Wo Chromaceen in grossen Massen zusammengehäuft sind, erscheinen sie in sehr verschiedenen Farben: die Plankton-Formen der wärmeren Meere meistens roth, orange oder gelb, die der kälteren Meere braun, olivengrün oder schwärzlich, die des süssen Wassers meistens blaugrün oder braungrün.

Die Classe der Chromaceen theilen wir in die drei Ordnungen der *Coccochromalen, Desmochromalen* und *Hormochromalen*. Die beiden letzteren zeigen Catenation. In den Coenobien der beiden ersteren sind alle Zellen von gleicher Beschaffenheit, während bei den Hormochromalen einzelne grössere Grenzzellen (zuweilen auch besondere Dauerzellen) zwischen den Reihen der kleinen Kettenzellen sich differenziren (Beginn der Ergonomie).

Die Ordnung der Coccochromales (oder *Chroococcaceae*) umfasst die niedersten und einfachsten Formen der Chromaceen; ihre kleinen runden Zellen leben einzeln, oder zu 2, 4, 8 verbunden (wie sie durch Theilung entstanden sind) in unbestimmt geformten Gallertklumpen; sie bilden niemals Ketten. Hierher gehört die braune *Procytella*, welche in den arktischen Meeren ungeheure Massen von monotonem Plankton bildet und die Hauptnahrung der Copepoden-Scharen liefert. *Procytella primordialis* (— früher als *Protococcus marinus* beschrieben —) bildet sehr kleine kugelige Plastiden (von nur 0,002—0,004 mm Durchmesser), welche sich äusserst rasch durch Theilung vermehren; oft sind weite Strecken des arktischen Oceans durch ihre Milliarden braun gefärbt. Aber auch im Süsswasser und auf feuchter Erde erscheinen Formen von *Chroococcus*, *Gloeocapsa* und andere Coccochromalen oft plötzlich in grossen Massen und bilden verschiedene gefärbte Gallertüberzüge. Bei den Meisten erfolgt die Theilung der diffus gefärbten kugeligen Plastiden abwechselnd nach allen drei Richtungen des Raumes; bei *Merismopoedia* geschieht die Theilung kreuzweise in zwei Richtungen, in einer Ebene, so dass einschichtige Coenobien von der Gestalt rechteckiger Gallertplatten entstehen. Bei *Gloeotheca* geschieht die Zelltheilung nur in einer Richtung. Bei der Theilung der homogenen und structurlosen Plasmakugeln lässt sich deutlich erkennen, dass keine Spur eines Zellkerns vorhanden ist. Es gehören diese einfachsten Chromaceen wohl zu den phylogenetisch ältesten Organismen, welche heute noch existiren; wir müssen entweder annehmen, dass sie in diesem einfachsten Moneren-Zustande seit Beginn des organischen Lebens sich unverändert bis heute erhalten haben, oder dass sie zu verschiedenen Zeiten, und wohl oft wiederholt, aus archigonen Probionten (*Plassonellen* oder *Phytomoneren*) polyphyletisch entstanden sind.

Die Ordnung der Desmochromales (oder *Oscillariae*) wird durch die *Oscillariaceen* gebildet, sehr dünne und steife cylindrische Fäden, welche aus einer einfachen langen Reihe von gleichartigen scheibenförmigen Zellen zusammengesetzt sind, entstanden durch Catenation von *Coccochromalen*. Oft sind diese Fäden schwach spiralig gewunden und drehen sich schwankend um ihre Axe; manche bewegen sich schwingend oder gleitend. Meistens liegen die Fäden der Oscillatorien bündelweise vereinigt oder sind in verschiedener Weise verfilzt; viele bilden im Süsswasser und auf feuchter Erde Ballen oder Häute von schwarzgrüner Farbe. *Trichodesmium* und verwandte Formen treten an der Oberfläche des tropischen Oceans oft in solchen Massen auf, dass sie wie mit Sägespähnen bestreut erscheint; das monotone Plankton färbt das Wasser roth oder gelb (»Rothes Meer, Gelbes Meer«).

Die Ordnung der Hormochromales (oder *Nostacaceae*) ist aus den Desmochromalen dadurch entstanden, dass einzelne Zellen der fadenförmigen Ketten sich vergrössern und differenziren, entweder als sterile »Grenzzellen« (Interstitialzellen) oder als feste »Dauerzellen« (Paulosporen). Die Fadenstücke zwischen zwei Grenzzellen können sich als *Hormogonien* isoliren und die Grundlage eines neuen Coenobium bilden. Die isolirten Dauerzellen können nach längerer Ruhe keimen und sich theilen.

§ 81. Zweite Hauptclasse der Protophyten:

Algariae (= Paulosporatae).

Stammgruppe der kernhaltigen Pflanzenzellen.

Protophyten mit Zellkernen, ohne Geisselbewegung und ohne Zoosporen.

Die Hauptclasse der Algarien oder *Paulosporaten* gründen wir für jene »einzelligen Algen«, welche echte Zellkerne besitzen und zu keiner Zeit ihres Lebens Geisselbewegung zeigen, also auch keine Zoosporen bilden. Ihre Fortpflanzung erfolgt entweder einfach durch Theilung, oder es werden durch Conjugation Zygosporen gebildet, aus denen später durch Theilung neue Individuen entstehen. Da die beiden copulirenden Zellen von gleichem Werthe sind (Isogameten), so kann diese Copulation noch nicht als sexuelle Zeugung gelten; ihr Product ist eine *Zygospore*, die meistens einer längeren Ruhepause unterliegt. Trotz des Mangels von Geisseln findet sich bei einem Theile der Algarien eine langsame gleitende Ortsbewegung, deren Ursache noch unbekannt ist (so bei den Labyrinthuleen unter den *Paulotomeen*, bei den Cosmarien unter den *Conjugaten*, bei den Naviculaceen und anderen *Diatomeen*).

Die drei Classen, welche wir hier als Algarien vereinigen, unterscheiden sich hauptsächlich durch die Art ihrer Fortpflanzung. Die *Paulotomeen* vermehren sich bloss durch einfache Zelltheilung, die *Conjugaten* dagegen durch Copulation von zwei gleichen Zellen und Bildung einer Zygospore, die *Diatomeen* durch eine eigenthümliche Form der Längstheilung, die mit der periodischen Verjüngung durch Bildung einer Auxospore verknüpft ist.

Die Mehrzahl der Algarien sind Monobionten; die einzelnen Zellen leben isolirt, und ihre Tochterzellen gehen gleich nach erfolgter Theilung wieder auseinander. Indessen giebt es auch zahlreiche Coenobionten in allen drei Classen; die Zellen, welche durch wiederholte Theilung einer Mutterzelle entstanden sind, bleiben vereinigt und bilden *Coenobien* oder Zellgemeinden von verschiedener Form. Die gewöhnlichste Form derselben ist die *Catenation* (§ 49); die Quertheilung der Zelle wiederholt sich immer in derselben Richtung, und so entstehen einfache Zellketten, Catenen oder »Gliederfäden« (*Scenedesmus* unter den Paulotomeen, die *Desmidiaceen* und *Zygnemaceen* unter den Conjugaten, die *Fragilarien*, *Rhabdonemen* und zahlreiche andere catenale Diatomeen). In anderen Fällen entstehen durch Ausscheidung von Gallerte Coenobien von mannichfaltiger Form, in welchen die socialen Zellinge oft in regelmässiger Anordnung liegen. Diese ist oft von maassgebendem Einfluss auf die Gestalt der Zellen selbst. Manche sessile Coenobien bilden Bäumchen mit reich verzweigten Gallert-Stielen.

Die monobionten Algarien sind oft von sehr einfacher Form und ansehnlicher Grösse: kugelig, ellipsoid, cylindrisch, spindelförmig u. s. w. Der Durchmesser der solitären Zellinge erreicht bei *Eremosphaera* 0,1 mm, bei einigen *Cosmarien* 0,4—0,6 mm, bei den Riesen-Diatomeen des oceanischen Plankton sogar 2—4 mm. In anderen Fällen entwickeln die frei schwimmenden Monobionten des Plankton sehr mannichfaltige und zierliche Formen, mit Schalen-Anhängen in Form von Haaren, Stacheln, Lappen u. s. w. Die meisten Algarien schweben frei im Wasser; eine geringere Zahl ist am Boden befestigt.

Die Membran der Zelle zeigt eine höchst mannichfaltige Ausbildung und besteht meistens aus Cellulose; oft ist dieselbe stark verkieselt (bei den Diatomeen), seltener verkalkt (bei den Calcocyteen).

Zweiklappig ist die Zellhülle bei sämmtlichen Diatomeen und vielen Conjugaten. Die Chromatellen, welche das Plasma färben, sind meistens grün bei den Süsswasser-Algarien, überwiegend gelb oder braun bei den Diatomeen und den marinen Paulotomeen. Ein echter Zellkern ist in jeder Zelle vorhanden.

Die Phylogenie der Algarien ergiebt für den grössten Theil dieser formenreichen Hauptclasse monophyletische Verhältnisse. Einerseits erscheint als ein einheitlicher Stamm die natürliche Classe der Conjugaten, deren sämmtliche Glieder durch die eigenthümliche Form der Chromatellen und die Conjugation mit Zygosporen-Bildung nächst verwandt erscheinen; sie lassen sich sämmtlich durch divergente Entwickelung aus der gemeinsamen Stammgruppe der Peniaceen ableiten. Ebenso monophyletisch lässt sich anderseits die vielgestaltige Classe der Diatomeen auffassen; denn trotz der grossen Mannigfaltigkeit in Gestalt und Sculptur ihrer zierlichen Kieselschale bleibt dennoch deren characteristischer Schachtelbau überall derselbe. Sowohl die einfachste Stammform der Diatomeen als diejenige der Conjugaten lässt sich ohne Schwierigkeit von der gemeinsamen Stammgruppe der Paulotomeen herleiten, deren verschiedene Zweige sämmtlich auf *Palmellaceen* als die einfachste gemeinsame Ahnengruppe zurückzuführen sind. Die niedersten und ältesten Formen dieser primitiven Stammgruppe sind den einfachsten *Coccochromalen* (oder Chroococcaceen, § 80) nächst verwandt und durch Ausbildung eines Zellkerns von diesen kernlosen Archephyten abzuleiten.

§ 82. Erste Classe der Algarien:

Paulotomeae (= Palmellariae).

Gemeinsame Stammgruppe der Algarien, Algetten und Algen (sowie der Metaphyten).

Algarien mit Chlorophyll- oder Diatomin-Chromatellen, meistens mit einfacher Cellulose-Membran. Fortpflanzung nur durch Zweitheilung (ohne Conjugation und ohne Sporenbildung).

Die Classe der Paulotomeen oder *Palmellarien* gründen wir für jene »einzelligen Algen«, welche zu keiner Zeit ihres Lebens Geissel-Bewegung besitzen, und welche sich nur durch Hemitomie oder einfache Zweitheilung fortpflanzen, ohne vorhergegangene Conjugation; geschlechtliche Zeugung fehlt ganz, ebenso die Bildung von Schwärmsporen und von Auxosporen. Wir vereinigen in dieser Classe vier verschiedene Ordnungen, von denen die grünen, im Süsswasser allgemein verbreiteten *Palmellaceen* schon längst bekannt sind, während die drei anderen, gelben, als planktonische Meerbewohner erst neuerdings in ihrer grossen Bedeutung bekannt geworden sind. Die Chromatellen dieser drei letzteren bestehen aus Diatomin oder einem verwandten gelben Farbstoff, während die *Palmellaceen* nur echtes Chlorophyll enthalten. Die Zellmembran besteht bei den grünen *Palmellaceen* und den gelben *Xanthellaceen* aus echter Cellulose, dagegen bei den *Murracyteen* aus einer verkieselten Modification der Cellulose; bei den *Calcocyteen* ist sie aus kleinen Kalkplatten zusammengesetzt. Als Monobionten leben einzeln für sich die *Murracyteen* und *Calcocyteen*, sowie viele *Xanthellaceen* und einige *Palmellaceen*. Die meisten Gattungen dieser letzteren sind Coenobionten, indem viele Zellen in gemeinsamen Gallerthüllen eingeschlossen bleiben.

§ 83. Erste Ordnung der Paulotomeen:

Palmellaceae (= Pleurococcales).

Stamm der grünen Paulotomeen.

Paulotomeen mit Cellulose-Membran und mit Chlorophyll-Chromatellen.

Die Ordnung der Palmellaceen oder *Pleurococcalen* enthält eine Anzahl von »einzelligen Algen« niedersten Ranges, welche grösstentheils in Süsswasser leben, einige auch auf feuchter Erde, Steinen und Baumrinden (*Pleurococcus*), andere im Meere (*Palmophyllum*). Einige Arten leben als Symbionten mit Pilzen zusammen und bilden Flechten. Die grünen Zellinge leben selten einzeln (*Eremosphaera*), meistens in gallertigen Coenobien vereinigt, die oft eine characteristische Form haben (Ketten, Kugeln, Gallertblätter u. s. w.). Viele schwimmen frei im Wasser (planktonisch), andere sind am Boden befestigt (benthonisch). Die Gestalt der einzelnen Zellen ist ziemlich mannichfaltig, offenbar grossentheils abhängig von dem Modus der Theilung und der Association. Bei der Mehrzahl sind die Zellen von sehr geringer Grösse, bilden aber trotzdem durch rasche Vermehrung ansehnliche Coenobien; die kugelige Zelle der isolirt schwimmenden *Eremosphaera* erreicht 0,1 mm Durchmesser.

Die Membran der Zelle besteht aus Cellulose und ist meistens glatt, seltener mit Stacheln oder Warzen bedeckt. Der Zellkern liegt bald central, bald peripherisch. Die grünen Chromatellen der *Palmellaceen* zeigen ähnliche Differenzen wie die gelben der *Diatomeen*, so dass man sie wie diese in *Coccochromaticae* (mit vielen getrennten Chlorophyll-Körnern) und in *Placochromaticae* (mit einer Endochromplatte) eintheilen könnte; zu den ersteren, älteren, gehört *Eremosphaera*, *Ovocystis*, zu den letzteren, jüngeren, *Palmophyllum* und *Nephrocytium*.

Eremosphaera viridis, eine frei schwimmende kugelige Zelle des süssen Wassers, ist unter den monobionten Palmellaceen von besonderem Interesse, weil sie sich von der marinen *Pyrocystis noctiluca* (§ 85) fast nur durch die verschiedene Farbe der Chromatellen unterscheidet, die in grosser Zahl im Plasma vertheilt sind; bei *Eremosphaera* sind dieselben grün (Chlorophyll), bei *Pyrocystis* gelb (Diatomin); ausserdem scheint die Cellulose-Hülle dieser letzteren schwach verkieselt zu sein. Im Uebrigen ist der feinere Bau der kugeligen vacuolisirten Plankton-Zelle in beiden Fällen ganz derselbe; von der dünnen parietalen Plasmaschicht ziehen verzweigte Plasmafäden durch die Cytolymphe zu dem centralen (oder zeitweise wandständigen) Kern. Auch die Vermehrung erfolgt in Beiden auf ganz gleiche Weise; nachdem der Celleus innerhalb der kugeligen Membran sich in zwei gleiche Tochterzellen getheilt hat, wird die Hülle gesprengt und eine neue Kugelhülle um jede derselben ausgeschieden.

Von der kugeligen Form der planktonischen monobionten Palmellaceen lassen sich die übrigen grossentheils dadurch ableiten, dass die Theilung der Zelle in verschiedenen Richtungen erfolgt und die Zell-Generationen, welche in einer ausgeschiedenen Gallerte vereinigt bleiben, dem entsprechend sich verschieden ordnen: in Ketten (*Scenedesmus*), Platten (*Crucigenia*), sternförmige Kugeln (*Selenastrum*), fächerförmige, mit concentrischen Zonen versehene Blätter (*Palmophyllum*) u. s. w. Die einzelnen Zellen in diesen Coenobien sind dann seltener kugelig oder polyedrisch, meistens monaxon: spindelförmig, sichelförmig, eiförmig u. s. w.

Zu den *Palmellaceen* rechnen wir auch die Zoochlorellen, jene kleinen chlorophyll-haltigen Paulotomeen, welche als Symbionten in den Geweben niederer Süsswasserthiere leben und deren grüne Farbe verursachen (*Hydra viridis, Spongilla,* viele Süsswasser-Planarien, ciliate Infusorien u. s. w.).

§ 84. Zweite Ordnung der Paulotomeen:

Xanthellaceae (= Xanthideae).

Stamm der gelben Paulotomeen.

Paulotomeen mit Cellulose-Membran und mit Diatomin-Chromatellen.

Die Ordnung der Xanthellaceen oder *Xanthideen* umfasst eine geringe Zahl von sehr einfach gebauten, gelben, »einzelligen Algen«, welche sich von den nächstverwandten grünen *Palmellaceen* hauptsächlich nur durch die verschiedene Natur der Chromatellen unterscheiden. Sie besitzen aber eine grosse Bedeutung für die Bionomie des Meeres, weil sie massenhaft in den Geweben vieler niederen Thiere als Symbionten leben, und theilweise mit diesen (namentlich Radiolarien und Cnidarien) ein ähnliches Consortial-Verhältniss eingehen, wie manche Palmellaceen mit den Pilzen bei der Flechtenbildung.

Die »gelben Zellen« dieser Ordnung leben als solitäre Symbionten meistens isolirt, aber in grosser Zahl, in den Geweben der von ihnen bewohnten Thiere; ausserhalb derselben im Meere können sie auch Coenobien bilden, indem viele associirte Zellinge in einer gemeinsamen Gallertmasse vereinigt sind. Bei den dottergelben Labyrinthuleen, deren Coenobien auf Pfählen im Seewasser festsitzen, bilden die socialen Zellinge durch Ausscheidung eine eigenthümliche netzförmige Fadenbahn (*Linodium*), und in dem »Labyrinthe« dieses baumförmig verästelten Fadennetzes bewegen sich die spindelförmigen gelben Zellen langsam gleitend umher, ähnlich manchen Conjugaten und Diatomeen.

Die Grösse der einzelnen »gelben Zellen« ist meistens gering, zwischen 0,005—0,015 mm; ihre Gestalt ist gewöhnlich sehr einfach, kugelig oder ellipsoid, oft auch linsen- oder scheibenförmig. Die dünne Membran der Zelle besteht aus Cellulose; im Plasma finden sich neben dem Kern beständig Amylum-Körner, sowie die gelben Diatomin-Körner, deren Farbe bald mehr grünlich-gelb, bald mehr goldgelb oder orange ist. Die Vermehrung der Zellen geschieht sehr energisch, durch oft wiederholte Zweitheilung oder Viertheilung (Tetrasporen).

Als *Paulosporen* oder »Dauersporen« von Xanthellaceen sind vielleicht die Xanthidien zu betrachten, welche häufig neben freien *Zooxanthellen*-Zellen im oceanischen Plankton vorkommen. Diese »dornigen Cysten« sind kugelige, gelbe Zellen, welche 0,1 mm Durchmesser erreichen. Ihre dicke hyaline Schale scheint aus verkieselter Cellulose zu bestehen und ist oft mit einfachen oder ästigen Radial-Stacheln bewaffnet. Verkieselt finden sich verschiedene Arten von *Xanthidium* auch oft fossil in der Kreide, im Hornstein, Polirschiefer u. s. w. Die gelben Zellen, welche durch Theilung der kernhaltigen, Diatomin-Körner einschliessenden und in der *Xanthidium*-Kapsel eingeschlossenen Zelle entstehen, werden wahrscheinlich durch Sprengung derselben frei und können dann wieder, in den Körper pelagischer Thiere eindringend, zu Symbionten werden. Manche Xanthelleen scheinen die Fähigkeit zu besitzen, vorübergehend eine oder zwei Geisseln zu bilden, mit deren Hülfe sie kurze Zeit umherschwärmen und sich einbohren. Sollte dieses Verhalten allgemein sein, so würden sie sich an die Mastigoten (und zwar an gewisse Formen der *Phytomonaden*) anschliessen.

§ 85. Dritte Ordnung der Paulotomeen:

Murracyteae (= Pyrocystales).

Stamm der Silicat-Paulotomeen.

Paulotomeen des Haliplankton, mit Silicat-Cellulose-Membran, mit grossem vacuolisirtem Cytosom, und mit Diatomin-Chromatellen.

Die Classe der Murracyteen (»Glasbläschen«) oder *Pyrocystalen* (»Lichtbläschen«) wird durch eine geringe Zahl von pelagischen Planctophyten gebildet, welche wegen ihrer colossalen Massen-Entwicklung in den wärmeren Theilen des Oceans von grosser Bedeutung für die Bionomie des Plankton sind. Die ansehnlichen, einzeln schwimmenden Zellen besitzen eine sehr einfache, kugelige, cylindrische oder Spindelform, und sind von einer harten, aber dünnen Cellulose-Silicat-Schale umschlossen. Die netzförmigen parietalen Plasmaströme der blasenförmigen Zellen enthalten gelbe Chromatellen (Diatomin-Körner). Die Fortpflanzung erfolgt nur durch Theilung.

Die weitaus häufigste Form ist *Pyrocystis noctiluca*, eine kugelige, bläschenförmige Zelle von $^1/_2$—1 mm Durchmesser; seltener ist die Zelle cylindrisch (*Nectocystis murrayana*), ellipsoid (*Photocystis ellipsoides*) oder spindelförmig (*Murracystis fusiformis*); ihr Durchmesser ist gewöhnlich ungefähr 1, selten bis 2 mm. Die dünne, aber feste Membran der blasenförmigen Zelle ist sehr spröde und glasartig, durchsichtig und zerbrechlich; sie besteht aus einer Modification der Cellulose, welcher eine geringe Quantität Kieselerde eingelagert ist. Innerhalb dieser kapselartigen, mit klarem Zellsaft gefüllten Blase bildet das Protoplasma eine dünne, netzförmig durchbrochene Wandschicht, deren veränderliche Aeste lebhafte Plasma-Strömung zeigen und zahlreiche gelbe Chromatellen (Diatomin-Plättchen) enthalten. Die Fortpflanzung erfolgt durch Theilung innerhalb der Membran; zuerst zerfällt der grosse wandständige Kern durch Einschnürung in 2 Hälften, darauf der blasenförmige Plasmaleib. Dann wird die dünne Hülle gesprengt, und jede Hälfte scheidet eine neue Membran aus.

Die gewöhnliche kugelige *Pryocystis noctiluca* ist einerseits sehr nahe der Palmellaceen-Gattung *Eremosphaera* verwandt (§ 83); anderseits zeigt sie grosse Aehnlichkeit mit der echten *Noctiluca miliaris*, leuchtet gleich dieser intensiv und ist früher mehrfach mit ihr verwechselt worden. Indessen fehlen der encystirten *Noctiluca* die gelben Chromatellen, an denen die *Pyrocystis* (abgesehen von der Cellulose-Reaction ihrer Membran) leicht zu erkennen ist. Auch gehört *Noctiluca* zum neritischen Plankton (der Küstenströme), *Pyrocystis* hingegen zum oceanischen Plankton (der Hochsee). Innerhalb der tropischen und subtropischen Zone (— aber auch im Mittelmeer —) tritt Pyrocystis oft in ungeheuren Massen auf (ähnlich wie Noctiluca an der Küste); sie ist die Hauptquelle der diffusen Phosphorescenz des äquatorialen Oceans bei ruhigem Wetter. Die phylogenetische Bedeutung der Murracyteen ist wahrscheinlich nicht geringer als ihre planktonische. Sie können als oceanische Planktophyten von sehr einfachem Bau und sehr hohem Alter betrachtet werden. Vielleicht dürfen wir sie als Stammgruppe der nahe verwandten Diatomeen betrachten; durch einfache Halbirung der Pyrocystalen-Kapsel (— Sprengung in der Aequatorial-Ebene gelegentlich der Zweitheilung —) könnte die zweiklappige Schachtel der Diatomeen entstanden sein.

§ 86. Vierte Ordnung der Paulotomeen:

Calcocyteae (= **Coccosphaerales**).

Stamm der kalkschaligen Paulotomeen.

Paulotomeen des Haliplankton, deren kugelige, monobionte Zellen von einer festen, aus einzelnen Platten zusammengesetzten Kalkschale umschlossen sind.

Die Classe der Calcocyteen oder *Coccosphaeralen* ist erst durch die neueren oceanographischen Forschungen als eine wichtige Gruppe von pelagischen Planktophyten erkannt worden. Zwar sind diese eigenthümlichen Organismen sehr klein und nicht sehr formenreich; aber sie spielen durch ihre ungeheure Massen-Entwickelung eine grosse Rolle in der Bionomie der wärmeren Meere. Ihre Kalkschalen häufen sich zwischen denjenigen der mit ihnen zusammenlebenden pelagischen Thalamophoren in solcher Masse an, dass sie oft einen beträchtlichen Antheil (— bis zu ein Viertel des Volumens —) an der Zusammensetzung des Globigerinen-Schlammes nehmen; auch fossile Calcocyteen finden sich in der Kreide in gleicher Menge vor.

Die solitäre Plastide aller *Calcocyteen* ist eine reguläre Kugel, deren Durchmesser zwischen 0,1 und 0,01 mm schwankt (gewöhnlich 0,04—0,06 mm beträgt). Die gelbliche Plasmakugel (die nach vorsichtiger Auflösung der Kalkschale von lebend gefangenen Calcocyteen übrig bleibt), erscheint structurlos oder schwach granulirt; sie färbt sich durch Carmin blassroth, durch Jod braun, durch Salpetersäure gelb. Ob dieselbe einen echten Zellkern enthält, ist noch unentschieden, demnach auch die Frage, ob wir diese kugeligen Plastiden als echte (kernhaltige) Zellen oder als (kernlose) Cytoden anzusehen haben; im letzteren Falle würden die Calcocyteen zu den Archephyten gehören.

Leider ist auch die Art der Vermehrung der Calcocyteen (durch Theilung der Plasmakugel, oder durch Sporenbildung?) zur Zeit noch ganz unbekannt; dieselbe muss aber sehr lebhaft sein.

Die Kalkschalen der *Calcocyteen* sind in sehr characteristischer Weise getäfelt, stets aus zahlreichen (meistens zwischen 20 und 40) Stücken von kohlensaurem Kalke zusammengesetzt. Die Form dieser Kalktafeln dient zur Unterscheidung der Genera und Species. Als zwei Familien unterscheiden wir die *Coccosphaeralen* (ohne Radialstäbe) und die *Rhabdosphaeralen* (mit Radialstäben). Die Kalkstücke der Coccosphaeralen sind bald einfache (einem Amylum-Korn ähnliche) Scheiben: *Coccosphaera*, bald eigenthümliche (einem Manschetten-Knopf ähnliche) Doppelscheiben: *Cyathosphaera*. Die Kalktafeln der Rhabdosphaeralen hingegen tragen einen Radialstab, welcher entweder einfach ist (*Rhabdosphaera*), oder am Distalende mit einer tangentialen Scheibe versehen (*Discosphaera*).

Während die vollständigen Calcocyteen massenhaft an der Oberfläche der tropischen und subtropischen Oceane (auch im Golfstrom) lebend zu finden sind, fallen dagegen beim Tode (— wahrscheinlich auch bei der Fortpflanzung —) die Kalktafeln der Schale leicht auseinander, und so finden sie sich isolirt grösstentheils im Tiefsee-Sedimente; die einzelnen Stücke heissen dann *Coccolithen*, *Cyatholithen*, *Rhabdolithen*, *Discolithen* u. s. w. Auch im Magen pelagischer Thiere (z. B. der Salpen und Medusen) sind dieselben massenhaft zu finden. Phylogenetisch erscheinen als einfachste und älteste Formen die Coccosphaeren; aus diesen sind als divergente Aeste die Cyathosphaeren und Rhabdosphaeren abzuleiten, von letzteren die Discosphaeren.

§ 87. Zweite Classe der Algarien:

Conjugatae (= Cosmaria).

Autonomer Algarien-Stamm des Limnoplankton.

Algarien mit Chlorophyll-Chromatellen und mit einfacher oder zweitheiliger Cellulose-Membran. Fortpflanzung durch Conjugation und Bildung von Zygosporen.

Die Classe der Conjugaten oder *Cosmarien* umfasst eine grosse Zahl von mannichfaltig gestalteten Protophyten des süssen Wassers (über 800 Arten), welche Alle in folgenden Merkmalen übereinstimmen: 1) die Grundform der Zelle ist centraxon (§ 52); bald monaxon, bald amphithect- oder radial-symmetrisch; 2) die Membran besteht aus Cellulose (sie ist oft zweitheilig oder zweiklappig); 3) das Plasma der grünen Zelle enthält einen centralen Zellkern und eigenthümlich gestaltete Chlorophyll-Körper in Form von zierlichen grünen Platten, Spiralbändern, Strahlenkugeln u. s. w.; 4) Geisselbewegung kommt nirgends vor; Schwärmsporen fehlen; 5) die Fortpflanzung erfolgt stets durch Conjugation, indem zwei Zellen sich an einander legen und verschmelzen; die so gebildete Zygospore theilt sich oder keimt erst nach längerer Ruhepause. Die beiden copulirenden Zellen sind nicht verschieden (Isogameten); daher darf ihre Copulation nicht (wie oft geschieht) als sexuelle Fortpflanzung bezeichnet werden.

Die Mehrzahl der Conjugaten bilden die zierlichen Cosmarieen; sie leben einzeln im Limnoplankton als Monobionten und zeichnen sich durch eine grosse Mannichfaltigkeit von regelmässigen Formen aus, oft ganz ähnlich gewissen Radiolarien. Andere Conjugaten bilden catenale Coenobien, indem die durch Quertheilung entstehenden Tochterzellen vereinigt bleiben und sich zu Ketten (oder gegliederten cylindrischen Fäden) an einander reihen (vergl. § 49). Wenn bei diesen letzteren Conjugation stattfindet, legen sich zwei Glieder-Fäden parallel neben einander und zwei gegenüberstehende Zellen derselben verbinden sich durch auswachsende Arme; oft copuliren gleichzeitig viele Zell-Paare, so dass leiterförmige Doppelketten entstehen.

Die Phylogenie der zahlreichen Conjugaten-Genera lässt sich theilweise klar übersehen. Als gemeinsame Stammformen der ganzen Classe betrachten wir die Peniaceen, deren monobionte Zellen ellipsoid oder cylindrisch sind (*Mesotaenium* mit einfacher Chlorophyll-Platte, *Penium* und *Cylindrocystis* mit verzweigten Chromatellen, *Spirotaenia* mit einem wandständigen Spiralbande). Von den *Peniaceen* lassen sich einerseits die *Evastreen* ableiten, anderseits die *Desmidiaceen* und *Zygnemaceen*. Die Familie der Evastreen umfasst alle diejenigen monobionten Conjugaten, deren Zellenleib in der Mitte eingeschnürt und so in zwei congruente, durch einen cingularen Isthmus verbundene Hälften getheilt ist, oft mit radialen Stacheln, marginalen Lappen und besonders zierlicher Schalen-Sculptur. Die Vermehrung durch Theilung erfolgt bei diesen *Evastreen* ähnlich wie bei den Diatomeen, indem jede Theilhälfte der Zelle die eine Schalenklappe von der zweiklappigen Membran der Mutterzelle beibehält, und die andere Klappe neu bildet.

Die echten Desmidiaceen bilden stets catenale Coenobien, indem viele durch Quertheilung sich vermehrende Zellen in einer Kette an einander gereiht bleiben; auch hier können die Zellen entweder einfach cylindrisch sein (*Genicularien*) oder durch eine Gürtel-Einschnürung zweilappig (*Didymoprien*) oder prismatisch (*Desmidieen*). Bei der Copulation der nahe verwandten Zygnemaceen (die durch Catenation aus *Cylindrocystis*-ähnlichen *Peniaceen* entstanden sind) schlüpft der ganze Zellenleib aus einer der beiden copulirenden Zellen in die andere hinüber; bei den Mesocarpeen dagegen nur ein Theil des Celleus; beide Zellen sind hier oft mehrtheilig.

§ 88. Dritte Classe der Algarien:

Diatomeae (= Bacillariae).

Diatomaceae. Bacillariaceae. Bacillariales. Schachtelzellinge.

Autonomer Algarien-Stamm mit verkieselter zweiklappiger Schachtelhülle.

Algarien mit Diatomin-Chromatellen und mit zweiklappiger Kieselschale, deren beide Klappen in einander gefügt sind wie eine Schachtel und ihr Deckel. Fortpflanzung durch Zweitheilung und Verjüngung durch Auxosporen-Bildung.

Die Classe der Diatomeen oder *Bacillarien* ist eine sehr formenreiche, scharf umschriebene Hauptgruppe echter Protophyten, welche durch ihre massenhafte Entwickelung im Meere und im Süsswasser eine hohe bionomische Bedeutung erhalten. Obgleich mehrere hundert Gattungen und über zweitausend lebende Arten unterschieden werden, stimmen doch alle Diatomeen in der eigenthümlichen Art der Fortpflanzung und in der Bildung ihrer characteristischen zweiklappigen Kieselschale überein, sowie in dem Besitze eigenthümlicher Chromatellen (Diatomin-Körner oder -Platten), welche das Plasma der kernhaltigen Zelle gelb färben.

Die Zelle, welche den Raum der zweiklappigen Kieselschale vollkommen ausfüllt, ist meistens stark vacuolisirt, und bei den grossen pelagischen Diatomeen, deren Zelle mehrere (2—4) mm Durchmesser erreicht, in eine voluminöse, mit Cytolymphe erfüllte Blase verwandelt; von der parietalen Plasmaschicht, welche die Schale innen auskleidet, gehen verzweigte Plasma-Fäden aus, welche sich mit der centralen, den Kern einschliessenden Plasmaschicht verbinden. Die gelben (gelbbraunen oder olivenfarbigen) Chromatellen, welche im Plasma als Diatomin-Körner oder Endochrom-Platten vertheilt sind, bestehen aus Chlorophyll und aus einem eigenthümlichen Pigment, das dem braunen Phycophaein der Phaeophyceen nahe verwandt ist. Amylum enthalten die Zellen nicht, wohl aber Fettkörner.

Die Bewegungen, welche die meisten frei schwimmenden oder auf einer Unterlage fortrutschenden Diatomeen ausführen, bestehen in einem langsamen, stetigen oder stossweise beschleunigten Gleiten, ohne Axendrehung der Zellen; stets ist dabei eine Schachtelplatte der Unterlage zugekehrt. Wahrscheinlich wird die Bewegung durch sehr zahlreiche feine Cilien bewirkt, welche entweder in einer medianen Längsspalte der Klappe vortreten oder an der Gürtelspalte; vielleicht tritt eine feine Wimper durch jeden sechseckigen Porus des Maschennetzes der Schalenwand hervor. Die Existenz dieser Schalen-Poren wird wahrscheinlich durch die Vergleichung mit den Challengeriden, Radiolarien aus der Phaeodarien-Ordnung, deren Gitterwerk dem der Diatomeen ganz gleicht. Die Diatomeen, welche auf dem Boden festsitzen, sind entweder unmittelbar an einem Pole der Längsaxe befestigt, oder mittelst eines Gallertstieles, der zwischen beiden Schalenklappen vortritt. Manche Diatomeen bilden baumförmige Coenobien, indem die schlanken Gallertstiele verzweigt sind; jeder Ast trägt am Ende entweder eine einzelne Zelle (*Gomphonema*) oder eine fächerförmige Gruppe von Zellen (*Echinella*).

§ 89. Schachtelpanzer der Diatomeen.

Die zweiklappige Kieselschale der Diatomeen hat zwar sehr mannichfaltige Formen, aber stets dieselbe typische Zusammensetzung aus zwei getrennten Stücken, gleich einer mit einem Deckel geschlossenen Schachtel. Meistens ist die Form dieser Schachtel im Ganzen cylindrisch, bald eine flache, kreisrunde Scheibe, bald eine Trommel oder ein verlängertes Rohr, so besonders bei den Plankton-Diatomeen der Hochsee; dagegen ist die Gestalt bei den Benthos-Diatomeen, welche an der Küste oder festsitzend auf dem Boden leben, vielfach variirt, spindelförmig, keilförmig, polyedrisch u. s. w. Die beiden Klappen sind meistens an Gestalt sehr ähnlich oder fast gleich, aber immer ist die eine Klappe etwas grösser als die andere. Die grössere Klappe entspricht dem Schachteldeckel und umfasst mit ihrem freien Rande (oder Gürtel) den entsprechenden Rand des kleineren oder des Schachtelbodens. Jede Klappe besteht aus einer horizontalen Platte (*Tabula*) und einem verticalen Gürtel (*Cingulum*); der letztere steht senkrecht auf dem Rande der ersteren. Wenn die Diatomeen frei im Wasser schweben oder auf einer Unterlage sich fortbewegen, liegen die beiden parallelen Platten horizontal (wie bei einer auf dem Boden stehenden Schachtel); der Schachtel-Deckel (oder die Acral-Klappe) liegt dann oben, der Schachtel-Boden (oder die Basal-Klappe) unten. Die beiden parallelen flachen Seiten der Schachtel werden als Platten, Hauptseiten oder Valvalseiten bezeichnet, dagegen der verticale ringförmige Umfang derselben als Nebenseite oder Gürtelseite; in letzterer liegen die beiden Gürtelbänder an einander, aussen das acrale (oder *dorsale*), innen das basale (oder *ventrale*). Gewöhnlich sind die beiden Hauptseiten durch eine sehr zierliche und feine Sculptur ausgezeichnet, meistens durch ein reguläres feines Gitterwerk mit sechseckigen Maschen. Die starre Cellulose-Membran ist so stark mit Kieselsäure imprägnirt, dass selbst die feinsten Form-Verhältnisse der Sculptur nach dem Glühen der Schale unverändert bleiben.

§ 90. Fortpflanzung der Diatomeen.

Die Fortpflanzung der Diatomeen ist sehr energisch und geschieht ausschliesslich durch oft wiederholte Zweitheilung der Zelle, welche jedoch periodisch mit einer eigenthümlichen Form von Verjüngung abwechselt (Bildung von Auxosporen). Die Theilung der Diatomeen-Zelle geschieht stets in der äquatorialen oder cingularen Ebene (Gürtel-Ebene); die Theilungs-Ebene des Cytosom ist daher parallel den beiden Schalen-Platten und liegt in der Mitte zwischen Beiden. Dabei rücken die beiden Klappen aus einander, und nach vollendetem Zerfall des Nucleus und Celleus in zwei Stücke bildet jede Tochterzelle eine neue Schalenklappe, zur Ergänzung der von der Mutter erhaltenen Klappe. Die neu gebildete Klappe bildet stets den Schachtelboden und ist etwas kleiner als die von der Mutterzelle erhaltene Klappe (nunmehr der Schachteldeckel). In Folge davon muss die Grösse der einen Reihe der Tochterzellen beständig abnehmen. Sobald ein gewisses Minimum der Grösse erreicht ist, tritt die Verjüngung der Generations-Reihe oder die Bildung der Auxospore ein. Die Zelle wirft die zu klein gewordene Schale ab, wächst bis zum doppelten oder dreifachen Volumen heran und scheidet dann eine neue zweiklappige Schale erster Grösse aus. Der Bildung dieser grossen Auxospore kann auch eine Copulation von zwei Zellen vorausgehen, und zwar in verschiedenen Stufen der Ausbildung. Wenn zwei copulirende Zellen ihre Schalen ganz abwerfen und dann zu einer neuen, doppelt so grossen Zelle verschmelzen, die eine neue (doppelt so grosse) Schale bildet, so kann diese Form der Auxospore als Zygospore bezeichnet werden. Da jedoch die beiden Gameten ganz gleich sind und keinerlei sexuelle Ergonomie zeigen, darf dieser Modus der Reproduction noch nicht als Amphigonie bezeichnet werden; diese fehlt den Diatomeen noch ganz.

Wenn die durch wiederholte Theilung entstandenen Zellen an einander liegen bleiben und eine Reihe bilden, so entstehen Diatomeen-Ketten oder ***catenale Coenobien***. Der Modus dieser Catenation ist ganz derselbe wie bei anderen Protisten-Ketten (Chromaceen, Peridinien, Bacterien) und wie bei echten »Faden-Algen« (Confervalen). Wesentlich davon verschieden sind die ***arboralen Coenobien*** der festsitzenden

Gomphonemen und Echinellen, bei denen die Aeste der verzweigten Gallertstiele an den Enden je eine Zelle tragen, und nach Theilung der Zelle sofort wieder der Stiel sich gabelt (vergl. § 49).

§ 91. Phylogenie der Diatomeen.

Die grosse Mannichfaltigkeit, welche die zierlichen Kieselschalen der Diatomeen in ihrer Form, Structur und Sculptur zeigen, sowie in der Bildung mannichfacher Anhänge (— in Form von Stacheln, Haaren u. s. w. —), hat zur Unterscheidung einer sehr grossen Zahl von Gattungen und Arten geführt (über 2000 lebende Species, und zahlreiche fossile). Trotzdem bleibt der characteristische Schachtelbau der zweiklappigen Kieselschaale überall derselbe, ebenso wie der Plasmabau der von ihr umschlossenen, durch Diatomin gefärbten Zelle. Da sich diese Constanz des Körperbaus aller Diatomeen ebenso durch Vererbung erklärt, wie anderseits die polymorphe Mannichfaltigkeit der Schalenform durch Anpassung, so steht Nichts im Wege, die ganze Classe monophyletisch aufzufassen. Die daraus sich ergebende Aufgabe, das System derselben in Form eines Stammbaums darzustellen, ist jedoch noch nicht gelöst. Für die annähernde Lösung dieser interessanten Frage dürften folgende Gesichtspunkte maassgebend sein: 1) Nach der Gestaltung und Anordnung der Chromatellen zerfällt die ganze Classe in zwei Subclassen: bei den älteren *Coccochromaticae* sind zahlreiche kleine Diatomin-Körner im Plasma vertheilt; bei den jüngeren *Placochromaticae* hingegen ist der gelbe Farbstoff in einer oder zwei grossen Endochromplatten angehäuft, welche bald den Schalenklappen, bald den Gürtelbändern anliegen. 2) Der mehrfach verschiedene Modus der Auxosporen-Bildung ist theilweise zur Unterscheidung grösserer Gruppen (oder Ordnungen) verwerthbar; die älteren Diatomeen besitzen einfachere Verhältnisse der Fortpflanzung, die jüngeren dagegen meist complicirtere (Gameten-Copulation). 3) In Anpassung an die verschiedene Lebensweise unterscheiden wir als zwei Hauptgruppen die frei schwimmenden oder im Wasser schwebenden Plankton-Diatomeen, und die kriechenden oder auf dem Boden festsitzenden Benthos-Diatomeen. Die ersteren sind im Allgemeinen einfacher gestaltet, aber grösser, und haben verschiedene Schwebe-Vorrichtungen erworben: dünne und leichte Schalen, Oberflächen-Vergrösserung durch Bildung von Kieselhaaren, Minderung des specifischen Gewichtes durch starke Vacuolenbildung (wie bei den Murracyteen) u. A. Die Benthos-Diatomeen hingegen, welche auf dem Grunde der Gewässer leben, sind meistens kleiner, aber besser geschützt durch stärkere und schwerere Kieselpanzer; gewöhnlich besitzt jede der beiden Schalen-Klappen eine verdickte Naht oder Raphe (mit einem feinen Längsspalt), durch welche eine Plasma-Leiste (oder Cilien-Reihe?) als Locomotions-Organ vortritt. Diese characteristische Raphe der »gleitenden« Diatomeen des Grundes fehlt meistens den schwebenden Diatomeen des Plankton; anderseits fehlen den ersteren die mannichfachen Schwebe-Einrichtungen der letzteren. Die specielle Form der Schale und ihrer Sculptur ist bei den benthonischen Diatomeen viel mannichfaltiger und in den Einzelheiten stärker differenzirt, als bei den planktonischen, entsprechend der grösseren Verschiedenheit der Anpassungs-Bedingungen. Auch finden sich nur unter den Benthos-Diatomeen festsitzende Arten, sowie schlauchförmige Coenobien, in deren Gallert-Körper eine grössere Zahl von Zellen associirt liegen. Im Grossen und Ganzen betrachtet, erscheinen daher die Plankton-Diatomeen als die phylogenetisch älteren (meistens mit cylindrischer Grundform der Schachtel), hingegen die Benthos-Diatomeen als die jüngeren und differenzirteren Formen (mit vielfach modificirter, oft stauraxoner oder zygomorpher Grundform).

Der Ursprung der Diatomeen dürfte bei den Murracyteen (§ 85) oder bei ähnlichen einzelligen Protophyten zu suchen sein. Stellen wir uns vor, dass bei einer kugeligen oder cylindrischen *Pyrocystis* nach erfolgter Theilung der Zelle die dünne umschliessende Membran im Aequator gesprengt wird, und dass dann jede der beiden Tochterzellen ihre Schalenhälfte beibehält und eine neue Hälfte zur Ergänzung der letzteren reproducirt, so entsteht die zweiklappige Schale der Diatomeen, wie sie ja ähnlich auch bei *Peridinien, Cosmarien, Concharien* u. A. durch Halbirung einer ursprünglich kapselförmigen Schale entstanden sein wird. Die grossen Plankton-Diatomeen mit einfacher cylindrischer Schale könnten so unmittelbar aus den pelagischen, ihnen sehr ähnlichen, cylindrischen *Pyrocystis*-Formen entstanden sein; die Ableitung der ersteren von den letzteren liegt um so näher, als auch die Bildung und Vertheilung der gelben Diatomin-Körner in dem Plasma-Netze der vacuolisirten Zelle in Beiden ganz dieselbe zu sein scheint.

§ 92. Fossile Diatomeen.

Die Diatomeen sind (— abgesehen von den Calcocyteen und den kalk-incrustirten Siphoneen —) die einzigen Protophyten, welche in grösserer Menge fossil vorkommen. Ihr fester, selbst beim Glühen unzerstörbarer Kieselpanzer eignet sich vorzüglich zur Versteinerung, und wird daher mit allen Einzelheiten der feineren Structur und Sculptur sehr gut conservirt. Abgesehen von zweifelhaften palaeozoischen Diatomeen (— aus der Steinkohle —) finden sich die ältesten sicheren

Ueberreste dieser Classe in der Trias vor (vereinzelt im Muschelkalk, massenhaft im Keuper): es sind dies die stattlichen *Bactryllium*-Arten, mit cylindrischen oder platt-linearen Kieselschalen, welche manchen geradegestreckten Arten von *Navicula* und *Synedra* gleichen; dieselben erreichen bei einer Breite von 0,4—0,8 mm die stattliche Länge von 2—4 mm, also dieselbe Grösse, welche die grössten lebenden Diatomeen erlangen, die trommelförmigen oder cylindrischen Plankton-Diatomeen aus den Gattungen *Rhizosolenia*, *Ethmodiscus* etc. In einigen Theilen des alpinen Keupers von Tyrol, der Schweiz und Ober-Italien sind diese *Bactryllium*-Schalen so massenhaft angehäuft, dass sie fast das ganze Gestein zusammensetzen. Dieser »fossile Diatomeen-Schlamm« des Keupers lässt auf die Existenz eines entsprechenden monotonen Bactryllium-Plankton im Trias-Meere schliessen.

Im Jura und der Kreide kommen Diatomeen nur spärlich vor, massenhaft dagegen in den verschiedenen Tertiär-Sedimenten; oft setzen ihre Schalen hier ansehnliche Lager von Polirschiefer und Tripel zusammen. Auch das weisse feine »Bergmehl« besteht nur aus Diatomeen-Schalen. Durch secundäre Einwirkung vulcanischer Gluth (Contact mit eruptiven Phonolithen) können dieselben in Jaspis und Halbopal verwandelt werden. Die hohe Bedeutung, welche die Diatomeen (sowohl die benthonischen als planktonischen) noch heute als »*Urnahrung*« der Seethiere besitzen, datirt somit schon aus alten Zeiten.

§ 93. Dritte Hauptclasse der Protophyten.

Algettae (= Zoosporatae).

Einzellige Algen mit Geisselbildung.

Protophyten mit Zellkernen, mit Geisselbewegung und mit Zoosporen.

Die Hauptclasse der Algetten oder *Zoosporaten* gründen wir für jene Hauptabtheilung der »einzelligen Algen«, welche in einem Stadium freier Ortsbewegung Geisselzellen bilden und vermöge der Schwingungen ihrer Geisseln umherschwimmen. Es gehören hierher die drei Classen der *Mastigoten*, *Melethallien* und *Siphoneen*. Die Mastigoten (bisher meistens mit den animalen *Flagellaten* vereinigt) sind permanente selbständige Geisselzellen, meistens Monobionten, seltener Coenobionten; aber auch die Gallert-Colonien dieser letzteren (die Volvocinen) bewegen sich schwimmend durch die Schwingungen der vereinigten Geisselzellen umher, wesshalb sie von den Zoologen meistens zu den Infusorien gestellt werden. Bei den Melethallien hingegen bildet das entwickelte Protophyton ein ruhendes

Coenobium von characteristischer Gestalt; aber im Inneren der einzelnen associirten Zellen werden zahlreiche Geisselsporen gebildet, welche ausschwärmen und durch wiederholte Theilung neue Coenobien bilden. In ähnlicher Weise pflanzen sich durch bewegliche Schwärmsporen auch die Siphoneen fort; diese entfernen sich aber von allen anderen Protophyten dadurch, dass ihr einzelliger Organismus ungewöhnliche Dimensionen erreicht und durch Verästelung (als grosse »Thalloid-Zelle«) zusammengesetzte Formen bildet, welche in mannichfaltigster Weise die Gestalten von *Metaphyten* nachahmen (sowohl von *Thallophyten* als von *Cormophyten*). Trotzdem behält der ganze Körper der riesigen Siphoneen auch im entwickelten Zustande den morphologischen Werth einer einzigen Zelle bei und schliesst einen ungetheilten Hohlraum ein.

Die Individualität der Zelle zeigt demnach in der Hauptclasse der *Algetten* sehr mannichfaltige Verhältnisse. Die Mastigoten sind zum grössten Theile Monobionten und bilden nur vorübergehend kleine Coenobien; nur die Volvocinen schwimmen in Gestalt flagellater Coenobien umher. Die Melethallien bilden sämmtlich ruhende Coenobien von eigenthümlicher Zusammensetzung und Form. Die Siphoneen dagegen bleiben trotz ihrer reichen Gliederung und Verästelung stets Monobionten. Die Plasma-Schicht, welche an der Innenseite der Cellulose-Wand der riesigen schlauchförmigen Siphoneen-Zelle anliegt, enthält zahlreiche kleine Zellkerne, während bei den übrigen Algetten jede Zelle nur einen Kern enthält.

Die Membran der Zelle besteht bei der grossen Mehrzahl der Algetten aus Cellulose. Eine Ausnahme machen die pelagischen *Dictyocheen*, deren nackter Zellenleib durch einen hohlen Kieselring geschützt ist, oder durch ein hutförmiges Gehäuse, welches aus hohlen, gitterförmig verbundenen Kieselstäbchen besteht. Bei vielen *Siphoneen* wird die Membran stark mit Kalk incrustirt oder imprägnirt. Die Cellulose-Membran der meisten Algetten ist eine geschlossene Kapsel, welche nur an der Austrittsstelle der Geisseln eine Oeffnung besitzt. Bei den *Peridineen* besteht sie aus zwei getrennten Klappen, die meistens eine sehr verschiedene und eigenartige Gestalt besitzen; oft sind hier, ähnlich wie bei den pelagischen *Diatomeen*, mannichfaltige und zierlich geformte Schalen-Anhänge entwickelt, die theils als Schutz-, theils als Schweb-Apparate dienen: Borsten, Stacheln, Flügel u. s. w.

Die characteristischen Geisseln der Algetten, welche die schwärmende Bewegung ihrer Planocyten vermitteln (*Flagella* oder *Mastigia*), sind gewöhnlich sehr lange und dünne Fäden, die als directe Fortsätze des Cytosoms unmittelbar durch eine Oeffnung der Zellmembran durchtreten. Bei vielen niederen Algetten (manchen Phytomonaden und Volvocinen, den Dictyocheen und einigen Anderen) trägt die Schwärmzelle nur eine einzige Geissel; bei der grossen Mehrzahl sind zwei Geisseln vorhanden, die gewöhnlich von einem Pole der länglich-runden Zelle ausgehen. Selten entspringen mehr als zwei Geisseln aus einem Punkte der Zelle.

Die Carbon-Assimilation oder Plasmodomie der Algetten wird durch Chromatellen von verschiedener Gestalt und Grösse vermittelt, die stets Chlorophyll enthalten. Die grüne Farbe, welche diese hervorbringen, wird indessen in manchen Gruppen durch Hinzutritt anderer Pigmente modificirt oder verdeckt. So sind die meisten *Peridineen* durch Diatomin (oder einen ähnlichen Farbstoff) gelb oder gelbbraun gefärbt. Einige Phytomonaden (*Haematococcus* u. A.) sind blutroth oder rothbraun; bei manchen Arten wechselt ein grüner und ein rother Zustand ab. Viele Algetten besitzen (ähnlich den Planosporen mancher nahe verwandten Chlorophyceen) einen rothen Augenfleck (Haematochrom).

Die Fortpflanzung der Algetten geschieht in sehr mannichfaltiger Weise; oft finden sich bei nahe verwandten Gattungen einer Gruppe (z. B. Volvocinen) die verschiedensten Formen der Zeugung neben einander: einfache Theilung der Zelle (bald im beweglichen, bald im ruhenden Zustande), Bildung von Schwärmsporen, Copulation von schwärmenden Isogameten und Zygosporen-Bildung, endlich Amphigonie, indem kleinere (männliche) mit grösseren (weiblichen) Planosporen copuliren. Bei *Eudorina* und *Volvox* unter den Volvocinen, bei den *Vaucheriaceen* unter den Siphoneen, verliert die weibliche Zelle die Geisseln und wird zur unbeweglichen Ovospore (Eizelle). Ein kleiner Theil der Algetten zeigt Generationswechsel, indem Sporogonie und Amphigonie alterniren.

Die Phylogenie der Algetten führt auf einfache Mastigoten, und zwar auf die primitivsten *Phytomonaden*, als die gemeinsame Stammgruppe der ganzen Hauptclasse zurück. Einige von diesen Phytomonaden stehen den niedersten Paulotomeen (*Palmellaceen* und *Xanthellaceen*) so nahe, dass sie unmittelbar durch Entstehung einer Geissel und Anpassung an Geisselbewegung von diesen ältesten Algarien abgeleitet werden können. Die *Volvocinen* sind nichts weiter als schwimmende Coenobien von Phytomonaden. Die *Dictyocheen* können durch Bildung einer Kieselschale, die *Peridineen* durch Gürtelspaltung der Cellulose-Schale, von einfachen Phytomonaden abgeleitet werden.

Die Classe der Melethallien ist wohl polyphyletisch, indem die eigenthümlichen Formen ihrer thalloiden Coenobien auf verschiedene Weise aus mehreren *Mastigoten*-Gruppen entstanden sind. Dagegen kann die Classe der Siphoneen monophyletisch aufgefasst werden, da alle ihre verschiedenen Formen sich durch mannichfaltige Wachsthums-Verhältnisse aus der gemeinsamen niederen Stammgruppe der *Botrydiaceen* ableiten lassen. Die ältesten Formen dieser letzteren können unmittelbar von *Phytomonaden* abgeleitet werden, deren Ruhezustand durch einen wurzelartigen Stiel sich am Boden befestigt hat (*Hydrocytium, Characium*).

§ 94. Erste Classe der Algetten.

Mastigota (= Phytomastigia).

Mastigophora vegetalia. Flagellata chromatica. Geissel-Algetten. (= *Protococcales et Peridinea*).

Stammgruppe der Algetten und Infusorien, sowie der Algen, und somit der Metaphyten.

Monobionte oder coenobionte Algetten, welche in entwickeltem Zustande Geisseln besitzen und durch deren Schwingungen sich schwimmend umherbewegen.

Die Classe der Mastigoten oder vegetalen Mastigophoren gründen wir für diejenigen *chromatischen Flagellaten*, deren Zellen Carbon-assimilirende Chromatellen enthalten und daher als plasmodome Protisten in das Unterreich der *Protophyten* zu stellen sind. Gewöhnlich werden die meisten dieser »Geisselschwärmer« (— von manchen Zoologen sogar alle —) als echte Flagellata zu den *Protozoen* gestellt und in den Infusorien-Stamm eingereiht; auch bestehen unzweifelhaft zwischen beiden Gruppen sehr nahe und vielfache Verwandtschafts-Beziehungen. Anderseits aber sind letztere nicht minder vorhanden zwischen den Mastigoten und verschiedenen Gruppen echter *Protophyten* (Melethallien, Siphoneen), ja sogar zu den *Metaphyten* (Algen, namentlich Chlorophyceen). In Bezug auf den wichtigsten Punkt aber, die Ernährungsweise, sind die echten *Mastigoten* plasmodom, mithin *Protophyten*; sie bilden eine vollkommene Parallel-Gruppe zu den ähnlichen (— morphologisch oft kaum zu unterscheidenden —) *Flagellaten*, welche zu den plasmophagen *Protozoen* gehören (§ 39). Die phylogenetischen Beziehungen zwischen diesen beiden Hauptgruppen der Geisselschwärmer oder Mastigophoren sind unzweifelhaft im Allgemeinen derart, dass die plasmophagen *Flagellaten* polyphyletisch aus den älteren, plasmodomen *Mastigoten* entstanden sind; allein die besondere Ableitung der einzelnen animalen Flagellaten-Formen von den ähnlichen einzelnen Mastigoten-Formen stösst auf die grössten Schwierigkeiten.

Gemeinsame Merkmale aller echten Mastigoten sind folgende: 1) Die Zellen sind im erwachsenen Zustande (— gleichviel ob sie einzeln leben oder zahlreich zu Coenobien vereinigt —) mit einer oder zwei, selten mehreren Geisseln ausgestattet. 2) Im Protoplasma jeder Zelle liegt stets ein echter Zellkern. 3) Die Zellen enthalten ausserdem stets Carbon-assimilirende Chromatellen, in Form von farbigen Körnern, Platten u. s. w. Die Farbe derselben ist meistens grün oder gelb, bisweilen aber auch braun oder roth; sie kann in verschiedenen Entwickelungsphasen einer und derselben Mastigoten-Form verschieden sein. Wahrscheinlich ist allgemein Chlorophyll vorhanden; und dazu kömmt häufig noch ein zweiter (dem Diatomin und Phycophaein verwandter) brauner oder rother Farbstoff, oft auch Haematochrom.

Als echte Mastigoten (oder »*vegetale Mastigophoren*«) betrachten wir hier folgende vier Ordnungen: 1) die Phytomonaden, im beweglichen Zustande einzeln lebend, mit einfachen, dünnen, cuticularen oder dickeren Cellulose-Schalen; 2) die Volvocinen, gallertige Colonien oder Coenobien von Phytomonaden, die oft polymorph sind und durch ihre vereinigte Geisselbewegung die Zellgemeinde schwimmend umhertreiben; 3) die Dictyocheen, Phytomonaden mit einer ringförmigen oder gitterförmigen Kieselschale, welche aus hohlen Kieselröhren besteht; 4) die Peridineen, mit zweiklappiger Cellulose-Schale und zwei differenten Geisseln, von denen die eine (longitudinale) frei schwingt, die andere (transversale) in einer Gürtelfurche des Zellenleibes oscillirt.

Viele (oder vielleicht alle?) Mastigoten treten in zwei verschiedenen Zuständen auf, in einem beweglichen (Kinese, als *Planocyten*) und einem unbeweglichen (Paulose, als *Paulocyten*; § 68). In der kinetischen Phase schwingen die Geisseln frei, in der paulotischen sind sie eingezogen. In beiden Zuständen kann die Fortpflanzung stattfinden, und zwar gewöhnlich durch Theilung (sowohl Längstheilung als Quertheilung). Oft wiederholt sich die Hemitomie so rasch, dass eine erstaunlich schnelle Vermehrung und Massenanhäufung von Individuen stattfindet; so können oft im Limnoplancton manche Phytomonaden, im Haliplancton gewisse Peridineen innerhalb weniger Stunden Millionen von Zellen produciren. Die Vorbedingung für diese Massen-Production ist kräftige Carbon-Assimilation; in der That wird diese von den Chromatellen der Mastigoten ebenso energisch geübt, wie von den Chlorophyll-Körnern der höheren Pflanzen; der Stoffwechsel dieser Classe ist daher entschieden vegetal (§ 37). Hierauf beruht auch die grosse bionomische Bedeutung der Mastigoten, namentlich für die Oeconomie des Plankton; sie gehören nächst den Diatomeen zu den wichtigsten Producenten der Urnahrung der Seethiere.

Als Stammgruppe aller Mastigoten betrachten wir die Phytomonaden; diese sind wahrscheinlich polyphyletisch aus Paulotomeen entstanden (*Palmellaceen* und *Xanthellaceen*); viele Formen der letzteren und der ersteren sind so nahe verwandt, dass nur die Production einer Geissel beide unterscheidet; im Ruhe-Zustande erscheinen viele Phytomonaden identisch mit gewissen Paulotomeen.

Aus den *Phytomonaden* haben sich wahrscheinlich als drei divergente Zweige die drei anderen Ordnungen der Mastigoten entwickelt, die *Volvocinen* durch Bildung von Geissel-Coenobien (bisweilen mit Ergonomie der associirten Zellen); die *Dictyocheen* durch Production einer eigenthümlichen Kieselschale, die *Peridineen* durch Bildung der zweiklappigen Cellulose-Schale und Differenzirung einer freien longitudinalen und einer cingularen transversalen Geissel. Ausserdem sind aber von den Phytomonaden abzuleiten die Melethallien, Siphoneen, Fungillen, Flagellaten und andere Protisten (vergl. § 75).

§ 95. Erste Ordnung der Mastigoten.

Phytomonades (= Protococcales s. str.).

Phytomastigoda et Euglenoidina. Flagellata vegetalia s. str.

Aelteste Stammgruppe der Algetten und Algen.

Mastigoten mit einfacher Cellulose-Hülle und mit grünen (seltener gelben, braunen oder rothen) Chromatellen. Bewegung durch eine einfache oder zwei gleiche Geisseln. Grösstentheils Monobionten, selten kleine Coenobien bildend. Fortpflanzung meistens nur durch Theilung.

Die Ordnung der Phytomonaden oder *Protococcalen,* in dem hier begrenzten Umfang, umfasst die niederen und einfacheren Formen der *vegetalen Mastigophoren,* welche weder grössere polymorphe Coenobien bilden (wie die *Volvocinen*), noch durch besonders differenzirte Schalen-Bildungen ausgezeichnet sind (wie die *Dictyocheen* und *Peridineen*). Die Geisselzellen dieser Ordnung schwärmen meist isolirt umher, mittelst der Bewegung von einer oder zwei (selten mehreren) Geisseln; einige bilden vorübergehend auch kleine, bald schwimmende bald festsitzende Coenobien. Das Protoplasma enthält stets Carbon-assimilirende Chromatellen, meistens von grüner, seltener von gelber, brauner oder rother Farbe; jedoch können diese verschiedenen Farben in den verschiedenen Entwickelungszuständen einer und derselben Art vorkommen (z. B. bei *Haematococcus*); oft ist die Zelle im beweglichen Zustande grün oder gelb, im ruhenden braun oder roth (durch Haematochrom gefärbt). Ausserdem findet sich häufig bei den grünen Zellen ein rother Augenfleck. Meistens enthält der Zellenleib auch eine oder zwei Vacuolen. Die Cellulosehülle ist meistens zart und einfach, oft nur im Ruhezustand ausgebildet.

Die Fortpflanzung erfolgt meistens durch Theilung, ebensowohl im beweglichen wie im Ruhezustande. Manche Phytomonaden bilden im letzteren eine encystirte Paulospore, die erst nach längerer Pause in 4 oder 8, bisweilen in zahlreiche Zellen zerfällt. Die Paulospore ist bisweilen durch einen Stiel befestigt (z. B. *Characium, Hydrocytium*); aus diesen Formen lassen sich die einfachsten *Siphoneen* ableiten (*Botrydiaceen*). Bei einigen Phytomonaden kommt Copulation von zwei gleichartigen Geisselzellen vor (Isogameten), und das Product derselben (die Zygospore) kann sich dann wiederholt theilen. Bisweilen bildet sich eine sexuelle Differenzirung der beiden Gameten aus, indem eine kleinere (männliche) mit einer grösseren (weiblichen) Geissellzelle copulirt; erstere entspricht der Microspore, letztere der Macrospore der *Chlorophyceen*, die von dieser Gruppe theilweise abzuleiten sind.

Die zahlreichen Formen der Phytomonaden können wir zunächst in zwei Unterordnungen bringen, die *Monomastigia* (mit einer einzigen Geissel) und *Diplomastigia* (mit zwei gleichen Geisseln). Zu den Monomastigia gehören die *Coelomonades, Euglenida, Chloropeltina, Ascomonades* u. A., die theils unter dem Namen Englenoidina zu den Protozoen gestellt werden, theils als Gattungen der Protococcales zu den Algen. Zu den Diplomastigia (mit 2, selten 4 Geisseln) rechnen wir die *Chrysomonades, Chlamydomonades, Phacomonades, Characieae, Codiolaceae* und andere einfache Protophyten, welche neuerdings oft unter dem Begriffe Phytomastigoda vereinigt und von den Botanikern meistens zu ihren Protococcales, von den Zoologen theilweise zu ihren Euflagellata gerechnet werden. Manche von diesen vegetalen, vermöge ihrer Chromatellen Carbon assimilirenden Mastigoten (z. B. *Chrysomonas*) passen sich auch gelegentlich an animale Ernährungsweise an; sie nehmen geformte Plasma-Stückchen, kleine Protisten und Bestandtheile von zerstörten grösseren Organismen auf und bekommen somit einen Zellenmund (oft selbst mit Schlundrohr). Wenn diese animale Nahrungsaufnahme zur Gewohnheit wird, können die Chromatellen rückgebildet werden; die gefärbten vegetalen *Mastigoten* werden farblos und verwandeln sich durch Metasitismus in animale *Flagellaten* (§ 38). Der Ursprung dieser letzteren aus jenen ersteren ist sicher polyphyletisch.

Der Ursprung der *Phytomonaden* selbst ist wahrscheinlich auch polyphyletisch, indem verschiedene Formen von *Paulotomeen* (namentlich *Palmellaceen*) durch Erwerbung der Geisselbewegung sich in verschiedene Formen von *Eugleniden*, *Chrysomonaden*, *Chlamydomonaden* u. s. w. verwandelten. Die phylogenetischen Beziehungen der Phytomonaden zu den zahlreichen verwandten Protisten sind aber um so schwieriger zu ermitteln, als dieselben nicht nur die Stammgruppe der *Mastigoten* und überhaupt aller Algetten zu bilden scheinen, sondern auch mehrfach an Algarien einerseits, an Protozoen anderseits sich anschliessen (§ 93).

§ 96. Zweite Ordnung der Mastigoten.

Volvocina (= Volvocades).

Gruppe der mastigoten Coenobionten.

Mastigoten, deren Zellinge in gallertigen (meist kugeligen) schwimmenden Coenobien vereinigt leben; die Zellen sind von einer Cellulose-Membran umschlossen, tragen zwei gleiche Geisseln und enthalten Chlorophyll und Amylum. Fortpflanzung mannichfaltig, durch einfache Zelltheilung, Copulation von Planogameten, und bisweilen durch sexuelle Zeugung.

Die Ordnung der Volvocinen ist unmittelbar von den vorhergehenden *Phytomonaden* abzuleiten und umfasst diejenigen Mastigoten, welche in entwickeltem Zustande Coenobien bilden und bis zu sexueller Differenzirung sich erheben. Die schwimmenden Zellgemeinden sind gewöhnlich Gallertkugeln, in deren Oberfläche zahlreiche Geisselzellen (mit je 2 Geisseln) vertheilt sind; dieselben enthalten Chlorophyll und Amylum, meist auch ein oder zwei contractile Vacuolen und einen rothen Pigmentfleck (Auge). Die beiden Geisseln treten am Distal-Ende der Zellen aus der Cellulose-Hülle hervor und treiben das Coenobium durch ihre Bewegungen schwimmend umher.

Die Fortpflanzung zeigt in dieser Ordnung verschiedene Stufen aufsteigender Entwickelung, ähnlich wie bei den *Chlorophyceen*. Bei den niedersten Volvocinen zerfallen die reifen Coenobien, und jede der isolirten Geisselzellen bildet durch wiederholte Theilung (und Ausscheidung von Gallerte) sofort eine neue Gemeinde. Es kann aber auch ein Ruhezustand eintreten; die isolirten Zellen ziehen ihre Geisseln ein, encystiren sich durch Ausschwitzung einer Kapsel und zerfallen später dnrch wiederholte Theilung in 4, 8 oder mehr Tochterzellen. Diese Paulosporen werden später frei, verwandeln sich in Geisselzellen und bilden durch wiederholte Theilung eine neue Gemeinde. Bei einigen

Pandorineen findet Conjugation von Gameten statt, indem je 2 von den kleinen (durch wiederholte Theilung einer Paulospore entstandenen) Geisselzellen copuliren und eine Zygospore bilden. Bei anderen *Pandorineen* geht dieser Process in sexuelle Differenzirung über, indem die copulirenden Gameten in 2 verschiedenen Formen erscheinen: kleinere männliche (Androsporen oder Microgonidien) und grössere weibliche (Gynosporen oder Macrogonidien); das Product ihrer Copulation ist eine Ovospore oder Cytulle. Dieser sexuelle Gegensatz ist schon bei *Eudorina* sehr ausgeprägt, noch mehr aber bei *Volvox*; hier verliert die Gynospore ihre Geisseln und wird zu einer sehr grossen grünen Eizelle, während die Androsporen (als Spermatoblasten) durch wiederholte Theilung in sehr zahlreiche und kleine (mit je 2 Geisseln versehene) Spermazoiden zerfallen. *Volvox* ist ausserdem durch weitergehende Arbeitstheilung der in einem Coenobium vereinigten Zellen ausgezeichnet; die meisten Zellen (deren Zahl in den grossen, 1 mm Durchmesser erreichenden Gallertkugeln über 10000 steigt) sind steril und dienen nur zur Assimilation und Locomotion; dazwischen differenziren sich einzelne Zellen zu Eiern, andere zu Spermatoblasten. Ausserdem kann sich Volvox auch parthenogenetisch fortpflanzen, indem unbefruchtete Eizellen sich durch wiederholte Theilung zu einem neuen Coenobium entwickeln.

Auch morphologisch sind die *Volvocinen* (ebenso wie die ähnlichen *Halosphaereen*) von hohem Interesse, mit Bezug auf die analogen *Catallacten* unter den Protozoen. Wie die letzteren dem Blastula-Zustande der Metazoen entsprechen, so kann man auch die kugelige Zellschicht der Volvocinen als einfachsten Thallus einer primitiven Algenform ansehen.

§ 97. Dritte Ordnung der Mastigoten.

Dictyochea (= Lithomastigia).

Silicoflagellata. Dictyocharia.

Stamm der Mastigoten mit Kieselgitterschale.

Mastigoten mit ringförmiger oder gitterförmiger Kiesel-Schale, mit gelben Chromatellen und einer langen Geissel. Monobionten des Haliplankton. Fortpflanzung durch Theilung (und Zygosporen durch Copulation von Gameten?).

Die Ordnung der Dictyocheen oder *Silicoflagellaten* wird durch eine Gruppe von kleinen pelagischen Mastigoten gebildet, welche im Plankton der kälteren Meere oft massenhaft erscheinen. Der rundliche, stets einzeln lebende Zellenkörper bewegt sich mittelst einer langen Geissel und schliesst gelbe oder gelbbraune Chromatellen ein, welche den Diatominkörnern der *Peridineen* und *Diatomeen* nahe verwandt oder identisch sind. Die characteristische Eigenthümlichkeit der *Dictyocheen*, durch welche sie sich von allen anderen Mastigoten leicht unterscheiden, ist der Besitz eines Kieselpanzers, welcher aus hohlen, dünnwandigen Kieselröhren besteht. Im einfachsten Falle ist nur ein kreisrunder, elliptischer oder polygonaler Kieselring vorhanden, mit oder ohne radiale Stacheln (*Mesocena*). Gewöhnlich bildet aber die kleine Kieselschale ein hutförmiges oder glockenförmiges Gittergehäuse (*Dictyocha*), oft in Form einer abgestutzten Pyramide, an der ein grösserer (basaler) und ein paralleler kleiner (apicaler) Ring durch Kieselstäbchen verbunden sind (*Distephanus*, *Cannopilus*).

Häufig finden sich zwei solche pyramidale Gitterschalen dergestalt regelmässig verbunden, dass ihre basalen Mündungen gegen einander gekehrt sind, oft auch durch Zähnchen in einander greifen. Diese Zwillingsstücke oder Doppelgehäuse entstehen entweder durch Copulation von zwei Gameten; oder die Schale besteht aus zwei Klappen, ähnlich wie bei den Peridineen und Diatomeen. Die Fortpflanzung ist noch nicht beobachtet. Fossil finden sich die Kieselschalen der Dictyocheen häufig in Tertiärschichten.

§ 98. Vierte Ordnung der Mastigoten:

Peridinea (= Dinomastigia).

Dinoflagellata. Cilioflagellata. Conchodinia.

Stamm der Mastigoten mit zweiklappiger Schale.

Mastigoten mit zweiklappiger Cellulose-Hülle, mit gelben, braunen oder grünen Chromatellen und Amylum-Körnern, sowie mit zwei Geisseln, von denen eine in einer Querfurche des Zellenleibes oscillirt, während die andere frei aus einer Längsfurche hervortritt. Fortpflanzung durch Theilung.

Die Ordnung der Dinomastigier oder *Peridineen* umfasst eine grosse Zahl (über hundert Arten) von Mastigoten, welche wegen ihrer colossalen Massen-Entwickelung im Plankton für die Bionomie des Meeres eine hohe Bedeutung besitzen (ähnlich den Diatomeen); eine geringe Zahl findet sich auch im Süsswasser. Bisher wurden die Peridineen gewöhnlich zu den Infusorien gestellt und als *Dinoflagellata* der echten »Geissel-Infusorien« angeschlossen. Indessen ist ihr Stoffwechsel entschieden vegetal; die Zelle schliesst stets Chromatellen ein, durch welche das Plasma gelb, braun, braungrün (oder bei Süsswasser-Formen auch rein grün) gefärbt wird. Mittelst dieser Farbstoff-Körner (welche ausser Chlorophyll einen gelben, dem Diatomin verwandten Farbstoff enthalten) assimilirt die plasmodome Zelle, gleich echten Pflanzenzellen; sie producirt auch Amylum. In Folge ihrer schnellen Vermehrung und massenhaften Anhäufung im Plankton gehören die Peridineen zu den wichtigsten Quellen der »Urnahrung« der pelagischen Thiere (nächst den Diatomeen). Indessen können einige Peridineen daneben auch Nahrung aufnehmen nach Art echter Flagellata.

Characteristisch für das birnförmige Cytosom der Dinoflagellaten ist die Bildung von zwei Furchen und zwei aus diesen entspringenden Geisseln, einer longitudinalen und einer transversalen. Die stärkere Längsgeissel entspringt auf der Bauchseite der Zelle aus der nach hinten ziehenden Längsfurche und ist bei der Schwimmbewegung meistens nach hinten gerichtet. Die schwächere Quergeissel liegt dagegen eingeschlossen in der transversalen oder schrägen Gürtelfurche und bildet einen undulirenden Saum, der den Anschein eines Wimperkranzes erweckt (daher die Gruppe früher irrthümlich als *Cilioflagellata* bezeichnet wurde).

Der feste Cellulose-Panzer, welcher das Cytosom der Peridineen umschliesst (— und welcher nur den nackten *Gymnodinien* fehlt —), ist stets aus zwei Klappen zusammengesetzt, ähnlich dem kieseligen Schachtel-Panzer der Diatomeen, denen sie sich auch in anderen Beziehungen nähern. Die beiden Klappen (acrale und basale) sind meistens durch die Gürtelfurche, in der die Quergeissel undulirt, getrennt, und an Gestalt oft sehr verschieden. Sehr formenreich wird dieselbe durch die Ausbildung von mannichfaltigen, oft sehr zierlich und eigenthümlich gestalteten Anhängen: Stacheln, Hörnern, Flügeln, Fahnen u. s. w.; auch die feinere Sculptur des Panzers, die Bildung von körnigen Platten, stacheligen Rippen, netzförmig verbundenen Kämmen u. s. w. ist höchst mannichfaltig und phantastisch. Diese Bildungen dienen (wie die ähnlichen der Radiolarien und Diatomeen) theils als Schutzwaffen, theils als Schwebe-Apparate; sie sind namentlich bei den Plankton-Peridineen der Tropenzone reich entwickelt, während diejenigen der kälteren Meere einfacher gestaltet und dürftiger ausgestattet sind. Dafür ist die massenhafte Entwickelung von ungeheuren Schwärmen bei letzteren um so bedeutender.

Die Fortpflanzung der Peridineen scheint nur durch Theilung zu geschehen, und zwar ebensowohl im frei beweglichen, als im Ruhezustande. Im letzteren bilden Viele, nach Einziehen der Geisseln und Abwerfen der Schale, eine gallertige, oft von einer besonderen Hülle umschlossene Cyste. Die Theilung innerhalb derselben kann sich mehrfach wiederholen, so dass *Tetrasporen* und *Octosporen* ähnliche Gruppen entstehen. Bei manchen Ceratium-Formen ordnen sich dieselben in eine kettenförmige Reihe; und oft bleiben diese *catenalen Coenobien* noch im Zusammenhang, nachdem schon alle Zellen ihre Schale gebildet haben. Diese Catenation ist namentlich im offenen Ocean häufig zu finden, während das neritische Plankton ungeheuere Massen von Monobionten enthält.

§ 99. Zweite Classe der Algetten.

Melethallia (= Coenobiotica).

Polyphyletische Gruppe von coenobionten Algetten.

Vielzellige grüne Algetten, deren associirte Zellen je einen Kern einschliessen und zur Bildung bestimmt geformter, ruhender Coenobien zusammentreten. Fortpflanzung durch Schwärmsporen, welche zahlreich in einzelnen Zellen entstehen.

Die Classe der Melethallien oder *Coenobiotica* gründen wir für jene »einzelligen Algen«, welche im entwickelten Zustande ein bestimmt geformtes thallusartiges Coenobium ohne Geisselbewegung bilden, dagegen sich durch Zoosporen oder schwärmende Geisselsporen fortpflanzen, welche innerhalb einzelner Zellen zahlreich gebildet werden. Es gehören hierher die Familien der *Halosphaereae* mit kugeligen, *Pediastreae* mit scheibenförmigen, *Sciadiceae* mit baumförmigen, und *Hydrodictyeae* mit netzförmigen Coenobien. Diese und andere Melethallien können entweder abgeleitet werden von *Volvocinen* oder direct von *Phytomonaden*.

Die Familie der Halosphaereen bildet kugelige Coenobien, die an der Oberfläche des Meeres (oft auch bis zu einer ziemlichen Tiefe hinab) schwimmend vorkommen, bisweilen in solcher Menge, dass sie »Monotones Plankton« bilden. *Halosphaera* gleicht einem *Volvox* ohne Geisseln, der von einer derben, kugelförmigen Cellulose-Membran eingeschlossen ist. An der Innenfläche der letzteren liegt eine einfache Schicht von grünen, halbkugeligen, kernhaltigen Zellen, welche eine Zeit lang durch Plasmastränge in ähnlicher Weise zusammenhängen, wie die sterilen Geisselzellen in den Coenobien von *Volvox*. Später theilt sich jede Zelle in vier Schwärmsporen, die je zwei Geisseln tragen. Nach Sprengung der kugeligen Hülle des Coenobiums schwärmen die Planosporen umher, ziehen später die Geisseln ein und verwandeln sich in kugelige Paulosporen. Jede Spore umgiebt sich mit einer Membran und bildet durch wiederholte Theilung (und Ansammlung von Flüssigkeit im Inneren) die Hohlkugel, deren einfache, einschichtige Epithel-Hülle ganz dem Blastoderm der *Blastula* bei den Metazoen analog ist. (Vergl. auch das Coenobium der *Catallacten*.)

Die Familie der Sciadiceen (*Sciadium arbuscula*) bildet zierliche Bäumchen, indem die cylindrische Zelle mehrmals wiederholt Dolden von je acht Tochterzellen producirt. Diese entstehen durch Theilung der Mutterzelle, die am Basal-Ende festsitzt; sie treten an dem aufspringenden Acral-Ende hervor und befestigen sich hier doldenförmig. Die Tochterzellen der dritten oder vierten Generation verwandeln sich in Schwärmsporen (mit je zwei Geisseln), deren jede sich später festsetzt und in die basale Mutterzelle verwandelt.

Die Familie der Pediastreen bildet zierliche Scheiben, zusammengesetzt aus 16—32 Zellen, die in einer Fläche liegen. Jede einzelne Zelle producirt durch wiederholte Theilung zahlreiche Schwärmsporen. Diese treten aus der berstenden Membran aus, bleiben aber innerhalb einer blasenförmigen Gallerthülle vereinigt und treten nach Aufhören der Geisselbewegung zu einer neuen Scheibe zusammen.

Die Familie der Hydrodictyeen bildet grosse, sackförmige Netze, zusammengesetzt aus cylindrischen Schlauchzellen, die zur Bildung polygonaler Maschen zusammentreten. Jede von diesen Zellen kann in ihrem Inneren ein neues Netz bilden, indem sie in zahlreiche Planosporen zerfällt, die alsbald wieder zu einem Sacknetz sich vereinigen. Es können aber auch sehr zahlreiche kleinere Planosporen gebildet werden, welche aus der berstenden Mutterzelle ausschwärmen, als Gameten copuliren und so eine Zygospore bilden, die später keimt.

§ 100. Dritte Classe der Algetten:

Siphoneae (= Ascalgettae).

Algetten-Stamm mit einer polycaryoten Riesenzelle.

Einzellige grüne Algetten von bedeutender, oft colossaler Grösse, ähnlich einem höheren Thallophyten oder Cormophyten differenzirt, mit chlorophyllhaltigem Thalloid und farblosem, wurzelartigem Rhizoid. Der schlauchförmige, oft vielfach verästelte Zellkörper enthält an der Innenfläche seiner Cellulose-Membran eine parietale Plasmaschicht mit zahlreichen kleinen Zellkernen. Fortpflanzung sehr mannichfaltig, bald nur monogon, durch Zoosporen (meistens mit einer Geissel), bald amphigon, durch Zygosporen oder Ovosporen.

Die Classe der Siphoneen oder *Ascalgetten* (»einzellige Schlauchalgen«) bildet eine sehr merkwürdige Gruppe von Protophyten, welche zwar gewöhnlich in die Classe der *Chlorophyceen* eingereiht wird, aber durch wesentliche Unterschiede sich weit von diesen echten Metaphyten entfernt. Die meisten Siphoneen leben in den wärmeren Meeren, festgewurzelt im Boden des flachen Küstenwassers; einzelne (meist kleinere) Formen kommen auch im Süsswasser vor. Die äussere Gestalt dieser einzelligen Riesenalgen ist sehr verschieden, oft höheren Cormophyten zum Verwechseln ähnlich, und erreicht mehrere Centimeter Durchmesser (bisweilen selbst über einen Meter); immer aber sind sie dadurch ausgezeichnet, dass der ganze schlauchförmige Pflanzenkörper, mag er noch so reich verästelt sein, einen einzigen ungetheilten Hohlraum enthält, und dass an der Innenseite seiner derben Cellulose-Membran eine Plasmaschicht liegt, die zahlreiche Zellkerne einschliesst. Ferner ist diese Riesenzelle stets in der Weise differenzirt, dass der oberirdische Theil (*Thalloid*) durch zahlreiche Chlorophyll-Körper grün gefärbt ist, während der unterirdische (im Schlamm wurzelnde oder angewachsene) Theil (*Rhizoid*) farblos und meistens in zahlreiche wurzelähnliche Fäden getheilt ist. Bei *Udotea* besteht das blattförmige Thalloid anscheinend aus einem farblosen Markgewebe und einem grünen Rindengewebe; aber alle scheinbaren Gewebzellen sind nur Aestchen einer einzigen Riesenzelle. Nach der Gestalt des Thalloids können folgende Familien (oder Ordnungen) unterschieden werden:

1) *Botrydiaceae*: Thalloid eiförmig, keulenförmig oder birnförmig, ungetheilt; 2) *Vaucheriaceae*: Thalloid cylindrisch oder fadenförmig, unregelmässig verzweigt; 3) *Codiaceae*: Thalloid äusserst reich verästelt, die cylindrischen Aeste dicht gedrängt und verwoben zu einem kugeligen oder verzweigten filzartigen Körper; 4) *Bryopsideae*: Thalloid regelmässig verästelt, einem gefiederten Blatte ähnlich; 5) *Acetabularieae*: Thalloid einem Hutpilz ähnlich, mit einer radial-getheilten Scheibe am Gipfel eines schlanken Stieles; 6) *Dasycladeae*: Thalloid mit reicher verticillater Ramification; 7) *Caulerpaceae*: Thalloid einem kriechenden Angiospermen-Stock ähnlich, indem von der cylindrischen, kriechenden, einem Rhizom gleichenden Schlauchzelle nach unten vielverzweigte Wurzelfäden in den Meeressand eindringen, während die nach oben sich erhebenden grünen Aeste die Gestalt von zungenförmigen Blättern haben (oft mit gesägten oder eingeschnittenen Rändern); bisweilen ist jedes scheinbare Blatt wieder dicht mit Nebenblättern bedeckt oder fast beschuppt, einem Lycopodium oder Sedum ähnlich.

Die Fortpflanzung der *Siphoneen* zeigt eine ähnliche Mannichfaltigkeit wie bei den *Mastigoten*, mit denen sie durch *Characium*-ähnliche Formen unmittelbar verknüpft sind; und wie bei den *Chlorophyceen*, zu denen sie gewöhnlich gerechnet werden. Sehr allgemein ist die monogone Fortpflanzung durch Schwärmsporen, die bald eine, bald zwei Geisseln tragen, und meistens in abgeschnürten Aesten sich bilden. Bei *Vaucheria* zeichnen sich die grossen eiförmigen Planosporen dadurch aus, dass sie auf der ganzen Oberfläche mit zahllosen, sehr feinen und kurzen Wimperhaaren dicht bedeckt sind. Dieses Cilien-Kleid gleicht ganz demjenigen der *Holotrichen* unter den ciliaten Infusorien.

Die Mehrzahl der Siphoneen vermehrt sich nicht nur durch Schwärmsporen, sondern auch durch Copulation von gleichartigen Gameten und Bildung einer Zygospore. Bisweilen entwickeln sich diese Gameten massenhaft in besonderen Sporangien (oder »Gametangien«). Bei *Acetabularia* entstehen 70—90 solche Sporenbehälter in Gestalt radialer Fächer an dem kreisrunden, einem Hutpilz ähnlichen Thalloid; dieser gestielte Schirm wird alljährlich neugebildet, durch Sprossung aus dem perennirenden Rhizoid. Hier, wie bei *Botrydium*, copuliren nur diejenigen (mit 2 Geisseln versehenen) Gameten, welche aus verschiedenen Sporangien stammen. Nachdem sie mit ihren Geisselpolen paarweise verschmolzen sind, schwärmt die birnförmige, mit 4 Geisseln ausgestattete Zygote eine Zeit lang umher, kommt dann zur Ruhe, encystirt sich und verwandelt sich in eine kugelige Paulospore. Nach längerer Paulose keimt dieselbe und bildet eine Schlauchzelle, die sich in ein farbloses Rhizoid und ein Chlorophyll-haltiges Thalloid differenzirt.

Bei einigen Siphoneen (*Vaucheria* u. A.) geht diese Copulation von Isogameten über in sexuelle Zeugung, indem sich ein Gegensatz zwischen männlichen Microsporen und weiblichen Macrosporen ausbildet. Endlich können die letzteren zu grossen unbeweglichen Eizellen werden, während die ersteren in Massen von sehr kleinen beweglichen Spermazoiden zerfallen. Daneben kann noch ungeschlechtliche Vermehrung durch Knospung und Ablösung von Aesten vorkommen, ferner Generationswechsel u. s. w.

Viele Siphoneen, besonders Dasycladeen, lagern in ihrer dicken Zellwand kohlensauren Kalk ab und eignen sich daher gut zur Versteinerung. Solche fossile Siphoneen (früher mit Thalamophoren, Korallen und Bryozoen verwechselt) finden sich zahlreich schon in mesozoischen Schichten, von der Trias an (*Cymopolia, Uteria, Caulerpites* u. s. w.). Phylogenetisch sind dieselben theilweise in Zusammenhang mit lebenden Siphoneen zu bringen. Die ganze Classe kann von Mastigoten abgeleitet werden (durch Anschluss von *Botrydium* am *Characium*); sie spielte wahrscheinlich schon im palaeozoischen Zeitalter eine grosse Rolle. Der einzellige Protophyten - Organismus erreicht in den Siphoneen die höchste Stufe seiner autonomen Entwickelung.

Viertes Kapitel.

Systematische Phylogenie der Protozoen.

§ 101. Begriff der Protozoen.

(*Protista animalia, plasmophaga.*)

Protisten mit animalem Stoffwechsel, plasmaspaltend durch Analyse von aufgenommener Plasmanahrung, unter Oxydation von Albuminaten und Kohlenhydraten.

Als Protozoa oder Urthiere vereinigen wir hier ***alle Protisten mit animalem Stoffwechsel***; ihr actives Plasma ist plasmophages oder analytisches Zooplasma (§ 37). Das lebendige Plasma der echten Protozoen besitzt nicht die Fähigkeit der Plasmodomie oder Carbon-Assimilation; es ist ausser Stande, durch Reduction und Synthese aus einfachen anorganischen Verbindungen die complicirten organischen Körper der Kohlenhydrate und Albuminate aufzubauen; vielmehr muss das Zooplasma diese Körper von anderen Organismen aufnehmen und sie dann durch Oxydation spalten. Dabei wird Kohlensäure frei und wird die Spannkraft der aufgenommenen Nahrung in die lebendige Kraft der Wärme und der Bewegung verwandelt. Die plasmophagen ***Protozoen*** stehen dadurch in physiologischem Gegensatze zu den plasmodomen ***Protophyten***, von denen sie ursprünglich abstammen. Dieser bedeutungsvolle Unterschied im Stoffwechsel bietet die einzige Möglichkeit, die beiden Hauptgruppen des Protisten-Reiches begrifflich zu trennen, und damit jene Vertheilung derselben auf die beiden Forschungsgebiete der Botanik und Zoologie zu rechtfertigen, welche dem alten Herkommen und dem allgemeinen Gebrauche entspricht. Wir haben aber bereits wiederholt betont, dass diese logische Trennung künstlich ist und dass sie keine phylogenetische Trennung beider Hauptgruppen bedeutet; denn wiederholt und zu verschiedenen Zeiten sind plasmaspaltende Protozoen in Folge von ***Metasitismus*** aus plasmabildenden Protophyten entstanden (§§ 38, 73).

§ 102. Classification der Protozoen.

Die zahlreichen Protisten-Gruppen, die wir hier unter dem Begriffe der Protozoen vereinigen, zeichnen sich zum grösseren Theile durch physiologische und morphologische Eigenschaften von so ausgeprägt animalem Character aus, dass sie schon von den ersten Beobachtern in das Thierreich gestellt wurden; es sind dies die beiden formenreichen Hauptclassen der Rhizopoden und Infusorien, die *typischen Protozoen* (§ 42). Wenn wir aber unsere logische Definition der Protozoen (§ 39) consequent festhalten und daraufhin ihre Scheidung von den Protophyten scharf durchführen, so müssen wir zu den ersteren auch noch mehrere Gruppen ziehen, welche bisher allgemein zu den letzteren gerechnet wurden, namentlich die *Bacterien* und die *Fungillen*; beide Classen werden von den Botanikern als »Pilze« (*Mycetes*) in Anspruch genommen, die ersteren als »Spaltpilze« (*Schizomycetes*), die letzteren als »Algenpilze« (*Phycomycetes*). Von letzteren nicht zu trennen sind die Gregarinen, welche trotzdem allgemein als Protozoen gelten.

Ausser den typischen Rhizopoden (den drei Classen der *Heliozoen, Thalamophoren* und *Radiolarien*) rechnen wir zu dieser Hauptclasse auch noch die *Lobosen* und die nahe verwandten *Mycetozoen*, welche von den Botanikern gewöhnlich als *Myxomycetes* bezeichnet und zu den »Pilzen« gestellt werden. Dagegen stellen wir zu den Infusorien — ausser den typischen *Ciliaten* und *Acineten* — nur denjenigen Theil der Mastigophoren, welcher animalen Stoffwechsel hat (die plasmophagen *Flagellaten*); hingegen stellen wir den anderen Theil dieser Gruppe, der sich durch vegetalen Stoffwechsel unterscheidet, die plasmodomen *Mastigoten*, zu den Protophyten (Algetten, § 93, 94).

Die einfachsten und niedersten Formen der Protozoen, die *Bacterien* und *Zoomoneren*, besitzen noch keinen echten Zellkern, und sind daher, streng genommen, noch keine echten Zellen, sondern Cytoden (§ 34). Sie verhalten sich also zu den übrigen, wirklich einzelligen und kernhaltigen Protozoen ebenso wie die Archephyten (*Probionten* und *Chromaceen*) zu den übrigen Protophyten. Entsprechend diesem Verhältnisse können wir die Bacterien und Zoomoneren in der kernlosen Hauptclasse der Archezoen zusammenfassen (§ 106). Mit Rücksicht auf die hohe histologische und phylogenetische Bedeutung, welche der ursprüngliche Kernmangel dieser niedersten cytodalen Protisten besitzt, kann man die Archephyten und die von ihnen direct abzuleitenden Archezoen unter dem Begriffe der Acaryoten oder *Archebionten* zusammenfassen; sie pflanzen sich in einfachster Weise nur durch Theilung fort (daher ihr gemeinsamer Name: *Schizophyta*).

Somit können wir im Ganzen unter den echten (plasmophagen) Protozoen vier Hauptclassen unterscheiden: 1) die Archezoen (*Bacterien* und *Zoomoneren*), kernlose Cytoden; 2) die Fungillen oder »Sporozoen« (Gregarinen und Phycomyceten), mit geschlossener Zellmembran, ohne Plasmopodien oder Zellfüsschen, durch Sporogonie sich fortpflanzend; 3) die Rhizopoden (oder Sarcodinen) mit Pseudopodien; und 4) die Infusorien (oder Vibratorien), mit Geisseln oder Wimpern. Die 12 Classen, welche wir unter diesen 4 Hauptclassen unterscheiden, sind mit ihren Ordnungen in § 104 aufgeführt. Wie die phylogenetischen Beziehungen derselben bei dem gegenwärtigen unvollkommenen Zustande unserer Kenntnisse monophyletisch gedeutet werden könnten, zeigt der gegenüberstehende Stammbaum (§ 105). Diese Beziehungen bleiben auch dann bestehen, wenn man die wahrscheinlichere Hypothese ihres polyphyletischen Ursprungs annimmt.

§ 103. Stämme der Protozoen.

Die systematische Phylogenie der Protozoen führt in den verschiedenen Classen dieser umfangreichen Abtheilung zu sehr abweichenden Ergebnissen. Zunächst treten für dieselbe in den Vordergrund diejenigen formenreichen Gruppen, in welchen der einzellige Organismus ein Skelet oder eine Schale von characteristischer, vielfach variirter Form und Structur bildet. Das ist vor Allen der Fall bei den grossen und artenreichen beiden Rhizopoden-Classen der Thalamophoren und Radiolarien. Die Kalkschalen der ersteren und die Kieselschalen der letzteren sind in mehreren tausend Arten differenzirt, zeigen aber dennoch in ihren zahlreichen grösseren und kleineren Gruppen so deutliche Beziehungen naher Stammverwandtschaft, dass es möglich wird, sie alle von einer gemeinsamen Stammform monophyletisch abzuleiten; dasselbe gilt auch von den kleineren Gruppen der übrigen Rhizopoden.

Anders verhalten sich die Infusorien, die typischen Ciliaten, und die nahe verwandten Acineten und Flagellaten. Die zahlreichen Formen der *Ciliaten* erreichen zwar in Folge der hohen und mannichfaltigen Differenzirung ihres einzelligen Organismus den höchsten Grad der physiologischen Vollkommenheit unter den animalen Protisten; allein diesem entspricht keineswegs ihre morphologische Ausbildung, auch bleibt meistens der weiche Zellenleib nackt und entbehrt einer characteristischen Schalenbildung. Der phylogenetische Zusammenhang ihrer verschiedenen kleineren Gruppen lässt daher eine mehrfache Deutung zu. Vielleicht sind die Ciliaten auch polyphyletisch entstanden, wie wir dies sicher von den *Flagellaten* und *Fungillen* annehmen dürfen; denn die Entstehung dieser letzteren aus plasmodomen *Algetten* (durch Metasitismus) hat sich offenbar vielfach wiederholt. Dasselbe gilt von dem Ursprung der plasmaspaltenden *Archezoen* aus den plasmabildenden *Archephyten* (§ 40).

Wir dürfen daher die verschiedenen Hauptgruppen der Protozoen, die wir in dem nachstehendem System vorläufig unterscheiden, nicht in demselben Sinne als natürliche »Stämme« oder phylogenetische Einheiten auffassen, wie das bei den Phylen der Metazoen der Fall ist. Vielmehr bleibt bei den Protozoen, ebenso wie bei den Protophyten, die Möglichkeit (oder Wahrscheinlichkeit) offen, dass sehr ähnliche Formen unabhängig von einander aus verschiedenen Stammformen polyphyletisch entstanden sind. Diese Unsicherheit beruht auf der grossen Unvollständigkeit der phylogenetischen Urkunden, die bei allen Protisten viel lückenhafter sind, als bei den meisten Histonen (§ 45—48).

Da keine Aussicht vorhanden ist, diese Lücken jemals befriedigend auszufüllen, da aber doch anderseits unser künstliches System der Protozoen möglichst auf phylogenetischer Grundlage zu errichten ist, müssen wir uns vorläufig mit der Andeutung der folgenden allgemeinen und maassgebenden Gesichtspunkte begnügen: 1) Alle Protozoen stammen ursprünglich von Protophyten ab; denn die Stammformen aller plasmophagen Protisten können erst durch Metasitismus aus plasmodomen entstanden sein. 2) Dieser Ursprung ist jedenfalls polyphyletisch, da der Vorgang des Metasitismus sich bei verschiedenen Protophyten-Gruppen (durch Anpassung an parasitische und saprositische Ernährung) vielfach wiederholt hat. 3) Die kernlosen Archezoen sind direct von kernlosen Archephyten abzuleiten. 4) Die kernhaltigen Protozoen (Fungillen, Rhizopoden, Infusorien) haben sich zum grösseren Theile polyphyletisch aus Algetten (ursprünglich aus Mastigoten) entwickelt; die Geisselbewegung der letzteren ist auf die ersteren durch Vererbung übergegangen. 5) Viele niedere Protozoen-Classen (Bacterien, Fungillarien, Fungilletten, Lobosen, Flagellaten) sind wahrscheinlich künstliche Gruppen, aus verschiedenen Protophyten polyphyletisch entstanden. 6) Dagegen ist es wahrscheinlich, dass die höheren und formenreichsten Classen (Thalamophoren, Radiolarien, Ciliaten) ganz oder grösstentheils monophyletisch sind, also wirkliche Stämme von Protozoen darstellen. Diese sechs allgemeinen Gesichtspunkte sind auch bei Beurtheilung des monophyletischen Versuchs im § 105 festzuhalten.

(§§ 104 und 105 s. auf Seite 138 und 139.)

§ 106. Erste Hauptclasse der Protozoen:

Archezoa = Zoarchega.

Protozoen ohne Zellkern.

Die Hauptclasse der Archezoen oder *Zoarchegen* umfasst alle diejenigen Protisten, welche als Plasmophagen zu den *Protozoen* zu stellen sind, aber durch den vollständigen Mangel eines Zellkerns sich von den übrigen Urthieren unterscheiden. Ihre animale Organisation ist von der denkbar einfachsten Art und entspricht derjenigen ihrer vegetalen Ahnen, der Archephyten (§ 78). Wir dürfen annehmen, dass sie durch *Metasitismus* aus den letzteren hervorgegangen sind und zwar polyphyletisch (§ 38).

Wir unterscheiden in dieser niedersten Hauptclasse der Protozoen zwei sehr verschiedene Classen, die winzig kleinen *Bacterien* und die verhältnissmässig grossen *Zoomoneren*. Diese letzteren hatten wir früher schlechthin als Moneren im engeren Sinne bezeichnet, als »Organismen ohne Organe« (§ 33). Allein der wahre Moneren-Character, der vollständige Mangel von anatomischer Structur in dem homogenen Plasma (oder Plasson) des lebenden Körpers, findet sich ebenso bei den ältesten und einfachsten Protophyten (*Probionten*, *Phytomoneren*, § 79), wie bei diesen niedersten Protozoen. Es erscheint daher zweckmässiger, diese letzteren den ersteren als *Zoomoneren* gegenüberzustellen. Eigentlich fallen unter diesen Begriff im Princip auch die Bacterien; da auch ihr structurloser Plasmaleib keinen Zellkern enthält, könnte man sie als *Bactromoneren* bezeichnen.

Der vollständige Mangel des Zellkerns, welchen die plasmophagen *Archezoen* mit ihren Ahnen, den plasmodomen *Archephyten*, theilen, ist nach unserer Ansicht von so hervorragender Bedeutung, dass wir, darauf gestützt, beide Gruppen unter dem Begriffe der Acaryoten oder *Archebionten*, der kernlosen Protisten vereinigen könnten (§ 40). Es fehlt denselben noch die bedeutungsvolle Ergonomie des Plasma, welche bei allen übrigen Organismen besteht und in dem Gegensatz von Karyoplasma (*Nucleus*) und Cytoplasma (*Celleus*) ihren morphologischen Ausdruck findet. Diese Formspaltung bleibt der erste und wichtigste Schritt in der Phylogenie des Plasma. Wir müssen daher den primitiven Kernmangel aller Archebionten hier wiederholt betonen; um so mehr, als immer noch in weiten Kreisen das Dogma herrscht, dass jeder Elementar-Organismus zu seinem Bestehen des Gegensatzes von Zellkern und Zellenleib nothwendig bedürfe, und dass wahre »Moneren« nicht existiren könnten.

§ 104. System der Protozoen.

Hauptclassen	Classen	Character d. Ordnungen	Ordnungen
I. Archezoa (*Zoarchaga*) Animale Plastiden, ohne Zellkern (Cytoden).	1. **Bacteria** Ohne Pseudopodien, meistens mit Geisselbewegung	Kugelig oder ellipsoid	Coccillida
		Stäbchenförmig	Bacillida
		Spiral-Stäbchen	Spirillida
	2. **Zoomonera** Mit Pseudopodien (Kernlose Rhizopoden)	Pseudopodien lobos, einfach	Lobomonera
		Pseudopodien reticulär, verästelt	Rhizomonera
II. Fungilli (*Sporozoa*) Mit geschlossener Zellhülle, ohne Sarcanten und Vibranten.	3. **Fungillaria** Ohne Mycelidium (Einkernige Zellen)	Mit Zoosporen	Chytridina
		Mit Paulosporen	Gregarina
	4. **Fungilletta** Mit Mycelidium (Vielkernige Zellen)	Mit Zygosporen, ohne Zoosporen	Zygomycaria
		Mit Zoosporen und mit Ovosporen	Siphomycaria
III. Rhizopoda (*Sarcodina*) Mit Sarcanten (Lobopodien oder Pseudopodien). Vibranten fehlen oder sind nur an den Zoosporen vorübergehend vorhanden. Zellhülle fehlt oder ist von Oeffnungen durchbrochen. Kein beständiger Zellenmund.	5. **Lobosa** Lobuläre Sarcanten Vermehr. d. Theil.	Ohne Schale	Amoebina
		Mit Schale	Arcellina
	6. **Mycetozoa** Reticuläres Plasmodium. Meistens ein Peridium mit Zoosporen	Mit Basidosporen (Ectosporea)	Basidomyxa
		Mit Peridosporen (Endosporea)	Peridomyxa
	7. **Heliozoa** Radiäre einfache Sarcanten. Theilung oder Zoosporen	Ohne Skelet, weich	Aphrothoraca
		Mit Stückel-Skelet	Chalarothoraca
		Mit Gitterschale	Desmothoraca
	8. **Thalamophora** Reticuläre Sarcanten, keine Centralkapsel. Vermehr. d. Paulosporen oder bisweilen Zoosporen	Imperforata (Eforaminia) einkammerig	Monostegia
		Imperforata (Eforaminia) vielkammerig	Polystegia
		Perforata (Foraminifera) einkammerig	Monothalamia
		Perforata (Foraminifera) vielkammerig	Polythalamia
	9. **Radiolaria** Reticuläre Sarcanten, Centralkapsel mit Calymma. Stets Zoosporen	Porulosa (Holotrypasta) peripylea	Spumellaria
		Porulosa (Holotrypasta) actipylea	Acantharia
		Osculosa (Meretrypasta) monopylea	Nassellaria
		Osculosa (Meretrypasta) cannopylea	Phaeodaria
IV. Infusoria (*Vibratoria*) Mit Vibranten (Geisseln oder Wimpern). Zellhülle fehlt oder hat Oeffnungen. Meistens ein Zellenmund.	10. **Flagellata** Mit einer oder zwei (selten mehreren) langen Geisseln	Mit einfachen Geisseln: Monobien	Zoomonades
		Mit einfachen Geisseln: Coenobien	Catallacta
		Mit Geisselkragen	Conomonades
		Mit vacuolisirtem Blasen-Cytosom	Noctilucades
	11. **Ciliata** Mit zahlreichen kurzen Wimpern	Cilien überall gleichmässig ausgebildet	Holotricha
		Cilien überall, ausserdem adoraler Wimper-Kranz	Heterotricha
		Cilien nur ventral	Hypotricha
		Cilien nur am Peristom	Peritricha
		Cilien in Gürteln	Cyclotricha
	12. **Acineta** Mit Saugröhren (jung mit Wimpern)	Mit einer Saugröhre	Monosuctella
		Mit mehreren Saugröhren	Polysuctella

§ 105. Stammbaum der Protozoen.

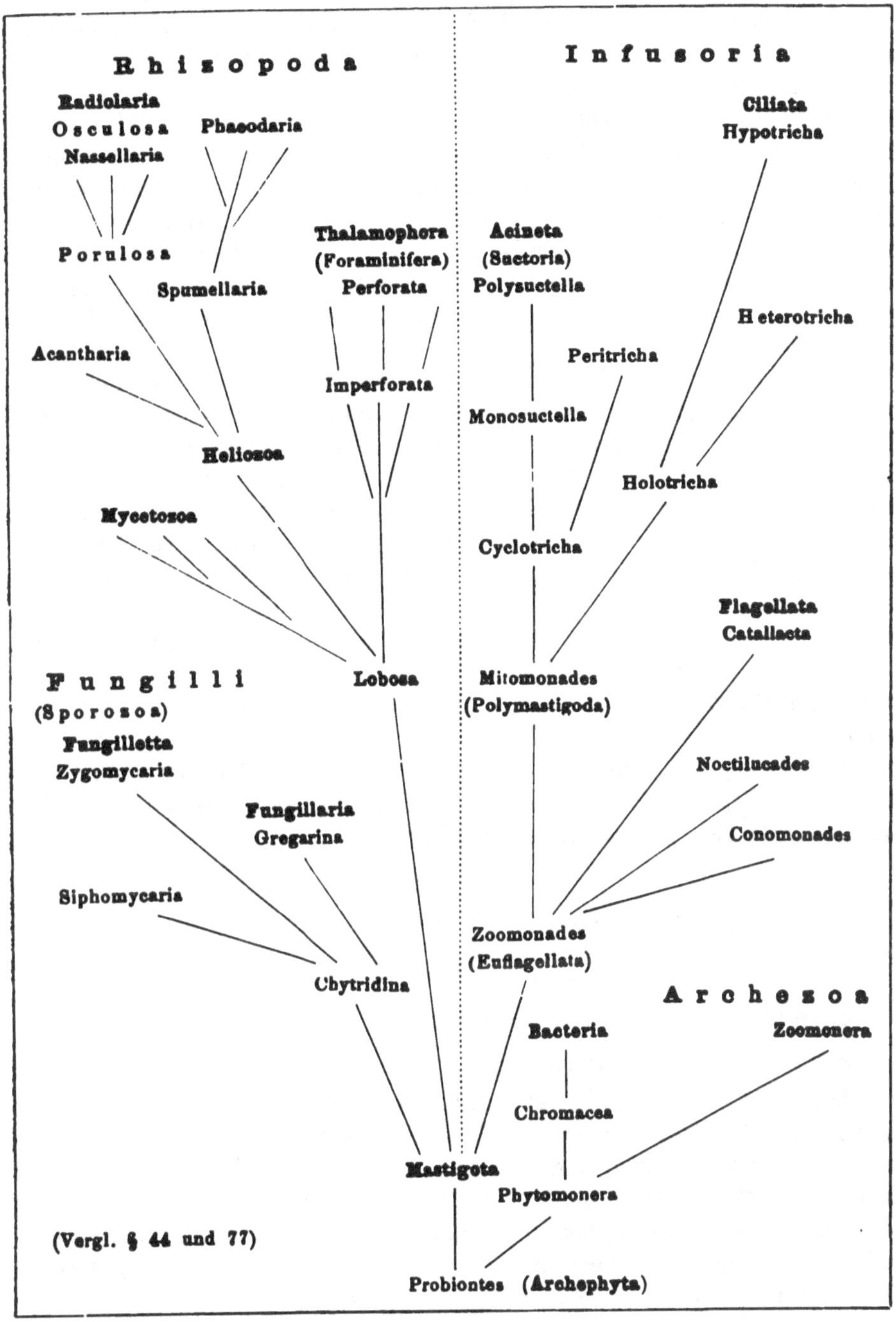

(Vergl. § 44 und 77)

Mit Beziehung auf den Beginn der Phylogenie (§ 31) und die Archigonie (§ 32) führt jenes Dogma zum nackten Wunderglauben.

Die beiden Classen der Archezoen unterscheiden sich übrigens sonst in vielen Beziehungen. Die kleinen *Bacterien* haben sowohl im beweglichen wie im ruhenden Zustande eine bestimmte Form, da ihr homogener Plasmaleib von einer festen, wenn auch zarten Hülle oder Hautschicht (Pellicula) vollständig umschlossen ist; er kann daher auch keine Pseudopodien bilden. Der grössere Plasmakörper der *Zoomoneren* hingegen besitzt entweder gar keine Hülle oder bildet eine solche nur vorübergehend, im Ruhezustande (als »Cyste«). Das bewegliche Plasma derselben sendet daher von seiner Oberfläche veränderliche Pseudopodien aus, ganz ähnlich wie bei den echten (mit Zellkern versehenen) Rhizopoden.

Die Ernährung zeigt bei allen Archezoen ausgesprochen animalen Character, indem sie Alle unfähig sind, Carbon zu assimiliren. Die Bacterien nehmen ihre organische Nahrung in flüssiger Form durch Imbibition auf; die Zoomoneren hingegen können auch feste Körper mittelst ihrer Pseudopodien aufnehmen, gleich den echten Rhizopoden. Die Fortpflanzung erfolgt ausschliesslich auf ungeschlechtlichem Wege: bei den Bacterien durch Quertheilung, bei den Zoomoneren ausserdem noch durch Vieltheilung und Sporenbildung. Copulation fehlt bei den Archezoen ebenso wie bei den Archephyten.

Die Phylogenie der Archezoen ist nur für die Classe der Bacterien insofern klar, als diese Plasmophagen jedenfalls durch Metasitismus aus plasmodomen Chromaceen abzuleiten sind; und zwar polyphyletisch, da verschiedene Formen in beiden Classen sich vollkommen entsprechen. Dagegen erscheint der Ursprung und die Deutung der Zoomoneren noch unsicher.

§ 107. Erste Classe der Archezoen:

Bacteria (= Bactromonera).

Schizomycetes = Spaltpilze. Schistozoa. Tachymonera. Vibriones.

Archezoen von beständiger Form, ohne Pseudopodien.

Die Classe der Bacterien oder *Bactromoneren* umfasst eine grosse Anzahl von Protisten niedersten Ranges, welche sich durch sehr geringe Grösse und höchst einfache Organisation auszeichnen, trotzdem aber von höchster bionomischer Bedeutung sind. Gewöhnlich werden dieselben noch heute als niederste Pflanzen betrachtet und als Spaltpilze (*Schizomycetes*) bezeichnet, obgleich sie zu den echten Pilzen keinerlei Beziehung besitzen. Als gemeinsame Charactere aller echten *Bacterien* können wir folgende anführen: 1) Die Plastiden sind von sehr geringer Grösse (meistens kaum von 0,001 mm Durchmesser, oft weniger, selten mehr), sie enthalten keinen Zellkern und sind daher eigentlich Cytoden (keine echten Zellen). 2) Der kugelige oder stäbchenförmige (oft auch schraubenförmige) Plasmaleib der Cytode ist gewöhnlich (?) von einer dünnen Hülle oder Hautschicht vollständig umschlossen; diese besteht meistens nicht aus Cellulose. 3) Das Plasma ist homogen und meistens farblos; es enthält niemals Chlorophyll oder Phycocyan; die Plastide besitzt daher nicht das Vermögen der Carbon-Assimilation; vielmehr lebt sie als Plasmophage entweder saprositisch oder parasitisch, die flüssige Nahrung wird durch Imbibition aufgenommen. 4) Die Fortpflanzung geschieht ausschliesslich auf ungeschlechtlichem Wege, und zwar durch fortgesetzte Quertheilung. Dieselbe wechselt oft ab mit der Bildung von ruhenden Pauloplasten, welche unpassend als »Sporen« bezeichnet werden. Diese »Dauerzellen« entsprechen den »Paulosporen« der Chromaceen (§ 80); wirkliche echte Sporen sind sie nicht, da mit ihrer Bildung keine Vermehrung der Individuen verknüpft ist.

Die grosse Mehrzahl der Bacterien kommt in zwei verschiedenen Zuständen vor, einem beweglichen und einem ruhenden. Die schnelle Bewegung der in Flüssigkeiten schwimmenden Plastiden wird durch eine oder zwei (bisweilen auch mehr?) lange und dünne Geisseln (*Flagella*) vermittelt. Bei den grösseren Bacterien sind dieselben deutlich nachzuweisen und denen der echten (kernhaltigen!) Flagellaten ähnlich; bei den kleineren Formen sind sie wegen ihrer ausserordentlichen Feinheit nicht zu erkennen. Viele Bacterien besitzen nur eine feine Geissel, an einem Pole der Längsaxe; andere zwei (an jedem Pole eine). Einzelne scheinen ein Büschel von mehreren Flagellen zu tragen. Wahrscheinlich sind alle Bewegungen der schwimmenden Bacterien auf Geisselbewegung zurückzuführen. Im ruhenden Zustande scheiden die Bacterien meistens Gallerte aus und liegen massenhaft vereinigt in Gallertklumpen beisammen (*Zoogloea*). Bei vielen Bacterien bleiben die durch Quertheilung sich rasch vermehrenden Plastiden vereinigt und bilden so Ketten von Cytoden oder »fadenförmige Zellenreihen« (*catenale Coenobien*, § 49). Diese Catenation ist dieselbe wie bei den Chromaceen (§ 80) und bei vielen anderen Protisten.

Die Form der einzelnen kleinen Plastiden ist sehr einfach und lässt sich auf folgende drei Hauptformen zurückführen: 1) Coccillia oder *Sphaerobacteria*, Kugel-Bacterien, kugelig oder ellipsoid (*Micrococcus, Streptococcus* etc.); 2) Bacillia oder *Rhabdobacteria*, Stäbchen-Bacterien, gerade, cylindrische oder sichelförmig gekrümmte Stäbchen (*Eubacterium, Bacillus* etc.); 3) Spirillia oder *Spiro-*

bacteria, Schrauben-Bacterien, schraubenförmige oder spiral gewundene Stäbchen (*Vibrio, Spirillum, Spirochaete* etc.). Bei allen echten Bacterien ist die Species-Form relativ constant und starr; sie verändert sich nicht durch Contractionen, Krümmungen oder Bewegungen des kleinen Plasson-Körperchens; die lebhaften Schwimmbewegungen werden nur durch die Schwingungen der Geisseln vermittelt.

Die Coenobien der Bacterien, welche durch bleibende Vereinigung der sich quertheilenden Plastiden entstehen, sind bei der grossen Mehrzahl Ketten oder Gliederfäden, in denen die einzelnen Zellen in einer Reihe an einander liegen bleiben. Gewöhnlich bleiben diese *Catenae* einfach und unverzweigt, ähnlich den Ketten der Oscillarien, so bei *Leptothrix, Beggiatoa* u. A.; selten verzweigen sie sich (*Cladothrix*). Bisweilen sind die Gliederfäden von dicken hyalinen Scheiden umschlossen (*Crenothrix*). Bei einigen Bacterien theilen sich die Zellen in zwei Richtungen des Raumes, so dass sie tetradisch in einer Ebene (innerhalb einer Gallertplatte) neben einander liegen: *Lampropedia*; diese Form entspricht der Chromaceen-Gattung *Merismopedia*. Selten erfolgt die Theilung in allen drei Richtungen des Raumes, so dass würfelförmige Packete entstehen (*Sarcina*).

Neuerdings hat sich gezeigt, dass diese geringfügigen morphologischen Differenzen der Bacterien nicht immer constant, vielmehr oft von den Existenz-Bedingungen abhängig sind. Wir können sie daher nicht mit Sicherheit allgemein zur Unterscheidung von Genera und Species verwenden. Viel wichtiger sind für diese die physiologischen Eigenthümlichkeiten der einzelnen Bacterien-Arten, ihre bionomischen, im letzten Grunde chemischen Beziehungen zu anderen Organismen, und zu den organischen Substanzen, von denen sie sich ernähren. Als Hauptgruppen können in dieser Hinsicht folgende vier bionomische Abtheilungen unterschieden werden: 1) Zymogene Bacterien, Erreger von Gährung, Verwesung und Fäulniss; 2) Pathogene Bacterien, die Ursachen der Infections-Krankheiten (Tuberculose, Typhus, Cholera, Lepra u. s. w.); 3) Parasitische Bacterien, welche in den Geweben vieler Pflanzen und Thiere leben, ohne diesen wesentlichen Schaden oder Nutzen zuzufügen (z. B. im Darm vieler Thiere); 4) Symbiotische Bacterien, nützlich für die Ernährung und Entwickelung der Nährpflanzen und Wirthsthiere, auf welchen sie als gutartige Mutualisten leben. Die vielfachen verwickelten Beziehungen, welche in diesen und anderen Richtungen zwischen den Bacterien und den umgebenden Organismen existiren, ferner ihre ausserordentliche Lebenszähigkeit, ihre allgemeine Verbreitung in der Luft, im Staube, im Wasser u. s. w. verleihen diesen kleinsten und einfachsten aller Organismen eine ausserordentliche biologische Bedeutung. Manche von ihnen zeichnen sich durch physiologische Eigenthümlichkeiten aus, die in keiner anderen Gruppe von Organismen wiedergefunden werden. Diese physiologischen Unterschiede sind um so interessanter, als ihnen keine erkennbaren morphologischen Differenzen entsprechen. Die feinen Unterschiede im Molecular-Bau des structurlosen *Bacterien-Plasson* sind gewiss sehr verwickelter Natur; aber sie liegen weit jenseits der optischen Grenzen unserer mikroskopischen Erkenntniss.

Die phylogenetische Stellung der Bacterien und ihre entsprechende Einreihung in Systeme unterliegt heute noch sehr verschiedenen Deutungen. Zunächst kommen dabei in Betracht die *Chromaceen*, die *Pilze* und die *Flagellaten*. Am nächsten liegt die Ableitung von den Chromaceen (§ 80); die meisten plasmophagen und farblosen Bacterien besitzen analoge Vertreter unter den plasmodomen und gefärbten Chromaceen; die ersteren lassen sich von den letzteren einfach durch Metasitismus ableiten (§ 38); die Ernährung und der Stoffwechsel der vegetalen *Chromaceen* ist durch Anpassung an saprositische und parasitische Lebensweise in die animale Ernährungsform der *Bacterien* umgewandelt worden. Wahrscheinlich hat sich dieser »Ernährungswechsel« im Laufe von Jahr-Millionen sehr oft wiederholt, so dass die Ableitung der Bacterien von den Chromaceen polyphyletisch ist.

Die echten Pilze (*Mycetes*) — in dem Umfang, in welchem wir diese Hauptclasse definiren, als vielzellige Metaphyten (*Ascomycetes* und *Basimycetes*) — haben gar keine phylogenetische Beziehung zu den Bacterien. Zwar werden diese auch heute noch sehr allgemein als Spaltpilze bezeichnet (*Schizomycetes*), und in vielen Lehrbüchern stehen sie am Eingang der Pilzclasse. Indessen beruht diese Auffassung nur auf der Macht der dogmatischen Tradition und nicht auf irgend welchem rationellen Urtheil. Das einzige Gemeinsame der Pilze und Bacterien liegt in ihrer saprositischen und parasitischen Lebensweise. Morphologische und ontogenetische Berührungspunkte giebt es nicht. Die fadenförmige, vielkernige Hyphe, das characteristische Gewebs-Element der echten Pilze, fehlt den »Spaltpilzen« ganz. Die Geisselbewegung der Bacterien kommt bei keinem echten Pilze vor. Die »Sporenbildung« ist in beiden Classen ganz verschieden. Die typische Form der Pilz-Conisien und der Pilz-Sporangien (Ascodien und Basidien) fehlt den Schizomyceten vollständig; die sogenannten »Sporen« dieser letzteren sind vielmehr einzelne Dauerzellen (*Pauloplasten*), welche beim Absterben der Kette übrig bleiben und nach längerer Ruhezeit auf's Neue durch Theilung sich vermehren.

Die Flagellaten, und namentlich die *Zoomonaden*, könnten mit viel mehr Recht, als die Pilze, an die Bacterien angeschlossen werden

Die Geisselbewegung der Plastide ist beiden Gruppen gemeinsam; ebenso findet sich bei vielen Zoomonaden die ungeschlechtliche Fortpflanzung durch Quertheilung, sowie die Anhäufung socialer Zellen in gemeinsamen Gallertmassen (Coenobien), bisweilen auch die Kettenbildung (Catenation). Einige kleine Zoomonaden einfachster Art, von sehr geringer Grösse, lassen sich von gewissen Bacterien kaum unterscheiden. Indessen besteht zwischen Beiden doch immer der wesentliche Unterschied, dass die Plastiden der Flagellaten stets echte kernhaltige Zellen sind, diejenigen der Bacterien hingegen einfache kernlose Cytoden (*Moneren*).

§ 108. Zweite Classe der Archezoen:

Zoomonera (= Monera s. str.).

Archezoen von veränderlicher Form, mit Pseudopodien.

Die Classe der Zoomoneren, die wir früher als »*Moneren*« im engeren Sinne bezeichnet haben, umfasst eine geringe Anzahl von grösseren Archezoen; sie stimmen mit den vorhergehenden *Bacterien* überein in der homogenen Beschaffenheit des Plasmaleibes, der sowohl des Zellkerns als jeder anatomischen Structur entbehrt; sie unterscheiden sich aber von ihnen durch den Mangel einer beständigen Form und Membran, sowie durch die Bildung von Sarcanten oder Pseudopodien. Hierin gleichen die Zoomoneren den echten *Rhizopoden*, von denen sie sich wiederum durch den Mangel des Kerns sehr wesentlich unterscheiden.

Die wenigen Formen von Zoomoneren, die bisher genauer beobachtet wurden, zerfallen nach der Art ihrer Bewegung und Sarcanten-Bildung in zwei verschiedene Ordnungen, *Lobomoneren* und *Rhizomoneren*; sie kommen theils im süssen, theils im salzigen Wasser vor. Die Ordnung der Lobomoneren umfasst die kernlosen Amoeben, nackte Plastiden einfachster Art, welche gewöhnlichen *Amoeben* gleichen, aber durch den Mangel des Zellkerns sich von ihnen unterscheiden (*Protamoeba*); die kurzen und dicken Fortsätze ihres träge sich bewegenden Plasmaleibes verhalten sich wie bei den echten (kernhaltigen) Amoeben; sie verästeln sich nicht und bilden keine Netze. Die Lobomoneren scheinen sich nur durch einfache Zweitheilung fortzupflanzen, entweder im beweglichen oder im Ruhe-Zustande. *Gloidium* zerfällt durch kreuzförmige Viertheilung in vier Stücke.

Die Ordnung der Rhizomoneren enthält diejenigen Formen der Classe, welche sich grösseren *Rhizopoden* ähnlich verhalten und gleich ihnen zahlreiche lange, fadenförmige Pseudopodien bilden;

gewöhnlich verästeln sich dieselben und bilden durch Zuflammenfliessen der Aeste ein veränderliches Plasma-Netz. Die Plasma-Strömung in denselben und die Art der Nahrungsaufnahme gleicht ganz derjenigen der Mycetozoen und Thalamophoren; wie diese fressen sie kleinere Protisten. Die Fortpflanzung erfolgt selten in der Kinese, durch einfache Zweitheilung, meistens in der Paulose, durch Vieltheilung oder Sporenbildung.

Die Sporogonie dieser Rhizomoneren haben wir in einigen Fällen vollständig beobachtet. *Vampyrella*, welche parasitisch auf Protophyten und Algen lebt, bohrt mittelst ihrer spitzen Pseudopodien deren Zellen an, tödtet den Celleus und nimmt dessen Cytoplasma unmittelbar in sich auf; dann zieht sie sich kugelig zusammen, umgiebt sich mit einer Cystenhülle und zerfällt später innerhalb derselben in vier gleiche Stücke (*Tetraplasten*). Nach einiger Ruhezeit treten dieselben aus und bewegen sich dann gleich einer kleinen Actinophrys (— aber ohne Zellkern! —). Die grösseren Rhizomoneren bilden in der Kinese ansehnliche reticuläre Plasmodien, sehr ähnlich denjenigen mancher *Mycetozoen*; bald ohne Vacuolen (*Protomonas*, *Myxastrum*), bald mit Vacuolen (*Protomyxa*). Nach reichlicher Nahrungsaufnahme zieht sich der Plasmakörper kugelig zusammen, secernirt eine structurlose Cyste und zerfällt innerhalb derselben in zahlreiche kleine Plasma-Stücke. Bei Myxastrum erfolgt eine radiale Zerklüftung der Plasma-Kugel, so dass 50—60 (oder mehr) kegelförmige Sporen mit ihren inneren Enden im Centrum zusammenstossen; dann werden dieselben spindelförmig und umgeben sich mit einer festen (kieseligen?) Hülle, ähnlich einer Pseudonavicelle. Später schlüpft aus dieser Paulospore eine kleine amoeboide Cytode aus, ähnlich einer Actinophrys (ohne Nucleus). Dagegen bilden *Protomonas* und *Protomyxa* flagellate Zoosporen; jedes Plasma-Stückchen wird birnförmig und entwickelt am spitzen Pole eine lange, schwingende Geissel.

Da wir die Beobachtungen über die Ontogenie dieser Zoomoneren schon vor längerer Zeit (vor 25—30 Jahren) anstellten — zu einer Zeit, als die modernen technischen Hülfsmittel zur sicheren Erkenntniss der Zellkerne noch fehlten, — ist dagegen der Einwand erhoben worden, dass die letzteren übersehen worden seien. Vielleicht ist dieser Einwand berechtigt. Sollten die Zoomoneren wirklich einen oder mehrere Zellkerne enthalten, so würden sie sich den echten Rhizopoden anschliessen, denen sie im Uebrigen sehr nahe stehen. Für die grosse principielle Bedeutung, welche wir denselben früher beilegten, ist diese Frage jetzt gleichgültig, seitdem feststeht, dass weder die Chromaceen noch die Bacterien Zellkerne besitzen.

§ 109. Zweite Hauptclasse der Protozoen:

Fungilli = Sporozoa.

Fungi unicellares. Pilzinge. Einzellige Pilze.

Protozoen mit Zellkernen und mit geschlossener completer Zellhülle, daher ohne Mund und ohne Plasmopodien. Fortpflanzung durch Sporenbildung, mit oder ohne vorausgegangene Conjugation.

Die Hauptclasse der Fungillen oder *Sporozoen* umfasst eine grosse Anzahl von Protisten, welche bisher theils in das Pflanzenreich gestellt wurden (als »einzellige Pilze«), theils in das Thierreich (als »sporenbildende Protozoen«). Zu den sogenannten »einzelligen Pilzen« wurden bisher drei grössere Gruppen gerechnet: 1) Die *Chytridiaceae* (unsere Chytridinen); 2) die *Zygomycetes* (unsere Zygomycaria) und 3) die *Ovomycetes* (unsere Siphomycaria). In den neueren botanischen Systemen werden diese drei Gruppen gewöhnlich unter dem Namen *Phycomycetes* (= Algen-Pilze) vereinigt und den echten vielzelligen Pilzen (*Mycetes, Fungi*) als besondere Classe angeschlossen. Dagegen ignoriren die Botaniker vollständig eine vierte Gruppe, welche der ersten (den Chytridinen) ganz nahe verwandt ist, die Gregarinen; diese werden allgemein zu den *Protozoen* gerechnet und neuerdings unter dem Namen Sporozoa den *Rhizopoden* angehängt.

Der gemeinsame wesentliche Character aller Fungillen liegt darin, dass ihr plasmophager einzelliger Organismus von einer geschlossenen Membran umhüllt ist, wie bei den echten »Pflanzenzellen«, daher auch keine freien Plasmopodien bilden kann. Da die Fungillen aber nicht die Fähigkeit der Plasmodomie besitzen, dürfen wir sie consequenter Weise nicht zu den Protophyten stellen (§ 39, 73, 101). Sie gehören mithin zu jener Abtheilung der asemischen oder atypischen Protisten, in deren einzelligem Organismus animale und vegetale Charactere gemischt sind (§ 40). Phylogenetisch müssen wir die Fungillen unzweifelhaft von den *Protophyten* ableiten, aus denen sie durch Metasitismus entstanden sind, durch Anpassung an saprositische und parasitische Lebensweise (§ 38). Aber im System der Protisten müssen wir sie zu den plasmophagen *Protozoen* stellen, falls wir überhaupt die übliche Trennung zwischen den plasmabildenden Protophyten und den plasmaspaltenden Protozoen beibehalten wollen.

§ 110. Classification der Fungillen.

Wir unterscheiden in dem Cladom der Fungillen zwei Classen und vier Ordnungen. Die Fungillarien (oder die *Sporozoa cystomorpha*) haben einen einfachen Zellenkörper von bläschenförmiger oder schlauchförmiger Gestalt, ohne Mycelidium; er umschliesst meistens nur einen einzigen Zellkern. Die Fungilletten hingegen (oder die *Sporozoa mycetomorpha*) haben einen voluminösen, stark verästelten Zellenkörper, welcher dem Mycelium der echten (vielzelligen) Pilze gleicht und daher als Mycelidium bezeichnet werden kann; er enthält meistens sehr zahlreiche und kleine Zellkerne (wie bei den Siphoneen und den Myceten).

In jeder dieser beiden Fungillen-Classen unterscheiden wir zwei Ordnungen, von denen die eine Schwärmsporen (Zoosporen) bildet, die andere Ruhsporen (Paulosporen). Die *Chytridinen* der ersten und die *Siphomycarien* der zweiten Classe pflanzen sich durch Zoosporen fort; hingegen die *Gregarinen* der ersten und die *Zygomycarien* der zweiten Classe durch Paulosporen. Bei den *Fungillarien* verwandelt sich der ganze einzellige Körper (oder doch der grösste Theil desselben) in das Sporangium und zerfällt durch Polytomie (innerhalb der Sporocyste) in Sporen. Bei den *Fungilletten* hingegen werden nur einzelne Aeste des vielverzweigten Cytosoms zur Bildung von Sporangien verwendet, während der grösste Theil desselben als Mycelidium nur zur Ernährung dient.

Die Paulosporeen beider Classen, die cystomorphen *Gregarinen* und die mycetomorphen *Zygomycarien*, zeichnen sich durch grosse Neigung zur Conjugation aus, in deren Folge ruhende *Zygosporen* gebildet werden. Bei den Gregarinen können die beiden conjugirenden Zellen vollständig mit einander verschmelzen, wobei auch ihre beiden Kerne in einem aufgehen (oder in anderen Fällen sich im Plasma auflösen); die encystirte kugelige Doppelzelle zerfällt dann in zahlreiche kleine Sporen, oder in Sporoblasten (»Pseudonavicellen«), von denen jeder erst nachher 4 oder 8 Sporen bildet. Bei den Zygomycarien hingegen legen sich zwei, zufällig sich begegnende Aeste des Mycelidium an einander und schwellen keulenförmig an; die beiden sich berührenden Keulen trennen sich durch je eine Scheidewand von ihrem Mutterast und verschmelzen zu einer einzigen grossen Zelle. Diese kugelige *Zygospore* umgiebt sich mit einer dicken schwarzen Membran und geht in einen Ruhezustand über. Entweder keimt sie dann später selbst oder sie liefert durch Theilung eine Anzahl Paulosporen. Sehr bemerkenswerth ist, dass in beiden verwandten Ordnungen, sowohl bei den Gregarinen wie bei den Zygomycarien, die Conjugation nur facultativ, nicht obligatorisch ist; sie tritt nur unter bestimmten äusseren Bedingungen ein.

Die Siphomycarien (oder *Ovomyceten*) zeichnen sich vor den übrigen Fungillen dadurch aus, dass neben der *Sporogonie* auch noch *Amphigonie* stattfindet, und dass häufig beide mit einander abwechseln und eine Art *Metagenesis* darstellen. Die sexuelle Fortpflanzung wird hier nicht durch bewegliche Spermazoiden oder Microsporen bewirkt (wie bei anderen amphigonen Protisten), sondern durch Befruchtungsschläuche, welche unpassend als Antheridien, besser als Pollenidien bezeichnet werden. Von zwei benachbarten Endästen eines Mycelidium-Zweiges (die sich durch Scheidewände von diesem abtrennen) schwillt der grössere weibliche Ast zu einem kugeligen oder keulenförmigen *Ovogonium* an und bildet eine oder mehrere nackte Eizellen. Diese werden befruchtet durch einen dünnen Befruchtungsschlauch, der von dem kleineren männlichen Aste auswächst (Pollenidium). Der letztere durchbohrt die Wand des Ovogonium und dringt direct in die Eizelle ein; oder sein Inhalt zerfällt in kleine amoeboide Zellen (Spermamoeben), welche mit den Eizellen copuliren und die Ovosporen bilden.

Die Ernährung aller Fungillen findet nur durch Endosmose statt, da die umhüllende Membran der Zelle stets ganz geschlossen ist. Die grosse Mehrzahl sind Parasiten; die grösseren leben im Gewebe von Pflanzen und Thieren, oder in Darm und Leibeshöhle der letzteren (Gregarinen); die kleineren sind »Zell-Parasiten«, welche innerhalb der Zellen von Pflanzen und Thieren schmarotzen (Chytridien, Coccidien). Manche Fungillen leben auch im Wasser und auf faulenden organischen Substanzen als Saprositen (Saprolegniden u. A.). Wie bei allen Parasiten, so kann auch hier die einfache Organisation oft keine ursprüngliche sein, sondern auf Rückbildung beruhen.

Die Phylogenie der Fungillen ist daher eine sehr schwierige und verwickelte Aufgabe. Als sicher können wir nur den allgemeinen Satz hinstellen, dass diese plasmophagen *Protozoen* sich ursprünglich aus plasmodomen *Protophyten* entwickelt haben, und zwar polyphyletisch. Als vegetale Stammgruppen derselben kommen zunächst die Mastigoten in Betracht für alle zoosporeen Fungillen; und zwar können die Chytridinen direct durch Metasitismus aus Characieen entstanden sein, die Siphomycarien aus Siphoneen. Die conjugirenden Zygomycarien stammen vielleicht von Conjugaten ab, die Gregarinen von Chytridinen oder von Amoeben.

§ 111. System der Fungillen oder Sporozoen.

Classen der Fungillen	Ordnungen der Fungillen	Charakter der Familien	Familien der Fungillen
Erste Classe: **Fungillaria** Fungillen ohne Mycelidium (oder mit rudimentärem Mycelidium). Zellen einfach bläschenförmig oder schlauchförmig. = Sporozoa cystomorpha Fortpflanzung meist nur durch Sporen (Monogonie)	I. Chytridina Fungillaria zoosporea Bildung v. Schwärmsporen (mit einer Geissel) Phytoparasit.	1. Einzellige Chytridinen (ohne Basalzelle) 2. Zweizellige Chytridinen (mit steriler Basalzelle und fertiler Acralzelle)	1. **Monochytrida** Olpidium Synchytrium 2. **Dissochytrida** Chytridium Rhizophidium Obelidium Cladochytrium
	II. Gregarina Fungillaria paulosporea Bildung von ruhenden Sporen (ohne Geissel) Zooparasiten	3. Einzellige Gregarinen (ohne Basalmerit) 4. Zweizellige Gregarinen (mit sterilem Protomerit und fertilem Deutomerit)	3. **Monocystida** Coccidium Ascomycillus Monocystis 4. **Dissocystida** Stylorhynchus Actinocephalus Clepsidrina
Zweite Classe: **Fungilletta** Fungillen mit Mycelidium (mit reich verzweigtem, einem Mycelium ähnlichem Basaltheil der Zelle). = Sporozoa mycetomorpha Fortpflanzung meist abwechselnd durch Sporen (Monogonie) und durch Conjugation oder Amphigonie (Metagenesis)	III. Zygomycaria Fungilletta paulosporea Ohne Schwärmsporen = Zygomycetes: Monogonie abwechselnd mit Conjugation (Bildung von Zygosporen)	5. Monogonie durch Sporangien (keine Conisien) 6. Monogonie durch Sporangien u. durch Conisien 7. Monogonie nur durch Conisien (keine Sporangien)	5. **Mucoraceae** Mucor, Thamnidium, Rhizopus 6. **Choanephoria** Choanephora 7. **Piptocephalia** Chaetocladia Piptocephalis
	IV. Siphomycaria Fungilletta zoosporea Mit Schwärmsporen = Ovomycetes: Monogonie abwechselnd mit Amphigonie (Befruchtung von Eizellen durch Pollenidien)	8. Monogonie durch Sporangien (mit Zoosporen). Keine Conisien. (Aquatile Saprophyten) 9. Monogonie durch Sporangien (mit Zoosporen) u. durch Conisien (Phytoparasiten) 10) Monogonie nur durch Conisien (keine Sporangien) (Zooparasiten)	8. **Saprolegnida** (Achlyacea) Achlya Saprolegnia 9. **Phytopthoria** (Peronosporea) Pythium, Cystopus, Phytophthora 10. **Entomophthoria** (Empusacea) Empusa Entomophthora

§ 112. Erste Classe der Fungillen.

Fungillaria (= Sporozoa cystomorpha).

Chytridina et Gregarina.

Fungillen ohne Mycelidium.

Die Classe der Fungillarien umfasst diejenigen *Sporozoen*, deren einzelliger Organismus die einfache Gestalt einer rundlichen Kapsel oder eines länglichen Schlauches besitzt; ohne das characteristische verzweigte Mycelidium, welches die Fungilletten auszeichnet und welches dem Mycelium der echten (vielzelligen) Pilze so ähnlich ist. Wir vereinigen in dieser Classe zwei verschiedene Ordnungen, von denen man die erste bisher allgemein in das Pflanzenreich, die zweite in das Thierreich gestellt hat. Die Ursache dieser künstlichen Trennung ist zunächst darin zu suchen, dass die ersteren, die Chytridinen, als Parasiten in Pflanzen leben, die letzteren dagegen, die Gregarinen, als Parasiten in Thieren. Daher erregten die ersteren fast ausschliesslich die Aufmerksamkeit der Botaniker, die letzteren diejenige der Zoologen. Viele Formen beider Ordnungen sind aber ganz nahe verwandt, einige kaum zu unterscheiden; auch die Verhältnisse der Fortpflanzung sind ganz ähnlich. Der einzige wesentliche Unterschied besteht darin, dass die *Chytridinen* sich durch Schwärmsporen (mit einer Geissel) fortpflanzen, die *Gregarinen* dagegen durch Paulosporen, die entweder nur amoeboide oder gar keine Bewegung zeigen. Eigentlich könnte man demnach eher umgekehrt die Chytridinen als Protozoen und die Gregarinen als Protophyten betrachten, wenn man die lebhafte Bewegung der ersteren mit den trägen Contractionen der letzteren vergleicht. Ueberdies giebt es einige, bisher als echte »Pilze« betrachtete Phytoparasiten (die *Ascomycillen*), welche von echten zooparasitischen Gregarinen (den *Coccidien*) kaum zu unterscheiden sind und gleich diesen keine Schwärmsporen bilden.

Der einzellige Organismus der Fungillarien zeigt in beiden Ordnungen dieser Classe dieselben Verhältnisse der Ernährung, der Differenzirung und der Fortpflanzung. In beiden unterscheiden wir zwei parallele Unterordnungen oder Familien, je nachdem die Zelle ganz einfach (einkammerig) oder durch eine Scheidewand in zwei Fächer getheilt ist (zweikammerig). Monocystal oder »einkammerig« sind unter den Chytridinen die Monochytrida (*Olpidium, Synchytrium*), unter den Gregarinen die Monocystida (*Coccidium, Ascomycillus, Monocystis, Conorhynchus* etc.); die Zelle ist hier meistens von sehr einfacher Bildung: eiförmig, cylindrisch, spindelförmig, keulenförmig;

sie verwandelt sich in toto in das Sporangium. Dissocystal oder »zweikammerig« sind hingegen unter den Chytridinen die Dissochytrida (*Chytridium*, *Rhizophidium*, *Obelidium*), unter den Gregarinen die Dissocystida (*Stylorhynchus*, *Actinocephalus*, *Clepsidrina*); die zweikammerige Zelle ist hier durch eine Scheidewand (bald vollständig, bald unvollständig) in zwei Fächer getheilt. Das untere oder basale Fach, die Nährzelle, ist kernlos, dient zum Anheften des Parasiten und zur Ernährung; bei den *Dissochytriden* bildet sie verästelte Fortsätze, die sich wurzelartig ausbreiten und das Mycelidium der Fungilletten vorbereiten; bei den *Dissocystiden* bildet dieselbe (als »Protomerit«) einen rüsselförmigen Fortsatz, der ebenfalls oft mit Wurzelfäserchen besetzt ist. Das obere oder acrale Fach (»Deutomerit«) ist die Sporogon-Zelle und schliesst den grossen Zellkern ein; sie is meistens eiförmig oder länglich-rund, und verwandelt sich in das Sporangium. Diese Ergonomie der nutritiven und reproductiven Zellhälften erinnert an diejenige der einfachsten Siphoneen (*Botrydium*, § 100).

Die Membran, welche den Celleus der Fungillarien als geschlossene Hülle umgiebt, ist structurlos und von sehr verschiedener Dicke; sie scheint meistens (?) bei den phytoparasitischen Chytridinen aus einer Cellulose-ähnlichen Substanz zu bestehen, bei den zooparasitischen Gregarinen aus einer Chitin-ähnlichen Substanz; vielleicht hängt dieser Unterschied mit dem verschiedenen Stoffwechsel ihrer Wirthe zusammen. Da die Membran keinerlei Oeffnungen besitzt, kann die Ernährung bloss durch Endosmose erfolgen. Die weichere und elastische Membran der contractilen, frei im Darm oder Coelom der Gliederthiere liegenden Gregarinen gestattet diesen wurmähnliche Contractionen und bisweilen einen geringen Grad von kriechender Ortsbewegung; diese fehlt den Chytridinen, die meistens auf ihrer Wirthspflanze befestigt aufsitzen. Die Zellparasiten beider Ordnungen zeigen keine Bewegungen.

Die Fortpflanzung der Fungillarien geschieht ausschliesslich durch Sporogonie. Bei den kleineren Formen (besonders bei vielen kleinen Zellparasiten) erscheint dieselbe als wiederholte Zweitheilung des Kerns und des Celleus innerhalb der Membran (*Hemitomie* in geometrischer Progression); meistens werden hier nur 4, 8 oder 16 Sporen gebildet (*Coccidien*, *Ascomycillen*). Bei der grossen Mehrzahl der Fungillarien dagegen erreicht der einzellige Körper grössere Dimensionen und zerfällt in sehr zahlreiche Zellen. Bei dieser »Vielzelltheilung« (*Polytomie*) ist bald ein rasch wiederholter Zerfall des primären Zellkerns in viele kleine Kerne zu beobachten, bald eine gleichzeitige Spaltung desselben in viele kleine Stücke, bald eine völlige

Auflösung des Kerns im Cytoplasma; erst wenn dieses in viele Stücke zerfallen ist, entsteht später im Inneren von jedem dieser »Moneren-Keimchen« ein neuer kleiner Kern (indem deren Plasson sich in Karyoplasma und Cytoplasma differenzirt, § 57). Bei vielen Fungillarien wird die Sporogonie dadurch complicirt, dass die Sporen in zwei Generationen auftreten; die zuerst gebildeten zahlreichen Sporen werden zu Sporoblasten oder »Sporenmutterzellen«, indem jede derselben sich mit einer Hülle umgiebt (Pseudonavicelle) und später innerhalb derselben durch wiederholte Hemitomie 4 oder 8 Sporen bildet.

Sowohl bei einigen Chytridinen, als bei vielen Gregarinen geht der Sporenbildung eine Copulation voraus, indem zwei gleiche Zellen mit einander verschmelzen und dann erst zur Sporogonie schreiten. Dieselbe erscheint hier aber meistens nur als facultative, nicht als obligatorische Einrichtung; sie kann bei einer und derselben Art bald vorkommen, bald fehlen.

§ 113. Erste Ordnung der Fungillarien:

Chytridina = Chytridiales.

Chytridiaceae. Chytromycetes. Archimycetes.

Fungillara zoosporea (mit Schwärmsporen).

Die Ordnung der Chytridinen oder *Chytridialen* umfasst alle »Fungillarien mit Schwärmsporen«. Es gehört hierher eine Reihe von sogenannten »Einzelligen Pilzen« einfachster Art, deren Hauptthätigkeit in der Bildung von Zoosporen besteht; sie leben als einfache Zellen parasitisch im Inneren von grösseren Pflanzenzellen, namentlich in der Oberhaut von Phanerogamen. Während die ruhende Zelle hier eingeschlossen ist und Nahrung von ihrer Wirthzelle aufnimmt, bleibt sie oft lange Zeit nackt, wächst und umgiebt sich erst kurz vor der Sporenbildung mit einer (kugeligen oder eiförmigen) Cellulose-Membran. Im einfachsten Falle (bei den *Olpidiaceen*) verwandelt sich so die ganze Zelle in ein Sporangium, dessen plasmatischer Inhalt gleichzeitig in viele kleinere Schwärmzellen zerfällt. Diese *Zoosporen* sind mit einer Geissel versehen, schwärmen aus der gesprengten Zellkapsel aus, schwimmen lebhaft umher und bohren sich dann wieder in eine andere Wirthzelle ein. Bei *Woroninia* verwandeln sich die Zoosporen in kriechende Amoeben, welche die Chlorophyll-Körner ihrer Wirthspflanze (Vaucheria) auffressen. Bei den *Synchytrieen* verwandelt sich jede Zoospore in ein Plasmodium, das durch wiederholte Theilung sich vermehrt; nachher wird jedes Tochter-Plasmodium zu einem Sporangium.

Bei den Dissochytriden (oder *Rhizochytrieen*), welche meistens als Ectoparasiten auf Algen oder höheren Pflanzen schmarotzen, entwickeln sich an der Basis der festsitzenden Zelle (ähnlich wie bei der Siphonee *Botrydium*) wurzelartig verzweigte Fäden, welche als Rhizidien Nahrung aufnehmen und theilweise schon durch stärkere Verästelung zur Anlage eines Mycelidium werden (*Cladochytrium, Rhizophidium, Obelidium* u. A.); diese bilden den Uebergang zu den Fungilletten; ihre »Pseudomycelien« bleiben einfache, ungegliederte Wurzelästchen einer schlauchförmigen Zelle und dürfen nicht mit den vielzelligen Mycelien der echten Pilze (*Mycetes*) verwechselt werden. Uebrigens kann dieser nutritive Wurzeltheil der Zelle (als Rhizidium) sich von dem oberen reproductiven Theile (als Sporogonium) durch eine Scheidewand abtrennen, ähnlich wie bei den zweikammerigen Gregarinen (mit Epimerit und Deutomerit).

Bei vielen Chytridinen entwickeln sich aus der Zellmembran vorspringende Röhren, welche am freien Ende eine Oeffnung besitzen und zur Entleerung der Sporen dienen (so z. B. bei *Olpidium, Synchytrium* u. A.). Diese Sporencanäle oder »Entleerungshälse« sind ganz dieselben Bildungen, welche bei den nahe verwandten Gregarinen als Sporoducte beschrieben werden. Viele Chytridinen bilden zu gewissen Zeiten (z. B. beim Eintritt von Trockenheit, Kälte) Paulosporangien, indem die schmarotzende Zelle sich zusammenzieht und mit einer dicken, glatten oder stacheligen Cystenhülle umgiebt. Nach längerer Ruhe dieses »Dauer-Sporangium« zerfällt die eingekapselte Zelle dann wieder in Schwärmsporen.

Die phylogenetischen Beziehungen der Chytridinen sind mannichfach und interessant. Mit den echten Pilzen, zu denen sie jetzt fast allgemein gestellt werden, haben sie nur insofern Verwandtschaft, als sie wahrscheinlich die Stammformen vieler Fungilletten sind. Dagegen erscheinen sie nächst verwandt den Phytomonaden (§ 95) und namentlich den *Characieen*; durch Anpassung an parasitische Lebensweise und Verlust des Chlorophylls lässt sich *Chytridium* unmittelbar vom *Characium* ableiten. Auch den Ascomycillen (§ 114) sind sie nahe verwandt; der einzige wesentliche Unterschied ist, dass die Sporen dieser letzteren geissellos und unbeweglich sind. Dadurch unterscheiden sich auch die, den ersteren so nahe stehenden Gregarinen, die sonst viele Analogien zeigen. Ein Haupt-Unterschied ist, dass die Zellmembran bei den (in Pflanzen schmarotzenden) *Chytridinen* meistens (?) aus Cellulose besteht, dagegen bei den (in Thieren parasitischen) *Gregarinen* nicht.

§ 114. Zweite Ordnung der Fungillarien:

Gregarinae = Sporozoa s. str.

Fungillaria paulosporea (mit Ruhsporen).

Die Ordnung der Gregarinen (oder der »*Sporozoen*« im engeren Sinne) umfasst alle »Fungillarien ohne Schwärmsporen«. Es gehört hierher eine Anzahl von sehr einfach gebauten Protisten, welche fast ausschliesslich in Thieren als Parasiten leben und bisher allgemein als »einzellige Thiere« unter die Protozoen gestellt wurden; bald im Anschluss an die *Rhizopoden*, bald an die *Infusorien*. Vergleicht man jedoch dieselben kritisch einerseits mit diesen beweglichen echten Protozoen, anderseits mit gewissen »einzelligen Pilzen«, zunächst mit den Chytridinen, so ergiebt sich eine viel grössere Uebereinstimmung mit diesen letzteren.

Fast alle Gregarinen leben als einzellige Endoparasiten im Inneren von Thieren verschiedener Classen. Die grösseren *Gregosporidien* finden sich vorzugsweise in Gliederthieren (Anneliden, Crustaceen, Tracheaten); meistens bewohnen sie den Darmcanal oder die Leibeshöhle, seltener andere Organe. Die kleineren *Myxosporidien* hingegen sind Zellparasiten und finden sich theils in Epithelzellen von Wirbelthieren (*Coccidien* in der Leber, *Eimerien* in den Darm-Epitelien), theils in den Muskeln (*Sarcosporidien*). Die grösseren Gregarinen sind cylindrische oder bandförmig abgeplattete Zellen, welche mehrere Millimeter Länge erreichen (*Porospora gigantea* im Darm des Hummers 12—16 mm); die kleineren sind meistens eiförmig oder keulenförmig. Stets enthält das körnige Protoplasma nur einen einzigen grossen Zellkern, ein helles kugeliges Bläschen. Bei den *Dissocystiden* ist der Zellenleib in der Mitte eingeschnürt, und das basale Stück (Protomerit) mit einem Haftapparat versehen; das acrale, oben abgerundete Stück (Deutomerit) schliesst dann den Kern ein. Die feste, elastische Cuticula, welche als Zellmembran den Körper umschliesst und nicht aus Cellulose besteht, hat keine Oeffnung, so dass die Ernährung bloss durch Endosmose erfolgen kann.

Die Fortpflanzung geschieht bei allen Gregarinen ausschliesslich durch Sporogonie, welcher oft (aber nicht nothwendig) eine Conjugation von zwei hinter einander liegenden Zellen vorausgeht. Die einfache (oder durch Conjugation doppelte) Zelle umgiebt sich mit einer kugeligen oder länglich-runden Cyste und zerfällt in sehr zahlreiche und kleine kugelige Zellen, die sich alsbald eine spindelförmige Hülle bilden. Diese »Pseudonavicellen« sind entweder selbst die *Paulo-*

sporen, aus deren Hülle später die keimende einkernige Zelle auskriecht; oder sie sind *Sporoblasten*, Sporenmutterzellen, welche durch wiederholte Längstheilung in 4 oder 8 schlanke, sichelförmige Körper zerfallen; jede dieser »Sichelzellen« ist dann eine Paulospore, die sich später zur jungen Gregarine entwickelt.

Der ganze Entwickelungsgang der *Gregarinen* hat somit die grösste Aehnlichkeit mit demjenigen der *Chytridinen*. Diese letzteren unterscheiden sich hauptsächlich nur dadurch, dass ihre Sporen Geisselzellen sind. Wenn die Zellmembran der Gregarinen aus Cellulose bestände, und wenn sie in Pflanzen — statt in Thieren — parasitisch lebten, würde man sie längst als »einzellige Pilze« in das Pflanzenreich gestellt haben. Es ist sehr möglich, dass die Anpassung an den Aufenthalt im Inneren der Wohnthiere die abweichende Membranbildung der *Gregarinen* verursacht hat. Es ist aber auch möglich, dass dieselben von *Lobosen* abstammen und ursprünglich nur *Amoebinen* sind, welche in das Innere von Thieren eingewandert sind und hier mit einer elastischen Schutz-Membran sich bedeckt haben.

Die nahe Verwandtschaft der Gregarinen mit den Chytridinen wird namentlich durch einige interessante Zellparasiten deutlich bewiesen, die wir unter dem Namen *Ascomycillus* hier besonders hervorheben wollen. Diese kleinen, bisher sehr vernachlässigten Parasiten leben in den Epidermis-Zellen der Blätter von Anthophyten (die am genauesten beschriebene Art, *Ascomyces endogenus*, auf den Blättern von Alnus glutinosa, wo sie gelbe Flecken verursacht). Der Kern der cylindrischen, eiförmigen oder keulenförmigen Zelle von Ascomycillus (an der eine dünne Membran kaum zu unterscheiden ist) zerfällt durch wiederholte Zweitheilung in 2, 4, 8 Kerne (unter Mitosenbildung). Jeder Kern umgiebt sich mit einem Stück Cytoplasma und einer kugeligen Membran. Später schlüpft aus dieser Paulospore eine kleine Amoebe aus, welche sich in eine benachbarte Zelle des Erlenblattes einbohrt. Zu den echten *Ascomyceten*, mit denen man bisher diese einzelligen Ascomycillen vereinigt hat, können sie schon wegen des gänzlichen Mangels eines Mycelium nicht gestellt werden. Dagegen zeigen sie die grösste Uebereinstimmung mit einigen Formen von Coccidien, die als Zellparasiten in thierischen Epithel-Zellen leben; auch diese bilden meistens Tetrasporen oder Octosporen.

Eine weitere auffallende Aehnlichkeit der Gregarinen und Chytridinen besteht auch noch in anderen Beziehungen. In beiden Gruppen bildet die Cysten-Membran bisweilen jene röhrenförmigen Fortsätze, die als Sporen-Canäle oder »Entleerungshälse« zum Austritt der Sporen dienen (Sporoductus). Ferner ist in beiden Ordnungen analog die Differenzirung in cellulare (Zell-Parasiten) und telare (Gewebe-Parasiten); sowie die Spaltung in kleinere einkammerige und grössere zweikammerige Formen; bei den letzteren sondert sich der einzellige Organismus in einen basalen nutritiven Theil (Protomerit = *Rhizidium*) und einen acralen reproductiven Theil (Deutomerit = *Sporangium*).

§ 115. Zweite Classe der Fungillen:

Fungilletta (= Sporozoa mycetomorpha).

Zygomycaria (= *Zygomycetes*) et Siphomycaria (= *Ovomycetes*).
Fungillen mit Mycelidium.

Die Classe der Fungilletten umfasst diejenigen *Fungillen*, deren einzelliger Organismus im Wesentlichen, und besonders in der Art der Sporogonie, demjenigen der vorhergehenden Fungillarien gleicht, sich aber durch die Bildung eines vielverzweigten Mycelidium unterscheidet. Dieser schlauchförmige Ernährungskörper gleicht äusserlich ganz dem *Mycelium* der echten Pilze (*Fungi*) und breitet sich gleich diesem mit vielen fadenförmigen Aesten im Gewebe der Wohnpflanzen aus (— seltener im Wasser —). Während aber dies echte Mycelium der Pilze vielzellig ist und aus zahlreichen gegliederten Hyphen sich zusammensetzt, bleibt das ähnliche Mycelidium der Fungilletten stets einzellig. Meistens sind sehr zahlreiche kleine Zellkerne im Cytoplasma der verästelten grossen Schlauchzelle vertheilt, ähnlich wie bei den Siphoneen (§ 100). Von diesen letzteren kann ein Theil der Fungilletten (— besonders der Siphomycarien —) unmittelbar durch *Metasitismus* abgeleitet werden.

Ein weiterer wichtiger Unterschied der einzelligen *Fungilletten* und der vielzelligen *Myceten* besteht in der Art ihrer Fortpflanzung; die ersteren bilden niemals das zusammengesetzte *Sporelium*, welches für die letzteren sehr characteristisch ist. Dagegen zeichnen sich die Zygomycarien (oder *Zygomyceten*) durch Conjugation und Bildung von Zygosporen aus, ähnlich den Conjugaten (§ 87). Die andere Ordnung der Fungilletten, die Siphomycarien (oder *Ovomyceten*) bilden Schwärmsporen und pflanzen sich ausserdem meistens durch Amphigonie fort; Beides kommt bei den echten Pilzen (*Asomyceten* und *Basimyceten*) nicht vor.

Eine Aehnlichkeit mit den echten Pilzen zeigen dagegen viele Fungilletten insofern, als sie auch zeitweise sich daneben noch durch Conisien oder »Staubsporen« vermehren (auch *Conidien, Exosporen* oder *Conisporen* genannt). Diese kleinen *Conisien* entstehen meistens einzeln durch Knospung und Abschnürung eines Aestchen des Mycelidium und bleiben einzellig. Selten werden sie später durch Bildung von Scheidewänden zweizellig oder mehrzellig (***Piptocephalis***); selten bilden sie auch durch Association ein kleines Conisienlager (***Empusa***). Diese beiden letzteren Genera pflanzen sich nur durch Conisien fort, während bei den übrigen Fungilletten diese Form der Monogonie meistens mit der Bildung von Sporangien abwechselt. Keine Conisien bilden die Mucoraceen und Saprolegniden, welche stets ihre Sporen massenweise in besonderen Sporangien produciren (in abgeschnürten Aesten des Mycelidium). Bei vielen Fungilletten findet eine Art von unregelmässigem Generationswechsel statt, indem die verschiedenen Formen ihrer Fortpflanzung von den wechselnden Existenz-Bedingungen abhängig sind.

Die beiden Ordnungen der Fungilletten sind wahrscheinlich polyphyletisch von *Protophyten* abzuleiten; die Zygomycarien können durch Metasitismus ebenso aus Conjugaten entstanden sein (§ 87), wie die Siphomycarien aus Siphoneen (§ 100). Anderseits hängen aber auch die letzteren eng mit den Fungillarien zusammen, besonders den Chytridinen, von denen einige Dissochytriden bereits ein kleines Mycelidium entwickeln. Bewerkenswerth ist der Parallelismus, welcher sich in der verschiedenen Art der Vermehrung einerseits zwischen den vier Ordnungen der Fungillarien und Fungilletten findet, anderseits zwischen den sechs Familien der Zygomycarien und Siphomycarien (§ 111).

§ 116. Erste Ordnung der Fungilletten:

Zygomycaria = Zygomycetes.

Fungi conjugati. Schimmelpilzinge. Fungaria zygosporea.

Fungilletta paulosporea (mit Ruhsporen).

Die Ordnung der Zygomycarien oder *Zygomyceten* umfasst diejenigen Fungilletten, welche keine Schwärmsporen bilden, dagegen durch Conjugation ihrer schlauchförmigen Zellenäste und Bildung von unbeweglichen Zygosporen sich auszeichnen; sie bilden mithin eine Parallelgruppe zu den Conjugaten unter den Algarien. Vielleicht sind sie direct aus diesen durch Metasitismus entstanden. Der entwickelte Zellenleib bildet gewöhnlich ein reichverästeltes ***Mycelidium***, welches oft in dem Nährboden sich weit ausbreitet, aber keine Gliederung besitzt, wie das echte Mycelium. Einzelne Zweige, welche sich aus demselben erheben, schwellen am Gipfel keulenförmig oder kugelig an und bilden ein Sporangium, dessen Inhalt in zahlreiche kleine Paulosporen zerfällt. Diese Fortpflanzung ist die gewöhnliche bei den »Schimmelpilzen« (***Mucoraceae***), welche saprophytisch auf »verschimmelnden« organischen Körpern leben. Bei anderen Zygomyceten hingegen, besonders bei den *Chaetocladinen* und *Piptocephalideen* (welche auf grösseren Mucorineen schmarotzen) werden keine Sporangien gebildet, sondern Conisien: Staubsporen, die einzeln oder reihenweise durch Knospung an den Enden von Mycelidium-Aesten entstehen. Bei den *Choanephoren* werden sowohl Sporangien als Conisien erzeugt. Ausserdem pflanzen sich die *Zygomyceten*, wie ihr Name andeutet, zu gewissen Zeiten durch Copulation — oder besser Conjugation — fort; zwei Aeste des Mycelidium, die sich berühren, verschmelzen mit einander und bilden eine grosse Zygospore, die von einer dicken, meist warzigen und schwarzbraun gefärbten Hülle umschlossen wird; diese keimt nach einiger Ruhezeit.

§ 117. Zweite Ordnung der Fungilletten:

Siphomycaria = Ovomycetes.

Fungilletta zoosporea (mit Schwärmsporen).

Die Ordnung der Siphomycarien oder *Ovomyceten* enthält diejenigen Fungilletten, welche Schwärmsporen bilden. Durch die reiche Verästelung ihres stattlichen, schlauchförmigen Körpers gleichen sie den Siphoneen unter den Algetten und können von diesen unmittelbar phylogenetisch abgeleitet werden, durch Anpassung an parasitische Lebensweise und Wechsel der Ernährungsform. Sie leben theils saprophytisch und im Wasser (*Saprolegnida*), theils parasitisch auf Pflanzen (*Peronosporida*), theils parasitisch auf Thieren (*Entomophthoria*).

Die Verästelung der schlauchförmigen grossen Zelle ist oft äusserst reich, so dass ein grosses, einem echten Pilzmycelium ähnliches Wurzelwerk gebildet wird, das sich im Nährboden weit verzweigt; aber deunoch bleibt das umfangreiche *Mycelidium* eine einfache ungetheilte Zelle; an der Innenseite ihrer Cellulose-Wand liegen im Protoplasma zahlreiche kleine Zellkerne. Aus *Vaucherien* oder ähnlichen *Siphoneen* können unmittelbar durch Metasitismus verschiedene Formen von *Siphomycarien* (polyphyletisch) entstanden sein; das ist um so wahrscheinlicher, als auch die mannichfaltige Form der Fortpflanzung in beiden Gruppen von »*Coeloblasten*« viele Analogien darbietet.

Die Siphomycarien pflanzen sich auf doppelte Weise fort, ungeschlechtlich durch Schwärmsporen, geschlechtlich durch Ovosporen oder Cytullen. Bei den Saprolegniden (oder *Saprolegniaceen*), welche meistens saprophytisch im Wasser leben, auf Leichen von Pflanzen und Thieren, seltener parasitisch auf lebenden Organismen, (*Achlya*, *Saprolegnia* u. A.) bilden sich die Zoosporen, mit zwei Geisseln ausgestattet, massenhaft in den freien langen Endästen des Mycelidium. Anders entstehen sie bei den Peronosporiden (oder *Peronosporaceen*), welche grösstentheils als Parasiten in den Geweben höherer Pflanzen leben und diese zerstören (*Phytophthora infestans*, der Pilzing der Kartoffelkrankheit, *Peronospora parasitica* und *Cystopus candidus* auf Cruciferen, *Pythium* auf jungen Keimpflanzen, und viele andere höchst schädliche Pilzinge). Diese vermehren sich hauptsächlich durch Conisien oder Staubsporen, welche bald einzeln an freien Endästen des Mycelidium entstehen, bald aus diesen durch Knospung reihenweis oder in ganzen Lagen neben einander gebildet werden. Die Conisporen keimen entweder unmittelbar, oder es entstehen durch Theilung derselben mehrere (meist 4 oder 8) Schwärmsporen, welche aus der Spitze der birnförmigen Conisien-Hülle ausschlüpfen und mit den Regen- und Thau-Tropfen sich über die Pflanzen verbreiten. Nachdem die Zoosporen (mit 2 Geisseln) zur Ruhe gekommen sind, umgeben sie sich mit einer Membran, durchbohren die Oberhaut der Wirthpflanze und bilden in deren Gewebe durch Verästelung ein neues Mycelidium.

Die sexuelle Fortpflanzung, welche bei den meisten Siphomycarien periodisch mit der Sporogonie abwechselt, beginnt damit, dass zwei benachbarte Endäste des Mycelidium sich durch Scheidewände von diesem abschnüren. Der grössere weibliche Endast schwillt zu einem kugeligen oder keulenförmigen *Ovogonium* an und bildet eine oder mehrere nackte Eizellen. Diese werden befruchtet durch den Inhalt des sich anlegenden dünnen männlichen Endastes, der als Pollenidium fungirt, aber nur selten bewegliche Zoosporen bildet (*Monoblepharis*). In der kleinen Gruppe der Entomophthorien, welche parasitisch auf Insecten lebt (*Empusa muscae* u. A.), ist die Amphigonie verschwunden; die Fortpflanzung findet nur durch Conisien statt.

Anhang zu den Fungillen:

Blastomycaria. Hefepilzinge.

Als Anhang zu den Fungillen (und zwar als den einfachsten Formen der Fungillarien nächstverwandt) muss hier noch die kleine Gruppe der Hefepilzinge erwähnt werden (*Saccharomyces*, der Erzeuger der Hefegährung). Diese kleinen einzelligen Protozoen vermehren sich in der Regel nur durch Knospung (daher »Sprosspilze«, *Blastomycetes* genannt). Die kugeligen oder länglich-runden, kernhaltigen Zellen bilden warzenförmige Ausbuchtungen oder Knospen, die sich von der Mutterzelle abschnüren. Durch Catenation entstehen perlschnurförmige Zellketten und membranöse Coenobien (Kahmhaut, *Mycoderma*).

§ 118. Dritte Hauptclasse der Protozoen:

Rhizopoda. Wurzelthierchen.

Sarcodina. Protozoa pseudopodina.

Stamm der sarcanten kernhaltigen Protozoen.

Protozoen mit Zellenkern und mit Sarcanten (Lobopodien oder Pseudopodien), in der Jugend oft mit Geisseln. Cytosom ohne constanten Zellenmund, meistens ohne Systoletten. Fortpflanzung meistens durch Sporenbildung (seltener Zweitheilung).

Die Hauptclasse der Rhizopoden oder *Sarcodinen* ist die formenreichste unter allen Hauptgruppen der Protisten; sie umfasst alle jene plasmophagen Protisten, deren einzelliger Organismus im entwickelten Zustande Sarcanten bildet, veränderliche und einziehbare Fortsätze des Cytosoms, welche bald den Character von *Lobopodien*, bald von *Pseudopodien* tragen. Mit dieser eigenthümlichen Sarcanten-Bildung verknüpft sich gewöhnlich die Absonderung einer schützenden Zellhülle oder Schale (*Cythecium*); gerade in dem mannichfaltigen Ausbau dieser Schale, und der Oeffnungen derselben, welche zum Austritt der veränderlichen Sarcanten dienen, entwickelt der Rhizopoden-Stamm den grössten Formen-Reichthum. Dies gilt vor Allen von den beiden grössten und höchstentwickelten (marinen) Classen, den planktonischen *Radiolarien* und den benthonischen *Thalamophoren*. Weniger mannichfaltig ist die Gestaltung der limnetischen *Heliozoen* und der terrestrischen (saprositischen) *Mycetozoen*. Die einfachsten Verhältnisse zeigen die *Lobosen*, welche wir als die gemeinsame Stammgruppe aller übrigen Rhizopoden betrachten. Die wichtigste Lobosen-Form ist Amoeba, jene primitive Urform der autonomen nackten Zelle, die auch im Leben vieler anderer Organismen eine so grosse Rolle spielt (amoeboide Jugendformen von Protophyten und Protozoen verschiedener Classen, amoeboide Fortpflanzungszellen von Metaphyten und Metazoen, Lymphocyten der höheren Thiere u. s. w.).

Die Organisation der Rhizopoden unterscheidet sich von derjenigen aller übrigen Protisten vor Allem durch die Bildung der Sarcanten, jener unbeständigen Plasmopodien, welche in wechselnder Zahl, Form und Grösse aus der Oberfläche des nackten Cytosom hervortreten und sowohl als Organellen der Empfindung und Bewegung, wie der Nahrungsaufnahme und des Stoffwechsels dienen. Bei den primitiven Lobosen sind die Sarcanten einfache *Lobopodien* von geringer Zahl, meistens unverästelte, kurze und dicke Fortsätze des Cytosom, welche niemals Netze bilden. Bei den übrigen vier Classen finden sich statt deren sehr zahlreiche feine und dünne *Pseudopodien*, die gewöhnlich stark verästelt sind und durch Zusammenfliessen ihrer veränderlichen Aeste Plasmanetze bilden (Plasmodien). Diese sind namentlich sehr entwickelt bei den Mycetozoen und Thalamophoren, sowie bei einem Theile der Radiolarien; hingegen bleiben bei einem anderen Theile der letzteren, und bei den Heliozoen, die strahligen Pseudopodien meistens einfach und unverästelt (Astropodien).

Die Individualität der Rhizopoden zeigt sehr mannichfache Verhältnisse. Permanente Monobionten sind die meisten *Lobosen* und *Heliozoen*, die einkammerigen Thalamophoren (*Monostegia* und *Monothalamia*), sowie die grosse Mehrzahl der *Radiolarien*. Coenobionten hingegen sind einzelne sociale Lobosen (Synamoebinen, Acrasideen) und einige Helizoen, ferner sämmtliche *Mycetozoen*, die vielkammerigen Thalamophoren (*Polystegia* und *Polythalamia*), sowie die kleine Gruppe der socialen Radiolarien (die *Polycyttarien* aus der Legion der Spumellarien). Die Ausbildung der Coenobien geschieht bei diesen verschiedenen Gruppen der socialen Rhizopoden in sehr mannichfaltigen und verschiedenartigen Verhältnissen. Sehr locker und unbestimmt sind meistens die Zellvereine bei den Lobosen, Mycetozoen und Heliozoen; sehr fest und bestimmt dagegen bei den höher entwickelten Classen der Thalamophoren und Radiolarien,

Der Zellkern der Rhizopoden zeigt ebenfalls sehr verschiedene und mannichfaltige Bildungs-Verhältnisse. Im Allgemeinen bleibt derselbe einzeln und einfach bei den niederen und kleineren Formen der Hauptclasse, so bei den meisten Lobosen und Heliozoen. Dagegen treten mit dem zunehmenden Wachsthum des Cytosoms zahlreiche kleine Zellkerne an Stelle des ursprünglichen einfachen, so bei den Mycetozoen, den meisten Thalamophoren und den socialen Radiolarien. In anderen Fällen bleibt der Kern zwar in der Einzahl bestehen, nimmt aber im Laufe der individuellen Entwickelung ungewöhnliche Dimensionen und Structurverhältnisse an, so bei vielen Radiolarien.

Für die Ernährung aller Rhizopoden ist characteristisch (— im Gegensatze zu derjenigen der Infusorien —) der beständige Mangel einer constanten Mundöffnung und Afteröffnung; beide sind überflüssig, da das Cytoplasma des Celleus nicht allein unmittelbar durch die Sarcanten die Nahrung aufnimmt, sondern auch deren Verdauung und den Auswurf der unverdaulichen Stoffe besorgt. Daher fehlen auch meistens Systoletten oder constante »contractile Vacuolen«; nur bei einem Theile der Lobosen, Mycetozoen und Heliozoen (besonders bei Süsswasser-Bewohnern) sind dieselben vorhanden.

Die Fortpflanzung der Rhizopoden erfolgt in einzelnen kleineren Gruppen durch einfache Zweitheilung, so bei den meisten Lobosen und Heliozoen, sowie unter den Radiolarien bei einem Theile der Polycyttarien und Phaeodarien. Dagegen ist die gewöhnlichste Form der Vermehrung die Sporenbildung. *Paulosporen* (ohne Geisseln) bilden die Lobosen, einige Heliozoen und die meisten Thalamophoren; *Zoosporen* (mit einer oder zwei Geisseln) produciren die Mycetozoen, einige (pelagische) Thalamophoren und alle Radiolarien. Conjugation geht in einigen Fällen der Sporenbildung voraus. Dagegen ist wirkliche sexuelle Differenzirung unter den Rhizopoden sehr selten. Sie scheint nur bei den socialen Radiolarien vorzukommen, welche weibliche Macrosporen und männliche Microsporen bilden.

§ 119. Classification der Rhizopoden.

Die Hauptmasse des Rhizopoden-Stammes wird durch die beiden grossen Classen der marinen *Thalamophoren* und *Radiolarien* gebildet; jene bevölkern in ungeheuren Massen kriechend oder sitzend den Boden des Meeres (*Benthos*); diese schweben ebenso massenhaft schwimmend an der Oberfläche des Oceans und in verschiedenen Tiefen desselben (*Plankton*). Jede von diesen beiden Classen zeichnet sich aus durch eigenthümliche Skeletbildungen von beispielloser Mannichfaltigkeit, und jede enthält mehrere tausend Arten; die morphologischen Charactere beider Classen sind scharf ausgeprägt, so dass über ihren Umfang und ihre Grenzen heute kein Streit mehr besteht. Die Sarcanten sind in beiden Classen sehr zahlreich und fein, reticulär, mit lebhafter Körnchenströmung. Das polymorphe mineralische Skelet ist bei den Thalamophoren meistens aus Kalkerde, bei den Radiolarien aus Kieselerde gebildet; das Cytosom ist bei den ersteren von sehr einfacher Beschaffenheit, bei den letzteren hingegen in äusseres Calymma und innere Centralkapsel differenzirt.

Eine dritte, vorzugsweise das Süsswasser bewohnende Classe von Rhizopoden bilden die Heliozoen; sie erscheinen am nächsten den Radiolarien verwandt, unterscheiden sich aber von ihnen durch Mangel der Centralkapsel und durch einfach strahlige Bildung der Pseudopodien, die wenig oder gar nicht verschmelzen. Dagegen besteht die grösste Neigung zur Bildung reticulärer Plasmodien bei einer vierten Classe, den Mycetozoen; diese erscheinen am nächsten verwandt den Thalamophoren; sie unterscheiden sich von ihnen aber dadurch, dass ihre formlosen Plasmanetze im beweglichen Zustande nackt bleiben und nur im Ruhezustande, wenn die Sporenbildung eintritt, sich mit einer einfachen Hülle umgeben. Die terrestrischen Mycetozoen leben grösstentheils als Saprositen, seltener als Parasiten, auf verwesenden vegetalen Substanzen, faulem Holz und Laub u. s. w. Mit den echten

Pilzen, zu denen man sie gewöhnlich stellt, haben sie gar keine wirkliche Stamm-Verwandtschaft.

Eine fünfte, kleinere, aber sehr wichtige Classe von Rhizopoden bilden die Lobosen, die nackten *Amoebinen* und die beschalten *Arcellinen*; letztere finden sich vorzugsweise im süssen Wasser, erstere überall im süssen und salzigen Wasser, in feuchter Erde und parasitisch in anderen Organismen. Sie zeichnen sich vor den anderen vier Rhizopoden-Classen durch die einfache Beschaffenheit ihres einzelligen Organismus aus, und durch die einfache Form ihrer unverästelten, niemals reticulären Sarcanten, der characteristischen *Lobopodien*.

Wir betrachten die *Lobosen*, und unter ihnen die einfachsten nackten Formen, die *Amoebinen*, als die gemeinsame Stammgruppe, aus der sich die vier übrigen Rhizopoden-Classen entwickelt haben (§ 121). Aus den nackten Amoebinen sind einerseits die beschalten *Arcellinen* (durch Ausbildung eines Cythecium) hervorgegangen, anderseits die *Mycetozoen* (durch Zusammenfliessen vieler Amoeben und Ausbildung reticulärer Plasmodien). An die beschalten Arcellinen schliessen sich sehr nahe die Gromiaden und andere Monostegier an, die Stammformen der *Thalamophoren*. Dieser formenreiche Stamm spaltet sich in die beiden Hauptzweige der *Imperforaten* (oder Eforaminien) mit solider Schale, und der *Perforaten* (oder Foraminiferen) mit poröser Schale.

Nach einer anderen Richtung hin haben sich aus den *Amoebinen* die Actinophrynen entwickelt, die wir als die Stammgruppe der *Heliozoen* und *Radiolarien* betrachten; die beiden letzteren Classen sind eng verknüpft durch die primitiven, nackten, kugeligen Formen: *Actinosphaerium* und *Actissa*. Der Stamm der Radiolarien, die formenreichste unter allen Protisten-Klassen, spaltet sich in die beiden Subclassen der *Porulosen* (mit poröser Centralkapsel) und der *Osculosen* (mit solider Centralkapsel); jede von beiden Subclassen entwickelt die grösste Mannichfaltigkeit der Skeletbildung, jede in mehr als zweitausend Arten.

(§§ 120 und 121 s. auf Seite 164 und 165.)

§ 122. Erste Classe der Rhizopoden:

Lobosa. Amoebaria.

(*Amoebina. Protoplasta. Infusoria rhizopoda. Lappinge.*)

Stamm der primitiven Rhizopoden mit Lobopodien und mit Systoletten.

Rhizopodien mit Lobopodien oder lobosen Sarcanten. Cytosom einfach, ohne Netzbildung, meistens mit einem Nucleus und einer Systolette. Fortpflanzung meistens durch Theilung (selten Sporenbildung oder Knospung).

§ 120. System der Rhizopoden.

Classen	Charactere	Ordnungen	Familien
I. Lobosa Sarcanten lobulär (meist einfach und fingerförmig): Lobopodien.	Fortpflanzung durch Theilung, bisweilen durch Paulosporen (Amoebosporen), selten Zoosporen	1. **Amoebina** *Gymnolobosa* Ohne Schale 2. **Arcellina** *Thecolobosa* Mit Schale	1. Monamoebina 2. Synamoebina (Acrasidea) 3. Difflugina 4. Quadrulina (Euglyphina)
II. Mycetozoa (Myxomycetes) Sarcanten reticulär, ein nacktes Plasmodium bildend	Fortpflanzung durch Sporen, die anfangs flagellat, später amoeboid sind	3. **Basidomyxa** (*Ectosporeae*) Ohne Sporangium 4. **Peridomyxa** (*Endosporeae*) Mit Sporangium	1. Ceratomyxina 2. Incapillata (sine capillitio) 3. Capillitata (cum capillitio)
III. Heliozoa Sarcanten einfach, radiär (selten etwas verästelt, nicht netzbildend): Actinopodien	Fortpflanzung meistens durch Theilung, seltener durch Sporenbildung	5. **Aphrothoraca** Weich, ohne Skelet 6. **Chalarothoraca** Mit Stückel-Skelet 7. **Desmothoraca** Mit Gitterschale	1. Actinophryida 2. Raphidophryida 3. Clathrulinida
IV. Thalamophora Sarcanten reticulär, Netz von Pseudopodien ausserhalb der Kammerschale. Keine Centralkapsel. Fortpflanzung durch Paulosporen (selten flagellate Zoosporen)	IV. A. **Imperforata** Eforaminia Schale solid, nicht siebförmig	8. **Monostegia** Schale einkammerig 9. **Polystegia** Schale vielkammer.	1. Ammodinetta 2. Ovulinetta 3. Lituoletta 4. Milioletta
	IV. B. **Perforata** Foraminifera Schale siebförmig, von Löchern durchbohrt	10. **Monothalamia** Schale einkammerig 11. **Polythalamia** Schale vielkammer.	5. Orbulinetta 6. Lagenetta 7. Nodosaretta 8. Globigeretta 9. Nummulinetta
V. Radiolaria Sarcanten radiär und meistens reticulär. Calymma und Central-Kapsel durch eine Membran getrennt. Fortpflanzung durch flagellate Zoosporen	V. A. **Porulosa** Centralkapsel siebförmig, mit zahllosen feinen Poren	12. **Spumellaria** (*Peripylea*) 13. **Acantharia** (*Actipylea*)	1. Collodaria 2. Sphaerellaria 3. Acanthometra 4. Acanthophracta
	V. B. **Osculosa** Centralkapsel solid, mit einer einzigen grossen Hauptöffnung (Osculum)	14. **Nassellaria** (*Monopylea*) 15. **Phaeodaria** (*Cannopylea*)	5. Plectellaria 6. Cyrtellaria 7. Phaeocystina 8. Phaeocoscina

§ 121. Stammbaum der Rhizopoden.

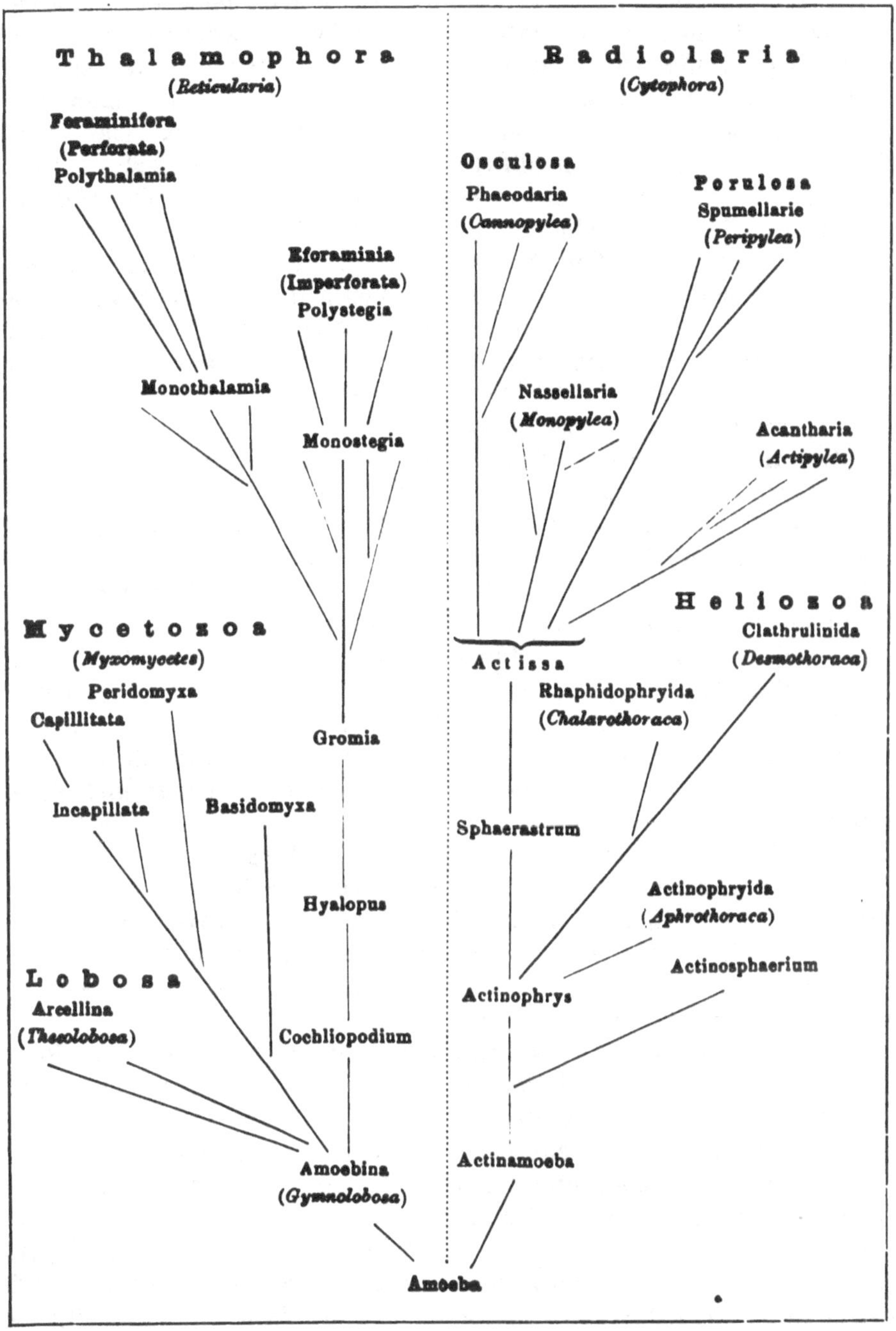

Die Classe der Lobosen (= *Protoplasten* oder *Amoebarien*) umfasst diejenigen Rhizopoden, deren Sarcanten einfach oder nur schwach verästelt sind, aber keine Plasma-Netze bilden; gewöhnlich sind dieselben fingerförmig, kurz und stumpf, und treten nur in sehr geringer Zahl aus dem Cytosom hervor. Die kleineren Lobosen enthalten nur einen einzigen Zellkern, die grösseren dagegen mehrere. Das Cytoplasma ist meistens deutlich differenzirt in ein körniges, halbflüssiges *Endoplasma* und ein hyalines, festeres und contractiles *Ectoplasma*; in letzterem liegt gewöhnlich eine Systolette oder eine constante contractile Vacuole. Die Fortpflanzung erfolgt gewöhnlich durch Zweitheilung (*Hemitomie*), seltener durch Vieltheilung (*Polytomie*); die letztere geht bisweilen in Sporenbildung über. Die Sporen sind bald ruhende *Paulosporen*, bald bewegliche *Amoebosporen*; selten verwandelt sich die amoeboide Spore vorübergehend in eine flagellate Zelle (Schwärmspore), so bei *Plasmodiophora*.

Wir theilen die Classe der Lobosen in zwei Ordnungen: Amoebina oder *Gymnolobosa* (mit nacktem Celleus) und Arcellina oder *Thecolobosa* (mit beschaltem Celleus). Die nackten Amoebinen sind überall verbreitet, im süssen wie im salzigen Wasser, in faulenden Flüssigkeiten, einige auch in feuchter Erde; die schalentragenden Arcellinen bewohnen grösstentheils das süsse Wasser. Die letzteren haben sich aus den ersteren durch Bildung einer festen Schale oder eines »Zellgehäuses« (Cythecium) entwickelt, wahrscheinlich polyphyletisch. Als die gemeinsame Stammform aller Lobosen (und vermuthlich zugleich aller Rhizopoden) betrachten wir *Autamoeba*, die typische gewöhnliche »Amoebe« einfachster Art, mit einem Nucleus und einer Systolette.

Die Lobopodien oder »Lappenfüsschen« sind diejenigen motorischen und zugleich nutritiven Organellen, welche die Classe der *Lobosa* in erster Linie characterisiren. Bei den nackten *Amoebinen* können dieselben aus jeder beliebigen Stelle des formveränderlichen Cytosoms gebildet werden; bei den gepanzerten *Arcellinen* treten sie nur auf der Bauchseite, aus der Mündung der Schale frei hervor, während die Rückenseite des Celleus vom Panzer bedeckt ist. Bald erscheinen die lobulären Sarcanten nur als homogene unbeständige Fortsätze des hyalinen Ectoplasma, bald als wirkliche Ausstülpungen des Celleus, indem auch ein Theil des körnigen Endoplasma in die Axe des dickeren Lobopodiums hineintritt. Zahl, Form, Grösse und Bewegungsart der Lobopodien sind mannichfaltigen Modificationen unterworfen. Doch gilt für die grosse Mehrzahl der Lobosen die Regel, dass die Zahl der gleichzeitig vortretenden Sarcanten zwischen 5 und 15 schwankt, und dass ihre Länge kleiner ist als der grösste Durchmesser des Celleus. Meistens sind sie einfach, fingerförmig oder kegelförmig, mit stumpfer oder abgerundeter Spitze; seltener erscheinen sie zugespitzt und schwach verästelt. Allerdings ist eine scharfe Grenze zwischen ihnen und den langen, fadenförmigen, spitzen Pseudopodien der Heliozoen und Radiolarien nicht zu ziehen; aber niemals zeigen die Aeste der Lobopodien die Neigung zur Verschmelzung und Netzbildung, welche bei den meisten übrigen Rhizopoden (namentlich Mycetozoen und Thalamophoren) besteht. Daher sind auch die Schalen der Lobosen niemals perforate oder Gittergehäuse.

Die langsamen Bewegungen der veränderlichen und empfindlichen Lobopodien dienen ebensowohl zur Locomotion, wie zur Nahrungsaufnahme. Feste fremde Körper werden von denselben umflossen und in das Innere des Cytosoms hineingedrängt, wo sie der Verdauung unterliegen. Die autonomen nackten *Amoebinen* und die von ihnen abstammenden beschalten *Arcellinen* verhalten sich in diesen Beziehungen genau so, wie die »amoeboiden Zellen«, welche theils als vorübergehende Jugendzustände von anderen Protisten erscheinen (»*Amoebillen*« oder »amoeboide Larven«), theils als Gewebe-Zellen im Körper vieler Histonen (amoeboide Sporen von Metaphyten, Lymphzellen und amoeboide Eizellen von Metazoen). An den amoebiformen Blutzellen einer Nacktschnecke (*Thetis*) haben wir schon 1859 nachgewiesen, dass diese »*Phagocyten*« ebenso Indigokörner und andere feste Körper in sich aufnehmen, wie es die gewöhnlichen autonomen Amoeben thun.

Diese bedeutungsvolle Uebereinstimmung, welche sowohl in den physiologischen als in den morphologischen Eigenthümlichkeiten zwischen den amoeboiden Gewebzellen der Histonen, den Amoebillen-Larven der Protisten und den permanent-autonomen Amoeben besteht, führt uns zu der Ueberzeugung, dass die letzteren, als eine der ältesten und primitivsten Protisten-Formen, von hervorragender phylogenetischer Bedeutung sind. Man kann sich vorstellen, dass die Amoebinen direct aus amoeboiden Moneren (*Protomoeba*) durch Ausbildung eines Zellkerns entstanden sind, und dass von ihnen die meisten anderen Protozoen abstammen (also auch die Stammformen der Metazoen). Man könnte aber auch anderseits behaupten, dass die ältesten Amoebinen direct aus einfachsten Protophyten durch Metasitismus entstanden seien, z. B. aus primitiven Algarien (Palmellaceen). Endlich käme in Frage die nahe Beziehung der Amoebinen zu den Flagellaten, insbesondere zu den Zoomonaden; noch heute giebt es Uebergangsformen zwischen beiden Classen (*Mastigamoeba*, *Podostoma* etc.). Auch gehen in der Ontogenese verschiedener Protisten vielfach amoeboide Phasen in flagellate über, und umgekehrt. Es bleibt weiterhin zu untersuchen, wieviel von diesem Wechsel in der Bewegungsform palingenetisch, wie viel cenogenetisch ist. Im Allgemeinen muss die amoeboide Bewegungsform des Cytoplasma als die ältere und primitivere gelten; die flagellate hat sich daraus erst secundär entwickelt.

§ 123. Erste Ordnung der Lobosen:

Amoebina = Gymnolobosa.

Lobosa nuda, sine testa solida.

Stammgruppe der Rhizopoden.

Die Ordnung der Amoebinen oder *Gymnolobosen* umfasst die nackten, schalenlosen Lobosen, deren Celleus in der Kinese keine feste Hülle besitzt; nur vorübergehend in der Paulose umgeben sich manche Amoebinen mit einer Cystenhülle. Die Unterschiede, welche die verschiedenen Amoebinen-Gattungen zeigen, gründen sich daher nur auf die verschiedene Bildung des Cytosoms und der Lobopodien, die Zahl der Kerne und die Art der Fortpflanzung. Die meisten Gymnolobosen leben im Süsswasser, überall verbreitet; andere kommen im Meere, einige auch in feuchter Erde vor; viele leben als Parasiten in anderen Organismen.

Als echte *Amoebinen* fassen wir hier nur jene nackten Lobosen auf, die als autonome Protozoen sich ernähren und fortpflanzen. Oft sind diese allerdings nicht zu unterscheiden von juvenilen Amoebillen, und von amoeboiden Gewebzellen vieler Metaphyten und Metazoen. Amoebillen oder *amoebiforme Keimzustände* von vorübergehender ontogenetischer Bedeutung finden sich unter den Protophyten bei verschiedenen Algarien und Algetten, besonders bei Mastigoten und Siphoneen; die Zoosporen und Geisselzellen dieser »einzelligen Algen« gehen oft in »Amoeboid-Phasen« über. Unter den Protozoen kommen dergleichen vor in der Ontogenese vieler *Fungillen*, besonders der Chytridinen und Gregarinen; ferner bei allen *Mycetozoen* (als »Myxamoeben«) und bei einem Theile der *Flagellaten* (Zoomonaden, Catallacten). Unter den Metaphyten gehen die Zoosporen vieler Algen in amoeboide Zustände über. Sehr verbreitet sind amoebiforme Gewebzellen unter den Metazoen: jugendliche Eizellen, bewegliche Connectiv-Zellen, Lymphzellen u. s. w. sind von gewöhnlichen kleinen autonomen Amoeben nicht zu unterscheiden. Diese weite Verbreitung von amoebiden Zellen in allen Hauptgruppen der organischen Formenwelt verleiht den Amoebinen, im Zusammenhang mit ihren physiologischen Eigenthümlichkeiten, eine ganz besondere phylogenetische Bedeutung. Allerdings ist dabei in Betracht zu ziehen, dass zugleich die Amoeben die indifferenteste Form der nackten beweglichen Zellen darstellen, und dass gerade die »Formlosigkeit«, der Mangel einer beständigen characteristischen Gestalt zu ihrem Wesen gehört. Es bedarf daher einer vollständigen Kenntniss des ontogenetischen Zeugungskreises und der Herkunft, um ein sicheres Urtheil über die allenthalben vorkommenden »Amoeben« fällen zu können.

Das Genus Autamoeba, die typische Stammgattung der Lobosen, und somit vielleicht aller Rhizopoden, ist eine ganz einfache nackte Zelle, die nur einen Zellkern enthält; ihr Cytosom zeigt mehr oder weniger deutlich die Differenzirung in körniges Endoplasma und hyalines Ectoplasma, und aus letzterem tritt eine geringe Anzahl von einfachen, fingerförmigen, stumpfen Lobopodien hervor. Wenn die letzteren nur sehr schwach oder blosse lappenförmige Ausbuchtungen der Zelle sind, bezeichnen wir sie als *Limacamoeba* (»Limax-Form«); wenn sie breit und blattförmig sind, als *Petalamoeba* (»Petalopus-Form«), wenn sie kegelförmig und spitz (den Pseudopodien der *Actinophrys* ähnlich) werden, als *Actinamoeba*. Bisweilen ist die ganze nackte Oberfläche des Amoeben-Celleus und seiner Lobopodien mit vielen kurzen steifen Plasmaborsten besetzt (*Dinamoeba*). Einzelne Gymnolobosen bilden auch zeitweilig eine schwingende Geissel, die sie wieder einziehen können (*Podostoma, Mastigamoeba, Dactylosphaera*).

Amoebinen, welche zu ungewöhnlicher Grösse heranwachsen, erhalten zahlreiche Zellkerne, so die grosse *Pelomyxa palustris* (von 2 mm Durchmesser und darüber); diese pflanzt sich durch Polytomie fort, indem das Cytosom in zahlreiche kleine einkernige Amoeben zerfällt. Selten wird bei Amoebinen Encystirung beobachtet und Zerfall der kugeligen encystirten Zelle in zahlreiche Sporen. Gewöhnlich pflanzen sich die Gymnolobosen nur im beweglichen Zustande durch einfache Zweitheilung fort (bald mit directer, bald mit indirecter Kerntheilung). Die meisten Amoebinen besitzen eine Systolette oder contractile Vacuole; bei der Theilung wird gewöhnlich in jeder Zellhälfte eine neue Vacuole gebildet. Bei manchen kleineren (namentlich parasitischen) Amoeben wird die Systolette vermisst.

Als connectente Uebergangsformen von den echten Amoebinen zu den nahe verwandten Mycetozoen sind zwei kleine Familien von Interesse, welche die Botaniker neuerdings gewöhnlich zu dieser letzteren Classe stellen, die parasitischen *Plasmodiophoreen* und die coprositischen *Acrasideen*. Die ersteren leben schmarotzend in den Gewebezellen von Anthophyten, besonders von Cruciferen (*Plasmodiophora Brassicae*, Kohlkropf) und von Leguminosen (*Phytomyxa Leguminosarum*). Die kleinen, mit einer Geissel versehenen Amoeben, welche aus den kugeligen Sporen dieser Plasmodiophoren ausschlüpfen, bohren sich in die Zellen der Wurzeln ein und erzeugen durch massenhafte Vermehrung grosse knollenförmige Geschwülste. Die parasitische Amoebe wächst innerhalb der befallenen Gewebzelle (die sich ebenfalls krankhaft vergrössert) zu beträchtlicher Grösse an und zehrt deren Plasma allmählich auf. Sodann zieht sie ihre spitzen, allseitig in der Wirthzelle ausgespannten Pseudopodien ein und zerfällt in sehr zahlreiche kleine Zellen; jede von diesen umgiebt sich mit einer kugeligen Sporenhülle. Ein Sporangium wird nicht gebildet, da dessen protective Function die Cellulose-Membran der getödteten und aufgefressenen Wirthzelle übernimmt. Aehnliche kleine amoeboide Zellparasiten, welche in thierischen Gewebzellen vorkommen, bilden den unmittelbaren Uebergang zu *Gregarinen*.

Die Acrasideen (oder *Sorophoreen*) leben als Saprophyten auf den Excrementen von Wirbelthieren und auf faulenden Geweben. Sie bilden Coenobien eigenthümlicher Art (*Synamoebien*); viele kleine Amoeben kriechen zusammen und erzeugen ein »Pseudoplasmodium« oder Aggregat-Plasmodium; d. h. die associirten Zellen liegen zwar eng an einander, verschmelzen aber nicht, wie es bei den echten Plasmodien der Mycetozoen der Fall ist. Nachher bilden dieselben »nackte Fruchtkörper«, die bei den *Guttulineen* ungestielt sind, bei den *Dictyosteleen* gestielt. Bei letzteren findet Ergonomie der coenobionten Amoeben statt, indem die einen einen axialen Stiel bilden, die anderen auf dessen Scheitel einen Ballen von nackten Sporen.

§ 124. Zweite Ordnung der Lobosen.

Arcellina = Thecolobosa.

Lobosa testacea, cum testa solida.

Limnetische Gruppe der Panzer-Amoebinen.

Die Ordnung der Arcellinen oder *Thecolobosen* umfasst diejenigen monobionten Lobosen, deren Cytosom auch im frei beweglichen Zustande von einer beständigen festen Hülle umgeben ist; dieselbe enthält meistens nur eine einzige grosse Oeffnung, zum Austritt der Lobopodien, selten sind zwei oder mehr Oeffnungen vorhanden. Fast alle Arcellinen leben weit verbreitet im süssen Wasser, einige auch in feuchter Erde. Die Grundform der Schale ist fast immer monaxon (selten etwas bilateral, durch Krümmung der verticalen Axe oder Beginn einer spiralen Aufrollung). Die flachen Schalen (mit kurzer Axe) haben die Form eines Uhrglases oder flachen Napfes, gewölbt bis zur Halbkugel; die hohen Schalen (mit langer Axe) sind meistens eiförmig, birnförmig oder urnenförmig. Die geschlossene Wölbung der Schale (am Acralpol) ist meistens abgerundet, seltener mit einem Stachel oder einer »Scheitelspitze« bewaffnet; in der Mitte der flachen Bauchseite (am Basal-Pol) liegt die kreisrunde Mündung. Die Lobopodien, die aus derselben hervortreten, sind meistens einfach, dick und wenig zahlreich, stumpf und fingerförmig; seltener sind sie spitz und schwach verästelt (aber nicht reticulär), so z. B. bei *Euglypha*. Das Cytosom enthält meistens eine Systolette (bisweilen auch zwei, selten mehr). Der Nucleus ist ursprünglich stets gross und einfach; wenn mehrere Kerne im Celleus liegen, ist dies wohl als Vorbereitung zur Fortpflanzung zu deuten. Diese erfolgt meistens durch Zweitheilung, seltener Vieltheilung oder Sporenbildung; bisweilen geht derselben eine Copulation voraus, wobei die beiden Gameten sich mit den Schalen-Mündungen an einander legen. Einige Arcellinen vermehren sich auch durch Knospung; aus der nackten Bauchfläche des Cytosoms, dessen Rückenfläche von der Schale bedeckt ist, wachsen mehrere (meistens 4—8) Knospen hervor, die sich von der Mutterzelle abschnüren (ähnlich wie bei Acineten).

Das Cythecium oder »Zellgehäuse« der Thecolobosen zeigt trotz der geringen Zahl der Genera beträchtliche Unterschiede in Form und Structur. Wir unterscheiden danach folgende vier Familien: 1) Cochlopodina: Schale dünn, chitinös oder membranös, oft biegsam und elastisch, structurlos, ohne Mineraltheile (*Cochliopodium*, *Hyalosphenia* etc.); 2) Difflugina: Schale sandig oder mit Fremdkörpern incrustirt (*Difflugia* mit gerader Axe, *Lecquereusia* mit gekrümmter oder spiraler Axe); 3) Arcelladina: Schale chitinös, mit feiner Gitterstructur (*Arcella*, *Pyxidicula*); 4) Euglyphina: Schale zusammengesetzt aus zahlreichen chitinösen oder kieseligen Plättchen, welche bald quadratisch sind (*Quadrulina*), bald hexagonal (*Euglypha*), bald kreisrund oder elliptisch (*Cyphoderia*). Alle diese verschiedenen Schalenformen lassen sich von der Membran-Hülle der Cochlopodinen ableiten, die aus gewöhnlichen Amoeben durch Bildung einer schützenden Rückendecke entstanden sind; alle haben eine kreisrunde Schalenmündung auf der Bauchfläche. Dagegen besitzen die Ditremina (*Ditrema*, *Diplophrys*) zwei Schalen-Oeffnungen, an beiden Polen der Axe, eine acrale und eine basale Mündung. Die *Cochlopodinen* können zugleich als die Stammgruppe der *Thalamophoren* betrachtet werden; sie unterscheiden sich von der reticulären Stammform dieser Classe, *Gromia*, wesentlich nur durch die einfachere Bildung ihrer Pseudopodien. Hyalopus (= *Gromia Dujardinii*) bildet eine connectente Zwischenform zwischen beiden Classen; die Aeste ihrer hyalinen Pseudopodien sind körnchenfrei und verschmelzen nicht.

§ 125. Zweite Classe der Rhizopoden:

Mycetozoa = Myxomycetes.

Myxozoa. Myxogasteres. Schleimthiere. Pilzthiere.

Stamm der terrestrischen saprositischen Rhizopoden.

Rhizopoden mit nacktem, vielkernigem, reticulärem Cytosom in der Kinese, mit Sporenbildung in der Paulose. Aus den Thecosporen schlüpft eine flagellate Zoospore aus, welche in eine Amoebille sich verwandelt. Viele von diesen kriechenden Amoebillen fliessen zusammen und bilden ein reticuläres Plasmodium.

Die Classe der Mycetozoen oder »Pilzthiere« wurde bisher meistens unter der Bezeichnung *Myxomycetes* in das Pflanzenreich gestellt und als eine Ordnung der echten Pilze (*Mycetes*) betrachtet. In der That haben sie zu diesen ebenso wenig wirkliche Verwandtschaft wie die Bacterien (vergl. § 107). Die Botaniker, welche noch heute diese ganz verschiedenen Klassen von saprositischen und parasitischen Organismen unter dem Begriffe der Pilze vereinigen, nehmen denselben Standpunkt ein, wie vor 50 Jahren die Zoologen, welche die verschiedensten parasitischen Platoden und Helminthen unter dem bionomischen Begriffe der »Eingeweidewürmer« (Entozoa) zusammenstellten. Die oberflächliche Aehnlichkeit, welche die blasenförmigen runden Fruchtkörper einiger Mycetozoen mit denjenigen einiger echten Pilze (Gastromycetes) zeigen, beruht auf Convergenz und hat nicht die geringste phylogenetische Bedeutung.

Alle Mycetozoen leben terrestrisch auf verwesenden organischen Substanzen, besonders faulem Holze, Blättern, Lohe u. s. w., seltener auf thierischem Mist. Sie treten in zwei verschiedenen Zuständen auf, einem beweglichen nutritiven und einem ruhenden reproductiven. In der Kinese erscheinen alle Mycetozoen als echte Rhizopoden, welche einerseits den *Lobosen*, anderseits den *Thalamophoren* nächst verwandt sind. Gleich den letzteren bilden sie ausgedehnte Plasmanetze mit sehr veränderlicher Configuration der zusammenfliessenden Aeste und mit lebhafter Körnchenströmung. Die nackten Plasmakörper können eine sehr bedeutende Grösse erreichen (mehrere Centimeter und darüber, bei den grössten Formen 10—30 Ctm.). Sie werden als Plasmodien bezeichnet, da sie durch Zusammentritt und Verschmelzung vieler ursprünglich getrennten Amoeben entstehen. Eigentlich sind dieselben mithin als *Synamoebien* zu betrachten, als bewegliche und formunbeständige Coenobien von *Gymnolobosen*. Die Zahl der Kerne in diesen »*Fusions-Plasmodien*« zeigt die Zahl der Amoeben an, welche in deren Zusammensetzung aufgegangen sind; doch können auch die Kerne in den wachsenden Plasmodien weiterhin durch Theilung sich vermehren. Die langsame Ortsbewegung und Nahrungsaufnahme der schleimigen kriechenden Plasmodien erfolgt ganz ebenso wie bei den ähnlichen Plasmanetzen der reticulären Thalamophoren. Nachdem durch Nahrungsaufnahme der nackte, rahmähnliche Plasmakörper (meist von weisser oder gelblicher Farbe) eine gewisse Grösse erreicht hat, zieht er sich zu einer kugeligen oder länglich-runden (oft gestielten, birnförmigen oder cylindrischen) Masse zusammen, scheidet eine structurlose feste Hülle aus und verwandelt sich in eine Sporenblase (Peridium).

In der Paulose zerfällt das Plasma, welches das Sporangium erfüllt, zum grössten Theile in zahllose kleine Sporen, die sich mit einer Cellulose-Hülle umgeben. Meistens bleibt ein kleiner Theil des Plasma zurück und verwandelt sich in ein flockiges *Capillitium*, ein Netzwerk von feinen, verästelten Strängen und Fasern, welches den Hohlraum des blasenförmigen Sporangium (oder *Peridium*) durchzieht. Bei einzelnen Mycetozoen geschieht die Sporenbildung nicht innerhalb solcher »*Endosporeen*«-Peridien, sondern durch Bildung von kleinen, polygonalen Platten, deren jede auf ihrer Aussenseite eine gestielte Spore knospen lässt, ähnlich den Conisien und Basidien der Pilze (so bei der »*Ectosporeen*«-Gattung *Ceratomyxa*).

Die Entwickelung der keimenden Sporen erfolgt bei allen echten Mycetozoen in derselben Weise. Aus der kugeligen befruchteten Sporenhülle schlüpft eine kleine nackte Zelle hervor, die sich alsbald in einen mastigophoren Schwärmer verwandelt, nicht zu unterscheiden von den einfachsten Formen der Flagellaten (*Zoomonaden*). Die Geisselzelle enthält einen Kern und eine Systolette (seltener 2 oder 3); meistens trägt sie nur eine schwingende Geissel (selten 2). Die Schwärmzellen oder Zoosporen nehmen Nahrung auf und vermehren sich durch Theilung, gleich echten autonomen Flagellaten. Nachdem sie einige Zeit umhergeschwommen sind, ziehen sie die Geisseln ein und verwandeln sich in kleine Amoeben. Diese Amoebillen (oder Myxamoeben) kriechen unter beständiger Formveränderung langsam umher, nehmen ebenfalls reichlich Nahrung auf und vermehren sich durch Theilung. Nach einiger Zeit kriechen viele Amoebillen auf einen Haufen zusammen, verschmelzen mit einander und bilden so das »Fusions-Plasmodium«.

Unter den beweglichen Zuständen der Mycetozoen sind mithin drei verschiedene Phasen zu unterscheiden, die alle drei, einzeln für sich, mit anderen Protisten-Formen verwechselt werden könnten. Die einkernigen Zoosporen gleichen vollkommen gewöhnlichen kleineren Flagellaten, ebenso wie die Schwärmsporen anderer Protisten. Die

Amoebillen, welche direct aus ihnen durch Verlust der Geisselbewegung entstehen, sind nicht zu unterscheiden von einfachen autonomen Amoeben; die Plasmodien endlich, welche durch Zusammenfluss vieler Amoebillen entstehen, zeigen ganz dieselbe Bildung und Plasmabewegung wie die reticulären vielkernigen Plasmakörper grösserer Thalamophoren. Besonders bemerkenswerth ist dabei noch die Leichtigkeit, mit welcher der flagellate und der amoeboide Zustand der jugendlichen Mycetozoen-Zelle in einander übergehen und wiederholt abwechseln können.

Für die Phylogenie der Mycetozoen ergiebt sich aus diesen ontogenetischen Thatsachen der Schluss, dass sie keinerlei Verwandtschaft mit den echten Pilzen (Mycetes) besitzen, vielmehr als echte Rhizopoden zu betrachten sind, welche von Amoebinen abstammen. Die *Acrasideen* (oder Sorophoreen) und die *Plasmodiophoreen* bilden Uebergangsformen zwischen beiden Gruppen (§ 125). Der flagellate Zustand kann bei den Mycetozoen ebenso palingenetisch beurtheilt werden, wie bei ihren Gymnolobosen-Ahnen.

§ 126. Dritte Classe der Rhizopoden:

Heliozoa. Sonnenthierchen.

Stamm der limnetischen Rhizopoden mit Actinopodien.

Rhizopoden mit Actinopodien oder einfachen radialen, niemals reticulären Pseudopodien. Cytosom einfach, ohne Centralkapsel, ohne constante Systolette. Skelet fehlend oder kieselig, von sehr einfacher Bildung. Fortpflanzung durch Theilung oder Sporenbildung.

Die Classe der Heliozoen oder »Sonnenthierchen« umfasst eine geringe Anzahl von niederen Rhizopoden, welche einerseits an die Lobosen, anderseits an die Radiolarien sich anschliessen und gewissermaassen eine Mittelstellung zwischen diesen beiden Classen einnehmen. Die Zahl der bekannten Formen beläuft sich auf etwa 20 Genera und 40 Species, von denen die grosse Mehrzahl das Süsswasser bewohnt, und zwar gewöhnlich als »Plankton« schwebend. Einzelne Arten leben auch im Salzwasser; Parasitismus kommt hier ebenso wenig vor als in den beiden folgenden Classen.

Der einzellige Organismus der Heliozoen erscheint gewöhnlich als eine Cytoplasma-Kugel, deren Centrum einen echten Nucleus einschliesst, und von deren Oberfläche zahlreiche feine Pseudopodien ausstrahlen. Nur wenige grössere Formen (namentlich *Actinosphaerium*) enthalten zahlreiche kleine Zellkerne. Das Cytoplasma ist meistens deutlich differenzirt, indem eine dunklere körnige Marksubstanz (Endoplasma) sich absetzt von einer helleren vacuolisirten Rindensubstanz (Ectoplasma). Niemals aber sind diese beiden Plasmaschichten durch eine feste Membran geschieden, wie sie die Centralkapsel aller echten Radiolarien darstellt.

Die Sarcanten oder Pseudopodien, welche in grosser Zahl von der kugeligen Oberfläche des Cytosom ausstrahlen, haben stets die besondere Form der Actinopodien; d. h. es sind sehr feine und dünne, ziemlich starre Plasmafäden, welche gewöhnlich einfach bleiben, selten sich verästeln, und nur unter gewissen Umständen mit einander verschmelzen. Die typische »Körnchenströmung« fehlt denselben nicht, wohl aber die Reticulation und die Circulation der Körnchen in den Plasmanetzen, welche die Mycetozoen und Thalamophoren auszeichnen. Bei den meisten Heliozoen — vielleicht bei allen? — werden die *Actinopodien* zeitweise zu Axopodien, d. h. es erscheint in ihrer Axe ein sehr dünner fester »Axenfaden«, welcher den weicheren Plasma-Ueberzug stützt. Bei den grösseren Formen (besonders *Actinosphaerium*) lassen sich die radialen Axenfäden bis in den Mittelpunkt des kugeligen Cytosom verfolgen; sie können aber auch beim Einziehen der Pseudopodien ganz verschwinden.

Die meisten Heliozoen leben für gewöhnlich isolirt, als Monobionten, schwebend im Wasser mit allseitig ausgestreckten Actinopodien. Einzelne Arten können sich auch durch einen ausgeschiedenen Stiel am Boden befestigen (*Actinolophus, Clathrulina*). Einige andere Arten bilden Coenobien, indem eine variable Anzahl von kugeligen Individuen einer Art sich associiren und in einer gemeinsamen Gallerthülle vereinigt leben (so bei *Sphaerastrum conglobatum, Rhaphidiophrys elegans* u. A.). Die einzelnen Individuen des Coenobiums hängen dann nicht durch vielverästelte Plasma-Netze zusammen (wie bei den ähnlichen Zellvereinen der Polycyttarien oder der socialen Radiolarien), sondern durch kurze und dicke cylindrische Plasma-Arme, welche in geringer Zahl (meistens 3—6) von den kugeligen Zellen ausgehen. Auch in diesen Coenobien, deren gemeinsame Gallerthülle an der Oberfläche durch ein Stückelskelet geschützt sein kann, findet keine reticuläre Verschmelzung der einfachen Actinopodien statt, die allseitig von den einzelnen socialen Kugelzellen ausstrahlen.

Systoletten oder constante echte, topographisch fixirte »contractile Blasen«, wie sie die Lobosen und Infusorien (— auch die Zoosporen vieler anderen Protisten besitzen —) kommen bei den Heliozoen nicht vor, ebenso wenig als bei den Thalamophoren und Radiolarien. Dagegen werden sehr häufig, (vielleicht zeitweise bei allen Heliozoen?) inconstante contractile Vacuolen gebildet. An wechselnden Stellen der Körperoberfläche treten dünnwandige Blasen hervor, welche sich zeitweilig contrahiren und wieder mit Wasser anfüllen; ihre Zahl beträgt bei den kleineren Heliozoen meist nur 1 oder 2, bei den grösseren 4—20, bisweilen auch noch mehr. Bei dem grossen *Actinosphaerium Eichhornii* (das gegen 1 mm Durchmesser erreicht, und in dessen körnigem Endoplasma zahlreiche, oft mehrere hundert Zellkerne liegen), lässt sich deutlich zeigen, dass die grossen »contractilen Blasen« unbeständige Vacuolen sind, welche bald hier bald dort aus dem vacuolisirten Ectoplasma hervortreten.

Die Fortpflanzung der Heliozoen erfolgt gewöhnlich durch Zweitheilung; daneben kommt aber auch (vielleicht allgemein?) Vieltheilung oder Sporenbildung vor. Bei *Actinosphaerium* zerfällt das encystirte kugelige Cytosom (nachdem die Pseudopodien eingezogen sind) in 16, 32 oder mehr einkernige Paulosporen, deren jede sich mit einer kugeligen Kieselschale umgiebt. Bei *Acanthocystis, Clathrulina* u. A. ist die Bildung von eiförmigen (einkernigen) Schwärmsporen beobachtet, die am spitzen Pole eine oder zwei Geisseln tragen.

Skeletbildung fehlt den niedersten und ältesten Formen der Heliozoen, den Aphrothoraca; zu diesen gehören zwei der gemeinsten und interessantesten Formen, die kleine einkernige *Actinophrys sol* und das grosse vielkernige *Actinosphaerium Eichhornii*; die kleine einkernige Jugendform, welche aus den Paulosporen der letzteren ausschlüpft, ist der ersteren gleich. Wir betrachten *Actinophrys* als die gemeinsame Stammform der Heliozoen; sie ist aus Amoebinen hervorgegangen, deren stumpfe fingerförmige Lobopodien sich in spitze kegelförmige Actinopodien umbildeten (§ 121). Aus *Actinophrys* sind die übrigen Heliozoen durch Erwerbung eines Kieselskelettes entstanden. Bei den Chalarothoraca (oder *Rhaphidophryida*) ist dasselbe ein Stückel-Skelet, zusammengesetzt aus vielen einzelnen Kieselkörpern, bald radialen Nadeln, bald tangentialen Stäbchen, Schuppen oder Plättchen. Bei den Desmothoraca hingegen (*Clathrulina, Orbulinella*) wird die Kugelzelle von einer kieseligen Gitterkugel umgeben. In diesen und anderen Beziehungen schliessen sich die Heliozoen an die Radiolarien an. Die nahe Verwandtschaft beider Classen wird durch mehrfache connectente Formen vermittelt, wie *Actinosphaerium, Acanthocystis, Clathrulina*; denkt man sich an dem kugeligen Cytosom dieser Heliozoen das körnige Endoplasma von dem vacuolisirten oder gallertigen Ectoplasma durch eine feste Membran (Centralkapsel) getrennt, so entstehen einfache Radiolarien-Formen (*Thalassicolla, Actinelius, Cenosphaera*).

§ 127. Vierte Classe der Rhizopoden.

Thalamophora = Reticularia.

(*Foraminifera s. ampl. Acyttaria. Thalamaria. Kammerlinge.*)

Stamm der reticulären kammerschaligen Rhizopoden.

Rhizopoden mit reticulären Pseudopodien, ohne Centralkapsel, ohne Systoletten. Polymorphe Schale ursprünglich einkammerig, später meist vielkammerig, meistens aus Kalkerde gebildet. Fortpflanzung nur durch Sporenbildung, gewöhnlich Paulosporen (selten Zoosporen).

Die Classe der Thalamophoren oder *Reticularien* (— oft noch heute unpassend als *Foraminiferen* bezeichnet —) ist äusserst formenreich und umfasst mehrere tausend Arten von marinen Rhizopoden, welche sämmtlich in der Bildung einer festen Kammerschale (*Thalamium*) oder eines Zellgehäuses (*Cythecium*) übereinstimmen, sowie in der einfachen Beschaffenheit des beweglichen Cytosoms, aus dem zahlreiche reticuläre Pseudopodien hervortreten. Die wechselnde Configuration dieses Cytoplasma-Netzes und die lebhafte Körnchenströmung in demselben haben am meisten Aehnlichkeit mit denjenigen der Mycetozoen und der meisten Radiolarien. Von ersteren unterscheiden sich aber die Thalamophoren durch die Bildung ihrer Schale, von letzteren durch den Mangel der Centralkapsel (— falls man nicht die Schale selbst mit dieser homolog erklärt —). Die grosse Masse der Thalamophoren gehört dem Benthos an und lebt kriechend, seltener festgewachsen auf dem Boden des Meeres; nur eine einzige Gruppe (mit wenigen Gattungen und Arten, aus der Unterordnung der *Globigeretten*) kommt massenhaft schwimmend im Plankton vor. Die Kalkschalen dieser letzteren bilden mächtige Sedimente der Tiefsee (Globigerinen-Schlamm); die fossilen Kalkschalen der ersteren setzen grosse Gebirgsmassen zusammen (Nummuliten-Kalk u. s. w.). Im auffallenden Gegensatze zu dem einförmigen und einfachen Plasma-Bau des reticulären Weichkörpers steht die ausserordentliche Mannichfaltigkeit in der Bildung der festen Schale, welche von diesem ausgeschieden wird; daher kann nur diese letztere zur Classification der polymorphen Classe benutzt und für deren Phylogenie verwerthet werden.

Als zwei Subclassen der Thalamophoren unterscheiden wir zunächst die *Imperforata* und *Perforata*; sie entsprechen den beiden Subclassen der Radiolarien, die wir als *Osculosa* und *Porulosa* gegenüberstellen. Die Schale der Imperforata (oder *Eforaminia*) ist solid, nicht porös, und besitzt nur eine einzige Oeffnung, aus welcher das bewegliche Cytosom hervortritt, um seine Plasma-Netze zu bilden. Die

Schale der Perforata hingegen (— oder der *Foraminifera* im eigentlichen Sinne —) ist porös und siebförmig von zahlreichen feinen Oeffnungen durchbrochen; aus allen diesen Poren können Pseudopodien hervortreten, ebenso wie aus der einfachen Hauptöffnung (— falls eine solche vorhanden ist —).

Nächst dem Mangel oder dem Besitze von Schalen-Poren ist für die Classification der Thalamophoren am wichtigsten die Unterscheidung der einzelligen und vielzelligen Formen. Monobionten oder »einzellige Thalamophoren«, gewöhnlich als »Einkammerige« bezeichnet, sind die imperforaten *Monostegia* und die perforaten *Monothalamia*. Dagegen betrachten wir als Coenobionten oder »vielzellige Thalamophoren« die sogenannten »Vielkammerigen«, die imperforaten *Polystegia* und die perforaten *Polythalamia*. Das individuelle Cytosom, das mit seiner Schale zusammen gewöhnlich in dieser Classe als »Kammer« bezeichnet wird, ist nach unserer Ansicht als echte »Zelle« aufzufassen; demnach der »vielkammerige Organismus« als ein Zellverein oder Coenobium. Mithin ergeben sich für die generelle Eintheilung der ganzen Classe folgende vier Ordnungen:

Individualität der Thalamophoren.	**Imperforata** (*Eforaminia*)	**Perforata** (*Foraminifera*)
Einzellige Thalamophoren (*Monobionten*)	1. **Monostegia** (Ammodinetta, Ovulinetta)	3. **Monothalamia** (Orbulinetta, Lagenetta)
Vielzellige Thalamophoren (*Coenobionten*)	2. **Polystegia** (Lituoletta, Milioletta)	4. **Polythalamia** (Nodosaretta, Globigeretta, Nummulinetta).

§ 128. Monobionte und coenobionte Thalamophoren.

Wie bei allen übrigen Protisten, so bildet auch bei allen Thalamophoren der einzellige Zustand (*Monobion*) den ursprünglichen gemeinsamen Ausgangspunkt; und zwar gilt auch hier dieser Fundamentalsatz ebenso in phylogenetischer wie in ontogenetischer Beziehung. Im Beginn der individuellen Entwickelung gleicht das Cytosom der jungen Thalamophoren einer einfachen Arcelline (etwa *Pleurophrys*); dasselbe ist gewöhnlich schon frühzeitig von einer einfachen Schale bedeckt und schliesst einen einzigen Zellkern ein.

Bei vielen Monobionten bleibt derselbe zeitlebens einfach; bei den meisten Einkammerigen aber, und bei allen Coenobionten, vermehrt sich der Nucleus mit zunehmendem Wachsthum der Zelle durch Theilung, und bei allen grösseren Formen sind zahlreiche kleine Kerne im Cytoplasma zerstreut. Viele kleinere Coenobionten oder »Vielkammerige« zeigen in jeder Kammer einen einzigen Zellkern, während gewöhnlich (bei allen grösseren Formen) jede Kammer mehrere, oft viele Kerne enthält. Es findet sich demnach hier dasselbe Verhältniss wieder, wie bei vielen anderen Protisten von bedeutender Körpergrösse (Siphoneen, Fungilletten, Mycetozoen); mit dem Wachsthum der Zelle vermehrt sich die Zahl ihrer Kerne, ohne dass eine entsprechende Spaltung des Cytoplasma nachfolgt. Sobald die Fortpflanzung (durch Sporogonie) eintritt, werden bei allen Thalamophoren sehr zahlreiche Kerne gebildet, je einer für jede Spore.

Bei der grossen Mehrzahl der Thalamophoren überschreitet das Wachsthum die erbliche individuelle Grenze, welche der einzelligen Stammform gesteckt war; nachdem die feste Schale (— die primäre Kammer —) mit ihrer Mündung gebildet ist, setzt das fortwachsende Cytosom an dieser letzteren eine neue »Kammer« an, die mit der ersteren in Verbindung bleibt; dieser »Vermehrungs-Process« der Kammern, der sich bei den grösseren Formen oftmals wiederholt, ist nach unserer Ansicht nur eine besondere Form der Knospung (*Gemmatio*); alle secundär gebildeten Kammern oder Nachkammern (*Epithalami*) sind individuelle Zellen (im eigentlichsten Sinne!); wie die zweite Kammer durch terminale Knospung aus der ersten entstanden ist, aus der Urkammer (*Archithalamus*), so entsteht die dritte aus der zweiten, die vierte aus der dritten u. s. w. in catenaler Reihenfolge. Wir betrachten demnach einen grossen Nummuliten, dessen Kalkschale mehrere tausend »Kammern« enthält, als ein Coenobium, das aus ebenso vielen »Zellen« zusammengesetzt ist. Diese naturgemässe Auffassung kann nicht durch den Umstand beeinträchtigt werden, dass die lebendigen Cytosomen, als die »Bewohner der Kalkzellen«, durch Cytoplasma-Bänder in Zusammenhang bleiben; denn ein gleicher inniger Zusammenhang bleibt auch bei vielen anderen Protisten bestehen, deren associirte Zellinge durch unvollständige Spaltung sich vermehren (z. B. in den kugeligen Coenobien der Volvocinen, Halosphaeren, Heliozoen, Sphaerozoen u. s. w.).

Die mannichfaltige Form des Wachsthums der Coenobien betrachten wir als die nächste directe Ursache der vielgestaltigen Schalenbildung der Thalamophoren; sie ist in hohem Maasse von den Anpassungs-Bedingungen, der Umgebung und Lebensweise abhängig. Daher zeigen die planktonischen Globigeretten (kaum 20 Arten, aus 8 Gattungen) eine hohe Einförmigkeit und Beständigkeit in der Schalenbildung; alle übrigen Thalamophoren hingegen (mehrere tausend Arten, mit mehr als hundert Gattungen) sind in Anpassung an die benthonische Lebensweise dem grössten Wechsel der variablen Schalenbildung unterworfen.

Als zwei Hauptformen der Coenobien bei den Thalamophoren betrachten wir die *Isothalamien* und die *Allothalamien*. Bei den einfacher gebauten Isothalamien sind alle Kammern der Schale (höchstens die erste ausgenommen) gleich oder nahezu gleich, so bei den Catenal-Coenobien von *Hormosina*, *Rheophax* und den primitiven *Nodosarien*. Die grosse Mehrzahl der Thalamophoren sind dagegen Allothalamien, indem die Grösse und Gestalt der zahlreichen, durch Knospung aus einander entstehenden Kammern beständig sich verändert, meistens regelmässig zunehmend. Da keine erkennbare Ergonomie diesem Polymorphismus der Kammern zu Grunde liegt, ist derselbe einfach als die nothwendige Folge des beständig an Intensität gesteigerten Wachsthums zu betrachten.

§ 129. Schalen-Material der Thalamophoren.

Die Schale aller Thalamophoren ist ursprünglich eine echte Cuticula d. h. eine erhärtete Ausscheidung des Cytosoms; das chemische Material derselben bildet ursprünglich Chitin oder eine organische, gallertige, stickstoffhaltige Substanz, welche diesem nächst verwandt ist. Nur bei sehr wenigen Formen (*Gromia*, *Myxotheca* und einigen verwandten Ammodinetten) bleibt dieser primitive Schalen-Character bestehen; gewöhnlich wird die biegsame und durchsichtige, gelbliche, »hornähnliche« Chitinschale durch Aufnahme von Mineralien verstärkt und zwar in dreifacher Weise: 1) durch Verkittung mit Sand (oder Caement); 2) durch Verbindung mit kohlensaurem Kalk; 3) durch Verbindung mit Kieselerde. Diese letztere Form kommt nur sehr selten vor; z. B. bei einigen Nodosaretten und Orbitulinen, sowie bei Milioliden aus sehr grosser Tiefe. Auch die Sandschalen gehören zum grössten Theile der Tiefsee an, und sind fast nur für wenige niedere imperforate Gruppen von Bedeutung. Die grosse Mehrzahl der Thalamophoren bildet feste Kalkschalen; der kohlensaure Kalk in denselben ist in wechselnder Quantität mit der chitinösen Grundlage verbunden und wird mit ihr zusammen vom Cytoplasma abgeschieden.

Auf Grund dieser vierfachen Verschiedenheit in der chemischen Zusammensetzung der Schalen-Substanz hat man vier Hauptgruppen von Thalamophoren unterschieden: 1) Chitinosa (wenige Formen von sehr einfachem Bau, stets imperforat); 2) Arenacea oder *Agglutinantia* (zahlreiche Formen, meistens imperforat, von ansehnlicher

Grösse und in der Tiefsee lebend); 3) Silicea (sehr wenige Formen, meistens imperforat, in grossen Tiefen); 4) Calcarea (die grosse Mehrzahl aller Formen, sowohl der perforaten als der imperforaten). Diese Unterscheidung besitzt aber weder morphologischen, noch systematischen und phylogenetischen Werth. Denn die chemische Beschaffenheit der Schale ist in hohem Maasse abhängig von der Anpassung an die Umgebung, vor Allem von der Beschaffenheit des Meeresbodens, auf dem die Thalamophoren leben; sie ändert sich oft sehr bedeutend zugleich mit dieser letzteren, und zwar innerhalb einer und derselben Species. Milioliden einer und derselben Art haben in der Regel eine imperforate Kalkschale von characteristischer porcellanartiger Beschaffenheit; wenn dieselbe marine Art aber in Brackwasser einwandert, verliert sie nach und nach ihre Kalkerde, in demselben Maasse, als der Salzgehalt des Wassers abnimmt. Zuletzt bleibt eine reine Chitinschale übrig, ohne mineralische Zuthat. Diese kann aber wieder in eine Sandschale sich verwandeln, indem das abgeschiedene Chitin feinere oder gröbere Sandkörnchen in sich aufnimmt. In grösseren Meerestiefen wird der Kalk derselben Milioliden durch reine Kieselausscheidung ersetzt. Auch in mehreren anderen Gruppen (namentlich bei den Lituoliden und Textulariden) giebt es isomorphe Reihen von Kalkschalen und Sandschalen. Bei manchen Textulariden verwandelt sich die perforate Kalkschale späterhin in eine imperforate Sandschale, indem eine secundäre Incrustation erfolgt. Auch in anderen Gruppen giebt es alle möglichen Uebergänge zwischen chitinösen und halbsandigen, ganzsandigen und sandig-kalkigen, halbkalkigen und ganzkalkigen Schalen. Offenbar sind diese Verschiedenheiten unmittelbar von der Beschaffenheit des Bodens, auf dem das Thier lebt, sowie der Nahrung und des Wassers abhängig. Die erbliche characteristische Wachsthumsform der Schale wird durch diese Anpassungen oft wenig oder gar nicht verändert.

Neuerdings ist die Theorie aufgestellt worden, dass alle kalkschaligen Thalamophoren ursprünglich von sandschaligen abstammen, und dass die »irregulär agglutinirenden *Astrorhiziden*« die gemeinsame Stammgruppe darstellen, aus welcher zunächst vier parallele Reihen von »regulär agglutinirenden Entwickelungsstufen« hervorgegangen seien: 1) *Cornuspiriden,* 2) *Textulariden*, 3) *Lituoliden* und 4) *Fusiliniden.* Aus diesen vier Typen sollen sich erst später vier entsprechende »kalkige Entwickelungsstufen« hervorgebildet haben, indem die ursprüngliche Sandschale sich allmählich in eine reine Kalkschale verwandelt habe. In einzelnen Fällen ist dies richtig; in anderen Fällen aber findet gerade das Umgekehrte statt. Die Palaeontologie spricht ebenfalls nicht zu Gunsten jener Theorie, die wir im Grossen und

Ganzen für irrthümlich halten. Nach unserer Ansicht besassen vielmehr die ältesten Thalamophoren reine Chitinschalen (wie *Gromia*). Die eine Reihe ihrer Descendenten bewirkte deren Verstärkung durch Ausscheidung von Kalkerde, eine andere Reihe durch Verkittung mit Sand und anderen Fremdkörpern; bei einer dritten Reihe fanden beide Processe combinirt oder abwechselnd statt.

§ 130. Catenation der Thalamophoren.

Die zahlreichen Versuche, welche zur Classification der Thalamophoren seit ihrer Entdeckung (1730) unternommen wurden, stützten sich mehr als ein Jahrhundert hindurch fast ausschliesslich auf die äussere Gestalt der Schale, sowie die Form, Anordnung und Zusammensetzung ihrer Kammern. Erst während der letzten dreissig Jahre wurde mehr Gewicht auf die feinere Structur und die chemische Composition der Schale gelegt. Früher verglich man allgemein die vielkammerigen Schalen mit den ähnlichen Kalkschalen der Cephalopoden und glaubt demnach hier wie dort denselben eigenthümlichen »Bauplan« oder »Bildungstypus« zu entdecken. Seitdem die einfache Sarcode-Natur des einzelligen Organismus entdeckt wurde (1835), musste natürlich jener falsche Vergleich mit den Mollusken hinfällig werden; aber trotzdem blieb die Ansicht herrschend, dass ein bestimmtes einheitliches »Bildungsgesetz« die Anordnung der Kammern und somit den Aufbau des vielkammerigen Organismus beherrsche; auch neuerdings, wo die »einzellige« Natur desselben scharf betont wurde, blieb man bei der Auffassung stehen, dass ihre Kammern nur subordinirte Theile oder Organe eines »einheitlich gebauten« Organismus seien.

Nach unserer eigenen Auffassung ist der ganze Aufbau der vielkammerigen Schale lediglich die Folge der Catenation, d. h. jener reihenweisen Bildung von *Catenal-Coenobien*, die wir auch in so vielen anderen Gruppen von Protisten angetroffen haben (§ 49). Wenn die Urkammer oder »Primordial-Kammer« (*Archithalamus*) durch terminale Gemmation eine erste Nachkammer (*Epithalamus*) erzeugt, diese ebenso eine zweite u. s. w., und wenn dann diese Kammern in der Reihenfolge ihrer Knospung vereinigt bleiben, so bilden sie ein Coenobium von bestimmter Form. Diese Form ist nicht das Resultat irgend eines prämeditirten »Bauplans«, sondern lediglich des »Zufalls«, welcher die Reihenfolge und Anordnung der knospenden und associirten Kammern (oder »Zellen«) bedingt. Ursprünglich wirkt nur die Form des Wachsthums und die Anpassung an die zufälligen Verhältnisse der Umgebung als Ursache der Kammerordnung. Nur insofern diese Anordnung durch Vererbung beständig wird und sich auf die divergenten

Zweige des Stammes überträgt, kann man von einem »Bildungstypus« der Thalamophoren und seinen Modificationen sprechen.

Die Zahl der verschiedenen Hauptformen, in denen ein solches Catenal-Coenobium durch einfache Aufreihung der knospenden Zellen-Generationen entstehen kann, ist von vornherein sehr beschränkt. Wir unterscheiden nur vier solcher Hauptformen: 1) Nodosal-Typus (*Rhabdoid-Schale*); die Axe der einfachen serialen Kammerfolge ist eine gerade (oder schwach gebogene) Linie (*Hormosinida*, *Nodosarida* u. A.). 2) Planospiral-Typus (*Nautiloid-Schale*): die Axe der Kammer-Reihe ist in einer Ebene spiral aufgerollt; diese Ebene ist die Median-Ebene des Nautilus-ähnlichen Gehäuses, welche dasselbe in zwei symmetrisch gleiche Antimeren theilt (*Lituolida, Nummulinetta* u. A.). 3) Turbospiral-Typus (*Turbinoid-Schale*): die Axe der Kammerkette steigt nach Art einer Wendeltreppe oder Schraube empor, so dass die Windungen der asymmetrischen Schale nur auf einer Seite derselben sichtbar sind (*Trochamminida, Rotalida* u. A.). 4) Acerval-Typus (*Soroid-Schale*); die Kammern sind ohne bestimmte Ordnung an einander gereiht, so dass eine constante Axe an der irregulären Schale überhaupt nicht zu unterscheiden ist (*Acervulina, Polytrema* u. A.).

Auf diese vier Hauptformen der Catenal-Coenobien lassen sich fast alle vielkammerigen Thalamophoren zurückführen. Die Orbital-Coenobien (*Orbitulites, Orbitoides*), mit cyclischen concentrischen Kammerringen, schliessen sich an den Planospiral-Typus an. Eine besondere fünfte Gruppe bilden daneben noch die Arboral-Coenobien, die bei grossen Polystegiern sich finden: baumförmig verästelte Sandröhren, an denen jeder Ast eine terminale Mündung besitzt und eine »Kammer« darstellt (*Dendrophryida, Ramulinida* etc.).

Da die verschiedenen Formen der *Catenal-Coenobien* in mannichfaltigen Modificationen sich bei verschiedenen Familien der imperforaten *Polystegia* und der perforaten *Polythalamia* auf ganz ähnliche Weise wiederholen, und da dieselben mehrere parallele Entwickelungsreihen zeigen, so halten wir die Entstehung derselben für polyphyletisch, ohne phylogenetischen Werth für die Classification der Hauptgruppen.

§ 131. Species der Thalamophoren.

Die Zahl der verschiedenen Formen, welche bisher als »Species« von Thalamophoren beschrieben worden sind, übersteigt 3000; davon kommen ungefähr 1000 auf lebende, gegen 2000 auf fossile Arten. Viele von diesen sogenannten »Species« sind so continuirlich durch Connectenten oder »verbindende Uebergangsformen« verknüpft, dass man sie auch nur als Varietäten oder Subspecies einer einzigen »guten

Art« betrachten kann (vergl. § 25). In einigen Gruppen der Thalamophoren ist eine ganz ausserordentliche Variabilität der Species nachgewiesen; daher konnten sogar einige hervorragende Kenner dieser Classe auf den sonderbaren Gedanken kommen, dass hier gar keine »*Species*« in gewöhnlichem Sinne existiren, sondern bloss *Genera*, ja, dass man eigentlich nur wenige »Familien-Typen« unterscheiden könne. Diese irrthümliche Ansicht bedarf heute keiner Widerlegung mehr, nachdem die Descendenz-Theorie das Dogma von der Constanz und dem absoluten Begriff der Species zerstört hat. Ausserdem gilt dieser ungewöhnliche Grad von Veränderlichkeit nur für einen Theil der Thalamophoren, namentlich für sehr primitive Formen (Astrorhiziden, Lituoliden u. s. w.). Bei einem anderen Theile, namentlich bei vielen höheren und differenzirten Formen (z. B. Globigeriniden, Nummulitiden), ist die relative (!) Constanz der Species ebenso gut ausgeprägt, wie bei höheren Thieren. Viele einzelne fossile Arten von hoch differenzirten Thalamophoren sind characteristisch für einzelne Gebirgs-Formationen und setzen deren Hauptmasse in Milliarden von Individuen zusammen; geringe individuelle Unterschiede derselben sind oft gar nicht nachzuweisen, in anderen Fällen nicht grösser, als sie auch sonst bei Varietäten einer sogenannten »guten Art« vorkommen. So ist *Fusulina cylindrica* characteristisch für den Kohlenkalk von Russland und Nord-Amerika, *Orbitulites praecessor* für den südalpinen Lias, *Orbitulina lenticularis* für die untere Kreide, *Globigerina cretacea* für die obere Kreide, *Quinqueloculina saxorum* für den »Miliolidenkalk« des Pariser Mittel-Eocaen; im älteren Tertiär-Gebirge sind 8 verschiedene Horizonte durch 8 Paare von Nummuliten-Arten bestimmt characterisirt (jedes Paar aus einer grossen und einer nahe verwandten kleinen Form bestehend).

Besonders hervorzuheben ist die Thatsache, dass nicht wenige, scharf characterisirte Species von Thalamophoren seit Millionen von Jahren ihre Schalenform unverändert beibehalten haben; so haben sich zwei Arten von *Lagena* (*L. laevis* und *L. sulcata*) von der Silur-Zeit an bis zur Gegenwart conservirt; *Truncatulina lobatula* (sehr häufig im Tertiaer) von der Carbonzeit bis zur Gegenwart; *Cristellaria rotulata* erscheint im Lias, ist sehr häufig in der Kreide, seltener im Tertiaer, kommt aber auch noch lebend vor; ebenso *Pulvinulina Partschii*. Zahlreiche Arten von Thalamophoren aus verschiedenen Familien finden sich häufig in mehreren Schichten der Tertiaer-Formation und zugleich lebend (z. B. *Triloculina trigonula*, *Orbitulites complanata*, *Alveolina melo*, *Textularia carinata*, *Globigerina bulloides*, *Calcarina Spengleri*, *Polystomella crispa* etc.). Mehrere von den genannten und von anderen Arten kommen auch schon in der Kreide vor.

Die Variabilität der Species zeigt mithin bei den Thalamophoren keine anderen Verhältnisse, als auch bei anderen Thierclassen; sie ist in einzelnen (besonders niederen) Gruppen sehr gross, in anderen (den meisten höheren) Gruppen sehr gering; und die Mehrzahl der Species dürfte jenen mittleren Grad der relativen Beständigkeit zeigen, den wir auch bei vielen anderen Protisten antreffen.

Die wenigen Merkmale, die überhaupt zur Unterscheidung der zahlreichen Thalamophoren verwerthet werden können, sind sämmtlich der Anpassung an die Existenz-Bedingungen der Umgebung in hohem Maasse unterworfen: die Zusammensetzung der Schalen-Substanz, die Anordnung der Kammern (Knospenfolge), die Bildung der Oeffnungen, durch welche die Pseudopodien aus der Schale austreten. Dass trotzdem durch Vererbung die einmal zur Gewohnheit gewordene Wachsthums-Form sich häufig durch Jahr-Millionen constant erhält, zeigt die grosse Zahl der »guten Arten«. Die Thalamophoren des Plankton, die in ungeheuren Massen unter sehr gleichförmigen Bedingungen leben (— sämmtlich *Globigeretten* —), bilden sehr wenige und nur constante Arten; dagegen sind viele Species der Benthos-Formen (besonders an vielgestaltigen, algenreichen Küsten) den mannichfaltigsten Umbildungen unterworfen.

§ 132. Palaeontologie der Thalamophoren.

Die grosse Zahl der fossilen Thalamophoren (gegen 2000 Arten) und die ungeheuren Massen, in denen dieselben grosse Gebirge zusammensetzen, ist die natürliche Ursache gewesen, dass vorzugsweise die Palaeontologen das systematische Studium dieser Classe gefördert haben. Gerade von dieser Seite ist auch mehrfach neuerdings der Versuch gemacht worden, das System der Thalamophoren phylogenetisch zu erläutern und die zahlreichen grösseren und kleineren Formengruppen von einer gemeinsamen Grundform abzuleiten. Diese Versuche waren theilweise verfehlt, insofern sie nur auf der äusseren Morphologie der Schalen und dem Nachweis ihrer palaeontologischen Succession beruhten. Die Ontogenie und Physiologie des Organismus wurde dabei wenig oder nicht in Betracht gezogen.

Die positiven Daten der Palaeontologie ergeben zunächst für die Stammesgeschichte der Thalamophoren folgende Thatsachen: 1) Aus den ältesten fossiliferen Formationen (Cambrium, Silur) sind nur wenige Formen gut erhalten, meistens nur in Steinkernen (Glauconit-Sand von Petersburg und Nord-Amerika); auch die devonischen Reste sind spärlich. 2) Im Carbon (Kohlenkalk) tritt plötzlich eine äusserst reiche Fauna von Thalamophoren auf, in welcher die Mehrzahl der lebenden Familien vertreten ist, auffallender Weise auch schon die höchst organisirten Formen, die jetzt noch leben (Nummulites, Amphistegina, Calcarina u. s. w.); daneben bilden ganze Gebirgsmassen die Fusuliniden, die auf Carbon und Perm beschränkt sind. 3) Die Trias-Formation liefert eine viel geringere Zahl von Arten, vorzugsweise pelagische Globigerinen. Dagegen sind sehr zahlreiche Arten aus den verschiedensten Familien im Jura, theilweise auch in der Kreide erhalten. 4) In der älteren Tertiaer-Zeit erreicht die Entwickelung der Thalamophoren ihre höchste Blüthe; in ungeheuren Massen treten gebirgsbildend die grössten und vollkommensten Formen auf, vor Allen die riesigen Nummuliten, daneben die stattlichen Alveolinen und Orbituliten, ferner Massen von Milioliden. 5) In der jüngeren Tertiaer-Zeit ist ein grosser Theil dieser Riesenformen erloschen, und die Thalamophoren-Fauna nimmt allmählich den Character an, den sie noch heute besitzt.

Für die Phylogenie der Thalamophoren ergeben sich aus diesen positiven Daten der Palaeontologie zahlreiche wichtige Schlüsse im Einzelnen, besonders bezüglich der historischen Succession und Umbildung der kleineren Formen-Gruppen. Dagegen ist dieselbe von geringem Werthe für die grossen Züge ihrer Stammesgeschichte, und namentlich für die Frage von der Entstehung der Hauptgruppen (Ordnungen und Unterordnungen). Denn in der Carbonzeit sind bereits die meisten Hauptgruppen der Classe differenzirt; es muss daher der Process ihrer Divergenz selbst in die früheren, silurischen und praesilurischen Zeiten fallen, aus welchen uns nur wenige oder gar keine fossilen Reste erhalten sind.

Ausserdem ist stets zu berücksichtigen, dass die palaeontologische Urkunde hier, wie überall, höchst empfindliche Lücken besitzt; Lücken, die theils in geologischen, theils in biologischen Verhältnissen begründet sind (§ 4, 5). Die Palaeontologen, geblendet durch den Reichthum der positiven Daten, legen diesen zu grosses Gewicht bei, und würdigen nicht genug kritisch die Mängel jener negativen Lücken. Daher fällt auch hier, wie in den meisten anderen Gruppen des Thier- und Pflanzenreichs, die Ergründung der Stammesgeschichte zum grössten Theile der vergleichenden Morphologie zu; sie hat in diesem Falle vor Allem die Ontogenie der Thalamophoren-Schale und den Process ihres Wachsthums zu untersuchen, und die Bedingungen zu erforschen, von denen derselbe abhängt. Zur richtigen Beurtheilung derselben sind aber gründliche Kenntnisse in der vergleichenden Anatomie und Physiologie des einzelligen Organismus erforderlich; die Palaeontologen, denen diese fehlen, kommen leicht zu irrthümlichen phylogenetischen Schlüssen.

§ 133. Classification der Thalamophoren.

Die systematische Unterscheidung der zahlreichen lebenden und fossilen Thalamophoren, ihre Gruppirung in »natürliche Familien« und deren Einfügung in wenige grosse Hauptgruppen oder Ordnungen hat eine sehr umfangreiche und zum Theil werthvolle Litteratur hervorgerufen. Trotzdem sind wir von einer klaren Einsicht in das natürliche, d. h. phylogenetische System dieser formenreichen Protozoen-Classe noch weit entfernt. Ja gerade einige der grössten und umfassendsten Monographieen der neuesten Zeit, sowie einige palaeontologische Versuche über die Stammesgeschichte der »Foraminiferen«, haben zu den widersprechendsten Auffassungen geführt. Der heutige Zustand ihrer Classification (— wie er z. B. in den unlogischen Definitionen der Challenger-Foraminiferen vorliegt —) kann nicht als ein System, sondern nur als ein Chaos bezeichnet werden. Denn man hat darauf verzichtet — ja sogar es geradezu als einen Fehler bezeichnet! — klare Definitionen der grösseren und kleineren Formen-Gruppen zu geben; und doch sind vor Allen sichere und klare Begriffe derselben nöthig, ehe man an die schwierige Aufgabe denken kann, den wahren phylogenetischen Zusammenhang derselben zu enträthseln. Dabei war besonders verhängnissvoll der grosse, auch sonst überall wiederkehrende Irrthum, dass man zwei verwandte Formen-Gruppen nicht im System trennen dürfe, weil sie durch »Uebergangsformen« untrennbar zusammenhängen. Nach diesem Princip müsste man überhaupt auf die Aufstellung jedes Systems verzichten; denn alle organischen Formen hängen ursprünglich mit anderen phylogenetisch zusammen.

In dem nachstehenden Entwurfe eines Systems der Thalamophoren (§ 134) haben wir uns bemüht, unter Verwerthung der besten vorliegenden Systeme zunächst die klare Definition von 4 Ordnungen und 9 Unterordnungen der Classe zu geben, sowie 33 Familien zu unterscheiden. Der gegenüberstehende (provisorische) Stammbaum (§ 135) soll andeuten, in welcher Weise der phylogenetische Zusammenhang derselben bei einer monophyletischen Auffassung der ganzen Classe ungefähr gedacht werden kann. Doch wollen wir gleich hinzufügen, dass gerade in dieser Classe die polyphyletische Ableitung der grösseren Gruppen von verschiedenen einfachen Stammformen viele Gründe für sich hat. So primitive Formen, wie die einfachsten *Ammodinetten* (Gromia, Pilulina) und *Ovulinetten* (Ovulina, Sqamulina) unter den Imperforaten, ebenso die *Orbulinetten* (Orbulina, Psammosphaera) und *Lagenetten* (Lagena, Spirillina) unter den Perforaten, können vielmals, unabhängig von einander entstanden sein, indem eine einfache nackte Rhizopoden-Zelle (*Actinophrys*-ähnlich) sich mit einer schützenden Hülle umgab (*Myxotheca, Gromia*).

Der einfache Weichkörper, der bei allen Thalamophoren im Wesentlichen dieselben primitiven Bau-Verhältnisse zeigt, liefert keinerlei Anhaltspunkte für ihre Classification; ebenso wenig die Art ihrer Fortpflanzung. Diese ist erst von wenigen Arten bekannt und scheint nur durch Sporogonie zu geschehen. Gewöhnlich werden amoeboide Paulosporen gebildet, indem das vielkernige Cytosom in zahlreiche kleine Stücke von Cytoplasma zerfällt, deren jedes einen Kern erhält. In der Regel scheidet jede kleine Keimzelle oder amoeboide Spore schon innerhalb der mütterlichen Schale eine kleine einkammerige Schale aus. Nur einzelne Arten (besonders Globigeretten des Plankton) bilden nackte Zoosporen, mit einer oder zwei Geisseln.

Das Wachsthum dieser jugendlichen soliden *Monostegier*-Zelle (bei den Imperforaten) und der entsprechenden porösen *Monothalamien*-Zelle (bei den Perforaten), sowie die Art der catenalen Knospung, durch welche die secundären Zellen entstehen, bedingt die verschiedenen Bildungsrichtungen in den beiden parallel sich verzweigenden Subclassen. In den grösseren Familien der Vielzelligen (sowohl der imperforaten *Polystegier*, als der perforaten *Polythalamien*) lässt sich theilweise die Phylogenie der Stammzweige sehr klar übersehen.

(§ 134 und 135 s. auf pag. 190 und 191.)

§ 136. Erste Ordnung der Thalamophoren:

Monostegia (= Imperforata unicellaria).

Einkammerige Thalamophoren mit solider Schale.

Die Ordnung der Monostegier umfasst die einzelligen Imperforaten (= *Eforaminia monobiotica*); zu diesen gehören die einfachsten und primitivsten von allen Thalamophoren. Die einkammerige Schale hat eine solide Wand, mit nur einer grossen Oeffnung, an einem Pole der Längsaxe. Wir unterscheiden in dieser Legion zwei Unterordnungen, die *Ammodinetten* und *Ovulinetten*; bei den ersteren ist die Schale chitinös oder sandig, bei den letzteren kalkig. Die Ammodinetten (oder *Monostegia arenacea*) sind als primitivste aller Thalamophoren zu betrachten; bei monophyletischer Auffassung dieser Classe (wie sie in § 135 versucht ist) kann Gromia als die gemeinsame Stammform angesehen werden. Ihre eiförmige Schale ist chitinös, ohne Mineralbestandtheile; an ihrem Basal-Pole befindet sich eine kreisrunde Oeffnung, aus welcher das Cytosom einen verästelten Plasmastrom entsendet. *Gromia* erscheint so nahe verwandt den einfachsten Formen der *Arcellinen* (*Pleurophrys*, *Plagiophrys*, *Cochliopodium*), dass sie direct von diesen abgeleitet werden kann. Durch Verdickung der eiförmigen Chitinschale und Aufnahme von Sand entsteht aus *Gromia* die grosse *Pelosina*, die wir als Stammform der Astrorhiziden betrachten. In dieser Gruppe erreicht die Sandschale beträchtliche Dimensionen und bildet oft unregelmässige, bisweilen verästelte Formen; einige sitzen auf dem Meeresboden fest. Kugelig, mit einer spaltförmigen Mündung ist die Schale von *Pilulina*; eine planospirale Röhre (gleich Cornuspira) bildet *Ammodiscus*.

Die Unterordnung der Ovulinetten (oder *Monostegia porcellanea*) beginnt mit *Ovulina*, einer Gromia, deren eiförmige Chitinschale verkalkt ist. Planospiral ist die röhrenförmige Schale von *Cornuspira*, irregulär diejenige von *Squamulina*. Von besonderer phylogenetischer Bedeutung ist die sehr vernachlässigte Gattung Ovulina (die auch fossil vorkommt); denn sie bleibt permanent auf der einfachen Stufe der Urkammer der Milioletten stehen. Wir können demnach aus den Ovuliniden durch catenale Gemmation die Milioliden ableiten und aus diesen die übrigen kalkschaligen Polystegier.

§ 137. Zweite Ordnung der Thalamophoren:

Polystegia (= Imperforata pluricellaria).

Vielkammerige Thalamophoren mit solider Schale.

Die Ordnung der Polystegier umfasst die vielzelligen Imperforaten (= *Eforaminia coenobiotica*); dieselben sind durch Catenation aus den Monostegiern entstanden, und zwar polyphyletisch. Wie bei den letzteren, so unterscheiden wir auch hier zwei Unterordnungen, die *Lituoletten* (mit Sandschale) und die *Milioletten* (mit Kalkschale). Die Lituoletten (oder *Polystegia arenacea*) haben eine vielkammerige solide Sandschale, deren Chitinwand in verschiedenem Grade mit fremden Körpern verkittet, oft auch mehr oder weniger mit Kalk imprägnirt ist. Jede Kammer hat nur eine Oeffnung, durch welche sie mit der folgenden (jüngeren) communicirt. Der Zusammenhang der socialen Zellen in den catenalen Coenobien ist theilweise noch sehr locker, so bei *Aschemonella*. Regelmässiger und *Nodosaria* ähnlich ist die gestreckte Kammerkette bei *Hormosina*. Durch spirale Aufrollung derselben entstehen die mannichfaltigen Formen der *Lituoliden*, welche bald ganz symmetrisch und planospiral, bald mehr oder weniger asymmetrisch und turbospiral sind. Ganz turbospiral und Rotalia ähnlich

§ 134. System der Thalamophoren.

Ordnungen	Unterordnungen	Familien-Character	Familien
I. Ordo: **Monostegia** *Imperforata unicellaria* Monobionten mit solider, nicht poröser Schale	**I. Ammodinetta** (*Monostegia arenacea*) Mit Sandschale	Schale monaxon, chitinös, eiförmig S. kugelig S. planospiral, röhrig S. irregulär, radial	1. Gromiada 2. Pilulinida 3. Ammodiscida 4. Astrorhizida
	II. Ovulinetta (*Monostegia porcellanea*) Mit Kalkschale	S. monaxon, ovoidal S. planospiral S. irregulär	5. Ovulinida 6. Cornuspirida 7. Squamulinida
II. Ordo: **Polystegia** *Imperforata pluricellaria* Coenobionten mit solider, nicht poröser Schale	**III. Lituoletta** (*Polystegia arenacea*) Mit Sandschale	Coenobium rhabdoid C. arboral C. planospiral C. turbospiral	8. Hormosinida 9. Dendrophryida 10. Lituolida 11. Trochamminida
	IV. Milioletta (*Polystegia porcellanea*) Mit Kalkschale	C. catenal Kammern hemispiral Spiralaxe verlängert C. fächerförmig C. spiral-cyclisch	12. Calcitubida 13. Miliolida 14. Alveolinida 15. Peneroplida 16. Orbitulitida
III. Ordo: **Monothalamia** *Perforata unicellaria* Monobionten mit poröser Schale	**V. Orbulinetta** (*Monothalamia globosa*) Mit kugeliger Schale	Schale sandig Sch. kalkig	17. Psammosphaerida 18. Orbulinida
	VI. Lagenetta (*Monothalamia tubulosa*) Mit einaxiger Schale	Sch. eiförmig oder flaschenförmig Sch. planospiral	19. Lagenida 20. Spirillinida
IV. Ordo: **Polythalamia** *Perforata pluricellaria* Coenobionten mit poröser Schale	**VII. Nodosaretta** (*Polythal. nodosalia*) Systegium catenal, rhabdoid oder spiral, meistens fein porös, ohne Septalcanäle	Coenobium rhabdoid C. planospiral C. turbospiral C. irregulär	21. Nodosarida 22. Cristellarida 23. Uvigerinida 24. Polymorphinida
	VIII. Globigeretta (*Polythalamia globigeralia*) Systegium turbospiral oder irregulär, mit groben Poren (ohne Septalcanäle)	C. subsphärisch, mit wenigen blasenförmigen Kammern C. involut, mit weit umfassend. Kamm. 2 oder 3 altern. Zeilen C. flach turbospiral C. irregulär	25. Globigerinida 26. Chilostomellida 27. Textularida 28. Rotalida 29. Tinoporida
	IV. Nummulinetta (*Polythalamia nummulitalia*) Systegium planospiral (nautiloid), meistens mit Septal-Canälen	Spiral-Axe verlängert Reihen von Kammer-Spalten Concentrische Ringe, doppelte Septa Linsen mit entwickeltem Canal-System	30. Fusulinida 31. Polystomellida 32. Cycloclypeida 33. Nummulitida

§ 135. Stammbaum der Thalamophoren.

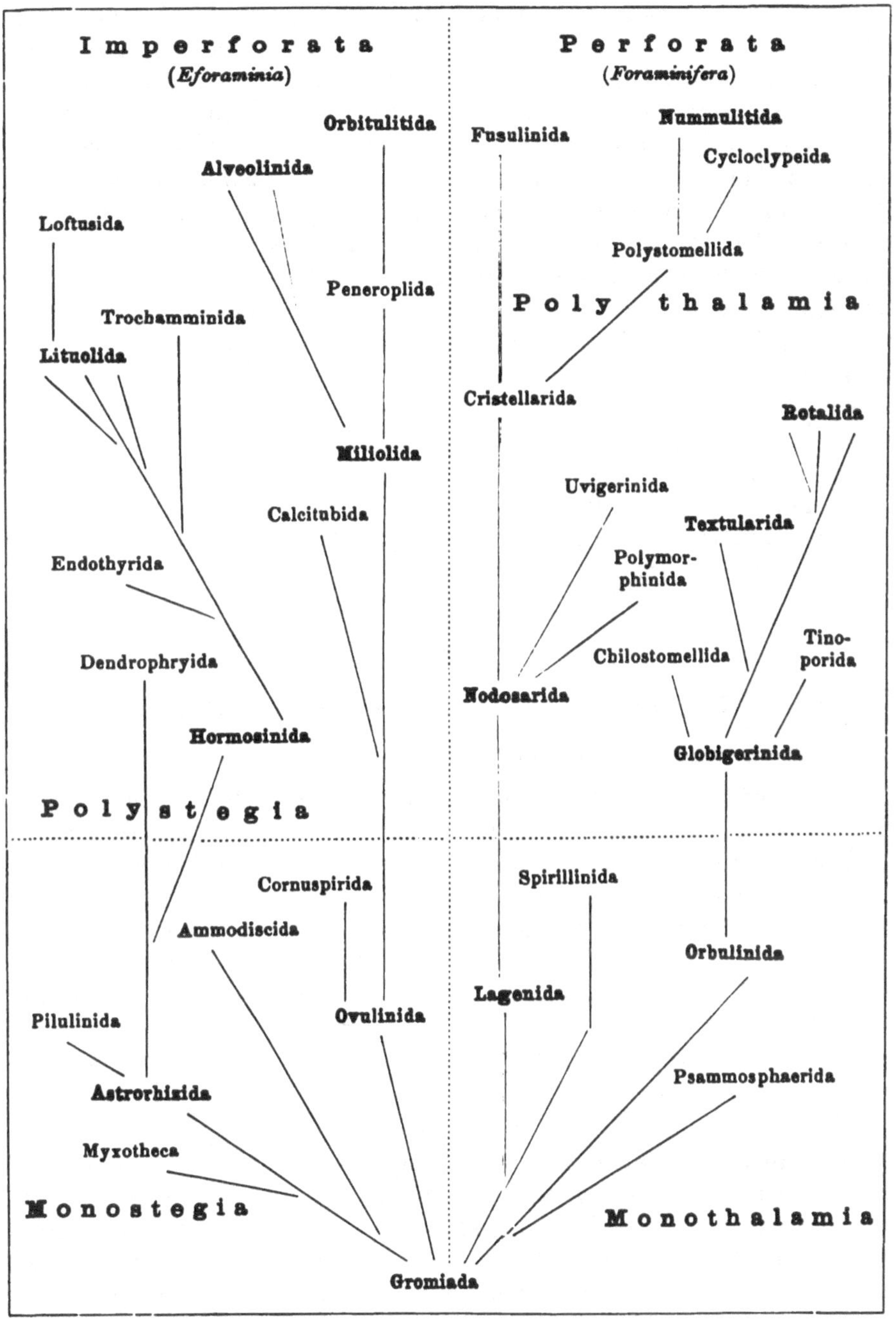

sind die *Trochamminiden*. Colossale Formen von verwickeltem, theils spiralem, theils concentrisch-cyclischem Bau sind die *Loftusiden* (Parkeria etc.). Durch zunehmende Verkalkung der Schale werden die Lituoliden (die schon im Carbon durch *Endothyra* vertreten sind) vielfach den perforaten Polythalamien sehr ähnlich, ohne dass man desshalb einen directen phylogenetischen Zusammenhang derselben anzunehmen braucht.

Die Miliolетten (oder *Polystegia porcellanea*) haben eine vielkammerige solide Kalkschale von porcellanartiger Beschaffenheit; wir leiten diese Gruppe direct von den *Ovulinetten* ab, von der regulär eiförmigen *Ovulina* oder der irregulär rundlichen *Squamulina*. Indem diese einzelligen Ovulinetten durch terminale Knospung catenale Coenobien bildeten, entstanden theils unregelmässige Polystegier, wie die höchst veränderliche *Calcituba*; theils regelmässige Schalen von typischer Bildung. Die wichtigsten von diesen sind die *Loculinen* oder die eigentlichen *Milioliden*, bei denen ursprünglich jede neue Kammer einen halben Spiral-Umlauf macht. Als divergente Aeste haben sich aus dieser Gruppe entwickelt die *Hauerinen* (mit Catenal-Coenobien), die *Peneropliden* (mit fächerförmigen Schalen), die *Alveoliniden* (mit verlängerten Spiral-Axen), die *Orbulitiden* (polycyclische Scheiben) und die *Keramosphoeriden* (concentrisch geschichtete Kugeln).

§ 138. Dritte Ordnung der Thalamophoren: **Monothalamia (= Perforata unicellaria).**

Einkammerige Thalamophoren mit poröser Schale.

Die Ordnung der Monothalamien umfasst die einzelligen Perforaten (= *Foraminifera monobiotica*); sie bilden die primitive Stammgruppe, aus welcher durch Catenation die Polythalamien hervorgegangen sind. Die Wand der einkammerigen Schale ist von zahlreichen feinen Poren durchbrochen, mit oder ohne grössere Mündungen. Ob diese Ordnung durch Perforation einer soliden Monostegier-Form entstanden ist, oder unabhängig von dieser aus einer Clathrulina-ähnlichen Heliozoen-Form, ist vorläufig nicht zu entscheiden. Die Ordnung ist die kleinste und wenigst mannichfaltige unter den vier Ordnungen der Thalamophoren. Wir können nur zwei kleine Unterordnungen unterscheiden, die *Orbulinetten* und *Lagenetten*, erstere mit sphärischer (homaxoner), letztere mit tubulöser (monaxoner) Schale. Die kugeligen Orbulinetten (oder *Monothalamia globosa*) sind im Plankton der wärmeren Meere überall durch *Orbulina* vertreten, eine wichtige primitive Form, die wir ebenso als eine sehr alte Stammgattung betrachten, wie unter den Radiolarien die ähnliche *Cenosphaera*, unter den Heliozoen die *Clathrulina*. Die autonome Orbulina, die sich als solche selbständig fortpflanzt (= *Autorbulina*), und bisweilen für sich allein monotones Plankton bildet, darf nicht verwechselt werden mit der gleichgestalteten porösen Kugelschale (*Metorbulina*), welche sich secundär um alte *Globigerinen*-Schalen herum bildet. Von *Orbulina*, als palaeozoischer Stammgattung, leiten wir direct (durch Gemmation) die Coenobien der polythalamen *Globigeretten* ab. Die ähnliche Psammosphaera (mit poröser, kugeliger Sandschale) hat sich wohl unabhängig von Orbulina im Benthos entwickelt.

Die Unterordnung der Lagenetten (oder *Monothalamia tubulosa*) umfasst alle einkammerigen Perforaten, deren poröse Schale nicht kugelig ist. Den Typus dieser uralten Gruppe bildet die monaxone Gattung *Lagena*, von welcher sich mehrere Arten (*L. laevis, L. sulcata* u. A.) unverändert von der Silur-Zeit bis zur Gegenwart conservirt haben. Ihre fein poröse Kalkschale ist ursprünglich eiförmig oder keulenförmig. Am Oralpol der geraden Axe befindet sich die Mundöffnung, die oft flaschenförmig in ein langes Rohr ausgezogen ist. Durch planospirale Aufrollung des cylindrischen Schalenrohres ist *Spirillina* entstanden. Wir betrachten *Lagena* als die Stammgattung der *Nodosaretten* und der *Nummulinetten*.

§ 139. Vierte Ordnung der Thalamophoren:

Polythalamia (= Perforata pluricellaria).

Vielkammerige Thalamophoren mit poröser Schale.

Die Ordnung der Polythalamien (im engeren Sinne!) umfasst die vielzelligen Perforaten (= *Foraminifera coenobiotica*); ihre poröse Schale ist in mannichfaltigster Weise aus vielen Kammern zusammengesetzt und entwickelt sowohl in deren Anordnung und Verbindung, als im feineren Bau der Schalenwände (— oft unter Ausbildung eines interseptalen Canalsystems, oder eines intermediären Supplemental-Skelettes —) eine weit grössere Mannichfaltigkeit und Vollkommenheit, als alle übrigen Thalamophoren. Die poröse Schale ist meistens stark verkalkt, selten mehr oder weniger sandig; doch kommt es bisweilen vor (besonders bei *Textulariden*), dass ursprünglich poröse Kalkschalen nachträglich mit einer imperforaten Sandschale incrustirt werden. Wir unterscheiden in dieser Ordnung drei formenreiche Unterordnungen, die *Nodosaretten, Globigeretten* und *Nummulinetten*.

Die Nodosaretten besitzen eine Kalkschale mit sehr feinen Poren, von relativ einfachem Bau; niemals kommt ein intermediäres Skelet oder ein interseptales Canal-System vor. Den primitiven Stamm dieser Unterordnung bilden die *Nodosariden*, welche durch catenale Gemmation aus *Lagena* entstanden sind. Ihre Kammerkette ist bald ganz gerade, bald leicht gebogen. Durch planospirale Aufrollung derselben entstehen die *Cristellariden*, durch turbospirale Aufrollung die *Uvigeriniden*, durch unregelmässigen Ansatz der Knospen die *Polymorphiniden*. Einen besonderen Seitenzweig der Nodosaretten, welcher durch röhrenförmige Ausläufer Arboral-Coenobien erzeugt, bilden die *Ramuliniden*.

Die Globigeretten zeichnen sich durch die groben Poren ihrer Schale aus und sind wahrscheinlich alle direct von der kugeligen *Orbulina* abzuleiten. Unmittelbar an diese Stammgattung schliessen sich zunächst an die *Globigeriniden*, mit einer geringen Anzahl von sphaeroidalen Kammern, welche an Grösse sehr rasch zunehmen; die jüngsten Kammern sind oft blasenförmig aufgetrieben, und bei der pelagischen *Globigerina* wird zuletzt oft noch eine kugelige Riesenkammer gebildet, welche das ganze polythalame Gehäuse umschliesst; man kann diese secundär entstandene *Metorbulina* als atavistische Reminiscenz an die primäre Stammgattung der ganzen Unterordnung betrachten (*Autorbulina*, § 138). Viele von diesen pelagischen Globigerinen sind mit langen, haarfeinen, radialen Kalkstacheln bedeckt, welche als Schwebe-Organellen dienen und nur der Anpassung an die schwimmende Lebensweise im Plankton ihre Entstehung verdanken. Die Stacheln brechen sehr leicht ab und finden sich nicht mehr an den Schalen der todten Thiere, welche massenhaft auf den Boden der Tiefsee herabsinken und zu den mächtigen Lagern des Globigerinen-Schlammes sich anhäufen.

Die spirale Anreihung der Kammern in den Catenal-Coenobien der Globigerinen ist sehr variabel, planospiral bei *Hastigerina* und *Pullenia*, turbospiral bei *Globigerina* und *Candeina*, irregulär bei *Sphaeroidina*, deren Gesammtform wieder nahezu kugelig ist. Nach verschiedenen Richtungen hin haben sich aus diesen alten Formen der divergenten Globigeriniden die übrigen Familien der Globigeretten entwickelt, die *Rotaliden* mit turbospiraler Schale, die verwandten *Chilostomelliden* (oder Cryptostegia) mit völlig umfassenden Kammern, die *Tinoporiden* mit irregulär gehäuften Kammern. Die formenreiche Familie der *Textulariden* zeichnet sich durch verlängerte Axe der Turbospirale aus, so dass die Kammern, an Grösse beständig zunehmend, in 2 oder 3 alternirenden Längsreihen stehen.

Die Unterordnung der Nummulinetten umfasst die vollkommensten und höchst entwickelten Formen unter allen Thalamophoren. Die Kalkschale ist fein porös, wie bei den Nodosariden, ursprünglich planospiral und symmetrisch, wie bei den Cristellariden, von denen sie unmittelbar abgeleitet werden können. Die Axe der Spirale ist verlängert bei den spindelförmigen *Fusuliniden*, deren complicirter Bau denjenigen der imperforaten Alveoliniden wiederholt. Die übrigen Nummulinetten haben meistens eine flach-linsenförmige Schale mit kurzer Spiralaxe, deren Durchmesser bei den kreisrunden alttertiären Nummuliten 5—6 Centimeter erreicht. Die *Polystomelliden* zeichnen sich durch Reihen von Kammerspalten aus, die *Cycloclypeiden* durch mehrere Lagen von concentrischen gekammerten Ringen, die Nummulitiden durch die hohe Ausbildung des Supplement-Skelettes und der Septalcanäle. Der Organismus der Thalamophoren erreicht hier die höchste Stufe seiner typischen Ausbildung.

§ 140. Fünfte Classe der Rhizopoden:

Radiolaria. Strahlinge.

Rhizopoda radiaria (vel capsularia). Polycystina. Cytophora.

Stamm der reticulären planktonischen Rhizopoden, mit Centralkapsel und Calymma.

Rhizopoden mit radialen und reticulären Pseudopodien, deren Cytosom durch eine feste Membran in zwei Theile geschieden ist, eine innere Centralkapsel (mit Zellkern) und eine äussere Gallerthülle (Calymma). Ohne Systoletten. Skelet fast immer vorhanden und höchst mannichfaltig entwickelt. Fortpflanzung oft durch Zelltheilung, allgemein durch Bildung von Schwärmsporen in der Centralkapsel.

Die Classe der Radiolaria ist die formenreichste von allen Protisten-Classen und enthält über 4400 bekannte Arten, die sich auf 740 Gattungen vertheilen. Dieser ausserordentliche Formenreichthum ist grösstentheils durch die Ausbildung eines eigenthümlichen Skelettes bedingt, das gewöhnlich kieselig ist und die Form einer äusseren Gitterschale annimmt, oft von sehr verwickeltem Bau. Der besondere Character der ganzen Classe liegt aber nicht in der Production dieser polymorphen Skelette, sondern vielmehr im Bau des einzelligen Weichkörpers. Dieser ist ganz allgemein in zwei verschiedene Theile gesondert, welche durch eine distincte Membran scharf getrennt sind, eine innere Central-Kapsel und ein äusseres Calymma. Die characteristische Central-Kapsel ist ursprünglich (und bei der Mehrzahl permanent) eine kugelige oder eiförmige Blase, welche das körnige *Endoplasma* und den *Nucleus* einschliesst. Das Calymma hingegen umschliesst die Kapsel in Gestalt einer voluminösen Gallerthülle und bildet zusammen mit dem *Ectoplasma* und den Pseudopodien das sogenannte Extracapsulum (oder den ausserhalb der Kapsel gelegenen Weichkörper).

Das intracapsulare Endoplasma communicirt mit dem extracapsularen Ectoplasma überall durch Oeffnungen in der Kapsel-Membran. Nach dem verschiedenen Verhalten dieser Oeffnungen zerfällt die ganze Classe der Radiolarien in zwei Subclassen (*Porulosa* und *Osculosa*, § 141), sowie in vier Legionen (§ 142).

Die Differenzirung des einzelligen Organismus in das kernhaltige körnige *Endoplasma* und das kernlose (oft vacuolisirte) *Ectoplasma* ist auch bei vielen anderen Protisten mehr oder weniger ausgeprägt; sie führt aber sonst niemals zur Scheidung dieser beiden Haupttheile durch eine distincte, anatomisch isolirbare Membran. Diese typische Membran, die Hülle der Central-Kapsel, kommt nur bei den Radiolarien zur morphologischen Ausbildung, und ist auch insofern von besonderer physiologischer Bedeutung, als damit eine Ergonomie der beiden Zelltheile verknüpft ist. Die kernhaltige Central-Kapsel ist das psychische Central-Organell der Radiolarien und zugleich ihr Sporangium, also auch das Organell der Vererbung. Dagegen ist das kernlose Extracapsulum (Calymma und extracapsularer Plasma-Körper) das Organell der Ernährung und somit auch der Anpassung, meistens zugleich das Organell der Skeletbildung (— nur die Acantharien ausgenommen —). Am nächsten den Radiolarien verwandt sind die Heliozoen, bei denen häufig der Gegensatz des körnigen (kernhaltigen) Endoplasma und des vacuolisirten oder gallertigen (kernlosen) Ectoplasma ebenfalls scharf ausgeprägt ist; aber bei ihnen kömmt es niemals zur völligen Scheidung beider Theile durch eine Membran. Wir können daher die Stammform der Radiolarien (Actissa) aus ihren Heliozoen-Ahnen einfach dadurch entstanden denken, dass diese Membran, die Central-Kapsel, zur Ausbildung gelangt.

Alle Radiolarien leben im Meere, und zwar als Plankton im Seewasser schwebend; sie bevölkern dasselbe in erstaunlicher Masse, sowohl an der Oberfläche als in den verschiedensten Tiefen. Dadurch stehen sie in auffallendem Gegensatze zu der ähnlich differenzirten Classe der Thalamophoren, welche grösstentheils dem Benthos angehören, kriechend oder festsitzend auf dem Grunde des Meeres (— mit einziger Ausnahme der pelagischen Globigeretten, § 139). Die meisten Radiolarien sind dem blossen Auge kaum sichtbar (nur wenige einige Millimeter und darüber gross); sie ersetzen aber (gleich vielen anderen mikroskopischen Protisten) durch schnelle Vermehrung und massenhafte Entwickelung, was ihnen an individueller Körpergrösse abgeht. Die Vermehrung erfolgt wahrscheinlich ganz allgemein durch die Bildung zahlloser kleiner Schwärmsporen (mit einer oder zwei Geisseln); sie entstehen in der Central-Kapsel, die somit als Sporangium fungirt. Ausserdem ist bei vielen Radiolarien die Vermehrung durch einfache Zweitheilung beobachtet. Bei den *Polycyttarien* (oder socialen Radiolarien) findet sexuelle Differenzirung statt, indem weibliche Macrosporen und männliche Microsporen copuliren.

§ 141. Porulosa und Osculosa.

Die beiden Subclassen, in welche wir die Radiolarien-Classe theilen, *Porulosa* und *Osculosa*, zeigen einen ähnlichen Gegensatz, wie in der vorhergehenden Classe der Thalamophoren die beiden Subclassen der *Perforata* und *Imperforata* (§ 127). Die Porulosa (oder *Holotrypasta*), zu welchen die beiden Legionen der *Spumellarien* und *Acantharien* gehören, besitzen eine siebförmige Membran der Central-Kapsel, welche von zahllosen feinen Poren durchbrochen ist, ebenso wie die Schale der Perforaten (oder *Foraminifera*); das Endoplasma tritt in Gestalt unzähliger feinster Fäden durch diese Poren hervor. Die Osculosa (oder *Merotrypasta*) hingegen, welche die beiden Legionen der *Nassellarien* und *Phaeodarien* umfassen, zeichnen sich durch eine solide (nicht siebförmig durchlöcherte) Membran der Central-Kapsel aus; diese besitzt nur eine einzige Hauptöffnung, das *Osculum*, und durch diese allein tritt das Endoplasma einseitig in Gestalt eines starken Stromes hervor, der sich erst ausserhalb der Kapsel verästelt und im Calymma ein Sarcode-Netz bildet (— bei einem Theile der Phaeodarien kommen gegenüber der Hauptöffnung noch eine oder zwei, selten mehrere, Nebenöffnungen vor, Parapylen). Vergleicht man die Osculosen mit den Imperforaten (oder *Eforaminia*), so würde die »Hauptöffnung« der ersteren der Schalenmündung der letzteren entsprechen.

Mit diesem bedeutungsvollen Unterschiede in der Kapsel-Mündung beider Subclassen verknüpfen sich noch mehrere andere wichtige Differenzen, namentlich in Betreff der ursprünglichen Grundform beider Hauptgruppen. Diese ist bei den Porulosen *homaxon*, eine geometrische Kugel (ohne primäre Hauptaxe); bei den Osculosen hingegen eiförmig oder *monaxon*, mit einer primären Hauptaxe, deren beide Pole ganz verschieden sind. Am Basal-Pole (oder Oral-Pole) der monaxonen Central-Kapsel liegt das Osculum; der entgegengesetzte acrale (aborale) oder Scheitel-Pol ist gewöhnlich von der gewölbten Schale bedeckt. Bei einer monophyletischen Auffassung der ganzen Radiolarien-Classe muss man entweder annehmen, dass die monaxonen Osculosen aus den ursprünglich kugeligen Porulosen entstanden sind, oder umgekehrt. Indessen sind vielleicht auch beide Subclassen unabhängig von einander entstanden; dafür spricht die bedeutende Differenz ihrer vier Legionen.

§ 142. Vier Legionen der Radiolarien.

Jede der beiden Subclassen der Radiolarien setzt sich wiederum aus zwei Hauptabtheilungen zusammen, die sich mehrfach, und in sehr wesentlichen Verhältnissen unterscheiden. Wir erhalten somit im Ganzen vier Legionen der Classe, deren jede eine natürliche, scharf umschriebene Einheit — in phylogenetischem Sinne einen Stamm — darstellt. Es ist zwar möglich, und aus gewissen Gründen sogar wahrscheinlich, dass diese vier Stämme unten an der Wurzel zusammenhängen und durch divergente Entwickelung aus einer einzigen gemeinsamen Stammform, der primitiven Actissa, hervorgegangen sind. Bei vorsichtiger Kritik wird es indessen vorläufig gerathener erscheinen, eine polyphyletische Entstehung der Classe anzunehmen, in dem Sinne, dass die vier Legionen vier autonome Stämme darstellen und sich — unabhängig von einander — aus vier verschiedenen Gruppen von niederen (kapsellosen!) Rhizopoden entwickelt haben. Der Unterschied beider Hypothesen läuft schliesslich darauf hinaus, dass die Scheidung des Endoplasma vom Ectoplasma durch Ausbildung der Kapsel-Membran sich nach der ersten Annahme nur einmal, nach der zweiten dagegen mehrmals (unabhängig von einander) vollzogen hat.

Als älteste und primitivste Legion (— und bei monophyletischer Auffassung als Stammgruppe der ganzen Classe —) sind jedenfalls die Spumellarien (oder *Peripyleen*) zu betrachten; denn die ursprünglichste Form derselben, *Actissa*, ist eine skeletlose kugelige Zelle einfachster Art; von ihr lassen sich am natürlichsten die Stammformen der übrigen drei Legionen ableiten. *Actissa* selbst kann aus den primitiven kugeligen Formen der skeletlosen Heliozoen (*Actinophrys, Sphaerastrum*) einfach dadurch entstanden gedacht werden, dass sich zwischen deren medullarem Endoplasma und corticalem Ectoplasma eine kugelige poröse Membran ausbildete. Der Zellkern ist bei *Actissa*, wie bei den meisten anderen Spumellarien, ein kugeliges Bläschen, das central in der Mitte der concentrischen Kapsel liegt. Die Membran der Kapsel ist allseitig von unzähligen feinen Poren durchsetzt, die keine bestimmte Anordnung zeigen (Peripylea). Nur die ältesten und niedersten Formen der Spumellarien sind nackt und skeletlos; alle übrigen besitzen ein mannichfach entwickeltes Kiesel-Skelet; als Ausgangspunkt desselben ist für die grosse Mehrzahl eine kugelige Gitterschale anzusehen, die aussen auf dem Calymma abgelagert wurde.

An die Spumellarien schliesst sich zunächst die Legion der Acantharien (oder *Actipyleen*) an; sie theilen mit den ersteren den Mangel eines Osculum oder einer grossen Kapsel-Oeffnung; aber die zahlreichen feinen Poren der Central-Kapsel sind hier nicht gleichmässig über die ganze Kapsel vertheilt, sondern vielmehr in bestimmte Reihen oder Gruppen geordnet, die bald netzförmig verbunden, bald einzeln zwischen den Radial-Stacheln vertheilt, oder kranzförmig um diese herum gestellt sind. Eine besondere Eigenthümlichkeit dieser Legion besteht auch darin, dass die Pseudopodien (theilweise) mit einem festeren Axenfaden versehen und daher den Actinopodien der *Heliozoen* sehr ähnlich sind; sie zeigen desshalb auch geringere Neigung zur Reticulation als die übrigen Radiolarien. Ganz abweichend von den letzteren ist ihre Skeletbildung. Das Skelet aller Acantharien ist ursprünglich centrogen und aus Radial-Stacheln zusammengesetzt, welche im Mittelpunkte der kugeligen Central-Kapsel sich vereinigen; sie bestehen nicht aus Kieselerde, sondern aus Acanthin, einer eigenthümlichen, dem Chitin verwandten organischen Substanz. Damit steht in Zusammenhang, dass der Nucleus hier nicht im Centrum der kugeligen Zelle liegt, sondern excentrisch; durch einen eigenthümlichen Spaltungs- und Knospungs-Process bildet derselbe meistens frühzeitig zahlreiche kleine Kerne (Sporenkerne). Alle diese Eigenthümlichkeiten, zusammengenommen, machen es wahrscheinlich, dass die Acantharien nicht von primitiven Spumellarien abstammen (*Actissa*), sondern direct von einer besonderen, mit Radial-Stacheln und Axenfäden ausgestatteten Gruppe der Heliozoen (*Acanthocystis* oder ähnlichen).

Als dritte Legion der Radiolarien nehmen die Nassellarien (oder *Monopyleen*) ebenfalls eine sehr selbständige Stellung in dieser Classe ein. Ihre Central-Kapsel ist ursprünglich eiförmig, also von *allopol-monaxoner* Grundform, und dadurch ausgezeichnet, dass an ihrem Basal-Pole sich ein eigenthümlicher Porendeckel findet (*Porochora*). Dieser poröse Deckel verschliesst die kreisrunde oder elliptische Hauptöffnung, welche am Basal-Pole der verticalen Hauptaxe liegt, und trägt einen eigenthümlichen Fadenkegel (*Podoconus*), welcher in das Innere der Kapsel hineinragt und mit seiner Spitze gegen ihren Scheitelpol gerichtet ist; hier liegt excentrisch der einfache Zellkern. Der Plasmastrom, welcher durch die Porochora vortritt, bildet ausserhalb der Kapsel ein reich verzweigtes Plasma-Netz und scheidet an der Oberfläche des Calymma eine kieselige Gitterschale von höchst mannichfaltiger Bildung aus. Nur die einfachsten Formen der Nassellarien, die nackten *Nasselliden*, besitzen noch kein Skelet; ihre eiförmige Central-Kapsel ist der Chitin-Schale der einfachsten imperforaten Thalamophoren (*Gromia*) zu vergleichen. Man könnte diese Legion direct von den letzteren ableiten, durch die Annahme, dass das Plasma eine Gallerthülle (Calymma) um die eiförmige Gromia-Schale ausgeschieden und an deren basaler Mündung eine Porochora mit innerem Podoconus gebildet habe.

Auch die vierte und letzte Hauptgruppe der Radiolarien, die Legion der Phaeodarien (oder *Cannopyleen*), unterscheidet sich mehrfach durch wichtige Merkmale von den drei übrigen. Zwar besitzt auch ihre sphäroidale Central-Kapsel eine grosse Hauptöffnung am Basal-Pole der verticalen Axe; aber dieses Osculum ist nicht durch eine Porochora geschlossen (wie bei den Nassellarien), sondern durch einen kreisrunden Sterndeckel (*Astropyle*), aus dessen Mitte sich ein cylindrischer Rüssel erhebt. Aus dessen Mündung tritt ein vielverzweigter Plasmastrom hervor, welcher ein complicirtes Skelet von sehr mannichfaltiger und eigenthümlicher Gestalt und Zusammensetzung entwickelt, Dasselbe besteht aus einem carbonischen Silicat und ist meist aus hohlen Röhren zusammengesetzt. Auch das Extracapsulum der Phaeodorien zeichnet sich durch eigenthümliche Bildungen aus, namentlich durch einen grossen, dunklen (braunen oder grünen) Pigmentkörper (Phaeodium); derselbe liegt im Calymma und umschliesst kappenförmig die basale Hemisphäre der Central-Kapsel; durch seine Axe tritt der Rüssel der Astropyle hindurch. Diese und andere Eigenthümlichkeiten der Phaeodarien machen es wahrscheinlich, dass auch diese Ordnung einen selbständigen Ursprung besitzt; vielleicht stammt sie, ebenso wie die Nassellarien, von derselben älteren Rhizopoden-Gruppe ab, von der auch *Hyalopus* und *Gromia* ihren Ursprung genommen haben.

§ 143. Monobionte und coenobionte Radiolarien.

Bei der grossen Mehrzahl aller Radiolarien leben die einzelligen Individuen isolirt und bilden keine Coenobien. Diese kommen nur in einer einzigen Legion vor, bei den Spumellarien, und nur bei den einfachsten und niedersten Formen dieser grossen Gruppe. Früher fassten wir alle diese socialen oder »coloniebildenden Radiolarien« als eine besondere Hauptgruppe unter dem Begriffe der Polycyttaria zusammen, oder der *Radiolaria polyzoa.* Indessen ist diese künstliche Gruppe triphyletisch; sie setzt sich aus drei Familien zusammen, welche sich — unabhängig von einander — aus drei verschiedenen Familien der monozoen Spumellarien entwickelt haben: 1) die *Collozoiden* (ohne Skelet) aus Thalassicolliden; 2) die *Sphaerozoiden* (mit Beloid-Skelet) aus Thalassosphaeriden; und 3) die *Collosphaeriden* (mit einer einfachen kugeligen Gitterschale) aus Ethmosphaeriden.

Die Coenobien oder »Zell-Colonien«, welche diese socialen Spumellarien bilden, verhalten sich in den drei genannten Familien der *Polycyttarien* durchaus gleichförmig; es sind kugelige, ellipsoide oder cylindrische Gallertmassen (oft von mehr als ein Centimeter Durchmesser), in welchen eine grosse und unbestimmte Zahl von individuellen Zellen vereinigt leben. Jede Zelle besitzt ihre eigene Central-Kapsel, und bei den Collosphaeriden ihre eigene kieselige Gitterschale. Dagegen ist das ganze Extracapsulum den associirten Zellingen gemeinsam, sowohl das voluminöse vacuolisirte Calymma, als das reiche, vielverzweigte Pseudopodien-Netz, welches das ganze gallertige Coenobium durchzieht. Von der Oberfläche des letzteren strahlen Tausende feiner Pseudopodien aus. Durch Contractionen der Plasma-Stränge, die zahlreich von den associirten Zellen abgehen, können dieselben ihren Platz im Coenobium verändern; ungestört treten sie an dessen Oberfläche; in Folge von Reizen und anderen Störungen ziehen sie sich in die Mitte der Gallertkugel zurück und ballen sich zu einem Klumpen zusammen. Die lebhafte Vermehrung der socialen Central-Kapsel durch Zweitheilung zeigt, wie diese Gregal-Coenobien (§ 49) aus monobionten Spumellarien entstanden sind (ebenso wie bei Palmellarien, Diatomeen und vielen anderen Protisten). Eine Eigenthümlichkeit der Polycyttarien besteht darin, dass der Zellkern jeder Central-Kapsel sich sehr frühzeitig in viele kleine Kerne (Sporenkerne) theilt, ähnlich wie bei den meisten Acantharien.

Die Coenobien der socialen Radiolarien sind somit sehr lockere Zellvereine, und ganz verschieden von den Catenal-Coenobien der Thalamophoren, welche durch Knospung entstehen (§ 128). Bei diesen letzteren bleiben die einzelnen Zellen, eine aus der anderen hervorknospend, in engem Zusammenhang, nehmen gewöhnlich mit dem Wachsthum an Grösse zu und erzeugen durch ihre mannichfaltige Ausbildung die characteristischen »vielkammerigen Gehäuse« der Polystegier und Polythalamien (§ 130). Der complicirte Kammerbau dieser Kalkschalen hat daher eine ganz andere Bedeutung, als der ähnliche, früher damit verglichene Gitterbau in den Kieselschalen vieler monobionten Radiolarien.

Zahlreiche Radiolarien leben in Symbiose mit Algarien: die Symbionten sind Xanthellaceen (§ 84), gelbe einzellige Protophyten. Bei den Spumellarien und Nassellarien finden sich dieselben sehr allgemein verbreitet, meistens in grosser Zahl im Calymma zerstreut, oder an der Oberfläche der Central-Kapsel angehäuft. Bei den Acantharien (— deren Endoplasma oft erst spät durch Membranbildung vom Ectoplasma sich sondert —) liegen sie oft innerhalb der Central-Kapsel. Den Phaeodarien scheinen diese »Gelben Zellen« zu fehlen. Sie vermehren sich lebhaft durch Theilung. Das Amylum, das sie reichlich produciren, kommt als Nahrung ihren Wirthen zu Gute; anderseits profitiren sie von der ausgeschiedenen Kohlensäure der letzteren und dem Schutze des Aufenthalts in ihrem Körper.

§ 144. Skeletbildungen der Radiolarien.

Die mannichfaltigen Skeletbildungen der Radiolarien, welche sowohl durch ihren Formenreichthum als durch ihre Zusammensetzung diejenigen aller anderen Protisten übertreffen, sind polyphyletisch entstanden. Die vier Legionen der Classe zeigen auch in dieser Beziehung ganz characteristische Unterschiede; ihre polymorphen Skelette, obwohl oft sehr ähnlich, lassen sich nicht auf eine gemeinsame Urform zurückführen. Selbst innerhalb einer Legion muss bisweilen ein polyphyletischer Ursprung angenommen werden. Ausserdem kennen wir in drei Legionen (— aber nicht bei den Acantharien —) nackte einzellige Formen, welche bereits die characteristische Kapsel-Form der Legion, aber noch kein Skelet besitzen.

Die Acantharien unterscheiden sich von den übrigen drei Legionen der Classe durch zwei wichtige und characteristische Eigenthümlichkeiten. Ihre sternförmigen Skelete werden durch viele radiale Nadeln oder Stacheln gebildet, welche ursprünglich im Mittelpunkte der kugeligen Zelle zusammenstossen, und von diesem geht auch ihre Entstehung ursprünglich aus; sie wachsen centrifugal und werden vom *Endoplasma* erzeugt, verhalten sich mithin ähnlich den Axenfäden (oder Axopodien) der Heliozoen, von denen sie wahrscheinlich abstammen. Zweitens ist die eigenthümliche sehr feste Skeletsubstanz der Acantharien nicht Kieselerde (wofür sie ursprünglich gehalten wurde), sondern Acanthin, eine organische, dem Chitin verwandte (obwohl wesentlich verschiedene) Substanz. Die Astroid-Skelete der Acantharien sind demnach centrogen; ihr phylogenetischer Ursprung kann auf die Axopodien von Heliozoen zurückgeführt werden, die sich in feste Acanthin-Stäbe verwandelten.

Die Skelette der drei anderen Legionen sind perigen, d. h. sie entstehen ursprünglich ausserhalb der Central-Kapsel und werden vom *Ectoplasma* gebildet, gewöhnlich an der Oberfläche des Calymma, das die Central-Kapsel rings einschliesst. Das Material der Skelette bildet bei den Spumellarien und Nassellarien reine Kieselerde; die fossilen Skelette dieser »Polycystinen«, welche in vielen Sedimentär-Gebirgen sich trefflich conservirt finden, sind ebenso vollständig, wie die geglühten und gereinigten Kieselskelette der lebenden Verwandten. Dagegen werden die eigenthümlichen polymorphen Skelette der Phaeodarien aus einem carbonischen Silicat gebildet, welches sich nicht zur

Erhaltung in fossilem Zustande eignet. Fossile Reste von dieser Legion kennen wir daher ebenso wenig als von den Acantharien.

Die Bildung der Radiolarien-Skelette ist ursprünglich als eine Secretion der festen Skeletsubstanz zu betrachten, welche vom lebenden Plasma der Zelle in flüssiger Form aufgenommen oder zusammengesetzt war. Die Hauptrolle fällt dabei bald den radialen Pseudopodien zu, bald dem Plasma-Netze, welches dieselben an der Oberfläche des Calymma bilden (*Sarcodictyum*). Bei einigen niederen Gruppen der Spumellarien (*Beloidea*) und der Phaeodarien (*Phaeobelia*) beschränkt sich die Skeletbildung auf die Abscheidung von zahlreichen einzelnen Nadeln (Spicula). Bei allen übrigen Radiolarien dieser beiden Legionen, sowie bei sämmtlichen Nassellarien wird das ganze Skelet aus einem Stück gebildet, meistens in Form einer Gitterschale.

Die vergleichende Anatomie und Ontogenie dieser Gitterschalen bietet in allen vier Legionen der Radiolarien ein ausserordentlich reiches und interessantes Gebiet für die morphologische und phylogenetische Forschung. Indem sie in den Homologien der verwandten Formen den Einfluss der Vererbung erkennt, in den Analogien der nicht verwandten, aber ähnlichen Formen die Macht der convergenten Anpassung, liefert sie zahlreiche Beweise für die Wahrheit der Descendenztheorie, und zwar ebensowohl für die Bedeutung der Selection, als für diejenige der progressiven Vererbung, oder der »Vererbung erworbener Eigenschaften«.

Für die zahlreichen Species der Radiolarien gilt dasselbe, was wir oben über die Species der Thalamophoren bemerkt haben (§ 131). Viele Arten sind sehr constant und vererben ihre specifischen Merkmale (in Tausenden gleicher Individuen) durch viele geologische Formationen hindurch; z. B. ist ungefähr der vierte Theil der fossilen Polycystinen von Barbados identisch mit noch jetzt lebenden Arten. Andere Arten wieder zeigen einen hohen Grad von Variabilität und sind schwer zu definiren. Die Mehrzahl der Species zeigt bei den Radiolarien — ebenso wie bei den Thalamophoren — jenen mittleren Grad der relativen Constanz, welcher der organischen Species im allgemeinen Durchschnitt zukommt.

§ 145. Phylogenetische Urkunden der Radiolarien.

Die Grundzüge der systematischen Stammesgeschichte der Radiolarien, als der formenreichsten von allen Protisten-Classen, lassen sich zum grossen Theile in sehr befriedigender Weise hypothetisch construiren. Von den drei grossen empirischen Urkunden der Stammesgeschichte (§ 2—11) leistet hier die grössten Dienste unstreitig die vergleichende Morphologie. Der hohe Grad von characteristischer Differenzirung, welchen die zierlichen Skeletbildungen in allen vier Legionen dieser Classe uns zeigen, die vielfältigen morphologischen Beziehungen der kleinen und grösseren Formengruppen zu einander, die Vollständigkeit der langen Stufenleitern, welche von sehr einfachen zu sehr verwickelten Gestalten hinführen, versetzen uns in die Lage, uns eine ziemlich klare Vorstellung von der möglichen oder wahrscheinlichen Entstehung der meisten Formengruppen zu bilden. Die Radiolarien sind in dieser Beziehung phylogenetisch weit interessanter und dankbarer als die meisten übrigen Protisten, und namentlich weit mehr als die nahe verwandten Thalamophoren. Zum grossen Theile ist das wohl der ausserordentlichen Plasticität des Kieselstoffes und des Acanthinstoffes zu verdanken, im Gegensatze zu dem kohlensauren Kalke, der viel weniger fähig ist, mannichfaltige feinere Formen anzunehmen. Der früher so viel bewunderte Formen-Reichthum der kalkschaligen Thalamophoren tritt jetzt ganz in den Schatten gegenüber der unvergleichlichen Mannichfaltigkeit und Vollkommenheit der kleineren kieselschaligen Radiolarien.

Die werthvollen Aufschlüsse welche uns die vergleichende Anatomie der Radiolarien über ihre Stammesgeschichte liefert, werden in vielen Gruppen noch wesentlich ergänzt und erweitert durch ihre vergleichende Ontogenie. Zwar ist diese der directen Beobachtung im Zusammenhange bisher nur sehr wenig unmittelbar zugänglich gewesen. Allein eine kritische Combination der ontogenetischen Bildungsstufen des Skelettes, welche wir bei vielen Radiolarien neben einander antreffen, ermöglicht uns einen befriedigenden Einblick in die Erkenntniss ihrer individuellen Entstehung, Ausbildung und Umbildung. Nach dem biogenetischen Grundgesetze können wir daraus die wichtigsten Schlüsse auf ihre Stammesgeschichte ziehen. So führt uns z. B. bei den Spumellarien eine ununterbrochene Entwickelungsreihe zahlreicher Bildungsstufen von *Actissa* durch Cenosphaera, Cenolarcus, Larnacilla, Pylonium und Tholonium bis zu den complicirtesten Formen der Larcoideen; unter den Acantharien von *Actinelius* durch Acanthometron, Phractacantha, Diporaspis, Belonaspis, Coleaspis, Hexalaspis bis zu Diploconus; unter den Nassellarien von *Nassella* durch Tetraplagia, Plagoniscus, Cortina, Tripocalpis, Tripocyrtis, Podocyrtis bis zu den differenzirtesten Formen der Cyrtoideen; unter den Phaeodarien von *Phaeodina* durch Concharium, Conchidium, Coelodendrum, Coelodrymus, Coelotholus u. s. w. zu den höchst entwickelten Coelographiden, den vollkommensten aller Radiolarien.

Die Triumphe, welche die vergleichende Anatomie und Ontogenie der Radiolarien in der phylogenetischen Erkenntniss dieser Formen reihen feiert, sind um so bedeutungsvoller, als sie auch auf wichtige Fragen der generellen Phylogenie und Descendenz-Theorie ein helles Licht werfen. Wie sich die *Homologie* im inneren Bau der ähnlichen Formen durch ihre Vererbung von gemeinsamen Stammformen erklärt, so die *Analogie* in der äusseren Aehnlichkeit entfernter Formen durch Anpassung an gleiche Lebensbedingungen. Zugleich ergiebt sich hier eine Fülle von schlagenden Beispielen für die Macht der Selection sowohl, als der progressiven Vererbung oder der vielbestrittenen »Vererbung erworbener Eigenschaften«.

Von viel geringerem Werthe, als die Ergebnisse der vergleichenden Morphologie, sind für die Stammesgeschichte der Radiolarien diejenigen der Palaeontologie. Diese Urkunde besitzt für unsere Classe bei weitem nicht die hohe Bedeutung, wie für diejenige der Thalamophoren. Allerdings giebt es einzelne Gebirgsmassen, die grösstentheils (oder fast ausschliesslich) aus angehäuften Kieselschalen von Polycystinen (*Spumellarien* und *Nassellarien*) zusammengesetzt und als versteinerter »Radiolarien-Schlamm der Tiefsee« zu betrachten sind. Die reichhaltigste und berühmteste von diesen ist der kreideähnliche tertiäre »Polycystinen-Mergel« der kleinen Antillen-Insel Barbados (Miocaen); weniger bekannt sind die ähnlichen tertiären »Polycystinen - Thone« der indischen Nikobaren-Inseln. Aber diese reinen Radiolarien-Gesteine (zur grösseren Hälfte aus solchen Kieselschalen bestehend) sind von sehr beschränkter räumlicher und zeitlicher Ausdehnung. Viel häufiger sind »gemischte Radiolarien - Gesteine«, in deren Masse die fossilen Kieselschalen weniger als die Hälfte bilden. Dazu gehören viele tertiäre Mergel und Thone der Mittelmeerküste, viele Feuersteine, Hornsteine und Quarzite aus mesozoischen (besonders jurassischen) Schichten. Neuerdings sind dergleichen auch in älteren palaeozoischen Formationen, bis zum Silur und Cambrium hinauf gefunden worden. Aus diesen positiven Daten der Palaeontologie ergiebt sich zunächst (— was von vornherein zu erwarten war —), dass die Classe der planktonischen Radiolarien, ebenso wie die nahe verwandte Classe der benthonischen Thalamophoren uralt ist, und dass sie gleich dieser schon in der palaeozoischen Aera durch zahlreiche und hochentwickelte Formen vertreten war.

Dagegen fällt die eigentliche »Urgeschichte« dieser Rhizopoden, die Entstehung ihrer niedersten und ältesten Formen, die Differenzirung der Hauptgruppen u. s. w. in eine frühere, praecambrische Periode, aus welcher uns keine Petrefacten erhalten sind, oder doch nur wenige primitive Formen. Ausserdem besitzt für zwei Legionen der Radiolarien, für die *Acantharien* und *Phaeodarien*, die Palaeontologie überhaupt keinen Werth, weil ihre Skelette nicht versteinerungsfähig sind.

§ 146. System der Radiolarien.

Legionen	Sublegionen	Character	Ordnungen
I. Spumellaria (Porulosa Peripylea) Zahllose Kapsel-Poren überall. Skelet kieselig, niemals centrogen.	**I A. Collodaria** Ohne Gitterschale	Kein Skelet Stückel-Skelet (viele einzelne Nadeln)	1. Colloidea 2. Beloidea
	I B. Sphaerellaria Mit Gitterschale	Schale kugelig Schale ellipsoid Schale discoidal Schale lentelliptisch	3. Sphaeroidea 4. Prunoidea 5. Discoidea 6. Larcoidea
II. Acantharia (Porulosa Actipylea) Zahlreiche Kapsel-Poren regelmässig vertheilt. Skelet acanthinig, centrogen.	**II A. Acanthometra** Ohne complete Gitterschale	Zahlreiche Stacheln 20 Stacheln, nach Icosacanth-Ordnung	7. Actinelida 8. Acanthonida
	II B. Acanthophracta Mit completer Gitterschale	20 Stacheln gleich (Schale kugelig) 2 Stacheln länger (Schale nicht kugelig, ellipsoid oder linsenförmig).	9. Sphaerophracta 10. Prunophracta
III. Nassellaria (Osculosa Monopylea) Osculum mit Porochora und Podoconus am Basal-Pol. Skelet kieselig, meist monaxon.	**III A. Plectellaria** Ohne complete Gitterschale	Kein Skelet Radiale Stacheln Ring-Skelet	11. Nassoidea 12. Plectoidea 13. Stephoidea
	III B. Cyrtellaria Mit geschlossener Gitterschale	Köpfchen mit einer Sagittal-Strictur Köpfchen mit mehreren Stricturen Köpfchen einfach, ohne Stricturen	14. Spyroidea 15. Botryodea 16. Cyrtoidea
IV. Phaeodaria (Osculosa Cannopylea) Osculum mit Astropyle und Rüssel am Basal-Pol. Skelet ein carbonisches Silicat, meist aus hohlen Röhren gebildet.	**IV A. Phaeocystina** Ohne Gitterschale	Kein Skelet Stückel-Skelet (einzelne Nadeln)	17. Phaeodinida 18. Phaeobelida
	IV B. Phaeocoscina Mit completer Gitterschale, oft aus hohlen Röhren zusammengesetzt	Gitterschale einfach (selten doppelt), meist kugelig, stets ohne Pylom Gitterschale monaxon, meist eiförmig, mit Pylom am Basal-Pol Gitterschale zweiklappig, muschelähnlich	19. Phaeosphaeria 20. Phaeogromia 21. Phaeoconchia

§ 147. Stammbaum der Radiolarien.

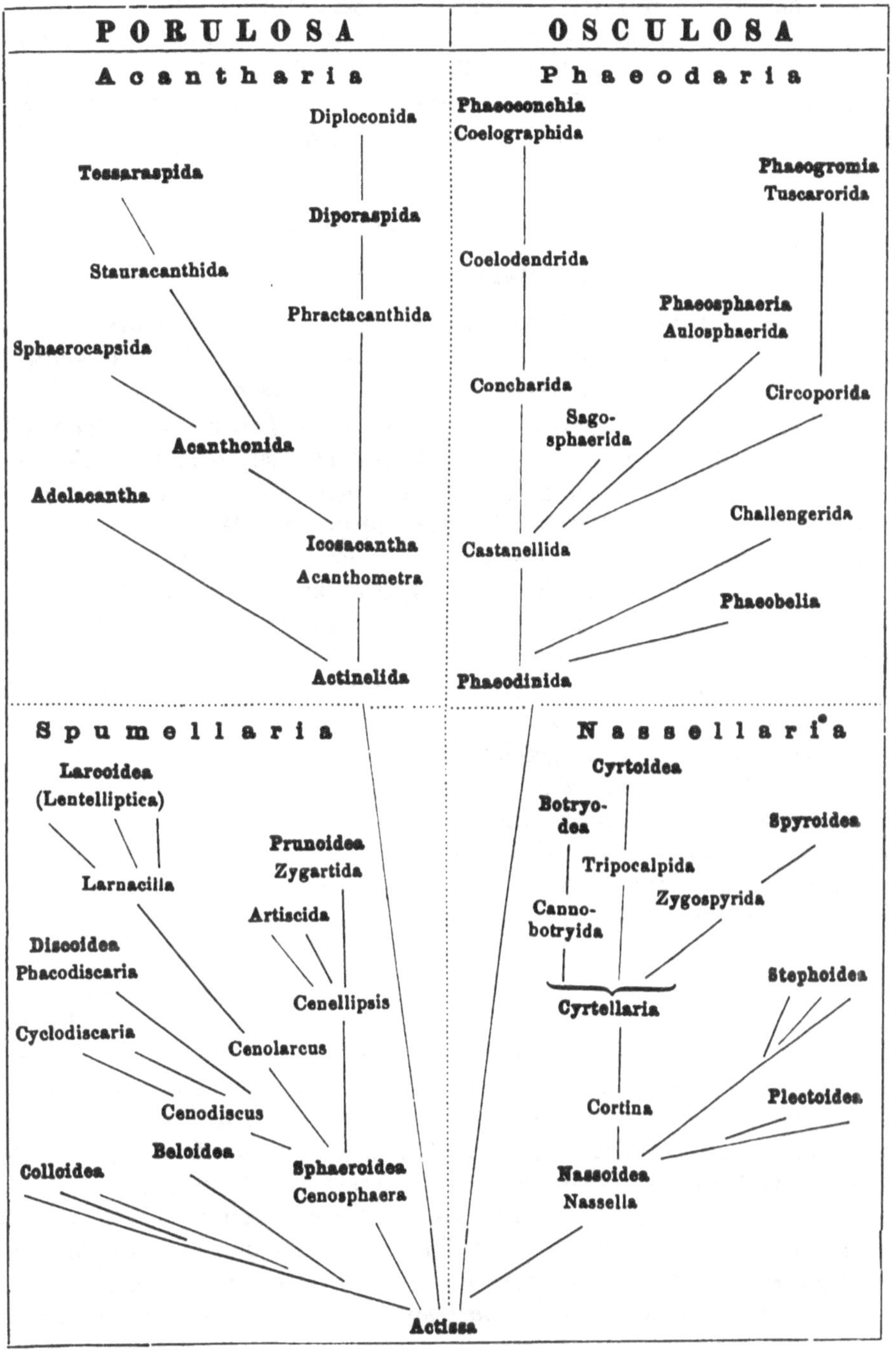

Auch für die fossilen Polycystinen ist ihr Werth sehr zweifelhaft, wegen der vielen negativen Lücken der palaeontologischen Urkunden (§ 5). Es ergiebt sich also für die Radiolarien, wie für die Thalamophoren der Satz, der auch für die meisten übrigen Organismen gilt, dass die wichtigsten Aufschlüsse über ihre Phylogenie nur von den Fortschritten der Morphologie zu erwarten sind.

§ 148. Erste Legion der Radiolarien:

Spumellaria = Peripylea.

Radiolarien mit poröser Centralkapsel, welche von zahllosen, gleichmässig überall vertheilten Poren durchbrochen ist. Nucleus central. Skelet kieselig, perigen (selten fehlend, niemals centrogen).

Die Legion der Spumellarien oder *Peripyleen* umfasst diejenigen porulosen Radiolarien, deren Centralkapsel auf der ganzen Fläche von zahllosen feinen Poren gleichmässig durchbohrt ist. Ihr Zellkern liegt ursprünglich stets im Mittelpunkte der Kapsel; bei den serotinen Monobionten bleibt er einfach bis zur Zeit der Sporenbildung; bei den praecocinen Coenobionten hingegen spaltet er sich frühzeitig in viele kleine Kerne, während das Centrum der Kapsel eine grosse Oelkugel einnimmt. Die niedersten Formen der Spumellarien sind nackt und skeletlos (*Colloidea*); alle übrigen besitzen ein vielgestaltiges Kieselskelet. Dasselbe ist niemals centrogen, wie bei den Acantharien. Bei den *Beloideen* besteht das Skelet nur aus einzelnen zerstreuten Stücken (Spicula), Kieselnadeln von mannichfaltiger Form und Verästelung. Alle übrigen Spumellarien (die wir unter dem Begriffe der Sphaerellaria zusammenfassen) bilden eine kieselige Gitterschale, die im einfachsten Falle eine extracapsulare (an der Oberfläche des primären Calymma abgelagerte) Kugel darstellt (*Cenosphaera*).

Als gemeinsame Stammform aller Spumellarien betrachten wir Actissa, eine skeletlose kugelige Zelle mit centralem einfachem Nucleus und homogenem concentrischem Calymma. Diese einfachste aller Radiolarien-Formen ist vielleicht zugleich die Stammform der ganzen Classe; sie kann unmittelbar aus einer einfachen Heliozoen-Form (*Sphaerastrum*) dadurch abgeleitet werden, dass zwischen dem kernhaltigen Endoplasma und dem gallertigen Ectoplasma der letzteren sich eine Membran bildete (die Central-Kapsel). Als divergente Aeste der Spumellarien lassen sich von der Stammform *Actissa* drei Gruppen ableiten: 1) die skeletlosen Colloideen (die monobionten *Thalassicolliden* und die coenobionten *Collozoiden*); 2) die stacheligen, mit Stückel-Skelet bewaffneten Beloideen (die monobionten *Thalassosphaeriden* und die coenobionten

Sphaerozoiden); 3) die ***Ethmosphaeriden***, die Stamm-Gruppe der formenreichen Sublegion der Sphaerellarien. Als gemeinsame Stammform dieser Letzteren ist *Cenosphaera* zu betrachten, eine stachellose Gitterkugel einfachster Art.

Der uralte primitive Cenosphaeren-Stamm hat sich dann weiterhin in fünf Aeste gespalten: 1) die coenobionten *Collosphaeriden* (Colonien von Ethmosphaeriden, die einzigen socialen Radiolarien mit Gitterschale); 2) die *Polysphaeriden*, mit 2, 3 oder mehr concentrischen Gitterkugeln, die durch Radial-Stäbe verbunden sind; 3) die *Prunoideen*, mit ellipsoider oder cylindrischer Gitterschale (entstanden durch Verlängerung einer verticalen Hauptaxe); 4) die *Discoideen* mit linsenförmiger oder scheibenförmiger Gitterschale (entstanden durch Verkürzung der verticalen Hauptaxe); und 5) die *Larcoideen*, oder die Spumellarien mit lentelliptischer Gitterschale. Bei diesen letzteren sind die ungleichen Dimensiv-Axen differenzirt, drei gleichpolige Richtaxen von verschiedener Länge, senkrecht auf einander (»Dreiaxiges Ellipsoid«). Jede von diesen Ordnungen der Spumellarien ist in zahlreiche Familien und Gattungen differenzirt.

Die ausserordentliche Mannichfaltigkeit in der Schalenbildung der Sphaerellarien (300 Gattungen, mit 1700 Arten) wird hervorgebracht durch ungleiches Wachsthum in den drei Dimensiv-Axen, Ansatz von concentrischen Gitterschalen rings um die primäre Schale, höchst mannichfaltige Ausbildung des Gitterwerks und der Schalen-Sculptur, vor Allem aber durch die Ausbildung von Radial-Stacheln, welche als Schutzwaffen und Schwebe-Organellen von grossem Nutzen sind. Bei der Mehrzahl entwickeln sich, abgesehen von unzähligen feinen Nebenstacheln, eine bestimmte Zahl von starken Hauptstacheln; die wichtigsten von diesen liegen in den drei Dimensiv-Axen und können zugleich vermöge ihrer Schwere das Gleichgewicht des schwebenden Körpers reguliren. Die Aeste dieser Stacheln sind in zweckmässiger Weise verschiedenen Functionen angepasst.

Die drei Familien der coenobionten Radiolarien stammen wahrscheinlich, unabhängig von einander, von drei monobionten Familien der niederen Spumellarien ab; die skeletlosen *Collozoiden* von den primitiven *Thalassicolliden*, die *Sphaerozoiden* (mit Stückel-Skelet) von den dornigen *Thalassosphaeriden*, und die gitterschaligen *Collosphaeriden* von den einfachen *Cenosphaeriden*. Die Uebereinstimmung, welche diese drei Familien der Polycyttarien in der eigenthümlichen Bildung der Gregal-Coenobien und des Cytosoms zeigen (praecocine Spaltung des Zellkerns und Bildung einer centralen Oelkugel), beruht auf Convergenz und ist die Folge der gleichartigen Anpassung an die sociale Lebensweise.

§ 149. Zweite Legion der Radiolarien: **Acantharia = Actipylea.**

Radiolarien mit poröser Centralkapsel, welche allseitig von zahlreichen, regelmässig in Gruppen oder in Reihen geordneten Poren durchbrochen ist. Nucleus excentrisch. Skelet stets centrogen, aus Acanthin-Radien zusammengesetzt.

Die Legion der Acantharien oder *Actipyleen* umfasst diejenigen porulosen Radiolarien, deren Centralkapsel auf allen Seiten von zahlreichen feinen Poren durchbohrt ist; diese sind aber nicht gleichmässig über die ganze Oberfläche derselben vertheilt, sondern regelmässig in bestimmte Reihen geordnet, die unter einander zu polygonalen Feldern verbunden sind. Der ursprünglich einfache Zellkern liegt bei den Acantharien niemals central, wie bei den Spumellarien, sondern stets excentrisch; und meistens zerfällt er (durch einen eigenthümlichen Knospungs-Process) frühzeitig in zahlreiche kleine Kerne. Dieses eigenthümliche Verhalten ist eng verknüpft mit der besonderen Skeletbildung dieser Legion. Die Acantharien sind die einzigen Radiolarien, bei welchen letztere vom Mittelpunkt des kugeligen Cytosoms ausgeht. Ursprünglich besteht (bei den ältesten Acantharien, den Astrolophiden) das Skelet aus zahlreichen einfachen Radial-Stacheln, welche im Centrum zusammenstossen; man kann dieselben mit den Axopodien oder »Axenfäden« in den Pseudopodien der Heliozoen vergleichen. *Actinelius* lässt sich von *Actinophrys* oder von *Actinosphaerium* einfach dadurch ableiten, dass die Axenfäden erstarren, während das kernhaltige Endoplasma und das vacuolisirte Ectoplasma durch eine Membran (Central-Kapsel) geschieden werden.

Die Zahl und Anordnung der Radial-Stacheln, die aus einer chitinartigen Substanz (Acanthin) bestehen, ist nur bei wenigen der niedersten Acantharien wechselnd und unbestimmt, und dann meistens sehr gross; so bei der kleinen Ordnung der *Actinelida* (Adelacantha). Bei allen übrigen Acantharien (60 Genera und 360 Species) ist die Zahl auf 20 fixirt, und diese sind in höchst merkwürdiger Weise nach einem bestimmten Stellungs-Gesetze vertheilt (Icosacantha). Die 20 Stacheln sind hier immer zwischen den beiden Polen einer stachellosen idealen Hauptaxe so vertheilt, dass sie 5 Gürtel von je 4 Stacheln bilden; die 4 Stacheln jedes Gürtels sind gleichweit von einander und auch gleichweit von demselben Pole entfernt, und alterniren so mit denen der beiden benachbarten Gürtel, dass alle 20 zusammen in 4 Meridian-Ebenen liegen, welche sich unter Winkeln von

45° schneiden. Trotz der grossen Mannichfaltigkeit, welche die Acantharien in der Ausbildung und Differenzirung der 20 Stacheln, und besonders in der Bildung einer zierlichen Gitterschale (durch Zusammentritt ihrer Queräste) entwickeln, erhält sich dieses Icosacanthen-Gesetz (— oder »Müller's Stellungsgesetz« —) innerhalb der ganzen Legion durch zähe Vererbung so constant, dass man daraus allein schon auf einen monophyletischen Ursprung derselben schliessen muss. Der Nutzen dieser Icosacanthen-Stellung dürfte wohl vorzugsweise ein hydrostatischer sein und in der Erhaltung einer constanten Schwebe-Stellung zu suchen sein, bei welcher die zahlreichen Pseudopodien, regelmässig in Reihen zwischen den Stacheln vertheilt, ihre physiologische Thätigkeit am vortheilhaftesten ausüben können.

Die mannichfaltige Entwickelung der icosacanthen Acantharien wird vorzugsweise durch die Ausbildung von tangentialen Apophysen bedingt, oder von Querfortsätzen, die unter rechten Winkeln von der Mitte der 20 Stacheln abgehen. Bei den Acanthoniden bleiben diese Apophysen (40 bei den *Phractacanthiden*, 80 bei den *Stauracanthiden*) noch getrennt und bilden eine unvollständige Schutzhülle um die Central-Kapsel. Bei den Acanthophracten dagegen verästeln sich dieselben, treten mit den Enden ihrer zahlreichen tangentialen Aeste in Berührung und bilden eine zusammenhängende Gitterschale von sehr regelmässiger (oft erstaunlich complicirter und mathematisch bestimmter) Zusammensetzung. Aus den *Phractacanthiden*, bei denen jeder Radial-Stachel 2 gegenständige Apophysen trägt, gehen die Diporaspiden hervor; aus den *Stauracanthiden* hingegen, bei denen jeder Stachel 4 kreuzständige Apophysen trägt, die Tessaraspiden; die ersteren besitzen 40, die letzteren 80 primäre Aspinal-Poren (dort je 2, hier je 4 an der Basis jedes Stachels).

Die weitere Ausbildung dieser Gitterschale wird theils durch verschiedene Wachsthums-Verhältnisse der 20 Radial-Stacheln und ihrer Apophysen bedingt, theils durch die Differenzirung derselben in bestimmten gegenständigen Radien, theils durch die Bildung von secundären Anhängen der Schale. Unter diesen sind namentlich feine Nebenstacheln auf den Gelenk-Enden der Apophysen bemerkenswerth, weil sie stets genau parallel den 20 Hauptstacheln gerichtet sind; sie zeigen, dass die Astropodien in diesen Richtungen ausstrahlen. Bei den meisten Acanthophracten bleibt die Schale kugelig (*Sphaerophracta*); bei anderen wird sie durch Verlängerung einer Axe ellipsoid (*Prunophracta*), wieder bei anderen durch Verkürzung linsenförmig (*Hexalaspida*). Bei diesen letzteren sind 6 marginale Stacheln (in der hydrotomischen Ebene) sehr stark entwickelt, die 14 anderen rudimentär. Indem 2 gegenständige von den 6 Marginal-Stacheln mit ihren konischen

Basalscheiden sich mächtig entwickeln (— während die 18 anderen rudimentär werden —), entstehen die merkwürdigen, einer Sanduhr ähn- Formen der Doppelkegel (*Diploconida*).

Einen selbständigen Zweig des Acantharien-Stammes, welcher sich unabhängig von diesen *Cladophracten* aus Acanthoniden entwickelt hat, bilden die *Capsophracten* oder Sphaerocapsiden. Ihre kugelige Schale ist aus unzähligen kleinen Acanthin-Plättchen zusammengesetzt, welche an der Oberfläche des Calymma ausgeschieden und durch Caement verkittet werden. Jedes Plättchen ist von einem feinen Porus durchbohrt; ausserdem sind 80 grössere Aspinal-Löcher vorhanden, je 4 kreuzweise um die Durchtritts-Stelle eines Radial-Stachels gestellt. Die vergleichende Morphologie dieser verschiedenen *Acanthophracten*-Familien, ebenso wie der *Acanthoniden*-Familien (Gruppen der Acanthometren, ohne Schale) liefert eine Fülle von interessanten Belegen für die Descendenz-Theorie; alle verschiedenen *Icosacanthen* lassen sich durch Divergenz von einer gemeinsamen Stammform ableiten: *Acanthometron*, und diese von einer einfachen, *Acanthocystis* ähnlichen *Adelacanthen*-Form: Actinelius.

§ 150. Dritte Legion der Radiolarien:

Nassellaria = Monopylea.

Radiolarien mit solider monaxoner Central-Kapsel, welche nur am Oral-Pole der verticalen Hauptaxe mit einem basalen Porenfelde versehen ist (Porochora mit Podoconus). Nucleus excentrisch. Skelet kieselig, meistens monaxon, stets extracapsular. Calymma ohne Phaeodium.

Die Legion der Nassellarien oder *Monopyleen* umfasst diejenigen osculosen Radiolarien, deren Central-Kapsel nur eine einzige Oeffnung besitzt, am Basal-Pol der verticalen Hauptaxe; diese Oeffnung (*Osculum*) wird durch einen kreisrunden oder elliptischen Porendeckel verschlossen (*Porochora* oder *Operculum porosum*), und auf diesem erhebt sich (innerhalh der Kapsel) ein eigenthümlicher Fadenkegel oder Pseudopodienkegel (*Podoconus*). Die acrale Spitze dieses Kegels ist gegen den gewölbten Scheitel der Kapsel gerichtet, in welchem excentrisch der einfache Nucleus liegt. Die Pseudopodien treten aus der Porochora in Gestalt eines Bündels hervor, welches sich in viele reticuläre Aeste auflöst und auch die Kapsel selbst mit einer Plasma-Schicht umfliessen kann (ähnlich wie bei *Gromia*). Fast alle Nassellarien (— mit einziger Ausnahme der nackten Stammfamilie, *Nassellida* —) besitzen ein Kiesel-Skelet, welches ausserhalb der Kapsel liegt und sich durch ungewöhnlichen Formenreichthum und Complication der Gestaltung auszeichnet. Dasselbe ist stets aus einem Stücke geformt, aber so mannichfaltig umgebildet, dass wir schon jetzt über 270 Genera und 1680 Species unterscheiden konnten; die interessanten Homologien der zahlreichen Gestalten, sowie die fundamentale Einheit ihrer Structur in gewissen Grundzügen erklären sich durch Vererbung, hingegen die äusserst mannichfaltige specielle Umbildung der einzelnen Theile durch Anpassung. Dabei ist besonders zu betonen, dass im Gegensatze zu dem erstaunlichen Polymorphismus des Kiesel-Skelettes die characteristische Form und Structur der Central-Kapsel sich überall beständig erhält, so dass wir hieraus allein schon auf eine monophyletische Abstammung aller Nassellarien schliessen können. Als gemeinsame Stammform der ganzen Legion betrachten wir die skeletlosen Nasselliden (*Cystidium* mit hyalinem Calymma, *Nassella* mit alveolärem Calymma). Die verschiedenen Hauptgruppen der Nassellarien können sich aus dieser Stammgruppe monophyletisch entwickelt haben; doch ist auch eine polyphyletische Entstehung derselben möglich, da ihre drei characteristischen Skelet-Elemente nicht allenthalb combinirt vorkommen.

Die Grundform der Nassellarien ist ursprünglich eiförmig, monaxon-allopol; so bei der Stammgattung *Nassella* (und *Cystidium*); ihre eiförmige Central-Kapsel gleicht ganz der Chitin-Schale von *Gromia*, der hypothetischen Stammform der Thalamophoren (§ 136); sie unterscheidet sich von dieser fast nur durch den Besitz von Porochora und Podoconus. Auch bei mehreren Cyrtocalpiden (*Archicorys*, *Cyrtocalpis* und anderen einfachsten *Cyrtoideen*) bleibt die Central-Kapsel und die umgebende Gitterschale eiförmig. Bei der grossen Mehrzahl der Nassellarien aber geht die geometrische Grundform aus der monaxon-allopolen in die dipleure oder bilateral-symmetrische über (§ 53); die mannichfaltige Ausbildung dieser Zeugiten-Form hängt auf das Engste mit der typischen Differenzirung der drei ursprünglichen Elemente des Kiesel-Skelettes zusammen.

Diese drei primären Skelet-Elemente der Nassellarien sind: 1) das Basal-Tripodium, ein Dreifuss, zusammengesetzt aus drei Radial-Stacheln, welche von einem gemeinsamen Mittelpunkt, vom Osculum der Kapsel ausgehen; 2) der Sagittal-Ring, ein eiförmiger oder kreisrunder Kieselring, welcher senkrecht in der Median-Ebene des Cytosoms steht, die Kapsel umschliesst und am Osculum mit ihr zusammenhängt; 3) die Gitter-Cephalis (oder das »gegitterte Schalen-Köpfchen«), eine eiförmige oder subsphärische Gitterschale, deren Basal-Pol ebenfalls mit demjenigen der Kapsel zusammenfällt. Bei der grossen Mehrzahl der Nassellarien sind diese drei primären Skelet-Elemente vorhanden und in der Weise combinirt, dass die drei divergenten Füsse oder Strahlen des basalen Tripodium sowohl mit dem Basaltheil des Gitterköpfchens zusammenhängen, als auch mit dem verticalen Sagittal-Ring, welcher in dessen Gitterwand (in der Median-Ebene) eingebettet ist. Gewöhnlich tritt ausserdem oben am Scheitel der Cephalis (als »Scheitelhorn«) noch ein vierter »Radial-Stachel« hervor, der oben als verticaler oder schiefer Fortsatz vom Rückenbogen des Sagittal-Ringes erscheint, während er unten mit dem Basal-Tripodium zusammenhängt; von letzterem ist ein unpaarer caudaler Fuss (in der Median-Ebene) nach hinten und unten gerichtet, während die beiden paarigen (pectoralen) Füsse nach vorn divergiren. In einfachster Form zeigen die Combination des basalen Dreifusses und des sagittalen Ringes die *Cortiniden*, besonders die dreifüssige *Cortina*, von welcher sich die meisten anderen Nassellarien ableiten lassen. Das nahe verwandte *Stephanium* unterscheidet sich durch die Einschaltung eines vierten (sternalen) Basalfusses, welcher gegenüber dem caudalen aus dem Centrum hervorwächst. Wenn sich zu beiden Seiten des Sagittal-Ringes, um die Kapsel herum, Gitterwerk entwickelt, so entsteht *Tripodospyris*, welche man als die gemeinsame Stammgattung aller Cyrtellarien betrachten könnte, d. h. aller Nassellarien mit vollständiger Gitterschale. Weniger leicht ist ein monophyletischer Ursprung aus den Nassellida für alle *Plectellarien* zu erweisen, d. h. für alle Formen der Legion, die noch keine complete Gitterschale besitzen.

Die grösste Schwierigkeit für die interessante Morphologie und Phylogenie der Nassellarien liegt in dem Umstande, dass zwar im Skelet der grossen Mehrzahl sich alle drei primären Elemente combinirt nachweisen lassen, dass aber auch daneben noch viele einfachere Formen existiren, in welchen nur ein einziges, oder nur zwei Elemente verbunden vorkommen. In dieser Beziehung sind thatsächlich alle sieben Fälle realisirt, die überhaupt möglich sind: 1) das Skelet wird allein durch das basale Tripodium (mit oder ohne Apical-Horn) gebildet, oft mit einem Geflecht von Aesten, aber ohne Ring und ohne Köpfchen (*Plectoidea*: Plectaniden und Plagoniden). 2) Das Skelet wird allein durch den Sagittal-Ring (mit oder ohne verästelte Anhänge) gebildet, ohne Tripodium und ohne Cephalis, (die meisten *Stephoidea*). 3) Das Skelet wird allein durch eine eiförmige oder fast kugelige (stets allopol-monaxone) Gitterschale oder eine reticulare Cephalis gebildet, aber ohne Spur von Dreifuss und Ring (die *Cyrtocalpiden* und viele andere Cyrtellarien). 4) Das Skelet ist zusammengesetzt aus Basal-Tripodium und Sagittal-Ring, aber ohne Cephalis (wenige, aber sehr wichtige *Stephoideen*: *Cortina*, *Stephanium*, *Podocoronis* u. s. w.). 5) Das Skelet ist zusammengesetzt aus Tripodium und Cephalis, aber ohne Sagittal-Ring (zahlreiche dreifüssige *Cyrtoideen*). 6) Das Skelet ist zusammengesetzt aus Köpfchen und Ring, aber ohne Dreifuss (viele *Spyroideen* und *Botryodeen*). 7) Das Skelet enthält alle drei Elemente combinirt, Tripodium, Annulus und Cephalis (die grosse Mehrzahl der *Spyroideen* und wohl auch der *Cyrtoideen*).

Wenn wir die Ontogenie der Nassellarien-Skelette vollständig kennen würden, so würden sich daraus (im Verein mit ihrer vergleichenden Anatomie und auch der Palaeontologie) wohl bestimmte Schlüsse über ihre Phylogenie ergeben. Da aber unsere Kenntniss derselben leider höchst unvollkommen ist, so sind zur Zeit noch sehr verschiedene Hypothesen über den Zusammenhang ihrer 270 Genera möglich. Eine der plausibelsten monophyletischen Hypothesen ist in dem Stammbaum § 147 angedeutet. Danach würde zunächst von der nackten Stammgattung *Nassella* ein basales Tripodium mit Apical-Horn gebildet sein (also ein »Vierstrahler«, wie bei vielen anderen Skelet-Anfängen). Aus einem solchen *Plagoniscus* oder *Plagiocarpa* konnte *Cortina* entstehen, indem ein bogenförmiger Apical-Ast des Scheitel-Horns sich über die Bauchlinie der Central-Kapsel vorwölbte und, mit dem basalen Centrum des Dreifusses verwachsend, einen Sagittal-Ring bildete. Laterale Aeste dieses Ringes wuchsen beiderseits um die Central-Kapsel herum und bildeten durch Reticulation ein Gitterköpfchen (*Tripodospyris*).

§ 151. Vierte Legion der Radiolarien:

Phaeodaria = Cannopylea.

Radiolarien mit solider monaxoner Central-Kapsel, welche nur am Oral-Pole der verticalen Hauptaxe mit einer grösseren Oeffnung versehen ist (Osculum mit Sterndeckel, Astropyle); oft dieser gegenüber noch eine oder zwei (selten mehr) kleinere Nebenöffnungen (Parapylen). Nucleus in der Hauptaxe. Skelet stets extracapsular, aus carbonischem Silicat gebildet, oft aus hohlen Röhren zusammengesetzt. Calymma mit einem eigenthümlichen Pigmentkörper (Phaeodium).

Die Legion der Phaeodarien oder *Cannopyleen* umfasst diejenigen osculosen Radiolarien, deren Central-Kapsel sich durch eine doppelte Membran auszeichnet und nur eine grosse Hauptöffnung besitzt, am Basal-Pole der verticalen Hauptaxe; diese Oeffnung wird durch einen eigenthümlichen Strahlendeckel verschlossen (*Astropyle* oder *Operculum radiatum*), und auf diesem erhebt sich (ausserhalb der Kapsel) ein röhrenförmiger Rüssel (*Proboscis*). Bisweilen finden sich gegenüber der Hauptöffnung (= Mundöffnung), auf der Scheitelwölbung der sphaeroidalen Central-Kapsel, noch ein oder zwei (selten mehr) kleinere Nebenöffnungen (After-Oeffnungen?, *Parapylae*). Der Nucleus ist bei allen Phaeodarien sehr gross und von sphaeroidaler Form, bläschenförmig und enthält sehr zahlreiche kleine Nucleoli, welche meistens der Innenwand der Kernmembran anliegen. Bei der Sporulation wird wahrscheinlich die letztere aufgelöst, und jeder Nucleolus wird zum Kern einer Schwärmspore. Gewöhnlich liegt der Nucleus central oder subcentral in der Axe der Central-Kapsel, meist ihrem Scheitel-Pol genähert. Characteristisch für alle Phaeodarien ist ausserdem ein eigenthümlicher, dunkelbrauner, grüner oder schwärzlicher Pigmentkörper, das Phaeodium; derselbe liegt im gallertigen Calymma, ausserhalb der Central-Kapsel, und umgiebt deren orale Hälfte in Gestalt einer concav-convexen Haube; durch die Axe des Phaeodium tritt der Rüssel hindurch, aus dessen Oeffnung ein dicker, cylindrischer Sarcode-Strom hervorgeht; dieser verästelt sich vielfach und bildet ein reiches Plasma-Netz im Calymma, von dessen Oberfläche die Pseudopodien ausstrahlen.

Die Phaeodarien sind vorzugsweise Bewohner der Tiefsee und durchschnittlich von bedeutenderer Körpergrösse als alle übrigen Radiolarien (viele von mehreren Millimeter Durchmesser, einige von mehr als ein Centimeter). Obgleich diese Legion erst 1859 von uns entdeckt und in der ersten Beschreibung derselben (1862) nur 5 Genera und 7 Species unterschieden wurden, kennen wir doch jetzt bereits über 80 Gattungen und über 400 Arten (grösstentheils vom Challenger in der Tiefsee entdeckt). Nur die niederste und älteste Familie der Legion, Phaeodinida, ist nackt und skeletlos (*Phaeocolla* ohne Parapylen, *Phaeodina* mit zwai Parapylen). Aus dieser gemeinsamen Stammpruppe scheinen sich die verschiedenen Familien der Phaeodarien polyphyletisch entwickelt zu haben, da ihre sehr mannichfaltige und eigenthümliche, oft erstaunlich complicirte Skeletbildung sich nicht auf eine gemeinsame Grundform zurückführen lässt. Gewöhnlich ist das Skelet aus hohlen Röhren zusammengesetzt, die mit Gallerte oder Plasma erfüllt sind, und deren dünne Wand aus einem eigenthümlichen carbonischen Silicat besteht. In anderen Fällen wird eine solide Schale von sehr eigenthümlicher, mehrfach verschiedener Structur gebildet (Diatomeen-ähnlich bei den *Challengeriden*, porcellanartig bei den *Tuscaroriden*, getäfelt bei den *Circoporiden*, mit Alveolar-Structur bei den *Medusettiden* u. s. w.).

Die Formen der Schale selbst sind bei den Phaeodarien nicht so mannichfaltig entwickelt wie bei den übrigen Radiolarien. Dagegen offenbaren sie den grössten Reichthum in der Bewaffnung des Pyloms oder der Schalenmündung, in der Structur der Schalen-Poren, und besonders in der Bildung verzweigter Schalen-Anhänge, in Form von radialen Stacheln, Gabeln, Spathillen (Kränzen von Widerhaken) u. s. w. Diese entstehen in Anpassung an verschiedene Functionen: sie wirken als

Schutzwaffen gegen die Angriffe von Feinden, als Stützen der Pseudopodien, als pelagische Schwebe-Organellen (durch vermehrten Reibungswiderstand des im Wasser schwebenden Körpers), als Greif-Organellen (indem sie harkenartig die treibenden Nahrungs-Bestandtheile sammeln) u. s. w. Da die subtilsten Einzelheiten in der verwickelten Skelet-Structur sich durch Vererbung constant erhalten, und oft Hunderte von Exemplaren einer Art ganz gleiche Zusammensetzung zeigen, da anderseits aber der Weichkörper der verschiedenen Arten keine oder nur sehr geringe Unterschiede erkennen lässt, so offenbart sich hier in lehrreichster Weise die Erblichkeit der Plasticität der Sarcode, und besonders, mit Bezug auf die »Zellseele«, die Erblichkeit ihres plastischen Distanzgefühls.

Als divergente Stämme der Phaeodarien, die sich durch verschiedenartige Skeletbildung — unabhängig von einander — aus der gemeinsamen Stammgruppe der nackten Phaeodiniden entwickelt haben, betrachten wir folgende vier Ordnungen, die *Phaeobelien*, *Phaeosphaerien*, *Phaeogromien* und *Phaeoconchien*. Die Phaeobelien bilden zahlreiche hohle (mit Plasma oder Gallerte gefüllte) Nadeln oder Röhren, welche ohne Zusammenhang im Calymma zerstreut liegen (analog den Beloideen unter den Spumellarien). Bei den *Cannobeliden* liegen oft Tausende solcher hohler Nadeln tangential an der Oberfläche des Calymma und bilden durch Verfilzung einen dichten Mantel um dasselbe; bei den *Aulacanthiden* wird dieser Mantel von starken cylindrischen Radial-Röhren durchsetzt, deren inneres Basal-Ende die Central-Kapsel berührt, während das äussere Distal-Ende in mannichfaltigster Weise verästelt und bewaffnet ist. Die Phaeosphaerien bilden sich meistens eine voluminöse Kugelschale mit weiten Maschen, ohne besondere Schalenmündung. Die Phaeogromien hingegen besitzen eine grosse, meist mit besonderen Zähnen bewaffnete Mündung (Pyloma) am Basal-Pole der Hauptaxe; die Schale ist hier meistens eiförmig oder birnförmig, seltener kugelig oder polyedrisch. Die höchst entwickelte Gruppe der Phaeodarien sind die Phaeoconchien; abweichend von allen anderen Radiolarien zerfällt ihre Gitterschale in zwei symmetrisch gleiche Hälften, die sich wie die beiden Klappen einer Muschelschale verhalten; viele produciren baumförmige, höchst verwickelt gebaute Anhänge. Die Phaeoconchien sind wohl monophyletisch zu beurtheilen, die übrigen Ordnungen mehr oder weniger polyphyletisch. Unter allen Skelet-Bildungen, welche der einzellige Organismus der Protisten im Laufe von Jahr-Millionen phylogenetisch producirt hat, erreichen die zierlichen Kieselschalen dieser Phaeodarien die höchste Stufe der Vollkommenheit; sie liefern zugleich höchst instructive Beispiele für die progressive Vererbung (§ 16).

§ 152. Infusoria. Infusionsthierchen.

Stamm der vibranten kernhaltigen Protozoen.

Protozoen mit Zellenkern und mit Flimmerhaaren (Geisseln oder Wimpern), ohne Pseudopodien. Cytosom meistens mit Zellenmund und mit Systolette (oder constanter »contractiler Vacuole«). Fortpflanzung meistens durch Zweitheilung (seltener Sporenbildung).

Die Hauptclasse der Infusorien oder *Infusionsthierchen* umfasst nach der gegenwärtig vorherrschenden Auffassung dieses Begriffes in erster Linie die grosse und formenreiche Classe der Ciliaten oder Wimperthierchen (die *Infusorien* im engeren Sinne!); in zweiter Linie die eigenthümlichen, von diesen abstammenden Acineten oder *Suctorien* (Sauginfusorien). Dazu stellen wir drittens noch die Flagellaten oder Geisselthierchen, jene plasmophagen Mastigophoren, deren Trennung von ihren plasmodomen Ahnen, den vegetalen Mastigoten, nur in künstlicher Weise möglich ist. (Vergl. § 94.) Das gemeinsame characteristische Merkmal aller echten Infusorien bilden die Vibranten oder die schwingenden Flimmerhaare, welche gewöhnlich (bei den Acineten nur in der Jugend) zur schwimmenden Ortsbewegung dienen: bei den *Flagellaten* eine oder zwei (selten mehr) lange, peitschenförmige Geisseln; bei den *Ciliaten* sehr zahlreiche kurze Wimpern (ebenso auch bei den jungen Acineten). Fast alle Infusorien — mit nur sehr wenigen Ausnahmen — besitzen einen constanten Zellenmund (*Cytostoma*), eine permanente Oeffnung zur Aufnahme fester und flüssiger organischer Nahrung; auch dadurch unterscheiden sie sich von allen anderen Protozoen. Bei den *Acineten* ist die Mundöffnung in eine lange Saugröhre ausgezogen, und gewöhnlich ist dieses »Suctellum« (der sogenannte »Tentakel«) vervielfacht.

Das phylogenetische Verhältniss der drei Infusorien-Classen ist nach unserer Ansicht so aufzufassen, dass die einfachsten Flagellaten die gemeinsame Stammgruppe bilden; aus solchen *Zoomonaden* (die durch Metasitismus aus *Phytomonaden* entstanden waren) sind einerseits die divergenten Gruppen der höheren Flagellaten abzuleiten, anderseits die *Holotrichen*, die Stammformen der Ciliaten. Die Brücke zwischen beiden Classen wird durch die *Mitomonaden* (oder »Polymastigoda«) hergestellt, Flagellaten mit einer grösseren Zahl von Geisseln. Aus den *Cyclotrichen* (oder Cyclodineen), einer älteren Gruppe der Ciliaten, sind die Acineten hervorgegangen, indem ihr rüsselförmiger Mund sich in eine Saugröhre verwandelte; bei den meisten Acineten wurde dieses Organell später vervielfacht.

Monobionten sind die grosse Mehrzahl der Infusorien; nur wenige Gruppen bilden kleine Coenobien oder Zellvereine, unter den Flagellaten einige Zoomonaden und die Blastomonaden; unter den Ciliaten die Vorticellinen. Die wichtigsten von diesen »Zellcolonien« sind die kugeligen schwimmenden Coenobien der Blastomonaden oder Catallacten; denn diese »Vermittler« können einerseits durch Metasitismus von den gleichgebauten, aber plasmodomen *Volvocinen* abgeleitet werden (§ 96); anderseits sind sie nicht wesentlich verschieden von der Blastula oder *Blastosphaera* der Metazoen, jenem bedeutungsvollen Keimzustand der vielzelligen Thiere, aus dem ihre Gastrula hervorgeht. Nach dem biogenetischen Grundgesetze dürfen wir daher schliessen, dass die Catallacten die Vorfahren der Gastraeaden, und somit aller Metazoen, repräsentiren. Die gleichartigen Geisselzellen, welche das kugelige Coenobium der Catallacten zusammensetzen, sitzen entweder in der Oberfläche der Gallertkugel dicht neben einander (gleich einem »*Blastoderm*«); oder sie hängen im Centrum der Gallertkugel durch dünne radiale »Schwanzfäden« zusammen, die von ihrem inneren Basaltheil centripetal ausgehen.

Alle drei Classen der Infusorien sind durch zahlreiche Formen in den süssen und salzigen Gewässern der Erde allenthalben vertreten; die Mehrzahl lebt jedoch im Süsswasser. Die Meisten schwimmen frei im Wasser umher, wobei die Geisseln der Flagellaten, die Wimpern der Ciliaten durch ihre Schwingungen die schnelle, oft willkührlich modificirte Bewegung vermitteln. Indessen giebt es auch zahlreiche festsitzende Formen in beiden Classen (darunter eine Anzahl von Coenobionten). Die Acineten schwimmen nur in der Jugend mittelst ihres Wimperkleides umher, verlieren es aber später, nachdem sie sich festgesetzt haben. Viele Formen 'aus allen drei Classen haben sich an Parasitismus gewöhnt und in Folge dessen ihre ursprüngliche Organisation theilweise verändert. Die Grösse der einzelligen Individuen schwankt innerhalb sehr weiter Grenzen; die grosse Mehrzahl ist dem blossen Auge unsichtbar, viele gehören zu den kleinsten Protisten (besonders Zoomonaden). Bei einzelnen grösseren Formen erreicht der Durchmesser des Cytosoms ein Millimeter und darüber, so bei den Cystomonaden (Flagellaten), bei den Stentoren (Heterotrichen) und bei Dendrosoma (Acineten).

Die Grundform des Cytosoms bietet bei den Infusorien viel einfachere Verhältnisse als bei den Rhizopoden, weil meistens die Bildung einer festen, geformten Schale fehlt, welche bei den letzteren in so grosser Mannichfaltigkeit entwickelt ist. Bei den *Flagellaten* und *Acineten* ist die einfache monaxone Grundform vorherrschend, und zwar die allopole, da der acrale (vordere) und der basale (hintere) Pol der Axe stets differenzirt sind; am ersteren liegen die Organe der Nahrungsaufnahme. Diese Conoidal-Form (§ 55) ist seltener bei den *Ciliaten*, bei welchen vielmehr die centroplane Grundform überwiegend ausgebildet ist, und zwar meistens die zygopleure oder bilateral-symmetrische Grundform (§ 53). Jedoch neigt dieselbe meistens mehr oder weniger zur Asymmetrie; diese ist bei allen Spirotrichen schon durch die asymmetrische Ausbildung der adoralen Wimper-Spirale bedingt. Bei den höheren Ciliaten (namentlich den Hypotrichen) sind die hoch differenzirten Organellen dergestalt auf die einzelnen Gegenden des Cytosoms vertheilt, dass die acrale Mundgegend und die basale Aftergegend, die dorsale und ventrale Fläche sehr characteristische Gegensätze in physiologischer und morphologischer Beziehung zeigen. Bisweilen ist auch der Gegensatz zwischen rechtem und linkem Antimer (— abgesehen von der adoralen Wimperspirale —) schärfer ausgeprägt.

Die Phylogenie des Cytosoms und seiner Organellen bietet innerhalb der Infusorien-Gruppe die grössten Abstufungen und die mannichfaltigsten Differenzirungen. Wohl allgemein (— wenn auch bei den kleinsten Formen oft nicht sichtbar —) ist die Sonderung des Cytoplasma in das festere hyaline Ectoplasma und das weichere granuläre Endoplasma ausgebildet; ersteres entspricht physiologisch dem Exoderm, letzteres dem Entoderm der Metazoen. Die animalen Organellen der Bewegung und Empfindung, die Geisseln der Flagellaten, die Wimpern der Ciliaten, die Saugröhren der Acineten, sind unmittelbare Fortsätze des contractilen Ectoplasma. Bei den höheren Ciliaten ist dasselbe noch weiter in mehrere bestimmte Schichten differenzirt: aussen ein festes Oberhäutchen, das die Vibranten trägt: Pellicula; darunter eine musculöse Myophan-Schicht (mit contractilen Muskelfibrillen), und unter dieser eine Trichocysten-Schicht.

Im Ectoplasma liegen auch die Systoletten oder »*contractilen Vacuolen*«, welche durch einen feinen Porus oder Ausführgang (Excretions-Canal) sich nach aussen öffnen. Da die Infusorien beständig eine grosse Menge von Wasser mit der Nahrung durch den Mund aufnehmen, ist dessen Abführung durch die Systoletten von grosser Wichtigkeit, um so mehr, als damit zugleich Kohlensäure, Harnsäure und andere Excretions-Producte des animalen Stoffwechsels entfernt werden können; sie entsprechen mithin physiologisch den »Excretions-Organen« oder Nephridien der Würmer und anderer niederen Coelomarien. Wahrscheinlich besitzen fast alle Infusorien wenigstens eine Systolette, die grösseren oft zwei oder mehrere; ganz zu fehlen scheinen sie nur einigen parasitischen Infusorien (einigen kleineren Flagellaten und der ciliaten mundlosen Opalina). Obgleich diese constanten »contractilen Blasen« wohl phylogenetisch aus inconstanten vergänglichen

Vacuolen entstanden sind, unterscheiden sie sich doch von diesen endoplasmatischen Hohlräumen wesentlich durch ihre constante Grösse und Lage an einer bestimmten Stelle des Ectoplasma.

Die Ernährung der Infusorien erfolgt in ganz anderer Weise als bei den übrigen Protozoen; sie nähert sich in physiologischer Beziehung so sehr derjenigen der Metazoen, dass sie gerade desshalb früher mit diesen vereinigt wurden. Die grosse Mehrzahl der Infusorien besitzt eine constante Mundöffnung, durch welche feste und flüssige Nahrung aufgenommen wird. Die meisten Ciliaten haben ausserdem noch eine feine Afteröffnung zur Abgabe der unverdaulichen Stoffe. Beide Oeffnungen liegen an bestimmten Stellen im Ectoplasma. Der Zellenmund (*Cytostoma*) führt bei vielen Flagellaten und den meisten Ciliaten zunächst in einen cylindrischen oder conischen Canal im Ectoplasma, welcher als Zellenschlund fungirt (*Cytopharynx*); seine Wand ist nicht selten durch longitudinale Rippen oder Stäbchen gestützt, ähnlich einer »Fischreuse«. Die Nahrungsbissen, welche durch den Schlund hindurch getreten sind, gelangen unmittelbar in das weiche, körnige Endoplasma, in welchem ihre Verdauung und ihre Plasma-Assimilation stattfindet. Oft ist eine langsame Rotation derselben im Inneren zu beobachten.

Als besondere Hülfsorgane der Nahrungsaufnahme fungiren bei manchen Flagellaten contractile Lippen (Chilomonas), bei den Conomonaden (= Choanoflagellaten) ein kegelförmiger Plasma-Kragen an der Basis der Geissel, bei den höheren Ciliaten (Spirotrichen) eine besondere »adorale Wimperspirale«. Einige niedere Holotrichen (Lacrymaria und andere Enchelinen) besitzen einen langen, cylindrischen Rüssel, und bei den Cyclotrichen kann dessen terminaler Mund in eine Saugscheibe verwandelt werden. Aus dieser Bildung scheint die characteristische Saugröhre oder das Suctellum der Acineten entstanden zu sein; die niedersten Formen derselben (Monosuctella) haben nur eine einzige Saugröhre, das primäre »Mundrohr«; bei den Meisten ist dasselbe vervielfacht (Polysuctella).

Die Fortpflanzung der Infusorien geschieht gewöhnlich auf ungeschlechtlichem Wege, und zwar durch Zweitheilung. Bei den *Flagellaten* ist dieselbe überwiegend Längstheilung, bei den *Ciliaten* dagegen Quertheilung. Bei den festsitzenden *Acineten* geht dieselbe meistens in eine eigenthümliche Form der Knospung über. Bei der Mehrzahl der Infusorien scheint die fortgesetzte Zweitheilung von Zeit zu Zeit durch eine Conjugation unterbrochen zu werden, mit theilweisem Austausch der Kernsubstanz beider Zellen, die vorübergehend mit einem Körpertheil verschmelzen. In einzelnen Gruppen ist daraus eine eigenthümliche Form sexueller Copulation entstanden.

§ 153. System der Infusorien.

Classen	Subclassen	Ordnungen	Familien
I. **Flagellata** Geissel-Infusorien (*Mastigophora animalia, plasmophaga*) Celleus mit einer oder zwei, selten mehreren Geisseln. (Weder Cilien noch Saugröhren)	I A. **Flagellonecta** Einfache Flagellaten ohne Kragen und ohne vacuolisirten Blasen-Celleus	1. **Zoomonades** (*Euflagellata*) Flagellata einfachster Art, ohne Geisselkrag.	Eumonades Isomonades Allomonades Mitomonades
		2. **Blastomonades** (*Catallacta*) Kugelige Coenobien von Zoomonaden	Synurosphaera Magosphaera
	I B. **Flagellotacta** Differenzirte Flagellaten, entweder mit Kragen an der Geissel-Basis, oder mit vacuolisirtem Celleus	3. **Conomonades** (*Choanophora*) Geissel einfach, mit basalem Kragen	Phalansterides Craspedomonades
		4. **Cystomonades** (*Cystoflagellata*) Grosse blasenförmige vacuolisirte Zellen	Noctilucales Leptodiscales
II. **Ciliata** Wimper-Infusorien (*Infusoria genuina s. str.*). Celleus m. zahlreichen kurzen Wimpern, fast immer mit Mund und mit After	II A. **Aspirotricha** Mund ohne besondere adorale Wimper-Spirale	5. **Holotricha** Sericillen überall gleichmässig	Enchelina Actinobolina Trachelina Paramaecina
		6. **Sericotricha** Ohne Mund und After, meist ohne Systolette	Anoplophryna Opalinida
		7. **Cyclotricha** Wimpern in transversalen Gürteln geordnet.	Monodinida Mesodinida
	II B. **Spirotricha** Mund mit einer besonderen adoralen Wimper-Spirale	8. **Heterotricha** Sericillen überall auf der Pellicula	Bursarida Tintinnoida Stentorida
		9. **Hypotricha** Cilien nur auf der Bauchseite des blattförmigen Körpers	Peritromina Euplotina Aspidiscina Oxytrichina
		10. **Peritricha** Cilien auf einen basalen Kranz beschränkt (oder rückgebildet)	Trichodinida Vorticellina Spirochonida
III. **Acineta** Saug-Infusorien (*Suctoria*) Celleus mit Saugröhren, ohne After. In der Jugend mit vielen kurzen Wimpern	III A. **Monosuctella** Nur eine einzige (terminale) Saugröhre	11. **Monosuctella** Eine einzige Saugröhre	Hypocomida Urnulida
	III B. **Polysuctella** Mehrere, meist zahlreiche Saugröhren	12. **Sporosuctella** Viele zerstreute Saugröhren	Sphaerophryina Tocophryina
		13. **Lophosuctella** Saugröhren in pinselförm. Büschel gestellt	Autacinetida Dendrosomina
		14. **Dendrosuctella** Saugröhr. zusammengesetzt oder verästelt	Ophryodendrina Dendrocometina

§ 154. Stammbaum der Infusorien.

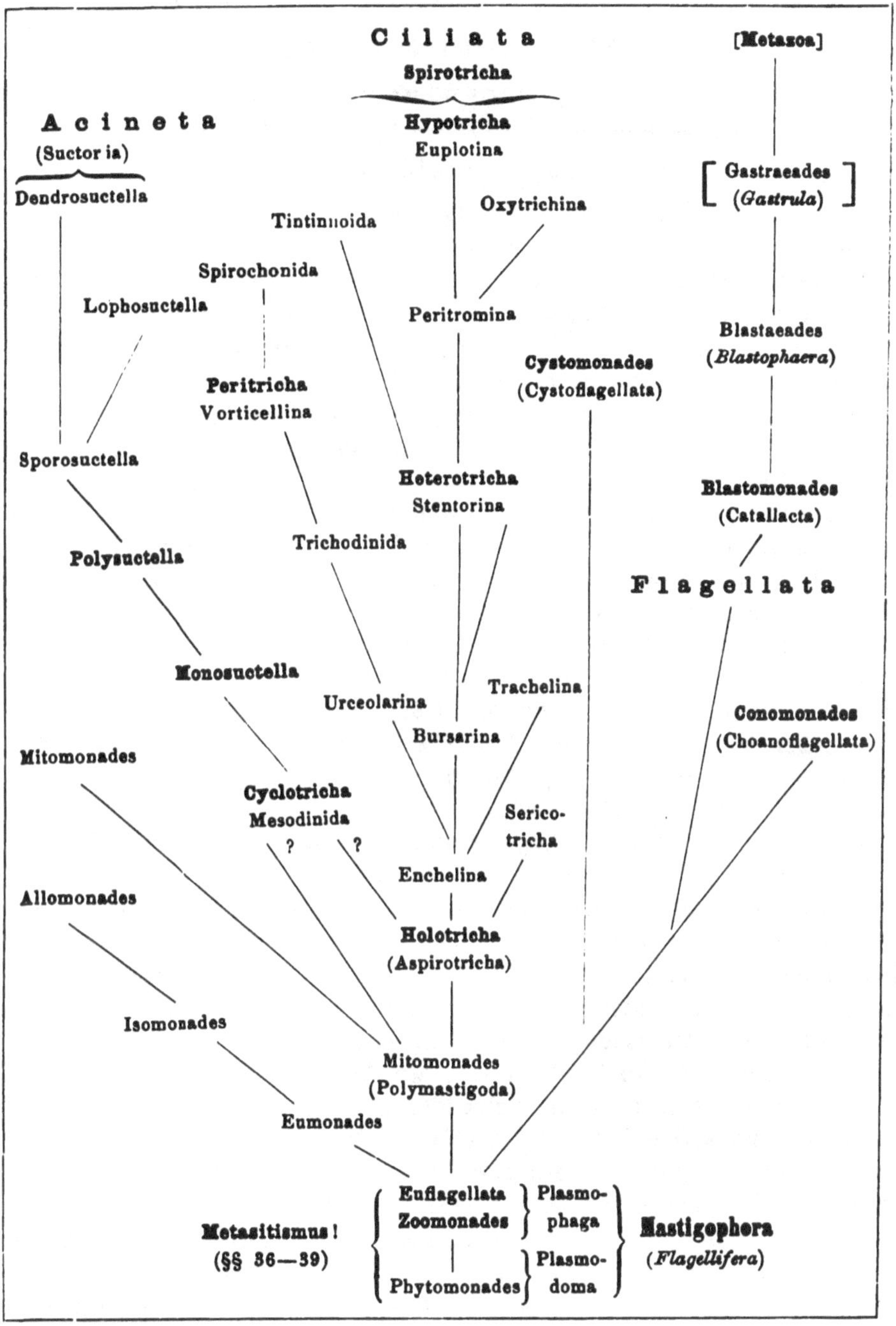

§ 155. Erste Classe der Infusorien:

Flagellata. Geissel-Infusorien.

Monades s. ampl. Mastigophora animalia. Flagellifera achromata. (*Euflagellata, Choanoflagellata et Cystoflagellata.*)

Stammgruppe vieler Protozoen.

Infusorien mit einer oder zwei (selten mehreren) langen Geisseln, ohne Wimpern und ohne Saugröhren. Cytosom stets mit einem Zellkern, meistens mit Zellenmund und Zellenafter.

Die Classe der Flagellaten (— im engeren Sinne! —) oder der animalen Mastigophoren beschränken wir hier auf jene *achromatischen Flagellaten,* welche keine Carbon-assimilirenden Chromatellen besitzen und daher als *plasmophage Protisten* in das Unterreich der Protozoen zu stellen sind. Hierher gehören die formenreichen beiden Ordnungen der Zoomonaden (oder *Euflagellaten*) und der Conomonaden (oder *Choanoflagellaten*); zwei kleinere, aber sehr interessante Ordnungen werden gebildet durch die Catallacten (oder *Blastomonaden*) und die Noctilucaden (oder *Cystoflagellaten*). Alle übrigen Mastigophoren, welche sonst noch gewöhnlich als »Flagellaten« zu den *Protozoen* gerechnet werden, namentlich die beiden grossen Gruppen der Euglenoidina (= *Monomastigia*) und der Phytomastigota (= *Diplomastigia*) sind plasmodome Protisten und daher von uns zu den *Protophyten* gestellt worden (Classe der Mastigoten unter den Algetten, § 94).

Die engen verwandtschaftlichen Beziehungen, welche zwischen diesen plasmodomen *Mastigoten* und jenen plasmophagen *Flagellaten* bestehen, sind bereits oben von uns erörtert und polyphyletisch gedeutet worden (§ 94—96). Offenbar sind verschiedene (wahrscheinlich sogar zahlreiche) farblose Flagellaten zu verschiedenen Zeiten durch Metasitismus aus grünen oder anders gefärbten Mastigoten entstanden, indem die Carbon-assimilirenden Chromatellen der letzteren durch Anpassung an saprositische oder parasitische Lebensweise rückgebildet und überflüssig wurden. Mehre Gattungen von beiden Classen sind so nahe verwandt, dass sie eigentlich nur durch die entgegengesetzte Form des Stoffwechsels sich unterscheiden. Aber gerade dieser Gegensatz besitzt die höchste systematische Bedeutung; er entscheidet ganz allein über die Stellung dieser Protisten im Thierreiche oder Pflanzenreiche, wenn man überhaupt diese althergebrachte Zweitheilung der organischen Welt aufrecht erhalten will. Dann ist aber auch zu verlangen, dass alle *plasmodomen* Mastigophoren (unsere

»*Mastigoten*«) zu den Protophyten (Algetten) gestellt werden, und anderseits alle *plasmophagen* Mastigophoren (unsere *Flagellaten*) zu den Protozoen (Infusorien). Die Eugleniden und Volvocinen sind dann ebenso gut »echte Pflanzen«, wie die nahe verwandten Characieen und Codiolaceen. Ausdrücklich wollen wir dabei die Bemerkung wiederholen, dass jener fundamentale Gegensatz nicht durch die verschiedene Art der Nahrungs-Aufnahme bedingt wird, sondern durch den entgegengesetzten Chemismus des Stoffwechsels (§ 36—38). Die Eugleniden und Volvocinen sind ebenso Plasmodomen, wie alle anderen echten *Protophyten*, trotzdem sie theilweise einen »Zellenmund« besitzen. Anderseits sind viele »mundlose Flagellaten«, die sich saprositisch oder parasitisch durch Endosmose ernähren, gerade so gut echte Plasmophagen, wie die Fungillen und Opalinen, und wie alle echten *Protozoen*.

Gemeinsame Merkmale aller echten Flagellaten sind folgende: 1) Die Zellen sind im erwachsenen Zustande mit einer oder zwei, selten drei, vier oder mehreren Geisseln ausgestattet, aber nicht mit zahlreichen kurzen Wimpern (Unterschied von den Ciliaten und Acineten). 2) Im Cytoplasma jeder Zelle liegt stets ein einfacher echter Zellkern (Unterschied von den nahe verwandten Bacterien); dieser Nucleus spaltet sich nicht in einen Hauptkern und Nebenkern, wie bei den Ciliaten. 3) Die Zellen enthalten niemals Carbon-assimilirende Chromatellen (Unterschied von den nächst verwandten Mastigoten). In allen übrigen Verhältnissen unterliegt der Organismus der Flagellaten vielfachen Abweichungen. Die grosse Mehrzahl lebt isolirt, als *Monobionten*; aber in einigen Gruppen giebt es auch *Coenobionten*; die Dendromonaden und Spongomonaden bilden doldenförmige, fächerförmige oder baumförmig verzweigte, festsitzende Coenobien. Die wichtige Ordnung der Catallacten ist characterisirt durch die Bildung von Sphaeral-Coenobien: schwimmende Gallertkugeln, in deren Oberfläche die associirten Zellen sitzen.

Gleich ihren plasmodomen Verwandten und Vorfahren, den *Mastigoten,* treten auch die plasmophagen *Flagellaten* meistens (oder eigentlich allgemein) in zwei verschiedenen Zuständen auf, in einem beweglichen als *Planocyten,* und in einem unbeweglichen als *Paulocyten.* Während aber bei den ersteren der Schwerpunkt des individuellen Lebens gewöhnlich in die Paulose fällt, liegt er bei den letzteren meistens umgekehrt in der Kinese. Die Fortpflanzung durch Theilung kann in beiden Zuständen stattfinden. In der Kinese ist die weitaus häufigste Form die Längstheilung, seltener die Quertheilung. Die Ciliaten verhalten sich in dieser Beziehung umgekehrt. Der Paulose geht häufig die Copulation von zwei Individuen voraus. Die paulotische Form ist gewöhnlich von einer festen Cyste eingeschlossen. Im kinetischen Zustande ist das Cytosom meistens nackt oder nur von einer sehr zarten Hülle umschlossen; seltener von einer festeren Membran oder Kapsel. Letztere hat dann gewöhnlich eine Oeffnung, aus welcher die Geisseln vortreten und in welcher der Zellenmund liegt. Dieser führt oft in ein Schlundrohr, durch welches feste Nahrungskörper ebenso wie bei den Ciliaten aufgenommen werden. Meistens ist auch eine contractile Blase vorhanden, selten mehrere.

Wir unterscheiden unter den echten Flagellaten (oder »*animalen Mastigophoren*«) vier verschiedene Ordnungen: 1) die Zoomonaden oder *Euflagellaten*; Monobionten (selten Coenobionten) mit einer oder zwei Geisseln (selten mehreren), ohne Kragen; 2) die Catallacten oder *Blastomonaden*, kugelige Coenobien, deren Gallertmasse an der Oberfläche zahlreiche Zoomonaden einschliesst; 3) die Conomonaden oder *Choanophoren*, deren einfache Geissel an ihrer Basis von einem trichterförmigen Kragen umschlossen ist; und 4) die Noctilucaden oder *Cystoflagellaten*, deren grosser blasenförmiger Zellenkörper sich durch das innere Plasma-Netzwerk auszeichnet. Die Zoomonaden können als die Stammgruppe betrachtet werden, aus der sich die drei übrigen Ordnungen divergent entwickelt haben.

§ 156. Erste Ordnung der Flagellaten:

Zoomonades = Euflagellata.

Monadina (*s. str.*). *Autoflagellata*. *Lissoflagellata*.

Stammgruppe aller Infusorien.

Flagellaten mit einer oder zwei (selten mehr) einfachen Geisseln, ohne basalen Plasma-Kragen. Meistens frei schwimmende Monobionten (seltener festsitzende Arboral-Coenobien).

Die Ordnung der Zoomonaden oder *Euflagellaten* umfasst diejenigen Flagellaten, welche früher als »Monaden« oder auch als »Flagellata im engeren Sinne« bezeichnet wurden; neuerdings auch als *Autoflagellata* oder *Lissoflagellata*; hierher gehört die Hauptmasse der animalen Mastigophoren. Ihre Organisation ist einfacher als die der drei anderen Ordnungen; sie besitzen weder den Geisselkragen der Choanophoren, noch das Plasma-Netz der Cystoflagellaten, noch die Sphaeral-Coenobien der Catallacten. Meistens sind ihre Zellen von geringer, oft sehr geringer Grösse; manche kleinste Zoomonaden schliessen sich eng an die Bacterien an und lassen sich von ihnen nur durch den Besitz eines echten Zellkerns unterscheiden. Fast alle

Zoomonaden besitzen einen Zellenmund und eine Systolette (oder »contractile Blase«). Der Zellenleib der Meisten ist im beweglichen Zustande nackt oder nur von einer dünnen Cuticula bedeckt; die festsitzenden Formen sind oft von einem becherförmigen Gehäuse (Oecium) eingeschlossen, welches am Basal-Pol einen Stiel, am Oral-Pol eine Mündung besitzt. Im Ruhezustande ist das Cytosom bald von einer Gallerthülle umschlossen, bald von einer festeren (chitinartigen) Cyste.

Die zahlreichen Familien der Zoomonaden können wir auf vier Unterordnungen vertheilen: 1) Die Eumonaden (oder *Monomastigoda*), den vegetalen Eugleniden verwandt, mit einer einzigen einfachen Geissel (Cercomonades, Codonoecina, Bicosoecina, Rhizomonades; letztere ausgezeichnet durch Bildung von Lobopodien, den Amoeben verwandt). 2) Die Isomonaden (oder *Isomastigoda*), mit zwei gleichen, aus einem Punkte entspringenden Geisseln (Amphimonadina, Spongomonadina), nahe verwandt den vegetalen Phytomastigoda. 3) Die Allomonaden (oder *Heteromastigoda*), mit zwei Geisseln von verschiedener Grösse und Bewegungsform; die vordere grössere dient zum Schwimmen; die hintere kleinere wird als »Schleppgeissel« nachgeschleppt (Bodonina, Anisonemina, Heteromonadina). 4) Die Mitomonaden (oder *Polymastigoda*), mit mehreren Geisseln, gewöhnlich 4, selten 6 oder 8, bisweilen sogar 10—12; die Tetramitinen haben 4 gleiche Geisseln am Vorderende, die Trepomonadina 4 ungleiche Geisseln, die Polymastigina 6—8 oder mehr Flagellen.

Die phylogenetischen Beziehungen der zahlreichen Zoomonaden unter einander, sowie zu den Protophyten (Mastigoten) einerseits, zu den übrigen Flagellaten anderseits, sind sehr schwierig zu ermitteln. Wahrscheinlich sind ursprünglich viele Zoomonaden-Gruppen, unabhängig von einander, aus verschiedenen parallelen Phytomonaden-Gruppen durch Metasitismus entstanden (§ 95). So können z. B. verschiedene *Eumonaden* aus entsprechenden *Eugleniden* hervorgegangen sein (beide mit einer einfachen Geissel); ebenso *Isomonaden* aus *Phytomastigoden* (beide mit zwei gleichen Geisseln) u. s. w. Wegen der einfachen Verhältnisse im Körperbau der meisten Zoomonaden, und wegen des Mangels an characteristischen Formbildungen, besitzen wir zu wenig Anhaltspunkte, um ihre verwickelte Stammverwandtschaft genauer erkennen zu können. Ausserdem sind die kleinsten und einfachsten Eumonaden (Cercomonaden u. A.) nahe verwandt mit gewissen Bacterien; die Rhizomonaden (Rhizomastigoda u. A.) mit Amoeben; einige Polymastigina mit den einfachsten Formen der Ciliaten u. s. w.

Jedenfalls ist die Ordnung der Zoomonaden, gerade wegen dieser vielseitigen und verwickelten Verwandtschafts-Beziehungen, von höchstem phylogenetischen Interesse, und es ist zu hoffen, dass die genauere vergleichende Anatomie und Ontogenie derselben uns noch über viele wichtige Fragen der animalen Stammesgeschichte aufklären wird. Wie die plasmophagen Zoomonaden selbst polyphyletisch aus plasmodomen Phytomonaden hervorgegangen sind, so bilden sie auch die polyphyletische Stammgruppe nicht nur für die übrigen Infusorien, sondern wahrscheinlich auch für andere Protozoen (namentlich Rhizopoden), und ebenso für die Metazoen (vergl. § 157).

§ 157. Zweite Ordnung der Flagellaten:

Catallacta = Blastomonades.

Stammgruppe der Gastraeaden.

Flagellaten mit kugeligem Coenobium, in dessen Gallertmasse an der Oberfläche zahlreiche Zoomonaden sitzen, jede mit einer oder mehreren einfachen Geisseln, ohne Geisselkragen. Die schwimmenden Coenobien werden durch die Geisselbewegung rotirend umhergetrieben.

Die Ordnung der Catallacten oder *Blastomonaden* gründen wir für eine geringe Anzahl von coenobionten Flagellaten, welche in mehrfacher Beziehung von hervorragender phylogenetischer Bedeutung sind: *Magosphaera* und *Mastigosphaera* im Haliplankton, *Monadosphaera* und *Synurosphaera* im Limnoplankton. Alle diese (und einige andere, wenig bekannte) Catallacten bilden im entwickelten Zustande kugelige Coenobien, welche vermittelst der Geisselbewegung an ihrer Oberfläche rotirend im Wasser umherschwimmen. Sie stellen eine animale Parallel-Gruppe zu den vegetalen *Volvocinen* dar (§ 96), und können unmittelbar durch Metasitismus aus diesen entstanden sein (wohl polyphyletisch). Die Geisselzellen, welche die *Sphaeral-Coenobien* der Catallacten zusammensetzen, stehen neben einander an der Oberfläche einer Gallertkugel, aus welcher die schwingenden Geisseln frei hervortreten; ihr inneres, basales Ende geht gewöhnlich in einen radialen Faden über, und die centralen Enden aller Fäden treffen im Mittelpunkt der Gallertkugel zusammen (ähnlich wie bei den vegetalen Mastigoten *Uroglena*, *Synura* und *Syncrypta*). Der radiale Schwanzfaden ist bisweilen contractil (ähnlich dem Vorticellen-Stiel), so dass die Zellinge sich tiefer in die gemeinsame Gallertmasse (Calymma) zurückziehen und dann wieder mehr hervortreten können. Die Zahl der Geisseln, welche die rotirende Bewegung der Flimmerkugeln veranlassen, ist bei den einzelnen Gattungen verschieden; bei den kleinen Süsswasser-Formen trägt jede Zelle nur eine Geissel (*Monadosphaera*) oder zwei (*Synurosphaera*); die letztere Gattung unterscheidet sich von der plasmodomen Volvocine (oder Chrysomonade) *Synura* nur durch den Mangel der Chromatellen. Die grösseren marinen Formen besitzen zahlreiche Geisseln (4 bei *Mastigosphaera*, 8 oder mehr bei *Magosphaera*. Alle echten Catallacten sind farblos, im Gegensatze zu den gleichgebauten *Volvocinen* und *Synurinen*; sie können nicht gleich diesen Carbon assimiliren, sondern müssen ihre Plasma-Nahrung von aussen aufnehmen, als animale »Plasmophagen«; meistens scheint ein Zellenmund oder Cytostoma vorhanden zu sein, wie bei der Mehrzahl der Zoomonaden.

Die Fortpflanzung und Entwickelung der wenigen bekannten Catallacten ist nur unvollständig beobachtet; sie scheinen darin theils an ihre vegetalen Parallel-Formen (und Ahnen?) sich anzuschliessen, die *Phytomastigoden*; theils an die *Rhizomonaden* oder Rhizomastiginen (Mastigamoeba); denn es können einzelne Geisselzellen — nach Zerfall der kugeligen Colonien — in amoeboide oder rhizopode Zustände übergehen. Dann folgt eine Encystirung der Zelle und ein Ruhezustand (Paulose). Nach einiger Zeit zerfällt der kugelige Celleus innerhalb der Cystenhülle durch wiederholte Theilung in 2, 4, 8, 16, 32 oder mehr Zellen (ebenso wie bei anderen Mastigophoren, Volvox, Bodo etc.). In Folge dieser regelmässigen »Furchung« entsteht ein kugeliger Zellen-Complex, welcher dem *Morula*-Keim der Metazoen zu vergleichen ist, und dieser geht in den reifen, *Blastula*-ähnlichen Zustand über, indem die gleichartigen Zellen Gallerte ausscheiden und sich an der Oberfläche der Gallertkugel neben einander ordnen, während sie in ihrem Mittelpunkt durch die radialen Schwanzfäden vereinigt bleiben. Ob bei den plasmophagen Catallacten auch Copulation von Gameten (oder selbst sexuelle Differenzirung) vorkommt, wie bei den naheverwandten plasmodomen Volvocinen und Synurinen, ist noch zweifelhaft.

Die hohe phylogenetische Bedeutung, welche wir den Catallacten zuschreiben, beruht auf ihrer Uebereinstimmung mit der ontogenetischen Keimform der *Blastosphaera* oder Blastula. Dieser bedeutungsvolle Keimzustand der Metazoen, welcher der Gastrula-Bildung vorausgeht, ist in seiner ursprünglichen reinen (palingenetischen) Form ebenfalls eine solche Flimmerkugel. Bei vielen Coelenterien erscheint derselbe noch heute als eine Gallertkugel (oder mit Wasser gefüllte Hohlkugel), deren Wand eine einzige Schicht von Geisselzellen bildet, das Blastoderm. Nach dem biogenetischen Grundgesetze können wir daher die Catallacten als eine Stammgruppe der Gastraeaden (und somit aller Metazoen) betrachten; sie selbst können einfach durch Metasitismus aus Volvocinen entstanden sein.

§ 158. Dritte Ordnung der Flagellaten:

Conomonades = Choanophora.

Choanoflagellata. Codosigales. Cylicomastiges. Craspedomonadina.

Specialisirte Flagellaten mit Geisselkragen.

Flagellaten mit einem kegelförmigen oder trichterförmigen Plasma-Kragen (Collare oder Choanium) an der Basis der einfachen Geissel. (Theils Monobionten, theils Coenobionten.)

Die Ordnung der Conomonaden oder *Choanophoren* (gewöhnlich mit dem schleppenden Namen *Choanoflagellata* oder *Craspedomonadina* bezeichnet), umfasst eine Anzahl von plasmophagen Mastigophoren, die sich durch den Besitz eines trichterförmigen Plasma-Kragens auszeichnen, welcher die Basis der stets einfachen Geissel umgiebt. Diese characteristische Bildung (— das *Choanium* —) fehlt allen anderen Flagelliferen, kehrt aber in ganz gleicher Weise bei den Entoderm-Zellen der Spongien wieder, wesshalb manche Zoologen neuerdings die letzteren direct von den ersteren ableiten. Der Halskragen der Geissel ist ein sehr zarter, contractiler, kegelförmiger Fortsatz des Plasma und fungirt bei der Nahrungsaufnahme; dabei tritt meistens zugleich unterhalb desselben ein hyalines Lobopodium oder eine Mundblase vor (die sogenannte »Mund-Vacuole«). Bei den *Phalansteriden* ist der Halskragen eng, nach oben kegelförmig verjüngt, bei den *Craspedomonaden* umgekehrt konisch, trichterförmig nach oben erweitert. Alle Choanoflagellaten sind plasmophag und nähren sich hauptsächlich von Bacterien. Die meisten sitzen am Basaltheil der Zelle fest, oft mittelst eines besonderen Stieles. Viele scheiden eine Gallerthülle aus, einige eine festere, becherförmige Chitin-Kapsel, aus deren Mündung die Geissel mit dem Kragen hervortritt. Einige leben isolirt, als dauernde Monobionten. Die meisten bilden Coenobien, baumförmig verzweigte, doldenförmige oder scheibenförmige Gallertmassen, in denen viele Zellen vereinigt sitzen. Die Vermehrung erfolgt ausschliesslich durch Theilung, bald Quertheilung, bald Längstheilung. Sowohl die kleine Gruppe der Phalansteriden, als auch einige kleine Formen der Craspedomonaden stehen gewissen Zoomonaden so nahe, dass sie unmittelbar durch Ausbildung des Geisselkragens aus diesen entstanden sein können. Als Stammgruppe der *Spongien* können wir die *Conomonaden* schon desshalb nicht betrachten, weil die Geisselzellen der Gastrula jener Metazoen den characteristischen Halskragen nicht besitzen.

§ 159. Vierte Ordnung der Flagellaten:

Cystoflagellata = Noctilucades.

Cystomonades. Noctilucina. Myxocystodea. Rhynchoflagellata.

Specialisirte Flagellaten mit Pyrocystis-Structur.

Flagellaten mit grossem, blasenförmigem Cytosom, dessen Cytolymphe von einem Plasma-Netzwerk durchzogen ist. Geissel einfach, klein, ohne Kragen; an ihrer Basis ein eigenthümliches Cytostoma.

Die Ordnung der Cystoflagellaten oder *Noctilucaden* wird bloss durch zwei monobionte Genera und Species gebildet: *Noctiluca miliaris* und *Leptodiscus medusoides* (beide im Haliplankton). Der grosse Zellenkörper von Noctiluca bildet eine pfirsichförmige, fast kugelige Blase von 1 mm Durchmesser; Leptodiscus hingegen hat die Form einer kleinen Meduse und bildet einen kreisrunden, concav-convexen Schirm (von 1—1,5 mm Durchmesser). Eine feste Membran umschliesst den blasenförmigen Celleus, der grösstentheils von klarer, farbloser Cytolymphe erfüllt ist. Zahlreiche verästelte und netzförmig verbundene Plasmafäden strahlen von der pericaryoten Plasmaschicht aus, welche den excentrisch gelegenen Kern umgiebt; sie zeigen die characteristische »Körnchenströmung« des Cytoplasma, durchziehen mit centrifugaler Verästelung die Cytolymphe, und vereinigen sich an der Innenseite der festen Zellmembran zu einer parietalen Plasmaschicht. In der Nähe des Zellkerns (bei Noctiluca im Grunde einer langen Mundspalte, bei Leptodiscus nahe dem Mittelpunkt der concaven Schirmfläche) ist die Zellmembran von einer Mundöffnung durchbrochen, durch welche die Nahrungskörper direct in das Cytoplasma aufgenommen werden. In geringer Entfernung davon bewegt sich schwingend eine zarte Geissel; Noctiluca hat ausserdem eine grössere, quergestreifte, träge sich bewegende »Bandgeissel« (oder einen »Tentakel«). Leptodiscus schwimmt ähnlich den Medusen, indem das umbrellaförmige Cytosom an der concaven Schirmseite sich mittelst einer Myophan-Platte contrahirt. Die Fortpflanzung geschieht durch Zelltheilung, zeitweilig verknüpft mit Conjugation. In der Paulose zieht sich das Cytoplasma auf eine kreisrunde parietale Scheibe zusammen, welche in viele Zoosporen (mit einer Geissel) zerfällt. Wahrscheinlich sind die Cystoflagellaten direct von Zoomonaden abzuleiten. Vielleicht besitzen sie aber auch nahe Verwandtschaft zu den Murracyteen (*Pyrocystis*, § 85), oder selbst zu den Peridineen (*Dinoflagellata*, § 98).

§ 160. Zweite Classe der Infusorien:

Ciliata. Wimper-Infusorien.

Autonome Hauptgruppe der typischen Infusorien.

Infusorien mit zahlreichen kurzen Wimpern, fast immer mit Zellenmund und Zellenafter, mit Hauptkern und Nebenkern.

Die Classe der Ciliaten oder Wimper-Infusorien (— oft auch als *Infusoria* im engeren Sinne bezeichnet —) umfasst eine grosse Anzahl von Protozoen (über 500 Arten), die namentlich im Süsswasser überall verbreitet sind; eine geringere Zahl bewohnt das Meer; einige Arten leben parasitisch in anderen Organismen. Die Classe ist scharf umschrieben und characterisirt durch ihr Wimperkleid, durch den Besitz von sehr zahlreichen und kurzen Wimperhaaren, deren schnelle Bewegung theils dem Willen des einzelligen Thierchens unterworfen ist, theils nicht. Nähere phylogenetische Beziehungen zu anderen Thierclassen bestehen nicht, mit einziger Ausnahme der *Acineten* und der *Flagellaten*, welche letzteren wir als ihre Stammgruppe betrachten. Von diesen, wie von allen anderen Protisten, unterscheiden sich die *Ciliaten* durch ein constantes und höchst characteristisches Verhalten ihres Zellkerns, der fast allgemein in zwei Stücke differenzirt ist, in einen grossen Hauptkern (*Megacaryon, Macronucleus*) und einen kleinen Nebenkern (*Paracaryon, Micronucleus*); der erstere ist vorzugsweise bei der Ernährung thätig, der letztere bei der Fortpflanzung. Eine einzige Ausnahme von diesem Verhalten bildet die grosse, durch Parasitismus degenerirte *Opalina*, welche auch durch Mangel der Mundöffnung und der Systolette sich von den übrigen Ciliaten unterscheidet; sie besitzt zahlreiche einfache Zellkerne.

Das hohe phylogenetische Interesse der Ciliaten beruht nicht (wie bei den Rhizopoden) auf der grossen Mannichfaltigkeit der Arten und deren morphologischer Differenzirung, sondern vielmehr auf der physiologischen Ergonomie der einzelnen Zelltheile, die sich hier als specifische Organellen, in Anpassung an die verschiedenen animalen Lebensthätigkeiten, zu einer ungewöhnlichen Höhe selbständiger Ausbildung erhoben haben. Die Ciliaten erreichen in dieser Beziehung die höchste Stufe der Vollkommenheit unter allen einzelligen Organismen; ihre einzelnen Organellen, als differenzirte Theile des Cytoplasma und Karyoplasma, entsprechen physiologisch vollkommen den einzelnen Organen der Metazoen, welche aus zahlreichen Zellen und verschiedenen Geweben zusammengesetzt sind.

Der ausgeprägt animale Character, welchen die verschiedenen Lebensthätigkeiten der Ciliaten zeigen, ist aber nicht allein durch dies vollkommene Arbeitstheilung der einzelnen Zellentheile und eine entsprechende morphologische Differenzirung ihrer Organellen bedingt, sondern zugleich durch die innige physiologische Correlation derselben und durch eine weitgehende Centralisation. Diese letztere tritt namentlich in den Reflex-Bewegungen der Ciliaten, im Zusammenhang ihrer verschiedenen motorischen und sensiblen Functionen, sowie in dem scheinbar spontanen Character vieler Bewegungen so auffallend hervor, dass man ihre »Zellseele« (§ 62) unmittelbar mit der Seelenthätigkeit höherer vielzelliger Thiere vergleichen kann. Als psychisches und trophisches Centralorgan (dem »Gehirn« vergleichbar) scheint hier der ***Macronucleus*** zu fungiren, während der hermaphroditische ***Micronucleus*** bei der Conjugation als »Zwitterdrüse« thätig ist. In diesen und anderen Verhältnissen erheben sich die Ciliaten zur höchsten Stufe der physiologischen Ausbildung und Vollkommenheit unter allen Protisten.

§ 161. Motorische Organellen der Ciliaten.

Die Bewegungs-Organellen entwickeln sich bei den Ciliaten zu einem höheren Grade der physiologischen Ergonomie und des morphologischen Polymorphismus, als bei irgend einer anderen Gruppe der Protisten. Obgleich sie immer nur kleine Theile eines einzelligen Organismus bleiben, erreichen sie dennoch eine Höhe der functionellen Ausbildung, welche sie den Muskeln oder selbst ganzen Gliedmaassen der Metazoen vergleichen lässt. Dies gilt sowohl von den äusseren, als Appendicular-Organellen vortretenden ***Cilien***, als von den inneren, unterhalb der Pellicula gelegenen ***Myophaenen***.

Die Cilien oder Wimpern, welche als die meist characteristischen Organellen der ganzen Classe den Namen gegeben haben, sind Appendikeln der Pellicula, welche unmittelbar aus dieser oberflächlichsten Schicht des ***Ectoplasma*** ihren Ursprung nehmen. Im Gegensatze zu den langen und wenig zahlreichen Geisseln der Flagellaten (§ 155) sind die Wimpern der Ciliaten meistens sehr kurz und sehr zahlreich. Auch die Bewegungsform ist in beiden Arten der Vibranten verschieden; die Geisseln schwingen peitschenförmig und schlängeln sich, die Wimpern hingegen bewegen sich schlagend, ohne Formveränderung. Die Zahl der Cilien beträgt bei der grossen Mehrzahl der Wimper-Infusorien mindestens einige Hundert, bei den grossen Formen oft viele Tausend; weniger als hundert Cilien dürften nur bei einzelnen kleinen Formen vorkommen. Die grossen Borsten und dicken Griffel, welche in geringerer Zahl am Körper vieler Hypotrichen auftreten, sind selbst erst aus vielen verschmolzenen Cilien entstanden.

Im einfachsten Falle ist das ganze Cytosom der Ciliaten mit sehr zahlreichen kurzen und feinen Wimpern von gleichartiger Beschaffenheit bedeckt (die meisten *Holotricha*); gewöhnlich sind diese Seidenwimpern (*Sericilia*) regelmässig angeordnet und bilden viele gerade oder schräg verlaufende Längsreihen, welche häufig den darunter gelegenen Myophaenen entsprechen. Bei der grossen Mehrzahl der Ciliaten dagegen (— die man desshalb unter dem Begriffe der *Spirotricha* den ersteren gegenüberstellen kann —) ist die Umgebung des Mundes durch eine adorale Wimper-Spirale ausgezeichnet, welche aus grösseren motorischen Organellen besteht, den sogenannten Membranellen. Dies sind dünne, dreieckige oder viereckige Platten, deren Basalrand am Peristom befestigt ist, während der schwingende freie Rand oft zerfasert ist. Die zarte Querstreifung dieser Platten (senkrecht zur Basis), sowie ihre Neigung zur Zerfaserung zeigen deutlich an, dass dieselben durch Concrescenz aus einer Cilien-Reihe entstanden sind. Grössere, oft sehr lange solche Membranellen, die ebenfalls bei der Nahrungsaufnahme mitwirken, werden als »undulirende Membranen« bezeichnet.

Die *Peritrichen* besitzen ausser der adoralen Membranella nur noch einen basalen (später oft rückgebildeten) Wimperkranz, während bei den *Heterotrichen* ausserdem noch die ganze Pellicula mit einem feinen, sammetartigen Kleide von Sericilien bedeckt ist. Die höchste Stufe der Differenzirung erreicht das Wimperkleid bei den blattförmigen *Hypotrichen*, deren gewölbte Rückenfläche nackt oder nur mit steifen Tasthaaren besetzt ist; auf der ebenen Bauchfläche stehen zahlreiche Cilien von mannichfaltiger Differenzirung: vorn die Membranellen des Peristoms, dahinter verschieden geformte Griffel, Borsten, Haken, welche wie Beine zum Laufen, Klettern, Festhalten benutzt werden. Auch diese stärkeren, oft schlank-kegelförmigen Appendikeln (— die man unter dem Begriffe der Cirren zusammenfasst —) sind gleich den Membranellen aus verschmolzenen Cilien entstanden. Ihre Bewegungen sind oft in auffallendem Grade zweckmässig und speciellen Verhältnissen angepasst, vom Willen und »Instincte« des Infusoriums abhängig.

Die *Aspirotrichen* (oder die niederen Ciliaten ohne adorale Wimperspirale) sind meistens holotrich, überall mit Sericilien bedeckt. Eine Ausnahme macht die kleine, aber wichtige Ordnung der *Cyclotrichen* (oder Cyclodineen); ihr monaxones, eiförmiges oder fast cylindrisches Cytosom ist mit einem oder mehreren geschlossenen Wimperreifen umgürtet (*Monodinium*, *Didinium*). Sie gleichen darin den ciliaten Larven der Acineten, welche wir phylogenetisch aus dieser Gruppe der Ciliaten ableiten (vergl. § 167, 170).

Als Myophaene (oder *Myonemen*) bezeichnen wir die inneren motorischen Organellen der Ciliaten, welche unter der Pellicula liegen und in ihrer physiologischen Bedeutung vollkommen den subdermalen Muskeln der niederen Metazoen entsprechen. Bei den grösseren Infusorien, besonders bei denjenigen, welche sich durch stärkere Contractilität ihres metabolischen Körpers auszeichnen, erscheinen dieselben als dünne, abwechselnd hellere und dunklere Streifen, welche unter der Pellicula liegen. Meistens verlaufen diese Streifen parallel, wie Muskelfibrillen, in longitudinaler oder schräger Richtung, entsprechend den darüber gelegenen Wimperreihen. Ob die dunklen (körnigen oder selbst quergestreiften) »Fibrillen« oder die damit alternirenden helleren Streifen als die eigentlichen contractilen Elemente des Cytosoms zu betrachten sind, ist noch unsicher. Bei vielen grösseren Ciliaten bilden dieselben unter der Pellicula eine zusammenhängende Myophan-Schicht (später als »Alveolar-Schicht« unterschieden).

Locale Myophaene, oder besonders ausgebildete Muskelfibrillen an einzelnen Stellen des Cytosoms, kommen in Anpassung an besondere Bewegungsthätigkeiten bei einigen Ciliaten zur Ausbildung. *Bursaria truncatella* und einige andere Hypotrichen zeichnen sich durch einen Schliessmuskel des Mundes aus, ein contractiles »Peristomband«, welches aus Ringfibrillen der Myophanschicht sich zusammensetzt. Viele Peritrichen aus der Familie der Vorticellinen sitzen mittelst eines contractilen Stieles fest, der sich korkzieherförmig zusammenzieht (die monobionte Gattung *Vorticella*, die coenobionten Genera *Carchesium* und *Zoothamnium*). Die spastische Contraction wird bewirkt durch einen besonderen »Stiel-Muskel«, welcher innerhalb einer elastischen (die Streckung bewirkenden) hyalinen Scheide verläuft. An der aboralen Basis des glockenförmigen Cytosoms gehen die parallelen Fibrillen, welche den körnigen (oder selbst quergestreiften) Myophanstrang zusammensetzen, in ein trichterförmiges Büschel über, das sich in die Myophanschicht des Cytosoms fortsetzt.

§ 162. Sensible Organellen der Ciliaten.

Alle Ciliaten sind mehr oder weniger, viele in hohem Maasse empfindlich gegen äussere Reize. Der Lebhaftigkeit ihrer willkührlichen und vielfach modificirten Bewegung entspricht ein ähnlicher Grad von feiner Empfindung. Als besondere Empfindungs-Organellen sind in erster Linie die feinen Tastborsten zu betrachten, welche bald über die ganze Körperoberfläche zwischen den Cilien vertheilt stehen, bald auf besonders empfindliche Körperstellen beschränkt sind, so namentlich vorn das Peristom und der Mund, hinten das aborale

Ende. Namentlich an letzterem sind oft mehrere Schwanzborsten differenzirt, wie bei Anderen Mundborsten. Bei den Hypotrichen ist die unbewimperte Rückenfläche mit feinen, starren Tasthaaren bedeckt, während die Bauchfläche allein die beweglichen, als Füsse fungirenden Wimperhaare trägt. Bisweilen entwickeln sich die Tastborsten zu langen, weit über das Wimperkleid vorragenden »Tentakeln«, (*Actinobolus*); diese Tentacillen erinnern an die ähnlichen Bildungen der Acineten (vergl. § 167). Bald sind die Tastborsten starre und unbewegliche Appendikeln der Pellicula; bald können sie ausgestreckt und zurückgezogen werden. Wahrscheinlich sind auch die Trichocysten (§ 163), welche unter der Myophanschicht vieler Ciliaten in der Tiefe des Ectoplasma liegen, meistens Tastorgane. Stärkere Tastborsten (z. B. am Hinterende von *Stylonychia*) können auch zerfasert sein, ähnlich den Wimper-Griffeln. Bei einigen Ciliaten (*Loxodes* u. A.) stehen Wimpern vorzugsweise an dem einen, Tastborsten an dem anderen Rande des bilateral asymmetrischen Körpers. Diese und andere Wechselbeziehungen zwischen den starren Tasthaaren und den beweglichen Wimperhaaren machen es wahrscheinlich, dass die ersteren phylogenetisch aus den letzteren entstanden sind, und dass beide Gruppen von Pellicular-Anhängen zusammengehören. Uebrigens fungiren häufig auch bestimmte Cilien oder Cirren zugleich als besondere »Tastorgane«, vielleicht auch als »Geschmacks-Organe« oder »Geruchs-Organe«. Dasselbe gilt von dem langen contractilen Rüssel vieler Ciliaten, der über dem Munde vorspringt und z. B. bei den Trachelinen sehr entwickelt ist; derselbe wird lebhaft tastend bewegt und kann bisweilen spiralig zusammengerollt werden (Dileptus). Wahrscheinlich ist bei allen Spirotrichen die »adorale Wimperspirale« nicht nur Organell der Nahrungsaufnahme, sondern auch der Sinnesthätigkeit.

§ 163. Protective Organellen der Ciliaten.

Die Schutz-Einrichtungen des einzelligen Ciliaten-Organismus sind wesentlich verschieden von denjenigen der meisten anderen Protisten. Während bei diesen gewöhnlich durch Ausscheidung von Membranen, Gehäusen und Schalen in mannichfaltigster Form das weiche Cytosom mit einer Schutzhülle umgeben wird, kommen dergleichen bei den Wimper-Infusorien im Ganzen nur selten zur Ausbildung. Vielmehr wird gewöhnlich der Schutz des sehr beweglichen und metabolischen Zellenleibes durch eine eigenthümliche Erhärtung des Ectoplasma bewirkt, und durch eine Differenzirung desselben in eine festere, die Wimpern tragende Pellicula und eine darunter liegende weichere, contractile Myophanschicht oder Alveolarschicht. Die Pellicula oder

»Wimperhaut« der Ciliaten wird oft noch irrthümlich als *Cuticula* bezeichnet, d. h. als ein erhärtetes Secret der äussersten Plasmaschicht. In der That aber ist sie diese letztere selbst und bildet eine lebendige, meistens sehr dünne, aber feste und elastische Lamelle, von welcher die sämmtlichen Wimpergebilde (Cilien, Cirren, Griffel, Membranellen u. s. w.) als directe Fortsätze erscheinen; sie können bisweilen im Zusammenhang mit dem zarten Oberhäutchen von der darunter liegenden Myophanschicht abgelöst werden. Diese letztere enthält die »Muskelfibrillen« oder Myophaene (§ 161) und zeigt bei einigen grösseren Ciliaten Andeutungen eines alveolären Baues (daher »Alveolarschicht«). Bei vielen Holotrichen liegt unter derselben noch eine besondere Trichocystenschicht oder ein Corticalplasma, ausgezeichnet durch zahlreiche feine Stäbchen. Diese »Trichocysten« stehen senkrecht zur Oberfläche und werden bei Einwirkung gewisser Reize plötzlich hervorgeschnellt, worauf sie in Form längerer und sehr feiner steifer Häärchen über die Pellicula vorstehen. Ob dieselben protective und offensive Waffen sind (ähnlich den Nesselkapseln der Cnidarien) oder Tastorgane, ist noch unentschieden.

Manche Ciliaten scheiden als schützende Hüllen vorübergehend oder bleibend eine Gallerthülle aus, seltener eine derbe, echte *Cuticula*, oder ein festeres, aus einer Chitin-Substanz gebildetes Gehäuse. Nur in wenigen Gruppen differenzirt sich dasselbe zu einer harten und bestimmt geformten Schale; namentlich bei einem Theile der pelagischen Tintinnoiden nimmt diese eine characteristische, glocken- oder röhrenförmige Gestalt an; bisweilen ist sie gegittert.

§ 164. Nutritive Organellen der Ciliaten.

Alle Ciliaten sind echte, plasmophage Protozoen, und fast alle nehmen feste Nahrung durch den Mund auf; ausgenommen sind nur wenige parasitische Formen, die flüssige Nahrung durch Endosmose aufnehmen. Da die feste Pellicula den Eintritt von Nahrungsbissen und den Austritt der Excrete an beliebigen Stellen der Oberfläche verhindert, so sind als besondere »Ernährungs-Organellen« im einzelligen Organismus der Ciliaten allgemein (— mit einziger Ausnahme der parasitischen Opaliniden —) folgende drei Theile differenzirt: 1) ein Zellenmund, 2) ein Zellenafter und 3) eine contractile Blase. Alle drei Organellen besitzen eine constante Oeffnung an der Oberfläche des Cytosoms. Der Zellenmund (*Cytostoma*) liegt meistens im Grunde einer besonderen Einsenkung der Oberfläche (*Peristomium*) und ist gewöhnlich von einer Gruppe von längeren und stärkeren Wimpern umgeben, die bei der Nahrungsaufnahme mitwirken und als »adorale

Wimpern« in einer besonderen Spirale angeordnet sind. Diese eigenthümliche, oft fein differenzirte Einrichtung fehlt noch den niederen Ciliaten, die wir als Aspirotricha vereinigen (*Holotricha, Sericotricha* und *Cyclotricha*, § 166). Dagegen ist die »adorale Cilien-Spirale« bei allen übrigen Wimperthierchen mehr oder weniger vollkommen ausgebildet (*Spirotricha*: die drei Ordnungen der *Heterotricha, Hypotricha* und *Peritricha*). Die Mundöffnung liegt bisweilen am Grunde eines langen, sehr beweglichen und contractilen Rüssels, der zugleich als Sinnesorganell fungirt (§ 162). Bei anderen Holotrichen (z. B. *Lacrymaria*) ist der Mund selbst in einen langen, sehr beweglichen, röhrenförmigen Rüssel verlängert, an dessen Ende das enge Cytostoma liegt. Bei den *Cyclotrichen* ist dieses Mundrohr in eine wirkliche Saugröhre verwandelt, von welcher wir die eigenthümlichen Suctellen der Acineten ableiten können (§ 168).

Die feste und flüssige Nahrung, welche durch den Mund aufgenommen wurde, gelangt gewöhnlich zunächst in einen Zellenschlund (*Cytopharynx*). Dies ist ein kürzerer oder längerer Canal, welcher das Ectoplasma durchsetzt und bei vielen Holotrichen mit einem besonderen fischreusenähnlichen Apparat versehen ist. Diese »Schlundreuse« besteht aus einer cylindrischen oder conischen Verdickung der Pellicula, welche durch parallele oder convergente, longitudinal gestellte Stäbchen oder Rippen gestützt wird. In einigen Gruppen ist das Schlundrohr besonders differenzirt.

Die Nahrungsbissen, welche durch den Mund aufgenommen und durch den Schlund hindurch getreten sind, gelangen durch dessen innere Oeffnung unmittelbar in das weiche Endoplasma. Gewöhnlich wird dabei zugleich ein Wassertröpfchen verschluckt, so dass der Bissen in einer kugeligen »Nahrungsvacuole« liegt (früher als »Magensack« gedeutet). Wenn sich sehr zahlreiche Vacuolen im Endoplasma bilden und zusammenfliessen, wird dasselbe auf ein Gerüst von dünnen Strängen und Platten reducirt; oft zeigt dann die »Körnchenströmung« im Plasma dieselben Verhältnisse wie in grossen vacuolisirten Planzenzellen (so bei *Trachelius*). Uebrigens werden Bewegungen in dem verdauenden Endoplasma allgemein ausgeführt, wie sich schon aus der Lageveränderung der aufgenommenen Bissen und Nahrungs-Vacuolen ergiebt. In manchen Ciliaten ist die »Plasmaströmung« oder »Circulation des Chymus« so lebhaft, dass ein vollständiger Umlauf (oder eine Cyclose) sich innerhalb weniger Minuten vollzieht (*Bursaria* a. A.). Die unverdaulichen Nahrungsbestandtheile werden durch eine bestimmte Oeffnung entleert, den Zellenafter (*Cytopyge*). Meistens ist dessen Lage schwer zu bestimmen, da er nur im Momente der Defaecation sichtbar wird. Durch vollständigen Mangel des Mundes und Afters zeichnet sich die Ordnung der *Sericotricha* aus (Familien der Opaliniden und Anoplophryiden). Offenbar liegt hier Rückbildung durch Parasitismus vor, ebenso wie bei den Cestoden; es wird nur flüssige Nahrung endosmotisch aufgenommen.

Wesentlich verschieden von den inconstanten und vergänglichen Vacuolen des Endoplasma sind die Systoletten oder die »*contractilen Blasen*« der Ciliaten, wichtige und constante Organellen ihres Stoffwechsels. Mit einziger Ausnahme der parasitischen *Opaliniden* scheinen dieselben ganz allgemein verbreitet zu sein, als pulsirende Blasen, welche ihren wässerigen Inhalt durch eine constante Oeffnung (Excretions-Porus) nach aussen entleeren. Zwar werden auch jetzt noch bisweilen die Systoletten unter dem Begriffe der »contractilen Vacuolen« mit den vergänglichen »Nahrungs-Vacuolen« des Endoplasma zusammengestellt; sie unterscheiden sich aber von diesen nicht nur durch ihre Lage im Ectoplasma und ihre Ausmündung, sondern vor Allem durch die Constanz ihrer Lage, Grösse, Zahl und Form bei jeder Art. Die einen Ciliaten haben nur eine einzige Systolette, andere zwei, einige noch mehr, aber ihre topographische Beziehung zu den übrigen Theilen des Cytosoms ist ganz beständig. Oft sind sie von feinen radialen Canälen umgeben, welche Wasser aus dem Plasma aufsaugen (bisweilen als »Bildungs-Vacuolen« beschrieben). Der Ausführgang ist bisweilen lang und bei den Vorticellinen sogar zu einem schlauchförmigen (einer Harnblase vergleichbaren) Behälter erweitert. Da die Ciliaten mit der Nahrung zugleich viel Wasser (und Sauerstoff) in ihr Plasma aufnehmen, ist die beständige Ausscheidung von Wasser (zugleich mit Kohlensäure und Excret-Stoffen) für sie von hoher physiologischer Bedeutung. Die Systoletten sind mithin selbständige Excretions-Organellen, in physiologischer Beziehung ähnlich den »Nephridien« der Platoden und Helminthen.

§ 165. Fortpflanzung der Ciliaten.

Alle Wimper-Infusorien vermehren sich durch einfache Zweitheilung (*Hemitomie*), und bei der grossen Mehrzahl ist diese Form der Monogonie der weitaus häufigste Vermehrungs-Process. Indessen scheint derselbe bei den Meisten (vielleicht bei Allen?) von Zeit zu Zeit durch eine eigenthümliche Form der Verjüngung oder Ananeose unterbrochen zu werden, welche auf einer vorübergehenden Conjugation von zwei einzelligen Individuen (mit Austausch ihrer Kernsubstanz) beruht. Viel seltener (und nur in einzelnen Gruppen) treten daneben noch andere Formen der Monogonie auf: Vieltheilung (Polytomie), Sporenbildung (Sporogonie) und Knospenbildung (Gemmation). Mit der Conjugation ist eine besondere Form der sexuellen Fortpflanzung oder Amphigonie verknüpft.

Die Zweitheilung (*Hemitomie*), als der gebräuchlichste Vermehrungs-Modus der Ciliaten, ist im Wesentlichen nichts Anderes, als eine Form der gewöhnlichen Zelltheilung; sie unterscheidet sich aber von dieser insofern, als dabei die beiden, für diese Classe characteristischen Kerne betheiligt sind. Zuerst scheint sich immer der kleine Nebenkern zu theilen, und zwar durch indirecte Theilung (Mitose); später erst der grosse Hauptkern, durch directe Theilung (Amitose). Das kleine Paracaryon (= *Micronucleus*) leitet demnach die Theilung activ ein und ist das wahre »Zeugungs-Organell«; hingegen spielt das nachfolgende grosse Megacaryon (= *Macronucleus*) eine passive Rolle, ebenso wie das Cytoplasma, dessen Halbirung derjenigen der beiden Kerne nachfolgt. Bei den meisten Ciliaten geschieht die Vermehrung durch Quertheilung (in der Transversal-Ebene); viel seltener kommt wirkliche Längstheilung vor, in der Sagittal-Ebene (bei Peritrichen), bisweilen auch in einer schrägen Diagonal-Ebene (Lagenophrys u. A.). Gewöhnlich geschieht die Zweitheilung während der Kinese (im frei beweglichen Zustande); nur bei einem Theile der *Holotrichen* — und zwar bei den phylogenetisch ältesten und niedersten Formen — findet sie daneben auch in der Paulose statt (im ruhenden, gewöhnlich zugleich encystirten Zustande). Bei einigen Holotrichen (z. B. *Colpoda*) scheint die Hemitomie nur in letzterem zu geschehen. Nicht selten wiederholt sich die Zweitheilung in der kugeligen Cyste einmal oder zweimal, so dass Tetraden (*Tetrasporen*) oder Octaden (*Octosporen*) gebildet werden. Wiederholt sich derselbe Vorgang öfter, so geht er in Sporenbildung über.

Die Sporenbildung oder »Sporulation« (*Sporogonie*) findet bei den Ciliaten nur selten statt, und auch nur bei den niederen Holotrichen. Sie tritt hier meistens als rasch wiederholte Zweitheilung auf, oder als Vielzelltheilung (*Polytomie*). So zerfällt der encystirte kugelige Celleus bei mehreren niederen Enchelinen und Paramecinen in 16—32, bisweilen 64 Stücke; bei Holophrya und bei Ichthyophthirius (welcher parasitisch in der Haut der Süsswasserfische lebt) sogar in mehrere Hundert Stücke. Auch einige andere parasitische, Opalina verwandte Isotrichen, die sehr zahlreiche (über hundert) Kerne enthalten, können in ebenso viele »Sporen« zerfallen. Wenn diese rasch wiederholte Polytomie durch abgekürzte Vererbung (oder cenogenetische Contraction) zum simultanen Zerfall des Celleus in viele Sporen führt, kann sie als Staubtheilung oder Conitomie bezeichnet werden (§ 66).

Die Knospung (*Gemmatio*) findet unter den Ciliaten viel seltener statt. Laterale Knospung ist auf die *Peritrichen* (Vorticellinen) beschränkt.

Terminale Knospung zeigen einige parasitische *Sericotrichen* (Anoplophrya, Hoplitophrya u. A.); diese können Ketten bilden, ähnlich denjenigen mancher ebenso sich vermehrenden Turbellarien.

Die Conjugation der Ciliaten stimmt zwar im wesentlichen Princip mit dem gleichnamigen Vorgang bei anderen Protisten überein, unterscheidet sich aber durch verwickeltere Verhältnisse und die eigenthümliche Betheiligung des Micronucleus. Nachdem die beiden conjugirenden Zellinge an einer bestimmten Körperstelle theilweise verschmolzen sind, zerfällt der active Zeugungskern oder Micronucleus durch wiederholte Zweitheilung in vier spindelförmige Kernstücke. Von diesen gehen drei zu Grunde; das vierte Stück, die Hauptspindel, theilt sich abermals in zwei Hälften, einen tiefer gelegenen Ruhkern (*Paulocaryon*) und einen oberflächlich gelegenen Wanderkern (*Planocaryon*). Durch die Cytoplasma-Brücke, welche die beiden conjugirenden Ciliaten vorübergehend verbindet, wandern nun die beiden Wanderkerne, sich kreuzend, aus einem Individuum in das andere hinüber. Hier copulirt jeder Wanderkern mit dem Ruhkern der anderen Zelle und bildet so einen neuen Zellkern, den Theilungskern (*Tomocaryon*). Dieser theilt sich später, nachdem die beiden conjugirenden Zellen sich wieder getrennt haben, in einen grossen Hauptkern und einen kleinen Nebenkern. Die so verjüngte Zelle kann sich nun oft wiederholt durch Quertheilung vermehren.

Man kann in diesem eigenthümlichen Modus der Conjugation, der ausser bei den Ciliaten nur noch bei den nahe verwandten Acineten vorzukommen scheint, eine Art sexueller Differenzirung erblicken; der Wanderkern kann als männliches Zeugungs-Organell mit der Microspore anderer Protisten und den Spermazoiden der Metazoen verglichen werden; der Ruhkern hingegen als weibliches Organell mit der Macrospore der ersteren und der Eizelle der letzteren. Ein directer phylogenetischer Zusammenhang besteht jedoch zwischen diesen analogen Zeugungs-Processen nicht. Denn die eigenthümlichen Veränderungen der Ciliaten-Zelle lassen dieselbe als eine Zwitter-Zelle erkennen, welche in einem einzigen Plastiden-Individuum ein männliches und ein weibliches Organell vereinigt. Die Conjugation der beiden gleichwerthigen hermaphroditen Zellen entspricht der Wechselkreuzung von zwei gleichen Zwitter-Individuen bei vielen Metazoen.

Ein Gonochorismus der Zellen ist dagegen nur bei sehr wenigen Ciliaten beobachtet, bei einem Theile der Peritrichen (Vorticellinen). Hier theilt sich eine Zelle wiederholt in viele kleine, frei umherschwimmende, männliche Zellen. Diese suchen als Microsporen die grosse festsitzende weibliche Zelle auf (Macrospore) und vollziehen deren Befruchtung.

§ 166. Classification der Ciliaten.

Die phylogenetische Classification der zahlreichen Ciliaten-Formen ist sehr schwierig, da characteristische und in typischer Form erbliche Hartgebilde (analog den Schalen der Rhizopoden) meistens fehlen, und da die weitgehende Differenzirung der Organellen im weichen Cytosom offenbar sehr von der Anpassung an die besonderen Lebensverhältnisse abhängig ist. Diese objectiven Schwierigkeiten der Ciliaten-Classification werden noch bedeutend erhöht durch die subjectiven Widersprüche in den zahlreichen Classifications-Versuchen; wir besitzen zwar eine sehr ausgedehnte Litteratur über diese Classe, aber keinen logisch durchgeführten Versuch, die vielen grösseren und kleineren Formengruppen durch klare Definitionen scharf zu trennen und dann wieder in einem natürlichen System nach ihren phylogenetischen Beziehungen zu gruppiren. Immerhin bieten alle echten Ciliaten (— mit Ausnahme weniger einzelner Formen —) so viele Uebereinstimmung im wesentlichen Bau ihres einzelligen Organismus, dass zunächst eine monophyletische Beurtheilung ihrer Descendenz zulässig (wenn auch nicht ganz sicher) ist. Der Ursprung dieses Stammes ist in der Classe der Flagellaten zu suchen. (Vergl. § 154.)

Die bequemste und neuerdings meistens angenommene Eintheilung der Ciliaten-Classe gründet sich auf das verschiedene Verhalten ihres Wimperkleides. Von den sechs Ordnungen, welche wir daraufhin unterscheiden, bieten die einfachsten Verhältnisse die *Holotricha*; ihre ganze Pellicula ist dicht mit feinen und kurzen Wimperhaaren bekleidet. Dasselbe feine Sammetkleid besitzen auch unsere *Sericotricha*, die sich von ersteren durch Mangel von Mund und After unterscheiden. Mehr oder weniger ist diese allseitige feine Bewimperung auch bei den nächstverwandten *Heterotricha* entwickelt; diese Ordnung zeichnet sich aber dadurch aus, dass der Mund von einer besonderen adoralen Wimperspirale umgeben ist. Diese letztere besitzen auch die beiden höheren Ordnungen, welche das ursprüngliche universale Wimperkleid theilweise verloren haben. Bei den blattförmigen *Hypotricha* ist nur die ebene Bauchseite des Cytosoms mit beweglichen Wimpern besetzt, während diese der gewölbten Rückenseite fehlen. Bei den *Peritricha* hingegen trägt der nackte Zellenleib ausser der adoralen Wimperspirale nur noch einen terminalen Cilienkranz, und auch dieser kann verloren gehen. Aehnlich den Letzteren verhalten sich auch die *Cyclotricha* (oder Cyclodinea); auch sie besitzen nur einen oder zwei Wimpergürtel, es fehlt ihnen aber die adorale Wimperspirale.

Die phylogenetischen Beziehungen dieser sechs Ordnungen können wohl am natürlichsten in der Weise gedeutet werden, dass die niederen

Holotrichen, mit ihren einfachen Structur-Verhältnissen, die älteste gemeinsame Stammgruppe darstellen. Dafür spricht nicht nur ihr einfaches, gleichmässiges, noch nicht differenzirtes Wimperkleid, sondern auch die monaxone (nicht bilateral-symmetrische) Grundform ihrer niedersten Vertreter (*Enchelina*); ferner der Umstand, dass hier noch häufig der einfache Mund am oralen Pole, der After am aboralen Pole der Axe liegt; auch in anderer Beziehung sind hier noch sehr primitive Bildungs-Verhältnisse conservirt.

Aus der gemeinsamen Stammgruppe der *Holotrichen* haben sich vermuthlich als divergente Zweige die übrigen fünf Ordnungen entwickelt: die *Sericotrichen* durch Verlust von Mund und After, die *Cyclotrichen* durch Reduction der Cilien auf einen oder zwei Gürtel, die *Heterotrichen* durch Ausbildung der adoralen Wimperspirale. Von diesen Letzteren können dann als zwei divergente Ordnungen die *Hypotrichen* und *Peritrichen* abgeleitet werden, erstere durch starke Differenzirung der dorsalen und ventralen Seite, letztere durch Reduction der Bewimperung auf einen basalen Kranz (ausser der Mundspirale).

Wenn nun auch im Allgemeinen diese monophyletische Ableitung aller Ciliaten von den einfachsten Formen der Holotrichen (*Enchelinen*) viel Wahrscheinlichkeit hat, so ergeben sich doch einige Bedenken, namentlich mit Rücksicht auf die Abstammung von den *Flagellaten*. Unter diesen sind jedenfalls die Mitomonaden (oder *Polymastigoden*) diejenigen, welche den hypothetischen Stammformen der Ciliaten am nächsten stehen. Während bei den übrigen Flagellaten die Zahl der Geisseln gewöhnlich nur 1 oder 2 beträgt, sind hier deren 4, 6, 8 oder mehr vorhanden, bisweilen ein Kranz oder ein ganzer Busch am dicken Oraltheil des konischen Cytosoms (*Lophomonas*). An diese und ähnliche *Trichonymphiden* könnte man zunächst die *Cyclotrichen* anschliessen und annehmen, dass aus ihnen einerseits die Peritrichen hervorgegangen seien, anderseits die Holotrichen und die übrigen Ciliaten-Ordnungen. Die Peritrichen entfernen sich von den übrigen auch in anderen Eigenthümlichkeiten. Es wäre also immerhin möglich, dass solche oder ähnliche oligotriche Formen (mit beschränkter Bewimperung) zunächst aus Mitomonaden hervorgegangen seien, und dass erst später durch Ausdehnung des Wimperkleides auf den übrigen Körper die anderen Gruppen entstanden seien; auch polyphyletische Hypothesen sind nicht ausgeschlossen. Als eine siebente Ordnung können von den Heterotrichen auch die eigentlichen *Oligotrichen* abgezweigt werden (die pelagischen *Tintinnoiden* und Verwandte); in Folge von eigenthümlicher Gehäusebildung ist ihr Cilienkleid reducirt.

§ 167. Dritte Classe der Infusorien:

Acineta = Suctoria.

Acinetaria. Acinetina. Infusoria suctellifera s. tentaculifera.

Ciliaten-Epigonen mit Suctellen.

Infusorien mit einer oder mehreren Saugröhren (Suctellen), ohne Zellenafter; in der Jugend mit zahlreichen kurzen Wimpern.

Die Classe der Acineten oder *Suctorien* umfasst eine mässige Anzahl (etwa 20 Genera und 80 Species) von Protozoen, die zwar den *Ciliaten* am nächsten verwandt erscheinen, sich aber doch durch sehr eigenthümliche Verhältnisse der Organisation vor ihnen unterscheiden. Die characteristischen Organellen dieser Infusorien sind contractile Suctellen oder Saugröhren, gewöhnlich (nicht passend) als »Tentakeln« bezeichnet. Dieselben kommen bei keiner anderen Protisten-Classe vor; sie treten meistens in grösserer Zahl aus dem acralen Theile des einzelligen Organismus (seltener aus der ganzen Oberfläche) hervor, während der basale Theil einer Unterlage aufsitzt oder mittelst eines Stieles befestigt ist. Wimpern trägt das erwachsene und festsitzende Thier nicht, wohl aber die schwimmende Jugendform, welche gewissen einfachen Ciliaten gleicht und der Suctellen noch entbehrt. Aus dieser fundamentalen (und allgemein gültigen) Thatsache schliessen wir nach dem biogenetischen Grundgesetze, dass die Acineten von Ciliaten abstammen. Wahrscheinlich ist diese Descendenz monophyletisch und auf die *Cyclotrichen* zurückzuführen. Allerdings wird angegeben, dass die ciliaten Sprösslinge oder Larven der Acineten theils holotrich, theils peritrich, einige vielleicht auch hypotrich seien. Auch giebt es noch heute mehrere connectente Zwischenformen zwischen beiden Classen, welche die Transformation des *ciliaten* in den *acineten* Organismus auf verschiedenen Wegen möglich erscheinen lassen. Aber die meisten (wenn nicht alle) Acineten-Larven lassen sich auf eine cyclotriche Stammform zurückführen. Unter gewissen Umständen kann übrigens auch die erwachsene Acinete ihre Suctellen einziehen und sich mit Wimpern bedecken, sich ablösen und frei umherschwimmen.

Abgesehen von dem Besitze der Suctellen und der damit verknüpften eigenthümlichen Ernährungsweise, erscheint die Organisation der *Acineten* von derjenigen ihrer *Ciliaten*-Ahnen nicht wesentlich verschieden. Die einzelnen Theile des permanent einzelligen Organismus sind dort ganz ähnlich differenzirt, wie hier. Auch bei den Acineten ist das Ectoplasma stets in eine oberflächliche Pellicula und eine darunter gelegene contractile Suppellis oder ein körnchenfreies »Corticalplasma« differenzirt, während das Endoplasma eine körnige, weiche, nicht differenzirte Masse bildet. Im Exoplasma liegen beständig (vielleicht mit Ausnahme einiger mariner Formen?) Systoletten oder constante »contractile Vacuolen«, bei den kleineren Acineten nur eine einzige, bei den mittleren 2—3, bei den grösseren Formen 4—8 oder mehr; bei dem colossalen Dendrosoma sind sehr zahlreiche Systoletten über die ganze Oberfläche zerstreut; jede mündet durch einen feinen Excretions-Porus nach aussen.

Alle Acineten sind Monobionten; Bildung von echten Coenobien kommt in dieser Classe niemals vor. Die scheinbaren Coenobien oder Zellcolonien, welche einzelne sehr grosse Gattungen bilden, namentlich die verästelten stockähnlichen Riesenformen von *Dendrosoma* und *Dendrocometes*, sind trotz ihrer vielfachen Ramification doch einfache Zellen, da sie nur einen einzigen Kern enthalten. Ueberhaupt besitzen alle Acineten nur einen einzigen grossen Zellkern. Ob neben demselben noch ein kleiner echter »Nebenkern« vorkommt, ist zweifelhaft; wenigstens wird ein solcher bisher nur von wenigen Formen beschrieben. Wahrscheinlich ist die Spaltung des primär einfachen Nucleus in den grossen trophischen Macronucleus und den kleinen reproductiven Micronucleus meistens noch nicht eingetreten. Sollte sie allgemein vorkommen, wie bei den meisten Ciliaten, so würde dadurch die nahe Verwandtschaft beider Classen nur um so enger erscheinen. Bei den kleineren Formen der Acineten ist der Zellkern meistens kugelig, ellipsoid oder eiförmig; bei den grösseren wird er bandförmig oder wurstförmig; bei manchen grossen Formen ist er unregelmässig verästelt (*Tocophrya*, *Dendrosoma*).

Aehnlichen Schwankungen, wie die Kernform, unterliegt auch die Gestalt des Cytosoms bei den Acineten. Doch ist gewöhnlich, schon in Folge der festsitzenden Lebensweise, die allopole Monaxon-Form als Grundform des Celleus deutlich ausgeprägt. Am basalen oder hinteren Pole ist der Körper meistens verdünnt und sitzt entweder unmittelbar auf oder mittelst eines hyalinen cylindrischen Stieles (ähnlich vielen Vorticellinen). Aus dem verdickten vorderen oder acralen Pole treten meistens zahlreiche Suctellen hervor, bald einzeln, bald in Gruppen vertheilt. Bei den grossen Acineten bildet der unregelmässig verästelte Körper cylindrische »Zellarme« oder Rüssel, deren jeder ein Büschel von Saugröhren trägt. Im Allgemeinen ist die Grundform des Cytosoms meistens eiförmig oder kegelförmig; bestimmt ausgeprägt erscheint dieselbe namentlich bei jenen Acineten, welche ein kegelförmiges oder becherförmiges Cythecium ausscheiden, eine cuticulare Zellhülle mit acraler Mündung. Sitzend ist ein solches Zellhaus z. B. bei *Urnula*, gestielt bei *Autacineta* (der gewöhnlich so genannten *Acineta* im engeren Sinne).

§ 168. Suctellen der Acineten.

Die Suctellen oder Saugröhren der Acineten, sowie die eigenthümliche, mit deren Bildung verknüpfte Art der Nahrungsaufnahme bilden die hervorstechendste Eigenthümlichkeit dieser Protozoen-Classe; sie unterscheiden sich dadurch scharf nicht allein von ihren Ciliaten-Ahnen, sondern zugleich von allen übrigen Protisten. Bei allen Acineten sind die Saugröhren eigenthümliche Fortsätze oder eigentlich Ausstülpungen des Cytosoms, in deren Zusammensetzung beide Schichten desselben eingehen; das Ectoplasma bildet die feste contractile Wand der dünnen Röhren, das Endoplasma ihren weichen Inhalt. Die schlanken Röhren öffnen sich mit ihrem inneren (proximalen) Ende direct in die verdauende Substanz des Endoplasma (wie der Schlund der Ciliaten); das äussere (distale) Ende öffnet sich durch einen feinen Porus, welcher oft mit einem kleinen Saugnapf oder einem durchbrochenen »Knöpfchen« ausgestattet ist. Die Saugröhren sind meistens kürzer, selten etwas länger als der Durchmesser des Cytosoms; als ursprünglichste Form betrachten wir kurze konische Suctellen mit abgestutzter Spitze; aus diesen sind erst secundär die längeren, schlank-kegelförmigen oder cylindrischen Röhren entstanden, die sich dann in einzelnen Gattungen verästelt haben (Dendrocometes, Ophryodendron). Auch die Saugnäpfchen am Ende der Suctellen sind erst secundäre Erwerbungen.

Die Aufnahme der Nahrung, welche bei den Acineten fast ausschliesslich aus anderen Infusorien besteht (Flagellaten und Ciliaten), erfolgt in höchst eigenthümlicher Weise. Sobald eines dieser schwimmenden Thierchen mit den ausgestreckten Suctellen der Acineten zufällig in Berührung kommt, wird es von denselben festgehalten, getödtet und ausgesaugt; seine Bewegungen erlahmen alsbald, und sein Endoplasma wandert in kürzerer oder längerer Zeit durch das Lumen der dünnen Saugröhren in das Innere der Acineten hinüber; zuletzt bleibt aussen von der Beute nur noch die entleerte Pellicula übrig und wird abgestossen. Durch welchen Mechanismus die Saugbeweguug ausgeführt wird, ist noch nicht klar; sicher aber ist, dass bisweilen selbst grössere Ciliaten ganz oder theilweise durch die Röhren hindurch in das Innere des Sauginfusoriums gelangen können. Ebenso sicher ist, dass die Suctellen mehr oder weniger, bisweilen vollständig in das Innere eingezogen werden können. Vielleicht wirkt die Entleerung der Systoletten als Saugkraft.

Die morphologische und phylogenetische Deutung der Suctellen, die für die ganze Auffassung der Classe und ihrer systematischen Stellung entscheidend ist, wurde in sehr verschiedener Weise versucht. Diese sogenannten »*Tentakeln*« besitzen zu den echten Tentakeln der

Metazoen natürlich gar keine Beziehung. Auch der Vergleich mit den ähnlichen starren Pseudopodien mancher *Heliozoen* (Actinophryna) ist nicht haltbar. Vielleicht sind dieselben selbständige Neubildungen der Suctorien, oder aus Lobopodien (ähnlich den »Mundvacuolen« mancher Flagellaten) hervorgegangen. Wahrscheinlich aber ist die einzelne, zuerst auftretende Suctelle aus dem verlängerten Rüssel der Ciliaten-Ahnen (*Enchelina*) entstanden (§ 170).

§ 169. Fortpflanzung der Acineten.

Die Fortpflanzung der Acineten schliesst sich zwar im Princip an diejenige ihrer Ciliaten-Ahnen an, erleidet aber eigenthümliche Modificationen, entsprechend ihrer Anpassung an festsitzende Lebensweise und an die besondere Art der Ernährung. Die Spaltung (*Fissio*), durch welche die ungeschlechtliche Vermehrung des einzelligen Organismus geschieht, ist hier nur selten Theilung (*Divisio*), vielmehr gewöhnlich Knospung (*Gemmatio*), während bei den Ciliaten das umgekehrte Verhältniss herrscht (§ 165). Während bei der Theilung das die Zeugung einleitende Wachsthum allseitig ist, wird es bei der Knospung einseitig; die beiden Spaltungs-Producte sind bei der ersteren gleich, bei der letzteren ungleich. Da nun die allopole Differenzirung des monaxonen Cytosoms bei den Acineten schon durch die festsitzende Lebensweise bedingt ist, und da die Theilung desselben (wie bei den Ciliaten) ursprünglich transversal (senkrecht zur Axe) ist, so muss schon dadurch eine Ungleichheit der beiden Tochterzellen von Anfang an bedingt sein; nur bei einigen kugeligen und cylindrischen Acineten der niedersten Gruppen (Sphaerophrya u. A.) sind beide gleich oder nahezu gleich. Gewöhnlich bedeckt sich bei der scheinbaren Quertheilung schon vor deren Vollendung die acrale Hälfte des Cytosoms mit Wimpern und wird zum freien Schwärmer, während die basale Hälfte die ursprüngliche Bildung beibehält. Indem an der letzteren sich später dieser Process wiederholt, wird sie zur Mutterzelle, von welcher sich die einzelnen ciliaten Tochterzellen nach einander als »Knospen« ablösen. Der allmähliche Uebergang der gleichhälftigen Division (Hemitomie) in die ungleichhälftige Gemmation lässt sich hier schrittweise verfolgen (wie auch bei einigen Ciliaten). Bei vielen Acineten wachsen aus dem Acraltheil der Mutterzelle gleichzeitig mehrere Knospen hervor (bei kleineren Individuen 2—4, bei grösseren derselben Art 6—8 oder mehr). Bei dem reich verästelten Dendrosoma können sehr zahlreiche Knospen gleichzeitig aus der baumförmigen Mutterzelle hervorwachsen. Immer geht dabei die Gemmation des activen *Nucleus* derjenigen des passiven *Celleus* voraus, und erst wenn der Kernspross sich vom Mutterkern abgelöst hat, folgt die Abschnürung des Cytosom-Sprosses nach.

Diese ursprüngliche Form der externen Zellknospung scheint bei der Mehrzahl der Acineten sich in eine sehr eigenthümliche interne Form der Cellular-Gemmation verwandelt zu haben. Während mehrere Knospen gleichzeitig aus dem breiten Acraltheile der Zelle hervorsprossen, erhebt sich dessen Rand aussen in Gestalt eines Ringwalles, und dieser wölbt sich über dem ersteren dergestalt zusammen, dass er eine innere »Bruthöhle« bildet. Gewöhnlich bleibt diese nach aussen geöffnet durch einen kurzen »Geburtscanal«, durch welchen nachher die abgelösten Knospen austreten. Dieser kann aber auch zeitweise zuwachsen, so dass später eine geschlossene Bruthöhle entsteht.

Bei vielen Acineten (vielleicht bei Allen?) tritt periodisch, wie bei den Ciliaten, eine Verjüngung ein, indem eine vorübergehende Conjugation von zwei Individuen stattfindet, mit partiellem Austausch ihres Endoplasma und ihres Karyoplasma. Ob dabei auch die Kerne eine so complicirte Rolle spielen, wie bei den Ciliaten (§ 165), ist bisher noch nicht beobachtet.

Die Schwärmsprösslinge oder Planocyten der Acineten, welche auf diese Weise durch innere oder äussere Knospung aus der Mutterzelle hervorgehen, können auch als *Planosporen* oder *Zoosporen* bezeichnet werden, ebenso wie bei den Algetten (§ 93). Sie sind stets monaxon, eiförmig, kegelförmig, sphaeroidal oder fast cylindrisch; auch wenn sie fast kugelig sind, ist die Allopolie der monaxonen Grundform dadurch angedeutet, dass der Nucleus näher dem einen Pole liegt. Die Bewimperung besteht meistens aus mehreren Cilien-Gürteln, welche den mittleren Theil des Schwärmers umgeben, während einer oder beide Pole frei bleiben; hiernach würden sie den *Cyclotricha* gleichen. Jedoch scheint es, dass bei einigen Acineten die ganze Oberfläche der Planocyte Cilien trägt, wie bei den *Holotricha*; bei einzelnen Gattungen soll nur die eine Seite des abgeplatteten Celleus bewimpert sein (wie bei den *Hypotricha*). Ob diese verschiedene Art der Bewimperung | palingenetische Bedeutung hat, ist sehr zweifelhaft; wahrscheinlich darf man nicht daraus schliessen, dass die verschiedenen Acineten von verschiedenen Ciliaten-Ordnungen abstammen.

§ 170. Ciliaten und Acineten.

Die nahe Verwandtschaft der Ciliaten und Acineten ergiebt sich aus ihrer vergleichenden Anatomie und Ontogenie mit voller Klarheit; und da die jungen Larven oder Schwärmsprösslinge der Acineten ganz die Structur von einfachsten Ciliaten besitzen, dürfen wir mit Sicherheit die Abstammung der ersteren von den letzteren behaupten. Dieselbe ist um so weniger zweifelhaft, als die bewimperten Schwärmer noch keine Suctellen besitzen; diese entwickeln sich erst später, nachdem sie sich festgesetzt haben, meistens erst, nachdem sie das Wimperkleid verloren haben. Nur die parasitische *Sphaerophrya* bildet in dieser Beziehung eine Ausnahme; ihre Schwärmer bilden alsbald Saugröhren, nachdem sie die Mutterzelle verlassen haben.

Die phylogenetische Transformation des *ciliaten* in den *acineten* Organismus ist in erster Linie durch die veränderte Ernährungsweise bedingt; um dieselbe richtig zu beurtheilen, ist vor Allem die Frage zu beantworten, wie die characteristischen Saugröhren der Acineten entstanden sind und welche morphologische Bedeutung dieselben besitzen. Unter den verschiedenen Hypothesen, welche zu ihrer Beantwortung versucht wurden, erscheint uns diejenige die natürlichste, welche von den einfachsten Acineten, den kleinen Formen mit einer einzigen Saugröhre ausgeht (*Hypocoma. Rhyncheta*, *Urnula*); wir nennen diese Ordnung Monosuctellen, im Gegensatze zu allen übrigen Acineten, deren einzelliges Cytosom mehrere, meist zahlreiche Saugröhren trägt (Polysuctella). Wir vergleichen nun das einfache terminale Saugrohr jener primitiven *Monosuctellen* mit dem langen rüsselförmigen Mundrohr, in welches die Mundöffnung der Ciliaten bei einigen tiefstehenden *Holotrichen* ausgezogen ist, besonders bei einigen Enchelinen (*Lacrymaria olor* und *L. phoenicopterus*). Bei den nahe verwandten Cyclotricha (oder *Cyclodinea*) ist sogar das lange Mundrohr unbewimpert und contractil; wenn dieselben mittelst der terminalen Mundöffnung andere Ciliaten angreifen und aussaugen, wird die letztere wie eine Saugscheibe ausgebreitet, ganz wie die kleineren Saugnäpfchen der Acineten. Bei Mesodinium ist zugleich dieser Saugrüssel retractil und am Grunde von 4 kleineren »tentakelartigen« (!) Organellen umgeben. Die nahe Verwandtschaft dieser *Cyclotrichen* mit den Acineten erscheint uns ausserdem durch die eigenthümliche Bewimperung derselben bewiesen: der nackte eiförmige Körper hat entweder nur einen einzigen Wimpergürtel (*Monodinium*) oder zwei (*Didinium*) oder mehrere (*Polydinium*). Bei *Mesodinium* ist das birnförmige Cytosom in der Mitte eingeschnürt und mit mehreren Gürteln von Cirren versehen, von denen die vorderen gerade nach vorn gerichtet sind und sich dem Mundrohr anlegen, während die hinteren bogenförmig nach hinten gerichtet sind. Die Aehnlichkeit dieser Bewimperung mit derjenigen der Acineten-Schwärmer besitzt nach unserer Ansicht palingenetische Bedeutung. Wir halten unter allen lebenden Ciliaten die Cyclotrichen für diejenigen, welche mit der ausgestorbenen Stammform vieler (— wenn nicht aller? —) Acineten die nächste Stammverwandtschaft besitzen.

Von ähnlichen Cyclotrichen leiten wir — gestützt auf das biogenetische Grundgesetz — zunächst die Monosuctellen ab, die Acineten mit einem einzigen Mundrohr (*Urnulida*); die nahe stehenden *Hypocomida* sind auch die einzigen Acineten, welche nicht fest gewachsen sind, sondern sich gleich ihren Ciliaten-Ahnen frei bewegen (ihre hypotriche Bewimperung betrachten wir als cenogenetische Erscheinung, Folge der Anpassung an die kriechende Ortsbewegung). Aus den Monosuctellen leiten wir die Polysuctellen, die Acineten mit zahlreichen Tentakeln, durch secundäre Multiplication der Saugröhren ab (wie sie auch oft in ihrer Ontogenese sich noch heute wiederholt!). Die 4 »Tentakeln«, welche das Mundrohr von *Mesodinium* umgeben, sind wahrscheinlich auch schon als solche »secundäre Suctellen« zu deuten.

Wir theilen die Gruppe der *Polysuctellen* in drei Familien: die Sporosuctellen, mit zerstreuten Saugröhren, (*Sphaerophrya*, *Tocophrya*); die Lophosuctellen, mit Büscheln von Saugröhren (*Autacineta*, *Dendrosoma*), und die Dendrosuctellen, mit baumförmig verästelten Saugröhren (*Ophryodendron*, *Dendrocometes*). Die Sporosuctellen könnten als die Stammgruppe betrachtet werden, aus welcher sich zunächst die Lophosuctellen durch Ordnung der Saugröhren in pinselförmige Büschel entwickelt haben. Indessen könnte man anderseits auch das eigenthümliche Ophryodendron für eine sehr primitive Form halten, indem man seinen grossen retractilen »Rüssel« mit demjenigen der angeführten Holotrichen vergleicht und annimmt, dass die zahlreichen kleinen Suctellen an seinem distalen Ende durch secundäre Verästelung desselben entstanden sind (ähnlich den Mycelidium-Aesten der Fungilletten). Das baumförmige, mehrere Millimeter grosse *Dendrosoma* ist nichts weiter als eine grosse *Trichophrya*, deren Zellenarme (jeder ein Suctellen-Büschel tragend) sich reich verästelt und vervielfältigt haben; der entsprechend verästelte Kern wächst in die einzelnen Arme hinein. Dagegen bleibt der grosse Kern einfach bei *Dendrocometes*, dessen starke Zellenarme ebenfalls dendritisch verästelt sind.

Eine andere Infusorien-Form, welche eine connectente Brücke von den Ciliaten zu den Acineten zu schlagen scheint, ist der merkwürdige *Actinobolus radians*. Sein eiförmiges Cytosom gleicht im Bau vollkommen demjenigen der primitivsten Holotrichen, namentlich der Enchelinen-Gattung *Holophrya*, und ist auf der ganzen Oberfläche gleichmässig mit feinen Cilien bedeckt; am stumpfen Acral-Pol führt eine Mundöffnung in einen trichterförmigen Zellenschlund; am spitzen Basal-Pol liegt der After und die einfache Systolette. *Actinobolus* unterscheidet sich aber auffallend von Holophrya und den verwandten Enchelinen durch zahlreiche, lange cylindrische »Tentakeln«, die in Gestalt radialer Fäden von allen Seiten des Cytosoms ausstrahlen und die doppelte Länge seines Durchmessers erreichen. Dieselben sind sehr beweglich und wahrscheinlich hohle Röhren, da sie rasch und vollständig in das Innere zurückgezogen und wieder vorgeschnellt werden können. Sie scheinen aber nur als Tastorgane zu dienen, nicht zur Nahrungsaufnahme; auch haben sie keinerlei Beziehung zur Mundöffnung des Thierchens. Wir glauben daher, dass die Aehnlichkeit, welche *Actinobolus* mit den (holotrichen?) Schwärmern einiger Acineten besitzt, keine phylogenetische Bedeutung hat. Die eigenthümliche Organisation der Acineten lässt sich mit grösserer Wahrscheinlichkeit von derjenigen der Cyclotrichen ableiten.

Einige kugelförmige und vielstrahlige Sporosuctellen (*Sphaerophrya*, *Podophrya*) besitzen eine auffallende äussere Aehnlichkeit mit manchen Heliozoen (*Sphaerastrum*, *Actinophrys* § 126). Die zahlreichen radialen Suctellen, welche von dem kugeligen Cytosom der ersteren allseitig ausstrahlen, sind in der That den steifen, mit »Axenfäden« ausgestatteten Pseudopodien der letzteren so ähnlich, dass man sie früher unmittelbar von diesen ableiten zu können glaubte. Indessen besteht zwischen den beiden ähnlichen radialen Organellen der wesentliche Unterschied, dass die Suctellen der *Acineten* beständige, hohle, am distalen Ende mit einem Saugmündchen ausgestattete Röhren sind, die Actinopodien der *Heliozoen* dagegen unbeständige und retractile, solide Plasmafortsätze, gleich den Pseudopodien aller Rhizopoden. Ausserdem spricht gegen die phylogenetische Ableitung der Acineten von den Heliozoen vor Allem ihre Ontogenie. Die ciliaten Larven der Acineten besitzen palingenetische Bedeutung und sind ein neuer Beweis dafür, dass das biogenetische Grundgesetz auch für die Protozoen, wie für alle übrigen Organismen Gültigkeit besitzt. Dadurch erklärt sich auch, dass bei vielen Acineten die bewimperte Larve nach ihrer Festsetzung und nach Verlust ihres Wimperkleides zunächst nur eine einzige Saugröhre entwickelt; erst später, nimmt deren Zahl allmählig zu. Demnach stammen die *Polysuctellen* von den *Monosuctellen* ab, und ebenso die Lophosuctellen von den Sporosuctellen. Die Stufe der Vollkommenheit, welche diese höchsten Formen der Acineten erreichten, stellen sie in mehrfacher Beziehung an die Spitze aller Protozoen.

Fünftes Kapitel.

Generelle Phylogenie der Metaphyten.

§ 171. Begriff der Metaphyten.

Das Reich der *Metaphyten* umfasst alle vielzelligen und gewebebildenden Pflanzen, alle *Histones vegetales.* Es entspricht mithin dem Begriffe des Pflanzenreiches im engeren Sinne, wenn man die einzelligen und nicht gewebebildenden *Protophyten* ausschliesst und zu dem Protistenreiche stellt. Zwar giebt es auch unter diesen letzteren zahlreiche vielzellige Formen, bei denen gesellige Zellen in bestimmter Form und Anordnung zur Bildung eines *Coenobiums* zusammentreten. Allein die associirten Plastiden eines solchen Zellenvereins oder einer Zellenhorde sind gewöhnlich alle nur locker verbunden und von gleicher Beschaffenheit; Arbeitstheilung und die damit verknüpfte Formenspaltung fehlt ganz, oder ist nur schwach angedeutet. Somit fehlt auch diesen »Zell-Colonien« eine eigentliche Gewebebildung.

Der Ursprung der Metaphyten ist in verschiedenen Gruppen der Protophyten zu suchen. Noch heute sind mehrere Gruppen der ersteren mit den letzteren so innig durch Uebergangsformen verbunden, dass es schwer fällt, die künstliche Grenze zwischen Beiden scharf zu definiren. Insbesondere schliessen sich verschiedene Formen von einzelligen Algetten unmittelbar an die stammverwandten vielzelligen Algen an. Die historische Beurtheilung dieses polyphyletischen Ursprungs ist um so schwieriger, als die niedersten Formen der Metaphyten noch auf einer sehr tiefen Stufe der histologischen Differenzirung stehen. Das hochentwickelte Coenobium mancher Algetten ist kaum von dem einfachen Thallus niederster Algen zu trennen. Die Grenzbestimmung zwischen *Protophyten* und *Metaphyten* ist daher weit schwieriger und anfechtbarer, als die entsprechende Trennung der *Protozoen* und *Metazoen.* Dennoch ist dieselbe phylogenetisch werthvoll und für ein logisch durchgeführtes System unentbehrlich.

§ 172. Classification der Metaphyten.

Die grossen natürlichen Hauptgruppen der Metaphyten, welche die systematische Botanik seit langer Zeit unterschieden hat, bestehen auch noch heute im Ganzen unverändert fort. Aber die Beziehungen ihrer »Verwandtschaft« erscheinen heute in einem anderen Lichte, seitdem die Descendenz-Theorie uns dieselben phylogenetisch zu erklären gelehrt hat. Zunächst ergiebt sich aus der kritischen Vergleichung der drei grossen phylogenetischen Urkunden, dass die *Thallophyten* (§ 200) die ältere und niedere Hauptgruppe der Gewebpflanzen repräsentiren, und dass aus dieser erst später die *Cormophyten* (§ 227) hervorgegangen sind. Unter den Thallophyten sind jedenfalls die Algen als die gemeinsame Stammgruppe zu betrachten; entweder direct von ihnen, oder von ihren einzelligen Vorfahren, den Protophyten, sind auch die Pilze (*Mycetes*) und von diesen die Flechten (*Lichenes*) abzuleiten.

Unter den Cormophyten stehen als älteste und niederste Formen auf der tiefsten Stufe die Mose (*Bryophyta*), besonders die Lagermose (*Thallobrya*); sie stammen direct von Algen und zwar von Chlorophyceen (Ulvaceen) ab. Aus der Stammgruppe der ältesten Lagermose sind zwei divergente Hauptstämme der Metaphyten hervorgegangen, einerseits die höheren Mose (*Phyllobrya* und *Cormobrya*), anderseits die Farne (*Pteridophyta*). Unter diesen letzteren bilden die Schuppenfarne (*Lycodariae*) den unmittelbaren Uebergang zu den Phanerogamen (*Anthophyta*), und zwar zunächst zu den *Gymnospermen*; erst später hat sich aus diesen »Nacktsamigen« die höchste und vollkommenste Hauptclasse der Metaphyten entwickelt, diejenige der »Decksamigen« (*Angiospermae*).

Für die übersichtliche Darstellung des Metaphyten-Systems und das phylogenetische Verständniss ihrer Gruppen-Verwandtschaft ist es zweckmässig, die beiden Cladome der *Angiospermen* und *Gymnospermen* in dem alten »Unterreiche« der Anthophyten oder *Spermaphyten* (= *Phanerogamen*) vereinigt zu lassen. Ebenso stellen wir die beiden Cladome der cormophytischen Cryptogamen, die *Pteridophyten* und *Bryophyten*, in der Hauptgruppe der Diaphyten zusammen (= *Archegoniaten* oder *Zoidogamen*). Als drittes Subregnum stehen ihnen die Thallophyten gegenüber (vergl. §§ 174, 175).

§ 173. Stämme der Metaphyten.

Nachdem die Verhältnisse der natürlichen Stammverwandtschaft der Metaphyten-Gruppen im Princip klar erkannt waren, ergab sich als wichtigstes Problem für ihre phylogenetische Classification die Frage nach ihrem einheitlichen Ursprung und der Einheit ihres Stammbaums. Die Beantwortung dieser Frage fiel sehr verschieden aus; noch heute stehen sich zwei extreme Hypothesen gegenüber. Nach der monophyletischen Hypothese ist das ganze Pflanzenreich ein einziger Stamm, in welchem fünf natürliche Hauptgruppen ebenso viele auf einander folgende Entwickelungs-Stufen repräsentiren, in nachstehender Reihenfolge: 1) Algen (mit den *Protophyten* als Ausgangs-Gruppe, den Pilzen und Flechten als Seitenzweigen des Algen-Stammes); 2) Bryophyten (mit den niedersten *Thallobryen* als gemeinsamer Stammgruppe aller Metaphyten); 3) Pteridophyten (mit den *Filicarien* als Stammgruppe aller Gefässpflanzen, Vasophyta); 4) Gymnospermen (mit den *Cycadeen* als Stammgruppe aller Phanerogamen); und 5) Angiospermen (mit den *Palacotylen* als Uebergangs-Gruppe von den Gnetaceen zu den Dicotylen). (Vergl. § 209 und 229.)

Nach der entgegengesetzten polyphyletischen Hypothese besteht das Pflanzenreich aus zahlreichen parallelen Stämmen, die unabhängig von einander in ähnlicher Weise aus niederen Formen sich historisch entwickelt haben, Manche Botaniker nehmen noch heute an, dass allein unter den Angiospermen mehrere Dutzend (oder sogar über hundert) verschiedene Phylen existiren, die autonomen Ursprungs sind und keine directe Stammverwandtschaft unter einander besitzen. Viele verschiedene Stämme von Angiospermen wären demnach aus ebenso vielen autonomen Phylen von Gymnospermen hervorgegangen, diese wiederum aus entsprechenden Stammreihen von Pteridophyten, wie die letzteren aus Bryophyten u. s. w.

Die Entscheidung zwischen diesen beiden entgegengesetzten Hypothesen wird zuletzt von der kritischen Verwerthung der drei grossen Schöpfungs-Urkunden abhängen, und von der verschiedenen Beurtheilung ihrer phylogenetischen Bedeutung. Für alle Cormophyten, von den niedersten *Bryophyten* bis zu den höchsten *Angiospermen* hinauf, ergiebt sich dabei nach unserer Ansicht die grösste Wahrscheinlichkeit für eine monophyletische Descendenz, und zwar auf Grund folgender Erwägungen: 1) Die palaeontologische Succession der fossilen Cormophyten lehrt uns (soweit bekannt) eine beständige Zunahme an Zahl, Mannichfaltigkeit und Vollkommenheit der kleineren und grösseren Formengruppen (§ 178); 2) die vergleichende Ontogenie der Cormophyten ergiebt in jeder Hauptgruppe derselben einen characteristischen Modus der individuellen Entwickelung; zugleich wiederholen aber die höheren Gruppen vorübergehend die Bildungsstufe der niederen, entsprechend dem biogenetischen Grundgesetze (§ 180); 3) die vergleichende Morphologie der Cormophyten überzeugt uns von der constanten Einheit im Aufbau ihrer Gewebe und Organe, trotz der endlosen Mannichfaltigkeit der einzelnen Formen; diese Einheit des Typus lässt sich nur durch Vererbung von einer gemeinsamen Stammform erklären, denn es ist sehr unwahrscheinlich, dass dieselben zahlreichen Bildungs-Processe, welche bei der Entstehung des höheren Cormophyten-Organismus zusammengewirkt haben, mehr als einmal im Laufe der Biogenese zusammengetroffen sind (§ 184).

Wenn demnach für sämmtliche *Cormophyten* (— vielleicht die niedersten Gruppen ausgenommen —) die Einheit des Stammes sehr wahrscheinlich ist und in Form eines einzigen Stammbaumes hypothetisch ausgedrückt werden kann (§ 229), so besitzt dagegen für die *Thallophyten* eine polyphyletische Auffassung den höheren Grad der Wahrscheinlichkeit. Mehrere autonome Algen-Gruppen können, unabhängig von einander, aus mehreren Protophyten-Gruppen (Algarien oder Algetten) sich entwickelt haben; ebenso mehrere Pilz-Gruppen aus verschiedenen Formen von Algen oder von Fungillen. Die Flechten-Classe ist sicher polyphyletisch, da sie von mehreren Zweigen der Pilzclasse abstammt.

(§§ 174 und 175 s. auf S. 256 und 257.)

§ 176. Phylogenetische Urkunden der Metaphyten.

Die empirischen Urkunden, auf welche wir die Stammesgeschichte im Pflanzenreiche gründen, haben dieselbe historische Bedeutung und verlangen dieselbe kritische Verwerthung, wie im Thierreiche. In erster Linie sind es auch hier die drei grossen Urkunden der *Palaeontologie*, der *Ontogenie* und der *Morphologie*, welche wir in weitestem Umfange zu prüfen und für den Aufbau des natürlichen Systems zu verwerthen haben. Für die systematische Phylogenie kleinerer Pflanzen-Gruppen können auch physiologische und bionomische Urkunden (Chorologie, Oekologie) von Nutzen sein. Dem Botaniker fällt dabei, ebenso wie dem Zoologen, die Aufgabe zu, die empirischen Ergebnisse seiner Urkunden-Forschung von historischen Gesichtspunkten aus zu vergleichen und in ihrem causalen Zusammenhange genetisch zu würdigen. Alle allgemeinen Gesichtspunkte, welche für die erfolgreiche Anwendung der vergleichenden und der genetischen Methode überhaupt festzuhalten sind, gelten auch für die Phylogenie der Metaphyten.

Obgleich nun jene Urkunden auch hier, wie überall, sehr unvollständig sind und immer sehr lückenhaft bleiben werden, können wir doch durch umsichtige und kritische Verwerthung derselben einen befriedigenden Einblick in den Gang der Pflanzengeschichte gewinnen.

§ 174. System der Metaphyten.

Phylen	Cladome	Classen	Classen
A. Thallophyta Sporogamae Mit diversen Sporen (Fortpflanzung sehr mannigfaltig), bald nur monogon (durch Sporen), bald amphigon (sexuell), bald metagenetisch (mit Generations-Wechsel) *Cryptogamae thallophytae.*	**I. Algae** Thallus zusammengesetzt aus plasmodomen (assimilirend.) chlorophyllhaltigen Zellen, die ausserdem oft noch andere Farbstoffe enthalten	Grünalgen Mosalgen Braunalgen Rothalgen	1. **Chlorophyceae** 2. **Charaphyceae** 3. **Phaeophyceae** 4. **Rhodophyceae**
	II. Mycetes Thallus aus Hyphen zusammengesetzt (aus plasmophagen, chlorophyllfreien Zellen)	Schlauchpilze Schwammpilze	5. **Ascomycetes** (*Ascodiomycetes*) 6. **Basimycetes** (*Basidiomycetes*)
	III. Lichenes Thallus symbiontisch, zusammengesetzt aus plasmophagen Pilzzellen (Hyphen) und plasmodomen Algetten (Gonidien)	Schlauchflecht. Schwammflecht.	7. **Ascolichenes** (*Ascodiolichenes*) 8. **Basilichenes** (*Basidiolichenes*)
B. Diaphyta Zoidogamae Mit Spermazoiden. *Archegoniata* Mit Archegonien. *Cryptogamae cormophytae.* Stets Metagenesis (Generationswechsel). *Prothallota* Mit Prothallien.	**IV. Bryophyta** Gewebe ohne Leitbündel. Sexual-Generation cormophytisch. Neutral-Generation ein Sporogonium	Lagermose Lebermose Laubmose	9. **Thallobrya** 10. **Phyllobrya** 11. **Cormobrya**
	V. Pteridophyta Gewebe mit Leitbündeln Sexual-Generation ein Prothallium. Neutral-Generation cormophytisch	Laubfarne Schaftfarne Schuppenfarne	12. **Filicariae** 13 **Calamariae** 14. **Lycodariae**
C. Anthophyta Siphonogamae Mit Pollenkörnern. *Spermaphyta* Mit ruhendem Samen. *Phanerogamae cormophytae.* Stets Hypogenesis (kein Generationswechsel).	**VI Gymnospermae** Samenknospen nackt, auf offenen Fruchtblättern. Fruchtknoten und Narbe fehlen	Farnpalmen Nadelhölzer Meningos	15. **Cycadeae** 16. **Coniferae** 17. **Gnetales**
	VII. Angiospermae Samenknosp. bedeckt, eingeschlossen von den Fruchtblättern, welche Fruchtknoten und Narbe bilden	Altsamenbl. Einsamenbl. Zweisamenbl.	18. **Palaeotylae** 19. **Monocotylae** 20. **Dicotylae**

§ 175. Monophyletischer Stammbaum der Metaphyten.

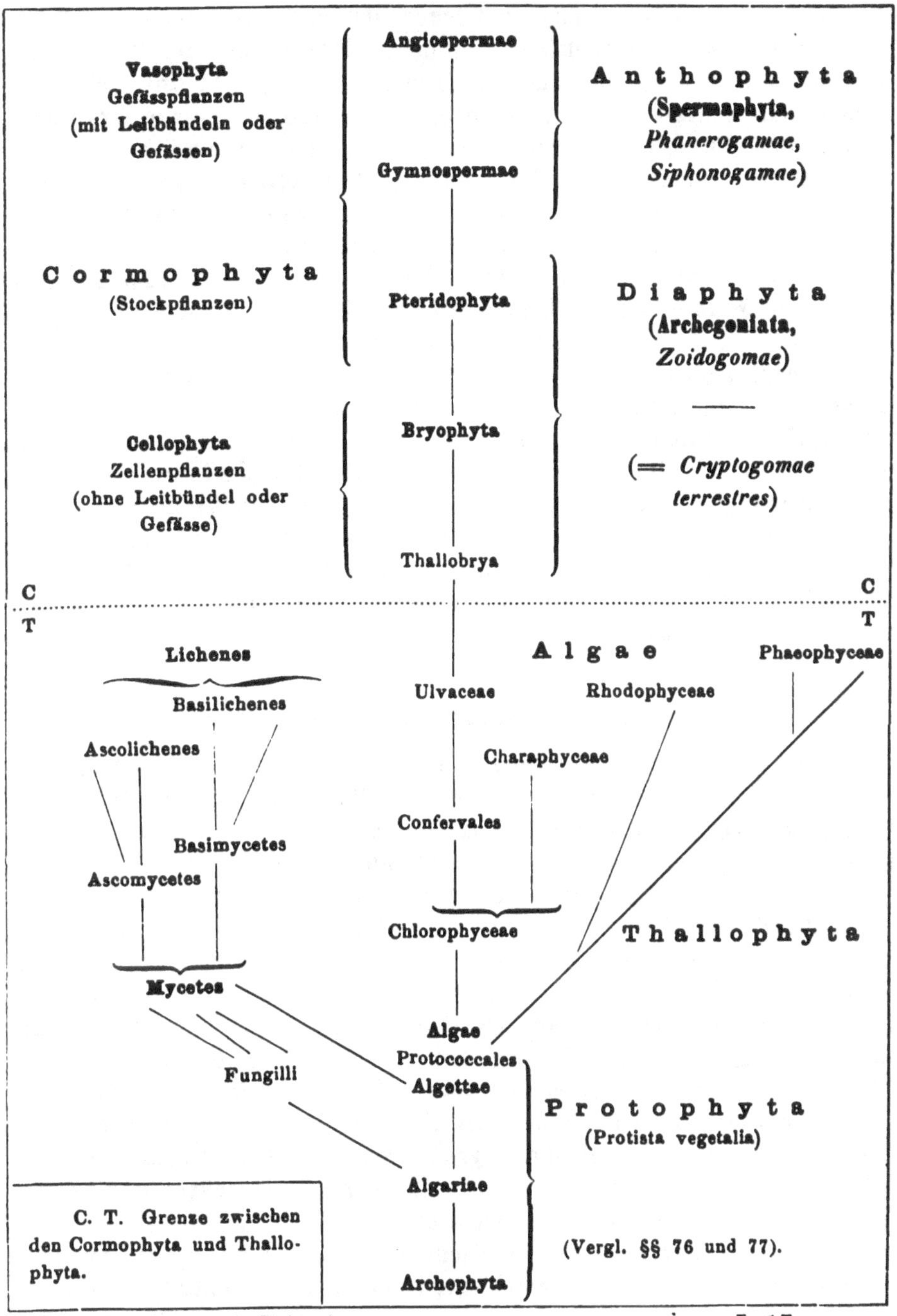

Für diese Erkenntniss ist auch hier wieder der Umstand von hohem Werthe, dass vielfach jene drei grossen Urkunden sich gegenseitig ergänzen, und dass die eine die Lücken der anderen ausfüllt. Wenn auch heute noch grosse Unsicherheit in der Phylogenie der Metaphyten herrscht, und wenn viele Botaniker ihre Bedeutung sehr unterschätzen, so liegt das vielfach daran, dass einseitig nur eine von jenen Urkunden benutzt und die anderen vernachlässigt oder ignorirt werden.

Der Entwickelungsgang der Botanik hat es mit sich gebracht, dass ursprünglich nur die Morphologie, und zwar die vergleichende Organologie als die Lehre von der »Metamorphose der Pflanze«, zu einer einheitlichen Auffassung der Pflanzen-Organisation führte. Viel später erst wurden deren Ergebnisse bestätigt und berichtigt durch die Ontogenie, durch die vergleicheude »Entwickelungsgeschichte des Pflanzen-Individuums«. Endlich hat sich erst in neuester Zeit die Erkenntniss allgemein Bahn gebrochen, dass die letztere im engsten ursächlichen Zusammenhang mit der Stammesgeschichte der Pflanzenwelt steht, deren historische Thatsachen uns die Palaeontologie in die Hand giebt. Der Descendenz-Theorie, und vor Allem dem biogenetischen Grundgesetze, verdanken wir die Einsicht in die wahre Bedeutung dieser unschätzbaren Urkunden und die Möglichkeit, durch ihre Vergleichung zur klaren Einsicht in den allgemeinen Gang der Pflanzengeschichte zu gelangen.

§ 177. Palaeontologie der Metaphyten.

Der phylogenetische Werth der palaeontologischen Urkunden, welche uns die zahlreichen versteinerten Reste der Metaphyten darbieten, wird sehr verschieden beurtheilt. Einerseits wird derselbe überschätzt, indem die massenhaft erhaltenen fossilen Reste einzelner Classen, welche in manchen Formationen sich finden, als einigermaassen ausreichend betrachtet werden, uns ein Characterbild der ganzen ausgestorbenen Flora zu entwerfen. Diese hohe Ueberschätzung wird namentlich oft durch specielle Palaeontologen geübt, welche lange Zeit hindurch die reichen Schätze der Steinkohlen-Flora und anderer an fossilen Pflanzenresten reichen Formationen bearbeitet haben. Die Massenhaftigkeit des fossilen Materials und die Bestimmbarkeit vieler gut conservirter Ueberreste imponirt hier dem descriptiven Systematiker leicht dergestalt, dass er diese greifbaren Versteinerungen als ausreichende empirische Documente für den ganzen Charakter der ausgestorbenen Flora jener Periode betrachtet.

Anderseits wird die phylogenetische Bedeutung der fossilen Pflanzenreste ebenso oft einseitig unterschätzt, besonders von Seiten skeptischer

Botaniker, welche überall der grossen Lücken in der Palaeontologie der Metaphyten sich bewusst bleiben. Gegenüber den bedeutungsvollen Aufschlüssen, welche uns die vergleichende Morphologie und Ontogenie der Pflanzen über den Gang ihrer Stammesgeschichte giebt, erscheinen dann oft die Ergebnisse der Palaeontologie äusserst dürftig; ja es wird ihnen nicht selten jeder historische Werth abgesprochen.

Zwischen diesem pessimistischen Skepticismus und jener optimistischen Ueberschätzung der Palaeophytologie liegt die Wahrheit in der Mitte. Allerdings ist die palaeontologische Urkunde des Metaphyten-Reiches äusserst unvollständig und lückenhaft, theils aus biologischen, theils aus geologischen Gründen. Aber anderseits sind doch die wirklich erhaltenen Pflanzen-Versteinerungen von höchstem Werthe; sie gestatten uns weitreichende allgemeine Schlüsse über die Stammesgeschichte des Pflanzenreichs, Schlüsse, welche mit den Ergebnissen der Morphologie und Ontogenie trefflich harmoniren.

§ 178. Positive Daten der Palaeophytologie.

Die bedeutungsvollen Schlüsse über die Stammesgeschichte des Pflanzenreiches, welche wir uns auf Grund der palaeontologischen Thatsachen zu bilden berechtigt sind, gipfeln in der Erkenntniss, dass die reale historische Succession der fossilen Pflanzen-Gruppen vollkommen den theoretischen Anforderungen der monistischen Entwickelungslehre entspricht. Die grossen Gesetze der fortschreitenden Differenzirung und Vervollkommnung der stammverwandten Formen-Gruppen, welche aus der Selections-Theorie als logische Postulate sich ergeben, werden durch die empirischen Ergebnisse der Palaeophytologie in glänzender Weise bestätigt. In derselben Reihenfolge, in welcher die vergleichende Anatomie und Ontogenie die grossen Hauptclassen der Metaphyten morphologisch aus einander hervorgehen lässt, in derselben genetischen Succession treten auch ihre versteinerten Reste nach einander in den Hauptperioden der organischen Erdgeschichte auf. Die massenhaft erhaltenen fossilen Pflanzenreste sind sogar in dieser Hinsicht so charakteristisch für die grossen Zeitalter der Erdgeschichte, dass wir das archophytische Zeitalter als die Aera der ***Algen***, das palaeophytische als die Aera der Farne (***Pteridophyten***), das mesophytische als die Aera der ***Gymnospermen*** und das caenophytische als die Aera der ***Angiospermen*** bezeichnen konnten (vergl. § 20—24).

Eine empfindliche empirische Lücke existirt hier nur in Bezug auf die ***Bryophyten***; denn die Mose (insbesondere die niedersten ***Thallobrya***) erscheinen für die morphologische Deduction als nothwendige connectente Zwischenglieder zwischen den Pteridophyten (***Filicarien***)

17*

und ihren Algen-Ahnen, den *Chlorophyceen* (Confervalen). Allein diese negative Lücke erklärt sich leicht aus der zarten Beschaffenheit des gefässlosen Mos-Gewebes, das überhaupt für die Versteinerung nicht geeignet ist. Uebrigens ist es sehr wohl möglich, dass die ungeheuren Lager von Graphit in den Archolith-Sedimenten, welche wir gewöhnlich von metalithischen fossilen Algen-Bänken ableiten, zum grossen Theile auch von Anhäufungen todter Mosmassen herrühren, insbesondere von moorbildenden Torfmosen, und von wasserbewohnenden Thallobryen, die sich einerseits an ihre Chlorophyceen-Ahnen anschlossen, anderseits an ihre Filicarien-Epigonen. Dass derartige alte Thallusmose (von denen uns die heutigen Ricciadinen eine annähernde Vorstellung geben) während der Silur-Zeit, und vermuthlich schon während der cambrischen Periode, in grosser Zahl gelebt haben müssen, dürfen wir mit Sicherheit aus der vergleichenden Morphologie der Chlorophyceen, Thallobryen und Filicarien folgern.

Die gewaltigste Massen-Entwickelung erreichten die *Algen* (vermuthlich zum grössten Theile Phaeophyceen) während der Archolith-Zeit im Silur, die Pteridophyten während der Palaeolith-Zeit in der Steinkohle, die Gymnospermen während der Mesolith-Zeit theils in der Trias (Coniferen), theils im Jura (Cycadeen). Die Angiospermen endlich erscheinen erst viel später, frühestens im Jura; ihre ältesten, sicher erkannten fossilen Reste finden sich in der mittleren Kreide (im Cenoman); aber erst in der Tertiaer-Zeit entwickeln sie den ganzen Reichthum ihrer Formen-Mannichfaltigkeit, in stetig zunehmender Fülle. Diese Thatsache harmonirt vortrefflich mit der gleichzeitigen Entwickelung der terrestrischen Insecten und Säugethiere, die in so mannichfaltigen und innigen Wechsel-Beziehungen zu den Landpflanzen stehen.

Schon aus dieser historischen Succession der grossen Hauptgruppen der Metaphyten ergiebt sich, dass nicht allein die Zahl und Mannichfaltigkeit der Pflanzenformen, sondern auch die morphologische Zusammensetzung in ihrem Körperbau, und die damit verknüpfte physiologische Vollkommenheit ihrer Lebensthätigkeiten beständig von Stufe zu Stufe fortschritt. Dieselben grossen Gesetze der progressiven Differenzirung und Teleose bestätigen sich auch weiterhin, wenn wir die palaeontologische Succession und die historische Entfaltung der kleineren Gruppen näher in's Auge fassen; so besonders bei den palaeozoischen Pteridophyten und den mesozoischen Gymnospermen, theilweise auch bei den caenozoischen Dicotylen. Indessen sind in zahlreichen Gruppen der palaeontologischen Begründung der Phylogenie Schranken gesetzt durch die Ungleichmässigkeit und Lückenhaftigkeit des fossilen Materials.

§ 179. Negative Lücken der Palaeophytologie.

Die ausserordentliche und von den meisten Naturforschern unterschätzte Unvollständigkeit der palaeontologischen Urkunden, und die Unmöglichkeit, auf Grund derselben eine auch nur annähernd abgerundete »Geschichte der Pflanzenwelt« zu entwerfen, ist theils durch biologische, theils durch geologische Verhältnisse bedingt. Biologische Gründe dieser bedauerlichen Mängel liegen hauptsächlich in der Zusammensetzung, dem Aufbau und der Textur des Organismus selbst. Die zarte Beschaffenheit der meisten und wichtigsten Pflanzentheile macht sie entweder der Versteinerung gar nicht fähig, oder nur in so geringem Maasse, dass sie keine Bedeutung für die Phylogenie besitzen. Die Fortpflanzungsorgane der meisten Pflanzen — die Schwärmsporen der Algen, die Sporen der Pilze und Flechten, die Archegonien und Antheridien der Diaphyten, die meisten Blüthentheile der Anthophyten sind so zart und zerstörbar, dass sie gar nicht oder nur ausnahmsweise in fossilem Zustande erhalten werden. Dasselbe gilt von dem zarten und weichen Gewebe der meisten niederen und der krautartigen (nicht holzigen) höheren Pflanzen. Daher sind die fossilen Spuren der meisten Thallophyten (Algen sowohl als Pilze und Flechten) selten und von geringer Bedeutung; ebenso diejenigen der Bryophyten. Erst mit der Ausbildung von festeren Gefässbündeln oder Leitbündeln bei den Pteridophyten erlangt das Gewebe denjenigen Grad der Härte und Widerstandsfähigkeit, der es zur Conservation in versteinertem Zustande geeignet macht. Vor allen anderen sind die harten verholzten Theile der Pflanzen in dieser Beziehung begünstigt. Nur bietet leider das Holz meist nicht genügend charakteristische Merkmale, um danach die specielle Pflanzenform, zu der es gehört, zu erkennen.

Ein weiterer Uebelstand liegt darin, dass bei vielen Metaphyten die einzelnen Theile nur in sehr lockerem Zusammenhang stehen und sich leicht von der Pflanze ablösen; von sehr vielen einzelnen Blättern, Früchten, Stämmen u. s. w., die gut conservirt sind, kennen wir nicht den Zusammenhang, und die Blüthen, wonach wir sie bestimmen könnten, fehlen meistens. Grosse Hindernisse für gute Erhaltung in fossilem Zustande liegen ferner in der Lebensweise der Metaphyten und in den Verhältnissen, unter denen ihre Reste nach dem Tode sich anhäufen und versteinern. Während im Thierreiche die Hauptmasse der gut erhaltenen Versteinerungen marinen Formen angehört, wird sie im Pflanzenreiche durch terrestrische Formen gebildet. Endlich bedingen auch die geologischen Verhältnisse der Sedimentbildung, des Metalithismus, der Petrification selbst sehr bedeutende Lücken in dem palaeontologischen Urkunden-Schatze der Metaphyten (vergl. § 5).

§ 180. Ontogenie der Metaphyten.

Die hohe Bedeutung, welche die Ontogenie, als die umfassende Entwickelungs-Geschichte des Pflanzen-Individuums (— oder eigentlich des ganzen Generations-Cyclus jeder Art —) besitzt, ist schon seit langer Zeit anerkannt und für die systematische Anordnung der Gruppen im natürlichen System verwerthet worden. Ihren vollen Werth hat uns jedoch erst die Descendenz-Theorie offenbart, indem sie den innigen Causal-Nexus zwischen *Ontogenie* und *Phylogenie* aufdeckte und ihm im biogenetischen Grundgesetze einen präcisen Ausdruck gab (§ 6—8). Trotzdem hat die Botanik vielfach noch nicht die fruchtbare Anwendung von demselben gemacht, welche in der Zoologie während der letzten Decennien zu so grossartigen Resultaten geführt hat. Insbesondere ist die kritische Unterscheidung der *palingenetischen* und der *coenogenetischen* Processe (§ 7, 8) in der Ontogenie der Metaphyten noch sehr vernachlässigt worden.

Da unser biogenetisches Grundgesetz, gestützt auf die physiologischen Functionen der Vererbung und Anpassung, im Pflanzenreiche ebenso ganz allgemeine Geltung besitzt, wie im Thierreiche, so stellt es an die phylogenetische Botanik die wichtige, noch kaum in Angriff genommene Aufgabe, überall die ontogenetischen Thatsachen zunächst auf ihre palingenetische Bedeutung hin zu prüfen. Wir müssen uns hier darauf beschränken, nur die allgemeinsten Gesichtspunkte, welche die mannichfaltigen und interessanten Phaenomene in der Ontogenese der Metaphyten in dieser Beziehung darbieten, für ihre Classen und Hauptclassen kurz hervorzuheben.

Die unendliche Mannichfaltigkeit, welche das Pflanzenreich in der Ontogenese seiner unzähligen Formen darbietet, wird durch die vergleichende Entwickelungsgeschichte auf wenige einfache Gesetze zurückgeführt, und diese sind auf's Innigste verknüpft mit den physiologischen Gesetzen ihres Wachsthums und ihrer Zeugung. Denn auch im Pflanzenreiche, wie im Thierreiche, gilt der Grundsatz: »Die Entwickelungsgeschichte des Individuums ist die Geschichte der wachsenden Individualität in jeglicher Beziehung«; und ebenso hier wie dort gilt auch der andere, damit zu verknüpfende Grundsatz: »Die Zeugung oder Fortpflanzung ist ein Wachsthum des Organismus über das individuelle Maass hinaus, welches einen Theil desselben zum Ganzen erhebt«. Bei dem vielzelligen Organismus der *Metaphyten* erscheinen diese fundamentalen Wahrheiten insofern noch einleuchtender, als bei demjenigen der *Metazoen*, weil die individuelle Autonomie der gewebebildenden Zellen bei den ersteren in höherem Maasse bestehen bleibt.

§ 181. Generation der Metaphyten.

Die mannichfaltigen Verhältnisse der Zeugung offenbaren uns noch heute in ihrer Verknüpfung mit der Ontogenese innerhalb der Hauptgruppe der Metaphyten eine stufenweise aufsteigende Entwickelungs-Reihe. Diese unverkennbare physiologische Progression und Differenzirung der ontogenetischen Processe in der Pflanzenreihe besitzt unstreitig zum grossen Theil unmittelbar eine hohe phylogenetische Bedeutung. Vor Allem treten uns hier in den natürlichen Haupt-Gruppen des Pflanzenreiches fünf bedeutungsvolle Differenzen entgegen.

1) Die Algen zeichnen sich durch die grösste Mannichfaltigkeit in der Zeugung und Ontogenesis aus; es kommen hier bei nahe verwandten Familien (sowohl unter den Chlorophyceen, als unter den Phaeophyceen) neben einander mehrere verschiedene Generations-Formen in paralleler Stufenfolge zur Ausbildung. Hypogenesis (directe Entwickelung ohne Generationswechsel) findet sich bei den niederen Algen oft verbunden mit *Monogonie* (nur ungeschlechtliche Vermehrung, und zwar durch Schwärmsporen, bei Conferven und Laminarien); bei den höheren Algen ist sie verknüpft mit *Amphigonie* (geschlechtliche Zeugung bei Fucaceen). Die grosse Mehrzahl der Algen besitzt dagegen Generationswechsel (Metagenesis), indem abwechselnd Vermehrung durch *Monogonic* und durch *Amphigonie* stattfindet.

2) Die Pilze (*Mycetes*) und die von ihnen abstammenden Flechten (*Lichenes*) pflanzen sich ausschliesslich auf ungeschlechtlichem Wege, und zwar durch Sporogonie fort. Die echten Pilze (*Ascomycetes* und *Basimycetes*) scheinen die Amphigonie ganz verloren zu haben, welche bei einem Theile ihrer Vorfahren (*Fungillen*, *Alyetten*) noch vorhanden war. Dieser Geschlechtsverlust (*Apogamie*) ist wahrscheinlich durch die eigenthümliche saprositische und parasitische Lebensweise der Pilze bedingt. Demgemäss kommt bei den Pilzen und Flechten auch echter Generationswechsel nicht vor. Ihre Entwickelung ist stets eine directe (secundäre Hypogenesis).

3) Die Diaphyten (*Archegoniaten* oder *Zoidogamen*) sind sämmtlich durch einen sehr characteristischen Generationswechsel ausgezeichnet, den sie wahrscheinlich schon von ihren Chlorophyceen-Ahnen durch Vererbung überkommen haben; eine sexuale und eine sporogone Generation wechseln regelmässig mit einander ab. Die Sexual-Generation (auch als *amphigone* oder *proembryonale* bezeichnet) producirt Geschlechts-Organe von typischer Bildung, weibliche Archegonien (mit je einer Eizelle) und männliche Antheridien (mit zahlreichen beweglichen Spermazoiden). Aus ihrem befruchteten Ei (der Cytula oder

Ovospore) entwickelt sich die zweite, ungeschlechtliche, von der ersten unabhängige Generation. Diese Sporogon-Generation (auch als *neutrale, monogone* oder *embryonale* bezeichnet) bildet nur Sporen; sie verhält sich aber in beiden Hauptclassen der Diaphyten sehr verschieden. Bei den meisten Bryophyten bildet sie ein einfaches Sporogonium (oder einen *Sporothallus*), bei den meisten Pteridophyten hingegen entwickelt sie sich zu einer cormophytischen Pflanze, mit Wurzel, Stengel und Blättern. Umgekehrt verhält sich die Sexual-Generation, die bei den Farnen ein einfaches Prothallium bleibt, bei den meisten Mosen hingegen einen Cormus mit Stengel und Blättern bildet. Dieser auffallende Gegensatz der beiden Diaphyten-Cladome ist erst die Folge von späterer historischer Divergenz; er existirte noch nicht bei den niedersten und ältesten Formen beider Hauptclassen. Bei den primitivsten *Pteridophyten* (den Hymenophyllum verwandten Archipteriden) war die Sporogon-Generation ebenso noch ein einfacher Thallus, wie bei den niedersten *Bryophyten* (den Ricciadinen und ähnlichen Thallobryen). Demnach hat auch die phylogenetische Ableitung der ersteren von den letzteren keine Schwierigkeit (§ 246).

4) Die Anthophyten (*Phanerogamen*, *Spermaphyten* oder *Siphonogamen*) besitzen sämmtlich secundäre Hypogenesis; sie haben den ursprünglichen Generationswechsel ihrer Pteridophyten-Ahnen (der Lycodarien) eingebüsst, und an seine Stelle ist durch abgekürzte Vererbung die eigenthümliche »Generationsfolge« (*Strophogenesis*) getreten. Die beiden Generationen der Ahnen sind hier zu einer einzigen verschmolzen. Die Anthophyten entwickeln aus dem befruchteten Ei einen wirklichen Embryo, der mit der umschliessenden Samenknospe zusammen den characteristischen Samen dieses Stammes (*Spermion*) bildet und längere Zeit als ruhende Puppe ein latentes Leben führt.

5) Die beiden Classen der Anthophyten zeigen in dem Modus ihrer Hypogenese und Samenbildung insofern bedeutungsvolle phylogenetische Unterschiede, als die *Gymnospermen* sich näher an die Pteridophyten-Ahnen anschliessen und den Uebergang von diesen zu den *Angiospermen* vermitteln. Die älteren Gymnospermen besitzen noch nackte Samenknospen auf offenen Fruchtblättern, und ein deutliches, wenn auch reducirtes Archegonium, mit Halszelle und Canalzelle, als bedeutungsvolles Erbstück von ihren Lycodarien-Ahnen, den heterosporen Selagineen. Bei den jüngeren Angiospermen ist dasselbe verschwunden oder ganz reducirt (auf die beiden Synergiden-Reste): die Samenknospen werden hier bedeckt und eingeschlossen von den Fruchtblättern, welche Fruchtknoten und Narbe bilden. Erst bei

dieser jüngsten und höchstentwickelten Classe gelangt der Samen mit seinen Embryonal-Hüllen zu seiner vollen typischen Ausbildung.

§ 182. Phylogenetische Bedeutung der Generations-Stufen.

Die hohe phylogenetische Bedeutung, welche die vorstehend angedeutete Stufenfolge der Generations-Formen in den Hauptclassen der Metaphyten offenbar besitzt, lässt sich weiterhin auch für die Unterscheidung und Classification der kleineren Gruppen theilweise verwerthen. Indessen hat dieselbe auch zu einer Ueberschätzung und einseitig verfehlten Anwendung geführt. Es bleibt stets zu bedenken, dass die historischen Entwickelungsstufen jener Zeugungsformen theils *polyphyletisch* entstanden sind, theils durch *cenogenetische* Ursachen secundäre Veränderungen erlitten haben. Polyphyletisch ist z. B. ganz sicher der Generationswechsel der Algen; die verschiedenen Generationsstufen, welche hier mit einfacher Monogonie beginnen (Bildung von Schwärmsporen), dann zur Copulation von Gameten, später durch deren Differenzirung zur Amphigonie, und endlich durch Rückschlag zur Metagonie oder zum Generationswechsel führen, wiederholen sich in ganz analoger Reihenfolge in den beiden parallel fortschreitenden Classen der Chlorophyceen und Phaeophyceen, theilweise auch bei den Rhodophyceen; ja sogar die Algetten, von denen wir jene ersteren ableiten, hatten schon in den Volvocinen und Siphoneen zu ähnlichen Progressionen geführt. Es war daher verfehlt, die verschiedenen Classen der Algen auf Grund ihrer verschiedenen Zeugung und Ontogenese eintheilen zu wollen; viel wichtiger sind dafür die maassgebenden Unterschiede in der Beschaffenheit ihrer Vegetations-Organe und ihres Zellen-Inhalts (Chromatellen, § 204).

Ebenso ist sicher polyphyletisch entstanden die sexuelle Differenzirung der Sporen bei den Pteridophyten. In allen drei Classen dieses Stammes hat sich hier ganz derselbe Vorgang unabhängig von einander vollzogen. Die gleichartigen Sporen der älteren Farne (*Isosporae*) haben sich allmählich geschlechtlich gesondert, in grössere weibliche (Macrosporen) und kleinere männliche (Microsporen). Diese sexuelle Differenzirung der jüngeren Farne (*Heterosporae*) hat dadurch die grösste phylogenetische Bedeutung gewonnen, dass sie von deren jüngsten Formen unmittelbar zur Amphigonie der ältesten Anthophyten hinüberführte; aus der Macrospore der Selagineen entstand der Embryosack der Cycadeen, aus der Microspore der ersteren das Pollenkorn der letzteren. Dennoch war es ein Fehler, daraufhin die ganze Hauptclasse der Pteridophyten in *Isosporeen* und *Heterosporeen* einzutheilen; denn in allen drei Classen dieses Stammes haben sich, unabhängig von einander, die jüngeren Heterosporeen (*Hydropterides, Calamitinae, Selagineae*) ursprünglich aus älteren Isosporeen entwickelt (*Phyllopterides, Equisetinae, Lycopodinae*).

Nicht minder wichtig, als die kritische Würdigung dieser polyphyletischen Thatsachen, ist für die phylogenetische Verwerthung der ontogenetischen Erscheinungen diejenige der Cenogenese. Denn die secundären Veränderungen im Laufe der individuellen Entwickelung, welche durch Anpassung an die besonderen Existenz-Bedingungen veranlasst wurden, haben häufig den Gang der ursprünglichen Palingenese so sehr verdeckt, gefälscht oder verwischt, dass seine Spuren sich kaum noch wieder erkennen lassen.

§ 183. Palingenie und Cenogenie der Metaphyten.

Der phylogenetische Werth, welchen wir nach unserem biogenetischen Grundgesetze den palingenetischen Erscheinungen in der Ontogenie der Metaphyten beizulegen haben, ist sehr verschieden in den einzelnen grösseren und kleineren Gruppen dieses Reiches. Sehr beschränkt ist derselbe zum grössten Theile bei den Algen. Wollte man z. B. bloss aus der verschiedenen Sporenbildung darauf schliessen, dass die Chlorophyceen und Phaeophyceen (beide mit Zoosporen) von den Algetten abstammen, hingegen die Rhodophyceen (mit Paulosporen) von den Algarien, so dürfte dieser Schluss sehr anfechtbar sein. Denn wir sehen häufig, dass unbewegliche Paulosporen durch Verlust der Geisseln aus schwärmenden Zoosporen entstehen (z. B. bei der Entwickelung der Myceten aus Fungillen), während anderseits ursprünglich bewegliche Zoosporen polyphyletisch aus unbeweglichen Paulosporen entstanden sein können (z. B. bei der Entwickelung der Algetten aus Algarien). Ebenso bietet auch die besondere Form der Zellvermehrung und des dadurch bedingten Wachsthums, sowie der Stockbildung, auf den niedersten Stufen des Metaphyten-Reiches wenig sichere Anhaltspunkte für eine palingenetische Deutung. Das gilt namentlich für die niederen Formen der verschiedenen Algen-Classen. Dagegen lassen sich die Erscheinungen des Wachsthums und der Differenzirung, insbesondere auch der Stockbildung bei den höheren Algen (z. B. Fucaceen, Florideen) zum grossen Theil palingenetisch deuten und auf entsprechende Vorgänge in ihrer Ahnen-Geschichte beziehen.

Aehnliche Erwägungen ergeben sich auch aus der vergleichenden Ontogenie der Pilze und der von ihnen abstammenden Flechten. Auch hier zeigen die zahlreichen Vertreter der niederen Gruppen (— zumal diese grossentheils polyphyletisch sein können —) in ihrer Ontogenese theils so einfache, theils so wenig characteristische und typische Verhältnisse, dass deren *palingenetischer* Werth sehr zweifelhaft ist. Ausserdem haben hier (wie bei den meisten parasitischen Organismen) so zahlreiche *cenogenetische* Veränderungen (namentlich Apogamie und andere Regressionen) stattgefunden, dass die phylogenetische Beurtheilung ihrer »systematischen Verwandtschaft« sehr unsicher wird. Anders verhalten sich auch hier wieder die höheren Gruppen; bei den hochentwickelten Pilzen (namentlich den *Carpascodii*, § 219, und *Autobasidii*, § 220) — ebenso auch bei den hochentwickelten Flechten — liefert uns die individuelle Entwickelung im typischen Bau des zusammengesetzten und vielseitig differenzirten *Sporeliums* sichere palingenetische Daten für die Stammesgeschichte ihrer Vorfahren. Grade umgekehrt verhält sich bei den meisten Pilzen das *Mycelium*; die Modificationen, welche die Entwickelung dieses monotonen Ernährungs-Organs in verschiedenen Pilzgruppen aufweist, haben als schwankende Anpassungs-Wirkungen nur cenogenetischen Werth.

Von höchstem palingenetischen Werthe ist die ganze individuelle Entwickelungsgeschichte des grossen Diaphyten-Stammes, und ganz besonders seiner älteren und niederen Gruppen, ebenso bei den *Bryophyten*, wie bei den von ihnen abstammenden *Pteridophyten*. Dass der typische Generationswechsel dieser *Archegoniaten* (§ 227) unmittelbar die wichtigsten Schlüsse auf ihre Stammesgeschichte gestattet, liegt auf der Hand; viele einzelne Erscheinungen des ersteren sind getreue erbliche Wiederholungen der letzteren. Die Abstammung der höheren Farne von den niederen Farnen, dieser letzteren von den Mosen, und dieser Thallobryen von den Algen, wird dadurch klar bewiesen. Aber auch für die Bedeutung der Cenogenie liefert namentlich der Pteridophyten-Stamm lehrreiche Beispiele. Die zunehmende Reduction des Prothalliums in der Sexual-Generation der Heterosporeen ist durch dieselbe Abkürzung und Vereinfachung der Ontogenese bedingt, die wir in Folge embryonaler Anpassung bei so vielen höhern Formengruppen (auch im Thierreich) wiederfinden. Namentlich bei den höchst entwickelten Selagineen ist diese cenogenetische Reduction bedeutungsvoll, um so mehr als bei dieser Stammgruppe der Anthophyten bereits jenes typische Embryonal-Organ der letzteren zur Ausbildung gelangt, das als Keimträger (Embryophor) sich constant vererbt.

Aeusserst mannichfaltig und bedeutungsvoll sind die palingenetischen Phaenomene in der individuellen Entwickelungsgeschichte der Anthophyten, besonders ihrer Blüthe. Hierher gehören viele Erscheinungen in derselben, die unter dem Begriffe der »Verjüngung« oder der »Metamorphose der Pflanze« zusammengefasst werden; insbesondere viele von denjenigen Veränderungen, die uns als Progressionen oder als »fortschreitende Umbildungen« im Gange der individuellen Entwickelung entgegentreten. So lassen sich oft aus der Keimesgeschichte der einzelnen Blüthentheile, insbesondere der Antheren und Carpelle, sowie des Embryo selbst, Rückschlüsse auf ihre Stammesgeschichte thun. Indessen können auch Regressionen oder »rückschreitende Metamorphosen« in der ersteren auf entsprechende Vorgänge in der letzteren Licht werfen, so z. B. die höchst mannichfaltigen Verhältnisse der Degeneration und des Abortus einzelner Blüthentheile. Die hohe Bedeutung, welche die »rudimentären Organe« der Phanerogamen-Blüthe besitzen, ist in der Systematik längst anerkannt und verwerthet.

Aber auch cenogenetische Processe in der »Metamorphose« der Anthophyten können einen gewissen, oft hohen Werth für die Erkenntniss von längst entschwundenen Vorgängen in ihrer Stammesgeschichte besitzen, so vor Allen die Bildung des Embryo selbst und seiner Hüllen, die Bildungs-Verhältnisse des Nucellus der Samenknospen (Macrosporangium) und des Embryosackes (der Macrospore) u. s. w. Es ist eine dringende, bisher fast ganz vernachlässigte Aufgabe der Pflanzen-Embryologie, diese und andere Producte der *Cenogenesis* in ihrer Bedeutung zu erkennen und von den erblichen Wirkungen der *Palingenesis* zu unterscheiden (§ 6—8).

§ 184. Morphologie der Metaphyten.

Lange vor Begründung der Ontogenie und Palaeontologie, und lange bevor der Gedanke an Phylogenie überhaupt auftauchte, wurde der Versuch unternommen, die unendliche Mannichfaltigkeit der einzelnen Pflanzen-Formen auf allgemeine Bildungsgesetze zurückzuführen, und die morphologische Einheit der Organisation im ganzen Pflanzenreiche darzuthun. In diesem Sinne versuchten einige hervorragende Naturforscher und Denker schon in der zweiten Hälfte des achtzehnten Jahrhunderts das Schema einer »Urpflanze« zu construiren, von der sich alle übrigen durch »Ausbildung und Umbildung« ableiten lassen. Das einfache »Blatt« wurde als das Elementar-Organ hingestellt, durch dessen Umbildung alle übrigen Pflanzentheile entstanden seien; alle Theile der Blüthen und Früchte sind nur ungebildete Blätter.

Diese berühmte Lehre von der »Metamorphose der Pflanze« gründete sich zunächst nur auf die vergleichende Morphologie derselben, auf die denkende Vergleichung der ähnlichen höheren Pflanzen (Cormophyten) und ihrer mannichfach gestalteten Grundorgane; sie verfuhr dabei nach denselben Prinzipien und Methoden, wie die gleichzeitig sich entwickelnde »vergleichende Anatomie« der Thiere, die sich zunächst auf die Wirbelthiere beschränkte. Als dann später (1809) der erste Versuch zur Begründung der Descendenz-Theorie unternommen wurde, erkannte zwar deren geisteicher Urheber ganz klar, dass die gewichtigsten Beweisgründe für die Wahrheit derselben unmittelbar aus jener vergleichenden Anatomie oder Morphologie sich ergeben; aber er vermochte dieser Anschauung weder für das Pflanzenreich noch für das Thierreich Geltung zu verschaffen. Erst fünfzig Jahre später nachdem die Selections-Theorie (1859) ihr erklärendes Licht über das ganze dunkle Gebiet der Morphologie zu ergiessen begonnen hatte, begriffen die Botaniker und Zoologen den hohen historischen Werth jener morphologischen Erkenntnisse und fingen an, sie als bedeutungsvolle Urkunden zum Aufbau der Stammesgeschichte zu verwerthen.

Die Morphologie der Pflanzen umfasst nicht nur (— wie heute noch oft zu lesen ist —) die Lehre von der äusseren Gestalt der ganzen Pflanze und ihrer Organe, sondern auch die Lehre vom inneren Bau derselben und ihrer Zusammensetzung aus den »Elementar-Organen«, den Zellen; sie ist also »vergleichende Anatomie« im weitesten Sinne. Als besondere Theile dieser umfangreichen und hoch entwickelten Wissenschaft ergeben sich, je nach der verschiedenen Stufe der Pflanzen-Individualität, folgende Disciplinen: 1) Zellenlehre (*Cytologie*); 2) Gewebelehre (*Histologie*), 3) Organlehre (*Organologie*), 4) Sprosslehre (*Culmologie*), 5) Stocklehre (*Cormologie*). Die beiden ersten Disciplinen werden noch heute oft als »Anatomie der Pflanzen« (im engeren Sinne) bezeichnet, die drei letzteren allein als »Morphologie«. Thatsächlich ist aber, hier wie dort, die Erkenntniss des inneren Baues und der äusseren Gestalt gar nicht von einander zu trennen; wie Beide überall zusammenhängen und sich gegenseitig bedingen, so ist auch ihre gleichmässige Verwerthung und beständige Verknüpfung für die Stammesgeschichte der Pflanzen höchst wichtig.

§ 185. Individualität der Pflanzen.

Die Individualität der *Metaphyten* bietet eine weit grössere Mannichfaltigkeit im Aufbau und der Zusammensetzung des Pflanzenkörpers, als diejenige der *Protophyten*. Bei der grossen Mehrzahl dieser letzteren bleibt der reife Organismus auf der Stufe einer einfachen Zelle stehen und bildet permanent ein einzelliges »Individuum erster Ordnung« (*Monobion*, § 49). Aber auch bei jenen höheren Protophyten, welche »Individuen zweiter Ordnung«, Zellvereine oder *Coenobien* herstellen, erheben sich dieselben noch nicht zur Bildung wirklicher Gewebe und Organe; die gesellig verbundenen Zellen sind gewöhnlich alle von gleichem morphologischem Werthe und besitzen dieselbe physiologische Bedeutung. Auch dann, wenn bei höheren Protophyten einzelne Theile des Zellen-Organismus sich zu Werkzeugen für besondere Functionen differenziren, dürfen wir dieselben nicht als *Organe*, sondern nur als *Organellen* bezeichnen (§ 60).

Die ***Metaphyten*** hingegen besitzen nur im Beginne ihrer individuellen Entwickelung — als »befruchtete Eizelle« — den Werth einer einfachen Zelle (Stammzelle, Cytula oder Ovospore, § 202). Sobald mit deren Theilung die Keimung, und somit die individuelle Entwickelung beginnt, entstehen Zellvereine, die nur vorübergehend als Coenobien erscheinen, bald aber zu der bestimmten Form von Geweben und Organen enger verknüpft werden. Indem die einzelnen gleichartigen Zellen ihre Autonomie verlieren und durch Arbeitstheilung verschiedene Formen annehmen, entstehen Individuen dritter und höherer Ordnung, mit differenzirten Geweben und Organen. Der ganze entwickelte Pflanzenkörper aber erscheint nun als jene höhere Lebenseinheit, welche bei den niederen Metaphyten als *Thallus* und *Thalloma*, bei den höheren als *Culmus* und *Cormus* bezeichnet wird. Darauf gründet sich die Eintheilung des ganzen Metaphyten-Reiches in die beiden Unterreiche der *Thallophyten* und *Cormophyten* (§ 200)

Die ausserordentliche Mannichfaltigkeit, welche uns in der Gestaltung und Metamorphose der Metaphyten entgegentritt, beruht zum grossen Theile auf der verschiedenen Ausbildung und Zusammensetzung ihrer Individualität, auf der Form der Association und der Arbeitstheilung der vielseitig und hoch differenzirten Individuen verschiedener Ordnung. Die individuelle Entwickelung derselben lässt häufig, entsprechend dem biogenetischen Grundgesetze, einen klaren Einblick in die phylogenetischen Gesetze des Wachsthums thun, durch welche sie ursprünglich historisch entstanden sind.

§ 186. Thallus und Culmus.

Der Thallus oder »Lagerbau« ist das einfacher gebildete Individuum der älteren und niederen Metaphyten (*Thallophyta*); der Culmus oder »Sprossbau« hingegen ist das zusammengesetztere Individuum der jüngeren und höheren Gewebpflanzen (*Cormophyta*). Nur bei diesen letzteren sind deutlich jene drei Grundorgane der höheren Pflanzen physiologisch differenzirt und morphologisch characterisirt, welche man seit alter Zeit als Stengel (*Caulom*), Wurzel (*Rhizom*) und Blatt (*Phyllom*) unterscheidet. Der blättertragende

Stengel und die blattlose Wurzel werden unter dem Begriffe der Axorgane zusammengefasst, weil sie ursprünglich die Hauptaxe des einfachen Metaphyton bezeichnen; die Blätter hingegen — oder die Blattorgane (Phyllorgane) — als Organe mit begrenztem Scheitel-Wachsthum, treten immer ursprünglich als selbständige laterale Theile an dem axialen Stengel auf. Ebenso verhalten sich auch die Haare (*Trichome*), die wir nur als untergeordnete Blattbildungen betrachten. Alle verschiedenen Organe, die in so mannichfaltiger Gestaltung und Differenzirung bei den höheren Pflanzen uns entgegentreten, können durch Metamorphose aus jenen drei Grundorganen abgeleitet werden.

Der echte Sprossbau (*Culmus* oder *Blastus*) wird im unentwickelten Zustande allgemein als Knospe (*Gemma*) bezeichnet; er fehlt noch den meisten Thallophyten und den niedersten Bryophyten (Thallobrya). Allein der sogenannte »Lagerbau« oder *Thallus* der höheren Algen erhebt sich schon vielfach zur Differenzirung von Organen, welche den Stengeln, Wurzeln und Blättern der Cormophyten physiologisch gleichwerthig und morphologisch ähnlich sind. Allerdings fehlt diesen »*cormophytischen Algen*« (vor Allen den grossen Fucaceen und den höheren Florideen, sowie den Characeen) noch der characteristische Gewebe-Bau, welcher das Caulom, Rhizom und Phyllom der echten Cormophyten auszeichnet; aber trotzdem müssen wir doch in denselben analoge Organe erkennen, die sich durch Anpassung an gleiche Functionen ähnlich entwickelt haben. Dass eine analoge Differenzirung auch schon bei Protophyten entstehen kann, zeigen die einzelligen Siphoneen (§ 100).

Die besonderen morphologischen und histologischen Merkmale, durch welche die Botaniker die »echten« Grundorgane der Cormophyten zu characterisiren pflegen, fehlen noch auf den niedersten Stufen dieses Stammes, welche sich unmittelbar an ihre Algen-Ahnen anschliessen. Die ältesten Diaphyten, sowohl die niedersten Mose (*Thallobrya*) als die ältesten Farne (*Archipterides*), besitzen noch einen echten Thallus und bringen es noch nicht zur Bildung eines wirklichen Culmus, mit Wurzel, Stengel und Blättern. Bei allen Mosen bleibt die Neutral-Generation, bei allen Farnen die Sexual-Generation auf der Thallophyten-Stufe stehen; sowohl das *Sporogonium* der ersteren (= *Sporothallus*), als auch das *Prothallium* der letzteren ist noch ein echter Thallus und bekundet deutlich ihre Abstammung von den Algen (Chlorophyceen). Da diese beiden Hauptclassen der Diaphyten nur an ihrer Wurzel (durch ihre thallophytischen Stammformen) zusammenhängen, so hat sich der einfache gefässlose Culmus der Bryophyten unabhängig von dem höher differenzirten, gefässhaltigen Culmus der Pteridophyten entwickelt.

Demnach ist der *Culmus* polyphyletisch aus dem älteren *Thallus* hervorgegangen; zu verschiedenen Zeiten und in verschiedenen Hauptgruppen der Metaphyten hat sich der einfache Lagerbau durch Anpassung an verwickelteren Lebensbedingungen und durch Ergonomie seiner Theile in den höheren Sprossbau verwandelt. Streng genommen ist schon bei allen jenen Algen, bei welchen *laterale* Anhänge (in Form von Haaren, Schuppen, Blättchen u. s. w.) an dem *axialen* Thallus auftreten, jener morphologische Gegensatz gegeben, welcher bei den Cormophyten in der stärkeren Differenzirung von lateralen »Blattorganen« und centralen »Axorganen« (aufsteigender acraler Stengel und absteigende basale Wurzel) so hohe Bedeutung erlangt.

Auch die gefässlosen Blätter der Mose, welche das sogenannte »echte Blatt« (*Phylloma*) in seiner einfachsten und ursprünglichsten Form darstellen, sind auf der niedersten Stufe nicht verschieden von den blattartigen Seitenorganen des Algen-Thallus, und eben so wenig von jenen kleinen lateralen Anhängen des axialen Stengels, welche man unter dem Begriffe der Haarorgane (*Trichoma*) bei den Cormophyten zusammenfasst (Haare, Schuppen, Spreublättchen u. s. w.). Es ist daher auch nicht gerechtfertigt, diese secundären Appendicular-Organe als ein viertes Grundorgan der Pflanzen zu betrachten, und von den Blattorganen zu trennen, wie noch jetzt häufig geschieht. Die Trichome sind nur primitive oder subordinirte Phyllome. Eine ununterbrochene phylogenetische Stufenleiter führt von den einzelligen oder mehrzelligen Haaren und Schuppen der höheren Algen und der Thallobryen zu den einfachen gefässlosen Blättern der Bryophyten und den gefässhaltigen Blättern der Pteridophyten.

Auch der gewöhnliche Gegensatz der beiderlei Axorgane, des aufstrebenden, Blätter tragenden Stengels (*Caulis*) und der absteigenden blattlosen Wurzel (*Radix*), ist polyphyletisch entstanden und findet sich ebenso schon bei höheren *Thallophyten*, wie bei den meisten *Cormophyten*. Er verdankt seine frühzeitige Ausbildung der Arbeitstheilung zwischen dem unteren (geotropischen) Theile des Axorgans, der als Haft- und Saugorgan im Boden »wurzelt«, und dem oberen (heliotropischen) Theile desselben, der die plasmodomen Blätter trägt und daher als Ernährungs-Organ dem Lichte zustrebt. Die basale Wurzel und der acrale Stengel sind demnach nur die beiden divergenten, entgegengesetzt wachsenden Theile eines und desselben ursprünglichen Axorgans, eines einaxigen Thallus.

Die beiden Fundamental-Organe, auf welche demnach der Culmus in seiner einfachsten Form zurückzuführen ist, Stengel und Blatt, verhalten sich in ihrer phylogenetischen Differenzirung bei den höheren

Metaphyten vielfach ähnlich, wie der axiale Rumpf (Truncus) und die lateralen Gliedmaassen (Extremitates) der Metazoen. Bosonders die »Pflanzenthiere« (Coelenteraten) bieten in dieser Beziehung vielfache Analogien, ebenso wie in ihrem Stockbau (Cormus).

§ 187. Thallom und Cormus.

Die grosse Mehrzahl der Metaphyten bleibt nicht auf der individuellen Bildungsstufe der »einfachen Pflanze« stehen, die wir als *Thallus* und *Culmus* unterscheiden; sondern sie erhebt sich im Laufe ihrer individuellen Entwickelung zur höheren Formstufe der »zusammengesetzten Pflanze«, die wir entsprechend als *Thallom* und als *Cormus* bezeichnen können. Diese höhere Individualitäts-Stufe wird dadurch erreicht, dass der einfache Thallus oder Culmus sich verästelt und die Aeste (Knospen oder Sprosse) vereinigt bleiben. Die unvollständige Spaltung oder *Fission*, auf welcher die Verästelung beruht, vollzieht sich in verschiedenen Formen der ungeschlechtlichen Vermehrung (Monogonie); sie erfolgt bei vielen Thallophyten und einzelnen Cormophyten (z. B. Selaginella) durch incomplete Theilung (Dichotomie oder Gabeltheilung); dagegen bei anderen Thallophyten und den meisten Cormophyten durch laterale Knospung (monopodiale Verästelung).

Das Thalloma oder der »Thallusstock« ist bei den meisten Thallophyten aus gleichartigen Thallus-Individuen zusammengesetzt; bald in unregelmässiger, bald in regelmässiger Anordnung (z. B. in Verticillen). Indessen kann bei den höheren Thallophyten, namentlich den grossen Algenstöcken (*Sargassum* u. A.) auch eine Differenzirung der einzelnen Thallusäste und ihrer Organe eintreten, so dass sich an diesen »Algensträuchern« in ähnlicher Weise, wie an den Sträuchern und Bäumen der Cormophyten, individuelle Astgruppen oder Stöckchen unterscheiden lassen; wir nennen diese Thallidien. Ihre Aehnlichkeit mit den Cormidien der letzteren wird dann sehr auffallend, wenn an den einzelnen Astgruppen die Stengel, Blätter, Früchte, Schwimmblasen u. s. w. als selbständige Organe stark differenzirt und bestimmt angeordnet sind, wie bei manchen Sargassum-Arten.

Der Cormus oder »Stock« der Cormophyten zeigt eine viel grössere Mannichfaltigkeit und Vollkommenheit in seiner Ausbildung, als das analoge Thallom der Thallophyten. Nur bei den niederen Cormophyten, besonders den Mosen (die durch die Thallobrya noch unmittelbar mit ihren Thallophyten-Ahnen, den Algen zusammenhängen) fehlt Cormusbildung oft ganz; die entwickelte Mospflanze bildet dann einen einfachen, unverästelten Culmus, einen einaxigen, beblätterten Stengel. Viel seltener findet dies bei den Pteridophyten und Anthophyten statt (z. B. bei den einblüthigen Formen von Papaver, Gentiana, Myosurus u. s. w.). Gewöhnlich verästelt sich hier der ursprüngliche *Culmus* (die einfache Keimpflanze) schon frühzeitig und wird so zum *Cormus*. Die einzelnen Aeste oder Sprossen desselben nehmen dann weiterhin in Folge von Arbeitstheilung (Ergonomie) sehr verschiedene Formen an; namentlich ist bei den höheren Gewächsen sehr verbreitet die Formspaltung in sterile, vegetative (Laubsprossen) und fertile, reproductive (Blüthensprossen).

Diese Formspaltung (*Polymorphismus*) der Sprossen bei den Cormophyten erreicht namentlich unter den höheren Phanerogamen einen bedeutenden Grad der Vollkommenheit und Mannichfaltigkeit; sie zeigt hier ganz ähnliche Verhältnisse wie diejenige der festsitzenden Bryozoen-Stöcke und der schwimmenden Medusen-Stöcke. Wie bei vielen Siphonophoren, so differenziren sich auch bei vielen Angiospermen kleinere und grössere Astgruppen, Stöckchen oder Cormidien. Jedes Cormidium kann in ähnlicher Weise aus polymorphen Sprossen zusammengesetzt sein; die höheren und niederen Cormidien können aber auch unter sich verschieden sein. Die Zusammensetzung dieser individuellen Sprossgruppen zu höheren Einheiten lässt namentlich in den Blüthenständen (*Inflorescentiae*) bei den Umbelliferen, Aggregaten, Compositen u. s. w. eine lange Reihe von phylogenetischen Progressionen erkennen. Die Blüthensprosse dieser höchst entwickelten Pflanzen zeigen nicht nur in ihrer Anordnung zu Cormidien, sondern auch in der besonderen Art ihrer Ergonomie interessante Analogien zu den polymorphen Personen der Siphonophoren. Die Phylogenie der Cormen folgt bei diesen Metazoen ähnlichen physiologischen Gesetzen, wie bei den Metaphyten.

§ 188. Grundformen der Pflanzen.

Die grosse Mehrzahl der Pflanzen lässt sowohl im Ganzen als in den einzelnen Theilen eine gesetzmässige Lagerung und Zusammenfügung der constituirenden Bestandtheile erkennen, die in einer concreten realen Gestalt zum Ausdruck gelangt. Diese reale Körperform lässt sich meistens auf eine ideale geometrische Grundform (*Promorphe*) reduciren, deren Verhältnisse mathematisch bestimmbar sind; für diese exacte Bestimmung sind in erster Linie die Beziehungen der Axen und ihrer Pole maassgebend. Die descriptive Botanik sollte, als exacte Naturwissenschaft, bestrebt sein, die Bezeichnungen, welche sie bei der Unterscheidung und Beschreibung der unzähligen einzelnen Pflanzen-Formen täglich anwendet, möglichst logisch in ein promorphologisches System (gleich dem in § 55 aufgestellten) zu ordnen, und dessen Begriffe möglichst scharf auf jene geometrisch definirbaren Grundformen zurückzuführen.

Trotz der unendlichen Zahl der einzelnen beschriebenen Pflanzen-Formen (— oder vielleicht gerade wegen dieser Mannichfaltigkeit —) ist aber die systematische Botanik bisher nur wenig bestrebt gewesen, grössere Gruppen von solchen geometrischen Grundformen nach mathematischen Principien aufzustellen und diese schärfer zu definiren. Gewöhnlich beschränkt man sich noch heute (— wie es früher auch in der Zoologie geschah —) auf die Unterscheidung von drei grösseren Gestaltengruppen, nämlich 1) Irreguläre Formen oder *asymmetrische* Gestalten, ohne jede bestimmbare Körpermitte, ohne Axen und ohne Halbirungs-Ebene; 2) Reguläre Formen oder *actinomorphe* (polysymmetrische) Gestalten, mit einer Hauptaxe und mit mehreren Halbirungs-Ebenen; 3) Symmetrische Formen oder *zygomorphe* (monosymmetrische) Gestalten, mit zwei spiegelgleichen Hälften und einer einzigen Halbirungs-Ebene.

Mit der Unterscheidung dieser drei Hauptgruppen von Grundformen ist indessen deren Reichthum noch lange nicht erschöpft. Auch bedürfen dieselben einer strengeren Vergleichung mit den bekannten mathematischen Körpern der Stereometrie, und vor Allem einer schärferen Bestimmung der Axen und ihrer Pole. Die *Krystallographie* ist in dieser Beziehung ihrer Schwester, der organischen *Promorphologie*, weit vorausgeeilt. Nur ein specieller Theil dieses grossen Gebietes ist bisher von den Botanikern sehr ausführlich bearbeitet worden, derjenige nämlich, welcher die gesetzmässige Stellung der lateralen Organe (Blätter) an den axialen Organen (Stengeln) der Cormophyten betrifft. Die »Gesetze der Blattstellung« haben hier eine sehr eingehende mathematische Untersuchung und besonders in den »Blüthen-Diagrammen« der Anthophyten eine sehr fruchtbare systematische Verwerthung erfahren. Diese ist auch zugleich von hoher phylogenetischer Bedeutung, insofern die Vergleichung derselben und die Ableitung der differenzirten von den einfachen Grundformen einer Gruppe vielfach Licht über deren Abstammungs-Verhältnisse verbreitet.

Der grösste Theil dieser promorphologischen Untersuchungen betrifft die Grundformen der *Culmen*, und vor Allen der Blüthensprosse (oder »Sexual-Culmen«) der Anthophyten. Aber in ähnlicher Weise, wie hier am einzelnen Culmus die Blattstellung, so lässt auch meistens am zusammengesetzten *Cormus* die Stellung seiner Cormidien und der diese componirenden Culmen eine gesetzmässige, aus dem Wachsthum ontogenetisch erklärbare Ordnung erkennen, und diese würde phylogenetisch auf ihre erblichen Ursachen zurückzuführen sein. Ebenso würde die historische Entstehung der Grundformen der einzelnen Organe (vor Allen der symmetrischen Blätter) eine weitere Aufgabe der botanischen Phylogenie bilden, und zuletzt diejenige ihrer elementaren Bestandtheile, der Zellen. In jeder Stufe der organischen Individualität wiederholt sich dieselbe promorphologische Aufgabe.

§ 189. Centrostigmen oder sphaerotypische Pflanzenformen.

Die vier Hauptgruppen von organischen Grundformen, die wir oben unterschieden hatten (§ 50—55), zeigen im Reiche der Metaphyten ganz andere Verhältnisse als in demjenigen der Protophyten. Bei diesen letzteren begründet die einzelne Zelle als solche die characteristische Form der Species und entwickelt daher zahlreiche typische »Grundformen der Zelle« (besonders centrostigme und monaxone Formen). Bei den Metaphyten hingegen spielen diese nur als Bausteine der Gewebe eine Rolle, und ihre Species wird durch die Gestalt der Organe (vor Allen der polymorphen Blätter) bestimmt, sowie durch deren Anordnung am Culmus. Hier kommen vor Allen die höheren Grundformen in Betracht, die Symmetrie der bilateralen Blätter, und der reguläre Sprossbau der Culmen.

Die erste Hauptgruppe unserer Promorphen sind die Centrostigmen, die Grundformen ohne Hauptaxe, deren geometrische Mitte ein Punkt ist: Kugeln und endosphaerische Polyeder (vergl. § 51). Diese Grundformen sind häufig geometrisch rein verkörpert in solchen Zellen der Metaphyten, die sich frei entwickeln, ohne durch den Druck von Nachbarzellen beeinflusst zu werden: die Kugel ist die reale Grundform der Sporen von vielen Thallophyten und Diaphyten, ferner der Pollenzellen von vielen Anthophyten u. s. w. Diese letzteren nehmen auch häufig die reguläre Form von endosphaerischen Polyedern an, d. h. von polyedrischen Körpern, deren Ecken sämmtlich in eine Kugelfläche fallen. Bisweilen sind diese ganz regelmässig ausgebildet; reguläre Tetraeder bildet z. B. der Pollen von Corydalis sempervirens, reguläre Dodecaeder (oder Pentagonal-Dodecaeder) der Pollen von Bucholzia maritima, Fumaria spicata, Polygonum amphibium u. s. w. Die Grundform des regulären Octaeders wird durch die Antheridien vom Chara, den Pollen einiger Polygoneen und die Octosporen mancher Algen ausgedrückt, ebenso wie die des Tetraeders durch viele Tetrasporen. In diesen Fällen ist die Ursache der regulären Form wohl meist in der Theilungsform der Mutterzelle zu suchen. Phylogenetische Bedeutung besitzen diese Grundformen nicht; die Kugel nur insofern, als sie überhaupt die primitive Grundform der einfachen, freien, in stabilem Gleichgewicht befindlichen Zelle ist. Sporangien, Früchte, Samen und ähnliche Organe höherer Pflanzen, die wegen ihrer äusseren

Gestalt als »kugelig« beschrieben werden, sind mit Rücksicht auf ihren inneren Bau eigentlich centraxon. Dasselbe gilt von den Schalen kugeliger Früchte und Samen, die mit einem regelmässigen Netzwerk von Leisten überzogen oder mit polygonalen Platten getäfelt sind. Ihre äussere Gestalt kann ein endosphaerisches Polyeder darstellen.

§ 190. Centraxonien oder grammotypische Pflanzenformen.

Unter dem Begriffe der Centraxonien hatten wir alle diejenigen Grundformen zusammengefasst, deren geometrische Mitte eine gerade Linie ist (die Hauptaxe), die aber keine Median-Ebene besitzen. Derartige *grammotypische* Grundformen sind unter den Metaphyten sehr weit verbreitet, und zwar ebenso wohl in den Zellen, wie in den Organen; sie bestimmen auch häufig die Gestalt des ganzen Thallus und Culmus. Dies gilt für beide Abtheilungen dieser Hauptgruppe, die *Monaxonien* und die *Stauraxonien*. Der Querschnitt ist bei ersteren ein Kreis, bei letzteren ein Polygon (vergl. § 52).

Die Monaxonien oder die einaxigen Grundformen (ohne Kreuzaxen!) zerfallen auch hier wieder in die beiden Gruppen der isopolen und allopolen, je nachdem die beiden Pole der Hauptaxe gleich oder ungleich sind. Isopole Monaxonien sind die Cylinder, Scheiben, Ellipsoide, Sphaeroide, biconvexe Linsen u. s. w. Diese Form ist sehr verbreitet in den Gewebezellen niederer und höherer Pflanzen, viel seltener in den Organen. Dagegen gehört die Grundform vieler Organe zu der Gruppe der allopolen Monaxonien (Kegel, Eiform, Halbkugel); so z. B. die Sporangien vieler Algen und Diaphyten, die Samen und Früchte vieler Anthophyten, der Thallus vieler Thallophyten, der Culmus vieler Cormophyten u. s. w. In allen diesen eiförmigen, kegelförmigen und halbkugeligen Gestalten ist bereits jener Gegensatz der beiden Pole der Hauptaxe ausgeprägt, der für die Mehrzahl der Pflanzenformen in physiologischer Beziehung so bedeutungsvoll ist; der untere Grundpol oder Basalpol steht gegenüber dem oberen Scheitelpol oder Acralpol.

Die Stauraxonien oder die kreuzaxigen Grundformen sind ebenfalls theils isopol, theils allopol; dort sind die beiden Pole der Hauptaxe gleich, hier ungleich. Die Grundform der ersteren ist die Doppel-Pyramide oder das Prisma, diejenige der letzteren die einfache Pyramide. Dipyramidale Grundformen (oder *isopole Stauraxonien*) kommen im Pflanzenreiche vorzugsweise innerhalb der Gewebe vor, als prismatische Zellen und Gefässe. Viel wichtiger sind die pyramidalen Grundformen (oder *allopole Stauraxonien*), von den Botanikern gewöhnlich als *actinomorphe* bezeichnet. Dahin gehören alle sogenannten »regulären Blüthen und Früchte«, bei denen das vielblätterige Organ aus einer constanten Zahl (bei den Monocotylen meistens drei, bei den Dicotylen fünf) congruenten Parameren besteht (und aus doppelt so viel Antimeren). Dass hier die geometrische Grundform die reguläre Pyramide ist (ihr Querschnitt das reguläre Polygon), ergiebt sich bei den regelmässigen oder actinomorphen Blüthen ebenso klar, wie bei den analogen Radial-Personen der »Strahlthiere« (der vierstrahligen Medusen, der fünfstrahligen Echinodermen u. s. w.). Die Gesetze, nach denen sich hier die Parameren, oder die homotypischen Radialstücke um die gemeinsame Hauptaxe regelmässig ordnen, sind hier dieselben wie dort. Auch können wir an den concentrischen Blattkreisen, welche jene regulären »Radial-Blüthen« zusammensetzen, ganz ebenso alternirende Radien erster und zweiter Ordnung unterscheiden, wie bei diesen »Strahlthieren«. So alterniren in der regulärtriradialen Blüthe der Monocotylen, und ebenso in der regulär-pentaradialen Blüthe der Dicotylen, fünf concentrische Blattkreise, von denen drei der ersten und zwei der zweiten Ordnung angehören. Perradial, in den Strahlen erster Ordnung, stehen: 1) die Carpelle, 2) die äusseren (episepalen) Antheren, 3) die Kelchblätter oder die äusseren Perigonblätter (Sepala). Dagegen stehen interradial, in den Strahlen zweiter Ordnung: 1) die inneren (epipetalen) Antheren, und 2) die Kronblätter oder die inneren Perigonblätter (Petala). (Vergl. § 267, 276, 277.)

Während die actinomorphe oder regulär-pyramidale Grundform in der Blüthe und Frucht der Angiospermen äusserst verbreitet und mannichfach modificirt auftritt, erscheint dagegen viel seltener die »zweischneidige oder amphithecte Pyramide«, jene Grundform, die in den »zweiseitig-vierstrahligen« Ctenophoren so rein ausgeprägt ist, ebenso in der Blüthe der Cruciferen, vieler vierstrahliger Gentianeen, Rubiaceen u. s. w. Indem hier in der ursprünglich tetraradialen Blüthe zwei gegenständige Parameren eines oder mehrerer Blattkreise verkümmern, die beiden anderen Parameren aber um so stärker sich entwickeln, entsteht jene characteristische, amphithecte Grundform des »zweischneidigen Schwertes«, mit rhombischem Querschnitt, und mit drei ungleichen Richtaxen, von denen die principale allopol ist, die beiden anderen hingegen (sagittale und laterale) isopol.

§ 191. Centroplane oder symmetrische Pflanzenformen.

Centroplane oder *bilaterale Grundformen*, deren geometrische Mitte eine Ebene ist (die Median-Ebene oder Hauptebene), besitzen im Pflanzenreiche die weiteste Verbreitung; sie werden hier bald als symmetrisch oder monosymmetrisch bezeichnet, bald als dorsiventral oder bilateral, bald als zygomorph oder zeugitisch. Das Gemeinsame aller dieser zweiseitigen Formen besteht in der Zusammensetzung des Körpers aus zwei spiegelgleichen Hälften, den beiden Gegenstücken oder Antimeren; diese bedingen den Gegensatz von Rechts und Links, sowie zugleich den anderen Gegensatz von Rücken und Bauch (§ 53). Die rechte Körperhälfte ist das Spiegelbild der linken. Die symmetrische Lagerung aller Theile in diesem Zeugiten-Körper wird bestimmt durch drei auf einander senkrechte Richtaxen oder *Euthynen*. Zwei derselben sind ungleichpolig: die Hauptaxe oder Längsaxe, mit acralem und basalem Pol; sowie die Sagittal-Axe oder Höhenaxe mit dorsalem und ventralem Pol. Dagegen ist die dritte Richtaxe, die Lateralaxe oder Transversalaxe, gleichpolig; ihr rechter Pol ist symmetrisch gleich dem linken. ‚Die symmetrische Theilung des bilateralen Körpers ist nur allein in der Median-Ebene (Sagittal-Ebene oder Hauptebene) möglich, in welcher principale und sagittale Axe liegen.

Ebenso im Pflanzenreiche wie im Thierreiche spielt diese Zeugiten-Form oder die *centroplane* Grundform die grösste Rolle; und zwar ebenso wohl als Promorphe der Individuen dritter wie vierter Ordnung; sie ist ebenso ausgeprägt in der »bilateralen Symmetrie« vieler Organe (namentlich der Blätter), als auch in derjenigen vieler »Culmen« bei den Metaphyten, und der entsprechenden »Personen« bei den Metazoen. Hier wie dort müssen wir bei genauerer Betrachtung zwei verschiedene Gruppen unter den centroplanen unterscheiden, die amphipleuren und die zygopleuren; bei den ersteren besteht der Körper aus mehreren (mindestens drei) Parameren oder homotypischen Strahltheilen, bei den letzteren nicht. Amphipleurisch oder »*bilateral-radial*« sind die meisten sogenannten »zygomorphen« Blüthen und Früchte der Anthophyten; in sehr ausgeprägter Form z. B. die bilateral-triradiale Blüthe der Orchideen, die bilateral-pentaradiale der Labiaten und Papilionaceen. Dagegen sind zygopleurisch oder »*bilateral-symmetrisch*« die meisten einzelnen Blätter der Cormophyten, die Thallus-Formen der höheren Algen u. s. w.

Für die systematische Phylogenie der Metaphyten ist die mannichfaltige Differenzirung der zygomorphen oder centroplanen Blüthen, ihre polyphyletische Entstehung aus den actinomorphen oder pyramidalen Blüthen ihrer älteren Ahnen, von hoher Bedeutung; die natürliche Verwandtschaft vieler systematisch zusammenhängenden Gruppen lässt sich an ihrer Hand oft sicher verfolgen. Nicht minder gross ist das bionomische und physiologische Interesse dieser Blüthen-Metamorphose, da wir häufig die Ursachen derselben (z. B. in der Wechselbeziehung zu den die Befruchtung vermittelnden Insecten) klar erkennen können.

§ 192. Anaxonien oder irreguläre Pflanzenformen.

Sehr zahlreiche Pflanzen und Pflanzentheile (— Zellen, Organe, Thallen, Culmen, Cormen u. s. w. —) sind völlig irregulär gestaltet; sie lassen keinerlei bestimmte Anordnung der Theile in Bezug auf die natürliche Körpermitte erkennen und keine constanten Axen unterscheiden, mit deren Hülfe man eine ideale geometrische Grundform construiren könnte (§ 54). In diesem Sinne absolut irregulär oder anaxon (acentrisch) sind sehr zahlreiche Individuen erster Ordnung, die unregelmässigen Formen der Gewebezellen; ferner viele Formen des Thallus und Thalloma von Thallophyten, des Culmus und Cormus von Cormophyten. Die Anordnung der Cormidien und Culmen an den Cormen dieser letzteren, ebenso auch die Stellung der lateralen Organe (Blätter und Trichome) an den Culmen selbst, ist oft ganz unregelmässig, oft auf gar keine geometrische Grundform zurückzuführen. Anderemale lassen sich gewisse »Stellungs-Gesetze« (namentlich spirale) in der Anordnung jener Theile erkennen, die zum Theil durch Anpassung erklärbar sind. Auch die Asymmetrie von *centroplanen* Formen (z. B. in den schiefen Blättern von *Begonia*, *Morus* u. s. w.) lässt sich zum Theil auf specielle Anpassungs-Ursachen zurückführen, und den Weg erkennen, auf welchem dieselben aus symmetrischen Ahnenformen phylogenetisch entstanden sind.

§ 193. Phylogenie der Pflanzen-Gewebe.

Die Entwickelung der Gewebe bietet im Körper der *Metaphyten* analoge, aber viel einfachere Verhältnisse dar, als im Organismus der *Metazoen*. Die nächste Ursache dieser Erscheinung liegt darin, dass die physiologischen Functionen und deren Organe bei den animalen Histonen eine viel mannichfaltigere und höhere Ausbildung erfahren, als bei den vegetalen. Die »animalen Lebensthätigkeiten« der Empfindung und Bewegung, und ihre weitgehende Ergonomie, erfordern zu ihren vollen Entfaltung bei den höheren Gewebthieren einen viel stärkeren Grad der Differenzirung und Formspaltung der Organe, als bei den niederen Metazoen und bei allen Metaphyten, bei welchen die »vegetativen Functionen« der Ernährung und Fortpflanzung den grössten und wichtigsten Theil der Lebens-Erscheinungen bilden.

Eine weitere Ursache der histologischen Differenzen zwischen beiden Reichen der Histonen ist schon von vornherein durch das verschiedene Verhalten der Zellen gegeben, welche ihre Gewebe zusammensetzen. Diese Differenz besteht schon in den beiden Reichen der Protisten; die plasmodome Pflanzenzelle umgiebt sich frühzeitig mit einer geschlossenen Schutzhülle; die plasmophage Thierzelle dagegen bleibt entweder nackt, oder sie umhüllt sich mit einem schützenden Panzer, aus dessen Oeffnungen ihre animalen Organellen frei hervortreten können. Infolge dessen schliesst sich die eingekapselte Zelle der Protophyten mehr oder weniger vollständig von der Aussenwelt und von Ihresgleichen ab, während die bewegliche Zelle der Protozoen mit derselben in Verbindung bleibt.

Dieser uralte Gegensatz im morphologischen und physiologischen Verhalten der vegetalen und der animalen Zellen hat sich von den *Protisten* auf die *Histonen* schon durch Vererbung übertragen. Die vielzelligen Algen, als die Stammformen aller Metaphyten, haben bereits von ihren einzelligen Algetten-Ahnen die characteristische Pflanzen-Zelle geerbt, mit ihrer geschlossenen, derben Cellulose-Membran und ihrem plasmodomen, Carbon-assimilirenden *Phytoplasma*, ihren Chromatellen und Amylum-Körnern. Ebenso haben anderseits die vielzelligen Gastraeaden — die niedersten Coelenterien und die Stammformen aller Metazoen — von ihren einzelligen Protozoen-Ahnen die characteristische Thierzelle durch Vererbung erhalten, mit ihrem nackten oder nur theilweise umhüllten Celleus, ihrem plasmophagen, nicht Carbon-assimilirenden *Zooplasma*, ihrem höheren Grade von Empfindlichkeit und Beweglichkeit.

Die wichtigste Folge dieses cellularen Gegensatzes zwischen vegetalem und animalem Organismus besteht für die Histonen und ihren Gewebebau zunächst darin, dass die socialen Zellen, als die autonomen Staatsbürger des Zellenstaates, im Körper der *Metaphyten* eine viel grössere Selbständigkeit bewahren und sich viel mehr von einander abschliessen, als im centralisirten Körper der *Metazoen*. Die Verbindungen und die Wechselbeziehungen derselben sind bei den letzteren viel inniger und bedeutungsvoller, als bei den ersteren.

Wenn wir hier nur die wichtigsten Stufen in der Differenzirung der Pflanzen-Gewebe und ihre phylogenetische Bedeutung von allgemeinen Gesichtspunkten aus überblicken, so ergeben sich zunächst als drei Hauptformen derselben: 1) das Fadengewebe (*Filotelium*), 2) das Plattengewebe (*Planotelium*) und 3) das Massengewebe (*Sterotelium*). Im ersten Falle sind die Zellen nach einer einzigen Raumdimension (kettenförmig) an einander gereiht, im zweiten Falle nach zwei Dimensionen (plattenförmig), im dritten Falle nach drei Dimensionen (körperförmig). Schon in der Hauptclasse der Algen, der gemeinsamen Stammgruppe aller Metaphyten, gelangen alle drei Hauptformen der Gewebe zu mannichfacher Ausbildung.

1) Das Fadengewebe (*Filotelium*) ist bei den niedersten und ältesten Formen der verschiedenen Algenclassen (sowohl bei Chloro-

phyceen, als auch bei Phaeophyceen und Rhodophyceen) weit verbreitet. Die Zellen, welche den Thallus zusammensetzen, sind in einer einzigen Raumdimension an einander gereiht und bilden somit Zellfäden oder Zellketten (*Cytonemen*), so bei den Confervalen und Cladophoralen, bei Ectocarpus und Callithamnion. Diese primitivsten »Faden-Algen« schliessen sich unmittelbar an die Catenal-Coenobien der *Algarien* und *Algetten* an, aus denen sie phylogenetisch entstanden sind (§ 49). Eine besondere Modification dieses Fadengewebes bildet das Filzgewebe (*Hyphotelium*) der Pilze und Flechten (§ 215); ihr *Mycelium* besteht aus sehr dünnen, farblosen, verzweigten und gegliederten Fäden, die meistens zu einem dichten Filze verwebt sind und ein characteristisches »Pilzgewebe oder Pseudoparenchym« darstellen. Im Körper der höheren Metaphyten gehören viele Haare (Blatthaare, Wurzelhaare etc.) zum Fadengewebe.

2) Das Plattengewebe (*Planotelium*) besteht aus einer einzigen einfachen Zellenschicht und entspricht dem »einfachen oder einschichtigen Epitelium« der Metazoen. Als selbständiger Thallus erscheint dasselbe unter den Algen z. B. bei Monostroma und Porphyra. Aber auch der Thallus der niedersten Mose (Thallobryen) und das Prothallium der Farne besteht oft nur aus einer einschichtigen Zellplatte, ebenso die Blätter der meisten Mose. Auch das Planotelium der Metaphyten hat schon seinen Vorläufer im plattenförmigen oder scheibenförmigen Coenobium mancher Protophyten, insbesondere der Melethallien (§ 99). Unter diesen sind namentlich *Halosphaera* und *Volvox* bemerkenswerth, weil sie auf der Grenze von Protophyten und Metaphyten stehen; die einfache Zellenschicht, welche die Wand ihres hohlkugelförmigen Coenobiums bildet, entspricht vollkommen dem Coenobium der Catallacten und dem Blastoderm der Blastula (oder Blastosphaera) der Metazoen-Keime.

3) Das Massengewebe (*Sterotelium*) bildet die Hauptmasse des ganzen Pflanzenkörpers bei der grossen Mehrzahl der Metaphyten; die Zellen sind hier nach allen drei Richtungen des Raumes an einander gelagert und auf das Mannichfaltigste differenzirt. Der wichtigste histologische Unterschied in ihrem Körperbau beruht auf dem Mangel oder der Ausbildung der Gefässe (*Vasalia*), jener Röhren und Röhrenbündel (Leitbündel), welche aus der Verschmelzung von an einander gereihten Zellen entstehen und welche im Leben der höheren Pflanzen eine so wichtige physiologische Rolle spielen. Die Thallophyten und Bryophyten sind Zellenpflanzen, ohne Gefässe (*Cellophyta*); die Pteridophyten und Anthophyten sind Gefässpflanzen mit Leitbündeln (*Vasophyta*). Indessen ist auch hier die Grenze nicht scharf zu ziehen. Schon bei den höheren Algen und Mosen differenziren

sich in der Axe des Thallus und Culmus Reihen von langgestreckten Zellen, welche als Vorläufer der Gefässe angesehen werden können. Anderseits fehlen die Gefässe noch der Sexual-Generation oder dem Prothallium der Pteridophyten.

Höchst mannichfaltig wird die Arbeitstheilung (Ergonomie) der Zellen, und die dadurch bedingte Formspaltung (Polymorphismus) der Gewebe im Körper der höheren Cormophyten. Hier unterscheidet die sogenannte »Pflanzen-Anatomie« — d. h. die Histologie — eine grosse Zahl von verschiedenen Gewebe-Formen, die meistens der Anpassung an besondere Functionen ihre Entstehung verdanken, und die auch theilweise zu besonderen Gewebe-Systemen ausgebildet sind: das Hautsystem als Schutz-Organ, das Skeletsystem als Stütz-Organ, die verschiedenen Systeme der Ernährungsgewebe, für Assimilation, Absorption, Secretion, Respiration, Saftleitung u. s. w. Sowohl die axialen Organe der Cormophyten (Stengel und Wurzel), als ihre lateralen Organe (Blätter und Haare) zeigen in dieser Hinsicht höchst mannichfaltige Verhältnisse, und oft eine zusammenhängende phylogenetische Stufenleiter progressiver Ausbildung. Theilweise gewinnt auch diese hohe Differenzirung der Gewebe eine höhere phylogenetische Bedeutung, indem bestimmte besondere Verhältnisse innerhalb grösserer oder kleinerer stammverwandter Gruppen sich durch Vererbung beständig erhalten.

§ 194. Phylogenie der Pflanzen-Organe.

Die unendliche Mannichfaltigkeit, welche die Gestaltung und Zusammensetzung der einzelnen Pflanzen-Organe darbietet, wurde schon durch die vergleichende Morphologie auf wenige einfache Fundamental-Organe zurückgeführt, auf zwei Axial-Organe: Stengel und Wurzel; und zwei Lateral-Organe: Blatt und Haar (§ 186). Selbst diese vier Grundorgane, die bei den meisten *Cormophyten* die Grundlage für alle Gestaltungs-Verhältnisse abgeben, sind noch nicht zu unterscheiden bei den meisten *Thallophyten*; der einfache Thallus der letzteren (z. B. bei den niederen Algen) ist noch nicht zur Sonderung derselben gelangt; er vereinigt ihre Functionen in einem Gewebe-Körper einfachster Art. Indem nun die Phylogenie alle verschiedenen Metaphyten von der gemeinsamen Stammgruppe der Algen ableitet, fällt ihr die Aufgabe zu, die Differenzirung des *Thallus* in den *Culmus* nachzuweisen, und die stufenweise Ausbildung, welche jene Fundamental-Organe des Culmus in ihrer historischen Entwickelung durchlaufen.

Hierbei ergiebt sich nun zunächst, dass für die Phylogenie der Cormophyten drei von jenen Grundorganen nur eine untergeordnete

Bedeutung haben, nämlich einerseits die beiden Axial-Organe (Caulom und Rhizom), anderseits die appendicularen Haar-Organe (Trichome). Fast das ganze Interesse der phylogenetischen Forschung concentrirt sich auf ein einziges Grundorgan, auf das Blatt (*Phyllom*). Die Blätter sind nicht allein in physiologischer Beziehung die wichtigsten Organe der Cormophyten, insofern sie die Ernährung und Fortpflanzung vorzugsweise vermitteln; sondern auch in morphologischer Beziehung, indem ihre unendlich mannichfaltige Gestaltung und Zusammensetzung grösstentheils den wunderbaren Formenreichthum der Pflanzenwelt bedingt. In diesem Sinne hatte schon die ältere Lehre von der »Metamorphose der Pflanzen« ganz richtig das Blatt als das universale Grundorgan hingestellt, aus welchem alle verschiedenen Formen hervorgehen.

Die physiologische Arbeitstheilung der Blätter (Ergonomie) und die entsprechende Formspaltung (Polymorphismus) bedingt zunächst ihre Eintheilung in zwei Hauptgruppen: in sterile Laubblätter und sexuale Blüthenblätter; die ersteren als Organe der Ernährung, die letzteren als Organe der Fortpflanzung. Beide besitzen sehr verschiedenen Werth für die Stammesgeschichte. Die sterilen Laubblätter oder Nährblätter (*Sitophylla*), als Nutritions-Organe, unterliegen der Anpassung an die Existenz-Bedingungen im höchsten Maasse und sind daher für die Phylogenie von ganz untergeordneter Bedeutung; Anthophyten-Gattungen einer und derselben Familie, ja sogar verschiedene Species eines und desselben Genus, können in der Ausbildung der vegetativen Blätter die grössten Unterschiede zeigen. Umgekehrt verhalten sich die sexuellen beiderlei Geschlechtsblätter und die mit ihnen zur »Blüthe« vereinigten Blüthenblätter (*Anthophylla*); obgleich auch sie durch Anpassung auf das Mannichfaltigste umgebildet werden, bleibt dennoch ihre characteristische Bildung und Zusammensetzung im typischen Blüthenbau viel getreuer durch Vererbung conservirt. Daher concentrirt sich das Hauptinteresse der Phylogenie und der auf sie gegründeten Systematik der Cormophyten in erster Linie auf die Vergleichung ihrer Blüthensprosse (*Anthoculmi*); die Bedeutung der sterilen Blattsprosse (*Trophoculmi*) tritt dagegen ganz zurück.

Indem nun die vergleichende Morphologie, Anatomie und Ontogenie der Blüthensprosse zur Hauptaufgabe für die Phylogenie der Cormophyten wird, hat sie vor Allem bei der Vergleichung der ähnlichen Organe scharf zwischen den *Homologien* und den *Analogien* zu unterscheiden (§ 10). Nur die wahren Homologien, welche auf der Vererbung von gemeinsamen Stammformen beruhen, können unmittelbar für die Erkenntniss phylogenetischer Verwandtschaft benutzt werden;

nicht aber die Analogien, welche durch die Anpassung an ähnliche Lebensbedingungen und Thätigkeiten bewirkt werden. Das gilt ganz besonders für die schwierige Beurtheilung der Verhältnisse, welche die mannichfaltige Differenzirung der verschiedenen Anthophylle darbietet, der männlichen Sporophylle (Stamina), der weiblichen Sporophylle (Carpelle), der Blumenblätter, Kelchblätter u. s. w. Die mannichfaltigen Verhältnisse in der Zahl, Stellung, Zusammensetzung und Gestaltung dieser wichtigsten Theile haben offenbar in verschiedenen Gruppen der Anthophyten mehrfach ähnlich sich entwickelt und deuten in ihrem morphologischen und historischen Parallelismus auf polyphyletische Beziehungen, welche die Phylogenie der Anthophyten (— insbesondere der Angiospermen —) zu einem äusserst verwickelten Problem machen.

Polyphyletisch sind auch die unzähligen Erscheinungen der Rückbildung zu beurtheilen, welche in der Verkümmernng der rudimentären Organe oder in ihrem gänzlichen Verlust (Fehlschlagen, Abortus) überall uns entgegentreten. Diese Regressionen sind meistens ebenso Folgen der phylogenetischen Differenzirung, wie die überwiegenden Progressionen, die uns im ganzen Verlaufe der Pflanzengeschichte begegnen. Wie diese fortschreitende, so hat auch jene rückschreitende Entwickelung ihren Grund meistens in den besonderen Verhältnissen der Arbeitstheilung der Organe, und des häufig damit verknüpften Arbeitswechsels (oder Functionswechsels). Indem die vergleichende Morphologie die Homologien zwischen den progressiven und regressiven Bildungen einer stammverwandten Pflanzengruppe nachweist, gewinnt sie durch dieselben die werthvollsten Erkenntnisse für die Phylogenie der Organe.

§ 195. Phylogenie der Pflanzen-Seele.

Die ältere Biologie fand den wichtigsten Unterschied zwischen Pflanzenreich und Thierreich in der »Beseelung« des letzteren, in dem Vermögen der Empfindung und der willkührlichen Bewegung, welches dem ersteren fehlen sollte. Diese veraltete, jetzt nur noch selten vertretene Ansicht fand ihren classischen Ausdruck in dem lapidaren Satze des Systema naturae (1735): »*Lapides crescunt, Vegetabilia crescunt et vivunt, Animalia vivunt, crescunt et sentiunt*«. Die neuere Biologie hat diesen fundamentalen Lehrsatz, der die Quelle zahlreicher schwerer Irrthümer wurde, definitiv widerlegt. Die vergleichende Physiologie hat gezeigt, dass die organische Reizbarkeit eine gemeinsame Lebenseigenschaft aller Organismen ist, dass Empfindlichkeit und Beweglichkeit allem lebenden Plasma zukommt. Dieselben physiologischen Functionen, die wir beim Menschen und den höheren Thieren unter dem Begriffe der »Seele« zusammenfassen, kommen in geringerer Ausbildung nicht allein allen niederen Thieren, sondern auch allen Pflanzen zu. Die genauere Kenntniss der Protisten hat uns gelehrt, dass auch bei diesen niedersten einzelligen Lebewesen dieselbe »Beseelung« vorhanden ist, und dass auch ihre »Zellseele« (§ 62) bereits eine ansehnliche Stufenreihe von psychologischen Differenzirungen, von progressiven und regressiven Veränderungen aufweist.

Von grösster Wichtigkeit für die monistische Psychologie ist ferner die phylogenetische Vergleichung des einzelligen *Protisten*-Organismus mit der Stammzelle (*Cytula*) der *Histonen*; denn diese ontogenetische Stammzelle der Metaphyten und Metazoen (— oder die »befruchtete Eizelle«, *Ovospora* —) besitzt bereits eine »erbliche Zellseele«, d. h. eine Summe von psychischen Spannkräften. welche in der langen Generations-Reihe ihrer Vorfahren allmählig durch Anpassung erworben und als »Instincte« durch Vererbung aufgespeichert wurden. Das individuelle Seelenleben jedes einzelnen vielzelligen und gewebebildenden Organismus ist bereits in seiner besonderen Qualität und specifischen Richtung bedingt durch jene erbliche Anlage; seine psychische Thätigkeit besteht zum grossen Theile nur in der Entfaltung jener erblichen Zellseele. Die psychischen Spannkräfte, welche in derselben potentiell enthalten waren, werden im Laufe seines actuellen Lebens wieder in die lebendigen Kräfte der Bewegung und Empfindung übergeführt. Das biogenetische Grundgesetz bewährt auch hier seine allgemeine Gültigkeit. Sehr klar tritt dies namentlich bei den niedersten Metaphyten hervor, den Algen; denn ihre Seelenthätigkeit (z. B. bei der Befruchtung) ist von derjenigen ihrer einzelligen Ahnen, der Algetten, nur wenig verschieden.

Weitere Aufschlüsse auf diesem bedeutungsvollen und doch noch so wenig betretenen Gebiete liefert uns die vergleichende Psychologie der *Metaphyten* und der *Metazoen*. Denn in den niedersten Abtheilungen der Metazoen, besonders bei den Spongien und anderen Coelenterien, erhebt sich die Seelenthätigkeit oder »Reizbarkeit« nicht über jene niedere Stufe der Ausbildung, die wir auch bei den meisten Metaphyten antreffen. Wie diesen letzteren, so fehlen auch den Spongien noch Nerven und Sinnesorgane; ihre Lebensthätigkeit beschränkt sich grösstentheils auf die vegetativen Functionen der Ernährung und Fortpflanzung. Die ältere Auffassung der Spongien als Pflanzen war insofern physiologisch gerechtfertigt; die animale Form ihres Stoffwechsels aber, und die Unfähigkeit zur Plasmodomie (§ 37), theilen sie mit vielen echten Metaphyten, die in Folge von schmarotzender Lebensweise Metasitismus erlitten haben (Cuscuta, Orobanche etc., § 38).

Auf der anderen Seite kennen wir jetzt viele höhere »Sinnpflanzen«, deren hochgradige Reizbarkeit diejenige vieler niederen Thiere bei weitem übersteigt. Die »Nervosität« dieser Mimosen, der Dianaea, Drosera und anderer »fleischfressender Pflanzen«, die Lebhaftigkeit ihrer Empfindungen und Bewegungen, offenbart bei diesen Metaphyten eine viel höhere Stufe des »Seelenlebens«, als bei zahlreichen niederen Thieren, selbst bei solchen, die bereits Nerven, Muskeln und Sinnesorgane besitzen (z. B. niederen Coelenterien, Helminthen u. s. w.). Besonders solche Metazoen, welche durch Anpassung an festsitzende Lebensweise (Ascidien) oder Parasitismus (Cestoden, Entoconcha, Rhizocephalen) stark rückgebildet sind, können auch in psychologischer Beziehung tief unter jene sensiblen Pflanzen herabsinken.

Man pflegt dieser objectiven Vergleichung von Pflanzenseele und Thierseele oft entgegen zu halten, dass die ähnlichen Erscheinungen in beiden Reichen auf ganz verschiedenen Einrichtungen beruhen. Das ist auch ganz richtig insofern, als der besondere Mechanismus der Reizleitung und die Organe der Reaction hier und dort sehr verschieden sein können; sie müssen schon desshalb meistens sehr verschieden sein, weil die abgekapselten, von fester Membran umgebenen Zellen im Pflanzen-Gewebe viel selbständiger bleiben, als die innig verbundenen Zellen im thierischen Gewebe. Indessen hat uns ja die neuere Histologie einen continuirlichen Zusammenhang zwischen allen Zellen des Histon-Organismus allgemein nachgewiesen; die scheinbar unbeweglichen, in ihrem Cellulose-Gefängniss eingesperrten Zellen im republicanischen Zellenstaate der Metaphyten hängen ebenso durch zahllose feine, die starre Membran durchsetzende Plasma-Fäden zusammen, wie die freier beweglichen, grossentheils nackten Zellen im centralisirten monarchischen Zellenstaate der Metazoen. Ueberdies ist ja auch bei den letzteren die Ausbildung eines centralisirten Nervensystems erst eine spätere Erwerbung, ihren älteren Vorfahren noch unbekannt. Die organische Reizbarkeit als solche aber, die Fähigkeit, physikalische und chemische Einwirkungen der Aussenwelt als Reize aufzunehmen, zu empfinden, und darauf durch (innere oder äussere) Bewegungen zu reagiren, kommt allem lebendigen Plasma zu, ebenso dem plasmodomen *Phytoplasma*, wie dem plasmophagen *Zooplasma*.

Es wird nun die kaum begonnene Aufgabe der botanischen Psychologie sein, die unzähligen Erscheinungen der Reizbarkeit, welche das Metaphyten-Reich offenbart, kritisch vergleichend zu untersuchen, die mannichfaltigen Entwickelungsstufen desselben in ihrem phylogenetischen Zusammenhange zu erkennen, und bei jeder einzelnen Erscheinung die Anpassung und die Vererbung als bewirkende Ursachen nachzuweisen.

§ 196. Instincte der Pflanzen.

Diejenigen Seelenthätigkeiten der Thiere, welche man seit alter Zeit unter dem Begriffe des »Instinctes« zusammenzufassen pflegt, finden sich allgemein auch bei den Pflanzen wieder, und zwar nicht nur im weiteren, sondern auch im engeren Sinne dieses sehr verschieden gedeuteten und bestimmten Begriffes. Unter Instinct im engeren Sinne verstehen wir bestimmte psychische Thätigkeiten, welche drei wesentliche Eigenschaften in sich vereinigen: 1) die Handlung ist unbewusst; 2) sie ist zweckmässig auf ein bestimmtes physiologisches Ziel gerichtet; 3) sie beruht auf Vererbung von den Vorfahren, ist also potentia angeboren. Beim Menschen und den höheren Thieren gehen viele Gewohnheiten, die ursprünglich mit Bewusstsein ausgeführt und »gelernt« wurden, durch Vererbung in unbewusste Instincte über. Bei den niederen Thieren und den Pflanzen, denen das Bewusstsein fehlt, sind auch die ursprünglichen Gewohnheiten unbewusst, durch Anpassungen erworben, welche ursprünglich durch Reflex-Thätigkeiten angeregt und in Folge häufiger Wiederholung fixirt und erblich wurden. Gerade diese Erscheinung, die unzweifelhafte Entstehung erblicher Instincte durch oftmalige Wiederholung und Uebung bestimmter psychischer Actionen, liefert uns eine Fülle schlagender Beweise für das bedeutungsvolle Gesetz der progressiven Vererbung, für die »Erblichkeit erworbener Eigenschaften«.

Unzählig sind die Formen, in welchen sich der angeborene Instinct bei allen Pflanzen ebenso wie bei allen Thieren äussert; bei allen Protisten ebenso wie bei allen Histonen. Bei jeder Zelltheilung offenbart ebenso das *Karyoplasma* des Nucleus, wie das *Cytoplasma* des Celleus, seine »angeborenen Instincte«. Bei jedem Copulations-Process werden die beiden zeugenden Zellen durch sexuelle Instincte zu einander hingeführt und zur Vereinigung getrieben. Jedes Protist, das sich eine bestimmt geformte Schale baut, jede Pflanzenzelle, die sich mit ihrer specifischen Cellulose-Membran umgiebt, jede Thierzelle, die in eine bestimmte Gewebe-Form sich umwandelt, handelt aus angeborenem »Instinct«.

Für den vielzelligen Organismus der ***Metaphyten*** sind ebenso wie für denjenigen der ***Metazoen***, von höchster phylogenetischer Bedeutung die socialen Instincte der Zellen; denn wir erkennen in ihnen die fundamentale Ursache der Gewebebildung. Die einzelnen Zellen, welche bei den meisten Protisten sich einfach durch Theilung vermehren und als ***Monobionten*** ihr selbständiges Einzelleben weiter führen, bleiben schon bei einem Theile der Protophyten (z. B. Melethallien) und der Protozoen (z. B. Polycyttarien) in lockeren oder festeren Gesellschaften vereinigt. Die Neigung der stammverwandten, einer Familie zugehörigen Zellen, die ursprünglich auf einer chemischen Sinnesthätigkeit beruhte, hat dieselben zur Bildung der bleibenden Zellvereine oder Coenobien geführt (§ 49). Durch Vererbung ist dieser *sociale Chemotropismus* immer mehr befestigt und zum Instinct geworden. Indem dann Arbeitstheilung zwischen den gleichartigen *Coenobionten* eintrat, wurden sie zu den Gründern der Gewebe, jener festeren Zellverbände, bei deren weiterer Entwickelung der Polymorphismus der Zellen die grösste Rolle spielt.

Der *erotische Chemotropismus*, der bei der geschlechtlichen Zeugung der Metaphyten und Metazoen die beiden copulirenden Zellen zusammenführt, ist ursprünglich nur eine besondere Form jenes allgemeinen socialen Chemotropismus. Die »sinnliche Zuneigung« der sich verbindenden Zell-Individuen ist hier wie dort auf eine chemische (dem Geruch oder Geschmack verwandte) Sinnesthätigkeit zurückzuführen. Diese unbewusste sinnliche Empfindung und die dadurch reflectorisch veranlasste Bewegung sind bei jeder einzelnen Species in ihrer differenzirten speciellen Form durch Gewohnheit befestigt und durch Vererbung zum sexuellen Instinct geworden. Bei vielen höheren Metaphyten haben sich hier bionomische Einrichtungen entwickelt, die den ähnlichen sexuellen Institutionen in der »Ehe« der Metazoen an bewunderungswürdiger Höhe der Differenzirung und Complication nicht nachstehen.

§ 197. Phylogenetische Scala der Empfindungen.

Die Empfindungen der Pflanzen gelten allgemein für unbewusst, ebenso wie diejenigen der Protisten und der meisten Thiere. Die besondere physiologische Function der Ganglienzellen, welche wir beim Menschen und den höheren Thieren als »Bewusstsein« bezeichnen, ist an eine sehr verwickelte, erst spät erworbene Structur des Gehirns geknüpft. Die besonderen Verhältnisse in dem feineren Bau, der Zusammensetzung und Verbindung der Nervenzellen, welche diese höchsten psychischen Functionen ermöglichen, fehlen den Pflanzen noch ebenso wie den niederen Thieren. Trotzdem lässt sich auch bei den ***Metaphyten***, ebenso wie bei den ***Metazoen***, eine lange Stufenleiter in der graduellen Ausbildung der Seelenthätigkeiten und namentlich der Empfindungen verfolgen. Gewisse fundamentale Erscheinungen der Reizbarkeit — bezüglich der unbewussten Empfindung — kommen allen Pflanzen (wie allen Thieren) gemeinsam zu, während andere nur in einzelnen Gruppen zur Entwickelung gelangt sind.

Alle Metaphyten sind mehr oder weniger empfindlich gegen den Einfluss des Lichtes (*Heliotropismus*), der Wärme (*Thermotropismus*), der Schwerkraft (*Geotropismus*), der Electricität (*Galvanotropismus*) und verschiedener chemischer Reize (*Chemotropismus*). Die Qualität und Quantität der Reizempfindung, sowie der dadurch hervorgerufenen motorischen oder trophischen Reaction, ist aber in den verschiedenen Gruppen der Pflanzen (— oft selbst bei nahe verwandten Arten einer Gattung oder Familie —) äusserst verschieden; sie ist sehr gering (oder kaum wahrnehmbar) bei vielen niederen »stumpfsinnigen« Pflanzen, besonders bei Parasiten. Anderseits erhebt sie sich bei einigen höheren »feinsinnigen« Pflanzen (Mimosa, Dionaea u. s. w.) zu einem Grade der Reizbarkeit, welcher die geringe »Nervosität« vieler niederen, mit Nerven und Sensillen ausgestatteten Metazoen (z. B. Cestoden, Ascidien) bei Weitem übertrifft. Es wird eine hochinteressante, bisher noch unberührte Aufgabe der botanischen Psychologie sein, die physiologische Scala dieser mannichfaltigen Empfindungsformen zu verfolgen, und in jeder einzelnen Pflanzengruppe nachzuweisen, durch welche besonderen Anpassungen dieselben ursprünglich erworben, und innerhalb welcher Ahnen-Reihen sie durch Vererbung zu »Instincten« geworden sind.

Eine andere Reihe von Sensations-Phaenomenen ist nur in einzelnen Metaphyten-Gruppen entwickelt, oder wenigstens deutlich erkennbar. Hierher gehört namentlich das Contact-Gefühl (*Thigmotropismus*), welches bei vielen Schling- und Kletter-Pflanzen in so erstaunlichem Grade entwickelt ist, und welches in Verbindung mit ihren Nutations-Bewegungen die besondere Form ihrer Ranken, Winden, Klammern u. s. w. hervorgerufen hat. Auch die Wurzeln vieler Pflanzen, die sehr empfindlich für die verschiedene physikalische Beschaffenheit des Bodens sind, bekunden dabei einen hohen Grad von Thigmotropismus; die einen suchen in einem gemischten Boden weiche Erde auf, die anderen feinen Sand, die dritten harten Fels u. s. w. Ebenso ist auch die Wasserneigung (*Hydrotropismus*) sehr verschieden; die einen Pflanzen sind fast indifferent, die anderen äusserst empfindlich für den geringeren oder höheren Grad des Wassergehaltes von Luft und Boden.

Aeusserst mannichfaltig sind im Pflanzenreiche diejenigen sinnlichen Empfindungen entwickelt, welche im Thierreiche als »Geruch und Geschmack« bezeichnet werden und welche auf chemischen Reizwirkungen beruhen (*Chemotropismen*). Als besonders hoch entwickelte Stufen derselben imponiren uns der »Geschmack« der fleischfressenden Pflanzen, die »Salzneigung« der maritimen Metaphyten, die »Kalkneigung« der calcophilen Pflanzen u. s. w. Die weitaus interessantesten und merkwürdigsten Erscheinungen offenbart uns hier jedoch das Geschlechtsleben, ebenso im Pflanzenreiche wie im Thierreiche. Mögen wir die Copulation von Gameten bei den Algen, oder die zoidogame Befruchtung der Diaphyten, oder die siphonogame Befruchtung der Phanerogamen-Blüthen bewundern, überall stossen wir auf »sexuelle Instincte«, deren älteste gemeinsame Quelle in dem *erotischen Chemotropismus* ihrer Protophyten-Ahnen, der Algetten zu suchen ist. Bei den Siphonogamen verknüpft sich derselbe wahrscheinlich (wie bei den per Phallum begattenden Metazoen) mit einem besonderen »erotischen Thigmotropismus« (Frictions-Gefühl). Die feine qualitative und hohe quantitative Entwickelung dieser erotischen Gefühle, die bei den höheren Thieren als »Geschlechtsliebe« bezeichnet werden (— zugleich die ergiebigste Quelle der »Poesie« beim Menschen! —) ist auch für viele amphigone Pflanzen von grösster biologischer Bedeutung. Sie ist nicht nur die Ursache der höchsten physiologischen Leistungen der Metaphyten (im Blühen, Zeugen, Fruchttragen u. s. w.). sondern auch der mannichfaltigsten, in Correlation damit entwickelten morphologischen Einrichtungen (im Bau der Blüthe, des Samens, der Frucht u. s. w.). Die Wechselbeziehungen, welche dabei die Pflanzen mit den Thieren eingehen (— vor Allen die Blüthenpflanzen mit den sie befruchtenden Insecten —) sind für beide Theile im Laufe der Zeit durch Vererbung zu einer Quelle der merkwürdigsten Instincte geworden (§ 196).

§ 198. Phylogenetische Scala der Bewegungen.

Von viel geringerem phylogenetischem Interesse als die Scala der Empfindungen ist diejenige der Bewegungen im Organismus der Metaphyten. Während die ersteren, im Grossen und Ganzen betrachtet, den entsprechenden Functionen der niederen Metazoen nicht nachstehen, sind die letzteren gar nicht damit zu vergleichen. Das liegt erstens daran, dass die meisten Pflanzen fest im Boden wurzeln, und zweitens daran, dass die starre und geschlossene Membran der Pflanzenzelle dem lebendigen, in ihrer »Gefängniss-Zelle« eingeschlossenen Celleus oder »Protoplasten« nicht diejenige freie Bewegung erlaubt, welche dem freien und oft nackten Zellenleibe der thierischen Gewebe gestattet ist.

Wie bei den Protophyten, so können wir auch bei den Metaphyten zunächst die Bewegungen der einzelnen Zellen in's Auge fassen und als zwei Gruppen derselben die spontanen und die irritalen unterscheiden; die letzteren werden durch bestimmte Reize hervorgerufen, die ersteren dagegen nicht. Die spontanen Bewegungen der Metaphyten-Zellen zerfallen wieder in innere (Plasma-Strömungen innerhalb der Zellhülle) und in äussere. Die wichtigste äussere Spontan-Bewegung ist die Flimmerbewegung, welche durch contractile Geisseln oder Wimpern hervorgebracht wird; sie findet sich bei den Schwärmsporen der Algen und bei den schwärmenden Spermazoiden der Diaphyten (sowohl Bryophyten als Pteridophyten). Da die schwimmenden Geisselzellen hier ganz dieselbe Art der Flimmerbewegung zeigen, wie bei den Algetten, von denen diese Metaphyten abstammen, so dürfen wir annehmen, dass sie direct durch Vererbung von ersteren auf letztere übertragen wurde. Bei den Florideen, Pilzen und Flechten, sowie bei sämmtlichen Anthophyten ist diese Form der spontanen Zellbewegung verloren gegangen, durch Anpassung an die verschiedene Lebensweise.

Die spontanen oder autonomen Bewegungen ganzer Organe (Laubblätter, Blüthen, Staubgefässe, Ranken), die pendelartigen und rotirenden Nutationen von Stengeln und Blättern u. s. w. beruhen grossen Theils auf erblichen Instincten. Dagegen sind manche besondere Bewegungsformen, welche hier und da im Reiche der Metaphyten vorkommen, wohl direct zu erklären durch Anpassung an besondere Lebens-Bedingungen. Sie besitzen nur ein specielles physiologisches, aber kein phylogenetisches Interesse; ebenso wie die überall vorkommenden Wachsthums-Bewegungen und Reizbewegungen (paratonische, irritale oder inducirte Bewegungen). Die Mechanik dieser Bewegungen (Turgescenz, Gewebespannung, Wachsthum, Elasticität etc.) ist sehr verschieden. Die Scala in der stufenweisen Ausbildung derselben ist von keinem besonderen Interesse für die Phylogenie der Metaphyten.

§ 199. Teleose in der Pflanzen-Geschichte.

Die Stammesgeschichte des Pflanzenreiches, von dem höchsten allgemeinen Gesichtspunkte überblickt, zeigt uns ebenso wie diejenige des Thierreiches einen grossartigen Process der progressiven Entwickelung. Die beständig fortschreitende historische Sonderung oder *Divergens* der Formen, ihre Zunahme an Zahl und Mannichfaltigkeit, ist verknüpft mit einer durchschnittlichen Vervollkommnung ihrer Organisation (*Teleosis*). Diese Thatsache ergiebt sich mit voller Sicherheit aus der kritischen Verwerthung und Vergleichung der drei grossen phylogenetischen Urkunden, der Palaeontologie, Ontogenie und Morphologie (§ 2—14). Durch diese inductiv begründete Thatsache wird definitiv die irrthümliche Behauptung widerlegt, dass die grossen Hauptgruppen des Pflanzenreiches (oder selbst eine grössere Anzahl von einzelnen Stämmen) selbständig »von jeher neben einander bestanden« und sich entwickelt haben. Da diese mystische Ansicht selbst noch in neuester Zeit von hervorragenden Botanikern vertreten und damit zugleich eine übernatürliche »Schöpfung« der ganzen Pflanzenwelt behauptet wird, müssen wir hier ausdrücklich darauf hinweisen, dass dieselbe zu allen allgemeinen Ergebnissen der inductiven Botanik, und speciell der Morphologie, in directem Widerspruch steht.

Dasselbe gilt aber auch von den vielen, bis in die neueste Zeit wiederholten Versuchen, den Fortschritt in der historischen Ausbildung der Pflanzen- und Thierwelt teleologisch zu erklären, sei es durch die unmittelbare, bewusste und planvolle Bauthätigkeit eines »persönlichen Schöpfers«, sei es durch die unbewusste Wirksamkeit einer zweckthätigen Endursache oder die sogenannte »Zielstrebigkeit«. Jede kritische und unbefangene Vergleichung der empirisch festgestellten phylogenetischen Thatsachen ergiebt, dass eine solche »Zielstrebigkeit« der organischen Natur ebenso wenig existirt als ein »persönlicher Schöpfer«. Vielmehr erkennen wir in der Geschichte der Pflanzenwelt ebenso klar wie in derjenigen der Thierwelt und der Menschenwelt, dass Alles sich selbst entwickelt, und dass die Gesetze dieser natürlichen Entwickelung rein mechanisch sind. Die wirklich vorhandene Zweckmässigkeit im Körperbau der Organismen folgt ebenso, wie die beständige historische Zunahme ihrer Vollkommenheit, mit Nothwendigkeit aus der Natural-Selection, jenem gewaltigen Processe der natürlichen Zuchtwahl, der seit Millionen von Jahren überall ununterbrochen thätig ist. Die beständige Wechselwirkung aller organischen Wesen, ihre Concurrenz im Kampf um's Dasein, bewirkt mit absoluter Nothwendigkeit eine beständige Zunahme ihrer Divergenz und Teleose im grossen Ganzen; diese wird nicht aufgehoben durch die zahlreichen kleinen Rückschritte, die jederzeit im Einzelnen stattfinden können.

Die *Teleosis* in der Geschichte der Pflanzenwelt ist mithin, ebenso wie in derjenigen der Thierwelt, auf teleologische Mechanik zurückzuführen (§ 11). Dieses Grundprincip der Phylogenie steht überall im engsten ursächlichen Zusammenhang mit dem grossen Princip der *Epigenesis*, wie es sich in der Ontogenie offenbart. Die Erklärung des fundamentalen Causal-Nexus zwischen Beiden giebt unser biogenetisches Grundgesetz, gestützt auf die Theorie der progressiven Vererbung (§ 8). Gerade für diese »Vererbung erworbener Eigenschaften« — einen Grundstein der monistischen Entwickelungslehre — finden wir unzählige schlagende Beweise in der Phylogenie der Metaphyten.

Sechstes Kapitel.

Systematische Phylogenie der Thallophyten.

§ 200. Begriff der Thallophyten.

Metaphyten mit oder ohne Generationswechsel, meistens nur mit einer thallophytischen Generation. Thallus einfach oder zusammengesetzt (Thalloma), selten cormophytisch differenzirt, stets mit einfachen Geweben, ohne Leitbündel. Fortpflanzung sehr mannichfaltig, bald nur monogon (durch bewegliche oder ruhende Sporen), bald amphigon (durch Gameten oder befruchtete Eizellen), bald alternant (mit Generationswechsel).

Das Phylon der Thallophyten oder Thalluspflanzen umfasst in dem hier von uns beschränkten Begriffe nur diejenigen, gewöhnlich so genannten Pflanzen, welche echte Metaphyten, also in entwickeltem Zustande vielzellig sind und Gewebe bilden (§ 171). Wir schliessen aus dem Thallophyten-Stamme alle einzelligen Pflanzen aus, und alle diejenigen, welche nur *Coenobien*, lockere »Zellvereine« oder »Zellcolonien« ohne Ergonomie bilden. Der gebräuchliche Begriff »einzelliger Thallus« für den Körper der *Protophyten* enthält eine »Contradictio in adjecto«. Mithin gehören nicht zu den echten *Thallophyten* folgende, von uns zu den Protisten gestellte Gruppen: 1) die sogenannten »einzelligen Algen«, unsere *Algarien* und *Algetten*; 2) die *Schizophyceen* (= Archephyten); 3) die sogenannten »einzelligen Pilze«, unsere *Fungillen*; 4) die *Bacterien* (= Archezoen) und 5) die Myxomyceten oder *Mycetozoen* (Rhizopoden).

Bei dieser Begrenzung des Thallophyten-Begriffes bleiben als wesentliche Bestandtheile dieses formenreichen Stammes drei Cladome oder Hauptclassen von Metaphyten übrig: 1) die plasmodomen Algen (*Algae*), 2) die plasmophagen Pilze (*Fungi, Mycetes*), 3) die symbionten

Flechten (*Lichenes*). Als Stammgruppe aller Thallophyten (und zugleich aller Metaphyten überhaupt) betrachten wir die Carbon-assimilirenden aquatilen Algen; sie sind polyphyletisch aus einzelligen *Algetten* entstanden. Durch Anpassung an saprophytische und parasitische Lebensweise sind aus Algen oder aus Algetten die Pilze hervorgegangen; sie haben mit der plasmodomen Fähigkeit das Chlorophyll verloren. Die Flechten endlich sind typische *Symbionten*, entstanden aus Pilzen, welche mit Carbon-assimilirenden Algarien verwachsen sind. Alle drei Classen der Thallophyten haben einen polyphyletischen Ursprung.

§ 201. Thallus der Thallophyten.

Der entwickelte vielzellige Körper der *Thallophyten*, den wir als Thallus bezeichnen, zeigt äusserst mannichfaltige Formen. Zum Theil entsprechen dieselben offenbar mehreren phylogenetischen Bildungsstufen; zum andern Theil verdanken sie lediglich zufälligen Anpassungs-Bedingungen ihre Entstehung. Als Hauptformen seiner Individualität unterscheiden wir zunächst den einfachen *Thallus* und das verästelte *Thalloma*; ersterer entspricht dem Culmus, letzteres dem Cormus der Cormophyten (§ 185). Mit Bezug auf das Wachsthum nach einer, nach zwei oder nach drei Dimensionen des Raumes können wir ferner unterscheiden den fadenförmigen *Nemathallus*, den blattförmigen *Platythallus* und den stockförmigen *Cormothallus*.

A. Der Nemathallus (fadenförmige Thallus) ist die characteristische Vegetationsform der »Fadenalgen« und schliesst sich unmittelbar an das Catenal-Coenobium der Protophyten an, aus dem er hervorgegangen ist (§ 49). Im einfachsten Falle ist der *Thallus filiformis* unverzweigt und besteht aus einer einzigen Reihe von cylindrischen Zellen (viele niedere Algen, besonders Chlorophyceen). Dagegen ist das wurzelförmige *Thalloma mycelinum* aus verzweigten Fäden oder Zellenreihen zusammengesetzt (viele niedere Algen, Mycelium der Pilze). Der strangförmige *Thallus chordafilis* ist unverzweigt, cylindrisch, sehr lang, aber parenchymatös (z. B. Chorda, Scytosiphon u. A.). Das strauchförmige *Thalloma thamnodes* ist stark verzweigt, mit cylindrischen parenchymatösen Aesten (viele Algen, Pilze und Flechten).

B) Der Platythallus (blattförmige Thallus) bildet eine dünne und breite blattförmige Fläche (oft ähnlich der Spreite eines gestielten Cormophyten-Blattes) und erscheint in folgenden Hauptformen: 1) Das Blatt besteht aus einer einzigen dünnen Zellenschicht (*Thallus monostromus*, z. B. Monostroma, Myrionema, Porphyra u. A.). 2) Das Blatt besteht aus mehreren Zellenschichten und ist aus gewöhnlichem

Parenchym zusammengesetzt (*Thallus laminaris* von Ulva, Laminaria etc.). 3) Das Blatt dieser letzteren Form wird einem Anthophyten-Blatt ähnlich durch Ausbildung einer Mittelrippe und regelmässig vertheilter Seitenrippen (*Thallus costatus* von Delesseria). 4) Das Blatt ist aus dem Hyphengewebe der Pilze zusammengesetzt (*Thallus crustaceus* der Flechten).

C. Der Cormothallus (stockförmiger Thallus) gleicht im Habitus einer echten cormophytischen Pflanze, mit Stengel und Blättern, oft auch mit einer Haftwurzel. Er erscheint bei den höheren Algen in vielen verschiedenen Modificationen; als *Thallus verticillatus*, mit quirlförmig gestellten Blättern (oft auch verticillaten Aesten) bei Characeen, einigen Phaeophyceen und Florideen; als *Thallus pinnatus*, mit gefiederten Aesten und Blättern bei anderen Florideen, als *Thallus foliatus*, mit stark differenzirten Stengeln und Blättern (oft auch Früchten, Schwimmblasen und anderen Organen) bei den höchst entwickelten Fucoideen (Sargassum u. A.).

§ 202. Generation der Thallophyten.

Die Verhältnisse der Zeugung und Fortpflanzung zeigen im Unterreiche der Thallophyten die grösste Mannichfaltigkeit, und sind namentlich in sofern von hohem phylogenetischem Interesse, als sich hier alle verschiedenen Formen derselben von der einfachsten Monogonie bis zur vollendeten Amphigonie noch heute neben einander vorfinden. Die lange Scala ihrer allmähligen historischen Ausbildung lässt sich hier Stufe für Stufe im Zusammenhang übersehen. Theilweise sind diese verschiedenen Generationsformen schon von den Algarien und Algetten, den einzelligen Vorfahren der echten Algen, durch Vererbung übertragen worden; zum anderen Theile sind sie in verschiedenen Gruppen neu erworben, durch Anpassung an besondere Lebens-Verhältnisse.

Die Monogonie oder die ungeschlechtliche Fortpflanzung herrscht ausschliesslich in den beiden Hauptclassen der Pilze und Flechten; sie findet sich ferner bei einem Theile der Algen, und zwar sowohl der Chlorophyceen (Conferven), als der Phaeophyceen (Laminarien). Diese monogonen Algen pflanzen sich durch bewegliche Zoosporen fort, dagegen jene Pilze und Flechten durch unbewegliche Paulosporen. Da hier überhaupt die geschlechtliche Differenzirung nicht vorkommt, fehlt auch der Generationswechsel; mithin verläuft die ganze Ontogenie als einfache Hypogenesis. Es ist aber zur Zeit schwer zu sagen, in welchen Fällen diese Hypogenesis eine primäre ist (durch Vererbung von monogonen Protophyten übertragen), und in welchen Fällen eine secundäre (oder Apogamie, durch Verlust der sexuellen Zeugung entstanden). Ersteres ist vielleicht bei den Conferven und Laminarien, letzteres wahrscheinlich bei den Pilzen und Flechten der Fall.

Die Amphigonie oder sexuelle Fortpflanzung ist die vorherrschende Vermehrungs-Form bei der grossen Mehrzahl der Algen; sie ist hier auf allen Stufen der allmählichen Differenzirung anzutreffen. Sie beginnt mit der Zygose, der Copulation von zwei gleichen Zellen oder Isogameten (meistens beweglichen Planosporen). Indem sich diese differenziren, die eine (weibliche) Zelle grösser, die andere (männliche) Zelle kleiner wird, tritt zuerst der Gegensatz der beiden Geschlechter auf. Dieser wird stufenweise immer stärker, bis zuletzt die weibliche Macrospore zur grossen unbeweglichen Eizelle wird, die männliche Microspore zum winzig kleinen Spermazoid. Bei einigen höheren Algen kommt es auch schon zur Ausbildung von Archegonien und Antheridien, indem sowohl die Macrosporen als die Microsporen sich wiederholt theilen und besondere Geschlechtsorgane bilden, ähnlich denjenigen der Diaphyten (vergl. § 227).

Metagonie (oder Generationswechsel im eigentlichsten Sinne) findet sich bei der Mehrzahl der Algen, indem geschlechtliche und ungeschlechtliche Generationen mit einander abwechseln; bald regelmässig, bald unregelmässig. Dabei ist von besonderem phylogenetischem Interesse die Thatsache, dass bei mehreren niederen Algen-Gruppen (besonders Chlorophyceen) der Generationswechsel facultativ oder inconstant ist und nur unter bestimmten Bedingungen stattfindet, während er unter anderen Bedingungen ausfällt; eine und dieselbe Algen-Art kann sich hier bald metagenetisch, bald hypogenetisch entwickeln. Dagegen ist bei vielen höheren Algen die Metagenesis constant und obligatorisch, und nimmt oft eine sehr characteristische Form an.

Die Sporogonie oder Sporenbildung ist bei den *Thallophyten* zwar nicht die einzige, aber die weitaus häufigste Form der ungeschlechtlichen Fortpflanzung, wesshalb man auch das ganze Unterreich als das der Sporogamen bezeichnen kann; zumal auch die sexuelle Zeugung hier mit der Copulation von Sporen beginnt. Als Hauptformen der Sporen sind zu unterscheiden die beweglichen (Zoosporen, Planosporen) und die unbeweglichen (Paulosporen, Acinaden). In vielen Gruppen kommen verschiedene Formen der Sporogonie bei einer und derselben Art neben einander vor. Die mannichfaltige Bildung von zusammengesetzten Sporenbehältern (Sporogonien, Sporelien), sowie die besondere Form der Sporen-Entwickelung, liefern zahlreiche und wichtige Anhaltspunkte für die systematische Phylogenie der Thallophyten.

§ 203. Erstes Cladom der Thallophyten:

Algae. Tange.

Plasmodome Stammgruppe aller Metaphyten.

Thallophyten mit plasmodomen, Carbon assimilirenden Zellen, welche stets Chlorophyll enthalten, und ausserdem oft noch andere characteristische Farbstoffe. Keine Hyphen. Vermehrung theils ungeschlechtlich, theils geschlechtlich.

Das Cladom der Algen oder Tange umfasst in der hier gegebenen Begrenzung des Begriffes ausschliesslich mehrzellige und gewebebildende Thallus-Pflanzen mit plasmodomen Chlorophyll-haltigen Zellen. Wir schliessen also aus dieser Hauptclasse alle gewöhnlich dazu gerechneten *Protophyten* aus, alle niederen Pflanzen, deren entwickelte reife Individualität nur eine einzige Zelle darstellt (*Monobium*), oder einen lockeren Zell-Verein (*Coenobium*). Diese sogenannten »Einzelligen Algen« (Archephyten, Algarien, Algetten) trennen wir aus den oben erörterten Gründen von den echten (vielzelligen) Algen ab und stellen sie in unserem System zu den Protophyten oder den »*plasmodomen Protisten*« (§ 76). Damit wird natürlich die Abstammung der *Algen* von den *Protophyten* nicht geleugnet; vielmehr wiederholen wir ausdrücklich hier die nothwendige Hypothese, dass alle vielzelligen echten Algen ursprünglich von einzelligen Protophyten abstammen, und zwar polyphyletisch (§ 173). Die echten Algen, welche Gewebe bilden, und welche nach Ausschluss jener Protophyten übrig bleiben, vertheilen wir in unserem phylogenetischen System auf vier Classen; die gemeinsame Stammgruppe bildet die Classe der *Chlorophyceen*; aus diesen ältesten »Grünalgen« haben sich als drei divergente Zweige entwickelt die *Charaphyceen* (Mosalgen), die *Phaeophyceen* (Braunalgen) und die *Rhodophyceen* (Rothalgen).

§ 204. Classen und Chromatellen der Algen.

Die vier Classen der echten Algen unterscheiden sich in erster Linie weder durch die Form ihres Thallus, noch durch die Art ihrer Fortpflanzung, sondern durch den Besitz verschiedener Farbstoffe, welche wegen ihrer constanten Vererbung höchst characteristisch sind und gewöhnlich schon auf den ersten Blick äusserlich die Stellung der Alge im System erkennen lassen. Die *Chlorophyceen* oder Grünalgen sind stets grün gefärbt, und zwar durch dieselben *Chlorophyll*-Körner, welche auch der grossen Mehrzahl der übrigen Pflanzen ihre grüne Farbe verleihen. Dieselbe Färbung zeigen auch die nahe verwandten Mosalgen oder *Charaphyceen*, welche sich von den ersteren wesentlich nur durch die höhere cormophytische Differenzirung und durch die eigenthümliche Form der Fortpflanzung unterscheiden. Dagegen besitzen die beiden anderen Algen-Classen ausser den Chlorophyll-Körnern noch eigenthümliche Pigmente, welche deren grüne Farbe modificiren oder ganz verdecken. Die *Phaeophyceen* oder Braunalgen zeichnen sich durch einen eigenthümlichen braunen oder braungelben Farbstoff aus, das *Phycophaein*; ihre Farbe ist daher meist olivengrün, bald mehr gelblich, bald mehr schwärzlich. Hingegen fallen die *Rhodophyceen* oder Rothalgen durch eine röthliche Färbung auf, welche bald rein purpurroth, bald mehr violett, bald mehr braunroth oder grünlich roth wird; der Farbstoff, welcher sie hervorbringt, das *Phycorhodin* (oder *Phycoerythrin*, *Erythrophyll*) ist in reinem Wasser löslich; wird derselbe durch Liegen in Süsswasser extrahirt, so wird das grüne Chlorophyll sichtbar, welches in Alkohol, aber nicht in Wasser löslich ist.

Die Pigmentkörner, welche die Farbstoffe der Algen tragen, und welche zahlreich im Plasma der Zellen vertheilt sind, werden gewöhnlich als *Chromatophoren* bezeichnet. Dieser Ausdruck sollte jedoch nur (dem alten Sprachgebrauche gemäss) für ganze Pigmentzellen verwendet werden; wir unterscheiden daher die ersteren als Chromatellen. Eigentlich sind bei allen Algen diese Farbstoffkörperchen »Chlorophyll-Körner«; aber ihre grüne Farbe tritt nur bei den *Chlorophyceen* und *Charaphyceen* rein hervor; bei den *Phaeophyceen* wird sie mehr oder weniger verdeckt durch das Phycophaein, bei den *Rhodophyceen* durch das Phycorhodin.

§ 205. Thallus der Algen.

Der entwickelte vielzellige Körper der echten Algen ist zwar bei der grossen Mehrzahl ein echter *Thallus* (§ 186); er erreicht aber durch mannichfaltige und zum Theil hohe Differenzirung in einzelnen Gruppen eine solche Ausbildung, dass er dem Culmus, oder bei den verästelten Stöcken als *Thalloma* dem Cormus der Cormophyten verglichen werden kann, mit Stengel, Blättern und Wurzeln, bisweilen selbst mit besonderen Früchten. Sind auch diese Organe morphologisch nicht von demselben Werthe wie bei den Cormophyten, so sind sie ihnen doch physiologisch vergleichbar. Die wichtigsten Ausbildungsstufen des Algen-Thallus sind folgende:

1) Ein einfacher cylindrischer Faden, aus einer einzigen Zellreihe gebildet (*Ulothricheen*, *Sphaeroplealen* und andere niederste Formen

der Chlorophyceen); 2) ein verzweigter Faden oder ein Fadenstrauch, aus verästelten einfachen Zellreihen gebildet (niedere *Confervalen* und *Cladophoreen*, *Callithamnien*, *Ectocarpeen* u. s. w.; 3) ein strauchförmiges Thalloma, dessen starke cylindrische Aeste aus einem differenten Markgewebe (Axenzellen) und Rindengewebe (Rindenzellen) bestehen (viele *Fucoideen* und *Florideen*); 4) ein blattförmiger Thallus einfachster Art, gebildet aus einer einzigen Zellschicht (*Monostroma Porphyra*) oder aus mehreren Zellschichten (*Ulva*, *Diploderma*); 5) der blattförmige Thallus ist mehrschichtig (oft riesengross) und bildet unten am Stiel eine Wurzel zur Befestigung am Boden (*Laminaria*), oft auch eine starke Mittelrippe (*Alaria*); bisweilen ist letztere gefiedert, mit Seitenrippen (*Delesseria*); 6) das Thalloma wird verticillat und nimmt den Habitus einer Equisetine an, indem der Stengel sich regelmässig gliedert und Quirle von Blättern trägt (*Charaphyceen*); 7) das Thalloma wird cormophytisch, indem der verzweigte Stengel differenzirte Blätter und oft an besonderen Sprossen Früchte und Schwimmblasen trägt (*Fucaceen*).

Mit dieser Differenzirung des ganzen Algen-Thallus geht eine fortschreitende Ausbildung seines Gewebes Hand in Hand. In dieser Beziehung sind folgende histologische Ausbildungs-Stufen die wichtigsten: 1) Ein einfacher oder verzweigter Faden, aus einer Zellreihe gebildet. 2) Dickere, cylindrische Fäden, aus mehreren Zellenreihen gebildet (anfangs gleichartig, später innere Markzellen und äussere Rindenzellen verschieden). 3) Ein Blatt aus einer einfachen Zellschicht gebildet. 4) Blätter aus mehreren Zellenschichten (anfangs gleichartig, später in Rippen und Platten differenzirt). 5) Gewebe von Stengel und Blättern verschieden.

§ 206. Generation der Algen.

Die Verhältnisse der Zeugung und Entwickelung sind in der Hauptclasse der Algen ausserordentlich mannichfaltig; sie sind von höchstem Interesse nicht allein für die Ontogenie, Phylogenie und Systematik der verschiedenen Algengruppen, sondern auch für die allgemeine Generationslehre, und namentlich für die wichtige Frage, wie die verschiedenen Formen der Zeugung und der Ontogenese aus einander phylogenetisch entstanden sind. Nur in wenigen Gruppen herrscht Hypogenesis oder einfache directe Entwickelung, indem jeder Generationscyclus dem andern gleicht; ausschliesslich monogon (durch Schwärmsporen) vermehren sich die *Conferven* und *Laminarien*, ausschliesslich amphigon (durch befruchtete Eizellen) die *Fucaceen*. In fast allen übrigen Gruppen der Algen findet sich Metagenesis oder Generationswechsel, indem monogone und amphigone Zeugung in verschiedener Weise mit einander abwechseln. Die wichtigsten Ausbildungsstufen dieser beiden Zeugungsformen sind folgende:

I. Monogonie der Algen, ungeschlechtliche Zeugung, (*Propagatio neutralis*); sie tritt auf in folgender Stufenreihe: 1) Bildung von Brutzellen (*Gonidien*); jede beliebige Zelle eines primitiven Thallus kann sich aus dem Verbande lösen und sofort durch Theilung zu einem neuen Thallus entwickeln (nur bei den niedersten Chlorophyceen, Confervalen u. A.). 2) Derartige isolirte Brutzellen umgeben sich mit besonderen Hüllen und verharren einige Zeit im Ruhezustande, ehe sie durch wiederholte Theilung einen neuen Thallus bilden: Dauersporen (*Paulosporen*); bald bilden sie eine Gallerthülle (*Palmella-Sporen*), bald eine neue Zell-Membran (*Aplanosporen*), bald eine dicke Kapselhülle (*Acinaden*, unpassend als »*Acineten*« bezeichnet, Name einer Infusorien-Classe). 3) Die Dauerspore oder Ruhspore (*Paulospora*) theilt sich als *Metrospore* (»Sporenmutterzelle«) in mehrere ruhende Sporen (*Diplosporen* durch Zweitheilung, *Tetrasporen* durch Viertheilung, *Octosporen* durch Achttheilung, *Polysporen* durch Vieltheilung). 4) Bildung von Brutknospen (*Bulbilli*); einzelne Zellgruppen (meist zu vier oder mehreren) lösen sich als Thallusknospen oder metamorphosirte Sprosse von der Mutterpflanze ab und entwickeln sich zu einem neuen Thallus (Sphacelarien und andere Fucoideen). 5) Bildung von Schwärmsporen (*Planosporen*), welche sich durch Geisseln bewegen und zur Ruhe gelangt keimen; sie entstehen bald in einzelnen Zellen (Cladophoraceen u. A.), bald in besonderen Sporangien, die oft gruppenweise zu Sori vereint sind (Laminarieen).

II. Amphigonie der Algen, geschlechtliche Zeugung (*Propagatio sexualis*); sie erscheint in folgender Stufenreihe: 1) Copulation von zwei gleichartigen Planosporen oder beweglichen Gameten, und Bildung einer Zygote (oder Zygospore); bei Confervalen, Ectocarpeen u. A. 2) Die Planogameten differenziren sich, indem eine kleinere männliche (Microspore) mit einer grösseren weiblichen (Macrospore) copulirt: viele Confervalen, Ectocarpeen u. A. 3) Die weibliche Macrospore wird grösser, verliert ihre Beweglichkeit und wird so zur »Eizelle«; sie wird befruchtet von der beweglichen Microspore, welche als »Spermazoid« in besonderen »Antheridien« entsteht: Cutleriaceen, Coleochaetalen u. A. 4) Die weibliche Eizelle verwandelt sich in ein Ovogonium, indem sie sich wiederholt theilt, und jede von diesen (secundären) Eizellen von einem Spermazoid befruchtet wird: Sphaeropleales, Fucaceae u. A. 5) Die weiblichen Archegonien und die männlichen Antheridien entwickeln sich zu eigenthümlich gebauten Organen, ähnlich denjenigen der Diaphyten (Characeen).

§ 207. System der Algen.

Classen der Algen	Ordnungen der Algen
I. Classe: Grünalgen. **Chlorophyceae.** Algen mit grünen Chromatellen, die nur durch Chlorophyll gefärbt sind. Thallus meist fadenförmig, aus einfachen oder verästelten Zellreihen gebildet. Fortpflanzung sehr mannichfaltig. Eizellen bald beweglich, bald unbeweglich.	1. Ordnung: **Confervales.** Thallus-Zellen einkernig Keine unbeweglichen Eizellen. 2. Ordnung: **Coleochaetales.** Thallus-Zellen einkernig Eizellen unbeweglich (Ovosporen). 3. Ordnung: **Cladophorales.** Thallus-Zellen vielkernig Keine unbeweglichen Eizellen. 4. Ordnung: **Sphaeropleales.** Thallus-Zellen vielkernig Eizellen unbeweglich (Ovosporen).
II. Classe: Mosalgen. **Charaphyceae.** Algen mit grünen Chromatellen, die nur durch Chlorophyll gefärbt sind. Thallus cormophytisch, mit cylindrischem Stengel und verticillaten Blättern. Fortpflanzung amphigon. Antheridien-Hülle mit 8 Schildzellen. Archegonien-Hülle mit 5 Spiralzellen.	5. Ordnung: **Nitellaceae.** Stengelglieder nackt Krönchen der Frucht 10zähnig. 6. Ordnung: **Characeae.** Stengelglieder berindet Krönchen der Frucht 5zähnig
III. Classe: Braunalgen. **Phaeophyceae.** Algen mit braunen Chromatellen, deren Chlorophyll durch Phycophaein verdeckt ist. Thallus bald sehr einfach, bald cormophytisch differenzirt. Fortpflanzungszellen fast immer asymmetrische Planocyten mit 2 lateralen Geisseln.	7. Ordnung: **Phaeosporeae.** Planosporen superficial (Fortpflanzungszellen beweglich, aus der Oberfläche entstehend). 8. Ordnung: **Cyclosporeae.** Bewegliche Spermazoiden und unbewegliche Eizellen entstehen subcutan, in eingesenkten Conceptakeln. 9. Ordnung: **Dictyoteae.** Alle Fortpflanzungszellen unbeweglich (Paulocyten).
IV. Classe: Rothalgen. **Rhodophyceae.** Algen mit rothen Chromatellen, deren Chlorophyll durch Phycorhodin verdeckt ist. Thallus höchst mannichfaltig geformt, oft cormophytisch. Fortpflanzung gewöhnlich mit Metagenesis, ohne Planocyten.	10. Ordnung: **Bangideae.** Monogonie durch Octosporen Sporogonium einfach, ohne Cystocarpium. 11. Ordnung: **Florideae.** Monogonie durch Tetrasporen Sporogonium zusammengesetzt, mit entwickeltem Cystocarpium.

§ 208. Stammbaum der Algen.

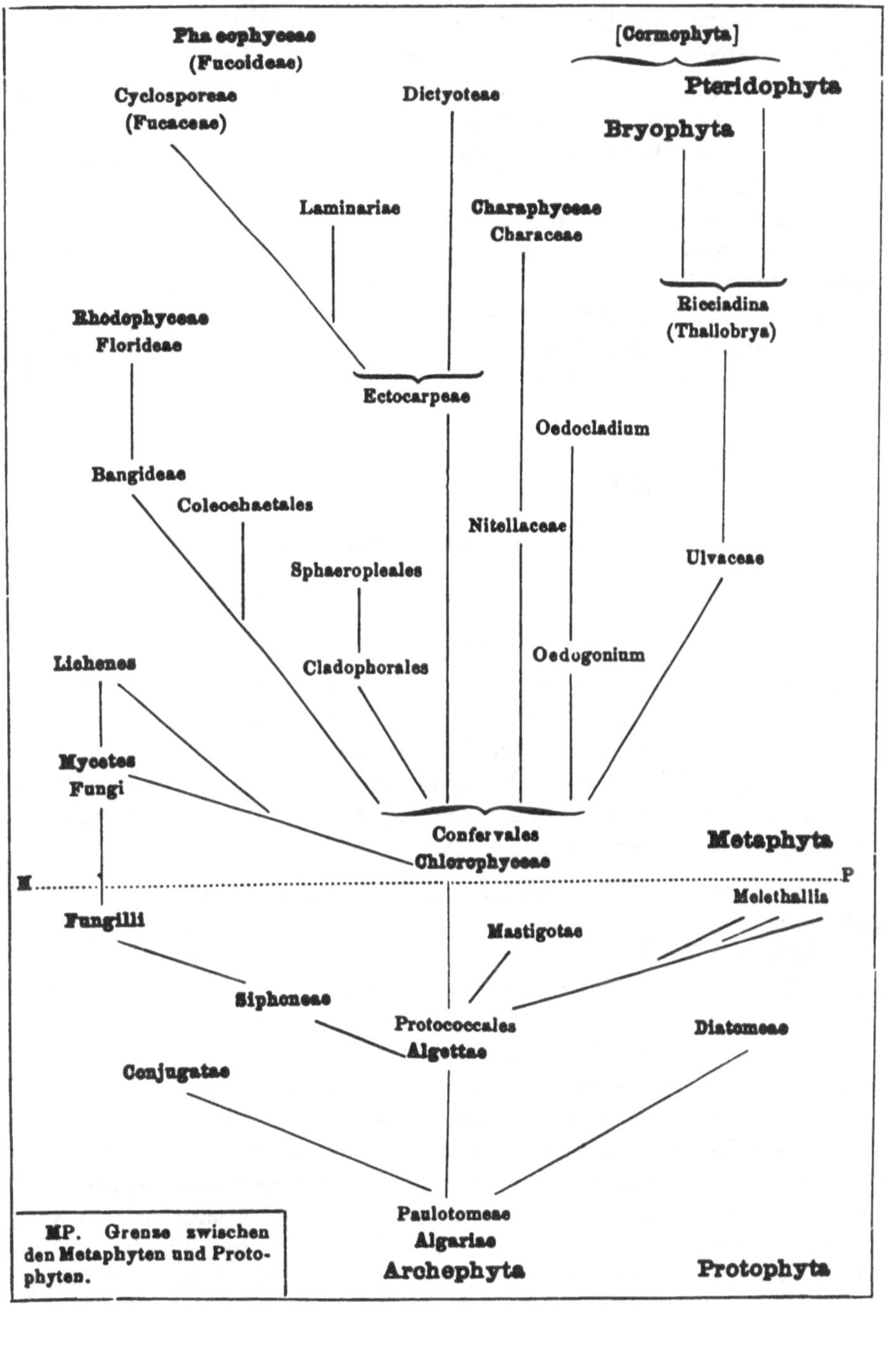

6) Auch die männlichen Spermazoiden verlieren ihre Beweglichkeit und verwandeln sich in unbewegliche Spermatien; diese werden passiv zu der flaschenförmigen Eizelle (»Carpogonium«) hingeführt und von deren Empfängnisshaar (Trichogyne) aufgenommen: Florideen.

III. Metagonie der Algen: Die verschiedenen Formen der *Monogonie* (I.) und der *Amphigonie* (II.) wechseln mit einander in mannichfaltigster Weise ab. Dieser »Generationswechsel« nimmt in einigen grösseren Gruppen (z. B. Florideen) sehr characteristische und constante Formen an, während er in anderen (besonders niederen) Gruppen vielfachen Abänderungen unterworfen und von den äusseren Entwickelungs-Bedingungen abhängig ist (z. B. bei vielen Chlorophyceen). Eine und dieselbe Algen-Art kann sich hier bald hypogenetisch entwickeln (bald durch *Monogonie,* bald durch *Amphigonie*), bald metagenetisch, durch Generationswechsel.

§ 209. Erste Classe der Algen:

Chlorophyceae. Grünalgen.

Confervales. Confervaceae (exclusis Protophytis!).

Stammgruppe aller Algen.

Algen mit grünen Chromatellen, welche bloss durch Chlorophyll gefärbt sind, ohne Phycophaein und ohne Phycorhodin. Thallus meist aus einfachen oder verästelten Fäden (Zellreihen) gebildet, seltener blattförmig (Zellplatten). Fortpflanzung selten monogon, meist amphigon, oft alternant, fast immer durch monaxone Planocyten mit zwei oder mehreren apicalen Geisseln.

Die Classe der Chlorophyceen oder *Confervalen* ist die älteste und niederste Gruppe der echten Algen, zugleich von hervorragender Bedeutung als die gemeinsame Stammgruppe sämmtlicher Metaphyten (vergl. § 175). In der Umgrenzung, welche wir oben dieser Classe gegeben haben (§ 204), umfasst dieselbe nur diejenigen Grünalgen, welche einen echten Thallus besitzen, d. h. einen vielzelligen Pflanzenkörper, an welchem der erste Anfang der Gewebebildung besteht, mindestens in der Ergonomie von zwei Zellen-Arten: sterilen Vegetations-Zellen und fertilen Propagations-Zellen. Wir schliessen also von den *Chlorophyceen* alle diejenigen, gewöhnlich dazu gerechneten Grünalgen aus, welche entweder einzellig bleiben oder nur lockere Zellvereine (*Coenobien*) bilden, aber keinen echten Thallus (— so die *Conjugatae, Melethallia* und *Siphoneae,* § 76 —). Ferner schliessen wir aus die *Charaphyceen*, welche wegen der cormophytischen Differenzirung des Thallus und der höheren Form der Amphigonie von den echten Chlorophyceen zu trennen sind.

Als echte Chlorophyceen bleiben dann folgende vier Ordnungen übrig, die den grössten Theil der »Süsswasser-Algen« bilden: 1) *Confervales*, mit einkernigen Zellen und Planogameten; 2) *Coleochaetales*, mit einkernigen Zellen und Ovogonien; 3) *Cladophorales*, mit vielkernigen Zellen und Planogameten; 4) *Sphaeropleales*, mit vielkernigen Zellen und Ovogonien. Als fünfte Ordnung könnte man von den Confervalen die nahe verwandten 5) *Ulvaceae* trennen, welche sich durch den blattförmigen Thallus von den übrigen Chlorophyceen auffallend unterscheiden; bei diesen letzteren besteht der Thallus stets aus einfachen oder verzweigten Zellreihen (Fäden). Die Blattform des Ulvaceen-Thallus ist desshalb so bedeutungsvoll, weil damit zum ersten Male wirkliches Parenchym auftritt, als »Zellschicht« die erste Form des parenchymatischen Gewebes (§ 193). Die Zellschicht ist bei *Monostroma* einfach, bei *Ulva* doppelt. Von diesen blattförmigen Ulvaceen können wir unmittelbar die niedersten Thallusmose ableiten, die *Ricciadinen*, welche wir als die gemeinsame Stammgruppe aller Mose und zugleich aller Cormophyten betrachten (vergl. §§ 232 und 238).

§ 210. Generation der Chlorophyceen.

Die Fortpflanzung der Chlorophyceen bietet eine grosse Mannichfaltigkeit von verschiedenen Erscheinungen dar, die aber durch Uebergangsformen verknüpft und daher für die Phylogenie der Propagations-Formen von hoher allgemeiner Bedeutung sind (ähnlich wie bei den *Phaeophyceen*, § 212). Wir unterscheiden folgende Hauptformen: 1) Nur monogone Fortpflanzung durch Planosporen (Schwärmsporen mit einer Geissel bei *Conferva*, mit 2 oder 4 Geisseln bei *Microspora* u. A.). 2) Neben der Sporogonie (Bildung von grösseren Schwärmsporen mit 4 Geisseln) tritt Copulation von gleichartigen Gameten auf (kleineren Planocyten mit 2 Geisseln), so bei vielen *Ulvaceen*, *Confervalen* und *Cladophoralen*. 3) Die Gameten differenziren sich sexuell und copuliren als kleinere Microsporen (männliche Planogameten) mit grösseren Macrosporen (weiblichen Planogameten); so bei mehreren *Confervalen* u. A. 4) Die sexuelle Ergonomie bildet sich weiter aus, indem die Eizellen ihre Beweglichkeit verlieren: einige (männliche) Zellen des Thallus werden zu Antheridien, indem sie kleine Spermazoiden bilden (meist mit 2 Geisseln); andere (weibliche) Zellen verwandeln sich in Ovogonien und bilden unbewegliche Eizellen (eine bei den *Coleochaetalen*, mehrere bei den *Sphaeroplealen*).

5) Mit dieser geschlechtlichen Zeugung verbindet sich oft ungeschlechtliche, indem die Cytula (oder Ovospore) bei der Keimung sich wiederholt theilt und mehrere Schwärmsporen bildet (4 bei *Oedogonium*, 8 bei *Sphaeroplea* u. s. w.). 6) Dieser Generationswechsel (der auch bei Gameten-Copulation sich entwickeln kann, z. B. *Ulothrix*) wird dadurch noch weiter ausgebildet, dass die befruchtete Eizelle in einen Ruhezustand übergeht, ehe sie keimt, oder dass das *Ovogonium* von einer besonderen Zellhülle umschlossen und so zum *Sporogonium* wird (*Coleochaetales*); diese Gruppe führt bereits zu den Florideen und den einfachsten Mosen hinüber (Ricciadinae, § 237, 238).

Ausserdem können noch in den Generationscyclus der Chlorophyceen besondere Complicationen eingeschaltet werden. Die *Oedogoniaceen*, welche sich den Coleochaetalen zunächst anschliessen, weichen von ihnen und allen anderen Chlorophyceen mehrfach ab; ihre Schwärmsporen (und ebenso die ansehnlichen Spermazoiden) tragen am Acipalpol einen Kranz von vielen kurzen Cilien (statt der gewöhnlichen wenigen, langen Geisseln); ihre Planocyten sind echte *Ciliaten*, nicht *Flagellaten*. Die Spermazoiden entstehen entweder (einzeln oder zu zweien) in besonderen kurzen Gliederzellen (Antheridien), oder in eigenthümlichen, aus kleinen Androsporen entwickelten »Zwergmännchen«. Diese letzteren, kleine wenigzellige männliche Pflänzchen, sind meist auf den grossen Ovogonien angesiedelt, die ebenfalls auf eigenthümliche Weise entstehen. Die befruchtete Eizelle überwintert und bildet im nächsten Frühjahr 4 bewimperte Planosporen.

Oedocladium protonema, eine Oedogoniacee, die auf feuchter Erde lebt, zeichnet sich dadurch aus, dass ihr verästelter Thallus dem Protonema der Cormobryen gleicht; er ist in einen unterirdischen farblosen Theil (Rhizom) und einen oberirdischen grünen Theil differenzirt, und könnte als Bild einer Uebergangsform von den Chlorophyceen zu den Muscineen betrachtet werden.

§ 211. Zweite Classe der Algen:

Charaphyceae. Mosalgen.

Charales. Characeae et Nitelleae.

Cormophytische, specialisirte, grüne Algen-Gruppe.

Algen mit grünen Chromatellen, welche bloss durch Chlorophyll gefärbt sind, ohne Phycophaein und ohne Phycorhodin. Thallus cormophytisch differenzirt, mit cylindrischem Stengel und verticillaten Blättern. Fortpflanzung amphigon, mit hochentwickelten Antheridien, deren kugelige Kapsel aus acht Schildzellen gebildet ist, und mit Archegonien, deren Hülle aus fünf Spiralzellen zusammengesetzt ist.

Die Classe der Charaphyceen oder *Charalen* (Wirtel-Algen, Armleuchter-Pflanzen) ist eine kleine circumscripte Gruppe von Süsswasser- (und theilweise Brackwasser-) Pflanzen, die sich zwar direct an die Chlorophyceen-Ahnen anschliesst, aber durch mehrfache eigenthümliche Differenzirungen ziemlich weit über dieselben erhebt. Der Thallus erhält hier den Habitus einer *Equisetine* und bildet einen cylindrischen Stengel, der in regelmässigen Abständen mit Quirlen von Blättern umgeben ist, und in deren Achseln Seitenäste und die beiderlei Gonaden trägt. Die Quirle wechseln regelmässig mit einander ab, wie bei vielen höheren verticillaten Pflanzen. Sowohl der Stengel als die Blätter bestehen aus grossen cylindrischen Zellen, die abwechselnd kurz und lang sind. Die langen »Gliederzellen« (*Nodien*) sind bei den älteren *Nitelleen* nackt, bei den jüngeren *Characeen* von einer Rindenschicht kleinerer Zellen umgeben. Die kurzen »Knotenzellen« (*Internodien*) tragen die Blätter.

Die beiderlei Geschlechts-Organe (meistens monoecisch auf einer Pflanze, seltener dioecisch vertheilt) sind sehr eigenthümlich differenzirt, von besonderen Hüllen umgeben. Die Antheridien sind kugelige rothe Kapseln (von octaedrischer Grundform); ihre Wand besteht aus 8 dreieckigen flachen Schildzellen, deren gezackte Ränder in einander greifen; jede Zelle trägt in der Mitte ihrer Innenfläche einen cylindrischen Zapfen (Manubrium), auf welchem ein Büschel von 24 dünnen Gliederfäden aufsitzt, und in jedem Gliede der letzteren bildet sich ein schraubenförmiges, mit 2 Geisseln versehenes Spermazoid.

Ebenso eigenthümlich geformt sind die weiblichen Sprosse, welche auf einem kurzen Stiele ein eiförmiges Archegonium tragen. Dasselbe besteht aus einer grossen, mit Nahrungsdotter gefüllten Eizelle und einer dichten, aus 5 spiral gewundenen Zellen zusammengesetzten Hülle. Die Hüllzellen entspringen unten aus der Knotenzelle des Stiels und gliedern oben bei *Chara* 5, bei *Nitella* 10 Zellen ab, welche ein »Krönchen« bilden (den Archegonium-Hals). Zwischen diesen dringen die Spermazoiden zur Eizelle hindurch. Aus der Cytula (oder »Ovospore«) entsteht nach der Befruchtung ein fadenförmiger Vorkeim (ähnlich dem Protonema der Mose) und aus diesem durch laterale Knospung der Equisetum-ähnliche Cormus.

Während die *Charaphyceen* sich in diesen Beziehungen hoch über die anderen Algen erheben und an die Mose anschliessen, bleiben sie in anderer Hinsicht (besonders histologisch) auf einer tiefen Stufe stehen; so auch durch ihr grosses Reproductions-Vermögen (vegetative Fortpflanzung durch Wurzelknollen, Brutknospen, Zweigstücke u. s. w.). Bei den älteren *Nitelleen* sind die einzelligen Stengelglieder nackt, bei den höher entwickelten *Characeen* berindet. Die Krönchenzähne des Archegonium-Halses sind bei ersteren zweizellig, bei letzteren einzellig. Zwischen den Charaphyceen und ihren Confervalen-Ahnen haben jedenfalls früher zahlreiche connectente Uebergangs-Formen existirt; wegen ihrer zarten Gewebe-Structur konnten sich fossile Reste aber nicht erhalten.

§ 212. Dritte Classe der Algen:

Phaeophyceae. Braunalgen.

Fucoideae ss. ampl. Melanophyceae.

Höchstentwickelte, braune Hauptgruppe der Algen.

Algen mit braunen Chromatellen, deren Chlorophyll durch Phycophaein verdeckt ist (ohne Phycorhodin). Thallus höchst mannichfaltig ausgebildet, bald sehr einfach (einfache oder verzweigte Zellenreihen), bald zusammengesetzt oder selbst cormophytisch differenzirt. Fortpflanzung bald monogon, bald amphigon, bald alternant, fast immer durch asymmetrische Planocyten mit zwei lateralen Geisseln.

Die Classe der Phaeophyceen (oder *Fucoideen* im weiteren Sinne) bildet eine grosse Gruppe von sehr verschieden gestalteten Algen, alle übereinstimmend in dem Besitze eines eigenthümlichen braunen Farbstoffs, welcher das Chlorophyll der Chromatellen verdeckt (*Phycophaein*, verwandt dem gelben *Diatomin* der Diatomeen). Form und Grösse des Thallus sind in dieser umfangreichen, ausschliesslich marinen Algen-Classe höchst verschieden; die kleinsten Phaeophyceen sind fast mikroskopisch; die grössten (Laminarien, Macrocystis) erreichen eine Länge von 200—300 m und darüber; sie sind die längsten von allen Pflanzen. Im einfachsten Falle ist der ganze Thallus nur ein einfacher cylindrischer Faden, oder ein lineares gestieltes Blatt; gewöhnlich ist er verästelt, oft strauchförmig, und bei vielen höheren Formen ahmt er die Gestalt eines vielverzweigten Cormus mit Stengel, Blättern und Wurzeln nach. Auch der feinere Bau des Gewebes zeigt eine lange Reihe von Differenzirungen, von sehr einfachen bis zu stark differenzirten Formen (mit Mark und Rinde, Haaren u. s. w.).

Die Einheit dieses formenreichen Stammes wird nicht allein durch das Phycophaein bewiesen, welches die characteristische olivenbraune (bald mehr gelbliche, bald mehr schwärzliche) Farbe erzeugt, sondern auch durch die constante Form der Fortpflanzungszellen, welche fast immer (— mit einziger Ausnahme der *Dictyoteen* —) Geisselzellen von asymmetrischer Eiform sind, mit zwei lateralen Geisseln, welche sich unterhalb der Zellenspitze auf einer Seite inseriren (die eine nach vorn, die andere nach hinten gerichtet). Die sexuelle Ergonomie dieser Planocyten zeigt in ähnlicher Weise, wie bei den Chlorophyceen, eine interessante Reihe von aufsteigenden Entwickelungsstufen, deren wichtigste die folgenden sind: 1) Nur monogone Fortpflanzung, ohne Copulation von Gameten; alle Gonocyten sind geschlechtslose Schwärmsporen von einerlei Form, die in einfächerigen Sporangien (Zellen der Thallus-Oberfläche) entstehen: *Laminarieen*. 2) Die Gonocyten sind zwar sämmtlich Schwärmsporen von gleicher Form und Grösse; sie können aber copuliren (facultative Gameten-Bildung); der Thallus, welcher aus der Copulation von zwei Gameten sich entwickelt, ist grösser und kräftiger, als derjenige, welcher nur aus einer Planospore hervorgeht: viele *Ectocarpeen*. 3) Die Gameten differenziren sich, indem die einen (weiblichen) grösser werden, und sich früher festsetzen, als die kleineren männlichen Schwärmzellen: einige *Ectocarpeen*; aus ihrer Verschmelzung entsteht eine Zygote. 4) Die sexuelle Ergonomie wird stärker; die weibliche grössere Schwärmzelle setzt sich bald fest und verwandelt sich in eine kugelige Eizelle mit Empfängnissfleck; an letzterem copulirt sie mit einer (sehr kleinen) männlichen Planocyte, einem Spermazoiden: *Cutleriaceen*. 5) Die beiderlei Geschlechtszellen (Gamellen) entstehen neben einander in besonderen Geschlechtskammern oder »Fruchtbehältern« (Sexualdrüsen, Conceptacula); in diesen kugeligen oder birnförmigen Gruben, die sich an der Oberfläche des Thallus öffnen, sitzen zwischen zahlreichen Saftfäden oder Paraphysen viele spindelförmige Antheridien oder Spermablasten (spindelförmige Zellen, die Massen von sehr kleinen Spermazoiden bilden) und grosse Ovogonien (birnförmige Eimutterzellen, die sich innerhalb der gestielten Membran in 4 oder 8 Eizellen theilen); die nackten, bewegungslosen Eizellen werden ausgeworfen, im Wasser von den schwärmenden Spermazoiden befruchtet und keimen dann sogleich, nachdem sie sich festgesetzt und mit einer Membran umgeben haben: *Fucaccen*. 6) Die sexuelle Arbeitstheilung setzt sich fort auf die Conceptakeln und dann auf die Thallen; zunächst verwandeln sich die monoclinischen Fruchtbehälter in diclinische, indem die einen nur Antheridien, die anderen nur Ovogonien erzeugen; dann wird der monoecische Thallus dioecisch (z. B. bei *Fucus vesiculosus*, wo die männliche Pflanze gelbbraun, die weibliche olivenbraun ist). 7) Beiderlei Geschlechtszellen haben ihre Geisseln verloren und sind bewegungslose Gonocyten geworden (ähnlich denen der Rhodophyceen); in den Antheridien bilden sich viele kleine Spermatien, in den Ovogonien nur je eine grosse Eizelle; ausserdem tritt hier noch ungeschlechtliche Vermehrung durch unbewegliche Tetragonidien auf: *Dictyoteen* (*Padina* u. A.).

§ 213. Vierte Classe der Algen:

Rhodophyceae. Rothalgen.

Florideae ss. ampl. (Florideae et Bangideae).

Einseitig hochentwickelte, rothe Algen-Gruppe.

Algen mit rothen oder violetten Chromatellen, deren Chlorophyll durch Phycorhodin verdeckt ist (ohne Phycophaein). Thallus höchst mannichfach ausgebildet, bald einfach (aus Zellenreihen gebildet), bald vielverästelt oder cormophytisch differenzirt. Fortpflanzung stets mit Generationswechsel, stets ohne Planocyten. Sporogone Generation mit Tetrasporen oder Octosporen. Amphigone Generation mit unbeweglichen Spermatien und flaschenförmigen Eizellen.

Die Classe der Rhodophyceen (oder der *Florideen* im weiteren Sinne) bildet eine formenreiche, aber einheitlich organisirte Gruppe von fast ausschliesslich marinen Algen. Aeusserlich kennzeichnet sie die rothe oder violette Farbe des Thallus, hervorgebracht durch einen eigenthümlichen röthlichen Farbstoff (*Phycorhodin* oder *Phycoerythrin*); derselbe verdeckt die grüne Farbe, welche das Chlorophyll der Chromatellen hervorbringt. Der vielgestaltige Thallus zeigt eine grosse Mannichfaltigkeit von Entwickelungsformen, von einfachen oder verzweigten Zellreihen (*Callithamnion*) und dünnen Blättern, die aus einer oder zwei Zellschichten bestehen (*Porphyra*, *Diploderma*), bis zu vielverzweigten und gefiederten Gebilden, welche die Form verzweigter Stengel und gerippter oder gefiederter Blätter nachahmen (*Chondrus* und *Fastigiaria* mit vielfach dichotom verästeltem Thallus, *Delesseria* mit Mittel- und Seitenrippen des blattförmigen Thallus, *Corallina* mit verkalktem, corallenähnlichem Thallus u. s. w.).

Characteristisch für die Classe ist ferner die Art der Fortpflanzung und der gänzliche Mangel von *Planocyten*. Sowohl die ungeschlechtlich erzeugten Sporen (meist Octosporen bei den *Bangideen*, Tetrasporen bei den *Florideen*), als auch die beiderlei Geschlechtszellen der amphigonen Generation sind *Paulocyten*, unbewegliche Zellen ohne Geisseln; jedoch zeigen dieselben oft, nachdem sie ihre Zellmembran verlassen haben, kurze Zeit hindurch amoeboide Bewegungen. Gewöhnlich scheint Generationswechsel in der Art stattzufinden, dass der sexuelle Thallus, welcher aus keimenden Gonidien oder Paulosporen sich entwickelt, in den Endzellen bestimmter Aeste entweder Antheridien oder flaschenförmige Eizellen bildet (dioecisch); oft kommen beide dicht neben einander auf einer Pflanze vor (monoecisch). Aus dem *Antheridium* (der keulenförmigen Endzelle des männlichen Astes) entwickeln sich zahlreiche kleine kugelige oder längliche *Spermatien*, unbewegliche, nackte Samenzellen, welche durch die Wasserbewegung zur Eizelle hingetrieben werden. Die eigentliche Eizelle ist bei den *Bangideen* wenig von gewöhnlichen Thalluszellen verschieden (oft mit einem kurzen Fortsatz), dagegen bei den *Florideen* flaschenförmig; der lange Hals derselben wird als »Empfängnisshaar« bezeichnet (*Trichogyne*), der Bauch der flaschenförmigen Eizelle als *Carpogonium*. Nachdem der Kern eines zugetriebenen Spermatium durch die Trichogyne zum Carpogon gewandert und mit dessen Kern verschmolzen ist, entwickelt sich aus der befruchteten Eizelle die zweite, sporogone Generation. Dieses Sporogonium bildet unbewegliche (oder amoeboide) Sporen, ist aber in den beiden Subclassen der Florideen und Bangideen sehr verschieden.

Bei den älteren und einfacher gebildeten Bangideen (welche sich unmittelbar an die *Coleochaetales* anschliessen) bildet die Cytula (oder befruchtete Eizelle, *Archesporium*) unmittelbar durch wiederholte Theilung mehrere (meist 8) nackte Sporen, die als amoeboide Zellen umherkriechen und erst später sich mit einer Sporenhülle umgeben (— ebenso wie die 8 ähnlichen Octosporen, welche durch ungeschlechtliche Vermehrung einer Thalluszelle, als »Gonidien« entstehen —). Bei der grossen Hauptgruppe der Rhodophyceen hingegen, bei den Florideen, bildet sich in mehrfach verschiedener Weise aus der Cytula ein eigenthümliches Sporogonium, welches oft Nahrung von anderen Thalluszellen (»*Auxiliar-Zellen*«) aufnimmt, dann als sogenannter *Gonimoblast* ein Büschel von sporenbildenden Fäden erzeugt (»*Ooblastem-Fäden*«) und oft mit einer besonderen Hülle (*Cystocarpium*) sich umgiebt. Die verschiedenen Formen dieser Metagenesis der Florideen lassen sich phylogenetisch von derjenigen der Bangideen, und diese von der der Coleochaetalen ableiten.

§ 214. Zweites Cladom der Thallophyten:

Mycetes. Pilze.

Fungi multicellares. Automycetes. Mycomycetes.

Hauptgruppe der plasmophagen Thallophyten.

Thallophyten mit plasmophagen, nicht Carbon assimilirenden Zellen, ohne Chlorophyll und ohne Amylum. Der vielzellige Thallus aus farblosen Hyphen oder dünnwandigen gegliederten Schlauchzellen gebildet. Vermehrung stets ungeschlechtlich, durch Paulosporen.

Das Cladom der Myceten oder der echten Pilze (*Fungi s. str.*) umfasst in der hier versuchten Begrenzung nur die mehrzelligen

Pilze, deren Thallus aus vielen Hyphen zusammengesetzt ist; diese characteristischen Hyphen oder Pilzfäden sind einfache oder verzweigte Zellreihen, deren dünnwandige, schlauchförmige Zellen stets des Chlorophylls und des Amylums entbehren. Die Pilze können daher nicht Carbon assimiliren, sondern müssen ihre Plasma-Nahrung von anderen organischen Körpern entnehmen, entweder als Saprophyten (aus verwesenden organischen Substanzen) oder als Parasiten (aus lebenden Protisten, Pflanzen oder Thieren).

Indem wir die Classe der echten Pilze auf die mehrzelligen und gewebebildenden Formen beschränken (— die beiden formenreichen Classen der *Ascomyceten* und *Basimyceten* —), schliessen wir von denselben aus die sogenannten »Einzelligen Pilze«, die *Phycomyceten* (*Zygomyceten* und *Ovomyceten*, § 109—111). Wir haben diese *unicellaren* Pilze, aus den oben erörterten Gründen, als *Fungillen* zu den Protisten gestellt, ebenso die ganz verschiedenen *Myxomyceten* (Mycetozoen, § 125) und *Schizomyceten* (Bacterien, § 107). Durch diese systematische Trennung wird natürlich die nahe Verwandtschaft der multicellaren Myceten und der unicellaren Fungillen nicht geleugnet. Wir gewinnen aber dadurch den Vortheil, eine scharfe und klare Definition von der Classe der echten Pilze (Ascomyceten und Basimyceten) geben zu können.

§ 215. Thallus der Pilze.

Der entwickelte vielzellige Thallus der echten *Myceten* ist von höchst mannichfaltiger Form, erreicht aber niemals die cormophytische Differenzirung, die sich bei den höheren Algen findet. Allgemein besteht der Pilz-Thallus aus zwei verschiedenen Hauptbestandtheilen, dem *Mycelium*, als Organ der Ernährung, und dem *Sporelium*, als Organ der Fortpflanzung. Das Mycelium (oder *Hyphasma*, das vegetative Pilzgewebe) verhält sich in der ganzen Classe äusserst einförmig und besteht aus einem lockeren oder dichteren Flechtwerk von dünnen verzweigten Fäden. Diese characteristischen Pilzfäden oder Hyphen sind gegliedert und bestehen nur aus einer Reihe von sehr dünnen und langen, schlauchförmigen Zellen. Die dünne Wand dieser farblosen Hyphenzellen wird nicht durch die gewöhnliche Cellulose gebildet, sondern durch eine besondere Modification derselben. Jede Zelle enthält meist mehrere Kerne von sehr geringer Grösse (oft kaum nachweisbar). Die Hyphen und ihre Aeste haben ein sehr lebhaftes Spitzenwachsthum, setzen am Scheitel durch Bildung von Querscheidewänden immer neue Glieder an und können in dem Substrat, aus dem sie ihre Nahrung beziehen, sehr ausgedehnte Mycelien bilden. Sie können aber auch dicht durcheinander wachsen und sich zu einem festen Filzgewebe verflechten (*Hyphenchym* oder »Pseudoparenchym«). Als besondere Modificationen entstehen aus solchem verdichteten Hyphenchym verschiedene Thallusformen, z. B. dünne Filzplatten (*Rhacodium*), lederartige oder holzige Membranen (*Xylostroma*), vielverzweigte, wurzelähnliche Stränge (*Rhizomorpha*), feste, korkartige oder knorpelähnliche Knollen (*Sclerotium*) u. A. Diese verschiedenen Formen des Myceliums kommen in mehreren, nicht näher verwandten Gruppen der Classe zu Stande, und sind durch Anpassung an die besondere Lebensweise bedingt. Die Hyphen der saprophyten Pilze, welche ihre Nahrung aus den verwesenden Bestandtheilen organischer Körper beziehen, verhalten sich anders als diejenigen der parasitischen Myceten, und unter diesen wieder die epiphyten Schmarotzer anders als die endophyten. Morphologische Bedeutung besitzen diese physiologischen Umbildungen des *Myceliums* nicht; sie sind daher ohne Werth für die Phylogenie und Systematik der Pilze, welche allein durch die höchst mannichfaltige Differenzirung des *Sporeliums,* des »Sporenkörpers« oder Fruchtkörpers, bedingt wird.

§ 216. Generation der Pilze.

Im Gegensatze zu dem einförmigen *Mycelium*, dem nur aus Hyphen zusammengesetzten Vegetations-Körper der Pilze, zeigt ihr *Sporelium*, das Generations-Organ oder der »Fruchtkörper«, eine ausserordentliche Mannichfaltigkeit von verschiedenartigen Bildungen. Nur darin stimmen alle echten (vielzelligen) *Mycetes* überein, dass ihre Vermehrung ausschliesslich monogon oder geschlechtslos ist. Die geschlechtliche oder amphigone Fortpflanzung, welche noch bei einem Theile der *Fungillen* (oder der einzelligen Pilze, § 110) bestand, scheint bei ihren vielzelligen Nachkommen gänzlich verloren gegangen zu sein. Die sogenannten *Spermogonien* und *Ovogonien*, welche sich bei einem Theile der Myceten finden, sollen nach neueren Forschungen nicht die Bedeutung von Geschlechtsorganen haben, sondern nur polymorphe *Sporogonien* sein.

Die monogone Vermehrung der Pilze kann einfach durch Spaltung ihres Myceliums geschehen; jede einzelne Hyphe kann unter günstigen Umständen die Grundlage eines neuen Pilzkörpers werden. Gewöhnlich aber geschieht die Vermehrung durch Bildung von Sporen, und zwar sind dieselben niemals beweglich, wie die *Planosporen* der Algen, sondern immer unbeweglich (*Paulosporen*). Bei der Mehrzahl der Pilze erscheint die Sporogonie mehreren Modificationen unterworfen, so dass zu verschiedenen Zeiten an einem und demselben Pilze Sporen auf verschiedene Weise (oft auch in Grösse und Form unterschieden) entstehen können. Die weitaus häufigste Form ist die characteristische Staubspore, die wir als *Conisia* bezeichnen. (Dieser Terminus — *Conis* = Staub — ist desshalb dem gebräuchlichen *Conidium* vorzuziehen, weil der letztere beständig Anlass zur Verwechselung mit dem fast gleichlautenden *Gonidium* giebt. Vergl. § 222.)

Die Conisia oder die Staubspore der Pilze entsteht immer durch Knospung aus einer Hyphen-Zelle (ihrer »Sporenmutterzelle«); sie schnürt sich demnach einseitig von der letzteren ab. (Man kann sie auch als ein reducirtes monospores Sporangium auffassen.) Der Sporophor, oder der Tragfaden, welcher die Conisie aus seiner Endzelle bildet, kann diesen Process öfter wiederholen, so dass eine Sporenkette entsteht (*Sporocatena*). Diese letztere kann entweder basipetal wachsen (wobei die oberste Spore die älteste ist), oder acropetal (wenn die oberste Spore die jüngste ist).

Eine besondere Form der *Conisie* ist die Basidie, die characteristische Sporenform der *Basimyceten*. Die Sporenmutterzelle (Sporometra) heisst in dieser Classe Basidie und bildet an ihrem freien Ende gleichzeitig mehrere Sporen durch acrale Knospung; ursprünglich ist ihre Zahl gross, gewöhnlich aber stehen am Scheitel jeder Basidie vier Basidiosporen, auf 4 kreuzständigen konischen Stielen (Sterigmen).

Die andere grosse Classe der Pilze, die *Ascomyceten*, bilden diese Basidien nicht; dafür aber erzeugen sie innere Sporen, eingeschlossen in schlauchförmige Sporangien (Ascodien). Jeder Schlauch ist ursprünglich eine einfache Sporenmutterzelle; dann theilt sich ihr Kern wiederholt in 2, 4, 8 Theile; jeder Kern umgiebt sich mit einem Stück Cytoplasma und dann mit einer Membran; die Membran der Mutterzelle ist das Sporangium.

Ursprünglich liegen sowohl die endosporalen Ascodien der Ascomyceten, als die ectosporalen Basidien der Basimyceten frei an den Enden der Mycel-Aeste, aus deren Scheitelzellen sie entstehen. Bei den meisten Pilzen aber werden dieselben in besondere Fruchtkörper, Sporenfrüchte oder Sporothecien eingeschlossen (*Ascothecien* bei den Ascomyceten, *Basithecien* bei den Basimyceten). Gewöhnlich bestehen diese Sporothecien aus einer festen Hülle (Peridium), und einem differenzirten Inhalt, zusammengesetzt aus den Sporen und aus sterilen Fadenzellen (Paraphysen); bei den meisten höheren Pilzen sind diese beiden Elemente so geordnet, dass sie dicht gedrängt palissadenartig neben einander stehen (mit ihrer Längsaxe senkrecht zur Oberfläche); die so gebildete Haut wird als Sporenplatte (*Hymenium*) bezeichnet und nimmt durch Faltung viele characteristische Formen an. Sowohl die Ascodien der Ascomyceten, als die Basidien der Basimyceten sind im

Hymenium oft bestimmt geordnet und durch Gruppen von Paraphysen umgeben. Die Differenzirung der Hymenien zeigt in beiden Pilz-Classen interessante phylogenetische Parallelen.

(§§ 217 und 218 s. auf SS. 316 und 317).

§ 219. Erste Classe der Pilze:

Ascomycetes. Schlauchpilze.

Ascodiomycetes. Fungi ascodiati sive endosporales.

Endosporale Hauptgruppe der echten Pilze.

Myceten mit schlauchförmigen Sporangien (Ascodien), in welchen mehrere (meist acht) innere, durch wiederholte Theilung der Sporenmutterzelle entstandene Sporen eingeschlossen sind (Ascosporen).

Die Classe der Schlauchpilze oder *Ascomyceten* umfasst alle diejenigen mehrzelligen Pilze, welche Sporangien, und in diesen eingeschlossene innere Sporen erzeugen (*Endosporen*). Jedes Sporangium bildet einen geschlossenen, meist cylindrischen oder keulenförmigen, oft auch eiförmigen oder kugeligen Schlauch. Dieser Sporenschlauch (*Ascus, Ascodium*) ist die vergrösserte Endzelle eines Mycelium-Astes, und erscheint als die Sporenmutterzelle, innerhalb deren sich durch wiederholte Theilung die Schlauchsporen (*Ascosporen*) bilden; ihre Zahl beträgt gewöhnlich acht, selten mehr oder weniger. Die Entstehung dieser *Ascosporen* im *Ascodium* wird gewöhnlich noch irrthümlich als »freie Zellbildung« bezeichnet; thatsächlich beruht sie auf einer wiederholten Zweitheilung der Sporenmutterzelle innerhalb ihrer Membran. Dabei theilt sich zunächst, wie gewöhnlich, der Kern der Sporometra in 2, dann in 4, darauf in 8 Kerne; nur bei der niedersten Legion, den Hemiascodiern, wird die Theilung noch weiter fortgesetzt. Jeder Kern umgiebt sich mit dem gleichen Quantum Cytoplasma, und darauf mit einer Membran. Diese Sporenhaut ist meistens doppelt; die äussere (*Exosporium*) dick und fest, die innere (*Endosporium*) zart und dünn. Bei der Keimung sprengt letztere die erstere, wächst als Keimschlauch hervor und bildet durch Verästelung das Mycelium. Neben der normalen Vermehrung durch Ascosporen pflanzen sich viele Ascomyceten auch durch *Conisien* fort; bisweilen bilden Gruppen derselben besondere Conisien-Früchte (*Pycnoconisien*); dieselben nehmen jedoch nie die typische Form der *Basidien* an.

Wir theilen die formenreiche Classe der Ascomyceten in drei Subclassen oder Legionen, welche drei auf einander folgende phylogenetische Bildungsstufen darstellen (parallel denjenigen der Basimyceten).

§ 217. System der Pilze (Mycetes).

Classen	Legionen	Character der Ordnungen	
A. Schlauchpilze **Ascomycetes** (Ascodiomycetes) *Fungi ascodiati.*	1. **Hemiascodii** Ascodien frei, mit unbeschränker Sporenzahl, ohne Schlauchfrüchte	Ascodien nackt, ohne Hyphenhülle	1. Protomycetes (*Protomycales*)
		Ascodien mit einer Hyphenhülle	2. Thelomycetes (*Theleboleae*)
Sporen in Schläuchen oder Ascodien eingeschlossen, durch Theilung der Sporometra entstanden (Sporangien bald frei, bald in Ascothecien eingeschlossen)	2. **Ectascodii** (*Exoasci*) Ascodien frei, mit beschränkter Sporenzahl (meist acht) ohne Schlauchfrüchte	Ascodien frei auf der Oberfläche des Thallus (kein Ascothecium)	3. Taphromycetes (*Exoasci*)
	3. **Carpascodii** (*Carpoasci*) Ascodien mit beschränkter Sporenzahl (meist acht), eingeschlossen in besondere Früchte (Ascothecien)	Ascothecien ganz geschlossen (Clistothecium)	4. Capnomycetes (*Perisporiales*)
		Ascothecien mit Acral-Ostium (Perithecium)	5. Pyrenomycetes (*Peritheciales*)
		Ascothecien offen, scheibenförmig oder schüsselförmig, mit Hymenium (Apothecium)	6. Discomycetes (*Apotheciales*)
B. Schwammpilze **Basimycetes** (Basidiomycetes) *Fungi basidiati.*	4. **Hemibasidii** Basidien frei, mit unbestimmter Sporenzahl. Kein Hymenium	Basidien vielzellig, mit lateralen Sporen	7. Carbomycetes (*Ustilagineae*)
		Basidien einzellig, mit terminalen Sporen	8. Tillemycetes (*Tilletiaceae*)
Sporen frei auf Basidien, durch Knospung der Sporometra entstanden. Keine Sporangien. (Basidien bald frei, bald in Basithecien eingeschlossen).	5. **Protobasidii** (*Protobasidiomycetes*) Basidien mehrzellig, meist mit 4 Zellen, deren jede ein Sterigma und eine Basispore bildet. Kein echtes Hymenium	Basidien nackt, ohne Fruchthülle	9. Uredomycetes (*Uredinales*)
		Basidien in einem geschlossenen Sporocarpium	10. Pilacromycetes (*Pilacrales*)
	6. **Autobasidii** (*Autobasidiomycetes*) Basidien einzellig, ungetheilt, mit constanter Sporenzahl (meist vier). Ein echtes Hymenium	Reifes Hymenium frei, eine nackte Basidien-Schicht, ohne Basithecium	11. Clavomycetes (*Gymnohymenia*)
		Reifes Hymenium frei, unreif im Basithecium eingeschlossen (Velum)	12. Hymenomycetes (*Velohymenia*)
		Reifes Hymenium das fleischige Basithecium durchbrechend	13. Phallomycetes (*Sarcohymenia*)
		Reifes Hymenium im Basithecium eingeschlossen (festes Peridium)	14. Gastromycetes (*Perohymenia*)

§ 218. Stammbaum der Pilze (Mycetes).

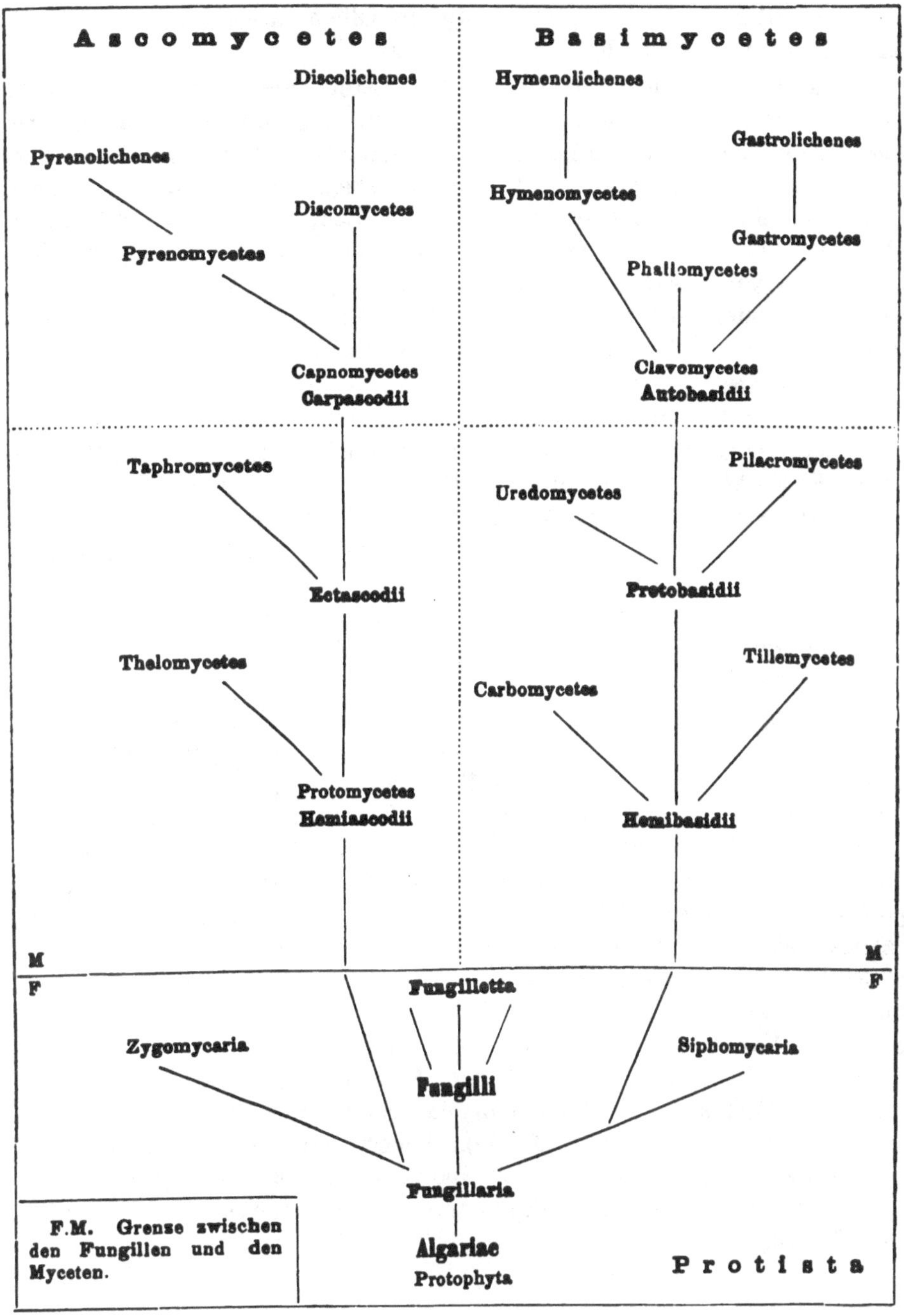

Die *Hemiascodier* zeigen die niedere, die *Ectascodier* die mittlere, und die *Carpascodier* die höhere Differenzirungs-Stufe der Sporelien; mit der vollkommeneren Ausbildung derselben nimmt auch die Zahl und Mannichfaltigkeit der Pilz-Formen zu.

Die Legion der Hemiascodii (oder der *Hemiasci*) enthält die niedersten und einfachsten Ascomyceten, zugleich die Stammformen der ganzen Classe; sie schliessen sich einerseits eng an ihre einzelligen Ahnen, die *Zygomycarien*, an (§ 116); anderseits bilden sie den Uebergang von diesen zu den *Ectascodien*. Die Zahl der Sporen ist bei den Hemiascodien noch unbeschränkt, meist sehr gross; die Sporangien stehen bei der ältesten Gruppe, den *Protomycetes*, frei auf den Endästen des reich verzweigten Myceliums; bei den *Thelomycetes* (oder *Theleboleae*) sind sie von einem Hyphengeflecht umhüllt.

Die Legion der Ectascodii wird durch die Ordnung der *Taphromycetes* (oder *Exoasci*) gebildet, mit der einzigen Familie der *Taphrinaceen* (oder *Exoascaceen*). Auch hier fehlen noch eigentliche *Sporothecien* oder »Fruchtkörper«, und die *Ascodien* stehen frei auf den Enden der Mycel-Aeste, wie bei ihren Ahnen, den *Protomyceten*; aber die Sporen sind grösser geworden, und ihre Zahl ist erblich beschränkt, meistens in jedem Schlauch acht (seltener statt deren 2 oder 4). Diese constante Sporenzahl vererbt sich von hier auf die *Carpascodii*, bei denen die Sporangien stets gruppenweise in besondere »Fruchtkörper« oder *Sporothecien* eingeschlossen sind.

Die Legion der Carpascodii (oder *Carpoasci*) umfasst die Hauptmasse der Ascomyceten, mit sehr zahlreichen Gattungen und Arten, zum Theil sehr hoch entwickelte Formen. Die Sporangien sind hier meistens lange cylindrische oder eiförmige Schläuche, jeder mit 8 Sporen; sie stehen dicht gedrängt im Inneren von Ascothecien oder kapselförmigen »Fruchtkörpern«; oft sind viele sterile Fadenzellen oder *Paraphysen* zwischen die Schläuche eingefügt und bilden mit diesen zusammen ein Sporenlager (*Hymenium*). Die feste Hülle (*Peridium*) des Fruchtkörpers (*Ascothecium*) verhält sich verschieden in den drei Ordnungen dieser Legion. Bei den Capnomyceten (oder *Perisporiales*) bleibt die Kapsel geschlossen (Clistothecium); die Sporen werden durch Verwesung der Hülle frei. Bei den Pyrenomyceten (oder *Peritheciales*) öffnet sich das flaschenförmige Sporelium am Scheitel durch einen Porus (Perithecium). Bei den höchst entwickelten Discomyceten (oder *Apotheciales*) ist das Sporelium nur anfangs geschlossen, öffnet sich aber bald und bildet eine flache Schüssel oder Scheibe (*Apothecium*).

§ 220. Zweite Classe der Pilze:

Basimycetes. Schwammpilze.

Basidiomycetes. Fungi basidiati sive ectosporales.

Ectosporale Hauptgruppe der echten Pilze.

Myceten ohne Sporangien und ohne innere Sporen, mit äusseren Sporen, welche zu mehreren (meist zu vier) am Gipfel einer Sporenmutter zelle (Basidium) durch Knospung entstehen und sich von dieser abschnüren (Basidiosporen).

Die Classe der Schwammpilze oder *Basimyceten* (— gewöhnlich *Basidiomyceten* genannt —) umfasst alle diejenigen mehrzelligen Pilze, welche keine Sporangien und keine Endosporen (Ascosporen) bilden, sondern nur freie Ectosporen, welche sich aussen von dem Gipfel eigenthümlicher Sporenmutterzellen, der *Basidien*, abschnüren. Diese *Basisporen* (oder Basidiosporen) entstehen aus der Sporometra also durch Knospung, nicht durch Theilung, wie die Endosporen der Ascomyceten. Die Basidiosporen sind nur eine besondere Form der Conisien, welche auch bei den Ascomyceten neben den Ascosporen sich finden. Die *Basidien*, die characteristischen Sporometren der Basimyceten, sind demnach auch nur eine besondere Form der *Conisphoren* oder »Conisienträger«, d. h. der Hyphenzellen, welche durch Knospung eine Conisie bilden.

Wir theilen die formenreiche Classe der Basimyceten in drei Subclassen oder Legionen, welche drei auf einander folgenden phylogenetischen Bildungsstufen entsprechen und den drei Stufen der Ascomyceten parallel emporsteigen (vergl. § 218 und 219). Die *Hemibasidier* bilden die niedere, die *Protobasidier* die mittlere, die *Autobasidier* die höhere Stufe der Sporelien-Differenzirung. Die Legion der Hemibasidii umfasst die niedersten Stammformen der ganzen Classe und kann unmittelbar von der Stammgruppe der *Phycomyceten* oder Fungillen (§ 109, 111) abgeleitet werden; sie bildet den Uebergang von diesen zu den *Protobasidiern*. Die Zahl der Sporen ist bei den *Hemibasidiern* noch unbeschränkt und wechselnd; ihre Basidie ist anfangs noch mehrzellig (— das sogenannte »*Promycelium*« —) und treibt unregelmässige laterale Sprossen, von denen sich die Sporen abschnüren; so bei den Brandpilzen oder Ustilagineen (*Carbomycetes*). Bei den nahe verwandten *Tillemyceten* (oder Tilletiaceen) ist die Basidie an ihrer Basis einzellig und treibt am Scheitel ein Büschel oder Köpfchen von Sporophoren, von denen sich die Sporen seitlich abschnüren.

Die Legion der Protobasidii (oder *Protobasidiomycetes*) hat bereits die Sporenzahl beschränkt; gewöhnlich auf vier für jede Basidie (seltener 2, 6 oder 8). Jede Spore ist mit ihrer Mutterzelle durch einen dünnen, schlank kegelförmigen Stiel verbunden (*Sterigma*). Auch in dieser Legion ist die Basidie noch pluricellar (wie bei den *Carbomyceten*); gewöhnlich ist sie vierzellig, und jede Zelle treibt ein Sterigma, von dessen Gipfel sich eine Spore abschnürt. Bei den Uredinalen (oder *Uredomycetes*) stehen die Sporen nackt auf dem Mycelium; bei den Pilacralen hingegen (*Pilacromycetes*) sind sie in ein Sporothecium eingeschlossen.

Die Legion der Autobasidii (— oder *Autobasidiomycetes* —) erreicht die höchste Ausbildung der Sporelien und die grösste Mannichfaltigkeit in ihrer Fruchtbildung. Die Basidien sind hier immer birnförmig oder keulenförmig, einzellig, ungetheilt, und tragen an ihrem freien Scheitel auf konischen Sterigmen fast immer 4 kreuzständige Sporen (selten statt deren 2, 6 oder 8). Diese Basidiosporen stehen dicht neben einander (oft durch Nebenfäden oder Paraphysen getrennt) und bilden an der Oberfläche eine besondere Schicht, die Sporenplatte (*Hymenium*). Die letztere bleibt nackt und überzieht die freie Oberfläche des Sporelium nur bei der niedersten Ordnung der Autobasidier, bei den Keulenschwämmen oder Clavomyceten (*Tomentelleae, Clavariaceae*). Bei den übrigen, sehr mannichfaltig gestalteten und meist sehr ansehnlichen Basimyceten bleibt das Hymenium nicht nackt und einfach, sondern nimmt eine besondere Form an, und das Sporelium wird von einer eigenen Hülle umgeben, dem *Basithecium*; dieses erscheint zuerst gewöhnlich als ein dünner Schleier (*Velum*).

Die mannichfaltigste Form des *Sporothecium* oder »Fruchtkörpers« zeigt die artenreiche Ordnung der grossen *Hymenomycetes*; hier ist dasselbe in der Jugend mehr oder weniger von einem Schleier umgeben, der aber noch vor der Sporenreife zerreisst. Das freie Sporelium hat dann meistens die Form einer gestielten Glocke, eines Schirmes oder Hutes, und trägt an seiner Unterseite das nackte Hymenium. Die Oberfläche des letzteren ist selten glatt (bei den *Thelephoreen*); gewöhnlich wird sie sehr ausgedehnt durch Bildung von Falten; bei den Hutpilzen (*Agaricinen*) bilden diese radiale Blätter, die von der centralen Insertion des Stieles ausstrahlen; bei den *Hydnaceen* Papillen oder Stacheln, bei den Löcherpilzen oder *Polyporaceen* verticale Röhren, deren verschmolzene Wände eine Wabe oder poröse Platte darstellen. Die Reste des zerrissenen Schleiers bleiben oft stehen in Form von Warzen auf der Schirmfläche, oder von einem

Ring am Stiele (*Annulus*), oder von einer Scheide (*Volva*) am Grunde des Stieles.

Die Ordnung der Phallomyceten oder *Phalloideen* zeichnet sich dadurch aus, dass das kugelige oder eiförmige Sporelium von einer dicken, fleischigen Hülle (statt des zarten Velum) umschlossen und diese erst bei der Reife durchbrochen wird. Der Rest dieses dicken *Basithecium* bleibt als Scheide (*Volva*) zurück und umhüllt die Basis des rasch aufschiessenden cylindrischen Stieles, welcher am Gipfel das glockenförmige Hymenium trägt. Die *Phallomyceten* bilden den Uebergang von den *Hymenomyceten* zu den Gastromyceten oder Bauchpilzen. Hier wird die fleischige Hülle des blasenförmigen (meist kugeligen oder keulenförmigen) Sporelium zu einer festen, lederartigen oder papierähnlichen Kapsel (*Peridie*); das Hymenium bleibt innerhalb derselben eingeschlossen und erleidet eigenthümliche Umbildungen. Ein Theil seiner sterilen Zellen bildet oft in der trockenen Kapsel des reifen Sporelium ein wollartiges Haargewebe (*Capillitium*). Die trockene Peridie springt meistens am Scheitel auf und streut den Sporenstaub aus (*Lycoperdaceae*); bisweilen wird sie erst durch Verwesung geöffnet (*Hymenogastreae*).

§ 221. Drittes Cladom der Thallophyten:

Lichenes. Flechten.

Symbionten-Gruppe der Thallophyten.

Thallophyten, deren Thallus durch Verwachsung und Symbiose von zwei verschiedenen Organismen entsteht, einem plasmophagen Pilze und einer plasmodomen Algarie; die grünen Gonidien (oder chlorophyllhaltigen Zellen der Algarie) besorgen die Carbon-Assimilation, der sporenbildende Pilz die Fortpflanzung. Vermehrung stets ungeschlechtlich.

Das Cladom der Flechten oder *Lichenes* bildet eine hochinteressante, durchaus eigenartig entwickelte Hauptgruppe der Thallophyten, welche nicht allein an sich eine ausserordentliche morphologische und physiologische Bedeutung besitzt, sondern auch für grosse allgemeine Fragen der Bionomie und Phylogenie. Jede Flechte ist ein Doppelwesen, zusammengesetzt aus einer grünen plasmodomen Algarie und einem echten plasmophagen Pilze; die Arbeitstheilung zwischen beiden Symbionten ist immer so geordnet, dass die Algarie die organische Ernährung besorgt und durch Assimilation Plasma bildet; der Pilz hingegen Sporen bildet und so die Art fortpflanzt. Die physiologische Wechselbeziehung zwischen den beiden innig verwachsenen Organismen ist aber auch morphologisch von hoher Bedeutung, indem der ganze Thallus in deren Folge ganz eigenthümliche Formen annimmt, wie sie weder bei den Pilzen, noch bei den Algen und Algarien sich finden.

Seitdem die Symbionten-Natur der Flechten entdeckt und ihre Zusammensetzung aus den beiden heterogenen Pflanzen-Formen allgemein nachgewiesen ist, wurde die formenreiche Flechten-Gruppe als selbständige Pflanzen-Classe fast allgemein aufgegeben; fast alle Botaniker lösen dieselbe auf und behandeln die einzelnen Flechten-Ordnungen als »Anhang« bei denjenigen Pilzgruppen, zu welchen ihr Pilz-Component, gemäss der besonderen Bildung seines Sporelium, gehört. Dieses moderne Verfahren scheint uns weder practisch zweckmässig, noch theoretisch gerechtfertigt. Allerdings sind die Flechten eine polyphyletische Hauptclasse der Thallophyten; ihre einzelnen Ordnungen und Familien sind, zum Theil unabhängig von einander, aus mehreren verschiedenen Gruppen der Pilze hervorgegangen. Allein diese phylogenetische Erkenntniss ihres mehrfachen Ursprungs darf uns nicht veranlassen, die ganze Classe als solche aufzulösen. Denn erstens ist die ganze innere Organisation und äussere Gestaltung des Lichen-Organismus durchaus eigenthümlich, eben in Folge der innigen Symbiose von Pilz und Algarie; zweitens ist die assimilirende Algarie für die Existenz der Flechte ein ebenso unentbehrlicher Bestandtheil, als der fructificirende Pilz; drittens hat sich der sporenbildende Pilz der ernährenden Algarie so angepasst, dass er ohne sie nicht leben kann (während die isolirten Gonidien der letzteren sehr wohl unter günstigen Umständen als »einzellige Algen« selbständig leben und sich vermehren können); viertens sind die physiologischen Beziehungen der Flechten zur Aussenwelt ganz eigenthümliche, ebenso verschieden von denen der plasmodomen Algen und Algarien, als von denen der plasmophagen Pilze.

Jede einzelne Flechte ist ein organischer Microcosmos und vollzieht isolirt für sich die gegenseitige Ergänzung der Functionen und namentlich des Stoffwechsels, welche sonst im Grossen zwischen Thierreich und Pflanzenreich besteht. Weder der plasmophage, nicht assimilirende Pilz, noch die wasserbedürftige, assimilirende Algarie vermag für sich allein an Orten und unter Bedingungen zu existiren, unter denen beide vereinigt als Flechte sehr gut gedeihen (z. B. auf Lava, nackten Felsen u. s. w.). Die genügsamen — sich selbst genügenden — Lichenen sind daher als »Pioniere des organischen Lebens« von grösster Bedeutung für den ganzen Haushalt der organischen Natur; ihr phylogenetisches Alter reicht wahrscheinlich weit bis in die laurentische Zeit zurück.

§ 222. Thallus der Flechten.

Der vielzellige Thallus der Lichenen, im Habitus gewöhnlich leicht zu erkennen und sehr verschieden von dem der meisten Pilze, tritt in sehr mannichfaltigen Formen auf; doch lassen sich diese auf drei Hauptformen zurückführen: 1) *Thallus crustaceus*, eine dünne, meist harte Kruste, welche der Unterlage (Felsen, Baumrinden) fest anliegt, ohne sich am Rande über sie zu erheben; 2) *Thallus frondosus*, ein dorsiventrales Blatt, welches der Unterlage locker aufliegt, durch Haftorgane mit ihr verbunden ist, und am Rande in Form von Lappen und Zipfeln sich über sie erhebt; 3) *Thallus thamnodes*, ein aufrechter oder herabhängender Strauch, der meistens mit schmaler Basis aufsitzt und zahlreiche, meist cylindrische Aeste trägt.

Die Structur des Flechten-Thallus ist zwar mannichfach modificirt, aber immer auf drei Hauptbestandtheile zurückzuführen: 1) das *Mycelium* des Pilzes, 2) das *Sporelium* des Pilzes, und 3) die *Gonidien* der Algarie. Das Mycelium ist in keiner Beziehung von demjenigen der echten Pilze verschieden und bildet immer ein lockeres oder festeres Geflecht von Hyphen (§ 215); gewöhnlich ist das Filzgewebe dieser verzweigten Pilzfäden so differenzirt, dass eine feste, dicht gewebte Rindenschicht von einer lockeren, oft grosse Lufträume enthaltenden Markschicht gesondert ist.

Das Sporelium oder der sporenbildende »Fruchtkörper« der Flechten hat ebenfalls den Character ihrer Pilz-Ahnen durch zähe Vererbung bewahrt. Seine verschiedenartige Ausbildung lässt die Abstammung der einzelnen Lichenen von ihren besonderen Pilz-Eltern mit Sicherheit erkennen (§ 224). Wir unterscheiden danach als zwei Classen der Flechten die endosporalen Ascolichenen (mit *Ascodien*) und die ectosporalen Basilichenen (mit *Basidien*).

Die Gonidien, welche für sich allein den Algen-Organismus in der symbiotischen Flechte repräsentiren, sind stets grüne, meist kugelige, chlorophyllhaltige Zellen, welche gewöhnlich in Gruppen (Tetraden, Ketten, Schnüren) vereinigt liegen; bald gleichmässig im ganzen Hyphengewebe des Thallus zerstreut (*Lichenes homoeomeri*), bald in eine bestimmte Schicht geordnet (*Lichenes heteromeri*). Bei diesen letzteren liegt die grüne Gonidien-Schicht stets unter der dünnen, durchsichtigen Rindenschicht des Myceliums, dem Lichte zugekehrt. Die Hyphen der darunter liegenden Markschicht dringen zwischen die einzelnen Gonidien-Gruppen ein, umspinnen dieselben und saugen aus ihnen ihre Nahrung. Die Gonidien können sich selbständig durch wiederholte Theilung vermehren, nachdem sie isolirt sind.

Die Protophyten (— oder die »einzelligen Algen«, § 76 —), zu welchen diese symbiotischen Gonidien gehören, entstammen verschiedenen Ordnungen von *Archephyten* (Chromaceen, § 80) und von *Algarien* (Paulotomeen, besonders Palmellaceen, § 82, 83). In jeder einzelnen Flechten-Art ist nur eine bestimmte plasmodome Gonidien-Form mit einer einzigen plasmophagen Pilz-Species durch Symbiose verbunden.

§ 223. Generation der Flechten.

Die Vermehrung der Flechten geschieht gewöhnlich (— oder immer? —) nur auf ungeschlechtlichem Wege; ob daneben noch bei einem Theile der Lichenen geschlechtliche Fortpflanzung vorkommt, ist eben so zweifelhaft, wie bei ihren Pilz-Ahnen (— bei welchen *Microconisien* mit »Spermatien« als männliche Organe gedeutet wurden, *Macroconisien* als Eizellen —). Die Monogonie der Flechten wird auf zwei verschiedenen Wegen vermittelt, durch Bildung von *Soredien* und von *Sporen*.

Die Soredien oder »Staubkeime« kommen in vielen Flechtengruppen häufiger zur Ausbildung als die Sporelien; sie erscheinen an der Oberfläche des Thallus als kleine, weissliche, runde Stäubchen oder Körnchen. Sie entstehen in der Gonidien-Schicht, besonders bei den heteromeren Flechten, dadurch, dass einzelne Gonidien (oder Gonidien-Gruppen) von einer Hyphen-Hülle umsponnen werden und mit dieser zusammen sich von dem umgebenden Gewebe isoliren. Sie durchbrechen dann die Rindenschicht, werden vom Winde fortgeführt und können unter günstigen Bedingungen sofort zu einem neuen Thallus sich entwickeln. Wir deuten diese eigenthümlichen *Soredien* wohl am richtigsten als symbiontische Brutknospen.

Die Sporelien oder sporenbildenden Organe der Flechten besitzen ganz denselben Bau, wie diejenigen ihrer Pilz-Ahnen, und verrathen sofort die Abkunft von den letzteren. Die grosse Mehrzahl der Flechten gehört zu den *Ascolichenen* und bildet keulenförmige Ascodien oder Sporangien, in denen (meist acht) Ascosporen eingeschlossen sind, wie bei den *Ascomyceten*; meistens stehen dieselben in einem freien Hymenium auf der Oberfläche eines »gymnocarpen Apothecium«, wie bei den *Discomyceten*, seltener sind sie in ein »angiocarpes Perithecium« eingeschlossen, wie bei den *Pyrenomyceten* (§ 219).

Viel seltener (und erst in neuerer Zeit, in den Tropen entdeckt) sind *Basilichenen*, deren Sporelien Basidien entwickeln, mit Basidiosporen, wie bei den *Basimyceten*. Einige von diesen gehören zu den *Hymenomyceten*, Andere zu den *Gastromyceten* (§ 220).

§ 224. System der Flechten.

I. Classe: **Ascolichenes** Flechten mit Ascodien und Endosporen (Abkömmlinge von Ascomyceten). Vergl. § 219.	1. Ordnung: **Discolichenes** Descendenten von Discomyceten Hymenium frei auf Apothecien	Omphalaria (mit Gloeocapsa-Gonidien). Collema (mit Nostoc-Gon.) Cladonia (mit Pleurococcus-Gonidien.) Usnea (mit Cystococcus-Gonidien).
	2. Ordnung: **Pyrenolichenes** Descendenten von Pyrenomyceten Hymenium eingeschlossen in Perithecien	Ephebe (mit Stigonema-Gon.) Verrucaria (mit Trentepohlia-Gonidien).
II. Classe: **Basilichenes** Flechten mit Basidien und Ectosporen (Abkömmlinge von Basimyceten). Vergl. § 220.	3. Ordnung: **Hymenolichenes** Descendenten von Hymenomyceten Hymenium frei auf Apothecien	Cora (mit Chroococcus-Gon.) Dictyonema (mit Scytonema-Gonidien).
	4. Ordnung: **Gastrolichenes** Descendenten von Gastromyceten Hymenium eingeschlossen in Perithecien	Emericella (mit Protococcus-Gonidien). Trichocoma (mit Botryococcus-Gonidien).

§ 225. Erste Classe der Flechten:

Ascolichenes. Schlauchflechten.

Symbiontische Gruppen der Ascomyceten.

Lichenen mit schlauchförmigen Sporangien (Ascodien), in welchen sich mehrere (meist acht) Endosporen durch Theilung der Sporenmutterzelle entwickeln (Ascosporen).

Die Classe der Schlauchflechten oder *Ascolichenes* umfasst die grosse Mehrzahl aller Flechten; sie besitzen die characteristische *Ascodien*-Bildung der Ascomyceten, von denen sie abstammen. Wie bei diesen letzteren, entstehen in jedem Ascodium (oder Sporangium) mehrere Endosporen durch wiederholte Theilung der Sporen-Mutterzelle; gewöhnlich beträgt die Zahl dieser *Ascosporen* acht (oft auch 16, seltener mehr oder weniger, 4 oder nur 2). Zwischen den keulenförmigen oder eiförmigen Ascodien, welche senkrecht zur Oberfläche des Sporelium stehen, befinden sich, ihnen parallel, zahlreiche Paraphysen, fadenförmige, am Gipfel oft gefärbte, sterile Zellen; sie bilden mit den Sporenschläuchen zusammen die characteristische Sporenplatte der höheren Pilze (*Hymenium*, § 216).

Wir theilen die Classe der Ascolichenen in zwei Ordnungen, entsprechend den beiden Ordnungen der *Discomyceten* und *Pyrenomyceten*, von denen sie abstammen. Die Ordnung der Discolichenes oder

»Scheibenflechten« (*Lichenes discocarpi*) umfasst die grosse Mehrzahl der bekannten Flechten; ihre Sporenfrüchte sind offene, scheibenförmige oder schüsselförmige Apothecien, wie bei ihren Ahnen, den *Discomyceten*. Das Hymenium liegt frei an der Oberfläche der Fruchtscheiben, die beim krustenförmigen und laubförmigen Thallus frei auf der Oberseite sitzen, beim strauchförmigen an den Rändern oder Spitzen der Aeste. Der Thallus ist in dieser formenreichen Ordnung selten homoeomer (z. B. bei Collema), meist heteromer (Graphidea, Lecanora, Parmelia, Cladomia, Usnea etc.).

Weniger mannichfaltig ist die Thallusbildung in der Ordnung der Pyrenolichenes (oder »Kernflechten«, der *Lichenes pyrenocarpi*). Hier sind die Sporenfrüchte, wie bei den *Pyrenomyceten*, kugelige oder flaschenförmige Perithecien, eingesenkt in die Oberfläche des Thallus, an der sie sich durch eine enge Mündung öffnen.

§ 226. Zweite Classe der Flechten: Basilichenes. Schwammflechten.

Symbiontische Gruppe der Basimyceten.

Lichenen ohne Sporangien und ohne Endosporen, mit Basidien oder Sporenmutterzellen, von deren Gipfel sich Exosporen durch Knospung entwickeln und abschnüren (Basidiosporen).

Die Classe der Schwammflechten oder *Basilichenes* enthält verhältnissmässig wenige, aber eigenthümliche Flechten, welche erst neuerdings entdeckt sind und die Tropen bewohnen. Es fehlen ihnen die Ascodien und Ascosporen der Ascolichenen; dafür entwickeln sie echte Basidien, gleich ihren Ahnen, den *Basimyceten*. Die Sporen entstehen, wie bei diesen, als echte *Basidiosporen* (meist zu je vier) durch Knospung am Gipfel der Sporenmutterzelle und schnüren sich aussen von dieser Basidie ab. Zahlreiche Paraphysen stehen dichtgedrängt zwischen den Basidien (senkrecht zur Oberfläche) und bilden mit ihnen zusammen die characteristische Sporenplatte (*Hymenium*).

Die Sporenfrüchte oder Basithecien, welche das Hymenium tragen, verhalten sich verschieden in den beiden Ordnungen, in welche wir die Classe der *Basilichenen* theilen. Die Ordnung der Hautflechten oder Hymenolichenes (*Lichenes hymenocarpi*) besitzt ein freies Hymenium, welches an der Oberfläche des Basithecium offen liegt, wie bei den *Hymenomyceten* (— die Genera *Cora, Dictyonema, Rhipidonema* etc.). Dagegen bleibt das Hymenium eingeschlossen in einem blasenförmigen Fruchtkörper mit fester Hülle (Peridie) bei der Ordnung der Gastrolichenes (oder Bauchflechten, *Lichenes gastrocarpi*), den Gattungen *Emericella*, *Trichocoma* u. A. Ihr geschlossenes Basithecium gleicht demjenigen ihrer Vorfahren, der *Gastromyceten*.

Siebentes Kapitel.

Systematische Phylogenie der Diaphyten.

§ 227. Begriff der Diaphyten.

(*Archegoniatae. Zoidogamae. Prothallophyta. Mesophyta.*)

Stamm der metagenetischen Cormophyten.

Metaphyten mit Generationswechel (meistens mit einer thallophytischen und einer cormophytischen Generation). Neutral-Generation mit Paulosporen. Sexual-Generation mit Spermazoiden und Archegonien. Gewebe bald mit, bald ohne Leitbündel.

Das Phylum der Diaphyten oder ***Zoidogamen*** bildet den morphologischen und phylogenetischen Uebergang (***Diabasis***) von den ***Thallophyten*** zu den ***Anthophyten***; es umfasst die beiden grossen Hauptclassen der Mose (***Bryophyta***) und Farne (***Pteridophyta***). Beide stimmen überein in der Ausbildung eines vollkommenen Generationswechsels; die geschlechtliche (amphigone oder sexuelle) Generation bildet zwei typische Geschlechtsorgane, ein weibliches Archegonium, das eine Eizelle umschliesst, und ein männliches Antheridium, in welchem sich zahlreiche bewegliche Spermazoiden entwickeln. Aus dem befruchteten Ei entwickelt sich die zweite, von der ersten unabhängige Generation. Diese ungeschlechtliche (monogone, sporogone oder embryonale) Generation bildet Sporen, verhält sich aber in beiden Classen sehr verschieden. Bei den Mosen ist sie ein einfaches Sporogonium (meist in basalen Fuss, mittleren Stiel und acrale Sporenkapsel differenzirt). Bei den Farnen hingegen wächst dieselbe zu einer ansehnlichen Pflanze aus, die mit Wurzel, Stengel und Blättern ausgestattet ist; die vielgestaltigen, mit Leitbündeln versehenen Blätter tragen in besonderen Sporangien die Sporen. Umgekehrt verhält sich die morphologische Entwickelungs-Stufe der Sexual-Generation in beiden Classen: Bei den Farnen bleibt sie ein einfaches Prothallium, einem Algen-Thallus ähnlich; bei den Mosen ist dies nur auf der niedersten Stufe der Fall, bei den Thallobryen; bei allen übrigen Muscinen entwickelt sich statt dessen eine selbständige Mospflanze mit Stengel und Blättern.

Das phylogenetische Verhältniss der beiden *Diaphyten*-Classen zu einander und zu den übrigen *Metaphyten* wird durch ihre vergleichende Anatomie und Ontogenie völlig klar gelegt. Die gemeinsame Stammgruppe der ganzen Hauptclasse bilden die niedersten Thallus-Mose (*Ricciadinen* und *Archibryen*). Aus diesen haben sich einerseits die übrigen cormophytischen *Muscinen* entwickelt, anderseits die Stammformen der *Filicinen*. Unter den letzteren erscheint das Prothallium der eigentlichen Filicales noch heute als die erbliche Wiederholung der Thallobryen-Ahnen. Als divergente Zweige sind aus ihnen einerseits die Equisetales, anderseits die Lycopodiales hervorgegangen. Beide Classen führen unmittelbar hinüber zu den ältesten Gymnospermen, der Stammgruppe der Phanerogamen.

Die Palaeontologie liefert in beiden Hauptclassen der Diaphyten ganz verschiedene Ergebnisse. Die zarten und vergänglichen, gefässlosen Laubkörper der Mose konnten nur selten und ausnahmsweise in fossilem Zustande Spuren hinterlassen; die wenigen tertiären Petrefacten von *Muscinen*, die wir kennen, sind von keiner phylogenetischen Bedeutung. Um so grösser ist die Bedeutung der fossilen *Filicinen*, von denen uns äusserst zahlreiche und interessante versteinerte Ueberreste und Abdrücke im kenntlichen Zustande erhalten sind. Die ältesten derselben finden sich im Mittel-Silur (*Eopteris*?). Im Devon sind sie noch ziemlich unbedeutend. Dagegen treten sie äusserst reich entwickelt und massenhaft in der Steinkohle auf; die mächtigen Kohlenflötze dieser Formation sind zum grössten Theile aus Pteridophyten aller drei Classen zusammengesetzt: *Filicales*, *Equisetales* und *Lycopodiales*. In der terrestrischen Flora des ganzen palaeozoischen Zeitalters führen diese Filicinen die Herrschaft; erst in der mesozoischen Aera treten sie dieselbe an ihre vollkommneren Nachkommen ab, die *Gymnospermen*.

(§§ 228 und 229 s. auf SS. 330 u. 331).

§ 230. Erstes Cladom der Diaphyten:

Bryophyta. Mose.

Muscinae ss. ampl. Musci (ss. ampl.). Mospflanzen.

Stammgruppe aller Cormophyten.

Diaphyten ohne Leitbündel. Sexual-Generation selten thallophytisch, meist cormophytisch, mit Stengel und Blättern. Sporogon-Generation ein einfaches Sporogonium (ein kapselförmiger Sporothallus).

Die Hauptclasse der Mose, Muscinae oder *Bryophyta*, ist von hervorragender phylogenetischer Bedeutung, denn sie bildet das unmittelbare Zwischenglied zwischen den älteren thallophytischen Algen und den jüngeren cormophytischen Farnen. In dieser Uebergangs-Gruppe vollzieht sich die tiefgreifende Verwandlung der wasserbewohnenden Algen-Form in die landbewohnende Cormophyten-Form. Diese bedeutungsvolle Erkenntniss gewinnen wir unmittelbar durch die Anwendung des biogenetischen Grundgesetzes auf den typischen Generationswechsel der Muscinen. Die beiden Generationen derselben repräsentiren zwei ganz verschiedene phyletische Bildungsstufen. Die erste Mosgeneration ist die amphigone oder *sexuelle* Generation, das Geschlechtsmos (*Bryogonium*). Bei den niedersten Bryophyten, den *Thallobryen*, hat dieselbe noch die primitive Form des Algen-Thallus conservirt, ebenso wie bei den niederen Pteridophyten; bei den übrigen Mosen (den *Phyllobryen* und *Cormobryen*) hat sich der *Thallus* in einen *Cormus* verwandelt, einen beblätterten Stengel. Die beiderlei Geschlechtsorgane, welche das Bryogon trägt, gleichen im Wesentlichen denjenigen des Pteridophyten-Prothallium. Aus der befruchteten Eizelle entwickelt sich die zweite Mosgeneration, welche mit der ersten in physiologischem Zusammenhang bleibt, die monogone oder ungeschlechtliche Generation, der Sporenbehälter (*Sporogonium*). Derselbe ist morphologisch als ein sporenbildender Thallus zu betrachten (*Sporothallus*); meistens differenzirt er sich in drei Abschnitte: Fuss, Stiel und sporenbildende Kapsel.

§ 231. Lebermose und Laubmose.

Das formenreiche Cladom der Mose wird seit altersher in zwei Classen eingetheilt: Lebermose (*Musci hepatici*) und Laubmose (*Musci frondosi*). Diese allgemein übliche (— und nur durch ihr Alter geheiligte —) Eintheilung ist völlig unhaltbar und in jeder Beziehung unlogisch. Denn die Unterschiede zwischen den niederen thallophyten Lebermosen (*Ricciadinen*, *Pelliadinen*) und den höheren cormophyten Lebermosen (*Madothecalen*, *Haplomitralen*) sind in jeder morphologischen Beziehung viel grösser als die Unterschiede zwischen den letzteren und den niedersten Laubmosen (*Sphagnaceen*, *Andreaeaceen*). Anderseits wieder ist die morphologische Kluft zwischen den letzteren und den höheren Laubmosen (*Phascodinen, Hypnodinen*) ebenfalls sehr bedeutend. Vergleicht man die neuesten Definitionen beider Classen in den besten Lehrbüchern, so ist nicht ein einziger durchgreifender Unterschied zwischen denselben aufzufinden; auch existirt nirgends eine logische Definition, eine klare Begriffs-Bestimmung derselben.

§ 228. System der Diaphyten.

Cladome	Classen	Ordnungen	Familien
I. Cladom: **Mose.** **Bryophyta** *Muscinae.* Ohne Leitbündel (*Diaphyta cellularia*). Sexual-Generation meist cormophytisch (selten ein Thallus). Neutral-Generation ein kapselförmiges Sporogonium (Sporothallus)	I. **Thallobrya** *Musci thallosi* Lagermose Protonema nullum.	1. **Ricciadinae** (*Sporogonio simplici*)	Ricciaceae Corsiniaceae Marchantiaceae
		2. **Pelliadinae** (*Sporogonio valvato*)	Anthoceroteae Pelliaceae
	II. **Phyllobrya** *Musci foliosi* Lebermose. Protonema ulvacinum.	3. **Radulinae** (*cum autopodio*)	Frullaniaceae Scapaniaceae Haplomitraceae
		4. **Sphagnodinae** (*sine autopodio*)	Sphagnaceae Andreaeaceae
	III. **Cormobrya** *Musci frondosi* Laubmose. Protonema confervinum	5. **Phascodinae** (*Clistocarpae*)	Archidieae Phascaceae
		6. **Hypnodinae** (*Stegocarpae*)	Splachnaceae Hypnaceae
II. Cladom: **Farne.** **Pteridophyta** *Pteridinae.* Mit Leitbündeln (*Diaphyta vascularia*). Sexual-Generation thallophytisch (Prothallium). Neutral-Generation cormophytisch, mit Wurzel, Stengel und sporentragenden Blättern.	IV. **Filicariae** Filicales s. *Filicophyta* Laubfarne. Cauloma foliatum.	7. **Phyllopterides** (*Filicales isosporae*) Filicinae	Hymenophylleae Polypodiaceae Cyatheaceae Gleicheniaceae Schizaeaceae Osmundaceae Ophioglosseae
		8. **Hydropterides** (*Filicales heterosporae*) Rhizocarpeae	Salviniaceae Marsileaceae
	V. **Calamariae** Equisetales s. *Calamophyta* Schaftfarne. Caulomaverticillatum.	9. **Equisetinae** (*Equisetales isosporae*)	Procalamariae Equisetaceae
		10. **Calamitinae** (*Equisetales heterosporae*)	Calamiteae Sphenophylleae
	VI. **Lycodariae** Lycopodiales s. *Lepidophyta* Schuppenfarne. Cauloma squamatum.	11. **Lycopodinae** (*Lycopodiales isosporae*)	Lycopodiaceae Psilotaceae
		12. **Selagineae** (*Lycopodiales heterosporae*)	Selaginelleae Lepidodendreae Sigillarieae Isoetaceae

§ 229. Stammbaum der Diaphyten.

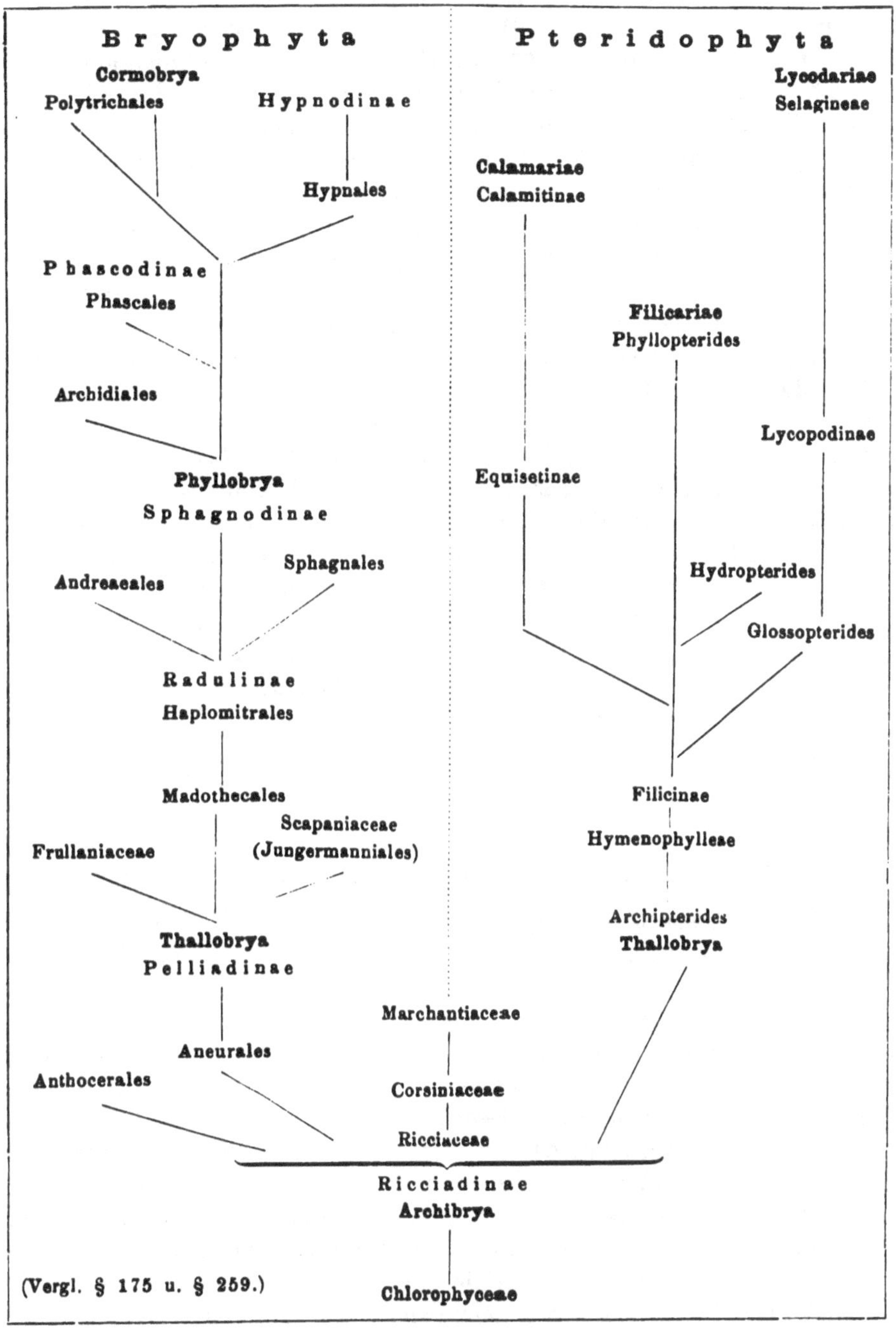

Vielmehr werden in jeder Mosgruppe bei jedem einzelnen Merkmal »störende Ausnahmen« aufgeführt. In phylogenetischer Beziehung ist diese unbequeme, dem Systematiker hinderliche Thatsache sehr erfreulich; denn sie beweist denn innigen morphologischen Zusammenhang und die phylogenetische Einheit aller Formen, die in jeder der beiden Classen vereinigt sind. Aber auch die nächststehenden Formen beider Classen sind wieder ebenso eng durch Uebergangsformen verknüpft, so dass alle Mose zusammen nur als eine einzige natürliche Hauptgruppe erscheinen. Indessen darf uns diese »natürliche Einheit« und die Verbindung der einzelnen Gruppen durch »Uebergangsformen« nicht verhindern, die zahlreichen grösseren und kleineren Gruppen systematisch zu trennen, und jede einzelne möglichst so zu definiren, dass ihre logische Definition zugleich ihrem phylogenetischen Werthe entspricht. Dies ist aber nur dann möglich, wenn wir die übliche Zweitheilung in Lebermose und Laubmose aufgeben und statt deren drei Classen annehmen: 1) Thallobrya (*Musci thallosi* oder »Lagermose«), 2) Phyllobrya (*Musci foliosi* oder »Blattmose«), 3) Cormobrya (*Musci cormosi* oder »Stockmose«). Die sexuelle Generation ist bei den *Thallobryen* ein algenartiger Thallus, bei den anderen beiden Classen ein echter Cormus, mit Stengel und Blättern. Die Calyptra oder die Archegon-Hülle des Sporogonium wird bei den *Phyllobryen* von letzterem oben durchbrochen und hinterlässt nur einen kleinen Basalrest (Basale Vaginula); bei den *Cormobryen* hingegen wird sie unten abgerissen und emporgehoben, so dass sie die Kapsel als freie »Haube« bedeckt (Acrale Calyptra). Auch diese Differenzirungen besitzen palingenetische Bedeutung (vergl. § 236).

§ 232. Thallobryen, Phyllobryen und Cormobryen.

Die drei Classen der Bryophyten, welche wir hier unterscheiden, sind sowohl morphologisch wesentlich verschieden, als logisch klar zu definiren; phylogenetisch entsprechen sie drei verschiedenen Bildungsstufen des Muscinen-Phylon. Die erste niederste und älteste Classe sind die Thallobryen oder »Lagermose« (*Musci thallosi*, mit den beiden Ordnungen der *Ricciadinen* und *Pelliadinen*). Diese Classe ist von höchster phylogenetische Bedeutung, da ihre Sexual-Generation noch einen einfachen Thallus darstellt, ohne Differenzirung von Stengel und Blättern; streng genommen sind diese Thallobryen noch gar keine echten *Cormophyten*, sondern *Thallophyten*, und schliessen sich unmittelbar an ihre Algen-Ahnen, die *Chlorophyceen*, an (speciell an die *Ulvaceen*). Insbesondere die wasserbewohnenden Formen *Riccia* und *Riella* stehen diesen noch ganz nahe. Anderseits ist ihr einfacher dorsiventraler Thallus, der die Antheridien und Archegonien trägt, nicht wesentlich verschieden von dem einfachen Prothallium der *Pteridophyten* (der Sexual-Generation der Farne). Da diese Homologie unzweifelhaft palingenetische Bedeutung besitzt, können wir die *Pteridophyten* einerseits ebenso direct von den Thallobryen ableiten, wie anderseits die übrigen *Bryophyten*.

Die beiden anderen Classen der Mose, *Phyllobryen* und *Cormobryen*, sind bereits echte Cormophyten, mit beblättertem fadenförmigen Stengel in der Sexual-Generation. Diese entwickelt sich durch Knospung aus einem Protonema, aus einem algenartigen »Vorkeim«, der bei den *Phyllobryen* blattförmig und ulvacin ist, bei den *Cormobryen* hingegen fadenförmig und confervin. Den *Thallobryen* fehlt dieser monogone, aus der keimenden Spore entstandene »Vorkeim«, da ihr sexueller »Thallus« direct aus der Spore sich entwickelt. In der Classe der Phyllobrya oder *Musci foliosi* (Blattmose oder Mittelmose) vereinigen wir die cormophytischen Lebermose (*Hepaticae foliosae*) mit den niedersten Laubmosen, den Sphagnodinen (*Sphagnales* und *Andreaeales*). Die *Calyptra* oder die Sporogonhülle (welche aus dem Bauche des Archegonium entsteht) wird von dem vortretenden Sporogonium durchbrochen, so dass nur an dessen Basis ihr Rest als »Vaginula« zurückbleibt. Dagegen reisst die Calyptra unten an der Basis des Sporogonium ab und wird von ihm als freie »Haube« emporgehoben bei der dritten Classe, den Cormobrya oder *Musci cormosi* (Stockmosen). Bei diesen »höheren Laubmosen« (*Phascodina* und *Hypnodina*) erreicht der Typus der beblätterten Mospflanze seine höchste und mannichfaltigste Entwickelung.

§ 233. Metagenesis der Muscinen.

Der typische Generationswechsel der Mose besitzt in allen Fällen, trotz vieler specieller Modificationen, eine hohe palingenetische Bedeutung. Ganz allgemein alterniren mit einander zwei sehr verschiedene Generationen, eine geschlechtliche (amphigone) und eine ungeschlechtliche (sporogone). Die erste Generation ist die amphigone oder *sexuelle* Generation, das Geschlechtsmos (*Bryogonium*), ein algenartiger Thallus bei den *Thallobryen*, ein Cormus mit Stengel und Blättern bei den *Phyllobryen* und *Cormobryen*. Aus den befruchteten Eizellen dieses »Sexual-Moses« entwickelt sich ein *Embryo*, der sich unmittelbar zur zweiten Generation ausbildet, der sporogonen oder *embryonalen* Generation, dem Sporenmos (*Sporogonium*). Die letztere bleibt immer mit der ersteren in physiologischem Zusammenhang und wird von ihr ernährt, obgleich sie eine ganz selbständige morphologische

Entwickelungsrichtung einschlägt; sie erzeugt ungeschlechtlich Sporen, aus denen sich wieder die erste Generation entwickelt. Morphologisch ist das Sporogonium oder die »Sporenkapsel« der Mose wohl am richtigsten als ein »sporenbildender Thallus« zu deuten (*Sporothallus*).

Bei den meisten Mosen entwickelt sich aus der keimenden Spore zunächst ein algenartiger Vorkeim (*Protonema*). Wir deuten denselben palingenetisch, als die erbliche Wiederholung einer Algen-Ahne. Bei den *Thallobryen* (oder den niedersten Formen der Lebermose, Ricciadinen und Pelliadinen) verwandelt sich dieser Vorkeim direct in den Thallus des Sexual-Moses. Bei den übrigen Bryophyten hingegen erzeugt dieses Protonema durch Knospung einen oder mehrere sexuelle Cormen. Bei den *Phyllobryen* ist dasselbe ein blattförmiges, ulvenartiges, bei den *Cormobryen* hingegen ein ansehnliches confervenartiges Gebilde; aus den verzweigten Zellfäden desselben sprossen als selbständige Individuen die mit Stengel und Blättern ausgestatteten sexuellen Mospflanzen hervor. Hier sind also eigentlich drei Generationen zu unterscheiden: 1) das geschlechtslose *Protonema* (erbliche Wiederholung der Algen-Ahnen); 2) die sexuelle Mospflanze (*Bryocormus*); 3) das geschlechtslose Sporogonium (*Sporothallus*).

§ 234. Bryogonium. Sexualmos.

Die erste Generation der Mose ist das Sexualmos (*Bryogoninm*) oder die geschlechtliche »eigentliche Mospflanze«. Sie erscheint in zwei verschiedenen Hauptformen, als *Thallus* und als *Cormus*. Bei den *Thallobryen* bleibt sie auf der niederen Bildungsstufe eines dorsiventralen Thallus stehen, dem blattförmigen Algen-Thallus mancher Chlorophyceen sehr ähnlich (namentlich der Ulvaceen); so besonders bei den wasserbewohnenden Lagermosen (*Riccia*, *Riella* u. A.). Meistens liegt dieser Thallus flach auf dem Boden auf, mit differenzirter oberer Dorsalseite und unterer Ventralseite; oft verzweigt er sich dichotomisch. Im einfachsten Falle wird der dünne Thallus bloss von einer einzigen Zellenschicht gebildet (z. B. bei *Metzgeria*), gewöhnlich aber von mehreren, oft differenzirten Zellschichten. Bei den höheren *Marchantialen* erreicht seine histologische Differenzirung einen hohen Grad. Indem sich kleine Schüppchen auf der oberen oder unteren Seite des Thallus entwickeln, als Anfänge von einfachen Blättern, beginnt er sich zum Cormus zu differenziren.

Ein echter Cormus, bestehend aus einem fadenförmigen, dicht mit Blättern bedeckten Stengel, ist an die Stelle des ursprünglichen Thallus bei allen übrigen Mosen getreten, den Phyllobryen und Cormobryen. Dorsoventral bleibt derselbe noch bei den meisten *Phyllobryen*, wo er flach am Boden aufliegt (bei allen Radulinen, ausgenommen die *Haplomitralen*). Bei den *Sphagnodinen* und den meisten *Cormobryen* hingegen richtet sich der Cormus auf und erlangt ein monopodiales Wachtsthum.

Die Geschlechtsorgane oder *Gonaden* entwickeln sich meistens beide auf einem und demselben Thallus oder Cormus (monoecisch), seltener auf getrennten männlichen und weiblichen Stöcken (dioecisch). Die Antheridien oder Samenbehälter sind meistens kugelige, eiförmige oder keulenförmige Körper, deren dünne Wand aus einer einzigen Zellenlage besteht. Diese umschliesst eine dichte Masse von kleinen cubischen Zellen, deren jede ein bewegliches Spermazoid bildet (eine keulenförmige, oft spiral gekrümmte Samenzelle mit zwei Geisselfäden). Die Archegonien oder Eibehälter sind flaschenförmig, mit einem langen Halse und einem rundlichen Bauche; die Wand des Bauches (aus einer oder zwei Zellschichten gebildet) umschliesst eine einzige grosse Eizelle.

§ 235. Sporogonium. Sporenmos.

Die zweite Generation der Mose ist das ungeschlechtliche Sporenmos (*Sporobryon*) oder die Sporenkapsel (*Sporogonium*, auch als Sporenbehälter, Mosfrucht, Mosurne u. s. w. bezeichnet). Dasselbe entsteht unmittelbar aus der Cytula (der befruchteten Eizelle) durch wiederholte Theilung derselben. Der vielzellige, kugelige oder eiförmige Körper des Sporobryon wächst meistens bald in die Länge und sondert sich in drei Abschnitte, einen basalen Fuss, einen längeren oder kürzeren Stiel, und eine apicale Sporenkapsel. Der basale Fuss dringt oft in das Gewebe der ernährenden Mutterpflanze, des Sexualmoses, ein, ohne jedoch mit ihm zu verwachsen. Das apicale Gewebe des eigentlichen Sporenbehälters differenzirt sich in die feste Kapsel und die eingeschlossenen Sporenmutterzellen; jede von diesen letzteren theilt sich dann in vier Sporen. Die Zellenschicht des mütterlichen Archegoniums, welche unmittelbar das Sporobryon umschliesst (oder der »Archegonium-Bauch«), gestaltet sich zu einer äusseren Hülle desselben, der Haube (*Calyptra*). Sie folgt dem Wachsthum des eingeschlossenen Sporogons und umhüllt dasselbe längere oder kürzere Zeit.

Die Phylogenie des *Sporogoniums* und seiner Embryonal-Hülle, der *Calyptra*, zeigt innerhalb des Muscinen-Stammes eine lange Reihe von morphologischen Differenzirungen, die namentlich für die Systematik der kleineren Gruppen benutzt werden. Bei den niedersten Thallobryen, den *Ricciaceen*, hat sich das einfachste ursprüngliche Verhältniss bis heute erhalten: das kugelige Sporogonium bleibt im

§ 236. Phylogenetisches System der Bryophyten.

Subclassen	Ordnungen	Sporogon-Urne	Sporogon-Inhalt
I. Ricciadinae *Thallobrya algacea.* Lagermose ohne Kapselklappen.	**1. Ricciales** (*Archibryales*)	Sporogonium eine geschlossene Kugel	Columella fehlt Keine Elateren
	2. Marchantiales (*Marchantiaceae*)	Sporogonium unregelmässig geöffnet	Columella fehlt Mit Elateren
II. Pelliadinae *Thallobrya valvulata.* Lagermose mit Kapselklappen.	**3. Anthocerales** (*Anthoceroteae*)	Sporogon mit zwei Klappen aufspringend, schotenförmig	Columella ausgebildet Mit Elateren
	4. Aneurales (*Jungermanniae thallosae*)	Sporogon mit vier Klappen aufspringend	Keine Columella Meist Elateren
III. Radulinae *Phyllobrya autopodiata* Blattmose mit Autopodium.	**5. Madothecales** (*Jungermanniae foliosae*)	Sporogon vierklappig, langgestielt (Cormus dorsiventral)	Keine Columella Stets Elateren
	6. Haplomitrales (*Haplomitriaceae*)	Sporogon vierklappig, langgestielt (Cormus monopodial)	Keine Columella Stets Elateren
IV. Sphagnodinae *Phyllobrya phaenopodiata.* Blattmose ohne Autopodium.	**7. Sphagnales** (*Sphagaaceae*)	Sporogon mit Deckel aufspringend, ohne Peristom	Columella basalis Keine Elateren
	8. Andreaeales (*Andreaeaceae*)	Sporogon mit vier Spalten geöffnet	Columella basalis Keine Elateren
V. Phascodinae *Cormobrya clistocarpa.* Laubmose ohne Kapsel-Deckel.	**9. Archidiales** (*Archidieae*)	Sporogon sitzend. Kapsel ohne Deckel	Columella fehlt Keine Elateren
	10. Phascales (*Phascaceae*)	Sporogon kurzgestielt. Kapsel ohne Deckel	Columella rudimentär Keine Elateren
VI. Hypnodinae *Cormobrya stegocarpa.* Laubmose mit Kapsel-Deckel.	**11. Polytrichales** (*Acrocarpi*)	Sporogonien endständig, mit Deckel und Peristom	Columella vollständig Keine Elateren
	12. Hypnales (*Pleurocarpi*)	Sporogonien achselständig, mit Deckel und Peristom	Columella vollständig Keine Elateren

Archegonium eingeschlossen, und alle Zellen desselben, mit Ausnahme einer vergänglichen Wandschicht, verwandeln sich in Sporen. Bei allen übrigen Mosen tritt das wachsende Sporogonium aus dem Archegonium-Bauche hervor und durchbricht denselben entweder an dem Gipfel (*basale Calyptra*) oder an der Basis, so dass die Embryonalhülle als freie Haube emporgehoben wird (*acrale Calyptra*); letzteres findet nur bei den *Cormobryen* statt. Bei allen Mosen, die *Ricciaceen* ausgenommen, wird die Aussenwand des Sporogoniums zu einer festen Kapsel (Urna oder Theca); diese öffnet sich selten durch Verwesung (*Phascodinen*) oder unregelmässig (*Marchantialen*); meistens springt sie regelmässig auf, mit Klappen (*Pelliadinen, Radulinen*, *Anthoceralen*) oder mit einem Deckel (*Sphagnalen, Hypnodinen*). In der Axe des Sporogoniums bildet sich oft eine Columella, die bei den *Sphagnodinen* unvollständig (basal) ist, bei den *Cormobryen* vollständig.

§ 237. Erste Classe der Bryophyten:

Thallobrya. Lagermose.

Musci thallosi. Thallomuscinae. Hepaticae thallosae.

Stammgruppe aller Diaphyten oder Archegoniaten.

Bryophyten mit zwei alternanten Generationen: Amphigone Generation ein Thallus, welcher direct aus den Sporen eines primitiven Sporogoniums entsteht; dieses ist von einer permanenten oder basalen Calyptra eingeschlossen. Kein Protonema.

Die Classe der Lagermose oder *Thallobrya* umfasst alle diejenigen *Muscinen*, welche noch nicht die Differenzirung in Stengel und Blätter zeigen; ihre geschlechtliche Generation ist ein einfacher Thallus und kann sowohl morphologisch als phylogenetisch unmittelbar von dem ähnlichen Thallus der Chlorophyceen (und zwar der *Ulvaceen*) abgeleitet werden. Die Thallobryen sind somit von hervorragender phylogenetischer Bedeutung, als die Stammformen aller Diaphyten und die Bindeglieder zwischen den Algen und den echten Cormophyten. Die niedersten Stufen der letzteren treten eigentlich erst in den Phyllobryen auf, insbesondere den niederen Formen der Radulinen; und diese sind durch mehrfache Uebergangsformen mit den Thallobryen eng verknüpft. Einige der niedersten Lagermose, welche noch heute im Wasser leben (*Riccia, Riella*), sind von sexuell differenzirten Chlorophyceen eigentlich nur durch die besondere mosartige Form der Antheridien und Archegonien verschieden. Diese niedersten Formen (speciell die *Ricciaceen*) können als wenig veränderte Ueberreste der praecambrischen Stammgruppe aller Cormophyten angesehen werden. Von der Wurzel dieser Stammgruppe aus haben sich mehrere divergente Linien entwickelt. Einerseits sind die Ricciaceen durch die Uebergangsgruppe der *Corsiniaceen* mit den *Marchantialen* verknüpft; anderseits gehen von ihnen als divergente Zweige die *Anthocerales* und *Aneurales* hervor; die letzteren (*Pelliaceae*, *Jungermanniae thallosae*) führen unmittelbar zu den cormophytischen *Radulinen* hinüber (*Jungermanniae foliosae*). Der sexuelle Thallus zeigt in den verschiedenen Gruppen der Lagermose zwar mannichfache Ausbildungsstufen, aber keine typischen Unterschiede. Dagegen ist das Sporogonium sehr verschieden gebildet. In der Ordnung der Ricciadinen ist es theils noch ganz im Thallus eingeschlossen (*Ricciales*), theils nur wenig vortretend (*Marchantiales*); in der Ordnung der Pelliadinen tritt es über den Thallus als selbständige gestielte Kapsel hervor, die sich bald durch 2 Klappen öffnet (*Anthocerales*), bald durch 4 Klappen (*Pelliales*).

§ 238. Erste Ordnung der Thallobryen: **Ricciadinae (= Marchantiales).**

Stammgruppe aller Bryophyten.

Thallobryen mit eingeschlossenem oder wenig vortretendem Sporogonium, dessen Urne entweder nicht selbständig entwickelt ist oder sich unregelmässig öffnet.

Die Ordnung der Ricciadinen oder *Marchantiales* umfasst diejenigen Thallobryen, deren Sporogonium zu keiner selbständigen Sonderung gelangt und nicht regelmässig in Klappen aufspringt, wie bei der folgenden Ordnung. Es gehören hierher zwei wichtige Familien von niedersten „Lebermosen", welche eigentlich den Rang von zwei selbständigen Ordnungen einnehmen sollten, die *Ricciaceen* und *Marchantiaceen.* Die erste, älteste und niederste Gruppe, die Ricciaceen (— oder besser Ricciadinen, als selbständige Ordnung —) sind von hervorragender morphologischer und phylogenetischer Bedeutung; denn sie repräsentiren die uralte, gemeinsame Stammgruppe aller Mose, und somit auch — als *thallose Diaphyten*! — sämmtlicher Cormophyten; genauer gesagt, bilden sie die unmittelbare Uebergangsbrücke zwischen denjenigen Chlorophyceen (*Ulvaceen*), welche die praecambrischen Ahnen der Cormophyten darstellten, und denjenigen ältesten Bryophyten, die sich unmittelbar aus jenen entwickelten. Das Sexual-Mos der Ricciadinen, die theils noch als echte »Algenkinder« im Wasser, theils amphibisch leben, ist ein einfacher

Algenthallus, gewöhnlich von rundlicher Form und strahlig gelappt, oft rosettenartig ausgebreitet, mit dichotomen Randlappen. Die Sporogonien sind von einfachster Bildung, vielzellige Kugeln, die bei *Riccia* einzeln in die Thallusoberfläche eingesenkt sind. Die äusserste Zellschicht dieser soliden Kugeln bildet eine zarte, vergängliche Sporogon-Kapsel, die später resorbirt wird; die ganze übrige Zellmasse wird zur Bildung von gleichartigen Sporen verwendet, und es entstehen zwischen ihnen keine Elateren (wie bei allen übrigen Lebermosen).

Die Familie der Marchantiaceen (oder besser Ordnung der *Marchantiales*) schliesst sich unmittelbar an die *Ricciadinen* an und ist durch die Uebergangsgruppe der *Corsiniaceen* eng mit ihnen verknüpft. Die Sporogonien sind bei letzteren gruppenweise in den Thallus eingesenkt und bilden bereits Elateren zwischen den Sporen. Bei den meisten echten *Marchantialen* erfolgt dagegen eine weitgehende Differenzirung des eigenthümlichen Sexual-Moses, die sich theils in der histologischen Structur des ansehnlichen fleischigen Thallus ausspricht, theils in der Bildung besonderer »Blüthenstände« oder *Receptacula*. Letztere sind pilzhutähnliche, senkrecht aus dem Thallus sich erhebende Sprosse; auf einem langen Stiele sitzt eine runde, oft radial verzweigte Scheibe, auf deren Oberseite die Antheridien und Archegonien gruppenweise entstehen; bei *Marchantia* dioecisch. Aus den befruchteten (meist auf die Unterseite des Hutes herabgeschobenen) Archegonien entstehen kurzgestielte Sporogonien, die bald unregelmässig aufspringen, bald einen Deckel abwerfen.

§ 239. Zweite Ordnung der Thallobryen:

Pelliadinae (= Anthocerales).

Anthocerotales et Jungermanniaceae thallosae.

Uebergangsgruppe von den Ricciadinen zu den Radulinen.

Thallobryen mit freiem, weit vortretendem und lang gestieltem Sporogonium, dessen Urne regelmässig in zwei oder vier Klappen aufspringt.

Die Ordnung der Pelliadinen oder *Anthoceralen* enthält diejenigen Thallobryen, deren Sporogonien, ähnlich wie bei allen höheren Mosen, einen ausgebildeten Fuss (Autopodium) besitzen, als gestielte Kapseln (oder Urnen) selbständig aus dem Thallus vortreten und sich regelmässig durch Klappenbildung öffnen. Wir vereinigen in dieser Gruppe zwei Unterordnungen, welche vielleicht besser den Werth von selbständigen Ordnungen erhalten, die *Anthoceralen* und *Aneuralen*; beide sind wohl als getrennte Zweige aus älteren *Ricciadinen* hervorgegangen. Die Ordnung der Anthocerales wird durch die eigenthümliche kleine Familie der *Anthoceroteae* gebildet, ausgezeichnet durch ein langes, schotenförmiges Sporogonium, welches in der Axe eine Columella enthält und (ähnlich einer Cruciferen-Schote) mit zwei Klappen aufspringt. Dagegen ist der unregelmässig gelappte Thallus von *Anthoceros* sehr einfach gebildet, ein dünnes und ganz blattloses Lager.

Die Gruppe der *Aneurales* (oder der Pelliadinae im engeren Sinne) kann zweckmässig als besondere Ordnung der Thallobryen betrachtet werden; sie umfasst die sogenannten *Jungermanniales thallosae*, die Familien der Riellaceen, Aneuraceen und Pelliaceen. Bei allen diesen Aneuralen springt das gestielte Sporogonium mit vier Klappen auf, wie bei den *Radulinen*. Während aber bei letzteren bereits das Sexual-Mos in Stengel und Blätter differenzirt ist, behält dasselbe bei den *Pelliadinen* noch die einfache indifferente Form des Algen-Thallus bei. Unter diesen schliesst sich noch eng an die Ricciadinen an die wasserbewohnende ulvenartige Familie der *Riellaceen*, mit einem Spiral-Thallus, und mit einfachen Sporogonien, ohne Elateren (*Riella helicophylla*). Alle übrigen Pelliadinen haben einen flachen, dorsiventralen Thallus und bilden zwischen den Sporen auch Elateren. Die Archegonien und Antheridien stehen oben auf der Dorsalseite des Thallus, einzeln zerstreut bei den *Pelliaceen*, zu Blüthenständen vereinigt bei den *Aneuraceen*.

§ 240. Zweite Classe der Bryophyten:

Phyllobrya. Blattmose.

Musci foliosi. Phyllomuscinae. Mesobrya.

(— *Hepaticae cormophytae et Sphagnodinae* —.)

Uebergangs-Gruppe von den Thallobryen zu den Cormobryen.

Bryophyten mit drei alternanten Generationen: Ein ulvacines Protonema erzeugt durch Knospung die cormophytische amphigone Generation. Das Protonema entsteht aus den Sporen eines Sporogoniums mit basaler Calyptra. Columella fehlend oder unvollständig.

In der Classe der Blattmose oder *Phyllobrya* vereinigen wir hier die sogenannten cormophytischen Lebermose (*Hepaticae foliosae*) und die niederste Gruppe der Laubmose (*Sphagnodinae*). Die Classe ist von grosser phylogenetischer Bedeutung als vermittelnde Uebergangs-Gruppe von den niederen Lagermosen (*Thallobrya*) zu den höheren echten Laubmosen (*Cormobrya*). Man könnte sie daher auch

Mittelmose nennen (***Mesobrya***). Zum ersten Male tritt in dieser Classe die wichtige Differenzirung des algenartigen ***Thallus*** in einen echten ***Cormus***, mit Stengel und Blättern auf. Somit beginnt, streng genommen, erst in dieser Classe die wahre Cormophyten-Bildung, während die vorhergehende Classe der ***Thallobryen*** nach ihrer niederen morphologischen Bildungsstufe eigentlich noch zu den Thallophyten zu rechnen wäre. Der bedeutungsvolle Uebergang von den letzteren zu den ersteren vollzieht sich stufenweise und in mehreren parallelen Reihen, so dass die Classe der ***Phyllobryen*** als eine polyphyletische anzusehen ist. Der beblätterte Stengel, welcher die beiderlei Geschlechts-Organe trägt, entwickelt sich durch Knospung aus einem ulvacinen Prothallium (oder einem blattförmigen Protonema), welches als palingenetische Wiederholung des einfachen Ahnen-Thallus betrachtet werden kann. Dieses monogone Prothallium (welches bei den ***Thallobryen*** fehlt, bei den ***Cormobryen*** durch das confervine Protonema ersetzt ist) muss als eine besondere erste Generation der ***Phyllobryen*** betrachtet werden; dasselbe entwickelt sich direct aus den Sporen, welche im Sporogonium der dritten Generation gebildet werden. Dieses Sporogonium enthält bei den ***Radulinen*** Elateren (wie bei den meisten Thallobryen); bei den ***Sphagnodinen*** fehlen diese; dafür findet sich hier eine Columella (wie bei den meisten Cormobryen). Beide Ordnungen der Phyllobryen sind wahrscheinlich aus verschiedenen Gruppen der Thallobryen hervorgegangen.

§ 241. Erste Ordnung der Phyllobryen:

Radulinae (= Autopodiatae).

Jungermanniaceae foliosae. Hepaticae foliosae.

Stammgruppe der echten Cormophyten.

Phyllobryen mit langgestieltem Sporogonium (mit Autopodium), welches in vier Klappen aufspringt (ohne Deckel und ohne Columella). Stets Elateren zwischen den Sporen. Cormus des Sexualmoses meistens dorsiventral.

Als Ordnung der Radulinen oder ***Autopodiaten*** fassen wir hier die sogenannten ***Hepaticae foliosae*** zusammen, welche in den bisherigen Systemen der Bryophyten als ein Theil der undefinirbaren Familie der ***Jungermanniales*** oder ***Jungermanniaceae*** aufgeführt werden. Sie stehen in dieser Familie vereinigt mit den ***Pelliadinen*** (oder den ***Hepaticae thallosae***), obwohl unter diesen letzteren sich so primitive Formen finden, wie die ***Riellaceen*** und ***Pelliaceen***. Nun werden allerdings die älteren thallosen ***Pelliadinen*** mit den jüngeren foliosen ***Radulinen*** eng verknüpft durch eine zusammenhängende Reihe von interessanten

Uebergangsformen, z. B. *Blasia*, *Fossombronia*; kleine Schuppen, welche hier an der Unterseite des flachen, blattförmigen Thallus auftreten (bei *Blasia*) oder an seiner Oberseite (bei *Fossombronia*), sind bereits als die Anfänge echter Blattbildung zu betrachten. Allein dieser willkommene phylogenetische Zusammenhang beider Gruppen von *Jungermannialen* darf uns nicht verhindern, dieselben begrifflich scharf zu trennen und im natürlichen System (scheinbar künstlich!) in zwei verschiedene Classen zu stellen. Denn die Differenzirung des einfachen Thallus in einen echten Cormus (mit Stengel und Blatt) ist der wichtigste Fortschritt in der morphologischen Gliederung der Metaphyten. Im Gegensatze zu diesem bedeutungsvollen Fortschritt in der Phylogenie der Sexual-Generation hat sich die typische Bildung der ungeschlechtlichen Sporogon-Generation von den *Pelliadinen* unverändert auf ihre Nachkommen, die *Radulinen*, vererbt; das Sporogonium steht auf einem langen Stiel, einem echten Fuss (Autopodium) und springt in vier Klappen auf; zwischen den Sporen bilden sich Elateren.

Die formenreiche Ordnung der *Radulinen* theilen wir in zwei Unterordnungen: *Madothecales* und *Haplomitrales*. Der beblätterte Cormus der Madothecales oder *Acrogynae* ist dorsoventral oder bilateral, und liegt flach auf dem Boden wie der Thallus ihrer Vorfahren, der *Pelliadinen*; der Stengel trägt zwei Reihen von Blättern auf der Rückenseite (Oberblätter) und oft auch noch eine Reihe von kleineren Blättern auf der Bauchseite (Unterblätter). Die Archegonien der Madothecalen stehen (meist in Mehrzahl) am Sprossende und beschliessen das Wachsthum des Sprosses (daher *Acrogynae*). Diese formenreiche Unterordnung spaltet sich in zwei parallele Tribus, die *Frullaniaceen* (mit oberschlächtigen Blättern) und die *Scapaniaceen* (mit unterschlächtigen Blättern); bei den ersteren steht der Vorderrand der Rückenblätter höher als der Hinterrand, bei den letzteren umgekehrt. Zu den Scapanacieen gehören die »*Jungermannien*« im engsten Sinne (ein Begriff, der in vier verschiedenen Bedeutungen gebraucht wird!).

Die kleine Unterordnung der Haplomitrales (oder *Pleurogynae*) wird durch die Familie der *Haplomitraceae* gebildet, mit der einzigen Gattung *Haplomitrium* (*Hookeri*). Dieses interessante Mos ist das einzige lebende »Lebermos«, das nicht dorsiventral gebaut ist. Der Cormus liegt nicht flach auf dem Boden angedrückt, wie bei den übrigen *Hepaticae*, sondern wächst aufrecht und trägt an den Aesten drei Reihen von gleich grossen Blättern; auch sitzen die Archegonien nicht an dem Sprossende (wie bei den *Acrogynen*), sondern an der Seite (wie bei den *Pelliadinen*); daher kann man die Haplomitralen auch

Pleurogynae (oder *Anacrogynae*) nennen. Durch ihre freie Cormusbildung schliessen sie sich bereits morphologisch an die Sphagnodinen und Cormobryen an.

§ 242. Zweite Ordnung der Phyllobryen:

Sphagnodinae (= Phaenopodiatae).

(*Sphagnales et Andreaeales.*)

Uebergangsgruppe von den Lebermosen zu den Laubmosen.

Phyllobryen mit sitzendem oder kurzgestieltem Sporogonium (mit Phaenopodium), welches sich durch vier Kreuzspalten oder durch einen Deckel öffnet, mit einer basalen Columella. Keine Elateren zwischen den Sporen. Cormus des Sexualmoses monopodial.

Die zweite Ordnung unserer *Phyllobryen* bilden die Sphagnodinen oder *Phaenopodiaten*, mit den beiden nahe verwandten Familien der *Sphagnaceen* (Torfmose) und *Andreaeaceen* (Steinmose). Beide können auch als Unterordnungen unterschieden werden: *Sphagnales* und *Andreaeales*. Zwar werden diese beiden interessanten Familien seit altersher allgemein zu den „Laubmosen" gerechnet und von den »Lebermosen« getrennt. Sie stehen aber den letzteren (insbesondere einigen Formen der *Radulinen*) viel näher als den ersteren (den *Cormobryen*). Die Sphagnodinen unterscheiden sich von den echten Laubmosen, den Cormobryen, in folgenden wichtigen Eigenthümlichkeiten: 1) Der »Vorkeim«, welcher aus der keimenden Spore entsteht, ist ein *ulvacines* blattförmiges Prothallium, nicht ein *confervines* fadenförmiges Protonema. 2) Der Stiel des Sporogoniums ist ein Scheinfuss (*Phaenopodium*, unpassend »Pseudopodium« genannt); d. h. er wird nicht vom Basaltheil des Sporogoniums selbst gebildet (wie bei den Radulinen und Cormobryen), sondern von dem Basaltheil des Archegoniums. 3) Die Archegon-Hülle oder Calyptra wird nicht an der Basis durchbrochen und abgehoben (wie bei den Cormobryen), sondern von dem wachsenden Sporogonium oben durchbrochen (Vaginula). 4) Die Columella, welche sich am Grunde der Sporenkapsel erhebt, durchsetzt nicht deren ganze Axe (wie bei den Cormobryen), sondern wird von dem glockenförmigen Archesporium umgeben. 5) Die Kapsel öffnet sich entweder, bei den *Sphagnaceen*, durch einen Deckel (— aber ohne das gezähnte Peristom der Cormobryen! —); oder sie öffnet sich, bei den *Andreaeaceen*, durch vier kreuzständige Klappen (wie bei den Radulinen); jedoch bleiben die vier Klappen acral und basal verbunden. Auch in anderen Beziehungen schliessen sich die Sphagnodinen näher an die Radulinen als an die Cormobryen an; jedoch fehlen ihnen die Elateren der ersteren. Die *Sphagnaceen* (Torfmose) dürften aus einem anderen Zweige der Radulinen entstanden sein als die *Andreaeaceen*; jedoch erklären sich die Unterschiede beider Familien (oder Unterordnungen) hauptsächlich durch die ganz verschiedene Lebensweise.

§ 243. Dritte Classe der Bryophyten:

Cormobrya. Laubmose.

Musci frondosi. Calyptratae. Bryaceae. Bryodinae.

Höchstentwickelte Hauptgruppe des Mosstammes.

Bryophyten mit drei alternanten Generationen. Ein confervines Protonema erzeugt durch Knospung die cormophytische amphigone Generation. Das Protonema entsteht aus den Sporen eines Sporogoniums mit acraler Calyptra. Keine Elateren. Columella vollständig (selten verkümmert).

Die Classe der Laubmose oder *Cormobrya* umfasst die sogenannten »echten Mose«, *Musci veri,* die früher als *Musci frondosi* den *Hepaticae* gegenübergestellt wurden. Jedoch schliessen wir aus dieser Classe die niedersten Formen aus, die gewöhnlich noch dazu gerechnet werden, die Ordnung der Sphagnodinen (*Sphagnaceae* und *Andreaeaceae*); die Mose dieser Gruppe schliessen sich in den vorher angeführten wichtigen Beziehungen näher den »Lebermosen« (Pelliadinen), als den echten Cormobryen an (§ 242). Das Protonema der Laubmose, das sich aus der Spore entwickelt, ist stets confervenartig, ansehnlich, aus verästelten Fäden gebildet, welche theils unterirdisch, theils überirdisch leben und durch Knospung zahlreiche Cormen erzeugen können. Auch aus abgelösten Stücken der Blätter, des Cormus und selbst des Sporogoniums können sich ähnliche Protonemen entwickeln wie aus der Spore. Die Fähigkeit der ungeschlechtlichen Vermehrung ist in dieser Classe ausserordentlich gross. Die Stengel der Sexualgeneration sind meistens aufrecht, stielrund, und allseitig mit spiral gestellten Blättern dicht bedeckt. Das Sporogonium differenzirt sich in einen langen Stiel (*Seta*) und eine festwandige Kapsel (*Urna*); nur bei den verkümmerten *Phascodinen* bleibt der Stiel kurz. Hier springt auch die Kapsel nicht auf, sondern ihre Sporen werden durch Verwesung der Wand frei. Bei allen übrigen Laubmosen, den *Hypnodinen*, bildet sich der Acraltheil der Urne zu einem Deckel um (*Operculum*); die

Mündung, von der dieser sich regelmässig ablöst, ist zierlich gezähnt. Die Axe der Urnenhöhle wird von einer vollständigen Columella durchsetzt (nur bei einigen Phascodinen theilweise oder ganz rückgebildet). Die Calyptra bedeckt die Urne als gipfelständige Haube (nur bei den Phascodinen wird sie durchbrochen).

§ 244. Erste Ordnung der Cormobryen:

Phascodinae = Clistocarpae.

Phascales et Archidiales. Cormobrya capsulata.

Verkümmerte Basalgruppe der Laubmose.

Cormobryen mit basaler Calyptra und mit geschlossener Sporogon-Kapsel, die nicht mit einem Deckel aufspringt. Kein Peristomium.

Die Ordnung der Phascodinen oder *Clistocarpen* umfasst nur die beiden kleinen Familien der ***Archidieae*** und ***Phascaceae***, sämmtlich zwerghafte Erdmose, die mehr oder weniger verkümmert erscheinen. Das kurzgestielte Sporogon öffnet sich nicht durch einen aufspringenden Deckel, sondern durch Verwesung der weich bleibenden Kapselwand. Die Columella erscheint theilweise (in der Mitte) rückgebildet, bei den *Phascaceen*; oder sie fehlt ganz, bei den *Archidieen*. Die Calyptra wird nicht als freie Haube von dem Gipfel des wachsenden Sporogoniums emporgehoben, sondern unregelmässig zerrissen; ihre Reste bleiben als Vaginula am Grunde des kurzen Kapselstiels sitzen. Die *Phascodinen* scheinen durch Verkümmerung und Rückbildung aus einem niederen Zweige der *Hypnodinen* (oder vielleicht der *Andreaealen*?) entstanden zu sein. Der Mangel des Sporogonstiels (Seta) und der Columella bei den *Archidieen* beruht wohl auf Rückbildung. Bei den *Phascaceen* ist die Columella theilweise vollständig (*Phascum*), theilweise in der Mitte resorbirt (*Ephemerum*); bisweilen wird sie zuletzt ganz resorbirt (*Physcomitrella*).

§ 245. Zweite Ordnung der Cormobryen:

Hypnodinae = Stegocarpae.

Hypnales et Polytrichales. Cormobrya operculata.

Formenreiche Hauptgruppe der Laubmose.

Cormobryen mit acraler Calyptra und mit einem regelmässig gebildeten Deckel der Sporogon-Kapsel, die bei der Reife aufspringt. Mündung mit gezähntem Peristomium.

Die Ordnung der Hypnodinen oder *Stegocarpen* bildet die höchst entwickelte und in der Gegenwart herrschende Hauptgruppe des Mos-Stammes, mit zahlreichen Familien und Gattungen, und über 3000 Arten. Ihr reifes Sporogonium bildet stets eine langgestielte Kapsel, deren dicke Wand einen hohen Grad histologischer Differenzirung erlangt. Die reife Kapsel öffnet sich stets durch Aufspringen eines Deckels, der oft in einen Schnabel ausläuft. Die Mündung zeigt eine regelmässige und sehr mannichfaltige Bildung; gewöhnlich ist sie von einem braunen oder roth-gelben Mundbesatz (*Peristomium*) umgeben, einem Kranze von Zähnen, deren Zahl ursprünglich vier (meistens ein Multiplum von vier) beträgt. Die Calyptra sitzt stets als freie Haube auf dem Gipfel des Sporogonium, welches bei seiner Erhebung die Archegon-Hülle an der Basis durchbricht; bald bedeckt die Calyptra das Sporogonium allseitig (mützenförmig); bald ist sie auf einer Seite gespalten (kapuzenförmig). Die formenreiche Ordnung der Hypnodinen zerfällt in zwei Unterordnungen, die gipfelfrüchtigen *Polytrichales* (Acrocarpi) und die seitenfrüchtigen *Hypnales* (Pleurocarpi); bei den ersteren wird das Wachsthum der Hauptaxe durch die Ausbildung des Sporogonium beschlossen; bei den letzteren wächst die Hauptaxe unbegrenzt weiter, indem die Sporogonien sich auf besonderen kurzen Seitensprossen entwickeln. In den zahlreichen Familien beider Unterordnungen der Stegocarpen erreicht die phylogenetische Ausbildung des Bryophyten-Stammes nach verschiedenen Richtungen hin ihre höchste Vollkommenheit.

§ 246. Zweites Cladom der Diaphyten:

Pteridophyta. Farne.

Filicinae ss. ampl. Cryptogamae vasculares. Diaphyta vascularia. Farnpflanzen.

Uebergangsgruppe zwischen den Bryophyten (Thallobryen) und den Anthophyten (Gymnospermen).

Diaphyten mit Leitbündeln. Sexual-Generation thallophytisch (Prothallium), oft rückgebildet. Sporogon-Generation hochentwickelt, cormophytisch, mit Wurzel, Stengel und sporentragenden Blättern.

Die Hauptclasse der Farne (*Pteridophyta*) oder Gefässkryptogamen (*Diaphyta vascularia*) bildete während des palaeozoischen Zeitalters die Hauptmasse der terrestrischen Vegetation, besonders während der Steinkohlenzeit; der grösste Theil der mächtigen Steinkohlenflötze besteht aus den versteinerten Ablagerungen von Farnpflanzen aller drei Classen, der älteren *Filicalen*, und der von ihnen abzuleitenden *Equisetalen* und *Lycopodialen*. Millionen von Jahren hindurch war die Erde in der palaeolithischen Aera mit Farnwäldern dicht bedeckt; alle drei Classen waren damals durch mächtige und eigenartig gestaltete Bäume vertreten, deren Stämme in den carbonischen Sedimenten massenhaft angehäuft sind. Viele von diesen stattlichen Pteridophyten (die Calamiteen, Lepidodendren, Sigillarien u. A.) starben gegen Ende des palaeozoischen Zeitalters aus; von vielen anderen leben verkümmerte Reste bis zur Gegenwart fort. Die ältesten Reste von Filicinen finden sich im unteren Silur (*Eopteris*); es sind die ältesten Spuren von Landpflanzen, die wir überhaupt kennen. Im Devon kommen zwar schon die Hauptformen aller drei Classen vor, aber noch spärlich. Die eigentliche Blüthezeit des Cladoms fällt in die carbonische Periode. In der folgenden permischen Periode sterben die meisten grösseren Formen aus, insbesondere die characteristischen Baumformen der Calamiteen, Sigillarien, Lepidodendren.

§ 247. Filicarien, Calamarien und Lycodarien.

Die drei Classen der Pteridophyten stimmen zwar überein in der typischen Form ihrer Metagenesis, in der primitiven Thallusbildung ihrer sexuellen Generation (des muscinen Prothallium) und in der höheren Ausbildung ihrer Gewebe; sie unterscheiden sich aber bedeutend in der Ausbildung der sporogonen Generation. In allen Fällen ist diese letztere (gegenüber der ersteren) eine hochentwickelte Stockpflanze, mit echten Wurzeln, Stengel und Blättern. Nur bei den niedersten Filicarien, den zarten Hymenophylleen gleicht dieselbe noch einem einfachen muscinen Thallus; ihr Wedel ist noch aus einer einfachen Zellschicht gebildet; sonst sind immer die Gewebe stärker differenzirt: Epidermis, Grundgewebe und Gefässbündel. Die *Filicarien* betrachten wir auch aus mehrfachen Gründen der vergleichenden Anatomie und Ontogenie als die silurische Stammgruppe der Pteridophyten, aus der sich die beiden Classen der *Calamarien* und *Lycodarien* erst später (in devonischer Zeit) entwickelt haben. Bei diesen letzteren tritt die mächtige Entwickelung eines Stammes und zahlreicher Aeste in den Vordergrund, während die Blätter klein und einfach gestaltet sind. Bei den älteren Filicarien hingegen war der Stamm noch schwach entwickelt, selten verästelt; dagegen machte sich um so mehr eine kräftige Blattbildung geltend. Ursprünglich (bei den niederen *Filicarien*) sind alle Blätter gleichgestaltet und tragen Sporen. Aber schon bei den höheren *Filicarien* tritt Arbeitstheilung ein, indem sich die Sporenbildung auf einzelne Blattabschnitte oder besonders gestaltete Blätter beschränkt. Bei den meisten *Calamarien* und *Lycodarien* ist diese Ergonomie weiter durchgeführt, indem sich die Sporenbildung auf besondere fertile Blätter beschränkt, die gewöhnlich am Gipfel des Stammes oder der Aeste blüthenähnliche Sporenstände bilden (*Sporostroben* oder Sporenzapfen); die sterilen Blätter sitzen unterhalb und haben ganz andere Formen.

Weitere Unterschiede der drei Filicinen-Classen bestehen in der Verästelung des Stammes und der Blattstellung. Unter den *Filicarien* ist der Stamm einfach und unverästelt bei den Baumfarnen und vielen niederen Farnkräutern; auch bei den übrigen ist die Neigung zur Verästelung meistens sehr schwach. Die grossen Blätter oder »Wedel« sitzen meistens zerstreut am Stamme und sind in der Knospenlage schneckenförmig eingerollt. Dagegen sind die Stämme der *Calamarien* und *Lycodarien* meist stark verästelt, bei den ersteren verticillat, bei den letzteren dichotom; die kleinen schuppenförmigen oder linearen Blätter sind bei ersteren quirlständig, bei letzteren zweizeilig oder schraubenständig.

§ 248. Metagenesis der Pteridophyten.

Der typische Generationswechsel der Farne zeigt in den drei Classen und sechs Legionen dieses Stammes zwar vielfache Modificationen, behält aber im Wesentlichen immer denselben Character bei, der zu der Metagenesis der Muscinen einen auffallenden Gegensatz zu bilden scheint. Die erste Generation ist die amphigone oder *sexuelle* Generation, der thallusförmige Geschlechtsfarn (*Gonopteris*); aus der befruchteten Eizelle derselben entwickelt sich ein *Embryo*, der sich unmittelbar zur zweiten Generation ausbildet, der sporogonen oder *embryonalen* Generation, dem Sporenfarn (*Sporopteris*). Während nun bei den Mosen diese ungeschlechtliche Generation immer auf der niederen Stufe eines blattlosen *Sporogonium* stehen bleibt, entwickelt sich dieselbe bei allen Farnen zu einer stattlichen cormophytischen Pflanze, einem vielgestaltigen *Cormus* mit Wurzel, Stengel und Blättern. Erst auf den Blättern dieser sporogonen Generation, welche Leitbündel besitzen, entwickeln sich die Sporangien, die Behälter der einzelligen Sporen, die durch Viertheilung von Sporenmutterzellen entstehen (Tetraden).

Trotz des grossen morphologischen Unterschiedes der sporogonen Generation geschieht sowohl die Bildung der beiderlei Geschlechtsorgane in der amphigonen Generation, als die Bildung der Sporen in der monogonen Generation wesentlich in derselben Weise bei Filicinen und bei Muscinen. Ausserdem wird der enge phylogenetische Zusammenhang beider Diaphyten-Cladome durch die niedersten Repräsentanten derselben bewiesen. Bei den einfachsten Thallusmosen (*Ricciadinen*) ist die sexuelle Generation ebenso noch ein ganz einfacher, ulvenartiger Thallus, wie bei den meisten isosporen Filicinen; und bei den einfachsten Hautfarnen (*Hymenophylleen*) besitzen die ersten Blätter der sporogonen Generation ebenso noch den Character eines Thallusmoses. Das Prothallium von *Trichomanes* gleicht ganz demjenigen von *Sphagnum*; und bei anderen Hymenophylleen (*Didymoglossum*) ist auch das sporogone Blatt ganz einem Lagermos ähnlich; bei *Feea* ist es eigentlich ein gefiedertes Sporogonium, eine Doppelreihe von Mosurnen. Hieraus allein schon können wir den sicheren Schluss ziehen, dass die ältesten Pteridophyten isospore Filicalen waren und sicht direct aus Thallobryen entwickelt hatten.

§ 249. Isospore und heterospore Pteridophyten.

Die Sporen der *Pteridophyten* sind ebenso wie diejenigen der *Bryophyten* ursprünglich alle von gleicher Beschaffenheit (*Isosporae* oder *Homosporae*). Auch die Prothallien, welche aus diesen Sporen hervorgehen, sind ursprünglich alle von gleicher Bildung und hermaphroditisch; sie tragen gleichzeitig Archegonien und Antheridien; so bei den *Phyllopteriden* und *Lycopodinen*. Man bezeichnet solche Prothallien gewöhnlich als monoecisch, richtiger aber als monoclinisch, da der Hermaphroditismus ein einzelnes Spross-Individuum, keinen vielsprossigen Cormus betrifft. Durch Ergonomie entstehen bei den isosporen *Equisetinen* diclinische Prothallien, indem die (äusserlich gleichartigen) Sporen zwei verschiedene Formen von Prothallien entwickeln, weibliche und männliche; die ersteren tragen nur Archegonien, die letzteren nur Antheridien. Indem diese sexuelle Arbeitstheilung in frühere Zeit zurückverlegt wird, findet sie schon in der ungleichen Grösse und Bildung der Sporen ihren Ausdruck; die sporogone Generation bildet zweierlei Sporen. Die grösseren Macrosporen entwickeln weibliche Prothallien, die nur *Archegonien* tragen; aus den kleineren Microsporen entstehen allein männliche Prothallien, welche *Antheridien* bilden. Alle Farne, welche diesen Gonochorismus zeigen, werden als *Heterospore* oder *Alloeospore* unterschieden (die *Hydropterides*, *Calamitinae*, *Selagineae*).

Mit diesem fortschreitenden Gonochorismus der Sporen geht eine zunehmende Reduction der von ihnen gebildeten Prothallien Hand in Hand. Bei den älteren Isosporeen ist ursprünglich das Prothallium ein selbständiges chlorophyllreiches Thallophyton, welches mit Wurzelhaaren ausgestattet ist und sich selbst ernährt (— die erbliche Wiederholung der Thallobryen-Ahnen —); dasselbe erzeugt zahlreiche Archegonien und Antheridien, anfangs monoclinisch, später diclinisch. Bei den jüngeren Heterosporen hingegen wird (durch abgekürzte Entwickelung) die Grösse und Ausbildung des Prothallium immer mehr reducirt, und ebenso die Zahl der von ihm gebildeten Gonaden; es kann die Mutterpflanze nicht mehr verlassen, von der es ernährt wird, und erscheint zuletzt nur als einfaches Organ derselben; die ursprüngliche *Metagenesis* der älteren Filicarien ist so im Laufe der Zeit zur *Hypogenesis* geworden.

§ 250. Erste Classe der Pteridophyten:

Filicariae = Filicales.

Filicophyta. Filices. Laubfarne.

Stammgruppe der Pteridophyten.

Pteridophyten mit praevalenter Blattbildung; Sporangien am Rande oder auf der Unterseite der grossen wedelförmigen Blätter, meist in vielen kleinen Gruppen (Sori) vereinigt. Blätter hochentwickelt, in der Jugend meist spiral eingerollt, meistens vieltheilig. Stämme einfach, seltener verzweigt, mit spärlichen Seitensprossen.

Die formenreiche Classe der Laubfarne, *Filicarien* oder *Filicalen*, ist vor den beiden anderen Classen der Pteridophyten durch die überwiegende Ausbildung der kräftigen Blätter ausgezeichnet, welche meist vielfach getheilt und reich gegliedert sind. Dagegen ist die Stammbildung meistens schwach, während sie bei den Calamarien und Lycopodinen sehr mächtig ist. Auch wenn sich (bei den Baumfarnen) grössere Stämme entwickeln, bleiben dieselben gewöhnlich ungetheilt. Die Verzweigung der unterirdischen Caulome ist meist spärlich und unregelmässig.

Die Sporangien sitzen meist gruppenweise gehäuft (als *Sori*) am Rande oder auf der Unterseite der ansehnlichen Blätter, mannichfaltig in bestimmter Ordnung vertheilt. Ursprünglich sind alle Blätter (oder »Wedel«) bei den Filicarien gleich und tragen alle Sporen. Weiterhin tritt Arbeitstheilung ein, indem sich die Sporenbildung auf einzelne obere Blätter oder Blattabschnitte beschränkt, während der untere Theil steril bleibt. Doch erreicht diese Ergonomie bei den Laubfarnen niemals den Grad wie bei den Calamarien und Lycodarien, wo sich besondere gipfelständige Sporenzapfen entwickeln. Auch ist bei den Filicarien die Ausbildung der fruchtbaren Blätter nicht auf bestimmte

Theile des Sprosses beschränkt und begrenzt dessen Wachsthum nicht. Die phylogenetische Classification der lebenden Filicarien gründet sich auf die Morphologie ihrer Sporangien; diese sind von den meisten fossilen unbekannt. Die meisten Filicarien (über 4000 lebende Arten) sind isospor (*Phyllopterides*); nur wenige sind heterospor (*Hydropterides*).

§ 251. Erste Ordnung der Filicarien:

Phyllopterides = Filicinae (ss. restr.).

Filicariae isosporae, mit einer Sporenform.

Die Legion der Filicinen (oder Laubfarne, *Phyllopterides*) umfasst die formenreiche Gruppe der »Farne« im engeren Sinne, ausgezeichnet durch die starke Entwickelung der vielgestaltigen grossen Blätter, welche nur einerlei Sporen tragen. Die Prothallien sind stets verhältnissmässig gross, selbständig, meist einem Thallusmos ähnlich. Die niedersten Formen dieser Legion (*Hymenophylleae*) schliessen sich auch durch die einfache, thallusähnliche Bildung der kleinen, zarten Blätter (aus nur einer Zellenschicht bestehend) noch eng an die Stammgruppe der Muscinen an. Auch gehört zu dieser Legion die älteste bekannte Landpflanze, die untersilurische *Eopteris*. Im Devon ist dieselbe schon durch mehrere, in der Steinkohle durch viele verschiedene Formen vertreten. Unter diesen befinden sich relativ zahlreiche Hymenophylleen (*Sphenopteris* u. A.); zu derselben ältesten Familie gehört auch die devonische *Palaeopteris* und mehrere Formen von *Sphenophylleen*. Schon während der Steinkohlenzeit spaltete sich die Legion in mehrere Familien, unter denen sowohl zarte Farnkräuter als stattliche Farnbäume vertreten sind. Die meisten Filicinen sind *Planithallosae*, mit einem flachen, grünen, blattförmigen, oberirdischen Prothallium, das nur aus einer Zellenschicht besteht; bei den älteren Formen ist dasselbe monoclinisch, bei den jüngeren diclinisch. Dagegen ist das Prothallium bei den *Tuberithallosae* in eine unterirdische, chlorophyllfreie Knolle verwandelt, die aus mehreren Zellenschichten besteht. Hierher gehört die kleine, aber wichtige Gruppe der *Ophioglosseae* (*Botrychium* etc.); dieselbe weicht auch durch die Bildung der Blätter und der Sporangien von den übrigen *Filicinen* ab und nähert sich den *Lycopodinen*; man kann sie als Vertreter einer besonderen Ordnung: Glossopterides betrachten. Vielleicht ist diese (schon im Carbon vorhandene) Gruppe ein Ueberrest jener devonischen Pteridophyten, welche den Uebergang von den *Hymenophylleen* (oder Verwandten) zu den ältesten *Lycodarien* vermittelten.

§ 252. Zweite Ordnung der Filicarien:

Hydropterides = Rhizocarpeae.

Filicariae heterosporae, mit zwei Sporenformen.

Die Legion der Hydropteriden (Wasserfarne) oder *Rhizocarpeen* wird gegenwärtig nur durch zwei kleine Familien von wasserbewohnenden Filicarien vertreten, die niederen *Salviniaceen* und die höher entwickelten *Marsileaceen.* Sie unterscheiden sich von ihrer isosporen Stammgruppe, den echten Filicinen, durch die sexuelle Differenzirung der Sporogon-Pflanze und die damit verknüpfte Rückbildung des Prothalliums. Die geschlechtliche Ergonomie erstreckt sich bis auf die fertilen Blattsegmente, so dass man zwei Formen von Sporophyllen unterscheiden kann. In jedem *Macrosporangium* bildet sich nur eine einzige grosse Macrospore; das weibliche Prothallium, das aus dieser hervorgeht, ist klein, tritt wenig nach aussen und bleibt mit ihr im Zusammenhang. In jedem *Microsporangium* entstehen viele (meistens 4 mal 16) Microsporen; das männliche Prothallium, das aus diesen hervorgeht, ist ganz rudimentär und besteht nur aus einer einzigen grossen Zelle und einem zweizelligen Antheridium; dieses enthält nur wenige (bei *Salvinia* 4, bei *Marsilea* 16) Mutterzellen von Antheridien. Das weibliche Prothallium entwickelt bei den *Salviniaceen* mehrere, bei den *Marsileaceen* nur ein einziges Archegonium. Die *Sori* (oder Sporangien-Häufchen) sind bei den ersteren gonochoristisch (eingeschlechtig), bei den letzteren hermaphroditisch (zweigeschlechtig). Die *Marsileaceen* zeichnen sich vor allen anderen Pteridophyten dadurch aus, dass mehrere Sori in eine gemeinsame Hülle (eine Art »Sporenfrucht«) eingeschlossen werden; und zwar wird diese von besonderen zusammenschliessenden Blattzipfeln gebildet, die sich ähnlich den Carpellen der Angiospermen verhalten. Andere Eigenthümlichkeiten der *Hydropteriden* (namentlich die Differenzirung der Blätter in schwimmende Luftblätter und untergetauchte Wasserblätter bei *Salvinia* u. A.) sind durch die Anpassung an das Wasserleben bedingt. Bei der tropischen, Frullania-ähnlichen Salviniacee *Azolla* ist der horizontale schwimmende Stamm reich verzweigt und dorsiventral; er trägt unten Wurzeln, oben zwei Reihen von Blättern. Jedes Blatt ist in einen dorsalen schwimmenden und einen ventralen untergetauchten Lappen getheilt; letzterer trägt die Sori. Der feinere Bau der Hydropteriden ist sonst derselbe wie bei den Filicinen, von denen sie abstammen. Ihre fossilen Reste (in Jura, Kreide, Tertiaer) sind unbedeutend.

§ 253. Zweite Classe der Pteridophyten:

Calamariae = Equisetales.

Calamophyta. Verticillatae (ss. ampl.). Equisetariae. Schaftfarne.

Seitenlinie des Pteridophyten-Stammes mit Verticillation der Aeste und Blätter.

Pteridophyten mit prävalenter Caulombildung. Sporangien an der Unterseite von kleinen, schildförmigen Blättern, welche, quirlständig vereinigt, eine gipfelständige Aehre bilden. Sterile Blätter ebenfalls quirlständig, klein und schmal (meist linear oder lanzettlich). Stämme gross, gegliedert, monopodial, mit quirlständigen Aesten.

Die Classe der Schaftfarne, *Calamarien* oder *Equisetinen*, zeichnet sich vor den beiden anderen Classen der Pteridophyten durch die regelmässige Gliederung und verticillate Verzweigung des stark entwickelten Stammes aus, wogegen die kleinen und schmalen, ebenfalls quirlständigen Blätter stark zurücktreten. Allgemein ist Arbeitstheilung der kleinen Blätter in der Weise durchgeführt, dass die sterilen (meist linearen) Blätter Quirle am unteren Theile des Stammes und der Aeste bilden, während am oberen Theile desselben die fertilen schildförmigen Blätter zu gipfelständigen Aehren oder Sporenzapfen vereinigt sind (*Sporostroben*). Die steifen oberirdischen Stengel, welche sich aus dem kriechenden unterirdischen Rhizom erheben, sind hohle, gegliederte, cylindrische Röhren, deren cannellirte Wand durch Kiesel-Einlagerung sehr fest wird. Die einzelnen Glieder sind durch quere Scheidewände getrennt und lösen sich leicht von einander ab. Die Quirle der Blätter alterniren.

Die Classe der Calamarien zerfällt in zwei Subclassen oder Ordnungen, die niederen, isosporen *Equisetinen* und die höheren, heterosporen *Calamitinen*. Die älteren und tiefer stehenden Equisetinae (*Calamariae isosporae*) sind heute nur noch durch die Familie der krautartigen *Equisetaceen* vertreten; schwache Ueberreste der gewaltigen Calamarien, welche in devonischer Zeit sich entwickelten und in der Farn-Flora der Steinkohlen-Zeit eine bedeutende Rolle spielten. Diese baumförmigen *Calamitinae* waren *heterospor*; ihre steifen, cannellirten Säulen ähnlichen Stämme trugen ebenfalls quirlständige Aeste mit verticillaten Blättern (früher als *Astrophylliten* beschrieben). Die grünen Prothallien vom *Equisetum* sind denen der Filicarien ähnlich, diclinisch, gelappt, und erinnern an Thallobryen.

§ 254. Erste Ordnung der Calamarien:

Equisetinae = Verticillatae (ss. restr.).

Calamariae isosporae, mit einer Sporenform.

Die Ordnung der Equisetinen oder *Verticillaten* umfasst die niederen und älteren Formen der Calamarien, deren Sporen alle gleich sind. In der Gegenwart ist diese Gruppe nur durch die Familie der *Equisetaceae* vertreten, mit zwei Gattungen: *Equisetum* mit einförmigen, fertilen Cormen: *E. palustre, E. limosum* etc.; und *Equisetastrum* mit sehr ungleichen, dimorphen Cormen: grünen verästelten sterilen, und gelben unverzweigten fertilen: *E. arvense*, *E. telmateja* etc. Die Gattung *Equisetum* ist schon in der Trias durch mehrere, zum Theil riesige Formen vertreten; die älteste ist *E. arenaceum* aus dem Schilfsandstein des unteren Keuper, mit 20 cm dickem Stamm. Indessen ist Equisetum keineswegs die älteste und einfachste Form dieser Ordnung; denn sie ist schon in zweifacher Hinsicht stark differenzirt: erstens sind die Sporophylle zu einer gipfelständigen Aehre vereinigt, und zweitens sind die rudimentären Laubblätter zu einer kranzförmigen Scheide verwachsen. Da nun schon in der Steinkohle die heterosporen, höher entwickelten Calamitinen sich finden, so muss beiden Ordnungen vorausgegangen sein eine palaeozoische Stammgruppe, welche freie Laubblätter und mit diesen abwechselnde Wirtel von isosporen Sporophyllen besass; wir nennen diese ältere Ordnung Procalamariae; sie musste schon im Carbon (vielleicht im Devon) sich aus einer älteren Gruppe von Filicarien entwickelt haben. Wahrscheinlich gehören zu diesen *Procalamarien* die fossilen, unvollständig bekannten Genera *Schizoneura* und *Phyllotheca*; bei ersteren sind die schmalen, bandförmigen Blätter ganz frei, bei letzteren nur an der Basis verwachsen; die Wirtel der fertilen Sporophylle scheinen mit den sterilen Blattwirteln zu alterniren.

§ 255. Zweite Ordnung der Calamarien:

Calamitinae = Astrophyllatae.

Calamariae heterosporae, mit zwei Sporenformen.

Die Ordnung der Calamitinen oder *Astrophyllaten* enthält die Calamarien mit sexuellem Dimorphismus der Sporen. Lebende Vertreter dieser Gruppe sind nicht vorhanden; sie ist schon gegen Ende der palaeozoischen Aera verschwunden und scheint auf die devonische und Steinkohlen-Periode beschränkt gewesen zu sein. In dieser spielten aber die mächtigen Bäume der *Calamiteen* eine grosse Rolle; sie erreichten eine Höhe von 10—12 m und zeigten eine ähnliche Entwickelung der heterosporen Fruchtähren, wie die Lepidodendren unter den Lycodarien. Quirle von sterilen Blättern wechselten in diesen ab mit Quirlen von fertilen; und von diesen Sporophyllen waren die oberen männlich und trugen Microsporangien, die unteren weiblich und trugen Macrosporangien; in jedem der letzteren entwickelte sich eine grosse Macrospore, in jedem der ersteren zahlreiche Microsporen. Die Tracht der steifen Calamiten-Bäume war im Uebrigen ganz diejenige ihrer Ahnen, der Equisetinen; die Zweige trugen wirtelständige freie Blätter (früher als *Annularien* und *Asterophylliten* beschrieben). Schon in der permischen Periode ist die Ordnung der Calamarien erloschen.

Vielleicht gehörte zu dieser Ordnung auch die carbonische Gruppe der Sphenophyllariae, in der Tracht und Verästelung, wie in der Quirlstellung der kleinen keilförmigen Blätter, den echten *Calamarien* ähnlich; aber dadurch wesentlich verschieden, dass die heterosporen Sporangien nicht auf der Unterseite der Sporophylle standen, sondern auf der Oberseite oder in den Blattachseln, wie bei den *Lycodarien*; zahlreiche Sporophylle waren ähnlich wie bei letzteren zu langen, cylindrischen Aehren vereinigt. Vielleicht bildeten diese Keilfarne (*Sphenophyllum*) eine vierte selbständige Classe von Pteridophyten, die zwischen *Calamarien* und *Lycodarien* in der Mitte stand, aber unabhängig von beiden aus *Filicarien* sich entwickelt hatte.

§ 256. Dritte Classe der Pteridophyten:

Lycodariae = Lycopodales.

Lepidophyta. Selagineae (ss. ampl.). Dichotomeae. Schuppenfarne.

Uebergangsgruppe von den Filicarien zu den Gymnospermen.

Pteridophyten mit prävalenter Caulombildung. Sporangien einzeln an der Oberseite der Blattbasis oder axillär. Sterile Blätter sehr zahlreich und klein, schuppenförmig, meist in Spiralen den Stamm bedeckend. Stämme gross, meistens dichotom verzweigt, ebenso wie die Wurzeln.

Die Classe der Schuppenfarne, *Lycodarien* oder *Lycopodalen*, unterscheidet sich von den beiden anderen Classen der Pteridophyten gewöhnlich schon äusserlich, durch die Neigung zu oft wiederholter dichotomer Verzweigung des Cauloms, welches meistens dicht bedeckt ist mit kleinen schuppenförmigen Blättern von sehr einfacher Bildung

(— daher die Bezeichnungen *Dichotomeae* und *Lepidophyta* —). Ein wichtigerer Unterschied besteht darin, dass sich die Sporangien stets am Grunde der Oberseite der Blätter einzeln entwickeln; bisweilen nähern sie sich dem Stamm so sehr, dass sie aus ihm oder aus der Blattachsel zu entspringen scheinen. Bei einigen der niedersten Formen können alle Blätter gleichartig sein und alle (oder die meisten) Sporen tragen. Gewöhnlich aber sind die oberen fertilen Blätter zu einem gipfelständigen Sporenzapfen vereinigt und in der Gestalt von den unteren sterilen verschieden. Die Lycodarien treten fossil schon in der Devonzeit auf und haben sich wahrscheinlich direct aus einem Zweige der *Phyllopteriden* entwickelt, mit denen sie durch mehrfache Uebergangsformen verbunden erscheinen, besonders durch *Glossopteriden* (Ophioglosseen); einige Formen von *Botrychium* stehen sehr nahe einigen der niedersten Lycopodinen (dem kleinen australischen *Phylloglossum* u. A.). Diese niederen Lycodarien sind isospor (*Lycopodinae*); die meisten und grössten sind heterospor (*Sclagineae*).

§ 257. Erste Ordnung der Lycodarien:

Lycopodinae = Lycopodieae.

Lycodariae isosporae, mit einer Sporenform.

Die Ordnung der Lycopodinen (oder »Bärlapp-Pflanzen«) umfasst die *isosporen Lycodarien*, deren Sporen gleichartig sind. Das Prothallium ist relativ gross und tritt vollkommen aus der Spore heraus; gewöhnlich ist dasselbe knollenförmig und monoclinisch (zweigeschlechtig). Die Blätter sind in dieser Ordnung sehr einfach gebildet, meistens schuppenförmig oder zugespitzt, ohne die Ligula, welche die Selagineen auszeichnet. Die Sporophylle der Lycopodinen sind selten den sterilen Blättern gleich (*Palaselago*, S. 367), meistens von diesen verschieden und am Gipfel zu cylindrischen Aehren vereinigt. Die ältesten Formen dieser Ordnung gehören zur Familie der *Lycopodiaceae* und treten schon im Devon und der Steinkohle auf (*Lycopodites*); einige Arten derselben schliessen sich eng an ältere Filicinen an, von denen sie wohl direct abzuleiten sind (Hymenophylleen, Ophioglosseen etc.). Auf der anderen Seite bilden die Lycopodinen die wichtige Stammgruppe, aus welcher sich die heterosporen *Selaginellen* entwickelt haben, die Ahnen der Cycadeen und somit aller Phanerogamen.

§ 258. Zweite Ordnung der Lycodarien:

Selagineae (ss. restr.) = Selaginelleae.

Lycodariae heterosporae, mit zwei Sporenformen.

Stammgruppe der Anthophyten.

Die Ordnung der Selagineen enthält die ***heterosporen Lycodarien***, welche zweierlei Formen von Sporen und von Sporangien bilden; das Prothallium ist dem entsprechend rückgebildet und meistens so klein, dass es nur als ein rudimentärer Anhang der Sexual-Organe erscheint. Das kleine weibliche Prothallium durchbricht die Sporenhaut der Macrospore nur am Scheitel und tritt nicht aus derselben hervor; die kleinen Archegonien sind ganz in das Gewebe des Prothallium eingesenkt. Noch viel stärker rückgebildet ist das männliche Prothallium, welches in der Microspore entsteht und bloss aus zwei Zellen zusammengesetzt ist, einer kleinen trophischen oder vegetativen Zelle, und einer viel grösseren Geschlechts-Zelle; diese letztere theilt sich in viele männliche Zellen, die Mutterzellen der Spermazoiden. Wenn bei der Keimung die Sporenhaut gesprengt wird, treten die letzteren unmittelbar in das Wasser aus.

Bei den *Selaginellaceen*, deren Ontogenie am genauesten bekannt ist, theilt sich die befruchtete Eizelle in zwei Zellen; nur von der unteren Zelle stammt der Embryo ab (mit Stengel, Wurzel, Fuss und zwei Keimblättern); aus der oberen Zelle dagegen bildet sich ein Keimträger (Embryophor), jenes Embryonal-Organ, welches den Keim in das Endosperm hinabschiebt. Da dieses Organ allen Anthophyten zukommt, unter den Cryptogamen aber nur bei den *Selaginellaceae* sich findet, liefert es einen weiteren Beweis für die Annahme, dass aus dieser Gruppe der Phanerogamen-Stamm entsprungen ist.

Während die Ordnung der *Selagineae* in der Gegenwart nur durch die kleinen Familien der *Selaginellaceae* und *Isoeteae* vertreten ist, spielte sie dagegen eine höchst bedeutende Rolle in der palaeozoischen Aera. Schon im Devon erscheinen die mächtigen *Lepidodendreae*, dichotom verzweigte aufrechte Bäume, deren steife, dicht mit Blättern bedeckte Stämme über 30 Meter Höhe und 1 Meter Dicke erreichten; die grossen tannzapfen-ähnlichen *Sporostroben* standen an den Enden der Aeste und trugen in ihrem oberen Acraltheile die männlichen Microsporangien, im unteren Basaltheile die weiblichen Macrosporangien. Nahe verwandt waren die *Sigillarien*, deren dichotome Rhizome als *Stigmarien* beschrieben wurden; sie bildeten zusammen mit den *Lepidodendren* in der Steinkohlenzeit dichte Wälder. Schon in der Perm-Periode sind beide Familien ausgestorben.

§ 259. Monophyletischer Stammbaum der Cormophyten.

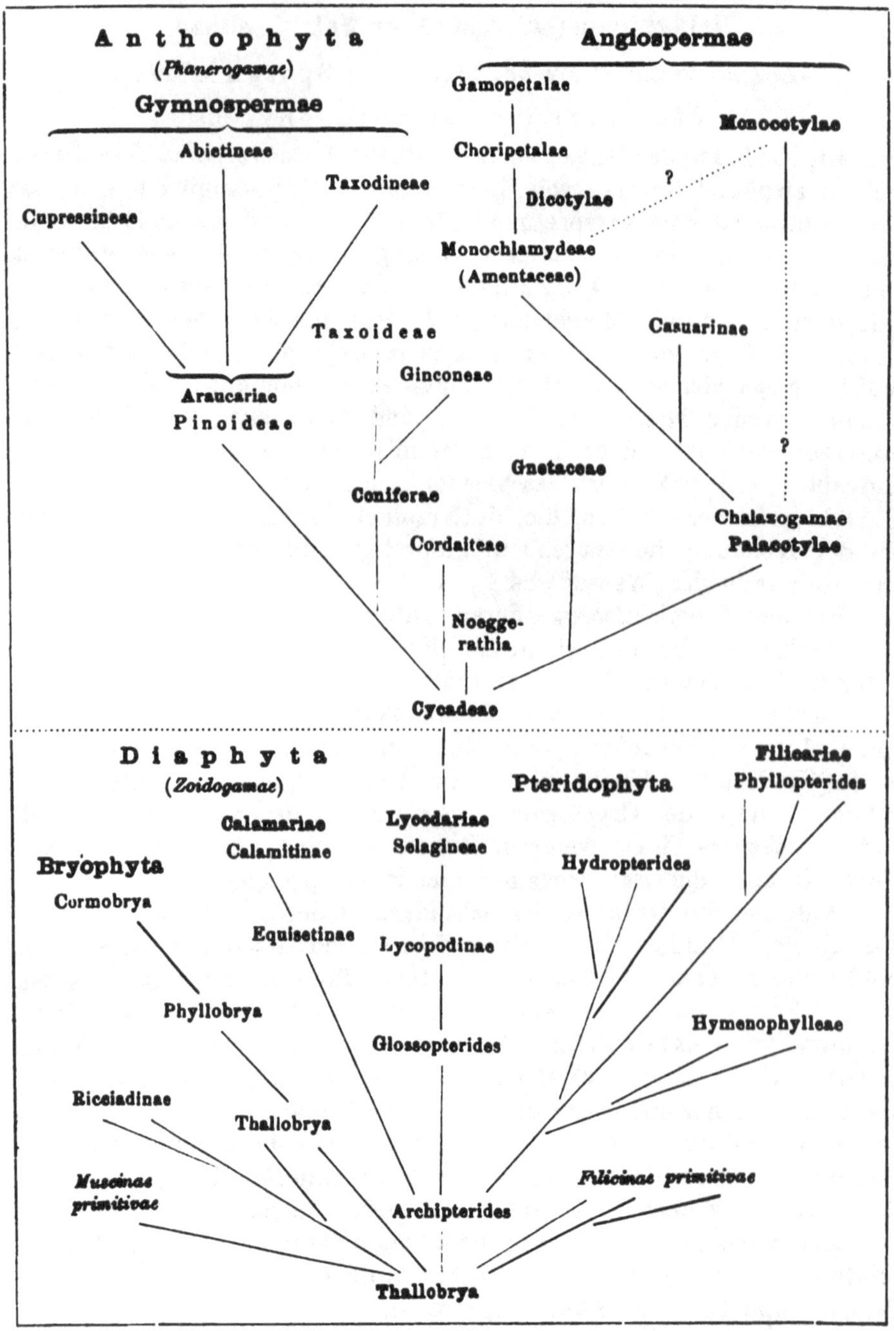

Achtes Kapitel.

Systematische Phylogenie der Anthophyten.

§ 260. Begriff der Anthophyten.

(*Phanerogamae. Siphonogamae. Spermaphyta. Samenpflanzen.*)

Cormophyta hypogenetica.

Metaphyten ohne Generationswechsel, nur mit einer cormophytischen Generation (mit echter Wurzel, Stengel und Blättern). Blüthe ohne Spermazoiden, mit Pollenkörnern und Samenknospen; aus der befruchteten Eizelle der letzteren entsteht ein ruhender Samen (Puppen-Stadium). Gewebe stets mit Leitbündeln.

Das Phylum der Anthophyten oder *Phanerogamen* bildet die dritte und höchst entwickelte Hauptgruppe des Metaphyten-Reiches. Dieselbe hat zwar schon in palaeozoischer Zeit (wahrscheinlich in der devonischen, vielleicht schon in der silurischen Periode) aus ihrer Stammgruppe, den *Pteridophyten*, sich entwickelt: allein während der ganzen Palaeolith-Aera spielte sie nur eine unbedeutende Rolle. Erst später verdrängte sie ihre Ahnen-Gruppe und entfaltete in zunehmendem Maasse ihre Herrschaft in der terrestrischen Flora. Die beiden Cladome der Anthophyten sind bezeichnend für die beiden jüngeren Zeitalter der organischen Erdgeschichte: die älteren und niederen Gymnospermen für die *mesozoische*, die jüngeren und höheren Angiospermen für die *caenozoische* Aera. Die formenreiche Gruppe der Angiospermen scheint erst während der cretassischen, frühestens während der jurassischen Periode sich aus Gymnospermen entwickelt zu haben.

Obwohl die Anthophyten sich durch die höhere Differenzirung aller Organe, und vor Allem der Blüthentheile, sich von ihren Ahnen, den Pteridophyten, wesentlich unterscheiden, sind sie dennoch mit diesen letzteren so continuirlich verknüpft, dass eine scharfe Trennung zwischen beiden Gruppen nur künstlich durchzuführen ist. Wenn man nur die lebenden Vertreter beider Stämme in der Gegenwart vergleicht, so ergeben sich allerdings sehr auffallende Unterschiede: Aus den männlichen Microsporen entwickeln sich bei den Pteridophyten (wie bei allen Diaphyten) bewegliche Geisselzellen oder Spermazoiden, während bei den Anthophyten aus den entsprechenden Pollenkörnern ein langer unbeweglicher Pollenschlauch hervorwächst (daher »Siphonogamen«). Ferner tritt bei den Anthophyten die weibliche Macrospore (der Embryosack) nicht aus dem Macrosporangium (der Samenknospe) hervor (wie bei den Pteridophyten), sondern entwickelt sich innerhalb derselben zum Embryo. So bedeutungsvoll uns aber auch heute diese Unterschiede erscheinen, und so scharf sich mit ihrer Hülfe die Grenze zwischen »*Phanerogamen*« und »*Cryptogamen*« ziehen lässt, so unterliegt es doch nicht dem geringsten Zweifel, dass dieselbe früher nicht bestand und dass in palaeozoischer Zeit beide Stämme durch vermittelnde Uebergangsformen continuirlich verbunden waren. In devonischer Zeit (vielleicht schon in silurischer Zeit) haben sicher viele verbindende Zwischenglieder zwischen den ältesten Anthophyten und ihren Pteridophyten-Ahnen existirt, wenngleich keine einzige Versteinerung uns von der phylogenetischen Umbildung ihrer zarten Blüthentheile Kunde giebt.

§ 261. Hypogenesis der Anthophyten.

Die Ontogenie der Phanerogamen ist von höchster Bedeutung für ihre Phylogenie. Denn durch ihre eingehende Vergleichung mit der Ontogenie der nächstverwandten Cryptogamen unter den Pteridophyten (vor Allen der Selagineen) ergiebt sich eine so klare Uebereinstimmung mit den letztern (bis in die feinsten Einzelheiten hinein), dass wir darauf gestützt, nach dem biogenetischen Grundgesetze, unmittelbar die Abstammung der niedersten Anthophyten (Cycadeen) von den höchst stehenden Pteridophyten (Selagineen) folgern dürfen. Allerdings erscheint zunächst die Ontogenese der ***Metaphyten*** unter dem Bilde einer Hypogenesis oder »directen Entwickelung«, während diejenige der ***Diaphyten*** als Metagenesis oder »echter Generationswechsel« auftritt; die erstere ist stark zusammengezogen und cenogenetisch abgekürzt, während die letztere viel mehr den ursprünglichen palingenetischen Character beibehalten hat. Allein diese Abkürzung des ursprünglichen Entwickelungsganges tritt schon innerhalb der heterosporen Pteridophyten auf und ist anderseits bei den älteren Gymnospermen noch nicht so vollständig wie bei den jüngeren Angiospermen. Auch in dieser Beziehung besteht keine Kluft zwischen den zoidogamen Diaphyten und den siphonogamen Anthophyten; vielmehr lässt sich die phyletische Umbildung der ersteren in die letzteren klar erkennen.

Als Hauptmomente dieser bedeutungsvollen phylogenetischen Transformation sind folgende sechs zu bezeichnen: 1) Eine stetig zunehmende Abkürzung der Ontogenese, eine wachsende cenogenetische Zusammenziehung der ursprünglichen palingenetischen Verhältnisse. 2) Eine damit verknüpfte, ebenfalls stetig wachsende Heterochronie derselben, insbesondere eine Zurückschiebung der Befruchtung; der Process der sexuellen Differenzirung und Copulation wird in eine immer frühere Lebens-Periode zurückverlegt. 3) Eine entsprechende, ebenfalls damit verknüpfte Reduction der amphigonen Generation; das sexuelle Prothallium der Pteridophyten-Ahnen (schon bei den Heterosporen sehr rückgebildet, und besonders bei den Selagineen weit zurückgeschoben) verliert seine physiologische Selbständigkeit. 4) In Folge dessen bleibende Vereinigung beider Generationen, so dass die reducirte Sexual-Generation nur als ein Organ (Blüthe) der hochentwickelten monogonen Generation (des Cormus) erscheint. 5) Bleibender Einschluss der Macrospore (des »Embryosackes«) im weiblichen Sporangium (»Nucellus der Samenknospe«). 6) Befruchtung daher nicht mehr durch bewegliche Spermazoiden, sondern durch einen Pollenschlauch, welcher aus dem Pollenkorn (der Microspore) hervorwächst; die letztere entsteht in einem Pollensack (Microsporangium).

Seitdem die Homologien zwischen allen einzelnen Theilen der heterosporen Pteridophyten und der von ihnen direct abzuleitenden Anthophyten klar erkannt und durch Nachweis aller Uebergangsstufen die unmittelbare Abstammung der letzteren von ersteren festgestellt ist, hat man sich daran gewöhnt, auch den Zeugungskreis der Phanerogamen als Generationswechsel zu bezeichnen. Indessen ist derselbe durch jene tiefgreifenden Transformationen dergestalt reducirt worden, dass er nicht mehr als echte *Metagenesis* bezeichnet werden kann, sondern nur noch als »Generationsfolge« oder *Strophogenesis*. Denn die ganze Kette der auf einander folgenden Bildungszustände spielt sich an einem physiologischen Individuum ab, an einem einzigen Bion; und die Vermehrung desselben geschieht nur in einer Generation, durch Bildung zahlreicher Pollenkörner und Eizellen. Dagegen treten beim echten Generationswechsel der Pteridophyten (ebenso wie der Bryophyten) zwei selbständige Bionten in jedem Zeugungskreise auf, die *sporogone* und die *amphigone* Generation, und beide vermehren sich als solche, die erste durch Bildung zahlreicher Sporen, die zweite durch Production vieler Antheridien und Archegonien. Die Strophogenesis der Anthophyten kann ebenso wenig *Metagenesis* genannt werden, als diejenige der Vertebraten; vielmehr fällt sie unter den Begriff der secundären Hypogenesis.

§ 262. Generationsfolge der Cormophyten.

Hauptstufen der Strophogenese	**Pteridophyta heterospora**	**Gymnospermae** (*Archispermae*)	**Angiospermae** (*Metaspermae*)
1. **Cytula** (Stammzelle oder befruchtete Eizelle)	Copulations - Product eines Spermazoiden und einer Eizelle	Copulations - Product eines Pollenschlauchs und einer Eizelle	Copulations - Product eines Pollenschlauchs und einer Eizelle
2. **Embryo** Keim der monogonen Generation	Embryo unmittelbar zum Sprosse oder Culmus entwickelt	Embryo als Keimpflanze mit dem Endosperm zum Samen verbunden	Embryo als Keimpflanze mit dem Endosperm zum Samen verbunden
3. **Puppen-Stadium** (Ruhepause des Embryo). Samen	Kein Samen (Keine Puppe)	Nackter Samen Embryo frei auf dem Carpelle	Bedeckter Samen Embryo vom Fruchtknoten umschlossen
4. **Monogone Generation** Cormus mit Caulom, Wurzel u. Blättern	Cormus mit niederer Stufe der Metamorphose	Cormus mit mittlerer Stufe der Metamorphose	Cormus mit hoher Stufe der Metamorphose
5. **Blüthe** (Flos)	Keine echte Blüthe	Unvollkommene Blüthe	Vollkommene Blüthe
6. **Männliches Sporophyll** (Androphyll)	Sporophylle, welche Microsporangien tragen	Antheren (Pollenblätter, Staubgefässe, Stamina)	Antheren (Pollenblätter, Staubgefässe, Stamina)
7. **Microsporangium** Männlicher Sporensack	Microsporangien mit viertheiligen Sporenmutterzellen	Pollensäcke mit viertheiligen Pollenmutterzellen	Pollensäcke mit viertheiligen Pollenmutterzellen
8. **Microsporen** Männliche Keimzellen	Microsporen	Pollenkörner	Pollenkörner
9. **Androthallium** Männliches Prothallium	Eine oder mehrere sterile Zellen und eine fertile	Meistens drei sterile Zellen mit fester Wand u. eine fertile	Eine sterile Zelle, ohne feste Wand, und eine fertile
10. **Antheridium** (Spermarium)	Kein Pollenschlauch, dagegen bewegliche Spermazoiden	Pollenschlauch, durch Hautsprengung auswachsend	Pollenschlauch, durch Hautporen auswachsend
11. **Weibliches Sporophyll** (Gynophyll)	Sporophylle, welche Macrosporangien tragen	Fruchtblätter offen, keinen Fruchtknoten bildend, keine Narbe	Fruchtblätter geschlossen, einen Fruchtknoten bildend, mit Narbe
12. **Macrosporangium** Weiblicher Sporensack	Macrosporangium mit einer oder wenigen Macrosporen	Nucellus Gemmulae, Kern der Samenknospe	Nucellus Gemmulae, Kern der Samenknospe
13. **Macrosporen** Weibliche Keimzellen	Macrospore	Embryosack	Embryosack
14. **Gynothallium** Weibliches Prothallium	Prothallium früher frei, mit vielen Archegonien, später eingeschlossen, mit einem Archegonium	Endosperm, vor der Befruchtung den Embryosack erfüllend	Endosperm, nach der Befruchtung den Embryosack erfüllend
15. **Archegonium** (Ovarium)	Eizelle mit Halszelle und Canalzelle	Eizelle mit Halszelle und meistens mit Canalzelle	Eizelle nackt, mit zwei Synergiden

§ 263. Männliche Blüthe der Anthophyten.

Die männlichen Befruchtungszellen sind bei allen Phanerogamen nicht bewegliche Geisselzellen (Spermazoiden), sondern unbewegliche Staubzellen (Pollenkörner). Aus dem befruchtenden Pollenkorn wächst eine dünne, fadenförmige Röhre aus, der Pollenschlauch, und nachdem dieser die (in der Samenknospe verborgene) Eizelle erreicht hat, verschmelzen die Kerne beider Zellen. Das Product dieser Copulation ist die Stammzelle (*Cytula*) oder die »befruchtete Eizelle«.

Die ersten Pollenzellen sind schon in devonischer Zeit (— vielleicht schon in silurischer Zeit —) durch Verlust der Spermazoiden-Bildung aus den Microsporen von Pteridophyten entstanden. In den Pollensäcken bilden sich allgemein die Pollenkörner ganz ebenso durch Viertheilung von »Pollenmutterzellen«, wie die entsprechenden Microsporen der Farne in deren Microsporangien durch Viertheilung der homologen »Sporenmutterzellen«. Mithin sind auch die »männlichen Sporophylle« der Pteridophyten, auf denen ihre Microsporangien entstehen, homolog den Antheren oder Staubgefässen der Anthophyten.

Das Androthallium (wie wir kurz das männliche Prothallium nennen) besteht bei vielen *Gymnospermen* (— ebenso wie bei vielen Pteridophyten —) noch aus vier Zellen, welche durch Viertheilung des keimenden Pollenkorns entstehen; aber drei von diesen vier Zellen sind rudimentär, sehr klein und ohne weitere physiologische Bedeutung. Nur die eine grosse Zelle des Androthalliums wächst aus und entwickelt sich zu einem einzelligen Antheridium. Bei der Keimung verlängert sich dasselbe zu einer dünnen Röhre, dem Pollenschlauch (Sipho), welcher zur Eizelle hinabdringt und deren Befruchtung vollzieht.

Bei den Angiospermen und einem Theile der Gymnospermen wird das Androthallium noch weiter reducirt; es besteht hier bloss aus zwei Zellen, welche durch einmalige Theilung des Pollenkorns gebildet werden. Diese beiden einzigen Zellen des Prothalliums (eine grössere fertile und eine kleinere sterile) sind bei den *Angiospermen* nur noch durch eine dünne Hautschicht geschieden; die feste Scheidewand, welche bei den Gymnospermen beide trennt, ist verloren gegangen. Aus der grösseren Zelle (dem Antheridium) wächst auch hier der Pollenschlauch hervor.

§ 264. Weibliche Blüthe der Anthophyten.

Die weiblichen Organe aller Phanerogamen unterscheiden sich von denjenigen ihrer Ahnen, der Pteridophyten, vor Allem dadurch, dass das rudimentäre Prothallium (= Endosperm) in der Macrospore (= Embryosack) eingeschlossen bleibt, und dass ebenso diese letztere das Macrosporangium (= Nucellus der Samenknospe) nicht verlässt. Auch der Embryo, welcher aus der befruchteten Eizelle des rudimentären Archegoniums im Endosperm entsteht, verlässt dieses nicht, sondern bildet mit ihm zusammen den ruhenden Samen, das für die Phanerogamen am meisten characteristische Gebilde.

Die weiblichen Sporophylle, welche an ihrem Rande oder auf ihrer oberen Fläche (oder auch am Grunde) die Macrosporangien tragen, sind bei den ältesten Anthophyten noch wenig von sterilen Laubblättern verschieden; so z. B. diejenigen einiger Cycadeen, welche den Sporophyllen mancher Ophioglosseen vergleichbar sind. Bei den Gymnospermen bleiben die Sporophylle, die nunmehr Fruchtblätter (Carpelle) heissen, offen und tragen auf ihrer oberen Fläche oder am Rande den nackten Samen. Bei den Angiospermen hingegen schliessen sich dieselben so über dem Samen zusammen, dass derselbe von einem Gehäuse (Fruchtknoten) bedeckt ist.

Das Macrosporangium bildet einen kleinen, meist eirunden, kleinzelligen Körper, der nunmehr als *Nucellus gemmulae* oder Knospenkern unterschieden wird. Er ist von der Samenhülle oder dem Integumente umgeben, einer einfachen oder doppelten Hülle, die becherförmig von der Basis des Sporangiums auswächst, und dasselbe dergestalt sackförmig umschliesst, dass nur am Gipfel ein enger Canal (Micropyle) für den Zutritt des Pollenschlauches offen bleibt. Das Integument und der von ihm umschlossene Nucellus zusammen werden seit alter Zeit als Samenknospe (*Gemmula*) bezeichnet. Die Vergleichung derselben mit dem Sporangium der Pteridophyten hat zu zwei verschiedenen Ansichten geführt: nach der einen ist die ganze Gemmula dem Sporangium homolog, und ihr Integument eine (den Farnen fehlende) Neubildung; nach der anderen Ansicht ist nur der innere Nucellus dem Sporangium homolog, während das umhüllende Integument dem Indusium entspräche, der Schleierbildung, die bei den Filicinen die Sori (oder Sporangien-Häufchen) umgiebt und vom Sporophyll auswächst. Da die Indusien nur bei Filicarien sich finden, dagegen den Calamarien und Lycodarien (den nächsten Ahnen der Anthophyten!) fehlen, ist wahrscheinlich die erstere Ansicht richtig, und die ganze Samenknospe als Macrosporangium zu betrachten.

Die Macrospore wird bei den Phanerogamen als Keimsack bezeichnet (*Embryosaccus*). Ursprünglich wurden bei den ältesten Phanerogamen in jeder Samenknospe zahlreiche Macrosporen gebildet, wie bei ihren Pteridophyten-Ahnen. (Schon bei den Selagineen ist ihre Zahl oft sehr reducirt; bei *Selaginella* theilt sich gewöhnlich nur eine Sporenmutterzelle in 4 Macrosporen, bisweilen nur iu 2). Nur ein ältester Zweig der Angiospermen, die Chalazogamen (= Casuarinen), bildet in jeder Gemmula noch zahlreiche (20 und mehr) Macrosporen; sonst gelangt im Keimsack der Anthophyten gewöhnlich nur eine einzige Macrospore zur Ausbildung (ausnahmsweise kommen daneben noch einige sterile vor, z. B. bei Isatis, Rosa). Aus der keimenden Macrospore entwickelt sich ein vielzelliges, oft ansehnliches Gynothallium (oder »weibliches Prothallium«); dasselbe wird bei allen Phanerogamen als Endosperm bezeichnet und spielt eine wichtige physiologische Rolle als Ernährungs-Organ des Embryo, ganz analog dem Dottersack der höheren viviparen Thiere. Das Nährgewebe des Prothalliums ist reich mit Reserve-Stoffen ausgestattet und füllt den Embryosack aus; jedoch erfolgt seine volle Ausbildung nur bei den Gymnospermen vor der Befruchtung, dagegen bei den Angiospermen erst nach derselben. Auch in der weiteren Differenzirung des Gynothalliums zeigen diese beiden Hauptgruppen der Phanerogamen sehr bedeutende Unterschiede.

Archegonien, als vollständige, von den Pteridophyten durch Vererbung übertragene Ovarien, gelangen nur noch bei den *Gymnospermen* zur Ausbildung; bei den *Angiospermen* sind dieselben durch Rückbildung verloren gegangen, und es ist nur noch ihr wichtigster Theil übrig geblieben, die Eizelle. Die meisten Gymnospermen bilden am oberen Ende des Prothalliums noch mehrere Archegonien (sogenannte »Corpuscula«), welche ausser der Eizelle auch noch eine Halszelle und eine Canalzelle besitzen; der Hals besteht bisweilen noch aus mehreren (2—4) Zellen. Bei den Cycadeen ist die Canalzelle verloren, und bei Welwitschia auch die Halszelle.

Das Prothallium der Angiospermen zeigt den höchsten Grad der Reduction; es bildet gewöhnlich innerhalb des Nucellus einen eiförmigen oder spindelförmigen Körper, der nur aus sieben Zellen sich zusammensetzt. In der Mitte desselben liegt eine sehr grosse Zelle mit »Centralkern«, die Mutterzelle des Endosperms (das erst nach der Befruchtung sich entwickelt). An beiden Polen der Spindel liegen je drei Zellen, am unteren (basalen) Pole die drei Antipoden, am oberen (acralen) Pole die Eizelle und ihre beiden Gehülfinnen (Synergiden); die letzteren sind vielleicht als Reste des Archegoniums zu deuten (Halszelle und Canalzelle).

§ 265. Semen, Puppe der Anthophyten.

Der Samen der Phanerogamen (*Semen, Spermion*) wird neuerdings mit Recht als dasjenige Gebilde angesehen, welches mehr als alle anderen Eigenthümlichkeiten diese Hauptgruppe der Metaphyten von allen übrigen (— und zunächst von ihren Pteridophyten-Ahnen —) unterscheidet. Die Bezeichnung *Spermaphyten* ist daher für dieselbe noch mehr zutreffend, als der ältere Name *Anthophyten*; indessen würde auch die neuere Bezeichnung *Siphonogamen* mit jenen concurriren können, da auch der Ersatz der Spermazoiden durch den Pollensiphon eine höchst characteristische Neuerung ist und zu der Samenbildung selbst in innigster physiologischer Beziehung steht.

Der Samen aller Phanerogamen besteht aus zwei wesentlichen Hauptbestandtheilen, dem Embryo (als Product der geschlechtlichen Zeugung) und der umschliessenden Samenknospe (dem umgewandelten Macrosporangium). Der Embryo (als Keim der monogonen Generation) entsteht aus der befruchteten Eizelle (Cytula oder Stammzelle) durch wiederholte Theilung; er differenzirt sich schon frühzeitig in die junge Keimpflanze oder den embryonalen Spross (§ 186), bestehend aus einem einfachen Stengel, primärer Wurzel, und ein oder zwei Keimblättern (Cotyledonen). Der übrige Theil des Samens besteht aus der Samenknospe oder dem Macrosporangium, mit der äusseren Hülle (Integument, zur Samenschale erhärtet) und dem Nährgewebe oder Endosperm (aus dem Rest des Prothalliums entstanden).

Der Samen der Anthophyten verharrt nach seiner Ablösung von der Mutterpflanze längere oder kürzere Zeit im Ruhezustande. Erst nachdem diese Schlafpause, die Samenruhe, abgelaufen ist, kann er seine Keimung beginnen und sich zum Cormus der monogonen Generation entwickeln. Dieses Stadium latenten Lebens ist ganz analog dem Puppen-Stadium, welches wir in der Ontogenese vieler höheren Thiere (vor Allen der metabolischen Insecten) finden. Wie bei diesen, so ist auch bei den Anthophyten die Puppenruhe eine secundäre, spät entstandene Einrichtung, bewirkt durch die Anpassung an die schwierigen Bedingungen der terrestrischen Existenz und den verwickelten Kampf ums Dasein.

§ 266. Sporamente und Blüthen.

Die Phylogenie der Geschlechtsorgane bei den Cormophyten weist eine lange Reihe von historischen Transformationen nach, als deren letztes und höchstes Product die eigentliche, im engeren Sinne sogenannte »Blüthe« der Phanerogamen erscheint. Indessen ist diese vollkommenste Ausbildungsstufe des sexuellen Sprosses nicht scharf von ihren niederen Vorstufen in der Ahnenreihe der Pteridophyten zu trennen. Vielmehr lehrt uns die vergleichende Anatomie und Ontogenie derselben, dass eine ununterbrochene Kette von allmählichen Uebergangs-Bildungen die vollkommenste Angiospermen-Blüthe (z. B.

der Compositen) mit dem einfachen Farnblatte verknüpft. Als drei Hauptstufen dieser Kette erscheinen uns die natürlichen phyletischen Hauptgruppen der *Pteridophyten*, *Gymnospermen* und *Angiospermen*; im Einzelnen können wir jedoch noch weiterhin folgende sechzehn Ausbildungsstufen unterscheiden: 1) Sämmtliche Blätter des Cormus sind fertil, bilden Sporangien und verwandeln sich somit aus einfachen Laubblättern in Sporophylle: Die meisten Filicinen und die einfachsten Lycopodiaceen (*Palaselago anamentum* = *Lycopodium selago*). 2) Die fertilen Blätter (am oberen Theile des Sprosses) differenziren sich von den sterilen Blättern (am unteren Theile) und bilden endständige isospore Sporamente, »Sporenkätzchen« oder »ährenförmige Sporangienstände«: Einige Ophioglosseen, die Equisetaceen und die meisten Lycopodiaceen. 3) Die isosporen Sporamente werden in Folge sexueller Ergonomie heterospor; die Androphylle (oder männlichen Sporophylle) nehmen den oberen Theil des Sporamentum ein und bilden Microsporangien; die Gynophylle (oder weiblichen Sporophylle) besetzen den unteren Theil der »Sporangienähre« und bilden Macrosporangien (*Selaginella*). 4) Die Blätter der heterosporen Sporamente bilden an deren Axe Wirtel oder Verticille, die abwechselnd steril und fertil sind, so dass jedes Sporophyll von einem Deckblatt oder einer »Kätzchenschuppe« (Squamella) gestützt wird; im oberen Theile des Sporamentes stehen männliche, im unteren weibliche Blüthen: Die palaeozoischen Calamitinen und Lepidodendren, und zwar erstere in zwei Stufen: bei den älteren *Annularien* alterniren regelmässig die einzelnen sterilen und fertilen Verticille mit gleicher Blätterzahl, und die letzteren sitzen frei am Stengel; bei den jüngeren *Asterophylliten* sitzen dagegen die Sporophylle unmittelbar über den Laubblättern und sind halb so zahlreich (je 2 Deckblätter auf ein zugehöriges Sporophyll). 5) Die hermaphroditischen Sporamente (oben männlich, unten weiblich) werden gonochoristisch, indem die einen nur Macrosporangien, die anderen nur Microsporangien bilden (Sigillarien?). 6) Die zoidogamen Sporamente der Selagineën verwandeln sich in die siphonogamen Zapfen der Gymnospermen: Die männlichen Sporophylle werden zu Staubgefässen (die Microspore zum Pollenkorn); die weiblichen Sporophylle werden zu Carpellen (die Macrospore zum Embryosack); die Kätzchenschuppen der Sporamente verwandeln sich in die Deckschuppen der Zapfen (ein Theil der Coniferen). 7) Die Zahl der Deckschuppen wird vermehrt und sie bilden sowohl um die männlichen als um die weiblichen Sporophylle eine schützende Blüthenhülle einfachster Art (*Perianthium*), so bei den *Gnetaceen*. 8) Die gymnosperme Blüthe verwandelt sich in die angiosperme, indem sowohl das Androthallium der männlichen Blüthe, als das Gynothallium der weiblichen Blüthe auf ein kleines wenigzelliges Organ reducirt wird (ältere monochlamyde Angiospermen). 9) Die primitiven Blüthen dieser ältesten Decksamer waren vermuthlich einfache diclinische Kätzchen, wie bei einigen cretassischen Amentaceen; die männlichen Amenten mit vielen monandrischen Blüthen, die weiblichen mit vielen monogynen Blüthen, beide mit sehr einfachem Perianth (oder noch ohne eigentliche Blüthenhülle). 10) Die acyclische Blüthe der ältesten Angiospermen (mit Spiralstellung der diclinischen Sporophylle und Squamellen oder Perianthblätter) verwandelt sich in die cyclische Blattordnung, welche bei den meisten Angiospermen herrscht, indem die Axe des Amentum sich verkürzt, die Spirale stark zusammengedrückt wird (oft horizontal), und der Gipfel des Blüthensprosses so als Fruchtboden (Torus) erscheint. 11) Die polycyclische Blüthe der älteren Angiospermen verwandelt sich in die pentacyclische, die bei den jüngeren Formen vorherrscht; die multiradiale oder vielgliederige Ordnung wird bald typisch verschieden in den beiden grossen Classen, dreistrahlig bei den Monocotylen, fünfstrahlig bei den Dicotylen. 12) Die diclinische (ältere) Blüthenform wird zur monoclinischen (jüngeren), indem Carpelle (als acrale Sporophylle) und Stamina (als basale Sporophylle) von einem gemeinsamen einfachen Perianth umschlossen werden: monochlamyde Zwitterblüthe (— diese »secundär-hermaphroditen« Blüthen haben die umgekehrte Stellung der beiderlei Sporophylle, wie die »primär-hermaphroditen« Sporamente der Calamiten und Lepidodendren —). 13) Die incomplete Zwitterblüthe der *Monochlamydeen* verwandelt sich in die complete hermaphrodite Blüthe der *Dichlamydeen*, indem das einfache Perianthium sich in Krone (Corolla) und Kelch (Calyx) differenzirt. 14) Die choripetale Blüthe der älteren Dichlamydeen (Dialypetalen) verwandelt sich in die gamopetale Blüthe der jüngeren (Sympetalen), indem die ursprünglich getrennten Kronenblätter zu einer Glocke verwachsen (erst in der Tertiaer-Zeit). 15) Die Einzelblüthe (*Monanthus*) der Angiospermen (— die also phylogenetisch einem Zapfen der Gymnospermen, einem Sporamentum der Pteridophyten entspricht —) vereinigt sich mit vielen Individuen ihresgleichen zu bestimmt geordneten Blüthenständen (*Inflorescentiae*); da jede Einzelblüthe einen sexuellen Spross darstellt, ist somit jede Inflorescenz ein Cormidium, ein kleiner, aus vielen Sprossen zusammengesetzter Cormus; der grosse Cormus der ganzen zusammengesetzten Pflanze kann sehr zahlreiche solche Cormidien von verschiedener Ordnung tragen. 16) Das Cormidium einer kopfförmigen Inflorescenz mit dicht gedrängten gamopetalen Blüthen verwandelt sich in die scheinbar einfache Köpfchenblüthe (Cephalanthium) der Aggregaten (*Dipsaceen*, *Compositen*), indem die zahlreichen associirten Blüthen in Folge weit gehender Arbeitstheilung (*Ergonomie*) sehr verschiedene Formen annehmen (Randblüthen, Scheibenblüthen u. s. w. Mit dieser Formspaltung (*Polymorphismus*) der Sporophylle und ihrer Organe erreicht die Phylogenese der Geschlechtsorgane im Cormophyten-Stamm ihren vollkommensten Höhepunkt.

§ 267. Acyclische, hemicyclische und cyclische Blüthen.

Die polymorphen Blätter, welche die Blüthe der Angiospermen zusammensetzen, sind in der überwiegenden Mehrzahl der Gattungen regelmässig wirtelständig, und zwar alternirend in concentrische Kreise geordnet (cyclische Blüthen). Bei den allermeisten Angiospermen ist die Blüthe aus fünf solchen Blattkreisen zusammengesetzt (*pentacyclisch*), und zwar erscheint jeder Kreis bei den Monocotylen gewöhnlich dreistrahlig (oder dreigliedrig, *trimeral*, *triradial*), bei den Dicotylen hingegen fünfstrahlig (oder fünfgliedrig, *pentameral*, *pentaradial*). Sowohl bei den dreistrahligen Blüthen der Monocotylen, als bei den fünfstrahligen Blüthen der Dicotylen, sind allermeist die fünf Blattkreise dergestalt regelmässig alternirend geordnet, dass die Glieder von drei Kreisen perradial liegen (in Strahlen erster Ordnung), hingegen die Glieder der beiden anderen, zwischen erstere eingefügten Kreise interradial (in Strahlen zweiter Ordnung). Die fünf Kreise alterniren in der Weise, dass der innerste durch die Carpelle gebildet wird, der folgende zweite durch die inneren (epipetalen) Staubblätter, der dritte durch die äusseren (episepalen) Staubblätter, der vierte durch die Kronblätter (Petala) oder die inneren Perianthblätter, und der fünfte, äusserste Kreis durch die Kelchblätter (Sepala) oder die äusseren Hüllblätter der Blüthe. Demnach stehen in den Strahlen erster Ordnung (also in 3 oder 5 perradialen Meridian-Ebenen), wenn alle fünf Kreise vollzählig sind, die Carpelle, die episepalen Antheren und die Kelchblätter; hingegen in den Strahlen zweiter Ordnung (in 3 oder 5 interradialen Meridian-Ebenen) die epipetalen Antheren und die Kronblätter.

Dieser pentacyclische Blüthenbau (dreistrahlig bei den allermeisten *Monocotylen*, fünfstrahlig bei der grossen Mehrzahl der *Dicotylen*) gilt als die typische Form der Angiospermen-Blüthe, und die verwickelte Systematik dieser beiden umfangreichsten Pflanzen-Classen ist zum grössten Theile auf die vergleichende Morphologie derselben gegründet. Diese hat die Aufgabe, die unzähligen Modificationen, denen dieser typische Blüthenbau unterliegt, aus der Metamorphose der einzelnen Blätter zu erklären, und aus ihrer höchst mannichfaltigen Anpassung an die Existenz- und Entwickelungs-Bedingungen der Blüthe. Namentlich ist dabei bedeutungsvoll die Wechselbeziehung zu den Insecten, welche ihre Befruchtung vermitteln, und die mimetische Anpassung (oder »Mimicry«) mit ihrer plastischen Wirkung. Vielen Abweichungen ist die herrschende Parameren-Zahl (oder die homotypische Grundzahl der Blüthe unterworfen); sie ist zwar gewöhnlich bei den Monocotylen Drei, bei den Dicotylen Fünf; aber in beiden Classen kommt daneben auch oft Vier vor, seltener eine andere Zahl. Sehr häufig geht die ursprüngliche reguläre (oder actinomorphe) Grundform der Blüthe durch diverse Anpassungen in die bilaterale (amphipleure oder zygomorphe) über, so dass die ganze Blüthe durch eine Median-Ebene in zwei spiegelgleiche Hälften zerfällt. Vorbereitet wird diese Form sehr gewöhnlich dadurch, dass eines oder mehrere Glieder rückgebildet werden. Die Ursachen dieser bilateralen Umbildung sind theils in den Stellungs-Verhältnissen der Blüthensprossen an dem verzweigten Cormus, theils in mimetischen und anderen Anpassungs-Bedingungen zu suchen.

Wenn es nun auch der vergleichenden Anatomie und Ontogenie der Angiospermen-Blüthe gelingt, die grosse Mehrzahl aller verschiedenen Formen auf jenen cyclischen (gewöhnlich pentacyclischen) Bau zurückzuführen, so würde es doch ganz unrichtig sein, diesen Typus in phylogenetischem Sinne als die ursprüngliche Urform anzusehen. Vielmehr ist derselbe erst aus einer älteren acyclischen Blüthenform hervorgegangen, bei welcher die verschiedenen Hochblätter der Blüthe (— ebenso wie die sterilen Laubblätter —) in eine Spirale geordnet waren. Erst durch Sonderung der Umläufe dieser Spirale sind die concentrischen Blattkreise entstanden. Die Fünfzahl derselben ist auch erst später entstanden; ursprünglich war ihre Zahl grösser.

Acyclische Blüthen solcher Art sind noch heute zahlreich vorhanden, zum Theil noch in Uebergangsstufen zur cyclischen Blüthe. So sind z. B. bei vielen Ranunculaceen (— einer phylogenetisch alten Dicotylen-Familie!) die Blüthen hemicyclisch: Carpelle sowohl als Staubgefässe sind sehr zahlreich, acyclisch; in Spiralen gestellt; dagegen Krone und Kelch meistens cyclisch, aus einem Kreise von je fünf Blättern gebildet (oft auch je drei, wie bei Monocotylen). Bei den ältesten Angiospermen werden nackte Blüthen (ohne Perianth) in Spiralen um eine kolbenförmige oder zapfenförmige Axe gestanden haben, wie am Zapfen der Coniferen und am Sporenzapfen der Equiseten und Lycopodien. Diesen ältesten Formen am nächsten verwandt dürften unter den Monocotylen die *Helobien* sein (Najadaceen, Typhaceen u. A.), unter den Dicotylen die *Polycarpicae* (Ranunculaceen u. A.).

§ 268. Chalazogamen und Acrogamen.

Alle *Angiospermen*, mit einer einzigen Ausnahme, sind *Acrogamen*, und stimmen überein in der höchst characteristischen Bildung der Samenknospen und des Gynothallium, in der Art seiner Entstehung aus der Macrospore und seiner Befruchtung. Jene einzige Ausnahme ist erst in neuester Zeit bekannt geworden und wird gebildet durch die australischen *Casuarinen*, eine Familie von Dicotylen, die bisher zu den *Urticifloren* gestellt wurde. Diese merkwürdigen, im Habitus den *Equisetinen* ähnlichen Choripetalen stimmen in der Bildung und Entstehung des weiblichen Geschlechtsapparates mehr mit den Gymnospermen als mit den übrigen Angiospermen überein, und erscheinen somit als bedeutungsvolle Ueberreste der ausgestorbenen Uebergangs-Gruppe von den ersteren zu den letzteren. Mit Recht hat man daher neuerdings die *Casuarinen* als Vertreter einer älteren Angiospermen-Gruppe betrachtet und sie als *Chalazogamen* den übrigen (den jüngeren *Acrogamen*) gegenüber gestellt.

Das *Macrosporangium* (= Samenknospe) bildet bei den Chalazogamen eine grosse Anzahl von Macrosporen (20—30 und mehr), bei den Acrogamen hingegen nur einen einzigen fertilen Embryosack. Das *Gynothallium*, welches aus der keimenden Macrospore hervorgeht, bildet bei den Casuarinen schon vor der Befruchtung ein vielzelliges Prothallium, welches aus 20—30 und mehr nackten Zellen zusammengesetzt ist. Bei allen anderen Angiospermen hingegen bildet dasselbe einen spindelförmigen oder eiförmigen Körper, der in höchst characteristischer Weise aus acht Zellen sich zusammensetzt. Das *Archesporium* (oder die »Embryosack-Mutterzelle«) zerfällt durch wiederholte Zweitheilung in acht Zellen von sehr verschiedenem Werthe: zwei grosse Zellen nehmen die Mitte des spindelförmigen Gynothallium ein, während drei kleinere sich an jedem Pole seiner senkrechten Axe zusammenstellen. Die drei kleinen Basalzellen (oder Antipoden) sind sterile Prothallium-Zellen ohne weitere physiologische Bedeutung (erbliche Ueberreste des vegetativen Prothallium der Pteridophyten-Ahnen). Die beiden grossen Mittelzellen (durch keine Membran getrennt) bilden zusammen eine centrale Riesenzelle, indem ihre beiden Kerne (ein oberer und ein unterer) nach der Mitte des Embryosackes zusammenrücken und mit einander verschmelzen; nach der Befruchtung theilt sich diese »Mutterzelle des Endosperms« vielfach und bildet das »Nährgewebe des Samens« (das secundäre Endosperm). Die drei kleinen Acralzellen am oberen Pole (— früher irrthümlich als »Keimbläschen« bezeichnet —) sind von höchster Bedeutung und bilden den sogenannten »Ei-Apparat« (oder das reducirte Ovarium).

Von diesen drei Acral-Zellen des Embryosackes stehen zwei am Gipfel oben neben einander und werden als Synergiden (oder Gehülfinnen) bezeichnet. Die darunter gelegene dritte Zelle ist die nackte wahre Eizelle und sollte als *Ovulum* bezeichnet werden (— früher verstand man allgemein unter *Ovulum* die ganze Samenknospe oder *Gemmula*, das Macrosporangium —). Bei der Befruchtung dringt der Pollenschlauch durch die Micropyle bis zur Eizelle durch und sein Zellkern verschmilzt mit demjenigen der letzteren. Die beiden Synergiden scheinen vom Pollenschlauch bestimmte (nährende?) Stoffe aufzunehmen, und als »Ammen« an die befruchtete Eizelle abzugeben. Nach der gegenwärtig herrschenden Ansicht ist bei den Angiospermen das Archegonium ganz verschwunden und nur die Eizelle übrig geblieben; wir glauben dagegen nicht in der Annahme zu irren, dass die beiden Synergiden die letzten Rudimente des Archegonium sind, und dass die eine die »Halszelle«, die andere die »Canalzelle« desselben repräsentirt. Ihre veränderte physiologische Function (als »Amme«) ist blosser Arbeitswechsel und thut dieser morphologischen Deutung keinen Eintrag.

Auch in dem Modus der Befruchtung unterscheiden sich die *Chalazogamen* (— wie ihr Name sagt —) wesentlich von den *Acrogamen* oder den übrigen Angiospermen. Bei diesen letzteren gelangt der wachsende Pollenschlauch von der Narbe durch das Leitungsgewebe des Griffelcanals hinab zum Acralpole der Gemmula und dringt entweder direct (oder durch die Micropyle, bei den integumentalen Samenknospen) zu der Eizelle hindurch. Bei den *Casuarinen* hingegen macht der wachsende Pollenschlauch einen auffallenden Umweg; er dringt nicht in die Micropyle ein, sondern in das Gewebe des Fruchtknotens, welches mit der Gemmula verwachsen ist; er bohrt sich seinen Weg durch das aufgelockerte Gewebe des Knospengrundes (*Chalaza*) zum Basal-Pole der Gemmula und wächst von da aufwärts zu der entfernten Eizelle.

§ 269. Monocotylen und Dicotylen.

Das Cladom der Angiospermen wird seit alter Zeit naturgemäss in die beiden formenreichen Classen der Monocotylen und Dicotylen getheilt. Beide Classen scheinen sich während der Mesolith-Aera, unabhängig von einander, aus verschiedenen Gruppen von Gymnospermen entwickelt zu haben; beide zeigen in ihrer mannichfaltigen Entwickelung während der Tertiär-Zeit vielfache Analogien und Parallelen. Es giebt jedoch keinen entscheidenden Beweis für einen ursprünglichen Zusammenhang beider Classen, für einen gemeinsamen Ursprung aus einer gymnospermen Wurzelgruppe. Für die *Dicotylen* ist neuerdings durch die *Casuarinen* ein directer Anschluss an die *Gymnospermen* gefunden worden, für die *Monocotylen* dagegen noch nicht. Fossile Reste beider Classen treten zuerst in der Kreide auf, und zwar in dem Mittelalter dieser Formation, im Cenoman. Gleichzeitig erscheinen hier mehrere, schon hoch differenzirte Vertreter beider Classen, von den Monocotylen nicht allein Najadaceen (*Zosterites*), sondern auch ausgebildete Palmen (*Flabellaria*); von den Dicotylen sowohl zahlreiche *Amentaceen* (Pappeln, Eichen, Crednerien u. A., zum Theil mit sehr primitiven Sporament-ähnlichen Blüthen), als gut entwickelte *Polycarpien* (mit acyclischen Blüthen: Magnoliaceen, Nymphaeaceen u. A.). Die Mannichfaltigkeit dieser mesocretassischen Angiospermen (aus der reichen Neocom-Flora), und zwar in beiden Classen, lässt schliessen, dass deren erste Abzweigung von ihren *Gymnospermen*-Ahnen schon im Beginn der Kreide-Periode stattgefunden hat (— oder wahrscheinlich schon während der Jura-Zeit, vielleicht noch früher! —).

Bei dem schwierigen Versuche, die zahllosen lebenden Formen der Angiospermen mit Hülfe ihrer vergleichenden Anatomie und Ontogenie naturgemäss phylogenetisch zu ordnen, ergiebt sich nun allerdings ein auffallender Gegensatz zwischen den beiden parallel verzweigten Phylen, den endogenen Monocotylen mit ihrer typisch-dreistrahligen Blüthe, und den exogenen Dicotylen mit ihrer typisch-fünfstrahligen Blüthe. Allein anderseits sind doch erstens beide Classen durch viele Mittelformen verknüpft, welche typische Merkmale in sich vereinigen. Gerade unter den älteren Dicotylen giebt es Mehrere mit dreistrahligem Blüthenbau; ausserdem ist ja auch die Parameren-Zahl bei nahe verwandten Formen sehr variabel. Sodann ist hervorzuheben, dass der herrschende pentacyclische Typus des Blüthenbaues beiden Classen gemeinsam ist; besonders aber, dass dieser pentacyclische Bau erst secundär aus einem polycyclischen oder acyclischen entstanden, und dieser auf das Sporament der Gymnospermen- und Selagineen-Blüthe zurückzuführen ist.

Zwar lassen sich beim heutigen unvollkommenen Zustande unserer phylogenetischen Kenntnisse in beiden grossen Classen der acrogamen Angiospermen keine der zahlreichen niederen Formen als die absolut ältesten bezeichnen; wohl aber existiren noch heute viele Gattungen in beiden Classen, welche einzelne sehr alte Merkmale der mesozoischen Ahnen bis heute treu conservirt haben, so unter den Monocotylen die Helobien (Zostereen, Najadeen), die Pandanalen (Typhaceen, Pandaneen u. A.); unter den Dicotylen die Amentaceen (Urticinen, Iuliforen, Piperalen etc.), die Polycarpien (Nymphaeaceen, Magnoliaceen

u. A.). Gerade unter diesen älteren Familien (die auch meistens palaeontologisch als älteste erwiesen sind) finden sich viele Formen, die auf einen monophyletischen Ursprung der Angiospermen hindeuten, und zwar auf Dicotylen-Ahnen, die sich an die Palacotylen (*Chalazogamen*) anschliessen und durch diese an die triassischen Gymnospermen-Ahnen. Der Stamm der Monocotylen würde sich dann vermuthlich während der Jura-Zeit von seinen Dicotylen-Ahnen abgezweigt haben. Angesichts der grossen Unvollständigkeit unser bezüglichen Kenntnisse bleibt jedoch immerhin die Möglichkeit eines polyphyletischen Ursprungs, und zwar für beide Classen offen. Vielleicht haben sich mehrere Stammgruppen beider Classen aus verschiedenen Gymnospermen-Ahnen entwickelt, ähnlich wie mehrere heterospore Pteridophyten aus verschiedenen Isosporen-Ahnen.

§ 270. Erstes Cladom der Anthophyten:

Gymnospermae. Nacktsamer.

Archispermae. Aeltere Samenpflanzen. Nacktsamige Blüthenpflanzen.

Uebergangsgruppe von den Pteridophyten zu den Angiospermen.

Anthophyten mit nackten Samenknospen, welche frei auf der Oberfläche von offenen Fruchtblättern stehen. Kein Fruchtknoten und keine Narbe.

Das Cladom der Gymnospermen oder *Archispermen*, der nacktsamigen Blüthenpflanzen, ist die ältere und niedere von den beiden grossen Hauptgruppen der Phanerogamen. Millionen von Jahren hindurch, von der devonischen bis zur cretassischen Periode, ist dieser höchst entwickelte Stamm des Pflanzenreiches nur durch *Gymnospermen* vertreten gewesen. Erst während der Kreide-Zeit (— frühestens in der Jura-Periode —) ist aus denselben das höhere Cladom der *Angiospermen* hervorgegangen.

Dieser wichtigen historischen Thatsache, die durch zahlreiche trefflich conservirte Petrefacten direct begründet wird, entspricht die morphologische Stellung der Gymnospermen; die vergleichende Anatomie und Histologie lehrt, dass sie eine vollkommene Mittelstellung einnehmen zwischen ihren Vorfahren, den Pteridophyten und ihren Nachkommen, den Angiospermen. Mit den heterosporen Pteridophyten — und insbesondere mit den nächstverwandten Selagineen (Selaginella) — theilen die Gymnospermen die primitivere Beschaffenheit der weiblichen Blüthentheile; die Macrosporangien (oder Samenknospen) stehen nackt auf der Fläche der Sporophylle (oder Carpelle), und die Archegonien, welche sich auf dem weiblichen Prothallium (= Endosperm) entwickeln, haben noch den ursprünglichen Bau bewahrt, mit Halszelle und Canalzelle. Schon vor der Befruchtung wächst das Gynothallium zu einem ansehnlichen Endosperm aus, welches den Raum des Embryosackes ausfüllt, und entwickelt am Gipfel mehrere Archegonien. Auch das männliche Prothallium besteht meistens noch aus vier Zellen, von denen drei steril sind; die vierte bildet den Pollenschlauch. Dieser dringt unmittelbar durch den Nucellus zum Embryosack, da Fruchtknoten und Narbe fehlen. Viele einzelne Verhältnisse in der Ausbildung der Gymnospermen-Blüthe und des daraus entstehenden Samens beweisen, dass dieselben unmittelbar von heterosporen Pteridophyten (speciell von Selagineen) abzuleiten sind.

Auf der anderen Seite hat sich in den Gymnospermen bereits der bedeutungsvolle Fortschritt vollzogen, welcher alle Phanerogamen als solche characterisirt und von allen Cryptogamen scheidet. In der männlichen Blüthe sind die beweglichen Spermazoiden verschwunden und durch den Pollenschlauch ersetzt (*Siphonogamen*). In der weiblichen Blüthe bleibt die Macrospore (= Embryosack) eingeschlossen im Macrosporangium (= Samenknospe), ebenso das Gynothallium (= Endosperm) im Embryosack, und ebenso auch der Embryo im Endosperm. Diese bleibend vereinigten Theile zusammen bilden den echten Samen (*Semen, Spermion*), und dieser muss als ruhende Puppe längere Zeit ein latentes Leben führen, ehe er keimen und den Cormus der monogonen Generation entwickeln kann. In allen diesen wichtigen Beziehungen sind die *Gymnospermen* ebenso echte *Spermaphyten* und echte *Siphonogamen*, wie ihre jüngeren Nachkommen, die *Angiospermen*. Es ist daher weder logisch richtig, noch praktisch nützlich, die Gymnospermen von den Angiospermen im System zu trennen, und sie mit ihren Vorfahren, den Pteridophyten und Bryophyten, in der Hauptgruppe der *Archegoniaten* zu vereinigen.

Obgleich die ältesten fossilen Reste von Gymnospermen bereits im Devon sich finden (— unsichere Spuren schon im Silur —), und obgleich schon in der Steinkohle die Hauptgruppen dieses Cladoms in vielen Formen vertreten sind, so bleiben sie doch während der ganzen Palaeolith-Aera untergeordnet gegenüber den herrschenden Pteridophyten. Erst in der Trias-Zeit beginnen sie den letzteren stark Concurrenz zu machen, und erlangen dann während der Jura- und Kreide-Zeit eine so überwiegende und massenhafte Entwickelung, dass man nach ihnen das ganze mesozoische Zeitalter als die »Herrschaft der Gymnospermen« bezeichnet hat.

§ 271. Erste Classe der Gymnospermen: **Cycadeae. Farnpalmen.**

Stammgruppe der Anthophyten.

Gymnospermen ohne Perianth, und ohne Gefässe im secundären Holze. Antheren sehr gross, mit sehr zahlreichen Pollensäcken. Carpelle mit ventralen oder marginalen Samenknospen.

Die Classe der Cycadeen oder Farnpalmen ist von hervorragender phylogenetischer Bedeutung, als die uralte Uebergangsgruppe von den heterosporen Pteridophyten zu den ältesten Anthophyten. Sie besitzt zwar schon den characteristischen Blüthenbau aller Phanerogamen und bildet bereits echte Samen; allein die primitive Beschaffenheit der beiderlei Geschlechtsorgane sowohl, als der einfache Bau des farnartigen Cormus gleicht noch sehr demjenigen ihrer nächsten Vorfahren, der heterosporen Farnpflanzen. Wir müssen daher diese Classe (— im weiteren Sinne aufgefasst! —) als die gemeinsame Stammgruppe aller Gymnospermen, und somit zugleich aller Phanerogamen betrachten.

Die bedeutungsvolle Umbildung der nächstverwandten Pteridophyten in die ältesten Cycadeen fand wahrscheinlich in der ersten Hälfte der Devon-Zeit statt; denn die ältesten fossilen Reste von einzelnen Cycadeen treten schon im oberen (nach Anderen selbst im unteren) Devon auf. Die neuere Angabe, dass dergleichen schon im oberen Silur erscheinen, hat sich nicht bestätigt. Im Carbon und Perm bleiben die Cycadeen immer noch spärlich vertreten (Cycadites, Zamites, Pterophyllum u. A.). Dagegen entwickeln sie sich massenhaft während des mesozoischen Zeitalters, besonders in der Jura- und Kreide-Periode. Die zahlreichen Arten derselben sind meistens von niedrigem Wuchs und scheinen vorzugsweise das Unterholz der mächtigen Gymnospermen-Wälder gebildet zu haben, deren Oberholz aus mächtigen Coniferen bestand. Indessen befanden sich auch schon unter den älteren palaeozoischen Cycadeen ansehnliche Baumformen. Schon im Devon erscheinen die stattlichen *Cordaiteen*, deren vielverzweigte Stämme (20—40 m hoch) in der Carbon-Zeit ausgedehnte Wälder bilden. Gegen Ende der Kreidezeit nehmen die Cycadeen bedeutend ab und erscheinen schon in der Tertiär-Zeit auf dieselbe unbedeutende Rolle reducirt, wie in der Gegenwart.

Die lebenden Cycadeen schliessen sich im Habitus eng an die palmenähnlichen Baumfarne an und besitzen meistens einen niedrigen, einfachen, unverzweigten (selten dichotom verzweigten) Stamm, der am Gipfel eine Krone von grossen, schraubenständigen, fiedertheiligen oder gefiederten Blättern trägt. Die lederartigen Blätter sind in der Knospenlage oft noch spiral eingerollt, wie bei den Filicinen. In der Mitte der Krone stehen am Gipfel eine oder mehrere grosse Blüthenzapfen, dioecisch. Die Sporophylle der männlichen Blüthen sind flache oder schildförmige Blätter, viel grösser als die Antheren der übrigen Anthophyten, und tragen auf ihrer Unterseite äusserst zahlreiche Pollensäcke, ähnlich gruppenweise geordnet, wie die homologen Microsporangien in den Sori der Phyllopteriden. Auch die Sporophylle der weiblichen Blüthen, oder die Carpelle, sind bei den niedersten Cycadeen (*Cycas*) noch sehr ähnlich gefiederten fertilen Farnwedeln (z. B. von Ophioglosseen); die Macrosporangien stehen als nackte Samenknospen (zu 3 oder 4 Paaren) am Rande der Wedel. Bei anderen Cycadeen stehen die Gemmulae paarweise am Grunde oder auf der Unterseite von schildförmigen Fruchtblättern (ventral).

Während die wenigen lebenden Cycadeen nur eine Ordnung mit zwei naheverwandten Familien bilden (— ***Cycadaceen*** mit 3—4 Paar Samen an jedem Carpell, ***Zamiaceen*** mit nur einem Paar Samen —), befinden sich dagegen unter den zahlreichen ausgestorbenen Familien Vertreter mehrerer verschiedener Ordnungen: Einige der ältesten (devonischen und carbonischen) Formen stehen den Farnen noch sehr nahe (*Noeggerathia* u. A.); bei manchen sind die Blätter noch ganz einfach und ungetheilt, bandförmig (*Nilssonia*). Die palaeozoischen ***Cordaiteen*** entfernen sich in manchen Beziehungen von den echten Cycadeen und schliessen sich mehr den Coniferen an.

§ 272. Zweite Classe der Gymnospermen:

Coniferae. Nadelhölzer.

Polymorphe Hauptgruppe der Gymnospermen.

Gymnospermen ohne Perianth und ohne Gefässe im secundären Holze. Antheren klein, mit wenigen Pollensäcken. Carpelle mit dorsalen oder axillaren Samenknospen.

Die Classe der Coniferen (Nadelhölzer oder Zapfenbäume) bildet die Hauptmasse des Gymnospermen-Stammes; sie entwickelte sich schon im Beginne des mesozoischen Zeitalters zu so hoher Bedeutung, dass sie sich mit ihren Ahnen, den Cycadeen, in die Herrschaft desselben theilt. Die ersten sicheren Reste von Coniferen treten in der Steinkohlen-Zeit auf, und zwar bereits Vertreter beider Ordnungen derselben, der ***Taxoideen*** und ***Pinoideen***, namentlich Araucarienähnliche Formen, welche im Habitus den Lepidodendren gleichen.

Als Reste der Uebergangs-Gruppe von den *Cycadeen* zu den *Coniferen* kann man verschiedene palaeozoische Gymnospermen betrachten, welche eine verschiedenartige Mischung von Characteren beider Classen zeigen: die schon erwähnten *Cordaiteen* (vom Devon bis zum Perm), die nahe verwandten *Dolerophylleen*, vielleicht auch die eigenthümlichen *Calamodendreen* und *Arthropiteen* (ebenfalls vom Devon bis zum Perm vertreten).

Obwohl Versteinerungen von echten Coniferen seit Beginn der Trias-Periode äusserst häufig sind, und obgleich sehr zahlreiche Familien, Gattungen und Arten unterschieden worden sind, ist es dennoch sehr schwer, dieses reiche palaeontologische Material für die Phylogenie der Classe zu verwerthen. Sehr viele Formen sind nur unvollständig bekannt, und häufig lässt sich nicht sicher bestimmen, welche von den einzelnen Resten, Stämmen, Blättern und Früchten zusammengehören. Trotzdem lässt sich im Grossen und Ganzen für den Verlauf ihrer Stammesgeschichte erstens eine beständige Zunahme an Mannichfaltigkeit und Vollkommenheit der Organisation nachweisen; und zweitens eine historische Succession von mehreren Coniferen-Floren, die für grosse Hauptabschnitte der Mesolith- und Caenolith-Aera characteristisch sind. Eine erste Blüthe-Periode der Classe fällt in die Trias-Zeit; der bunte Sandstein (insbesondere der Vogesen-Sandstein) enthält hier ganze Wälder von *Albertien* (Dammareen), *Voltzien* (Taxodineen) und anderen, Araucarien-ähnlichen Pinoideen. Aber auch die Taxoideen sind durch viele characteristische (im Carbon und Perm beginnende) *Ginconeen* vertreten, älteste Formen jener Coniferen mit breiten, eingeschnittenen oder fächerförmigen Laubblättern, deren einziger lebender Ueberrest die chinesische *Ginco biloba* ist. In der Jura-Zeit treten die triassischen Coniferen gegen die stärkere Cycadeen-Bildung zurück; zugleich entwickelt sich aber der Typus der *Cupressineen*, welche in der Kreidezeit zu reicher Blüthe gelangen. Endlich tritt an ihre Stelle in der Tertiär-Zeit die höchst entwickelte Gruppe der *Abietineen*, welche auch gegenwärtig die Hauptmasse der Nadelhölzer bildet.

Die meisten Coniferen unterscheiden sich von den Cycadeen sogleich durch den reichverzweigten Stamm; ihre Blüthen stehen nicht wie bei den Cycadeen (am Gipfel des einfachen Stammes), sondern an Seitenästen und in den Blattachseln. Auch sind die Blätter der Coniferen meistens klein, einfach und nadelförmig, diejenigen der Cycadeen meistens gross und gefiedert. Wichtiger ist der Unterschied in der Bildung der Blüthen beider Classen. Die grossen flachen Sporophylle der männlichen Blüthen, welche bei den Cycadeen sehr zahlreiche Pollensäcke auf der Unterseite tragen, sind bei den

Coniferen auf kleine schildförmige Antheren mit wenigen Pollensäcken reducirt (nur die älteren *Dammareen* haben noch zahlreiche, die *Cupressineen* und *Taxineen* 3—8, die jüngeren *Abietineen* 2 Pollensäcke). Die Carpophylle (die bisweilen ganz rudimentär werden, z. B. bei Taxus) tragen die Samenknospen nicht auf der Unterseite (wie die Cycadeen), sondern auf der Oberseite oder in der Blattachsel.

Die beiden Ordnungen der Coniferen (im engeren Sinne) zeigen schon von der Steinkohlenzeit an eine Divergenz in der Fruchtbildung. Die Pinoideen (mit den formenreichen Familien der *Dammareen*, *Taxodineen*, *Cupressineen* und *Abietineen* bilden die eigentlichen Zapfenbäume; ihre festen »Zapfen« (*Strobi*) sind ausgezeichnet durch die Verholzung der Carpelle, welche die zahlreichen Samen bedecken. Die Taxoideen hingegen (mit den Familien der *Ginconeen*, *Podocarpeen* und *Taxaceen*) bilden eine fleischige Frucht und nur sehr wenige Samen, oder nur einen einzigen Samen, dessen Carpell-Rudiment zum Arillus wird.

§ 273. Dritte Classe der Gymnospermen:

Gnetaceae. Meningos.

Uebergangsgruppe von den Gymnospermen zu den Angiospermen.

Gymnospermen mit Perianth und mit Gefässen im secundären Holze. Antheren auf einem stielförmigen Träger von einem zweitheiligen Perigon umschlossen. Carpelle zu einem dreitheiligen oder flaschenförmigen Perigon verwachsen.

Die Classe der Gnetaceen oder Meningos (*Gnetales*) ist uns nur durch 3 lebende Gattungen bekannt, welche 3 verschiedene Familien repräsentiren: die *Ephedreen*, *Gnetoideen* und *Welwitschieen*. Trotz ihrer geringen Grösse und Artenzahl sind diese höchst entwickelten *Gymnospermen* von hervorragendem phylogenetischen Interesse; denn sie bilden den unmittelbaren Uebergang von den älteren Gymnospermen zu den Angiospermen. In dieser Gruppe erscheint zum ersten Male eine deutliche Blüthenhülle (*Perigonium*); auch werden zum ersten Male Gefässe im secundären Holze gebildet. Die röhrenförmige oder flaschenförmige Blüthenhülle besteht aus verwachsenen Blättern und würde bereits als ein primitiver Fruchtknoten zu deuten sein, wenn diese Blätter wirklich Carpelle sind. Bei *Welwitschia*, deren rübenförmiges Caulom nur zwei gegenständige, riesengrosse Blätter trägt, treten zum ersten Male Zwitterblüthen auf, indem männliche und weibliche Sporophylle innerhalb eines gemeinsamen Perigon vereinigt sind (Monoclinie). *Ephedra* hat den Habitus einer Equisetine, dünnen, geraden, gegliederten Stengel und kleine gegenständige Blätter, die zu einer zweizähnigen Scheide verwachsen sind. *Gnetum* erscheint lianenartig, mit schlingendem Stengel und grossen lanzetförmigen Blättern. Die auffallende Verschiedenheit zwischen diesen drei einzigen lebenden Vertretern der Gnetaceen rechtfertigt die Annahme, dass sie die letzten zerstreuten Ueberreste dieser ausgestorbenen Gymnospermen-Classe sind, aus welcher sich während der Jura-Zeit die Stammformen der Angiospermen entwickelt haben.

§ 274. Zweites Cladom der Anthophyten:

Angiospermae. Decksamer.

Metaspermae. Jüngere Samenpflanzen. Decksamige Blüthenpflanzen.

Jüngere und höchst entwickelte Hauptgruppe der Phanerogamen.

Anthophyten mit bedeckten Samenknospen, welche in ein von Fruchtblättern gebildetes Gehäuse, den Fruchtknoten, eingeschlossen sind; der Gipfel desselben bildet eine Narbe.

Das Cladom der Angiospermen oder *Metaspermen,* der decksamigen Blüthenpflanzen, bildet die jüngste und höchst entwickelte von den grossen Hauptabtheilungen des Pflanzenreiches. Die ältesten sicheren fossilen Reste dieser Hauptclasse finden sich einzeln erst im Cenoman, der mittleren Kreide, und so müssen wir schliessen, dass erst im Beginn der Kreidezeit (— frühestens in dem vorhergehenden Abschnitt der Jura-Periode —) sich die ältesten *Angiospermen* aus ihren unmittelbaren Vorfahren, den *Gymnospermen*, entwickelt haben. Aber erst in der folgenden Tertiär-Zeit erreichte das Cladom der Angiospermen seine volle Ausbildung und gewann bald eine so vollkommene Herrschaft in der terrestrischen Flora, dass wir das caenozoische Zeitalter als dasjenige der Angiospermen bezeichnen.

Die Fortschritte, welche der Organismus der Angiospermen, gegenüber seiner Ahnengruppe, den Gymnospermen, gemacht hat, bestehen einerseits in einer vielseitigeren Differenzirung und vollkommneren Ausbildung des Cormus der monogonen Generation (— namentlich einer höheren Metamorphose der Blätter —), anderseits in einer stärkeren Reduction der sexuellen Generation und einem besseren Schutze der Geschlechtstheile. In letzterer Beziehung ist vor Allem auffallend der durchgreifende Unterschied, der in der Ausbildung des

Fruchtknotens und der Narbe liegt. Bei allen *Gymnospermen* bleiben die Macrosporangien und die aus ihnen entwickelten Samen nackt und stehen frei auf der Oberfläche der offenen Fruchtblätter (wie bei den Pteridophyten). Hingegen werden bei allen *Angiospermen* die ursprünglich nackten Samen später in dem Gehäuse des Fruchtknotens eingeschlossen, welcher durch den Zusammenschluss der gekrümmten Fruchtblätter oder Carpelle entsteht. Die Spitze dieser letzteren bildet an ihrer Oberfläche die characteristische Narbe, welche eine klebrige Flüssigkeit ausscheidet und die Pollenkörner auffängt. Hier keimt die Microspore, und der von ihr gebildete Pollenschlauch dringt nicht unmittelbar in die Samenknospe ein (wie bei den Gymnospermen), sondern wächst zu ihr erst durch das »leitende Zellgewebe« hinab.

Die phylogenetische Reduction der Prothallien, welche in den Angiospermen ihren höchsten Grad erreicht, betrifft beide Geschlechter. Das Androthallium (oder das männliche Prothallium, welches aus der keimenden *Microspore* entsteht) ist bei den Angiospermen nur noch aus zwei Zellen zusammengesetzt, aus einer kleineren sterilen und einer grösseren fertilen Zelle. Die kleinere sterile Zelle war bei den meisten Gymnospermen noch durch drei Zellen vertreten. Die grössere fertile oder männliche Zelle vertritt das Antheridium und bildet den Pollenschlauch.

§ 275. Erste Classe der Angiospermen:

Palacotylae. Chalazogamae.

Ueberrest von der Stammgruppe der Dicotylen.

Angiospermen mit chalazogamer Blüthe und zahlreichen Macrosporen, sowie einem vielzelligen Gynothallium und einer membranalen Eizelle. Embryo mit zwei gegenständigen Keimblättern. Stamm exogen, mit geordneten und offenen Gefässbündeln.

Die Classe der Palacotylen oder *Chalazogamen* ist uns nur durch die einzige Familie der Casuarineae bekannt, mit der einen Gattung *Casuarina*, von deren 20 Arten die meisten in Australien (!) leben, einige auch (verschleppt) an den Tropenküsten der alten Welt. Die merkwürdigen Thatsachen ihrer chalazogamen Befruchtung (§ 268), durch welche sie sich allen anderen Angiospermen (als *Acrogamen*) gegenüberstellen, beweisen für sich allein schon, dass wir in den Casuarinen die ältesten Angiospermen der Gegenwart zu erblicken haben, d. h. einen wenig veränderten Ueberrest jener ältesten cretassischen (oder jurassischen) Spermaphyten, welche die gemeinsame

Stammgruppe aller Dicotylen (vielleicht überhaupt aller Angiospermen) waren. Zugleich erscheinen sie aber auch in anderen Beziehungen als uralte Uebergangsformen von den *Gymnospermen* zu den *Angiospermen*; ja in manchen Beziehungen erinnern sie sogar an die älteren *Pteridophyten*-Ahnen! Der Habitus der Casuarbäume ist ganz eigenthümlich, *Calamarien*-artig. Die zahllosen ruthenförmigen Aeste der reichverzweigten Bäume sind gegliedert, an den Gliedern mit becherförmigen Gelenkscheiden, deren Zähne die verkümmerten Laubblätter sind. Die diclinischen Blüthen sind ganz verticillate Aehren, wie die ähnlichen Sporamente der *Equisetinen*; die männlichen Blüthen (am Ende der Aeste) monandrisch (!), mit 2 einfachen Perigon-Blättern, die weiblichen Blüthen (an der Basis der Aeste) nackt, digynisch; die Frucht gleicht einem Coniferen-Zapfen. In anderen Beziehungen (den beiden Cotyledonen, dem Holzbau u. s. w.) gleichen sie den Urticinen, mit denen sie früher (als nächste Verwandte der Cannabinen und Piperalen) vereinigt waren. Uebrigens sind nicht alle Eigenthümlichkeiten der Casuarinen palingenetisch zu deuten (als Erbstücke der Gymnospermen-Ahnen); vielmehr sind einige davon caenogenetisch, durch Anpassung an die besonderen Entwickelungsverhältnisse secundär entstanden; so der Abschluss der unbefruchteten Eizelle durch eine Membran, und die räthselhafte Form der Chalazogamie.

§ 276. Zweite Classe der Angiospermen:

Monocotylae. Einkeimblätterige.

Monocotyledones. Phanerogamae endogenae. Acrogamae monocotyleae.

Endogener Nebenstamm der Angiospermen.

Angiospermen mit acrogamer Blüthe und einer einzigen fertilen Macrospore, sowie einem typisch-achtzelligen Gynothallium und einer nackten Eizelle. Embryo mit einem Keimblatt. Stamm endogen, meist mit zerstreuten und geschlossenen Gefässbündeln.

Die Classe der Monocotylen (oder *Monocotyledonen*) umfasst diejenigen acrogamen Angiospermen, deren Samen nur ein Keimblatt, ein einseitig stehendes Cotyledon enthält. Das Caulom ist endogen, meistens ohne Cambium und ohne Dickenwachsthum, seine Gefässbündel sind zerstreut und geschlossen, nicht in einen cylindrischen Ring geordnet. Die Stämme sind meistens einfach, selten verzweigt. Die Blätter sind gewöhnlich von sehr einfacher Form, lang und schmal, ganzrandig, mit parallelen geraden Blattnerven, an der Basis mit einer grossen, stengelumfassenden Scheide, ohne Nebenblätter. Selten finden sich Abweichungen von dieser einfachen Blattform.

Die Blüthe der Monocotylen ist zwar sehr mannichfaltig entwickelt, aber meistens leicht auf einen und denselben dreistrahligen Typus zurückzuführen. Diese *triradiale* (oder »dreigliedrige«) Blüthe ist ursprünglich aus fünf concentrischen Blattkreisen zusammengesetzt. Innen (der Axe am nächsten) stehen 3 Carpelle, aussen (in der Peripherie) 2 alternirende Kreise von je 3 Perigon-Blättern (der äussere als Kelch, der innere als Krone bezeichnet, doch meist wenig differenzirt). Zwischen den Fruchtblättern und Hüllblättern stehen 2 alternirende Kreise von je 3 Antheren, ein innerer (epipetaler) und ein äusserer (episepaler). In der regelmässig und vollständig ausgebildeten Monocotylen-Blüthe alterniren die drei Glieder der fünf Blattkreise dergestalt regelmässig mit einander, dass die Glieder von 3 Kreisen perradial stehen (in den Strahlen erster Ordnung), nämlich: 1) die Carpelle, 2) die äusseren (episepalen) Antheren, 3) die Kelchblätter oder die äusseren Perigonblätter (Sepala). Dagegen stehen interradial (in den Strahlen zweiter Ordnung) die Glieder von den 2 intermediären Kreisen, nämlich 1) die inneren (epipetalen) Antheren, und 2) die Kronblätter oder die inneren Perigonblätter (Petala). Dieser regulär-triradiale (oder triactinote) Bau, der wahrscheinlich als der ursprüngliche Typus der Monocotylen anzusehen ist, erhält sich bei der grossen Mehrzahl dieser Classe erblich, so bei den Juncaceen, Smilaceen, Liliaceen, Bromeliaceen, Amaryllideen, Palmen u. A. Bei allen diesen regulären Monocotylen ist die geometrische Grundform der Blüthe die dreiseitige reguläre Pyramide; sie besteht aus 3 congruenten Parameren und aus 6 Antimeren, die paarweise symmetrisch gleich sind.

Dieser primäre, regelmässig triradiale (oder »actinomorphe«) Typus der Monocotylen-Blüthe erleidet bei den jüngeren Familien der Classe vielfache secundäre Modificationen und geht durch bilaterale Differenzirung in den triamphipleuren oder zweiseitig-dreistrahligen Typus über. Diese bilateral-triradialen (oder dreistrahlig-zygomorphen) Blüthen zeigen eine Median-Ebene (— die zugleich eine Meridian-Ebene des zugehörigen Stengels ist —) und zwei spiegelgleiche (oder symmetrischgleiche) Seitenhälften; immer ist dann in einem oder mehreren Blattkreisen der Blüthe ein perradiales Glied (und entsprechend meist auch das gegenüberstehende interradiale Glied) von anderer Form und Grösse als die beiden anderen homotypischen Glieder. Häufig findet phyletische Rückbildung (oder Unterdrückung) eines Gliedes oder auch eines ganzen Blattkreises statt, die sich als ontogenetisches »Fehlschlagen« oder Abortus äussert. So geht bei den Cyperaceen und

Irideen der innere (epipetale) Antheren-Kreis verloren; bei den Cannaceen und Marantaceen gelangt sogar nur eine einzige Anthere zur Ausbildung, ebenso bei den meisten Orchideen, wo sich dieser einzigen (dorsalen und episepalen) Anthere gegenüber das ventrale Petalon eigenthümlich entwickelt (als Honiglippe).

Die vergleichende Anatomie und Ontogenie der Monocotylen — und besonders ihrer Blüthen — gestattet nicht allein, diese ganze formenreiche Classe monophyletisch aufzufassen, sondern auch den Stammbaum ihrer zahlreichen Ordnungen und Familien oft im Einzelnen zu verfolgen. Die Palaeontologie unterstützt leider diese phylogenetischen Ergebnisse der vergleichenden Morphologie nur sehr wenig, da die zarten Blüthen zur fossilen Erhaltung ganz ungeeignet sind. Sichere Versteinerungen von Monocotylen finden sich erst in der mittleren Kreide-(Cenoman), und zwar sowohl Palmen (Flabellaria, Cocites), als Najaden (Zosterites u. A.).

§ 277. Dritte Classe der Angiospermen:

Dicotylae. Zweikeimblätterige.

Dicotyledones. Phanerogamae exogenae. Acrogamae dicotyleae.

Exogener Hauptstamm der Angiospermen.

Angiospermen mit acrogamer Blüthe und einer einzigen fertilen Macrospore, sowie mit einem typisch-achtzelligen Gynothallium und einer nackten Eizelle. Embryo mit zwei gegenständigen Keimblättern. Stamm exogen, mit geordneten und offenen Gefässbündeln.

Die Classe der Dicotylen (oder *Dicotyledonen*) umfasst diejenigen acrogamen Angiospermen, deren Samen zwei gegenständige Keimblätter enthält (bisweilen ist durch Rückbildung eines oder beide verschwunden, besonders bei Parasiten). Das Caulom ist exogen, meistens mit Cambium und Dickenwachsthum (bei Holzstämmen mit Jahresringen); seine Gefässbündel sind offen, in einen cylindrischen Ring geordnet und durch Markstrahlen getrennt. Die Stengel sind gewöhnlich reich und mannichfaltig verzweigt. Die Blätter zeigen die höchste Mannichfaltigkeit der Bildung in Bezug auf Blattstellung, Form, Verzweigung, Zusammensetzung, Nervatur u. s. w.; aber die typische Form der gewöhnlichen Monocotylen-Blätter kommt hier nur sehr selten vor, und ebenso deren Blattscheidenbildung. Um so häufiger sind Nebenblätter entwickelt.

Die Blüthe der Dicotylen zeigt eine unendliche Mannichfaltigkeit der Bildung, in viel höherem Grade als die der Monocotylen; auch hier liegt die Hauptursache derselben in der Anpassung an ihre

Lebensverhältnisse, besonders die Wechselbeziehung zu den Insecten, welche ihre Befruchtung vermitteln. Indessen lässt sich doch auch für die Dicotylen-Blüthe ein herrschender Typus feststellen, der bei der grossen Mehrzahl erblich ist; und auch der abweichende Bau der Uebrigen lässt sich meistens (— wenn nicht immer —) phylogenetisch durch mannichfaltige Umbildung aus jenem ableiten. Wenn dieser typische Bau der Dicotylen-Blüthe regelmässig und vollständig entwickelt auftritt, so erscheint sie regulär-fünfstrahlig; und zwar ist diese pentaradiale oder »fünfgliedrige« Blüthe ganz ebenso aus fünf concentrischen Blattkreisen zusammengesetzt, wie die dreistrahlige der Monocotylen (§ 276). Auch hier stehen ursprünglich die Glieder von drei Kreisen perradial (in den Strahl-Ebenen erster Ordnung), nämlich die Carpelle, die äusseren (episepalen) Antheren und die Kelchblätter (Sepala); mit diesen alterniren die Glieder der beiden anderen Kreise, welche interradial stehen (in den Strahl-Ebenen zweiter Ordnung), nämlich die inneren (epipetalen) Antheren und die Kronblätter (Petala).

Allein dieser regulär-fünfstrahlige Blüthenbau (dessen Grundform die reguläre fünfseitige Pyramide ist, wie bei den regulären Echinodermen) wird bei den Dicotylen nur selten ganz vollständig entwickelt (— viel seltener als der dreistrahlige bei den Monocotylen —). Gewöhnlich ist derselbe amphipleurisch modificirt und erscheint »zweiseitig-fünfstrahlig« (oder zygomorph-pentaradial); eine Median-Ebene ist ausgeprägt, welche die Blüthe in zwei spiegelgleiche Hälften theilt (sehr auffallend z. B. bei den Labiaten und Papilionaceen). Am häufigsten trifft die Reduction die Carpelle, da der enge Centralraum der Blüthe meistens nicht die Ausbildung aller 5 ursprünglichen Fruchtblätter gestattet; meistens sind nur 2 oder 3 entwickelt, und schon dadurch ist die Median-Ebene der »bilateralen« Blüthe bestimmt. Aber auch der innere Antheren-Cyclus fällt meistens aus, so dass bloss der äussere entwickelt wird. Neben der *Reduction* einzelner Glieder oder Kreise der Blüthenblätter spielt aber auch deren *Multiplication* eine grosse Rolle (besonders der Antheren); ferner die partielle Metamorphose derselben, die Verwachsung (Concrescenz) u. s. w. Sehr oft tritt auch an die Stelle der herrschenden und typischen Fünfzahl der Glieder die Vierzahl, und auch diese »vierstrahlige« Blüthe unterliegt wieder den mannichfaltigsten Differenzirungen. Seltener treten andere homotypische Grundzahlen auf. Die Neigung zur Variabilität derselben, sowie die nahen Beziehungen, welche die vergleichende Ontogenie zwischen den verschiedenen Dicotylen-Gruppen nachweist, sprechen für die Hypothese, dass der Blüthenbau der ältesten Dicotylen ebenso typisch fünfstrahlig war, wie derjenige der Monocotylen dreistrahlig.

Die vergleichende Anatomie und Ontogenie der Dicotylen — und besonders ihrer Blüthen — gestattet uns, in einem grossen Theile dieser formenreichsten Pflanzenclasse die Stammverwandtschaft der grösseren und kleineren Gruppen klar zu erkennen, oft auch im Einzelnen zu verfolgen. Diese phylogenetische Aufgabe ist aber hier viel schwieriger als bei den Monocotylen. Auch wird sie leider durch die Palaeontologie sehr wenig unterstützt, da die zarten Blüthentheile meistens nicht versteinerungsfähig sind. Sichere Petrefacten von Dicotylen erscheinen erst in der mittleren Kreide (Cenoman).

§ 278. Bionomie und Chorologie der Anthophyten.

Als wichtige Urkunden der Stammesgeschichte kommen für die Anthophyten zwei biologische Disciplinen zur Anwendung, welche dem Gebiete der Perilogie angehören, der »Wissenschaft von den Beziehungen des Organismus zur Aussenwelt«. Die erste von diesen physiologischen Disciplinen ist die Bionomie oder Oecologie, die Lehre von der Lebensweise und den Lebensbedingungen, sowie von den unmittelbaren Beziehungen zur nächsten Umgebung; die zweite ist die Chorologie, die Lehre von der geographischen und topographischen Verbreitung auf der Erde. Die empirischen Ergebnisse dieser beiden Perilogie-Zweige besitzen als »Urkunden der Phylogenie« zwar bei weitem nicht die allgemeine und hohe Bedeutung, welche wir den drei Haupturkunden beimessen: der Palaeontologie, Ontogenie und Morphologie (§ 2); sie können aber oft neben diesen von grossem Nutzen sein und empfindliche Lücken unserer phylogenetischen Erkenntniss ausfüllen, welche durch die Unvollständigkeit jener drei grossen Haupturkunden bedingt sind.

Insbesondere gilt dies von den höheren Gruppen des Thier- und Pflanzen-Reichs, den *Anthophyten* sowohl als den *Coelomarien*; denn die stärkere Differenzirung der Organe, welche diese höheren Gruppen auszeichnet, sowie die entsprechende Complication ihrer Lebensthätigkeiten, bedingen an sich schon viel engere Beziehungen zu einer bestimmten Summe von speciellen Lebensbedingungen, sowie ein beschränkteres Gebiet ihrer geographischen und topographischen Verbreitung. Dazu kommt noch der Umstand, dass diese höheren Abtheilungen der *Metaphyten* und *Metazoen* weit jüngeren Ursprungs sind als die niederen; insbesondere entfalten die vollkommen organisirten Landbewohner erst seit dem biogenetischen Mittelalter (§ 23) die reiche Differenzirung ihres zusammengesetzten Körperbaues und dessen mannichfaltige Ausgestaltung. So erklärt es sich, dass namentlich die specielle Phylogenie der Angiospermen (ebensowohl der

Monocotylen wie der *Dicotylen*) durch die Resultate der Bionomie und Chorologie vielfach gefördert wird; und dasselbe gilt im Thierreich für die terrestrischen Articulaten (besonders die *Insccten*) und Vertebraten (*Amnioten*). Da gerade diese Abtheilungen der höchstorganisirten Landthiere in den mannichfaltigsten bionomischen Wechselbeziehungen zu den höheren Landpflanzen stehen, und da sie gleichzeitig mit ihnen erst in neuerer Zeit zur vollen Blüthe gelangt sind, so correspondirt auch vielfach die phylogenetische Bedeutung ihrer Bionomie und Chorologie.

Die Bionomie oder *Oecologie* (— vielfach auch noch unpassend als »*Biologie*« bezeichnet, ein Begriff, der nur für die Gesammtheit der organischen Naturwissenschaften in Anwendung kommen sollte —) erforscht die Existenz-Bedingungen der Organismen, die Abhängigkeit ihrer Lebensweise von der organischen und anorganischen Umgebung, ihren Haushalt, die Wechselbeziehungen zu ihren Parasiten, Feinden, Freunden u. s. w. Je vollkommener der Organismus an sich organisirt und je specieller er an eine bestimmte Gruppe von Existenz-Bedingungen angepasst ist, desto werthvoller kann die vergleichende Bionomie desselben auch für die Erkenntniss seiner Descendenz und der Transformation seiner directen Ahnen werden. Denn die Gewohnheit im Gebrauche oder Nichtgebrauche bestimmter Organe bewirkt durch functionelle Anpassung entsprechende Umbildungen derselben, und diese können durch progressive Vererbung, durch Häufung der Anpassung im Laufe von Generationen, zur Bildung von neuen Arten und Arten-Gruppen führen. Dies gilt ebenso für die Progressionen oder die phyletischen Fortbildungen (z. B. Vervollkommnung der Organisation durch schweren Kampf ums Dasein), wie für die Regressionen oder phyletischen Rückbildungen (z. B. Entartung des Körperbaues durch Parasitismus, § 11). Freilich bedarf gerade hier die phylogenetische Forschung besonderer Umsicht und Kritik; denn es können durch Anpassung an gleiche Existenz-Bedingungen sehr ähnliche Formen in verschiedenen Gruppen (durch Convergenz) entstehen; z. B. die characteristischen Formen der kletternden Pflanzen mit ihren Ranken, der schwimmenden Wasserpflanzen mit ihren feinzertheilten Blättern u. s. w. Aber für die specielle Phylogenie der zahlreichen Anthophyten-Familien und ihrer Gattungen kann die vergleichende Bionomie sehr werthvolle Anhaltspunkte liefern, indem sie die progressive Vererbung specieller Producte der functionellen Anpassung innerhalb der stammverwandten Formen-Gruppen nachweist (z. B. bei den Gramineen, Orchideen, Cacteen, Labiaten u. s. w.).

Die Chorologie, als die Lehre von der geographischen und topographischen Verbreitung, geht vielfach mit der Bionomie Hand in

Hand; denn auch die »Gesetze« dieser Verbreitung sind ja zum grossen Theile unmittelbar durch die besondere Lebensweise der Pflanzen und ihre Beziehungen zur nächsten Umgebung bedingt. Jede Pflanze ist mehr oder minder abhängig von den chemischen und physikalischen Verhältnissen ihrer unmittelbaren Umgebung: des Bodens, in dem sie wurzelt, der Wassermenge, die sie erhält, den meteorollogischen Veränderungen der umgebenden Atmosphaere, des Lichts, der Wärme u. s. w. Alle diese klimatischen und localen Existenz-Bedingungen bestimmen zunächst die Grenzen ihrer topographischen Verbreitung.

Für die geographische Verbreitung kommen dagegen noch eine ganze Reihe von anderen wichtigen Verhältnissen in Betracht, vor Allen die activen und passiven Wanderungen, welche die Pflanzen und ihre Samen ausführen, ferner die Veränderungen ihrer Verbreitungs-Bezirke, welche durch geologische Processe bewirkt werden: Trennung und Verbindung von Continenten und Meeren, Gletscher-Bildung der Eiszeit u. s. w. Die grosse Mehrzahl der Anthophyten, und vor Allen der Angiospermen, wird in Folge derselben an bestimmte Verbreitungs-Schranken gebunden; und für viele Familien ist die Beschränkung auf eine bestimmte Provinz so characteristisch, dass die »Pflanzen-Geographie« schon lange vor Aufstellung der Selections-Theorie und der damit verknüpften Migrations-Theorie diese chorologischen Thatsachen als Hilfsmittel der Systematik verwerthet hat. Seitdem wir durch die letztgenannten Theorien den Schlüssel des causalen Verständnisses für diese Thatsachen erhalten haben, sind sie nicht allein zu einem werthvollen »indirecten Beweis« für die Wahrheit der Descendenz-Theorie geworden, sondern auch zu einem wichtigen Mittel zur Erkenntniss der Phylogenie für viele einzelne Gruppen der Anthophyten.

§ 279. Epigenesis oder Praeformation.

Die Vorgänge der Ontogenesis oder der individuellen Entwickelung besitzen für die Erkenntniss der Phylogenesis überall die höchste Bedeutung; und zwar gilt dies ebenso für das Pflanzenreich, wie für das Thierreich; es gilt ebensowohl von der eigentlichen Keimesgeschichte (*Embryologie*), wie von der nachfolgenden Verwandlungsgeschichte (*Metamorphologie*). Die erstere führt uns in der einfachen Stammzelle (oder der befruchteten Eizelle) auf den einzelligen Urzustand zurück, aus welchem ursprünglich alle Metaphyten (ebenso wie alle Metazoen) auch phylogenetisch entstanden sind; die letztere führt uns in der »Metamorphose des Cormus«, und besonders seiner Blüthensprosse, die wichtigsten Stufen der Vorfahren-Reihe vor Augen, welche die Thallophyten- und Cormophyten-Ahnen der Anthophyten durchlaufen haben (§ 262). Obgleich bei allen Anthophyten (— und zwar bei den Angiospermen noch mehr als bei den Gymnospermen —) durch abgekürzte Vererbung, durch Verwandlung des Prothalliums in das Endosperm, und durch andere cenogenetische Processe der ganze Gang der Ontogenese stark verändert und zusammengezogen ist, so lässt uns doch ihre Vergleichung mit derjenigen der Diaphyten und Thallophyten deutlich den palingenetischen Weg erkennen, auf welchem die ersteren aus den letzteren hervorgegangen sind. Unser biogenetisches Grundgesetz bewährt hier allenthalben seine erklärende Bedeutung (vergl. § 6—8).

Für das klare Verständniss der Pflanzen-Geschichte muss daher die theoretische Beurtheilung jener ontogenetischen Vorgänge von höchster Wichtigkeit sein. Wie verschieden nun auch der Gedankengang in den mannichfachen älteren und neueren Entwickelungs-Theorien ist, so lassen sich doch alle, sofern sie überhaupt klar und consequent durchgeführt sind, in zwei gegenüberstehende Gruppen bringen, die *Epigenesis* und die *Praeformation*. Die ältere Praeformations-Theorie (— früher auch als »*Evolutions-Theorie*« bezeichnet —) behauptete, dass der ganze Organismus bereits im Keime vorgebildet sei und dass seine Entwickelung im eigentlichsten Sinne nur eine »Auswickelung« (*Evolutio*) der praeformirten eingewickelten Theile sei (*Partes involutae*). Schon in der einfachen Eizelle sollten »organbildende Keimbezirke« existiren, welche die Anlage der späteren Körpertheile enthielten. Als logische Consequenz schloss sich daran die Einschachtelungslehre oder *Scatulations-Theorie* an: da auch die Anlagen der künftigen Keim-Organe bereits im Keime selbst vorgebildet liegen, müssen die Anlagen sämmtlicher Zukunfts-Generationen schon im ersten (»erschaffenen«) Individuum einer jeden Art vorgebildet und tausendfach in einander geschachtelt gewesen sein.

Dass diese ältere, noch im vorigen Jahrhundert herrschende Praeformationslehre nicht nur zu den absurdesten Consequenzen führt, sondern auch zu den empirisch festgestellten Thatsachen der individuellen Entwickelungs-Geschichte in schneidendem Widerspruch steht, wurde schon im Jahre 1759 für die höheren Thiere und Pflanzen nachgewiesen. An der Hand sorgfältigster Beobachtung wurde dargethan, dass der Keim derselben keine Spur von den mannichfaltigen und zusammengesetzten Körpertheilen des entwickelten Organismus enthält, dass diese vielmehr erst später nach und nach entstehen. Nicht vorgebildet sind die einzelnen Organe, sondern sie werden neugebildet, eines nach dem anderen, zu verschiedener Zeit und in verschiedener Weise. Die neue, auf diese Thatsachen gestützte Theorie der Epigenesis vermochte indessen ein halbes Jahrhundert hindurch keinen Boden zu gewinnen; sie fand erst langsam und allmählig Anerkennung, seitdem die feineren Vorgänge bei der Befruchtung und Entwickelung der Eier genauer bekannt wurden. Das eigentliche Verständniss derselben und ihrer causalen Bedeutung wurde erst ein Jahrhundert später durch die Reform und Anerkennung der Descendenz-Lehre angebahnt (1859).

Die Geschichte der Wissenschaften zeigt uns jedoch wiederholt, dass tiefgreifende und mit allgemeinen Grundvorstellungen verknüpfte Irrthümer keineswegs durch einleuchtende Gegenbeweise für immer beseitigt werden können. Von Zeit zu Zeit können sie wieder auftauchen und mit neuen Gründen ihre alten Rechte geltend machen. So ist es gegenwärtig der Fall mit der *Praeformations*-Lehre, die durch die *Epigenesis*-Lehre endgültig beseitigt zu sein schien. Auf Grund ausgedehnter Untersuchungen und mit Aufwendung von viel Scharfsinn wurde im Laufe des letzten Decenniums eine neue Vererbungs-Theorie aufgestellt, welche zur Grundlage die Vorstellung von der »Continuität des Keimplasma« hat, und welche (1892) in einer kunstreich aufgebauten organischen Molecular-Theorie ihren Abschluss fand. Als wichtigste phylogenetische Consequenz derselben musste die progressive Vererbung geleugnet werden, welche nach unserer Ansicht die unentbehrlichste Vorbedingung der Phylogenesis überhaupt ist. Obwohl diese neue Keimplasma-Theorie die rohen Vorstellungen der älteren Präformations- und Scatulations-Lehre vermeidet, und vielmehr auf die feinsten, erst neuerdings bekannt gewordenen Vorgänge in der befruchteten Eizelle sich stützen will, führt sie dennoch in ihren Consequenzen zur entschiedenen Leugnung der Epigenesis und zu einer neuen verfeinerten Form der mystischen Praeformation.

Es ist hier nicht der Ort, die neue »Keimplasma-Theorie«, die im Laufe weniger Jahre den überraschendsten Erfolg gehabt hat, eingehend zu widerlegen; es ist auch nicht nöthig, insofern diese Widerlegung in neuester Zeit mehrfach von berufenster Seite ausgeführt worden ist. Wir selbst haben diese metaphysische Molecular-Theorie von Anfang an auf das Entschiedenste bekämpft, weil sie nach unserer Ueberzeugung den grössten Rückschritt in der allgemeinen Beurtheilung der organischen Entwickelungs-Processe und einen gefährlichen Irrweg zu dem mystischen Gebiete der dualistischen und teleologischen Philosophie bedeutet. Auch haben wir erst vor Kurzem unsere Bedenken dagegen in unserer »Systematischen Einleitung zur Phylogenie der australischen Fauna« (1893) zusammengefasst. Wir hielten es jedoch für nützlich, gerade jetzt und an dieser Stelle unseren Protest dagegen zu wiederholen, weil der lebhafte Kampf zwischen den beiden entgegengesetzten Theorien noch immer fortdauert, und weil gerade die Ontogenie der Metaphyten uns entscheidende Gegenbeweise gegen die Continuität des Keimplasma in Fülle liefert. Alles, was wir in den vorhergehenden vier Capiteln über die *Generation*, die *Embryologie* und die *Metamorphose* der Metaphyten aufgeführt haben, alle Erscheinungen in der Keimesgeschichte der *Thallophyten*, *Diaphyten* und *Anthophyten*, sie Alle sprechen nach unserer Ueberzeugung für die *Epigenesis* und gegen die *Praeformation*.

§ 280. Epigenesis und Transformation.

Die *Epigenesis* in der Keimesgeschichte und die *Transformation* in der Stammesgeschichte gehen überall Hand in Hand, beide Processe der organischen Entwickelung sind untrennbar verknüpft und erklären sich gegenseitig. Dieser Grundsatz beruht auf dem innigen Causal-Nexus, welcher beide Hauptzweige der organischen Entwickelungsgeschichte verknüpft und welcher in unserem biogenetischen Grundgesetze seinen präcisesten Ausdruck gefunden hat (vergl. § 6). Die Gesetze der Vererbung und Anpassung, von denen jene als physiologische Function auf die Fortpflanzung, diese auf die Ernährung und den Stoffwechsel zurückzuführen ist, haben daher gleich grosse Bedeutung für die Ontogenie wie für die Phylogenie eines jeden Organismus. Mithin haben auch alle die verschiedenen Theorien welche neuerdings zur physiologischen Erklärung der Vererbung und Anpassung aufgestellt worden sind, ebensowohl unmittelbare Bedeutung für die *Ontogenie*, wie für die *Phylogenie*.

Dieser untrennbare innere Zusammenhang der ontetischen und der phyletischen Entwickelung muss hier am Schlusse unserer Phylogenie der Metaphyten noch besonders betont werden. Denn die neue vitalistische Molecular-Theorie von der »Continuität des Keimplasma« (§ 279), welche in der Ontogenie zu der alten Irrlehre der Praeformation zurückgeführt hat, ist damit zugleich in den schroffsten Gegensatz zu der monistischen Lehre von der mechanischen Transformation der organischen Welt getreten, auf welcher die ganze Descendenz-Theorie und Phylogenie beruht. Die beständige und allmählige Umbildung der Thier- und Pflanzen-Formen, welche wir unter dem Begriffe der *phyletischen Transformation* zusammenfassen, ist nur dann vernünftiger Weise zu erklären, wenn wir die progressive Vererbung oder die »Vererbung erworbener Eigenschaften« annehmen; und gerade dieser wichtigste Fundamental-Vorgang der Phylogenese wird von den heutigen Vorkämpfern jener Keimplasma-Theorie entschieden geleugnet, ja als undenkbar zurückgewiesen — von ihrem teleologischen Standpunkt aus mit vollem Recht. Hier liegt der entscheidende Wendepunkt, an welchem eine der beiden Theorien, entweder die monistische Epigenesis oder die dualistische Praeformation, den Sieg erringen muss.

Als wir (1866) im 19. Kapitel unserer »Generellen Morphologie« den ersten Versuch unternahmen, die physiologischen Elemente der Descendenz-Theorie und der Selections-Theorie als mechanische Natur-Erscheinungen darzulegen, unterschieden wir zum ersten Male eine Anzahl von bestimmten »Gesetzen der Vererbung und der Anpassung«. Diese *Gesetze* (— oder wenn man lieber will: *Modalitäten*, Regeln oder *Normen* —) ordneten wir in vier Gruppen; wir unterschieden einerseits die Gesetze der *conservativen* und der *progressiven* Vererbung, anderseits die Gesetze der indirecten (*potentiellen*) und der directen (*actuellen*) Anpassung. Indem wir weiterhin die complicirte Wechselwirkung und Gemeinwirkung dieser verschiedenen Gesetze im Kampf ums Dasein erörterten, betonten wir ausdrücklich die hohe Bedeutung, welche der progressiven Vererbung einerseits und der actuellen Anpassung anderseits zukommt. Denn nur wenn die Producte der letzteren mittelst der ersteren auf die Nachkommen übertragen werden können, ist *phylogenetische Anpassung* im eigentlichsten Sinne begreiflich (!). Die Phylogenie der Metaphyten, deren Grundzüge wir in den vorhergehenden Kapiteln erörtert haben, liefert dafür eine endlose Fülle von Beispielen.

Bei der weiteren Erörterung dieser Verhältnisse in unserer »Natürlichen Schöpfungsgeschichte« hoben wir hauptsächlich die Bedeutung hervor, welche unter den verschiedenen Gesetzen der *progressiven Heredität* die constituirte Vererbung, und unter den Normen der *actuellen Adaptation* die cumulative Anpassung besitzt. Die Veränderungen der Organe, welche der Organismus durch seine eigene Thätigkeit veranlasst, die Fortbildung durch Uebung, die Rückbildung durch Nichtgebrauch, können durch Vererbung auf die Nachkommen übertragen werden. Die trophische Wirkung der functionellen Reize kann dabei innerhalb der Gewebe die denkbar grösste Vollkommenheit direct mechanisch hervorbringen. Die »Cellular-Selection«, welche auf dem beständigen »Kampf der Theile im Organismus« beruht, ist unablässig in den Geweben der *Metaphyten* ebenso wirksam, wie in denjenigen der *Metazoen*. Die »Cellular-Divergenz«, welche mit Nothwendigkeit daraus folgt, ist die Ursache der Gewebe-Differenzirung. Es liegt auf der Hand, dass diese cumulativen und functionellen Anpassungen nur dann phylogenetische Bedeutung haben, wenn sie durch progressive Vererbung auf die Nachkommen übertragen werden; und da ihre Wirksamkeit im Histonen-Organismus überall wahrzunehmen ist, da ferner überall eine innige Correlation zwischen den Zellen der Fortpflanzungs-Organe (*Germinoplasma*) und den Zellen der übrigen Organe (*Somatoplasma*) besteht, so erblicken wir darin zugleich einen unzweideutigen Beweis gegen die Theorie von der »Continuität des Keimplasma«, welche eine vollständige Trennung desselben vom »Körperplasma« behauptet.

Für ganz vergeblich und werthlos müssen wir die neuerdings angestellten Versuche halten, zwischen jenen entgegengesetzten Theorien einen Mittelweg zu finden und die richtigen Grundgedanken Beider zu verschmelzen. Nach unserer festen Ueberzeugung kann nur eine von Beiden wahr sein. Entweder *Praeformation* und *Creatismus*, oder *Epigenesis* und *Transformismus*. Wenn der ganze Entwickelungsgang der Organismen auf vitalistischen und teleologischen Principien beruht, also durch *Causae finales* bestimmt wird, dann müssen wir in der Ontogenie die Theorie der *Praeformation* und *Scatulation*, in der Phylogenie den übernatürlichen *Creatismus*, das »Schöpfungs-Dogma« annehmen. Wenn hingegen die ganze Biogenesis auf mechanische und monistische Principien gegründet ist, also lediglich durch *Causae efficientes* vermittelt wird, dann sind wir in der Ontogenie zur Annahme der *Epigenesis* gezwungen, in der Phylogenie zur Annahme des *Transformismus*. Die Geschichte der Pflanzenwelt, deren Grundzüge wir vorstehend dargelegt haben, führt uns, ebenso wie diejenige der Thierwelt, zu der Ueberzeugung, dass nur die letztere die Wahrheit enthält, die erstere hingegen einen verhängnissvollen Irrthum. Nur durch die Annahme der Epigenesis und des Transformismus erklärt sich die bestehende Harmonie in den allgemeinen Ergebnissen der Palaeontologie, Ontogenie und Morphologie, der drei grossen »Urkunden der Systematischen Phylogenie«.

Register.

Verzeichniss der systematischen Tabellen.

Frommannsche Buchdruckerei (Hermann Pohle) in Jena. — [illegible]

FSC
www.fsc.org
MIX
Papier | Fördert gute Waldnutzung
FSC® C083411

Kolibri 360 GmbH
Ferdinand-Jühlke-Straße 7
99095 Erfurt, Deutschland
produktsicherheit@kolibri360.de